Nolting

Grundkurs: Theoretische Physik

5. Quantenmechanik

Teil 1: Grundlagen

Wolfgang Nolting

GRUNDKURS: THEORETISCHE PHYSIK

5. QUANTENMECHANIK

Teil 1: Grundlagen

115 Abbildungen

130 Aufgaben mit vollständigen Lösungen

2., durchgesehene Auflage

Verlag Zimmermann-Neufang • 56766 Ulmen

Prof. Dr. rer. nat. W. Nolting
Universität Valladolid, Spanien

Die Deutsche Bibliothek – CIP-Einheitsaufnahme

Nolting, Wolfgang

Grundkurs: Theoretische Physik / Wolfgang Nolting. – Ulmen:
Zimmermann-Neufang

5. Quantenmechanik, Teil 1: Grundlagen – 1992
ISBN 3-922410-25-1

Gesetzt in TEX unter Verwendung von AMS@-TEX.

Gedruckt auf säurefreiem Papier.

1. Auflage 1992
2. Auflage 1994

VORWORT

Die Zielsetzung und das Konzept des **Grundkurs: Theoretische Physik** wurden in den Vorworten der bislang erschienenen Bände bereits ausführlich besprochen und sind selbstverständlich auch für den nun vorliegenden fünften Teil, der die **Quantenmechanik** zum Inhalt hat, beibehalten worden. Die Buchreihe ist als direkter Begleiter zum Grundstudium *Theoretische Physik* gedacht und soll dem Studierenden den notwendigen Stoff in so kompakter und abgeschlossener Form vermitteln, daß zunächst auf Sekundärliteratur verzichtet werden kann. Mathematisch-physikalische Schlußweisen sind deshalb in der Regel sehr detailliert ausgearbeitet. Dabei nehme ich bewußt in Kauf, daß eine solche Ausführlichkeit bisweilen auch zu Lasten der *Eleganz der Darstellung* gehen muß. Einen besonderen Stellenwert messe ich den nach jedem größeren Unterkapitel angebotenen Übungsaufgaben bei, an denen der Lernende testen kann und sollte, ob die abstrakte Theorie wirklich so vollständig verstanden ist, daß mit ihr konkrete physikalische Probleme bearbeitet werden können. Die am Schluß des Buches angebotenen ausführlichen Lösungsvorschläge sollten deshalb auch erst nach intensiven Eigenversuchen zur Kontrolle herangezogen werden. Der Zielsetzung dieser Buchreihe entsprechend habe ich mich bemüht, Aufgaben zu formulieren, die sich direkt auf den in dem entsprechenden Kapitel behandelten Stoff beziehen und mit diesem auch wirklich lösbar sind. Um möglichst selbständige Eigenversuche nicht unnötig zu demotivieren, wurde auf allzu spitzfindige und komplizierte Aufgaben verzichtet.

Der thematische Aufbau des **Grundkurs: Theoretische Physik** wurde einem Studiengang in Theoretischer Physik angepaßt, der im ersten Semester mit der Klassischen Mechanik beginnt und im sechsten Semester mit der Statistischen Physik endet, so wie es wohl an den meisten deutschen Hochschulen heute praktiziert wird. In den ersten vier Bänden wurde mit der Klassischen Mechanik (Band 1), der Analytischen Mechanik (Band 2), der Elektrodynamik (Band 3), der Speziellen Relativitätstheorie (Band 4) und der phänomenologischen Thermodynamik (Band 4) der Themenkreis behandelt, der in der Regel vor dem Physik-Vordiplom angeboten wird und den entsprechenden Prüfungsstoff darstellt. Es handelt sich hierbei um die sogenannten *klassischen Disziplinen*. Da in den Anfangssemestern insbesondere der richtige Einsatz passender Mathematik in die Theoretische Physik Schwierigkeiten macht, wurde dem Erlernen des mathematischen Rüstzeugs in den ersten vier Bänden ein verhältnismäßig breiter Raum zugestanden.

Auch in der **Quantenmechanik** werden wir neue mathematische Konzepte einführen müssen, jedoch dürften die besonderen Anforderungen hier nun eher *im Begrifflichen* liegen. Die **Quantenmechanik** benutzt neuartige Denkmodelle, die der klassischen Physik fremd sind und deren Verständnis und Anwendung dem "Anfänger" durchaus Schwierigkeiten bereiten kann. Es ist in diesem Fall deshalb besonders wichtig, sich an Hand von Übungsbeispielen, die in diesem fünften Band des **Grundkurs: Theoretische Physik** in besonders großer Zahl angeboten werden, mit den zunächst ungewohnten Prinzipien der **Quantenmechanik** vertraut zu machen.

Die Fülle des Stoffes hat es notwendig gemacht, die Darstellung auf zwei Bände zu verteilen, wobei sich der erste Teil mehr mit den elementaren Grundlagen beschäftigt. Ich beginne mit einer *induktiven Begründung* der Quantenmechanik in Form einer kritischen Betrachtung der *vorquantenmechanischen Zeit*, d.h. mit einer Analyse der Probleme, die sich der Physik zu Beginn dieses Jahrhunderts boten. Man kann über den Wert einer solchen *historischen Einführung* natürlich geteilter Meinung sein, mir scheint sie aber für ein wirkliches Verstehen der Quantenmechanik nicht unvorteilhaft zu sein. Da ich mich zu diesem induktiven Weg entschlossen habe, wird er auch dem Konzept dieser Buchreihe entsprechend einerseits kompakt, andererseits aber doch auch so detailliert dargeboten, daß die wichtigen Zusammenhänge ohne Fremdliteratur verstanden werden können.

Der Leser, dem es vornehmlich um das schnelle Erlernen der quantenmechanischen Konzepte geht, kann natürlich das erste Kapitel auch überspringen und gleich mit dem zweiten beginnen. Im Mittelpunkt dieses Kapitels wird die **Schrödinger-Gleichung** stehen, die die zentrale Bewegungsgleichung der Quantenmechanik darstellt. Sie tritt an die Stelle der klassischen (Newtonschen, Lagrangeschen, Hamiltonschen) Bewegungsgleichungen. Die Schrödinger-Gleichung kann nicht mathematisch streng abgeleitet werden, sondern muß mehr oder weniger über Analogiebetrachtungen eingeführt werden. Ich benutze dazu die *Hamilton-Jacobi-Theorie* (Kap. 3, Bd. 2), nach der die Quantenmechanik als übergeordnete Theorie zu verstehen ist und der Klassischen Mechanik im Rahmen der Quantenmechanik die Rolle zugeordnet wird, die die geometrische Optik bezüglich der allgemeinen Lichtwellentheorie spielt. – Der **Teilchen-Welle-Dualismus** der Materie, der als ganz entscheidende Erkenntnis der Physik in diesem Jahrhundert zu verstehen ist, wird sich über eine solche *Extrapolation* der Klassischen Mechanik bereits andeuten. – Das Kapitel 2 wird verdeutlichen, warum der *Zustand* eines Systems durch eine **Wellenfunktion** $\psi(\mathbf{r}, t)$ beschrieben wird, deren statistischer Charakter eng mit klassisch unverständlichen, typisch quantenmechanischen Phänomenen wie der **Heisenbergschen Unbestimmtheitsrelation** oder dem **Breitfließen von Wellenpaketen** verknüpft ist. Dieser statistische Charakter gestattet der Quantenmechanik im Gegensatz zur klassischen Physik nur Wahrscheinlichkeitsaussagen. Typische Bestimmungsgrößen sind deshalb *Aufenthaltswahrscheinlichkeiten, Mittelwerte und Schwankungen.*

Die *Schrödingersche Wellenmechanik* ist nur eine von mehreren Darstellungsmöglichkeiten der Quantenmechanik. Die vollständigen abstrakten

Grundlagen sollen im dritten Kapitel erarbeitet werden. Während ich in Kapitel 1 die Quantenmechanik induktiv begründet habe, was schließlich zur *Schrödinger-Formulierung* in Kapitel 2 führte, soll in Kapitel 3 gewissermaßen der umgekehrte, deduktive Weg beschritten werden. Es werden fundamentale Begriffe wie **Zustand** und **Observable** axiomatisch als **Elemente** und **Operatoren** eines **Hilbert-Raums** eingeführt. *Messung* bedeutet *Operation* an einem gegebenen *Zustand* des Systems, der sich dabei in der Regel ändert. Es ist deshalb nicht verwunderlich, daß die beschreibende Mathematik eine *Operator-Theorie* sein muß, die an dieser Stelle des **Grundkurs: Theoretische Physik** neu ist und deshalb intensiv geübt werden muß. Das Kapitel 3 wird mit dem **Korrespondenzprinzip** schließen, durch das noch einmal eine Brücke zur *vertrauteren* Klassischen Mechanik geschlagen wird.

Wir werden mit Kapitel 4 unsere allgemeinen Überlegungen zunächst unterbrechen, um das Verständnis des abstrakten theoretischen Gerüsts durch einige wichtige Anwendungen auf einfache Potentialprobleme zu vertiefen. Dabei werden neuartige, typisch quantenmechanische Phänomene, wie zum Beispiel der *Tunneleffekt*, als selbstverständliche Resultate der Modellrechnungen zu diskutieren sein.

Der zweite Band der **Quantenmechanik** beginnt mit der *Quantentheorie des Drehimpulses*, die bei der anschließenden Untersuchung der wichtigen Zentralpotentiale eine erste Anwendung findet. Da nur wenige spezielle Probleme der Theoretischen Physik sich wirklich mathematisch streng behandeln lassen, wird es wichtig sein, zuverlässige *Näherungsmethoden* zu entwickeln. Danach werden wir die *Mehr-Teilchen-Systeme* untersuchen, an die sich die *Streutheorie* anschließen wird.

Ich habe einen Dank allen denen auszusprechen, die durch konstruktive Kritik und viele Diskussionen, auch zu den bereits vorliegenden Bänden des **Grundkurs: Theoretische Physik**, mir bei der Abfassung des Manuskripts geholfen haben. So schulde ich einen besonderen Dank Herrn Dr. V. Eyert, der mich durch einige wertvolle Übungsvorschläge sehr unterstützt hat. Es sollte auch nicht unerwähnt bleiben, daß erneut die Zusammenarbeit mit dem Verlag Zimmermann-Neufang, insbesondere mit Herrn Prof. Dr. O. Neufang, reibungslos und in angenehmer Atmosphäre verlief.

Valladolid, im Juni 1992 — Wolfgang Nolting

INHALTSVERZEICHNIS

1 INDUKTIVE BEGRÜNDUNG DER WELLEN-MECHANIK

Wir präsentieren in diesem Kapitel eine kritische Betrachtung der *vorquantenmechanischen* Zeit. Es geht uns dabei natürlich nicht so sehr um historische Strenge als vielmehr um eine physikalische Analyse der Probleme und Herausforderungen, die sich dem Wissenschaftler um die Jahrhundertwende stellten und letztlich die Entwicklung der Quantenmechanik in der noch heute gültigen und erfolgreichen Form erzwangen. Der didaktische Wert einer solchen *historischen* Einführung kann durchaus unterschiedlich eingestuft werden. Der Leser, der sich ohne Umschweife mit den quantenmechanischen Prinzipien und Konzepten beschäftigen will, sollte dieses Kapitel überschlagen und direkt mit Kapitel 2 beginnen. Obwohl Kapitel 1 also in gewisser Weise nur als Einführung oder *Einstimmung* in die Problematik gedacht ist, wollen wir jedoch auch hier nicht von der Grundabsicht dieses **Grundkurs: Theoretische Physik** abgehen und so weit wie möglich die wichtigen Zusammenhänge so detailliert darstellen, daß sie ohne Zuhilfenahme von Sekundärliteratur verstanden werden können.

Zu Beginn des 20. Jahrhunderts befand sich die Physik in einem argen Dilemma. Die heute sogenannte *klassische Physik* war im wesentlichen verstanden und hatte sich bewährt. Da wurden eindeutig reproduzierbare Experimente bekannt, deren Ergebnisse in gewissen Bereichen der klassischen Physik eklatant zuwiderliefen. Dies galt zum Beispiel für die **Wärmestrahlung** (Kapitel 1.2), die mit klassischen Konzepten nicht zu erklären war. Plancks revolutionierende Annahme einer **Energiequantelung**, die nach einem **Wirkungsquantum** $\hbar$ sich ausrichten sollte, war für ihn zwar nicht streng beweisbar, klärte aber quantitativ korrekt den experimentellen Befund und muß als Geburtsstunde der modernen Physik angesehen werden. Die Erforschung des Atomaufbaus (Kapitel 1.3) ebnete den Weg in eine neue, zunächst unverständliche Welt. Sie zeigte, daß das Atom keineswegs unteilbar ist, sondern aus (heute natürlich wohlbekannten) Unterstrukturen besteht. Im atomaren und subatomaren Bereich wurden klassisch völlig unverständliche **Quantenphänomene** registriert, zu denen insbesondere die Stationarität der Elektronenbahnen um den Atomkern zählt.

Beugung und Interferenz *beweisen* den Wellencharakter des Lichtes. Beide Phänomene sind der klassischen Elektrodynamik verständlich. Es gibt in diesem Zusammenhang keinerlei Hinweise auf eine Quantennatur der elektromagnetischen Strahlung. Photo- und Compton-Effekt lassen sich dagegen nur mit Hilfe der Einsteinschen **Lichtquantenhypothese** erklären. Licht verhält sich offenbar in manchen Situationen wie eine Welle, besitzt dagegen in anderen Zusammenhängen eindeutig Teilchencharakter. Der klassisch unbegreifliche **Teilchen-Welle-Dualismus** (Kapitel 1.4) des Lichtes war geboren. Es gehört sicher zu den größten Errungenschaften der Physik in diesem Jahrhundert, diesen Dualismus auch für Materie erkannt zu haben (s. Kapitel 2.1).

Semiklassische Theorien (Kapitel 1.5) versuchten auf der Grundlage *kühner Plausibilität*, bisweilen in striktem Widerspruch zu Gesetzmäßigkeiten der klassischen Theoretischen Physik, mit Hilfe von *Postulaten* dem neuartigen experimentellen Befund *Genüge zu leisten* (z.B. Bohrsches Atommodell). Aus solchen Postulaten abgeleitete Schlußfolgerungen provozierten neue Experimente (Franck-Hertz-Versuch), die wiederum die Postulate eindrucksvoll unterstützten. Die Aufgabe bestand darin, eine neuartige *Atommechanik* zu entwerfen, die stabile, stationäre Elektronenzustände mit diskreten Energiewerten erklären kann. Dies ist zufriedenstellend allerdings erst der eigentlichen Quantentheorie gelungen. Es war klar, daß die *neue* Theorie die Klassische Mechanik als makroskopisch korrekten Grenzfall enthalten mußte. Es lag nahe, diese Tatsache in Form eines **Korrespondenzprinzips** (Kapitel 1.5.3) auszunutzen, um die *neue* Theorie aus der klassischen Physik heraus zu *erahnen*. Allerdings können solche halbempirischen Ansätze natürlich nicht voll überzeugen; die *ältere* Quantenmechanik war deshalb keine in sich abgeschlossene Theorie.

1.1 Grenzen der klassischen Physik

Als *Klassische Mechanik* (s. Band 1) bezeichnet man die im 17. Jahrhundert von Galilei, Huygens, Newton, ... entwickelte Theorie von den Bewegungen materieller Körper im Raum und in der Zeit unter dem Einfluß von Kräften. In ihrer ursprünglichen Form gilt sie, wie man heute weiß, nur für Relativgeschwindigkeiten v, die klein gegen die

$$\textbf{Lichtgeschwindigkeit}: \; c = 2{,}9979 \cdot 10^{10}\,\frac{\text{cm}}{\text{s}} \tag{1.1}$$

sind. Einstein ist 1905 die Erweiterung der Mechanik auf beliebige Geschwindigkeiten gelungen, wobei allerdings c als absolute Grenzgeschwindigkeit auftritt. Die von ihm entwickelte *Relativitätstheorie* wird heute mit zur *klassischen Physik* gezählt (s. Band 4).

Ein charakteristisches Merkmal der *klassischen Theorien* ist ihr **Determinismus**, nach dem aus der Kenntnis aller den *Zustand* des Systems zu **einem** bestimmten Zeitpunkt definierenden Größen der *Zustand* zu **allen späteren** Zeiten bereits eindeutig und mit vollständiger Bestimmtheit festgelegt ist. Dies bedeutet insbesondere, daß sich sämtliche Basisgleichungen der klassischen Theorien auf physikalische Größen beziehen, die grundsätzlich und ohne Beschränkungen zugänglich, d.h. meßbar sind. So wird in der **Klassischen Mechanik** ein System durch seine Hamilton-Funktion $H(\mathbf{q}, \mathbf{p}, t)$ beschrieben. Der *Zustand* eines mechanischen Systems entspricht einem Punkt $\boldsymbol{\pi} = \boldsymbol{\pi}(t)$,

$$\boldsymbol{\pi} = (q_1, q_2, \dots, q_s, p_1, p_2, \dots, p_s), \tag{1.2}$$

im Zustandsraum (s. Kap. 2.4.1, Bd. 2). Die partiellen Ableitungen der Hamilton-Funktion nach den *generalisierten Koordinaten* q_j und den *generalisierten Impulsen* p_j $(j = 1, \ldots, s)$ führen zu einem Satz von $2s$ Bewegungsgleichungen, der sich mit einer entsprechenden Anzahl von bekannten Anfangsbedingungen $\big($z.B. $\boldsymbol{\pi}_0 = \boldsymbol{\pi}(t_0)\big)$ integrieren läßt und damit den *mechanischen Zustand* $\boldsymbol{\pi}(t)$ für alle Zeiten t festlegt. – In der Elektrodynamik werden wir zur Festlegung des *Systemzustands* die Felder $\mathbf{E}$ und $\mathbf{B}$ benötigen, in der Thermodynamik müssen wir die thermodynamischen Potentiale U, F, G, H, S kennen.

Die Forderung der prinzipiellen und uneingeschränkt möglichen Meßbarkeit solcher Grundgrößen hat sich allerdings als nicht haltbar erwiesen. Die Klassische Mechanik zum Beispiel hat sich zwar im Bereich der sichtbaren, makrophysikalischen Körper bewährt, versagt dagegen in *atomaren Dimensionen*. Wo liegen die Grenzen des Gültigkeitsbereichs? Warum besitzt dieser überhaupt Grenzen? Mit diesen Fragen werden wir uns im folgenden noch eingehend beschäftigen. Ein wichtiges Stichwort wird dabei der *Meßprozeß* darstellen. Um etwas über ein System zu erfahren, muß ich eine Messung durchführen, d.h. letztlich, ich muß das System *stören*. Man könnte dann die folgende Einteilung vereinbaren:

$$\textit{kleines}\text{ System} \iff \textit{Störung}\text{ spürbar,}$$
$$\textit{großes}\text{ System} \iff \textit{Störung}\text{ unbedeutend.}$$

Der klassischen Physik liegt nun die Vorstellung zugrunde, daß jedes System so behandelt werden kann, daß es als *groß* anzusehen ist. Diese Vorstellung erweist sich jedoch für Abläufe in *atomaren Dimensionen* (typisch: Massen von 10^{-30} kg bis 10^{-25} kg, Linearabmessungen von 10^{-15} m bis 10^{-9} m) als falsch. Erwünscht und notwendig ist eine vollständige, ohne Idealisierungen, wie sie noch von den klassischen Ansätzen verwendet werden, auskommende Theorie. Die

Quantenmechanik

hat sich in diesem Sinne als widerspruchsfreies Gerüst zur Beschreibung aller bisherigen physikalischen Erfahrungen erwiesen. Sie enthält die klassische Physik als Teilgebiet. Ihre Entwicklung begann im Jahr 1900 mit der Planckschen Beschreibung der Wärme- (Hohlraum-)Strahlung, der die von der klassischen Elektrodynamik abweichende Annahme zugrundeliegt, daß sich elektromagnetische Strahlung der Frequenz ω nur in ganzzahligen Vielfachen von $\hbar\omega$ emittieren läßt. Der Begriff des **Energiequants** war geboren und eine neue universelle Konstante,

$$h = 6{,}624 \cdot 10^{-34}\ \text{Js}, \tag{1.3}$$

$$\hbar = \frac{h}{2\pi} = 1{,}055 \cdot 10^{-34}\ \text{Js}, \tag{1.4}$$

entdeckt, die man heute das *Plancksche Wirkungsquantum* nennt. Betrachtet man physikalische Prozesse, deren dynamische Ausmaße so gering sind, daß das makrophysikalisch winzige Plancksche Wirkungsquantum h nicht mehr als *relativ klein* angesehen werden kann, so treten gewisse

Quantenphänomene

in Erscheinung, die mit der klassischen Physik nicht erklärbar sind. (Die wichtigsten Phänomene dieser Art werden in den nächsten Abschnitten kommentiert!) In solchen Situationen stellt jede Messung eine massive Störung dar, die entgegen der erwähnten *klassischen Vorstellung* nicht vernachlässigt werden kann. Um diesen Sachverhalt zu klassifizieren, verwendet man zweckmäßig den von Heisenberg 1927 geprägten quantenmechanischen Begriff der

Unbestimmtheit; Unschärfe.

Damit ist folgendes gemeint: In der Klassischen Mechanik haben die kanonischen Orts- und Impulskoordinaten $\mathbf{q}$ und $\mathbf{p}$ zu jedem Zeitpunkt t wohldefinierte, reelle Zahlenwerte. Das System durchläuft im Phasenraum eine scharfe **Bahn** $\boldsymbol{\pi}(t) = (\mathbf{q}(t), \mathbf{p}(t))$. Deren konkreter Verlauf mag zwar im einzelnen unbekannt sein, gilt aber auch dann als an sich bestimmt. Ist die an sich streng definierte Bahn nur ungenau bekannt, so muß über alle verbleibenden *denkbaren* Möglichkeiten geeignet gemittelt werden, d.h., man hat *klassische Statistische Mechanik* zu betreiben. Trotz dieses statistischen Charakters bleibt die Klassische Mechanik natürlich im Prinzip deterministisch, da ihre elementaren Bewegungsgleichungen (Newton, Lagrange, Hamilton) sich bei Kenntnis hinreichend vieler Anfangsbedingungen eindeutig integrieren lassen.

Ein wesentliches Charakteristikum der Quantenmechanik ist dagegen die Vorstellung, daß die dynamischen Variablen $\mathbf{q}$ und $\mathbf{p}$ im allgemeinen nicht genau definierte Werte haben, sondern mit **Unschärfen** $\Delta\mathbf{p}$ und $\Delta\mathbf{q}$ behaftet sind. Wie groß diese sind, hängt von der jeweiligen Situation ab, wobei jedoch stets die

Heisenbergsche Unbestimmtheitsrelation

$$\Delta q_i \, \Delta p_i \geq \frac{\hbar}{2}; \qquad i = 1, 2, \ldots, s \tag{1.5}$$

erfüllt ist. Die Ortskoordinate kann also unter gewissen Bedingungen – als Grenzfall – scharfe Werte annehmen. Dann ist aber die kanonisch konjugierte Impulskoordinate völlig unbestimmt und umgekehrt. Eine genäherte Bestimmung von q_i läßt eine entsprechend genäherte Bestimmung von p_i unter Berücksichtigung der Unschärferelation zu.

Die fundamentale Relation (1.5), die wir später genauer werden begründen können, sollte nun nicht so interpretiert werden, daß die Gegenstände der Physik zwar gleichzeitig scharfe Werte für Impuls und Koordinate besitzen, wir diese nur – vielleicht noch – nicht exakt messen können. Da die Messung **prinzipiell** unmöglich ist, hat es keinen Sinn, von gleichzeitig scharfem Impuls und Ort zu sprechen. Die Unbestimmtheitsrelation drückt eine echte Unbestimmtheit, nicht eine Unfähigkeit aus.

1.1.1 Aufgaben

Aufgabe 1.1.1

Bestimmen Sie mit Hilfe der Unschärferelation den untersten Grenzwert für die möglichen Energien des harmonischen Oszillators.

Aufgabe 1.1.2

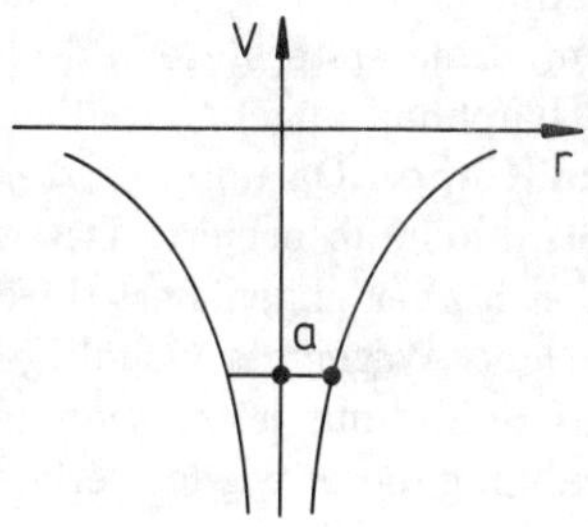

Das Wasserstoffatom besteht aus einem Proton und einem Elektron. Wegen seiner rund zweitausendmal schwereren Masse kann das Proton als im Koordinatenursprung *ruhend* angesehen werden. Auf das Elektron wirkt das anziehende Coulomb-Potential des Protons. Klassisch müßten sich also beliebig tiefe Energiezustände realisieren lassen. Zeigen Sie mit Hilfe der Unschärferelation, daß es in Wirklichkeit ein endliches Energieminimum gibt.

Aufgabe 1.1.3

Schätzen Sie über die Unbestimmtheitsrelation ab, wie groß die kinetische Energie eines Nukleons ($m=1{,}7\cdot 10^{-27}$ kg) in einem Kern (Radius $R = 10^{-15}$ m) mindestens ist.

1.2 Das Plancksche Wirkungsquantum

Um die Jahrhundertwende befand sich die Physik in einem schwierigen Dilemma. Es gab eine Reihe von gesicherten experimentellen Beobachtungen, die nur mit Hilfe von der klassischen Physik eklatant widersprechenden Hypothesen gedeutet werden konnte. Dies führte zu der zwingenden Notwendigkeit, eine neue abgeschlossene Theorie zu kreieren, die diese Hypothesen zu beweisbaren physikalischen Gesetzen werden ließ, gleichzeitig aber die makroskopisch korrekte klassische Physik als Grenzfall enthielt. Das Resultat eines genialen Zusammenspiels von Theorie und Experiment war schließlich die **Quantenmechanik**. Wir wollen versuchen, das erwähnte Dilemma der klassischen Physik nachzuzeichnen, um das konzeptionell Neue der dann zu besprechenden Quantentheorie deutlich zu machen. Selbstverständlich geht es uns hier nicht um historische Exaktheit im Detail, sondern lediglich um die für die Entwicklung der Physik wichtigen Zusammenhänge.

Die Entdeckung des universellen Wirkungsquantums h, dessen Zahlenwert in (1.3) bereits angegeben ist, wird nicht zu unrecht als die Geburtsstunde der Quantentheorie angesehen. Max Planck postulierte dessen Existenz in seiner Ableitung der spektralen Intensitätsverteilung der Wärmestrahlung. Wegen der großen Bedeutung seiner Schlußfolgerungen für die gesamte spätere Physik wollen wir ihnen in diesem Kapitel einen relativ breiten Raum widmen.

1.2.1 Wärmestrahlungsgesetze

Die alltägliche Erfahrung lehrt, daß ein Festkörper bei hohen Temperaturen *glüht*, d.h. sichtbares Licht aussendet. Bei niedrigeren Temperaturen emittiert er dagegen Energie in Form von **Wärmestrahlung**, die nicht mit dem Auge wahrnehmbar ist, aber natürlich denselben physikalischen Ursprung hat. Es handelt sich ebenfalls um elektromagnetische Strahlung. Der Begriff *Wärmestrahlung* deutet nur die Art ihrer Entstehung an. Eine erste systematische Theorie der Wärmestrahlung wurde 1859 von G. Kirchhoff angeboten. Seine Überlegungen betrafen den sogenannten **Schwarzen Körper**. Darunter versteht man einen Körper, der alle auf ihn auftreffende Strahlung absorbiert. Das ist strenggenommen natürlich eine Idealisierung, die sich aber angenähert durch einen Hohlraum mit einem kleinen Loch realisieren läßt. Wegen der vielfältigen Strahlungsabsorptionsmöglichkeiten im Innern des Hohlraums ist es sehr unwahrscheinlich, daß eine auf das Loch fallende Strahlung dieses wieder verläßt. Die Fläche des Loches ist also ein fast idealer Absorber. Die dann dennoch aus dem Loch austretende Strahlung bezeichnet man als **Schwarze Strahlung**. Sie wird mit der Wärmestrahlung identisch sein, die im Innern des Hohlraums auf dessen Wände fällt. – Wir stellen uns also einen solchen Hohlraum mit wärmeundurchlässigen Wänden vor, die auf einer konstanten Temperatur T gehalten werden. Die Wände emittieren und absorbieren elektromagnetische Strahlung, wobei sich im thermodynamischen Gleichgewicht Emission und Absorption die Waage halten. Im Innern des Hohlraums wird sich ein elektromagnetisches Feld der konstanten Energiedichte

$$w = \frac{1}{2}(\mathbf{E} \cdot \mathbf{D} + \mathbf{H} \cdot \mathbf{B}) \tag{1.6}$$

ausbilden ((4.46), Bd. 3). Die Wärmestrahlung besitzt ein kontinuierliches Spektrum, in dem alle Frequenzen mit Werten von 0 bis ∞ vorkommen. Zur Beschreibung der spektralen Zusammensetzung der Strahlung führt man die **spektrale Energiedichte** w_ν ein:

$$w_\nu = \frac{dw}{d\nu}. \tag{1.7}$$

Die gesamte räumliche Energiedichte ergibt sich daraus durch Integration über alle Frequenzen ν:

$$w = \int dw = \int_0^\infty w_\nu \, d\nu. \tag{1.8}$$

Mit Hilfe des Zweiten Hauptsatzes der Thermodynamik bewies Kirchhoff, daß die Strahlung im Hohlraum isotrop und homogen ist, d.h. unabhängig von der Richtung und an allen Stellen des Hohlraums gleich. Ferner kann die spektrale Energiedichte w_ν bei konstanter Temperatur T nicht von der Beschaffenheit der Wände abhängen. Es handelt sich also um eine **universelle** Funktion der Frequenz ν und der Temperatur T:

$$w_\nu \equiv f(\nu, T). \tag{1.9}$$

Den expliziten Beweis dieser Behauptung wollen wir hier nicht führen, ebensowenig wie die Folgerung von W. Wien (1896), dem durch Kombination von Thermodynamik und elektromagnetischer Lichttheorie ein bedeutender Fortschritt im Hinblick auf die Festlegung der universellen Funktion f gelang. Seine Aussage, daß sich die Bestimmung der Funktion f mit den **zwei** Variablen ν und T auf die Bestimmung einer Funktion g mit nur noch **einer** Variablen ν/T zurückführen läßt,

$$f(\nu, T) = \nu^3 g\left(\frac{\nu}{T}\right), \tag{1.10}$$

wird als **Wiensches Gesetz** bezeichnet. Mißt man zum Beispiel die spektrale Energiedichte bei verschiedenen Temperaturen, so ergibt sich in der Tat für $f(\nu, T)/\nu^3$ als Funktion von ν/T stets derselbe Kurvenverlauf. Man kann mit dem Wienschen Gesetz (1.10) aus der für eine bestimmte Temperatur gemessenen spektralen Verteilung der *Schwarzen Strahlung* dieselbe für alle anderen Temperaturen berechnen. Sei zum Beispiel f bei der Temperatur T als Funktion von ν gemessen, dann gilt für die Temperatur T', wenn man ν' als $\nu' = \nu \frac{T'}{T}$ versteht:

$$\begin{aligned} f(\nu', T') &= \nu'^3 g\left(\frac{\nu'}{T'}\right) = \nu'^3 g\left(\frac{\nu}{T}\right) = \\ &= \left(\frac{T'}{T}\right)^3 \nu^3 g\left(\frac{\nu}{T}\right) = \left(\frac{T'}{T}\right)^3 f(\nu, T). \end{aligned}$$

Trotz der Unbestimmtheit der Funktion $g(\nu/T)$ lassen sich aus dem Wienschen Gesetz einige sehr konkrete Aussagen ableiten. Mit der Variablensubstitution $x = \nu/T$ folgt aus (1.8) und (1.10):

$$w = \int_0^\infty \nu^3 g\left(\frac{\nu}{T}\right) d\nu = T^4 \int_0^\infty x^3 g(x) dx. \tag{1.11}$$

Das Integral rechts stellt lediglich einen Zahlenwert α dar. (1.11) ist somit das bekannte

Stefan-Boltzmann-Gesetz

$$w(T) = \alpha T^4. \tag{1.12}$$

Wenn die spektrale Energiedichte w_ν als Funktion von ν bei ν_{max} ein Maximum besitzt, so muß

$$\left.\frac{dw_\nu}{d\nu}\right|_{\nu_{\text{max}}} = \left[3\nu^2 g\left(\frac{\nu}{T}\right) + \frac{\nu^3}{T} g'\left(\frac{\nu}{T}\right)\right]_{\nu_{\text{max}}} \stackrel{!}{=} 0$$

gelten oder gleichbedeutend damit:

$$\frac{3}{x} g(x) + g'(x) \stackrel{!}{=} 0.$$

Die Lösung dieser Gleichung ist ein bestimmter Zahlenwert x_0:

$$\frac{\nu_{\text{max}}}{T} \equiv x_0 = \text{const.} \tag{1.13}$$

Dies ist das **Wiensche Verschiebungsgesetz**. Die der maximalen spektralen Energiedichte entsprechende Frequenz ist der Temperatur direkt proportional.

Die Ergebnisse unserer bisherigen Überlegungen dokumentieren, daß die klassische Physik in der Lage ist, sehr detaillierte und weitgehende Aussagen zur Wärmestrahlung zu machen. Die Gesetze (1.10), (1.12) und (1.13) werden vom Experiment eindeutig bestätigt, was als starke Stütze der Vorstellungen der klassischen Physik gewertet werden muß. Weitergehende Überlegungen führen dann allerdings auch zu eklatanten Widersprüchen!

1.2.2 Das Versagen der klassischen Physik

Die nach dem letzten Abschnitt noch verbleibende Aufgabe besteht in der Bestimmung der universellen Kirchhoff-Funktion $f(\nu, T) = \nu^3 g\left(\frac{\nu}{T}\right)$. Wien berechnete mit ein paar vereinfachenden Modellannahmen die Struktur von g zu:

$$g\left(\frac{\nu}{T}\right) = a \exp\left(-b\frac{\nu}{T}\right). \tag{1.14}$$

Diese theoretisch nicht sehr gut begründete Formel, in der a und b Konstante sind, konnte die damals vorliegenden experimentellen Daten zwar recht gut erklären, erwies sich bald aber nur für den hochfrequenten Bereich $b\nu \gg T$ als akzeptable Approximation.

Auf Rayleigh (1900) geht eine andere Ableitung von $g(\nu/T)$ zurück, die sich auf strenge Gesetzmäßigkeiten der klassischen Physik begründete und ohne unbeweisbare Hypothese auskam. Ausgangspunkt ist der klassische Gleichverteilungssatz der Energie, der besagt, daß im thermodynamischen Gleichgewicht auf jeden Freiheitsgrad der Bewegung die Energie $\frac{1}{2}k_BT$ (k_B = Boltzmann-Konstante) entfällt. Mit diesem Theorem berechnete Rayleigh die Energie des elektromagnetischen Feldes in einem Hohlraum. Dazu wurde eben dieses Strahlungsfeld in ein System von stehenden Wellen zerlegt, wobei auf jede stehende, elektromagnetische Welle die mittlere Energie k_BT kommt, nämlich $\frac{1}{2}k_BT$ auf das elektrische und weitere $\frac{1}{2}k_BT$ auf das magnetische Feld. Die Bestimmung der spektralen Energiedichte läuft damit auf ein Abzählen der stehenden Wellen im Hohlraum mit Frequenzen im Intervall $[\nu, \nu + d\nu]$ hinaus.

Betrachten wir einmal als Beispiel einen Kubus der Kantenlänge a. Bei stehenden Wellen muß das elektrische Feld an den Wänden Knoten, das magnetische Feld Bäuche haben. Wir denken zunächst an stehende Wellen mit Knoten an den Wänden, deren Normalen mit den $x-, y-, z-$Achsen die Winkel α, β, γ einschließen. Bei einer Wellenlänge λ ist der auf die Achsen projezierte Abstand zweier nächstbenachbarter Knotenebenen:

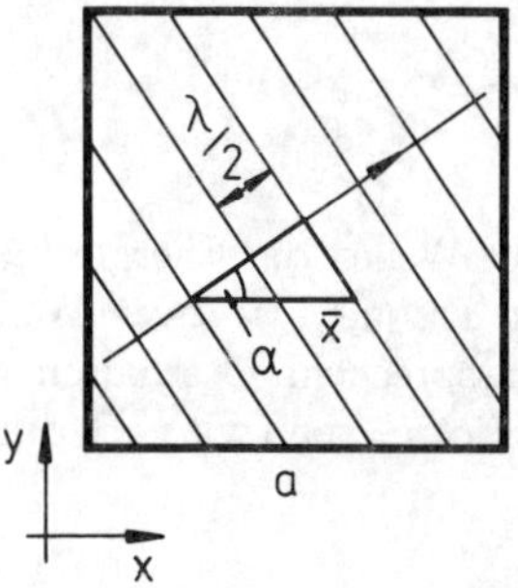

$$\frac{1}{2}\bar{x} = \frac{\frac{\lambda}{2}}{\cos\alpha}; \quad \frac{1}{2}\bar{y} = \frac{\frac{\lambda}{2}}{\cos\beta};$$

$$\frac{1}{2}\bar{z} = \frac{\frac{\lambda}{2}}{\cos\gamma}.$$

Stehende Wellen bilden sich, wenn die Kantenlänge a ein ganzzahliges Vielfaches von $\bar{x}/2$, $\bar{y}/2$ und $\bar{z}/2$ ist. Winkel und Wellenlänge müssen also die Bedingungen

$$n_1 = \frac{2\,a\,\cos\alpha}{\lambda}; \quad n_2 = \frac{2\,a\,\cos\beta}{\lambda}; \quad n_3 = \frac{2\,a\,\cos\gamma}{\lambda}; \tag{1.15}$$

$$n_1,\, n_2,\, n_3 = 0, 1, 2, \ldots$$

erfüllen, die sich wegen $\cos^2\alpha + \cos^2\beta + \cos^2\gamma = 1$ zu

$$n_1^2 + n_2^2 + n_3^2 = \left(\frac{2\,a}{\lambda}\right)^2 = \left(\frac{2\,a\,\nu}{c}\right)^2 \tag{1.16}$$

zusammenfassen lassen. $c = \nu\,\lambda$ ist die Lichtgeschwindigkeit. Jede Kombination von drei ganzen Zahlen n_1, n_2, n_3 liefert über

$$\nu = \frac{c}{2\,a}\sqrt{n_1^2 + n_2^2 + n_3^2} \tag{1.17}$$

die Frequenz einer im Prinzip möglichen stehenden Welle des Hohlraums. Wir definieren den **Frequenzraum** durch ein kartesisches Koordinatensystem, auf dessen Achsen wir mit $c/2a$ als Einheit die ganzen Zahlen n_1; n_2, n_3 abtragen können. Jedem Punkt (n_1, n_2, n_3) entspricht dann nach (1.17) die Frequenz ν einer bestimmten stehenden Welle. Die Gesamtheit aller dieser Punkte bildet im Frequenzraum ein kubisch primitives Gitter. Auf jedem Elementarkubus, der in der gewählten Einheit $c/2a$ das *Volumen* 1 besitzt, entfällt genau **ein** Punkt des Frequenzgitters. Nach (1.16) liegen alle Punkte (n_1, n_2, n_3), die einer Frequenz zwischen 0 und ν entsprechen, innerhalb einer Kugel mit ihrem Mittelpunkt im Koordinatenursprung und einem Radius $R = \frac{2a\nu}{c}$. Für $a \gg \lambda$ erhalte ich mit genügender Genauigkeit die Zahl der Frequenzen zwischen 0 und ν, wenn ich das Kugelvolumen durch das Volumen des Elementarkubus dividiere. Ich habe allerdings noch zu beachten, daß für die stehenden Wellen des Hohlraums natürlich nur nicht-negative ganze Zahlen n_i, $i = 1, 2, 3$, in Frage kommen. Die Beschränkung auf den entsprechenden Oktanten liefert einen Faktor 1/8:

$$N(\nu) = \frac{1}{8}\,\frac{4\pi}{3}\left(\frac{2\,a\,\nu}{c}\right)^3 . \tag{1.18}$$

Zur Berechnung der spektralen Energiedichte benötigen wir die Anzahl der Frequenzen in der Kugelschale ν, $\nu + d\nu$:

$$dN(\nu) = 4\,\pi\,a^3\,\frac{\nu^2}{c^3}\,d\nu. \tag{1.19}$$

Nach dem Gleichverteilungssatz fällt auf jede dieser Wellen die Energie $k_B T$. Wenn wir dann noch berücksichtigen, daß jeder Frequenz ν **zwei** Wellen mit zueinander senkrechten Polarisationsebenen entsprechen, so erhalten wir schließlich die gesuchte *räumliche, spektrale Energiedichte*, wenn wir noch durch $V = a^3$ dividieren:

$$w_\nu\,d\nu = 8\,\pi\frac{\nu^2}{c^3}\,k_B T\,d\nu. \tag{1.20}$$

Daran lesen wir die universelle Funktion

$$g\left(\frac{\nu}{T}\right) = \left(8\,\pi\,\frac{k_B}{c^3}\right)\frac{T}{\nu} \tag{1.21}$$

ab, die offensichtlich das *Wiensche Gesetz* (1.10) erfüllt. Man bezeichnet (1.20) bzw. (1.21) als die **Rayleigh-Jeans-Formel**. Es sollte noch einmal betont werden, daß ihre Ableitung im Rahmen der klassischen Physik exakt ist, d.h. ohne Hypothesen auskommt.

Für praktische Zwecke ist es günstiger bzw. üblicher, die spektrale Energiedichte auf Wellenlängen λ umzuschreiben. Mit

$$w_\nu\,d\nu \;\longrightarrow\; w_{\nu(\lambda)}\left|\frac{d\nu}{d\lambda}\right|\,d\lambda \equiv w_\lambda\,d\lambda$$

lautet (1.20):

$$w_\lambda \, d\lambda = \frac{8\,\pi\, k_B T}{\lambda^4} \, d\lambda. \tag{1.22}$$

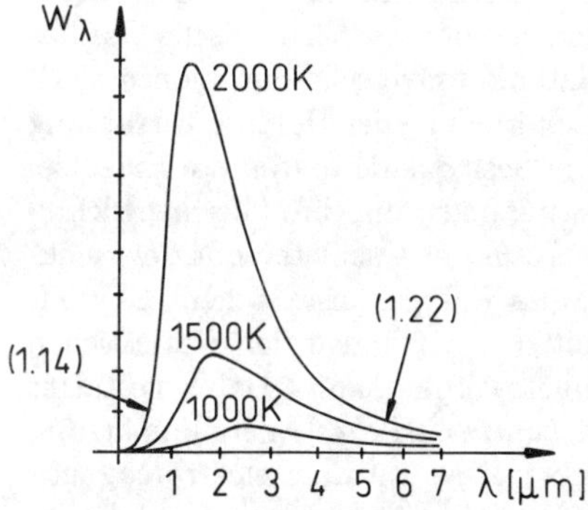

Für große Wellenlängen λ (kleine Frequenzen ν) hat sich diese Formel als korrekt erwiesen. Die experimentellen Kurven für die Energieverteilung im Spektrum der *Schwarzen Strahlung* haben typischerweise im Bereich kleiner Wellenlängen ein ausgeprägtes Maximum, um dann sehr steil für $\lambda \to 0$ auf Null abzufallen. Das Maximum verschiebt sich wegen (1.13) mit wachsender Temperatur zu kleineren Wellenlängen. Wir erkennen, daß die Rayleigh-Jeans-Formel (1.22), obwohl klassisch korrekt abgeleitet, außer im Bereich sehr großer Wellenlängen im krassen Widerspruch zum experimentellen Befund steht. Daß das klassische Ergebnis (1.20) in der Tat nicht in Ordnung sein kann, erkennt man, wenn man damit die gesamte räumliche Energiedichte berechnet:

$$w = \int_0^\infty w_\nu \, d\nu = \frac{8\pi}{c^3} \, k_B T \int_0^\infty \nu^2 \, d\nu = \infty. \tag{1.23}$$

Diese sogenannte *Ultraviolettkatastrophe* wie auch der allgemeine Vergleich zwischen Theorie und Experiment zeugen eindeutig von dem *Versagen der klassischen Physik* bei der Interpretation der Wärmestrahlung eines *Schwarzen Körpers*.

Um die Jahrhundertwende existierten also zur Wärmestrahlung zwei Formeln, die von Wien (1.14) und die von Rayleigh-Jeans (1.21), die beide in begrenzten Spezialbereichen, (1.14) für sehr große ν und (1.21) für sehr kleine ν, gute Approximationen darstellten, sich für den gesamten Spektralbereich allerdings als völlig unbrauchbar erwiesen. Gesucht war also so etwas wie eine Interpolationsformel, die für kleine ν (große λ) mit der Rayleigh-Jeans-Formel (1.21) und für große ν (kleine λ) mit der Wien-Formel (1.14) übereinstimmt. Eine solche Formel wurde im Jahr 1900 von M. Planck erstmals publiziert.

1.2.3 Die Plancksche Formel

Zur Ableitung seiner Formel war Planck gezwungen, von einer Hypothese auszugehen, die der Vorstellungswelt der klassischen Physik eklatant zuwiderlief. Zunächst einmal ersetzte er die tatsächlich Strahlung emittierenden und absorbierenden Wandatome durch elektrisch geladene, lineare, harmonische Oszillatoren. Das ließ sich damit rechtfertigen, daß die universelle Funktion $g(\nu/T)$ eigentlich für alle *thermodynamisch korrekten* Modelle der Hohlraumstrahlung dieselbe sein sollte. Jeder dieser Oszillatoren besitzt eine bestimmte Eigenfrequenz, mit der die elektrische Ladung Schwingungen um ihre Gleichgewichtslage ausführt. Infolge dieser Schwingungen kann der Oszillator mit dem elektromagnetischen Feld im Innern des Hohlraums Energie austauschen. Es stellt sich ein Gleichgewichtszustand ein, der mit den Methoden der Statistischen Mechanik und der Elektrodynamik berechnet werden kann. Dabei gestattet die klassische Physik jedem Oszillator ein *kontinuierliches* Energiespektrum, so daß dieser auch jede beliebige Strahlungsenergie mit dem elektromagnetischen Hohlraumfeld austauschen kann. Das Ergebnis einer entsprechend durchgeführten Rechnung steht jedoch in striktem Widerspruch zur experimentellen Erfahrung. Gelöst wird das Problem erst durch die

Plancksche Hypothese:

Die Oszillatoren können sich nur in solchen Zuständen befinden, deren Energien ganzzahlige Vielfache eines elementaren Energiequants ϵ_0 sind:

$$E_n = n\,\epsilon_0; \quad n = 0, 1, 2, \ldots \tag{1.24}$$

Ein Oszillator kann deshalb auch nur solche Energien absorbieren oder emittieren, die ganzzahligen Vielfachen ϵ_0 entsprechen:

$$\Delta E = m\,\epsilon_0; \quad m = 0, \pm 1, \pm 2, \ldots \tag{1.25}$$

Der *krasse Verstoß* gegen die Gesetze der klassischen Physik bestand in der Annahme, daß die Energien *mikroskopischer* Gebilde, wie die Atome der Hohlraumwände, nur **diskrete** Werte annehmen können. Energien können nur in *gequantelten Paketen* absorbiert oder emittiert werden.

Die Gesamtzahl der Wandoszillatoren sei N. Davon mögen sich $N(n)$ in einem Zustand der Energie $E_n = n\,\epsilon_0$ befinden:

$$N = \sum_{n=0}^{\infty} N(n); \qquad E = \sum_{n=0}^{\infty} N(n)\, n\, \epsilon_0 .$$

Die mittlere Energie pro Oszillator beträgt dann:

$$\hat{\epsilon} = \frac{\sum\limits_{n=0}^{\infty} N(n)\, n\, \epsilon_0}{\sum\limits_{n=0}^{\infty} N(n)}. \tag{1.26}$$

Nach der klassischen Boltzmann-Statistik gilt

$$N(n) \sim \exp(-\beta\, n\, \epsilon_0),$$

wobei wir wie üblich $\beta = 1/k_B T$ abgekürzt haben. Der Proportionalitätsfaktor fällt beim Einsetzen in (1.26) heraus:

$$\hat{\epsilon} = \frac{\sum\limits_{n=0}^{\infty} n\, \epsilon_0 \exp(-\beta\, n\, \epsilon_0)}{\sum\limits_{n=0}^{\infty} \exp(-\beta\, n\, \epsilon_0)} = -\frac{d}{d\beta} \ln \left[\sum_{n=0}^{\infty} \exp(-\beta\, n\, \epsilon_0) \right]. \tag{1.27}$$

β und ϵ_0 sind positive Größen. Die Summe ist also nichts anderes als die geometrische Reihe:

$$\sum_{n=0}^{\infty} \exp(-\beta\, n\, \epsilon_0) = \frac{1}{1 - \exp(-\beta\, \epsilon_0)}.$$

Die mittlere Energie pro Oszillator beträgt somit nicht $k_B T$, sondern:

$$\hat{\epsilon} = \frac{\epsilon_0}{\exp(\beta\, \epsilon_0) - 1}. \tag{1.28}$$

Jeder *Wandoszillator* ist *in Resonanz* mit einer der stehenden elektromagnetischen Wellen des Hohlraums. Wir können deshalb zur Ableitung der räumlichen, spektralen Energiedichte die Überlegungen von Rayleigh-Jeans des letzten Abschnitts übernehmen, müssen nur die Energie $k_B T$ des klassischen Gleichverteilungstheorems durch die Energie $\hat{\epsilon}$ ersetzen:

$$w_\nu = \frac{8\pi\, \nu^2}{c^3} \frac{\epsilon_0}{\exp(\beta\, \epsilon_0) - 1}.$$

Wenn wir jetzt noch fordern, daß die Strahlungsformel das thermodynamisch exakte Wiensche Gesetz (1.10) befolgt, so folgt zwingend, daß ϵ_0 proportional zur Frequenz ν des Oszillators sein muß:

$$\epsilon_0 \longrightarrow h\, \nu. \tag{1.29}$$

Die universelle Konstante h hat die Dimension einer *Wirkung*, also Energie · Zeit:

$$w_\nu = \frac{8\pi}{c^3}\,\nu^3\,\frac{h}{\exp(\beta\,h\,\nu) - 1} \tag{1.30}$$

Plancksche Strahlungsformel.

Es sind in der Folgezeit diverse Methoden zur experimentellen Bestimmung der Proportionalitätskonstanten h entwickelt worden. Sie ergeben für dieses *Plancksche Wirkungsquantum h* den Zahlenwert (1.3). Es handelt sich also um eine äußerst kleine Größe von etwa 10^{-33} Js. Das erklärt, warum die mikroskopisch notwendige Energiequantelung (1.24) bei makroskopischen Phänomenen keine Rolle spielt und der klassischen Physik somit bis dato *entgangen* war. Wegen

$$\frac{h\,\nu}{\exp\left(\frac{h\,\nu}{k_B T}\right) - 1} \approx \begin{cases} k_B T & \text{für } h\,\nu \ll k_B T, \\ h\,\nu \exp\left(-\frac{h\,\nu}{k_B T}\right) & \text{für } h\,\nu \gg k_B T \end{cases} \tag{1.31}$$

enthält die Planck-Formel die Wien-Formel (1.14) und die Rayleigh-Jeans-Formel (1.21) als Grenzfälle.

Man rechnet schließlich leicht nach (Übungsaufgabe 1.2.1), daß die mit (1.30) berechnete, totale räumliche Energiedichte das Stefan-Boltzmann-Gesetz (1.12) erfüllt. Die T^4-Proportionalität folgt bereits, wie früher gezeigt, aus dem Wienschen Gesetz (1.10), das von (1.30) natürlich ebenfalls korrekt reproduziert wird:

$$w(T) = \left(\frac{8}{15}\,\pi^5\,\frac{k_B^4}{c^3\,h^3}\right) T^4. \tag{1.32}$$

Es bedarf keiner allzu großen Phantasie, um die *Erschütterung* der klassischen Physik nachzuvollziehen, die durch Plancks Ideen über die Quantelung der Energie bewirkt wurde. Immerhin wurde damit – unter anderem – der Gleichverteilungssatz der Energie außer Kraft gesetzt. Die mittlere Energie $\hat{\epsilon}$ für die stehenden Wellen der Hohlraumstrahlung mit unterschiedlichen Frequenzen,

$$\hat{\epsilon} = \frac{h\,\nu}{\exp(\beta\,h\,\nu) - 1}, \tag{1.33}$$

ist keineswegs konstant gleich $k_B T$, sondern nimmt für große Frequenzen ν rasch ab, womit die Ultraviolettkatastrophe (1.23) der Rayleigh-Jeans-Theorie vermieden wird. Die exakte Bestätigung der Planckschen Formel durch das Experiment zwang die Physiker, die von Planck zunächst hypothetisch eingeführte

Energiequantelung

mit der zentralen Rolle des

Planckschen Wirkungsquantums h

als physikalische Realität anzuerkennen. Das Bestreben, aus Plancks Hypothesen beweisbare physikalische Gesetze zu machen, leitete eine neue Ära der Theoretischen Physik ein. Man muß deshalb das Jahr 1900 als das Geburtsjahr der

Quantenmechanik

ansehen.

1.2.4 Aufgaben

Aufgabe 1.2.1

Berechnen Sie mit Hilfe der Planckschen Strahlungsformel die Temperaturabhängigkeit der totalen räumlichen Energiedichte der Hohlraumstrahlung.

Aufgabe 1.2.2

Schreiben Sie die spektrale Energiedichte der Wärmestrahlung als Funktion der Wellenlänge sowohl für die Planck- als auch für die Wien-Formel. Zeigen Sie die Äquivalenz der beiden Formeln für kleine λ und leiten Sie daraus die empirischen Konstanten a und b der Wien-Formel (1.14) ab. Vergleichen Sie die Planck-Formel für große λ mit der von Rayleigh (1.22).

1.3 Atome, Elektronen, Atomkerne

Die Notwendigkeit quantenmechanischer Konzepte wurde besonders zwingend nach der Entdeckung der atomistischen Struktur der Materie. Diese wurde zuerst von der Chemie erkannt und in die wissenschaftliche Diskussion einbezogen. Atomare Dimensionen sollten, wie wir uns im letzten Abschnitt überlegt haben, typische Quantenphänomene besonders wahrscheinlich werden lassen.

1.3.1 Teilbarkeit der Materie

Sollen die stofflichen Eigenschaften der Materie erhalten bleiben, so ist diese nicht beliebig weit teilbar. Der kleinste Baustein der Materie, der noch die typischen, physikalischen Merkmale des betreffenden Elements trägt, wird **Atom** genannt. Damit ist gemeint, daß bei weiterer Zerlegung die *Bruchstücke* sich grundsätzlich von dem eigentlichen Atom unterscheiden. Werden zum Beispiel Ni-Atome in gewisser Weise aneinandergereiht, so ergibt sich der *Ni-Kristall* mit seinen typischen *Ni-Eigenschaften*. Führt man dasselbe Verfahren mit irgendwelchen *Bruchstücken* des Ni-Atoms durch, so hat das resultierende Gebilde nichts mehr mit dem Ni-Kristall gemein. In diesem Sinne ist Materie nicht beliebig teilbar.

Erste entscheidende Hinweise auf die atomistische Struktur der Materie ergaben sich aus Dalton's Untersuchungen (1808 - 1810) zur Zusammensetzung chemischer Verbindungen:

1) In einer chemischen Verbindung sind die relativen Gewichte der sie bildenden Elemente (Stoffe) stets konstant (*Gesetz von der Konstanz der Verbindungsgewichte*).

2) Bilden zwei Elemente verschiedene chemische Verbindungen, so ist jede durch eine bestimmte Massenproportion gekennzeichnet. Die Massenproportionen der verschiedenen Verbindungen stehen dann in einfachen rationalen Verhältnissen zueinander (*Gesetz der multiplen Proportionen*). Beispiel: In den Stickstoff-Sauerstoff-Verbindungen N_2O, NO, N_2O_3, NO_2, N_2O_5 verhalten sich die Sauerstoffmassen, bezogen auf eine feste Stickstoffmasse, wie 1:2:3:4:5.

Mit der heutigen Kenntnis über die atomare Struktur der Materie sind diese Daltonschen Gesetze natürlich leicht erklärbar. Bei Annahme einer beliebig unterteilbaren Materie würden sie allerdings große Verständnisschwierigkeiten bereiten.

Weitere überzeugende Hinweise auf die atomistische Struktur der Materie lieferte die **kinetische Gastheorie**, deren Grundideen auf Bernoulli (1738), Waterstone (1845), Krönig (1856) und Clausius (1857) zurückgehen, deren endgültige Ausformulierung aber Maxwell und Boltzmann zu verdanken ist. Das *Gas* wird als eine Menge von kleinen Teilchen verstanden, die sich zwischen zwei Stößen geradlinig mit konstanter Geschwindigkeit bewegen. Qualitative Beweise für die Richtigkeit dieser Vorstellung ließen sich an einfachen Diffusionsexperimenten demonstrieren. Verdampft man zum Beispiel in einer hochevakuierten Kam-

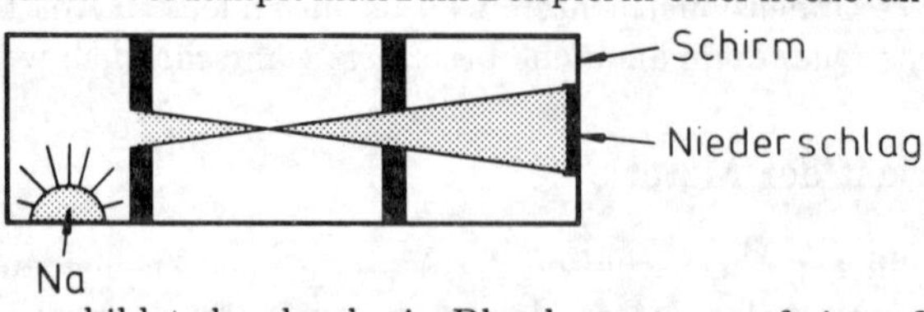

mer Natrium, so bildet der durch ein Blendensystem auf einen Schirm gelangende Dampf dort einen scharfen Rand. Letzterer dokumentiert die geradlinige Ausbreitung der Gasteilchen. Bei weniger gutem Vakuum in der Kammer läßt wegen der dann häufigeren Stöße auch die Schärfe des Randes nach. – Die **kinetische Gastheorie** interpretiert den Gasdruck auf eine Gefäßwand als den Impulsübertrag der Gaspartikel auf die Wand pro Flächen- und Zeiteinheit.

Damit berechnet man leicht die **Grundgleichung der kinetischen Gastheorie** (Aufgabe 1.3.1):

$$p = \frac{1}{3}\frac{N}{V}\, m < \mathbf{v}^2 > . \tag{1.34}$$

p ist der Druck , V das Volumen, N die Zahl der Teilchen, m deren Masse und $< \mathbf{v}^2 >$ das mittlere Geschwindigkeitsquadrat. Obwohl aus einfachsten Modellvorstellungen abgeleitet, hat sich (1.34) glänzend im Experiment bestätigt. Da auf der rechten Seite nur Größen stehen, die bei konstanter Temperatur ebenfalls konstant sind, erscheint das Boyle-Mariottesche Gesetz $p\,V = \text{const.}$, falls $T = \text{const.}$, ((1.2), Bd. 4) als Spezialfall von (1.34). Kombiniert man andererseits die Grundgleichung mit der Zustandsgleichung des idealen Gases ((1.7), Bd. 4)

$$p\,V = N\,k_B\,T \tag{1.35}$$

($k_B = 1{,}3805 \cdot 10^{-22}$ J/K), so ergibt sich die innere Energie der nicht miteinander wechselwirkenden Gasteilchen:

$$U(T,V) = N\frac{m}{2} < \mathbf{v}^2 >= \frac{3}{2}N\,k_B T \equiv U(T). \tag{1.36}$$

Die Unabhängigkeit vom Volumen V entspricht dem Befund des Gay-Lussac-Versuchs ((2.60), Bd. 4). Wegen

$$< v_x^2 >=< v_y^2 >=< v_z^2 >= \frac{1}{3} < \mathbf{v}^2 >$$

entfällt auf jeden Freiheitsgrad der (linearen) Teilchenbewegung die gleiche thermische Energie $\frac{1}{2}k_B T$. Das ist die Aussage des klassischen Gleichverteilungstheorems.

Über die Modellvorstellung der kinetischen Gastheorie lassen sich nicht zuletzt auch quantitative Aussagen zu Transportphänomenen wie der inneren Reibung, der Wärmeleitung und der Diffusion von Gasen ableiten. Allerdings sind dazu auch Kenntnisse über die Teilchendichte, über die mittlere freie Weglänge und über den *Durchmesser* der Moleküle vonnöten, wobei insbesondere die Definition eines Teilchendurchmessers problematisch ist.

Die Erfolge der *kinetischen Gastheorie* mußten als starke Stütze der Idee vom atomistischen Aufbau der Materie angesehen werden. Letzte Zweifel wurden schließlich durch neuere atomphysikalische Spektroskopien ausgeräumt, wie zum Beispiel durch die von Wilson konzipierte *Nebelkammer*, die Spuren atomarer Teilchen sichtbar werden läßt, oder durch die Röntgenbeugung an den mit Atomen in periodischer Anordnung besetzten Gitterebenen von Kristallen. Der Begriff

Atom: kleinster, mit chemischen Mitteln nicht mehr teilbarer Baustein der Materie war damit festgeschrieben! Ganz analog dazu definiert man das *Molekül* als das kleinste Teilchen einer chemischen Verbindung, das noch deren typische Eigenschaften besitzt.

Die Masse eines Atoms wird in der Regel nicht als Absolutwert angegeben, sondern in relativen Einheiten:

(Relative) Atommasse A_r: Vielfaches der Atommasse von 1/12 der Masse des reinen Kohlenstoffisotops ^{12}C.

Das *Molekulargewicht* M_r von Molekülen berechnet sich mit Hilfe der betreffenden chemischen Formel aus den Atommassen der beteiligten Atome. – Die Masseneinheit (1 u $= \frac{1}{12}\, m\,(^{12}C)$) ist heute auch absolut sehr genau bekannt:

$$1\,u = 1{,}660277 \cdot 10^{-24}\,\mathrm{g}. \tag{1.37}$$

Die Einheit der Stoffmenge ist das *Mol.* Darunter versteht man die Stoffmenge, die aus ebenso vielen gleichen Teilchen besteht, wie Atome in 12 g reinem, atomaren Kohlenstoff des Isotops ^{12}C enthalten sind. Nach dem *Avogadro-Gesetz* befindet sich in gleichen Volumina verschiedener Gase bei gleichem Druck und gleicher Temperatur die gleiche Anzahl von Atomen (Molekülen). Demnach nimmt 1 Mol eines Gases stets dasselbe Volumen ein:

$$1\ \text{Molvolumen} = 22{,}4\ \mathrm{l}\,. \tag{1.38}$$

Die Teilchenzahl pro Mol heißt *Avogadro-* oder *Loschmidt-Zahl*:

$$N_A = 6{,}0222 \cdot 10^{23}\ \mathrm{mol}^{-1}. \tag{1.39}$$

Experimentell läßt sich N_A über die Faraday-Konstante festlegen, über die Brownsche Bewegung kleiner gelöster Teilchen (Einstein-Smoluchowski-Methode), über das schwerkraftbedingte Dichtegefälle sehr kleiner, in Flüssigkeit suspendierter Teilchen (Perrin-Methode) oder aber auch durch Messung des Koeffizienten der inneren Reibung oder des Wärmeleitungskoeffizienten, die beide umgekehrt proportional zu N_A sind.

Die Systematik der Atommassen hat zum *Periodensystem der Elemente* (Mendelejeff, Meyer (1869)) geführt. Zunächst einmal handelt es sich dabei um eine Anordnung der Elemente nach steigender Atommasse in *Perioden* nebeneinander und *Gruppen* untereinander. Außerdem werden chemisch sich ähnlich verhaltende Elemente derselben Gruppe zugeordnet, stehen im Periodensystem also untereinander, wie zum Beispiel Edelgase, Alkalimetalle, Erdalkalien, Halogene, ... Dieses Ordnungsprinzip hatte zunächst dazu geführt, daß im Periodensystem Lücken auftraten, weil von den chemischen Eigenschaften her gewisse Elemente unbedingt in bestimmte Gruppen gehören. Aus eben diesem

Grund mußte auch die Reihenfolge nach steigender Atommasse an fünf Stellen durchbrochen werden (Ar-K, Co-Ni, Te-J, Th-Pa, U-Np). Am linken Ende einer Periode ist der elektropositive Charakter am stärksten, nach rechts wächst der elektronegative Charakter. Da die Atommasse die Stellung des Elements im Periodensystem nicht ganz eindeutig festlegt, hat man die Elemente, einschließlich der zunächst vorhandenen Lücken, vom Wasserstoff zum Uran einfach durchnumeriert. Die Nummer heißt *Ordnungszahl* Z des Elements. Wir wissen heute, daß sie als Zahl der Protonen im Kern eine eigenständige physikalische Bedeutung besitzt. – Das Experiment ergab weiterhin, daß chemisch gleichwertige, damit zu derselben Ordnungszahl gehörige Elemente verschiedene Atommassen haben können. Man spricht von *Isotopen* und meint damit Atome mit gleichem Z, aber unterschiedlichen Atommassen.

Nicht ganz unproblematisch ist die Frage nach der *Größe der Atome*, oder bei Annahme einer Kugelgestalt, nach dem *Atomradius*. Es ergeben sich grundsätzliche Schwierigkeiten, deren Ursachen uns später noch beschäftigen werden. Letztlich wird der Atomradius durch die Reichweite von Kraftwirkungen festgelegt. Es ist natürlich kein Problem, durch Stoßprozesse den Radius R einer Billardkugel zu bestimmen. Sobald der Abstand der Kugelmittelpunkte kleiner als $2R$ wird, setzt eine Ablenkung ein. Es ist allerdings klar, daß diese Methode zum Beispiel bei geladenen Teilchen sehr problematisch wird, da wegen der langreichweitigen Coulomb-Wechselwirkung für praktisch beliebig große Abstände eine Ablenkung auftritt. Neutrale Atome nehmen da eine Mittelstellung ein. Der *Atomradius* wird sich also nur abschätzen lassen, falls man eine solche Größe überhaupt für sinnvoll definiert hält:

1) Man könnte die Masse $M = \rho V$ (ρ = Massendichte) einer Stoffmenge durch die Atommasse dividieren, um die Zahl $N(V)$ der Atome im Volumen V zu berechnen:

$$N(V) = \frac{\rho V}{A_r u}. \tag{1.40}$$

Denkt man an einen dichtest gepackten *Kugelhaufen*, so gilt approximativ für den *Atomradius* R:

$$R = \left(\frac{3}{4\pi}\frac{V}{N(V)}\right)^{1/3} = \left(\frac{3}{4\pi}\frac{A_r u}{\rho}\right)^{1/3}. \tag{1.41}$$

Man findet zum Beispiel für Cu mit $\rho = 8{,}9$ g/cm^3 die Abschätzung $R \approx 1{,}414 \cdot 10^{-8}$ cm. Für genauere Berechnungen müßte natürlich noch die tatsächliche Raumerfüllung des *Kugelhaufens* und die Temperaturabhängigkeit von ρ berücksichtigt werden.

2) Die Konstante b in der van der Waals-Gleichung für reale Gase ((1.14), Bd. 4) wird als direkt proportional zum Teilchenvolumen interpretiert. Eine Messung von b kann damit Auskunft über R liefern. Allerdings ist zu bedenken, daß das van der Waals-Modell selbst nur eine approximative Beschreibung der Realität darstellt.

3) Die Koeffizienten der inneren Reibung und der Wärmeleitung hängen von der freien Weglänge der Teilchen ab, und diese wiederum von R.

4) Bringt man einen Öltropfen auf eine Wasserfläche, so zieht die Grenzflächenspannung Wasser - Luft den Tropfen extrem flach auseinander. Aus dem Volumen des Öltropfens und dem Durchmesser der Ölschicht läßt sich die Dicke der monoatomaren Schicht bestimmen.

Berechnet man nach solchen Methoden die Atomradien, so findet man für **alle** Atome dieselbe Größenordnung:

$$R = 0{,}8 \text{ bis } 3 \cdot 10^{-8} \text{ cm.} \tag{1.42}$$

Ferner ergibt sich eine interessante Periodizität (s. Bild). Die Elemente der ersten Gruppe des Periodensystems, die Alkalien, besitzen die deutlich größten Atomvolumina.

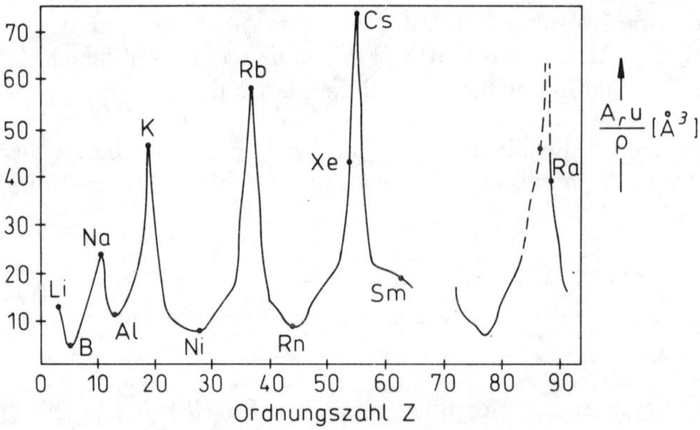

1.3.2 Elektronen

Man hat die Atome, wie schon ihr vom griechischen Wort "atomos" abgeleiteter Name besagt, zunächst für nicht weiter teilbare Bausteine der Materie gehalten und demzufolge unsere gesamte stoffliche Welt als aus den verschiedenen Atomen aufgebaut gedacht. Heute weiß man, daß auch Atome noch teilbar sind, zwar nicht mit chemischen, so doch mit physikalischen Mitteln. Der erste deutliche Hinweis auf eine innere Struktur der Atome und Moleküle stammt aus Experimenten mit Gasentladungen, in denen neutrale Atome offenbar in elektrisch geladene Bestandteile (Ionen, Elektronen) zerlegt werden.

Direkt beobachtet und untersucht wurden elektrisch geladene Atome (Ionen) zuerst bei der *Elektrolyse*. Unter *Elektrolyten* versteht man Stoffe, deren Lösungen oder Schmelzen den elektrischen Strom leiten, da sie sich aus Ionen zusammensetzen. Heute weiß man, daß die Ionenbildung durch Ladungsaustausch erfolgt, wobei Elektronen von einem zum anderen Atom wechseln. Bringt man in einen Elektrolyten zwei Elektroden und legt an diese eine Spannung, so findet man nach einer gewissen Zeit Massenabscheidungen, für die M. Faraday (1791-1867) die folgenden Gesetze formulierte:

1) Die an einer Elektrode abgeschiedene Masse M ist der transportierten Ladung Q proportional:
$$M = A\,Q. \tag{1.43}$$
A nennt man das *elektrochemische Äquivalent* mit der Einheit kg(As) $^{-1}$.

2) Ein *Grammäquivalent* transportiert für **alle** Stoffe dieselbe Ladungsmenge, gegeben durch die *Faraday-Konstante*:
$$F = 96487\,\frac{\mathrm{As}}{\mathrm{mol}}. \tag{1.44}$$

Dabei definiert man:

$$1 \text{ Grammäquivalent} = 1 \text{ Mol/Wertigkeit}.$$

Ein Mol eines jeden Stoffes enthält stets N_A Atome bzw. Moleküle (1.39). Ein einwertiges Ion transportiert demnach die Ladung
$$e = \frac{F}{N_A} = 1{,}6021 \cdot 10^{-19}\ \mathrm{As}, \tag{1.45}$$
ein n-wertiges dagegen die Ladung $n\,e$. Ionen können also die Ladungen e, $2e$, $3e, \ldots$, aber zum Beispiel nicht $1{,}5e$, $2{,}5e, \ldots$ tragen. Das war ein deutlicher Hinweis auf die diskrete Struktur der elektrischen Ladung.

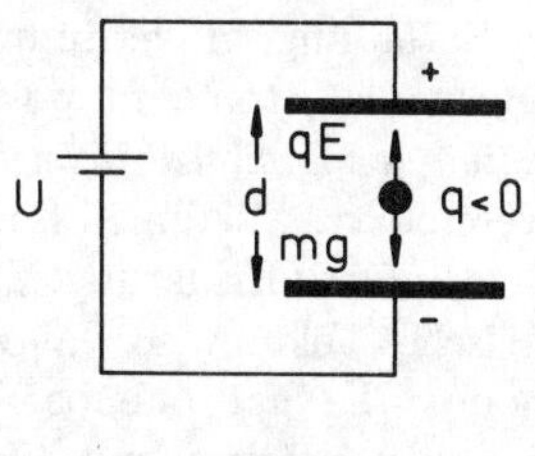

Die Bestätigung und direkte Messung der *Elementarladung* e gelang als erstem Millikan (1911), der die Bewegung kleinster elektrisch geladener Öltröpfchen in elektrischen Feldern untersuchte. Zwischen den Kondensatorplatten befindet sich ein homogenes Medium mit der Viskosität η. Auf ein Kügelchen mit dem Radius r und der Geschwindigkeit v wirken in diesem Medium dann die Stokessche Reibungskraft
$$F_R = 6\,\pi\,\eta\,r\,v,$$
die Schwerkraft mg und die elektrische Kraft $qE = \frac{qU}{d}$. Sobald die Gesamtkraft Null ist, wird das Tröpfchen nicht mehr beschleunigt, bewegt sich also mit kon-

stanter Geschwindigkeit. Damit die drei Kraftkomponenten überhaupt von derselben Größenordnung sind, mußte Millikan mit extrem kleinen Tröpfchen arbeiten (s. Aufgaben 1.3.3 bis 1.3.5), was dazu führte, daß er deren Radien nicht direkt messen konnte. Er benötigte deshalb für q und r **zwei** Bestimmungsgleichungen. Bei abgeschaltetem Feld ($E = 0$) gilt im Gleichgewicht:

$$6\,\pi\,r\,\eta\,v_0 = m^* g = \frac{4\pi}{3}\,r^3\,(\rho - \rho_L)\,g.$$

Man hat den Auftrieb in Luft zu berücksichtigen, muß also von der Masse m des Tröpfchens die der verdrängten Luft abziehen. ρ und ρ_L sind die bekannten Massendichten des Öltröpfchens bzw. der Luft. Durch Messung von v_0 ist somit der Tröpfchenradius r bestimmbar.

Schaltet man nun das elektrische Feld ein, so erhält der Tropfen eine andere Gleichgewichtsgeschwindigkeit v_1:

$$6\,\pi\,r\,\eta\,v_1 = m^* g + q\,E.$$

Aus den beiden Gleichungen läßt sich die Ladung q bestimmen:

$$q = \frac{18\,\pi\,\eta^{3/2}}{E\sqrt{2(\rho - \rho_L)\,g}}\,\sqrt{v_0}\,(v_1 - v_0). \tag{1.46}$$

Millikan konnte durch Ionisierung der Luft zwischen den Kondensatorplatten Tröpfchen in verschiedenen Ladungszuständen beobachten. Die Messung der Ladung q ergab stets ein ganzzahliges Vielfaches einer *Elementarladung*, die hervorragend mit dem Wert (1.45) übereinstimmt, wenn man für die Materialkonstanten in (1.46) korrekte Zahlen einsetzt. – Die diskrete Struktur der elektrischen Ladung war damit eindeutig bewiesen.

Einen ersten deutlichen Hinweis, daß die Elementarladung nicht nur in an Atome oder Moleküle **gebundenen** Zuständen, sondern auch *frei* auftreten kann, lieferte die Untersuchung der elektrischen Entladung in verdünnten Gasen. Bei der Gasentladung werden offenbar neutrale Atome in positiv geladene Ionen und negativ geladene *Elementarquanten der Elektrizität* zerlegt. Für letztere hat man die Bezeichnung *Elektronen* vereinbart. Mit ihnen finden die bei der Elektrolyse beobachteten Phänomene eine einfache Erklärung. Legt man zum Beispiel an eine Kochsalzlösung ein elektrisches Feld an, so wandern Na^+-Ionen zur Kathode und Cl^--Ionen zur Anode. Es hat offenbar ein Ladungsaustausch stattgefunden, wobei ein Elektron vom Natrium zum Chlor gewandert ist.

Zur Bestimmung charakteristischer Eigenschaften des Elektrons ist es zunächst notwendig, **freie** Elektronen zu erzeugen. Dazu gibt es eine Reihe von Möglichkeiten:

1) Elektronenbefreiung durch *Stoßionisation* von Gasatomen. Man beschleunigt dazu geladene Teilchen in einem elektrischen Feld auf hohe Geschwindigkeiten oder benutzt die hohen kinetischen Energien der Teilchen eines *heißen* Gases (*thermische Ionisierung*).

2) *Glühemission* aus hoch erhitzten Metalloberflächen. Der maximale Strom, der sich durch Absaugen der Elektronen von der thermisch emittierenden Oberfläche durch ein elektrisches Feld erreichen läßt, hängt nach der *Richardson-Gleichung*

$$I_s \sim T^2 \exp\left(-\frac{W_A}{k_B T}\right) \tag{1.47}$$

exponentiell von der Temperatur und der sogenannten *Austrittsarbeit* W_A ab. W_A ist eine Eigenschaft des elektronenemittierenden Materials.

3) *Lichtelektrischer Effekt*. Hinreichend kurzwelliges Licht kann Elektronen durch Energieaustausch, der den Wert aus W_A übersteigt, aus Festkörpern befreien. Dieser Effekt wird im nächsten Kapitel genauer besprochen.

4) *Feldemission*. Durch extrem hohe elektrische Felder, wie sie sich zum Beispiel an scharfen Metallspitzen ausbilden, lassen sich Elektronen aus Metalloberflächen abziehen.

5) *β-Strahlen*. Bestimmte radioaktive Substanzen emittieren spontan Elektronen.

Nachdem man auf solche oder ähnliche Weisen freie Elektronen erzeugt hat, kann man deren Bewegungen im elektromagnetischen Feld ausnutzen, um weitere experimentelle Informationen zu gewinnen. Im Rahmen der klassischen Physik ist die Bewegung des Elektrons im Feld durch die Masse m und die Ladung $q = -e$ beschreibbar, während von einer räumlichen Ausdehnung des Elektrons in guter Näherung abgesehen werden kann (geladener Massenpunkt, Punktladung). Die Untersuchung der Elektronenbahnen im elektromagnetischen Feld gestattet allerdings nur die Bestimmung der *spezifischen Ladung* q/m_e.

a) Longitudinales elektrisches Feld:

Saugt man die von einer Glühkathode emittierten Elektronen durch ein Potentialgefälle U ab, so gewinnen diese im elektrischen Feld kinetische Energie, die der von dem Feld an den Elektronen geleisteten Arbeit entspricht:

$$2U = \frac{v^2}{q/m_e}. \tag{1.48}$$

Mit v und q/m_e stecken in dieser Gleichung zwei Unbekannte.

b) Transversales elektrisches Feld:

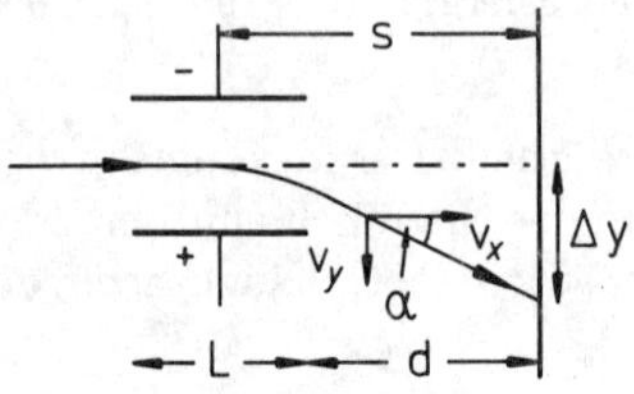

Ein scharf gebündelter Kathodenstrahl (Elektronen) durchquert das elektrische Feld eines Kondensators mit der Geschwindigkeit $v_x = v$ in x-Richtung. Transversal dazu in y-Richtung wirkt das elektrische Kondensatorfeld, durch das das Elektron eine Beschleunigung $a_y = q\,E/m_e$ in y-Richtung erfährt. Die Verweildauer im Kondensatorbereich beträgt $\Delta t = L/v_x = L/v$. Nach dem Austritt aus dem Kondensator, also dem Wiedereintritt in den feldfreien Raum, in dem der Strahl sich geradlinig bewegt, hat dieser die Geschwindigkeit

$$v_y = a_y\,\Delta t = \frac{q}{m_e}\,E\,\frac{L}{v}$$

in y-Richtung erlangt. Die ursprüngliche Bewegungsrichtung hat sich um den Winkel α gedreht:

$$\tan\alpha = \frac{v_y}{v_x} = \frac{q}{m_e}\,E\,\frac{L}{v^2}.$$

Im Abstand $s \gg L$ ist ein Leuchtschirm angebracht, auf dem die Ablenkung Δy des Teilchenstrahls registriert wird:

$$\Delta y \approx s\,\tan\alpha = \frac{L(2\,d + L)}{2\,v^2}\,\frac{q}{m_e}\,E. \tag{1.49}$$

Die Ablenkung Δy, die natürlich leicht gemessen werden kann, ist demnach der Spannung am Kondensator direkt und der kinetischen Elektronenenergie umgekehrt proportional.

Wir haben in beiden Fällen, (1.48) für das longitudinale und (1.49) für das transversale Feld, die beiden Unbekannnten v^2 und q/m_e. Wie man die elektrischen Felder auch kombiniert, man wird stets nur die Variable

$$\frac{v^2}{\frac{q}{m_e}} = \frac{m_e\,v^2}{q}$$

messen können. Das elektrische Feld sortiert also nach der kinetischen Energie, stellt somit ein Energiespektrometer dar.

c) Transversales magnetisches Feld:

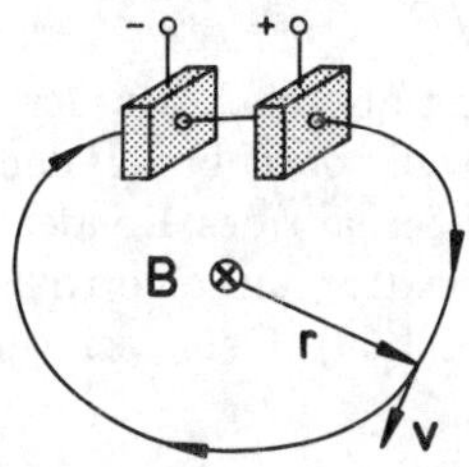

In der dicht vor der Kathode angebrachten Anode sei ein kleines Loch, durch welches die Elektronen als gebündelter Strahl hindurchtreten. Außerhalb des Kondensators wirkt nur das homogene magnetische Feld **B**, das senkrecht zur Bewegungsrichtung der Elektronen orientiert ist und diese über die Lorentz-Kraft

$$\mathbf{F}_L = q[\mathbf{v} \times \mathbf{B}]$$

auf eine Kreisbahn zwingt. Der Kreisradius r ergibt sich aus dem Gleichgewicht von Lorentz- und Zentrifugalkraft ((2.80), Bd. 1):

$$\frac{m_e v^2}{r} = q v B \iff \frac{v}{\frac{q}{m_e}} = r B. \tag{1.50}$$

Wir erkennen, daß magnetische Spektrometer nach dem Impuls mv sortieren.

d) Kombinierte magnetische und elektrische Felder:

Wollen wir v und q/m_e für die Elektronen gesondert messen, müssen wir offensichtlich magnetische und elektrische Felder miteinander kombinieren.

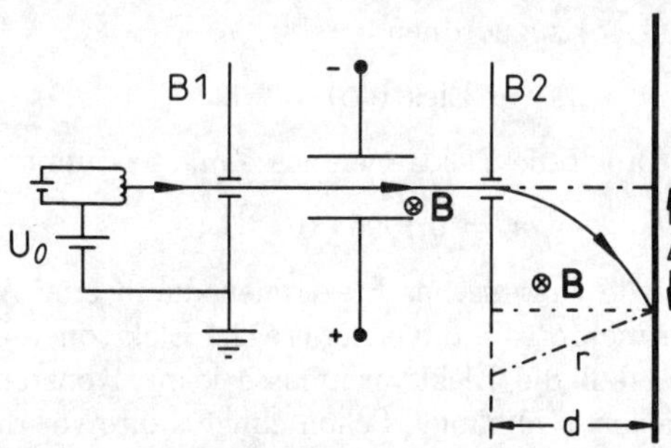

Eine von mehreren Möglichkeiten ist im Bild schematisch dargestellt. Das Elektron verläßt eine Glühkathode und durchläuft bis zu einer ersten Blende B1 eine Spannung U_0, erhält damit eine kinetische Energie qU_0. Im Kondensator herrscht ein homogenes elektrisches Feld in y-Richtung und dazu senkrecht (in die Papierebene) ein homogenes Magnetfeld **B**. Um durch die zweite Blende

B2 zu gelangen, darf das Elektron im Kondensator insgesamt **keine** Ablenkung erfahren:

$$q\,\mathbf{E} \stackrel{!}{=} q\,[\mathbf{v} \times \mathbf{B}] \implies v = E/B.$$

Das elektromagnetische Feld im Kondensator sortiert also nach der Geschwindigkeit (*Wien-Filter*). Man kann durch passende Wahl von E und B demnach eine gewünschte Geschwindigkeit v einstellen. Außerhalb des Kondensators wirkt dann nur noch das Magnetfeld $\mathbf{B}$, das das Elektron auf eine Kreisbahn zwingt. Der Radius r bestimmt sich nach Gleichung (1.50). Gemessen wird die Ablenkung Δy auf dem Leuchtschirm:

$$r^2 = d^2 + (r - \Delta y)^2 \implies r = \frac{d^2 + \Delta y^2}{2\,\Delta y}.$$

Dieser Ausdruck für r wird in (1.50) eingesetzt:

$$\frac{q}{m_e} = \frac{E}{B^2}\left(\frac{2\,\Delta y}{d^2 + \Delta y^2}\right). \tag{1.51}$$

Damit ist die spezifische Ladung q/m_e des Elektrons in der Tat allein durch Δy bestimmt. Experimente dieser Art ergaben:

1) Für die Kathodenstrahlen (Elektronen) ist q/m_e und damit q stets negativ.

2) Wegen des scharfen Spaltbildes muß q/m_e für **alle** Elektronen gleich sein:

$$\frac{q}{m_e}\,(\text{Elektron}) = -1{,}75890 \cdot 10^{11}\,\frac{\text{As}}{\text{kg}}. \tag{1.52}$$

Da nur q/m_e meßbar ist, muß es als, wenn auch bislang widerspruchsfreies, Postulat aufgefaßt werden, dem Elektron die im Millikan-Versuch entdeckte Elementarladung e (1.45) zuzuordnen:

$$q\,(\text{Elektron}) = -e. \tag{1.53}$$

Damit ist dann aber auch die Elektronenmasse m_e bestimmt:

$$m_e = 9{,}1096 \cdot 10^{-31}\,\text{kg}. \tag{1.54}$$

Ersetzt man die Quelle thermischer Elektronen durch eine Anordnung, zum Beispiel Elektronensynchrotron, die energiereiche Elektronen emittieren kann, so beobachtet man, daß die Elektronenmasse keine Konstante ist, sondern von der Geschwindigkeit v abhängt. Schon einige Jahre vor der Formulierung der Relativitätstheorie wurde experimentell der Beweis der Geschwindigkeitsabhängigkeit der Masse erbracht (Kaufmann, 1901). Einstein lieferte dafür die exakte theoretische Begründung ((2.59), Bd. 4):

$$m(v) = \frac{m_e}{\sqrt{1 - \dfrac{v^2}{c^2}}}. \tag{1.55}$$

m_e ist also als *Ruhemasse* des Elektrons aufzufassen. In modernen Beschleunigern können Elektronen so hohe Geschwindigkeiten erreichen, daß ihre Masse das Vieltausendfache von m_e erreicht.

Ein Resultat der Speziellen Relativitätstheorie von wohlbekannter, immenser Tragweite ist die Äquivalenzbeziehung von Masse und Energie ((2.66), Bd. 4):

$$E = m c^2. \tag{1.56}$$

Damit folgt für die kinetische Energie der Elektronen:

$$\begin{aligned} T = m c^2 - m_e c^2 &= m_e c^2 \left(\frac{1}{\sqrt{1 - \frac{v^2}{c^2}}} - 1 \right) = \\ &= m_e c^2 \left(\frac{1}{2} \frac{v^2}{c^2} + \dots \right). \end{aligned}$$

Für $v \ll c$ ergibt sich der vertraute, nicht-relativistische Ausdruck

$$T = \frac{m_e}{2} v^2.$$

Da $T = qU$ für alle Teilchen verschiedener Masse dieselbe kinetische Energie ergibt, wenn sie nur dieselbe Ladung q besitzen, definiert man als der Atomphysik angemessene Energieeinheit das *Elektronvolt* eV. Das ist die Arbeit, die aufgewendet werden muß, um die Elementarladung e zwischen zwei Punkten zu verschieben, die eine Potentialdifferenz von $1\,V$ aufweisen:

$$1\,\text{eV} = 1{,}6021 \cdot 10^{-19}\,\text{J}. \tag{1.57}$$

Für die Ruhemasse des Elektrons ergibt sich damit das Energieäquivalent

$$m_e c^2 = 0{,}5110\,\text{MeV}. \tag{1.58}$$

Neben Masse und Ladung besitzt das Elektron noch eine weitere Eigenschaft, den *Spin*, der als Eigendrehimpuls der Teilchen interpretiert werden kann. Er manifestiert sich in der Spektroskopie in der sogenannten *Feinstruktur* der Terme, zum Beispiel im anomalen Zeeman-Effekt. Letzterer wurde 1925 von G.E. Uhlenbeck und S. Goudsmit durch die kühne Hypothese erklärt, daß das Elektron selbst Träger eines magnetischen Moments von einem *Bohrschen Magneton*,

$$\mu = 1\,\mu_B = 0{,}927 \cdot 10^{-23}\,\text{Am}^2, \tag{1.59}$$

und eines mechanischen Drehimpuses von $\frac{1}{2}\hbar$ ist.

Der erste experimentelle Hinweis auf den Elektronenspin ergab sich aus dem *Stern-Gerlach-Versuch* (1921/22).

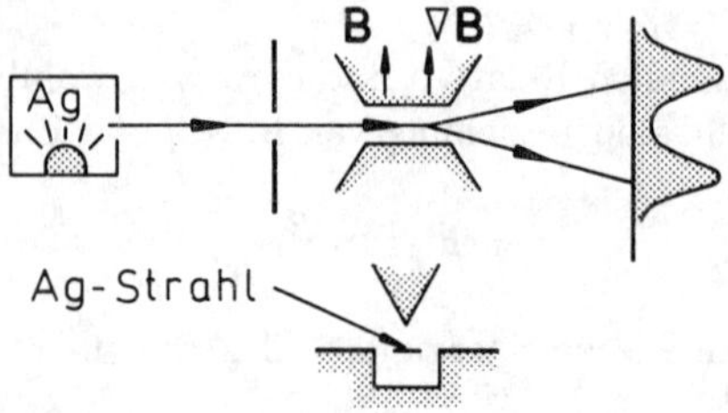

In einem Ofen werden Ag-Atome *verdampft*. Ein scharf ausgeblendeter Strahl von Atomen gleicher Geschwindigkeit durchläuft ein stark inhomogenes Magnetfeld. Die Silberatome tragen jeweils ein magnetisches Moment $\boldsymbol{\mu}$. Auf dieses wirkt zwischen den Polschuhen die Kraft:

$$\mathbf{F} = \nabla(\boldsymbol{\mu} \cdot \mathbf{B}) = \mu \frac{\partial B}{\partial y} \cos\alpha; \quad \alpha = \sphericalangle(\boldsymbol{\mu}, \mathbf{B}).$$

Vor dem Eintritt in das Magnetfeld sind die Richtungen der Momente regellos verteilt, d.h., es kommen praktisch alle Winkel α zwischen Feld $\mathbf{B}$ und Moment $\boldsymbol{\mu}$ vor. Ist der Träger des magnetischen Moments ein ruhender Körper, so stellt sich dieses im Magnetfeld in dessen Richtung ein. Handelt es sich dagegen um einen rotierenden Körper, so hält das Moment seinen anfänglichen Winkel gegen die Feldrichtung bei, führt lediglich um diese eine Präzessionsbewegung mit der von α unabhängigen Larmor-Frequenz,

$$\omega_L = \frac{\mu}{L} B = \gamma B$$

(L: Drehimpuls, γ: gyromagnetisches Verhältnis), aus. Die zu erwartende Strahlablenkung ist leicht berechenbar. l sei die Länge des Magnetfeldbereichs. Dann gilt:

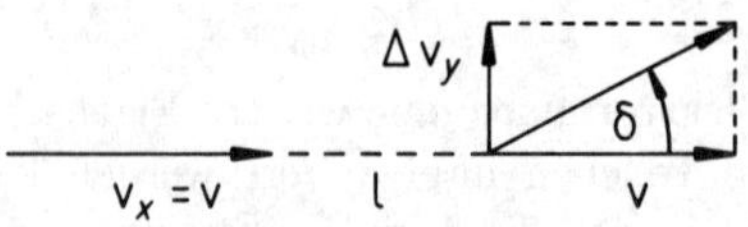

$$\sin\delta = \frac{\Delta v_y}{v} = \frac{1}{v}\frac{F}{m}\frac{l}{v} = \frac{l}{m v^2}\frac{\partial B}{\partial y}\mu\cos\alpha.$$

Klassisch ist also auf dem Schirm ein verwaschenes Bild zu erwarten. Das Experiment zeigt statt dessen zwei Spuren gleicher Intensität des um gleiche Beträge abgelenkten Strahls:

$$\mu\cos\alpha = \frac{m v^2 \sin\delta}{l\left(\frac{\partial B}{\partial y}\right)} = \pm\frac{e\hbar}{2m} = \pm\mu_B. \tag{1.60}$$

Es hat also im Widerspruch zur klassischen Theorie eine Richtungsquantelung ($\cos\alpha = \pm \iff \alpha = 0, \pi$) stattgefunden.

Die beschriebene Aufspaltung wird bei Alkali-, Ag-, Cu-**Atomen** beobachtet, **nicht** jedoch bei Alkali$^+$-, Ag$^+$-, Cu$^+$-**Ionen**. Die Strahlaufspaltung muß also dem beim Atom im Vergleich zum Ion zusätzlich vorhandenen *Leuchtelektron* zuzuschreiben sein. Dieses sollte also ein permanentes, magnetisches Moment $\boldsymbol{\mu}$ vom Betrag $1\,\mu_B$ besitzen. Magnetische Momente hängen eng mit Drehimpulsen zusammen. Das war bereits aus der klassischen Physik bekannt. Nehmen wir die in der Quantenmechanik begründbare *Richtungsquantelung* vorweg (Kap. 5.1.4, Bd. 5, Tl. 2), daß sich die Komponenten des Drehimpulses nur um ganzzahlige Vielfache von $\hbar$ unterscheiden können,

$$J_z = m_J\,\hbar; \qquad m_J = J, J-1, \dots, -J,$$

so muß für den Elektronenspin aus der Beobachtung von zwei Spaltspuren auf

$$S = \frac{\hbar}{2}; \qquad m_S = \pm\frac{1}{2} \tag{1.61}$$

geschlossen werden, wodurch die erwähnte kühne Hypothese von Uhlenbeck und Goudsmit bestätigt wird. – Die strenge Begründung des Elektronenspins wird die in Kapitel 5.3, Bd. 5, Tl. 2 zu besprechende Dirac-Theorie nachliefern.

1.3.3 Rutherford-Streuung

Nachdem Elektrolyse und Gasentladung bereits deutliche Hinweise darauf gegeben haben, daß die Atome durchaus noch in gewisse Unterstrukturen zerlegbar sind, begann die eigentliche Untersuchung des Atomaufbaus mit den Experimenten von Lenard, der schnelle Elektronen auf Metallfolien schoß. Die Beobachtung, daß schnelle Elektronen eine Vielzahl von Atomen durchdringen können, ohne merklich abgelenkt zu werden, erzwang die Schlußfolgerung, daß Atome nicht als massive Gebilde aufgefaßt werden dürfen.

Besonders aufschlußreich waren Lenard's Untersuchungen zur Abhängigkeit der Streuwahrscheinlichkeit von der Geschwindigkeit der Elektronen. Die Zahl N der Elektronen, die die Metallfolie durchsetzen, nimmt exponentiell mit deren Dicke x ab:

$$N = N_0 \exp(-\alpha\, n\, x).$$

n ist die Atomdichte in der Folie; α hat somit die Dimension einer Fläche. Über $\alpha = \pi r^2$ läßt sich dann ein für die Streuung maßgeblicher Atomradius definieren. Für langsame Elektronen ($v \leq 0{,}05$ c) ergab sich der wirksame Atomradius wie der mit den in Kapitel 1.3.1 besprochenen Methoden abgeleitete zu etwa 10^{-8} cm (s. (1.42)). Für hohe Elektronengeschwindigkeiten konnte dieser jedoch um bis zu vier Zehnerpotenzen abnehmen. Lenard zog daraus den Schluß, daß das Atom einen sehr kleinen Kern besitzen müsse, worin praktisch die gesamte Atommasse vereinigt ist, während der übrige Raum bis zu einem Radius von etwa 10^{-8} cm lediglich von Kraftfeldern durchsetzt sei. Diese vermögen die langsamen, aber nicht die schnellen Elektronen abzulenken.

1896 war von Becquerel die Radioaktivität entdeckt worden. Rutherford konnte deshalb in den Jahren 1906 bis 1913 seine Streuversuche an dünnen Materieschichten statt mit Elektronen mit den rund 7000mal schwereren, zweifach positiv geladenen α-Teilchen (doppeltionisierte He-Atome) durchführen: Ein scharf ausgeblendeter α-Strahl wurde auf eine dünne Goldfolie (Dicke $\approx 10^{-3}$ mm) geschossen. Mögliche Ablenkungen wurden mit einem schwenkbaren Mikroskop registriert, vor dem sich ein ZnS-Szintillator befand, der mit einem schwachen Lichtblitz auf ein auftreffendes α-Teilchen reagierte. Man beobachtete, daß fast alle Partikel die Goldfolie unbeeinflußt durchsetzten, daß einige wenige aber auch sehr stark abgelenkt wurden, bisweilen sogar um mehr als 90°. Aus der Seltenheit solcher großen Ablenkwinkel schloß Rutherford, daß der Radius des ablenkenden Zentrums im Atom (*Atomkern*) etwa 10^{-13} cm bis 10^{-12} cm betragen dürfte. Um die schweren α-Teilchen ablenken zu können, muß er zudem praktisch die gesamte Atommasse in sich vereinigen. Aus der Art der Ablenkung folgte ferner zwingend, daß der Kern ebenso wie die α-Teilchen positiv geladen sein muß. Die Ladungsneutralität wurde nach Rutherford von fast masselosen Elektronen gewährleistet, die um den Kern kreisen, wobei Coulomb- und Zentrifugalkraft einander das Gleichgewicht halten. Wegen der zu kleinen Elektronenmasse sollten die schweren α-Teilchen nur am Kern gestreut werden. – Diese weitgehend richtigen, damals völlig neuartigen Vorstellungen werden heute als *Rutherfordsches Atommodell* bezeichnet.

Zur Festigung seiner Modellvorstellungen leitete Rutherford theoretisch eine *Streuformel* ab, die die Zahl der auf die Flächeneinheit des Detektors auftreffenden α-Teilchen zu ihrem Ablenkwinkel in Beziehung setzt. Sie gestattet Rückschlüsse auf die räumliche Ausdehnung und die Ladung des Atomkerns. Wegen ihrer historischen Bedeutung wollen wir die Ableitung der Streuformel kurz skizzieren. Sie geht von folgenden Voraussetzungen aus:

1) Masse des Kerns $\gg$ Masse des α-Teilchens! Diese Annahme ist bei Verwendung einer Au-Folie als Target sicher gerechtfertigt!

2) Ladung des Kerns = Z e. Das Ladungsvorzeichen bleibt zunächst frei. Z ist eine ganze Zahl.

3) Das **Coulomb-Gesetz** gilt für den gesamten Weg des α-Teilchens:

$$|\mathbf{F}| = \frac{1}{4\pi\epsilon_0} \frac{(2\,e)\,(Z\,e)}{r^2}.$$

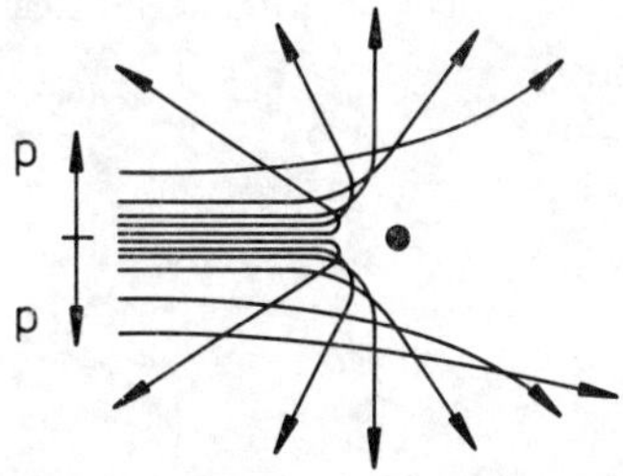

Die Bahn des α-Teilchens ist damit ein Kegelschnitt, in dessen einem Brennpunkt sich der streuende Kern befindet. Ist der Kern in der Tat positiv geladen, so kommt wegen der abstoßenden Coulomb-Wechselwirkung nur eine Hyperbel in Frage. – In der Skizze bezeichnet p den *Stoßparameter*, der den Abstand angibt, in dem das Teilchen **ohne** Wechselwirkung am Kern vorbeifliegen würde. Die Ablenkung ist umso schwächer, je größer p ist.

4) Keine Mehrfachstreuung! Die Streuung um einen merklichen Winkel ist wegen der großen Annäherung an den Kern ein so seltener Akt, daß die Wiederholung für dasselbe α-Teilchen tatsächlich hochgradig unwahrscheinlich ist.

Beim zentralen Stoß ($p = 0$) verbraucht das α-Teilchen seine gesamte kinetische Energie und erreicht den Minimalabstand b in dem Moment, in dem die Gesamtenergie nur aus potentieller Energie besteht (Umkehrpunkt!).
b bestimmt sich deshalb aus dem Energiesatz ($T(\infty) \overset{!}{=} V(b)$):

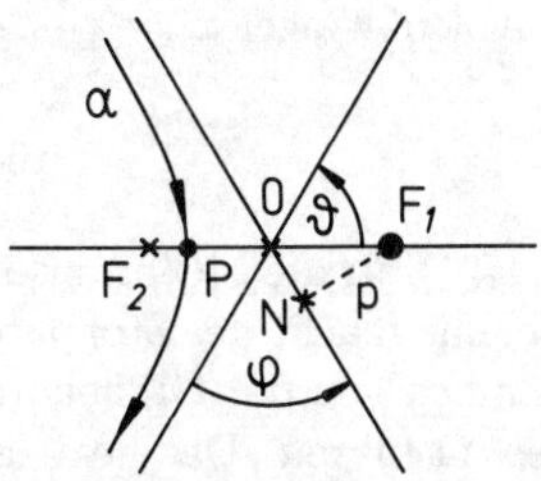

$$b = \frac{4\,Ze^2}{4\pi\epsilon_0\, m_\alpha\, v_\infty^2}. \qquad (1.62)$$

Der Kern liegt im Brennpunkt F_1. Im Perihel P hat das α-Teilchen den geringsten Kernabstand. Wir benötigen einige geometrische Überlegungen:

$$\overline{\mathrm{OP}} = \overline{\mathrm{ON}} = p \cot\vartheta,$$

$\overline{\mathrm{OP}}$: reelle Halbachse der Hyperbel;

$$f = \frac{p}{\sin\vartheta},$$

$f = \overline{\mathrm{F_1O}}$: Brennweite;

$$d = p \cot \frac{\vartheta}{2}, \tag{1.63}$$

$d = \overline{\mathrm{PF}_1} = \overline{\mathrm{OP}} + f$: minimaler Kernabstand.

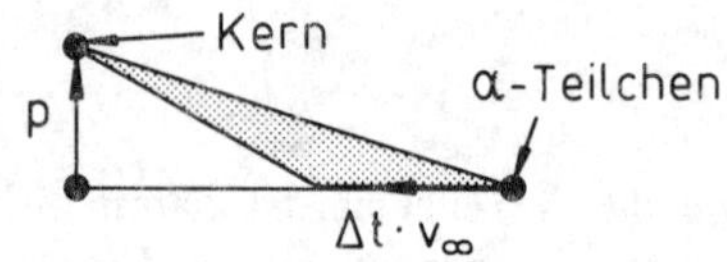

Wir nutzen nun den Flächensatz ((2.252), Bd. 1) aus, nach dem der Radiusvektor in gleichen Zeiten gleiche Flächen überstreicht. Bei großem Kernabstand des α-Teilchens gilt

$$F_\infty = \frac{1}{2} p \, \Delta t \, v_\infty,$$

während am Perihel

$$F_p = \frac{1}{2} d \, \Delta t \, v$$

sein muß. Bei gleichen Zeitintervallen Δt fordert der Flächensatz $F_\infty = F_p$. Daraus folgt:

$$v = v_\infty \frac{p}{d}. \tag{1.64}$$

Schließlich wird noch der Energiesatz ausgenutzt,

$$\frac{1}{2} m v_\infty^2 + 0 = \frac{1}{2} m v^2 + \frac{2 Z e^2}{4\pi\epsilon_0 d},$$

der mit (1.62) bis (1.64) zu

$$b = 2 p \cot \vartheta$$

führt. Wir müssen noch ϑ durch den eigentlichen Ablenkwinkel $\varphi = \pi - 2\vartheta$ ersetzen:

$$\cot \frac{\varphi}{2} = \frac{2p}{b}. \tag{1.65}$$

φ ist also eine Funktion von p und über b von Z und v_∞. Für die Meßpraxis ist diese Formel allerdings noch nicht verwendbar. Probleme macht der Stoßparameter p, der noch eliminiert werden muß. p muß nämlich von der Größenordnung 10^{-12} cm sein, um zu merklichen Ablenkungen zu führen. Das liegt um einige Größenordnungen unter den üblichen Atomabständen in Festkörpern. Es ist also illusorisch, eine Blende bauen zu wollen, die den α-Strahl so fein begrenzt, daß man mit einem definierten p auf einen Atomkern zielen könnte; ganz abgesehen davon, daß man natürlich auch dessen Position nicht genau festlegen kann. Deswegen mußte Rutherford seine bis zu diesem Punkt rein mechanischen Überlegungen durch eine passende Statistik ergänzen.

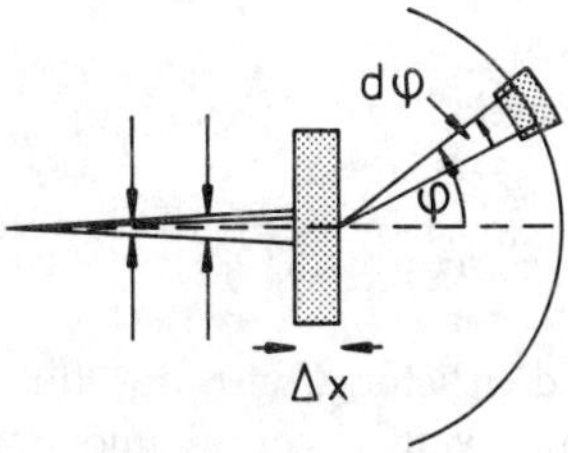

Durchquert ein Bündel von N α-Teilchen eine Materieschicht der Dicke Δx, so erfahren dN' Teilchen, die im Abstandsintervall $[p, p + dp]$ in ein Atomkernfeld eintreten, eine Ablenkung, die sie in den Doppelkegel $(\varphi, \varphi - d\varphi)$ hineinstreuen läßt. Man kann die α-Teilchen natürlich nicht in einen solchen Ring $(p, p + dp)$ hineinzielen und benötigt deshalb statistische Aussagen. Seien n die Kerndichte und F die Fläche der Folie. Die Metallfolie enthält also $n\, F\, \Delta x$ Atomkerne. Die Wahrscheinlichkeit $w(p)$, bezüglich irgendeines Kerns den Abstandsring $(p, p + dp)$ zu treffen, ist dann einfach das Verhältnis der Summe **aller** solcher Ringflächen $2\,\pi p\, dp$ zur Gesamtfläche F:

$$w(p) = \frac{1}{F}\,(n\, F\, \Delta x)\,(2\pi p\, dp) = n\, \Delta x\, 2\pi p\, dp.$$

Dies bedeutet für die Zahl dN' der um $(\varphi, \varphi - d\varphi)$ abgelenkten Teilchen:

$$dN' = N\, w(p) = N\, n\, \Delta x\, 2\pi\, p\, dp.$$

Der nicht direkt meßbare Stoßparameter p wird noch durch die Formel (1.65) ersetzt. Das ergibt als Zwischenergebnis:

$$dN' = N\, n\, \Delta x\, \pi \frac{b^2}{4} \frac{\cos\frac{\varphi}{2}}{\sin^3\frac{\varphi}{2}}\, d\varphi. \tag{1.66}$$

Es bleibt jetzt noch zu bedenken, daß nicht der gesamte $(\varphi, \varphi - d\varphi)$-Doppelkegel beobachtet wird, sondern nur der kleine, vom ZnS-Kristall bedeckte Ausschnitt:

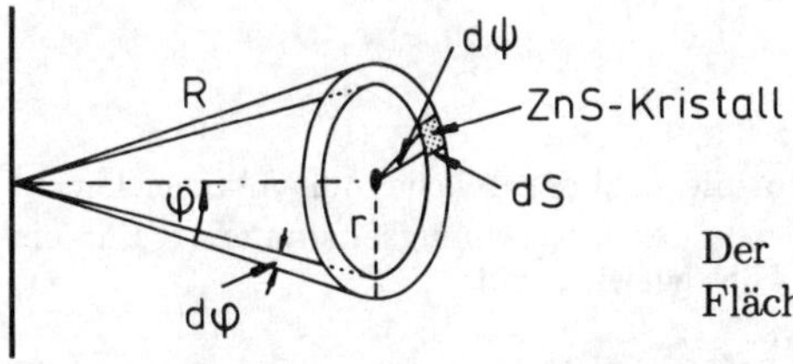

$$dF = r\, d\psi\, ds,$$
$$r = R \sin\varphi,$$
$$ds = R\, d\varphi.$$

Der Raumwinkel $d\Omega$ ist definiert als Fläche pro Abstandsquadrat:

$$d\Omega = \frac{dF}{R^2} = \sin\varphi\, d\varphi\, d\psi.$$

Die Zahl dN der α-Teilchen, die in das Raumwinkelelement $d\Omega$ innerhalb des Doppelkegels $(\varphi, \varphi - d\varphi)$ gestreut werden, verhält sich zu dN' wie $d\Omega$ zum gesamten Raumwinkel:

$$dN = dN' \frac{d\Omega}{2\pi \sin\varphi\, d\varphi}.$$

Mit $\sin\varphi = 2\cos\frac{\varphi}{2}\sin\frac{\varphi}{2}$ folgt schließlich die

Rutherfordsche Streuformel:

$$dN = N\,\frac{n\,\Delta x}{16}\,\frac{b^2}{\sin^4\frac{\varphi}{2}}\,d\Omega = N\,n\,\Delta x\,\frac{Z^2 e^4}{(4\pi\epsilon_0)^2\,m_\alpha^2\,v_\infty^4\,\sin^4\frac{\varphi}{2}}\,d\Omega. \qquad (1.67)$$

Diese Streuformel veranschaulicht in besonders deutlicher Weise das für die gesamte Quantenmechanik typische Zusammenspiel von *Mechanik* und *Statistik*. Sie enthält einige sehr charakteristische Aussagen, die vom Experiment **eindeutig** bestätigt werden. Sie könnten deshalb von der Korrektheit des zugrundegelegten *Rutherfordschen Atommodells* zeugen:

a) $dN \sim \dfrac{1}{\sin^4\frac{\varphi}{2}}$: Die Zahl der gestreuten α-Teilchen weist eine starke Winkelabhängigkeit auf. Ablenkungen unter großen Winkeln werden dadurch sehr selten!

b) $dN \sim \Delta x$: Die lineare Dickenabhängigkeit gilt natürlich nur so lange, wie Mehrfachstreuungen vernachlässigt werden können.

c) $dN \sim Z^2$

d) $dN \sim \dfrac{1}{v_\infty^4}$

e) $dN \sim n$: Die Atomkerndichte in der Metallfolie geht linear in die Streuformel ein.

1.3.4 Aufgaben

Aufgabe 1.3.1

Die Verteilungsfunktion $f(\mathbf{r},\mathbf{v})$ bestimmt die Zahl der Teilchen im Volumenelement d^3r bei $\mathbf{r}$ des Ortsraumes und d^3v bei $\mathbf{v}$ des Geschwindigkeitsraumes. Für ein homogenes ideales Gas im thermischen Gleichgewicht gilt:

$$f(\mathbf{r},\mathbf{v}) \equiv f(\mathbf{v}) \equiv f(v).$$

Beweisen Sie die Grundgleichung der kinetischen Gastheorie:

$$p = \frac{1}{3}\frac{N}{V} m < \mathbf{v}^2 >,$$

wobei $< \mathbf{v}^2 >= \frac{N}{V}\int d^3v\,\mathbf{v}^2 f(v)$.

Aufgabe 1.3.2

1) Leiten Sie aus der Boltzmann-Verteilung

$$f(\mathbf{r}_1,\dots,\mathbf{r}_N,\mathbf{v}_1,\dots\mathbf{v}_N) = f_0\, e^{-\beta H}$$

(f_0 : Normierungskonstante, $H = T(\mathbf{v}_1,\dots,\mathbf{v}_N) + V(\mathbf{r}_1,\dots,\mathbf{r}_N)$: klassische Hamilton-Funktion) die normierte Maxwell-Boltzmann-Geschwindigkeitsverteilung ab:

$$w(\mathbf{v}_1,\dots,\mathbf{v}_N) = \int\cdots\int d^3r_1\cdots d^3r_N\, f(\mathbf{r}_1,\dots,\mathbf{r}_N,\mathbf{v}_1\dots\mathbf{v}_N).$$

2) Berechnen Sie mit 1) die innere Energie des idealen Gases.

Aufgabe 1.3.3

Welche Spannung muß man an einen Kondensator mit dem Plattenabstand d = 1,5 cm anlegen, um ein drei Elektronenladungen tragendes Öltröpfchen der Masse $m^* = 2{,}4 \cdot 10^{-13}$ g im Gleichgewicht zu halten?

Aufgabe 1.3.4

Berechnen Sie die Fallgeschwindigkeit eines Öltröpfchens der Massendichte ρ = 0,98 g/cm^3 mit dem Radius $0{,}39 \cdot 10^{-4}$ cm im Schwerefeld der Erde (Normaldruck: η (Luft) $= 1{,}832 \cdot 10^{-5}\, \frac{\mathrm{Ns}}{\mathrm{m}^2}$; $\rho_L = 1{,}288$ kg/m^3).

Aufgabe 1.3.5

Ein Öltröpfchen der Massendichte $\rho = 0{,}98$ g/m^3 erreiche im Schwerefeld der Erde die Gleichgewichtsgeschwindigkeit $v_0 = 0{,}0029$ cm/s. In einem Kondensator mit dem Plattenabstand $d = 1{,}6$ cm werde es von einer Spannung $U = 100$ V im Gleichgewicht gehalten ($v_1 = 0$). Wie viele Elementarladungen trägt das Tröpfchen? Berechnen Sie auch die Masse und den Radius des kugelförmigen Tröpfchens.

Aufgabe 1.3.6

Begründen Sie den klassischen Elektronenradius

$$r_e = \frac{e^2}{(4\pi\epsilon_0)\, m_e\, c^2}$$

und geben Sie seinen Zahlenwert an.

Aufgabe 1.3.7

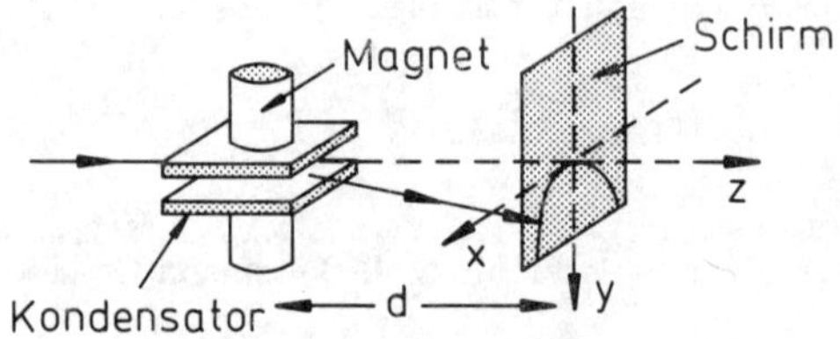

Das älteste Verfahren zur q/m-Bestimmung ist die sogenannte *Parabelmethode* von Thomson, die **parallel** geschaltete, elektrische und magnetische Felder zur Ablenkung eines in z-Richtung eintreffenden Ionen- oder Elektronenstrahls benutzt. Zwischen plattenförmig ausgebildeten Polschuhen eines Elektromagneten befindet sich ein Plattenkondensator, so daß der Strahl dort ein jeweils in y-Richtung orientiertes magnetisches und elektrisches Feld vorfindet. Der Punkt, in dem der Strahl ohne Felder auf den Schirm auftreffen würde, definiert den Koordinatenursprung des skizzierten Achsenkreuzes.

1) Zeigen Sie, daß bei eingeschalteten Feldern die Auftreffpunkte der Teilchen (Ladung q, Masse m) auf dem Schirm eine Parabel beschreiben.

2) Wo treffen die energiereichen Teilchen auf?

3) Wie lassen sich leichte Abweichungen von der reinen Parabelgestalt in Scheitelnähe erklären?

1.4 Lichtwellen, Lichtquanten

Man weiß heute, daß elektromagnetische Wellen einen riesigen Erscheinungsbereich der Physik abdecken. Der Teil, der in unserem Auge den Eindruck von *Licht* erweckt, stellt dabei nur einen sehr kleinen Anteil dar und weist in dem betreffenden Wellenlängenbereich auch überhaupt keine Besonderheiten auf. Lichtstrahlen (-wellen) sind elektromagnetische Transversalwellen, bei denen der elektrische und der magnetische Feldvektor mit räumlicher und zeitlicher Periode zueinander und zur Ausbreitungsrichtung senkrecht schwingen. Aus der klassischen Elektrodynamik wissen wir vor allem aber auch, daß die elektromagnetische Welle stetig Energie aufnehmen (abgeben) kann. Ihre Intensität ist ebenfalls stetig veränderbar. Die Wellentheorie des Lichtes, die Mitte des letzten Jahrhunderts durch die theoretischen Arbeiten J.L. Maxwells (1862) und die bestätigenden Experimente von H. Hertz (1888) ihren noch heute gültigen, hohen Stellenwert erlangte, vermittelt also insbesondere den Eindruck der *Stetigkeit* und *Homogenität*. Zu Beginn dieses Jahrhunderts tauchten dann aber erste unübersehbare Hinweise auf eine diskrete Struktur der Lichtstrahlung auf, vor allem bei der Wechselwirkung von Strahlung und

Materie. Eine zunächst unerklärliche Koexistenz von *Wellenbild* und *Teilchenbild* war geboren. Um die Bedeutung dieses *Dualismus* klar zu erkennen, stellen wir zunächst in den folgenden Abschnitten einige Tatsachen zur Wellennatur des Lichtes zusammen, selbst auf die Gefahr hin, dem Leser damit ihm bereits Bekanntes zu vermitteln. Das Kapitel wird schließen mit Betrachtungen über einige *experimentelle Beweise* zur Quantennatur des Lichtes.

1.4.1 Interferenz, Beugung

Ein entscheidendes Kriterium für den Wellenbegriff ist die *Interferenzfähigkeit*. Naiv formuliert ist das die Erscheinung, daß Licht durch Licht ausgelöscht werden kann. Allerdings sind nur sogenannte *kohärente* Lichtwellen zur Interferenz fähig. Interferierende Wellenzüge müssen während einer Zeit t, die groß verglichen mit der Schwingungsdauer $\tau = 1/\nu$ ist, in einer festen Phasenbeziehung zueinander stehen. Da die Ausstrahlung durch einzelne, voneinander unabhängige Atome bewirkt wird, und die Ausstrahlungsakte innerhalb sehr kurzer Zeit erfolgen, was Wellenzüge endlicher Länge bedingt, ist klar, daß kohärentes Licht **nicht** aus zwei verschiedenen Quellen stammen kann. Natürlich kommt auch das Einzelatom allein als Lichtquelle nicht in Frage. Wir erinnern an zwei bekannte Beispiele: Beim

Fresnel-Spiegelversuch

ersetzt man die Lichtquelle L durch die virtuellen Bilder L_1 und L_2, die von zwei unter dem Winkel α geneigten Spiegeln entworfen werden. Von diesen

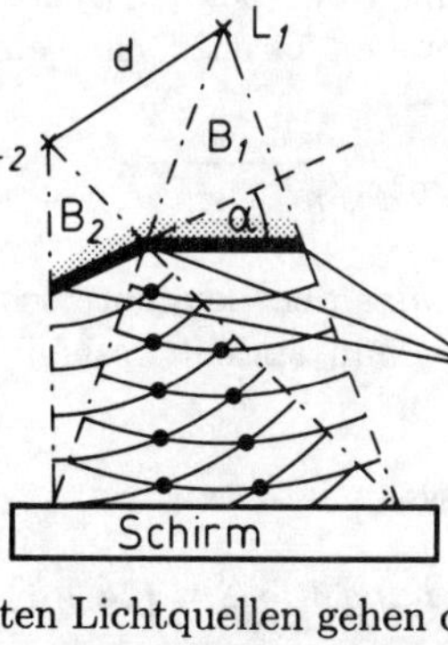

virtuellen, sicher kohärenten Lichtquellen gehen die Bündel B_1 und B_2 aus, die miteinander interferieren. Ob dabei Verstärkung oder Auslöschung in einem Punkt P auftritt, hängt davon ab, ob der Wegunterschied $\overline{PL_1} - \overline{PL_2}$ ein gerad- oder ungeradzahliges Vielfaches der halben Lichtwellenlänge λ darstellt. Auf dem Schirm erscheinen *Interferenzstreifen* als Hyperbeln, da die Hyperbel der Ort aller Punkte ist, für die die Differenz der Abstände von zwei festen Orten (L_1 und L_2) konstant ist. Sie verlaufen durch die Schnittpunkte der Kreise um L_1 und L_2, deren Radienunterschiede $0, \lambda, 2\lambda, \ldots$ betragen, da sich dort die kohärent von L_1 und L_2 ausgehenden Wellen zu maximaler Intensität verstärken. Ist der Wegunterschied ein ungeradzahliges Vielfaches von $\lambda/2$, so fällt ein Wellental des einen auf einen Wellenberg des anderen Wellenzuges. Es tritt somit Auslöschung auf. Auf einem Schirm treten also helle und dunkle Streifen auf.

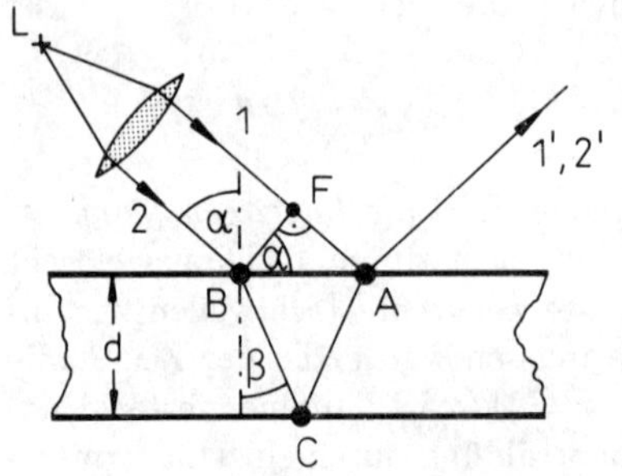

Man kann sich interferierende, kohärente Lichtwellen bekanntlich auch durch Reflexion an zwei parallelen Spiegeln, zum Beispiel an den Grenzflächen einer planparallelen Platte, erzeugen. Strahl 1 fällt unter dem Winkel α bei Punkt A auf die planparallele Schicht und wird dort teilweise reflektiert. In Punkt B trifft ein zu Strahl 1 paralleler Strahl 2 auf, der in Richtung Punkt C gebrochen und dort reflektiert wird und bei Punkt A wieder aus der Platte austritt. Die Strahlen $1'$ und $2'$ haben dann den folgenden Gangunterschied:

$$\Delta = n(\overline{\mathrm{BC}} + \overline{\mathrm{CA}}) - \overline{\mathrm{FA}} + \frac{\lambda}{2}.$$

n ist die Brechzahl des Plattenmaterials:

$$n = \frac{\sin\alpha}{\sin\beta}.$$

$\lambda/2$ muß addiert werden, da die Welle bei der Reflexion am optisch dichteren Medium, d.h. hier an der oberen Grenzfläche, einen Phasensprung um π erleidet. Man findet leicht:

$$\Delta = 2\,d\,\sqrt{n^2 - \sin^2\alpha} + \frac{\lambda}{2}. \tag{1.68}$$

Bei gegebener Plattendicke d wird der Gangunterschied also allein durch den Neigungswinkel α bestimmt. Man spricht deshalb von *Interferenz gleicher Neigung* mit

$$\begin{aligned} \textit{Verstärkung} \Longleftrightarrow \quad & \Delta = z\,\lambda, \\ \textit{Auslöschung} \Longleftrightarrow & \Delta = (2z+1)\frac{\lambda}{2}. \end{aligned} \tag{1.69}$$

$z = 0, 1, 2, 3, \ldots$ ist die Ordnungszahl der Interferenz.

Beide Beispiele dokumentieren, daß die Deutung des Interferenzphänomens unbedingt den Wellencharakter des Lichtes benötigt.

Beleuchtet man eine kleine Lochblende, so beobachtet man auf einem Schirm je nach Abstand des Schirms von der Blende in der Bildmitte Minima oder Maxima der Helligkeit. Hinter einem kleinen, schattenwerfenden Scheibchen bleibt dagegen in der Bildmitte stets ein helles Zentrum, das man den *Poissonschen Fleck* nennt. Licht muß also in den geometrischen Schatten eingedrungen sein. Die Abweichung des Lichtes von der geradlinigen Ausbreitung bezeichnet man als

Beugung,

ein Phänomen, das bei **allen** Wellenvorgängen beobachtet wird. Zur Erzeugung deutlicher Beugungseffekte hat man jedoch Körper oder Öffnungen zu verwenden, deren Linearabmessungen in die Größenordnung der Wellenlänge des verwendeten Lichtes fallen. Erklärt werden Beugungserscheinungen durch das

Huygenssche Prinzip:

Jeder Punkt des Raumes, der von einer Welle erreicht wird, ist der Entstehungsort einer neuen Elementarwelle. Der Wellenzustand zu einem späteren Zeitpunkt ist das Ergebnis der Interferenz aller Elementarwellen.

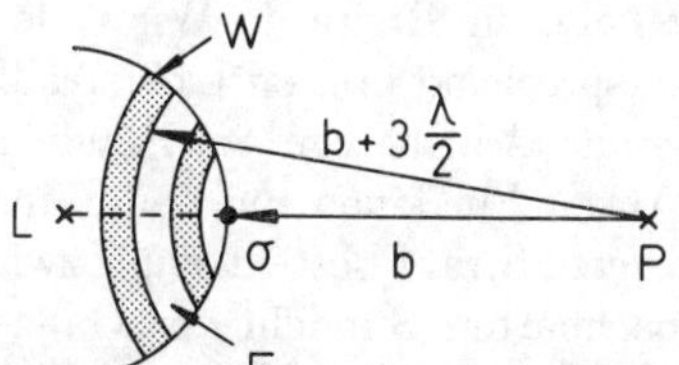

Verstehen lassen sich Beugungserscheinungen dann durch Konstruktion der sogenannten *Fresnelschen Zonen*. W sei die Oberfläche einer von L ausgehenden Kugelwelle. Nach dem Huygensschen Prinzip ist die von W bewirkte Erregung auf das Zusammenspiel aller von W ausgehenden Elementarwellen zurückzuführen. Man lege nun um den Beobachtungspunkt P eine Schar von konzentrischen Kugelflächen mit Radienunterschieden von $\lambda/2$. Die innerste berühre W im Punkt O. Sie schneiden aus der Wellenfront W die *Fresnelschen Zonen* aus. Man kann zeigen, daß das arithmetische Mittel der Flächensegmente F_{n+1} und F_{n-1} gerade gleich der eingeschlossenen Fläche F_n ist. Zu jedem Punkt aus F_n läßt sich nun in der oberen halben $(n-1)$-ten oder unteren halben $(n+1)$-ten Zone ein Punkt finden, so daß die von dort ausgehenden Elementarwellen im Punkt P einen Gangunterschied von $\lambda/2$ besitzen, sich also auslöschen. Nur die halbe erste und die halbe letzte Zone, die durch den von Punkt P an W angelegten Tangentenkegel begrenzt wird, wirken noch in P. Da die Intensität mit $1/r^2$ abnimmt, können wir den Einfluß der letzten Zone vernachlässigen. Die Lichterregung rührt also nur von der halben innersten Zone her.

Hat man in O eine Lochblende, die gerade die innerste Fresnelsche Zone freiläßt, dann wirken in P **alle** von der Blendenöffnung ausgehenden Elementarwellen, ohne sich durch Interferenz zu schwächen. Man beobachtet deshalb in und um

P herum eine größere Helligkeit als bei fehlender Blende, da in dem Fall nur die **halbe** innerste Zone zur Wirkung kommt. Gibt die Blende eine gerade Zonenzahl frei, so herrscht in der Mitte bei P Dunkelheit. Bei einer ungeraden Zahl bleibt die Wirkung von mindestens einer Zone erhalten. Es herrscht also Helligkeit in P. – Stellt man in O einen Schirm auf, der gerade die innerste Zone abdeckt, so bleibt trotzdem in P Helligkeit, weil nun die Summation über die zweite, dritte, ... , n-te Zone mit derselben Überlegung wie oben die Wirkung der halben zweiten Zone in P übrigläßt. Schirmt man auch die zweite Zone ab, so bleibt die Wirkung der halben dritten Zone, usw. ... Das erklärt den *Poissonschen Fleck*.

1.4.2 Fraunhofer-Beugung

Man unterscheidet, je nachdem ob es sich um paralleles oder divergentes Licht handelt, Fraunhofersche und Fresnelsche Beugungserscheinungen. Zur Demonstration von Fraunhofer-Beugung macht man das Licht zunächst mit einer Linse parallel und vereinigt es hinter dem beugenden Objekt mit einer weiteren Linse wieder in der Brennebene. Wir diskutieren kurz die

Beugung am Spalt.

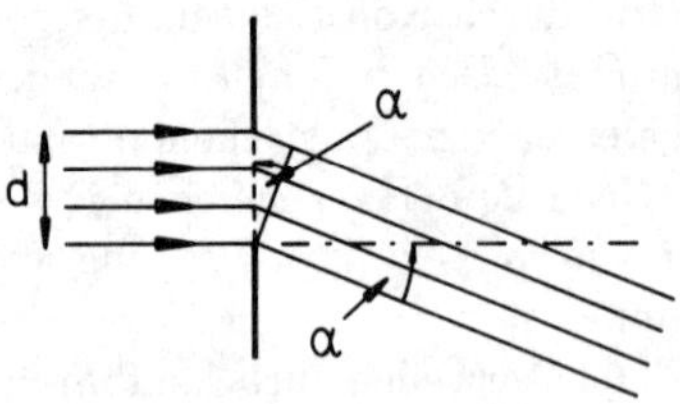

Der Spalt habe die Breite d. Wir zerlegen den entsprechend breiten Lichtstrahl in eine gerade Anzahl von $2n$ Bündeln gleicher Dicke. Für einen um den Winkel α *gebeugten* Strahl besteht dann zwischen benachbarten Bündeln der Gangunterschied:

$$\Delta_n = \frac{d}{2n} \sin\alpha .$$

Beträgt dieser gerade $\lambda/2$, so löschen sich die Teilbündel gegenseitig aus. Wir haben also als Bedingung für

Intensitätsminima:

$$n\,\lambda = d \sin\alpha_n ; \qquad n = 1, 2, 3, \ldots . \tag{1.70}$$

Die Richtungen, unter denen Maxima auftreten, findet man, wenn man den Spalt in eine **ungerade** Anzahl von gleich dicken Spaltbündeln zerlegt und fordert, daß sich die Beiträge nächstbenachbarter Bündel gerade auslöschen. Es bleibt dann nämlich stets die Wirkung eines Teilbündels übrig:

Intensitätsmaxima:

$$\left(n + \frac{1}{2}\right) \lambda = d \sin\beta_n ; \qquad n = 1, 2, 3, \ldots . \tag{1.71}$$

Man erkennt an (1.70) und (1.71), daß Beugungsphänomene nur dann beobachtet werden können, wenn die Wellenlänge λ des Lichtes von derselben Größenordnung wie die Linearabmessungen des beugenden Objekts (hier d) ist.

Aus dieser bislang recht elementaren Ableitung ist über die Intensitäten kaum Information zu entnehmen; höchstens die, daß mit wachsender Ordnung n der Maxima die Intensität abnehmen muß, da dann ein immer kleineres Strahlenbündel **nicht** weginterferiert wird.

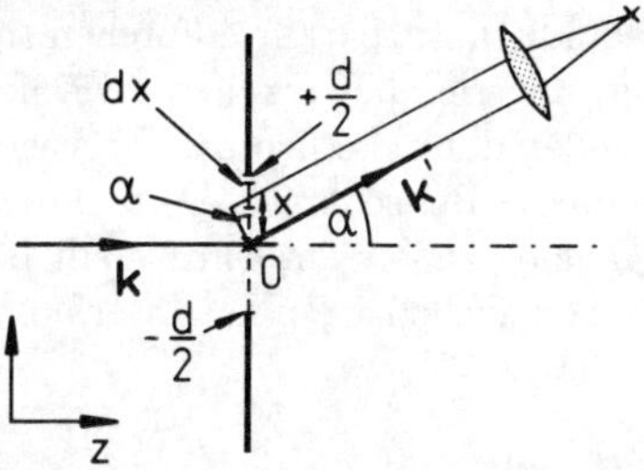

Nach dem Huygensschen Prinzip geht von jedem Spaltelement dx eine Kugelwelle aus, die im Abstand r' von dx die Amplitude

$$dW = W_0 \frac{dx}{r'} e^{i(\omega t - k' r')}$$

besitzt, wobei natürlich

$$|\mathbf{k}'| = |\mathbf{k}|$$

gelten muß. Wenn der Nullpunkt mit dem Spaltmittelpunkt zusammenfällt und r der Abstand des Beobachters vom Nullpunkt ist, so gilt:

$$r' = r - x \sin\alpha.$$

Bei hinreichend großem Abstand läßt sich dann abschätzen:

$$dW \approx W_0 \frac{dx}{r} e^{i(\omega t - kr)} e^{ikx \sin\alpha}.$$

Das Betragsquadrat der gesamten Amplitude, die sich nach Integration von dW über den vollen Spalt ergibt, entspricht der Intensität der gebeugten Strahlung am Beobachtungspunkt:

$$I = I_0 \frac{d^2}{r^2} \frac{\sin^2\left(\frac{kd}{2}\sin\alpha\right)}{\left(\frac{kd}{2}\sin\alpha\right)^2}. \tag{1.72}$$

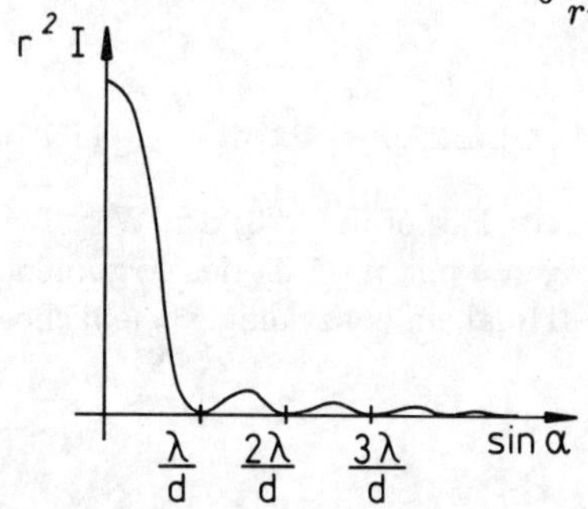

I_0 ist die auf den Spalt auffallende Intensität $\left(\lim\limits_{x\to 0} \frac{\sin^2 x}{x^2} = 1\right)$. Das Beugungsbild des Spaltes weist Minima unter Winkeln α_n auf, für die

$$\frac{1}{2} kd \sin\alpha_n = n\,\pi$$

gilt. Das stimmt wegen $k = 2\pi/\lambda$ mit

dem Resultat (1.70) unserer vorangegangenen, einfacheren Überlegung überein. Die Höhe der Beugungsmaxima ist proportional zu d^2, die Breite proportional zu d^{-1} und damit die Fläche unter einem Intentsitätspeak proportional zur Spaltbreite d.

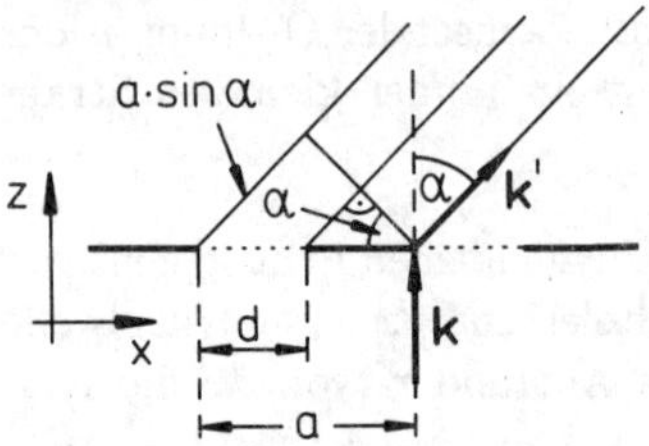

Wir erweitern nun unsere Überlegungen auf ein *Gitter* aus N identischen, parallelen Spalten der Breite d im Abstand a. Man kann dazu z.B. in eine planparallele Platte äquidistante, parallele Furchen ritzen. Die unverletzten Streifen zwischen diesen stellen dann die lichtdurchlässigen Spalten dar. – Bei senkrechtem Lichteinfall kann nun die Fraunhofer-Beugung völlig analog zu der am Einzelspalt berechnet werden. Es wird eine große Anzahl N von Wellenzügen zur Interferenz gebracht:

$$W = W_1 \sum_{n=1}^{N} e^{i(n-1)\, a\, k \sin\alpha} .$$

W_1 ist die Amplitude für den Einzelspalt der Breite d. Der zweite Faktor resultiert aus der relativen Verschiebung der N Spaltpositionen. Die Summe läßt sich leicht ausführen:

$$W = W_1 \frac{1 - e^{i\, N\, a\, k \sin\alpha}}{1 - e^{i\, a\, k \sin\alpha}} .$$

Damit ergibt sich als Intensität:

$$I = I_1 \frac{\sin^2\left(N \frac{a\pi}{\lambda} \sin\alpha\right)}{\sin^2\left(\frac{a\pi}{\lambda} \sin\alpha\right)} . \tag{1.73}$$

I_1 ist die vom Einzelspalt herrührende Intensität, die wir in (1.72) berechnet haben. Der zweite Faktor, der durch die periodische Anordnung der N Spalte im Gitterabstand a bewirkt wird, sorgt für Haupt- und Nebenmaxima der Intensität, die durch den ersten Faktor moduliert werden. Man findet:

Hauptmaxima:

$$\sin\alpha_n = n\,\frac{\lambda}{a}; \qquad n = 0, \pm 1, \pm 2, \ldots \tag{1.74}$$

Bei diesen Beugungswinkeln α_n nimmt der zweite Faktor in (1.73) den Wert N^2 an. Zwischen zwei Hauptmaxima der Ordnungen n und $n+1$ ist das Argument der Sinusfunktion im Zähler von (1.73) $(N-1)$mal ein ganzzahliges Vielfaches von π:

$$\sin\overline{\alpha}_{n'} = \frac{n'}{N}\,\frac{\lambda}{a};$$
$$n' = N\,n + 1,\ N\,n + 2, \ldots,\ N\,(n+1) - 1.$$

Unter diesen Winkeln ist der Zähler der Intensitätsformel Null, während der Nenner in (1.73) endlich bleibt. Es handelt sich also um $(N-1)$ Nullstellen zwischen zwei Hauptmaxima. Dies bedeutet andererseits, daß es dort auch $(N-2)$ Nebenmaxima geben muß. Deren Intensität hat aber gegenüber dem Hauptmaximum um den Faktor $1/N^2$ abgenommen. Die Nebenmaxima sind bei vielen Spalten, also großem N, deshalb unbedeutend.

Bisher haben wir uns an einfache Beugungsphänomene erinnert, die am Spalt der Breite d oder am mit vorgebbarer Gitterkonstanten a künstlich herstellbaren, ebenen Strichgitter beobachtet werden und eindeutig von der Wellennatur des Lichtes bzw. der elektromagnetischen Strahlung zeugen. Es handelte sich dabei stets um Streuprozesse an makroskopischen Körpern, deren mikroskopischer, atomarer Aufbau bislang keine Rolle spielte. Entscheidende Voraussetzung für deutliche Beugungsbilder war allerdings, daß a bzw. d von derselben Größenordnung ist wie die Wellenlänge λ der Strahlung. Das bedeutet, daß man für die verschiedenen Wellenlängenbereiche unterschiedliche Beugungsgitter einzusetzen hat. Für *Radiowellen, langwelliges Infrarot* ($\lambda \geq 10^{-4}$ m) benutzt man Drahtgitter, für *kurzwelliges Infrarot, sichtbares Licht, Ultraviolett* (10^{-6} m $\geq \lambda \geq 10^{-8}$ m) kommen die besprochenen Strichgitter (Glasplatten) in Betracht, während die *Röntgenstrahlung* (10^{-9} m $\geq \lambda \geq 10^{-11}$ m) durch die regelmäßige Anordnung der Atome im Kristallgitter zu Beugungs- und Interferenzerscheinungen veranlaßt werden kann. Davon soll im nächsten Abschnitt die Rede sein.

1.4.3 Beugung am Kristallgitter

Eine ebene Welle falle auf einen Kristall, der aus $N = N_1\,N_2\,N_3$ Einheitszellen bestehen möge, mit den primitiven Translationen $\mathbf{a}_1, \mathbf{a}_2, \mathbf{a}_3$. Es handele sich um ein Bravais-Gitter, d.h., jede Atomart ist durch ein Tripel $\mathbf{n} = (n_1, n_2, n_3)$ **ganzer** Zahlen n_i gekennzeichnet:

$$\mathbf{R}^{\mathbf{n}} = \sum_{i=1}^{3} n_i\,\mathbf{a}_i. \tag{1.75}$$

Die Amplitude der Welle sei am Ort $\mathbf{r}$ im **freien** Raum:

$$A(\mathbf{r}, t) = A_0\,e^{i(\mathbf{k}\cdot\mathbf{r}-\omega t)}.$$

Wir interessieren uns hier nicht für die Zeitabhängigkeit. Alle folgenden Überlegungen gelten deshalb für den festen Zeitpunkt $t = 0$. Der Kristall möge ferner die einfallende Welle nicht allzu sehr stören, so daß am Gitterpunkt $\mathbf{R}^{\mathbf{n}}$ anzusetzen ist:

$$A(\mathbf{R}^{\mathbf{n}}) = A_0\,e^{i\,\mathbf{k}\cdot\mathbf{R}^{\mathbf{n}}}.$$

Das Atom bei $\mathbf{R^n}$ streut die Welle und erzeugt dabei eine auslaufende Kugel-

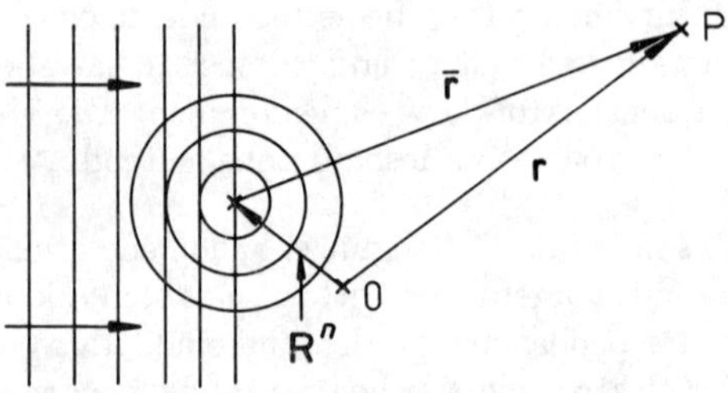

welle. Im Abstand $\bar{\mathbf{r}}$ vom streuenden Atom befinde sich der Beobachtungspunkt P. Dort hat die Kugelwelle die Amplitude

$$A_0\, e^{i\,\mathbf{k}\cdot\mathbf{R^n}}\, \frac{e^{i\,k\,\bar{r}}}{\bar{r}}.$$

Dabei haben wir vorausgesetzt, daß die Streuung elastisch erfolgt ($|\mathbf{k}'| = k$). Der Nullpunkt des Koordinatensystems befindet sich im Kristall. Der Beobachtungspunkt P liege weit außerhalb des Kristalls, so daß wir $r \gg R^{\mathbf{n}}$ ausnutzen können:

$$\bar{r} \approx r - R^{\mathbf{n}} \cos\big(\sphericalangle(\mathbf{R^n}, \mathbf{r})\big).$$

Demnach können wir in dem obigen Amplitudenausdruck $1/\bar{r}$ direkt durch $1/r$ ersetzen. Für das Argument der Exponentialfunktion schreiben wir:

$$\mathbf{k} \cdot \mathbf{R^n} - k\, R^{\mathbf{n}} \cos\big(\sphericalangle(\mathbf{R^n}, \mathbf{r})\big) = (\mathbf{k} - \mathbf{k}') \cdot \mathbf{R^n}.$$

$\mathbf{k}'$ ist der Wellenvektor der nach P gestreuten Welle:

$$\mathbf{k}' = k\, \frac{\mathbf{r}}{r}.$$

$k' = k$ entspricht dabei der Annahme einer elastischen Streuung. Der Gitterplatz $\mathbf{R^n}$ trägt also zur Amplitude der Streustrahlung in P

$$A_0\, \frac{e^{i\,k\,r}}{r}\, e^{i(\mathbf{k}-\mathbf{k}')\cdot\mathbf{R^n}}$$

bei. Diesen Ausdruck müssen wir nun über alle Bravais-Gitterpunkte aufsummieren, um die totale Amplitude in P zu erhalten. Deren Betragsquadrat liefert die Intensität der Streustrahlung:

$$I_s(\mathbf{r}) \sim \frac{1}{r^2} \prod_{i=1}^{3} \left| \sum_{n_i=1}^{N_i} e^{i(n_i-1)\,\mathbf{a}_i\cdot(\mathbf{k}-\mathbf{k}')} \right|^2. \tag{1.76}$$

Die Auswertung der Summen rechts erfolgt wie zu (1.73):

$$I_s(\mathbf{r}) \sim \frac{1}{r^2} \prod_{i=1}^{3} \left| \frac{\sin\left[\frac{1}{2} N_i \, \mathbf{a}_i \cdot (\mathbf{k} - \mathbf{k}')\right]}{\sin\left[\frac{1}{2} \mathbf{a}_i \cdot (\mathbf{k} - \mathbf{k}')\right]} \right|^2 . \tag{1.77}$$

Maxima der Intensität treten immer dann auf, wenn die Summenterme in (1.76) sämtlich ihren Maximalwert 1 haben. Dies liefert die Bedingungen:

$$\begin{aligned} \mathbf{a}_1 \cdot (\mathbf{k} - \mathbf{k}') &= 2\pi \, z_1, \\ \mathbf{a}_2 \cdot (\mathbf{k} - \mathbf{k}') &= 2\pi \, z_2; \quad z_{1,2,3} \in \mathbb{Z}, \\ \mathbf{a}_3 \cdot (\mathbf{k} - \mathbf{k}') &= 2\pi \, z_3 \end{aligned} \tag{1.78}$$

Lauesche Gleichungen.

Wie beim Strichgitter (Kapitel 1.4.2) überlegt man sich, daß zwischen je zwei dieser Hauptmaxima in i-Richtung $(N_i - 1)$ Nullstellen und somit $(N_i - 2)$ Nebenmaxima liegen, wobei jedoch die Intensitätsverhältnisse von Haupt- zu Nebenmaxima von der Größenordnung N_i^2 sind. Ein kräftiger gebeugter Strahl ergibt sich also nur dann, wenn die drei Lauesche Gleichungen *gleichzeitig* erfüllt sind. Die Lauesche Gleichungen (1.78) implizieren, daß wegen (1.75) für **jeden** Bravais-Gitterpunkt $\mathbf{R}^\mathbf{n}$ gelten muß:

$$\mathbf{R}^\mathbf{n} \cdot (\mathbf{k} - \mathbf{k}') = 2\pi \, z; \qquad z \in \mathbb{Z}.$$

Dies bedeutet:

$$\exp\left[i(\mathbf{k} - \mathbf{k}') \cdot \mathbf{R}^\mathbf{n}\right] = 1 \qquad \forall \; \mathbf{R}^\mathbf{n}. \tag{1.79}$$

Dieses ist aber genau die Definitionsgleichung für reziproke Gittervektoren, so daß wir zu der Schlußfolgerung kommen:

Konstruktive Interferenz (Lauescher Interferenzfleck)

$$\Longleftrightarrow \; \mathbf{k} - \mathbf{k}' \equiv \mathbf{K} : \text{ Vektor des reziproken Gitters.} \tag{1.80}$$

Das vom Kristallgitter entworfene Beugungsbild ist also ein Abbild des reziproken Gitters!

Wir wollen die Laue-Bedingungen noch von einer anderen Seite beleuchten, müssen uns dazu aber zunächst an einige Definitionen und Begriffsbildungen der Kristallphysik erinnern. Unter einer *Netzebene* versteht man jede Ebene im Kristall, die mit Atomen besetzt ist. Man beschreibt ihre Lage durch die sogenannten *Millerschen Indizes* (h, k, l), die man wie folgt konstruiert: Man bestimmt die Schnittpunkte

$$x_i \, \mathbf{a}_i; \qquad i = 1, 2, 3$$

der betrachteten Ebene mit den vorgegebenen Achsen. Über

$$x_1^{-1} : x_2^{-1} : x_3^{-1} = h : k : l$$

legt man ein Tripel (h, k, l) teilerfremder ganzer Zahlen fest, das die Richtung der Ebene eindeutig charakterisiert. Für die Achsenabschnitte gilt also:

$$x_1 = \frac{\alpha}{h}; \quad x_2 = \frac{\alpha}{k}; \quad x_3 = \frac{\alpha}{l}$$

mit einem gemeinsamen Faktor α. Liegt ein Schnittpunkt im Unendlichen, d.h., liegt die betrachtete Ebene parallel zu einer der Achsen, so ist der zugehörige Millersche Index Null.

Es gibt einen engen Zusammenhang zwischen den Vektoren des reziproken Gitters,

$$\mathbf{K}^{\mathbf{p}} = \sum_{i=1}^{3} p_i \, \mathbf{b}_i; \quad p_i \in \mathbb{Z}, \tag{1.81}$$

und den Netzebenen des direkten Gitters. $\mathbf{b}_i$ sind die primitiven Translationen des reziproken Gitters, für die

$$\mathbf{a}_i \cdot \mathbf{b}_j = 2\pi \, \delta_{ij} \tag{1.82}$$

gilt. Daraus bestimmt man:

$$\mathbf{b}_i = \frac{2\pi}{V_z} (\mathbf{a}_j \times \mathbf{a}_k); \ (i, j, k) = (1, 2, 3) \text{ und zyklisch,} \tag{1.83}$$

$$V_z = \mathbf{a}_1 \cdot (\mathbf{a}_2 \times \mathbf{a}_3) : \text{ Volumen der Elementarzelle.}$$

Wir beweisen als Aufgaben 1.4.2 und 1.4.3:

1) Der Vektor $\mathbf{K}^{\mathbf{p}}$ steht senkrecht auf der (p_1, p_2, p_3)-Ebene des direkten Gitters.

2) Für den Abstand der Ebenen in der (p_1, p_2, p_3)-Netzebenenschar gilt:

$$d(p_1, p_2, p_3) = \frac{2\pi}{|\mathbf{K}^{\mathbf{p}}|}. \tag{1.84}$$

Wir kommen nun zu den Laue-Gleichungen (1.80) zurück. Es war **elastische** Streuung $(k = k')$ angenommen worden. Dies bedeutet:

$$k = k' = |\mathbf{k} - \mathbf{K}| \iff k^2 = k^2 + K^2 - 2\,\mathbf{k} \cdot \mathbf{K}$$

und somit:

$$\mathbf{k}\kappa = \frac{1}{2}K; \quad \kappa = \frac{\mathbf{K}}{|\mathbf{K}|}.$$

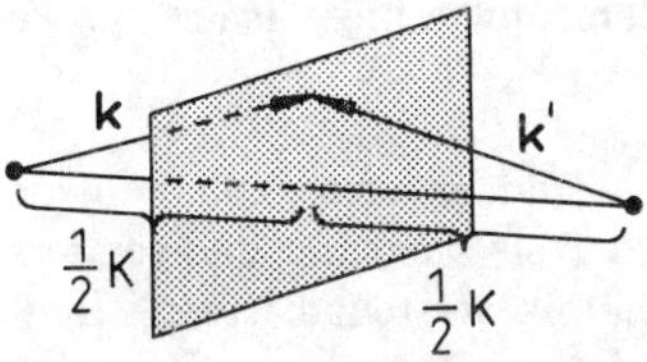

Dies ergibt eine Neu-Interpretation der Laue-Gleichungen. Die Projektion des *einfallenden* Wellenvektors $\mathbf{k}$ auf die Richtung eines reziproken Gittervektors muß gleich dessen halber Länge sein. Solche $\mathbf{k}$-Vektoren definieren eine Ebene, die auf $\mathbf{K}$ senkrecht steht. Man nennt diese Ebene eine *Bragg-Ebene*. Wegen gleicher Länge ($k = k'$) schließen die beiden, die Laue-Bedingungen erfüllenden Wellenvektoren denselben Winkel ϑ mit der Bragg-Ebene ein:

$$K = 2\,k \sin\vartheta. \tag{1.85}$$

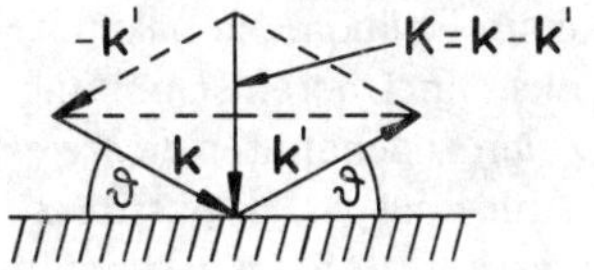

Nach unseren Vorüberlegungen steht $\mathbf{K}$ als reziproker Gittervektor senkrecht auf einer Netzebenenschar mit dem Abstand

$$d = \frac{2\pi}{|\mathbf{G}^{(p_1 p_2 p_3)}|}.$$

Da die p_1, p_2, p_3 teilerfremd sind, ist $\mathbf{G}^{\mathbf{p}}$ der kürzeste reziproke Vektor in Richtung von $\mathbf{K}$: Das reziproke Gitter ist ein Bravais-Gitter, so daß gelten muß:

$$K = n|\mathbf{G}^{\mathbf{p}}| = n\,\frac{2\pi}{d}; \qquad n = 1, 2, \ldots$$

Kombiniert mit (1.85) haben wir somit die

Bragg-Bedingung:

$$2\,d(p_1, p_2, p_3) \sin\vartheta = n\,\lambda; \qquad n = 1, 2, \ldots \tag{1.86}$$

abgeleitet, die der Laue-Bedingung (1.80) völlig äquivalent ist. Die *Ordnung n der Bragg-Reflexion* ist also die Länge von $\mathbf{K} = \mathbf{k} - \mathbf{k}'$ dividiert durch die Länge des kleinsten zu $\mathbf{K}$ parallelen Gittervektors. Durch die Beziehung (1.86) wird der Eindruck vermittelt, als ob die einfallenden Wellen an den Bausteinen einer Netzebene, wenn auch nur zu einem geringen Teil, reflektiert werden. Ein gebeugter Strahl nennenswerter Intensität ergibt sich jedoch nur in den Richtungen, in denen die an parallelen Netzebenen reflektierte Strahlung konstruktiv interferiert, d.h. einen Gangunterschied aufweist, der einem ganz-

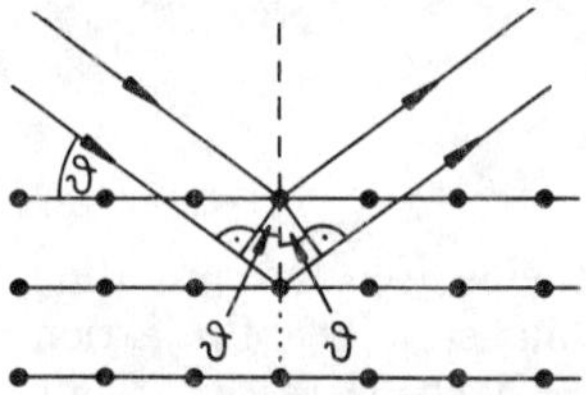

zahligen Vielfachen der Wellenlänge λ entspricht. Das ist aber gerade die Bedingung (1.86). Das Beugungsbild gibt somit Auskunft über die Millerschen Indizes und demzufolge über das reziproke Gitter.

Das wesentliche Fazit der geschilderten Beugungs- und Interferenzphänomene läßt sich kurz auf die Tatsache zusammenziehen, daß sie sich samt und sonders im Rahmen der Maxwell-Theorie der Elektrodynamik verstehen lassen. Beugungsintensitäten, zum Beispiel (1.77), sind den Intensitäten der auffallenden Strahlung proportional. Letztere lassen sich aber kontinuierlich einstellen. Es gibt keinerlei Hinweise auf eine irgendwie geartete Quantennatur der elektromagnetischen Wellen.

1.4.4 Lichtquanten, Photonen

Um die Jahrhundertwende wurden dann jedoch erste Phänomene bekannt, die mit der Wellennatur des Lichtes ganz und gar nicht in Übereinstimmung gebracht werden konnten. 1887 entdeckte H. Hertz den sogenannten *lichtelektrischen Effekt* (*Photoeffekt*), unter dem man die Ablösung von Elektronen aus einer mit UV-Licht bestrahlten Metalloberfläche versteht. Die experimentellen Fakten lassen sich wie folgt zusammenfassen:

1) Der Photoeffekt tritt erst oberhalb einer bestimmten Grenzfrequenz ν_g auf. Diese Schwellenfrequenz ist spezifisch für das verwendete Material.

2) Die kinetische Energie der austretenden *Photoelektronen* wird durch die Frequenz des eingestrahlten Lichtes festgelegt, ist dagegen unabhängig von der Lichtintensität! Der Zusammenhang zwischen kinetischer Energie und Lichtfrequenz ist linear.

3) Für $\nu \geq \nu_g$ ist die Zahl der emittierten Photoelektronen proportional zur eingestrahlten Lichtintensität.

4) Der Photoeffekt erfolgt ohne zeitliche Verzögerung ($< 10^{-9}$ s).

Die qualitative Deutung des Potoeffekts scheint auf den ersten Blick selbst im klassischen Wellenbild keine Schwierigkeiten zu bereiten. Nach der klassischen Elektrodynamik (Band 3) ist die Energie einer elektromagnetischen Welle durch deren Intensität gegeben. Der Feldstärkevektor der auffallenden Welle zwingt die Metallelektronen zu heftigem Mitschwingen, das bei Resonanz zwischen der Eigenfrequenz der Elektronenschwingung und der Wellenfrequenz mit so großer Amplitude erfolgen kann, daß die Abtrennung des Elektrons vom Metall möglich wird. Dann muß aber die Energie des abgelösten Elektrons von der einfallenden Welle übernommen worden sein. Es müßte im klassischen Wellenbild also ein Zusammenhang zwischen der **Intensität** der einfallenden Welle und der kinetischen Energie der Elektronen bestehen. Die experimentelle Beobachtung 2) der obigen Liste steht dazu im krassen Widerspruch. Auch Punkt 4) ist klassisch nicht deutbar, da die Ablösung vom Metall dann erfolgt, wenn das betreffende Elektron genügend Energie absorbiert hat. Es müßte demnach eine Zeitverzögerung zwischen Ankunft der Strahlung und Ablösung des Elektrons zu beobachten sein, die um so größer sein sollte, je geringer die Intensität ist.

Die präzise Deutung des Photoeffekts gelang A. Einstein (1905) mit seiner berühmten

Lichtquantenhypothese,

die an die fünf Jahre zuvor von M. Planck aufgestellte Quantenhypothese zur Wärmestrahlung ((1.24) und (1.25), Kap. 1.2.2) anknüpfte.

Die Strahlung der Frequenz ν verhält sich bei der Wechselwirkung mit Materie wie eine Ansammlung von *Lichtquanten (Photonen)* mit der Energie

$$E = h\nu. \tag{1.87}$$

h ist das *Plancksche Wirkungsquantum* mit dem Zahlenwert aus Gleichung (1.3) und ν die Frequenz des Lichtes.

Jedes aus dem Metall befreite Elektron hat genau ein solches Lichtquant absorbiert, wodurch sich seine Energie um $h\nu$ erhöht. Davon wird die Austrittsarbeit W_A verbraucht, um die bindenden Kräfte des Metalls zu überwinden. Die Überschußenergie verbleibt dem Photoelektron als kinetische Energie:

$$h\nu = \frac{1}{2} m v^2 + W_A. \tag{1.88}$$

Die Austrittsarbeit ist eine Eigenschaft des verwendeten Metalls. Sie tritt nicht nur beim Photoeffekt auf, sondern zum Beispiel auch bei der Glühemission, d.h. der thermischen Befreiung von Elektronen aus Metallen. Man hat deshalb die Möglichkeit, W_A unabhängig vom Photoeffekt experimentell zu bestimmen. W_A hat dabei stets die Größenordnung einiger Elektronenvolt (eV). Die niedrigsten Werte findet man bei den Alkalimetallen. Die oben erwähnte Grenzfrequenz ν_g ist ein direktes Maß für die Austrittsarbeit:

$$h\nu_g = W_A. \tag{1.89}$$

Für $\nu < \nu_g$ kann das Elektron das Metall nicht verlassen. Eine Erhöhung der Strahlungsintensität bedeutet eine größere Zahl einfallender Lichtquanten und damit für mehr Elektronen die Möglichkeit, durch Stoßprozesse (Quantenabsorption!) die Austrittsarbeit W_A aufzubringen.

Die Einsteinsche Formel (1.88) wird vom Experiment eindeutig bestätigt. Experimentell wird die kinetische Energie nach der *Gegenfeldmethode* bestimmt. Man läßt die Photoelektronen in einem Kondensator ein Gegenfeld durchlaufen und bestimmt die Gegenspannung U_g, bei der gerade kein Elektron mehr die Gegenelektrode erreichen kann. Es muß dann offensichtlich gelten:

$$\frac{1}{2}\, m\, v^2 = -e\, U_g \implies U_g = \frac{h}{-e}\, \nu - \frac{W_A}{-e}. \tag{1.90}$$

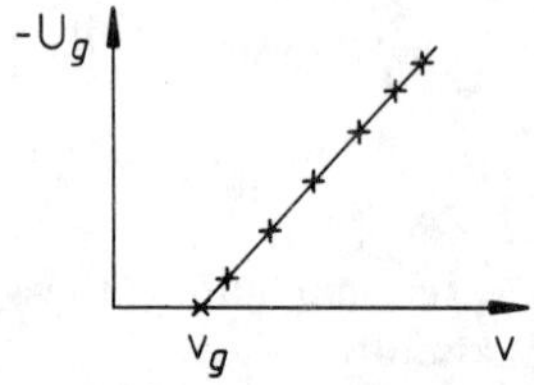

$-U_g$ ist somit eine lineare Funktion der Frequenz ν mit einer Steigung, die der universellen Konstanten h/e entspricht. Der Achsenabschnitt stellt die Grenzfrequenz dar, an der man die Austrittsarbeit W_A (1.89) ablesen kann.

Der wohl überzeugendste Versuch zur Teilchen-Welle-Natur ist der 1922/23 entdeckte *Compton-Effekt*, der bei der Streuung kurzwelliger Röntgenstrahlung an freien oder locker gebundenen Elektronen beobachtet wird. Nach der elementaren Wellentheorie werden die Elektronen durch die einfallende Welle zu erzwungenen Schwingungen veranlaßt, um dann ihrerseits Strahlung zu emittieren. Es sollte deshalb erwartet werden, daß die Frequenz der gestreuten Strahlung mit der der einfallenden Strahlung übereinstimmt. Beobachtet wird jedoch in der gestreuten Strahlung neben der Wellenlänge λ_0 der einfallenden Welle eine zu größeren Werten verschobene Wellenlänge, deren Verschiebung vom Streuwinkel ϑ abhängt und mit wachsendem ϑ zunimmt. Dabei wächst die Intensität der verschobenen Linie auf Kosten der Intensität der nicht-verschobenen mit zunehmendem Streuwinkel an. A. Compton fand (1922/23), daß die Wellenlängendifferenz $\Delta\lambda$ zwischen der *Compton-Linie* und der Primärlinie nicht von der Wellenlänge λ_0 der Primärlinie und auch nicht von der Natur der Streusubstanz abhängt:

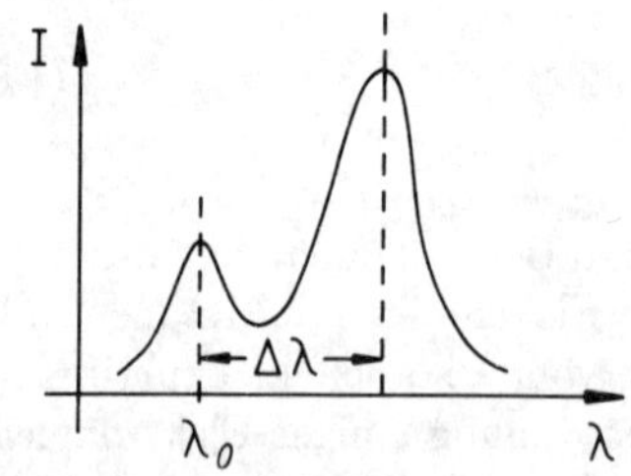

$$\Delta\lambda = \lambda_c(1 - \cos\vartheta), \tag{1.91}$$

λ_c: *Compton-Wellenlänge*. Die Ordnungszahl der Streusubstanz hat allerdings Einfluß auf die Intensitäten; die der verschobenen Linie fällt, die der Primärlinie wächst mit der Ordnungszahl.

Der Compton-Effekt läßt sich nicht im Rahmen der Wellentheorie verstehen, wohl aber, wenn der Strahlung eine korpuskulare Natur zugeschrieben werden kann, d.h. mit Hilfe der *Photonen-Vorstellung*. Danach handelt es sich bei dem Streuprozeß um einen elastischen, nicht-zentralen Stoß zwischen Photon und Elektron, bei dem Impuls- und Energiesatz gelten. Das Photon hat als Teilchen allerdings ganz besondere Eigenschaften. Da es sich mit Lichtgeschwindigkeit bewegt, muß zunächst einmal seine Ruhemasse Null sein. Die Spezielle Relativitätstheorie liefert für die relativistische Energie eines freien Teilchens ((2.63), Bd. 4):

$$T_r = \sqrt{c^2\, p_r^2 + m^2\, c^4}. \tag{1.92}$$

Diese sollte beim Photon gleich $h\,\nu$ sein. Wegen $m = 0$ muß dem Photon dann der relativistische Impuls

$$p_r = \frac{h\,\nu}{c} \tag{1.93}$$

zugeschrieben werden. Wir nutzen Energie- und Impulssatz in dem Bezugssystem aus, in dem das Elektron vor dem Stoß ruht:

Photon:

vor dem Stoß: Energie $= h\,\nu_0$; Impuls $= \dfrac{h\,\nu_0}{c}$,

nach dem Stoß: Energie $= h\,\nu$; Impuls $= \dfrac{h\,\nu}{c}$,

Elektron:

vor dem Stoß: Energie $= m_e\, c^2$; Impuls $= 0$,

nach dem Stoß: Energie $= \sqrt{c^2\, p_r^2 + m_e^2 c^4}$,

Impuls $= \dfrac{m_e\, v}{\sqrt{1 - \dfrac{v^2}{c^2}}} = p_r$.

Den Impulssatz werten wir mit Hilfe des Kosinussatzes aus:

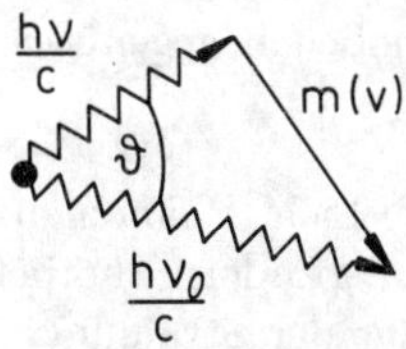

$$p_r^2 = \frac{h^2}{c^2}\left(\nu^2 + \nu_0^2 - 2\nu\,\nu_0 \cos\vartheta\right).$$

Den Energieerhaltungssatz

$$\sqrt{c^2 p_r^2 + m_e^2 c^4} - m_e\, c^2 = h\,\nu - h\,\nu_0$$

quadrieren wir und ziehen davon den mit c^2 multiplizierten Impulssatz ab:

$$0 = h^2(-2\,\nu\,\nu_0 + 2\,\nu\,\nu_0 \cos\vartheta) + 2\, m_e\, c^2 h(\nu - \nu_0).$$

Dies führt mit

$$\frac{\nu_0 - \nu}{\nu_0 \nu} = \frac{\frac{c}{\lambda_0} - \frac{c}{\lambda}}{\frac{c^2}{\lambda \lambda_0}} = \frac{1}{c}(\lambda - \lambda_0)$$

auf die folgende Wellenlängenänderung des gestreuten Photons:

$$\Delta\lambda = \lambda - \lambda_0 = \lambda_c(1 - \cos\vartheta), \tag{1.94}$$

$$\lambda_c = \frac{h}{m_e\, c} = 2{,}4263 \cdot 10^{-2}\,\text{Å} \tag{1.95}$$

"Compton-Wellenlänge".

λ_c setzt sich aus drei Fundamentalkonstanten zusammen und hat die Dimension einer *Länge*. Die Wellenlängenänderung $\Delta\lambda$ hängt nach (1.94) nicht von der Wellenlänge λ_0 der Primärstrahlung ab. – Die Tatsache, daß die Elektronen vor dem Stoß nicht wie angenommen in Ruhe sind, sondern relativ zur Einfallsrichtung der Photonen statistisch verteilte Anfangsimpulse aufweisen, bedingt eine Verbreiterung der Compton-Linie, wodurch die oben abgeleiteten Aussagen des Compton-Effeks jedoch nicht verfälscht werden.

Es bleibt eigentlich nur noch zu klären, wie die unverschobene Linie in der gestreuten Strahlung zustandekommt. Um den Compton-Effekt experimentell gut beobachten zu können, muß man Substanzen mit kleiner Elektronenbindungsenergie verwenden. Diese muß gegenüber der primären Photonenenergie $h\,\nu_0$ vernachlässigbar sein. Das ist bei schwach gebundenen Elektronen in leichten Atomen durchaus der Fall. Bei den schwereren Atomen sind jedoch insbesondere die inneren Elektronen so stark gebunden, daß dann das Photon bei einem Stoßprozeß Energie und Impuls mit dem **gesamten** Atom austauscht. Wegen dessen vergleichsweise sehr großer Masse wird das Photon nach den Gesetzen der Klassischen Mechanik überhaupt keine Energie beim Stoß mit dem Atom abgeben. $h\,\nu_0$ und damit λ_0 bleiben also bei der Streuung unverändert. Bei leichten Atomen können praktisch alle Elektronen als schwach gebunden gelten, bei den schwereren Atomen nur die, die sich in äußeren Schalen bewegen. Deswegen nimmt mit wachsender Ordnungszahl unter sonst gleichen experimentellen Bedingungen die Intensität der verschobenen gegenüber der unverschobenen Linie ab.

Nachdem wir mit der Interferenz und der Beugung beim Licht Phänomene gefunden hatten, die sich nur im *Wellenbild* erklären lassen, erfordern Photoeffekt und Compton-Effekt zu ihrer Deutung die *Teilchennatur* der Strahlung. Wir müssen es als Tatsache akzeptieren, daß uns das Licht je nach Art des Experiments als Wellenfeld oder als eine Ansammlung von punktförmigen Teilchen erscheint. Wir werden sehen, daß der sich hier für Licht aufdrängende

Teilchen-Welle-Dualismus

auch umgekehrt für Materie gilt. Es gibt Situationen, in denen es sinnvoll erscheint, auch von *Materiewellen* zu sprechen. Auf diesen Aspekt werden wir in Kapitel 2.1 genauer eingehen.

1.4.5 Aufgaben

Aufgabe 1.4.1

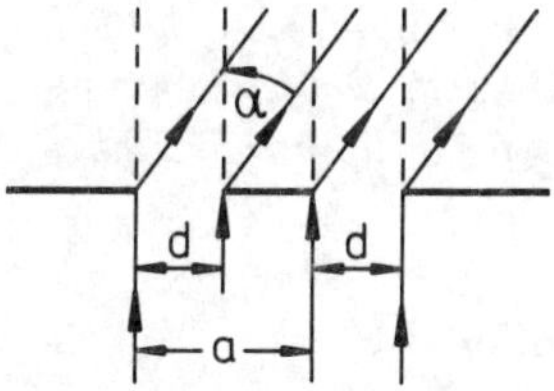

Diskutieren Sie die Beugung am Doppelspalt (Spaltbreiten d, Gitterkonstante $a = 2d$). Vergleichen Sie qualitativ die Intensitätsverteilung des Beugungsbildes mit der für die Beugung am Einzelspalt.

Aufgabe 1.4.2

Beweisen Sie die Behauptung, daß der Vektor $\mathbf{K^p}$ des reziproken Gitters auf der (p_1, p_2, p_3)-Ebene des direkten Gitters senkrecht steht.

Aufgabe 1.4.3

Zeigen Sie, auf welche Weise der Abstand d der Ebenen in der (p_1, p_2, p_3)-Netzebenenschar durch den reziproken Gittervektor $\mathbf{K^p}$ ausgedrückt werden kann (Beweis von (1.84)).

Aufgabe 1.4.4

Drücken Sie die Bragg-Bedingung für orthorhombische Gitter durch die Beträge der elementaren Translationen (*Gitterkonstanten*) a_1, a_2, a_3 aus. Welche weitere Vereinfachung ergibt sich für kubische Gitter?

Aufgabe 1.4.5

Die Grenzwellenlänge λ_g für den Photoeffekt am Cäsium wird experimentell zu $\lambda_g = 6400\,\text{Å}$ bestimmt. Berechnen sie die Austrittsarbeit.

Aufgabe 1.4.6

Berechnen Sie die relative Wellenlängenänderung $\Delta\lambda/\lambda_0$ beim Compton-Effekt ($\vartheta = \pi/2$) für

1) sichtbares Licht ($\lambda_0 \approx 4000\,\text{Å}$),

2) Röntgenstrahlung ($\lambda_0 \approx 0{,}5\,\text{Å}$),

3) γ-Strahlung ($\lambda_0 \approx 0{,}02\,\text{Å}$).

Wie ändert sich dabei die kinetische Energie des Elektrons (*Rückstoßenergie*)?

1.5 Semiklassische Modellvorstellungen zum Atomaufbau

Die Interpretation der *Rutherford-Streuung* (Kapitel 1.3.3) führte zu einem sehr anschaulichen Atommodell, das ausschließlich auf den Prinzipien der Klassischen Mechanik und der Elektrodynamik basierte:

> *Das Atom besteht aus einem sehr kleinen Kern (Radius $\leq 10^{-4}$ Å), der positiv geladen ist (Ladung $= +Z\,e$) und praktisch die gesamte Atommasse in sich vereinigt, sowie Z Elektronen, die in relativ großen Abständen (Bahnradien $\gtrsim 1$ Å) um den Kern kreisen. Das Zusammenspiel von Coulomb- und Zentrifugalkraft sorgt für Ellipsen als Bahnkurven.*

1.5.1 Versagen des klassischen Rutherford-Modells

Bei genauerer Untersuchung ergeben sich nun aber aus dem Rutherford-Modell einige schwerwiegende Widersprüche:

1) Die genaue Gestalt der Ellipsenbahn eines Elektrons ist durch Anfangsbedingungen bezüglich Ort und Impuls festgelegt. Letztere sind aber eigentlich völlig willkürlich, so daß man sich Ellipsenbahnen beliebiger Energie sollte vorstellen können. Je nach Art der Entstehung wären dann die Elektronenhüllen von Atom zu Atom verschieden und könnten zu unterschiedlichem Verhalten selbst von Atomen mit gleichem Z führen. Dieses ist jedoch nie experimentell beobachtet worden.

2) Die Elektronen stellen auf ihren Ellipsenbahnen beschleunigte Ladungen dar und strahlen deshalb elektromagnetische Energie ab. Die damit verknüpfte Energieabnahme des Elektrons sollte zwangsläufig zu einer Annäherung an den Kern führen. Man kann abschätzen, daß die Zeit, nach der der Bahnradius von etwa 1 Å auf den Kernradius von etwa 10^{-4} Å abgenommen hat, kaum mehr als 10^{-10} s betragen dürfte. Auch hierzu fehlt jegliche experimentelle Bestätigung.

3) Im Rahmen der klassischen Physik sollten im Atom kontinuierliche Änderungen der Elektronenenergien als Folge der Ausstrahlung von kontinuierlicher elektromagnetischer Strahlungsenergie möglich sein. Statt dessen werden *diskrete Linienspektren* beobachtet.

Wir wollen an Punkt 3) anknüpfen und etwas genauer untersuchen, welche experimentelle Fakten es um die Jahrhundertwende durch verbesserte Atommodelle zu erklären galt. Die gravierendste Beobachtung bestand in den diskreten Spektrallinien eines Elements, die sich formal zu Serien mit immer gleicher Struktur zusammenfassen ließen. Sie beginnen mit einer Linie niedrigster Frequenz (größter Wellenlänge), auf die mit wachsender Frequenz weitere diskrete

Linien mit immer kleiner werdenden Abständen folgen, um sich schließlich gegen die sogenannte *Seriengrenze* zu häufen, an die sich dann ein kontinuierliches Spektrum anschließt.

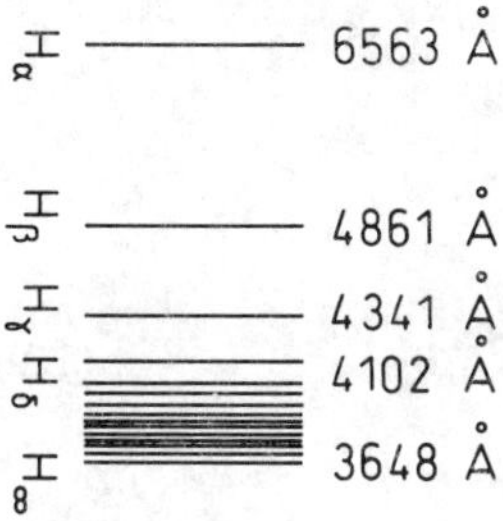

Lange vor der Entdeckung der diskreten Energieniveaus im Atom wurde von J. Balmer (1885) aus den ersten wenigen Spektrallinien des Wasserstoffatoms (H_α bis H_δ) auf eine Serienformel der Gestalt

$$\lambda = B\frac{n^2}{n^2-4}; \qquad n = 3, 4, \ldots$$

geschlossen, die mit $B^{-1} = R_H/4$,

$$R_H = 109677{,}6\ \mathrm{cm}^{-1} \quad \textbf{Rydberg-Konstante,} \tag{1.96}$$

den experimentellen Sachverhalt quantitativ korrekt beschrieb. Balmer selbst gab noch die Verallgemeinerung der Formel für sämtliche

$$\textbf{Rydberg-Serien:} \quad \frac{1}{\lambda} = R_H\left(\frac{1}{n^2} - \frac{1}{m^2}\right) \tag{1.97}$$

$$(n \text{ fest}; \ m \geq n+1)$$

des H-Atoms an. Im Prinzip kann n alle ganzen Zahlen durchlaufen, so daß es theoretisch unendlich viele Spektralserien gibt. Beobachtbar sind allerdings nur:

1) Lyman-Serie (Lyman 1906):

$$\frac{1}{\lambda} = R_H\left(1 - \frac{1}{m^2}\right); \qquad m = 2, 3, \ldots \tag{1.98}$$

Serienanfang: $\lambda_0 = 1216$ Å,

Seriengrenze: $\lambda_\infty = 911$ Å.

2) Balmer-Serie (Balmer 1885):

$$\frac{1}{\lambda} = R_H\left(\frac{1}{4} - \frac{1}{m^2}\right); \qquad m = 3, 4 \ldots \tag{1.99}$$

Serienanfang: $\lambda_0 = 6563$ Å,

Seriengrenze: $\lambda_\infty = 3648$ Å.

3) Paschen-Serie (Paschen 1908):

$$\frac{1}{\lambda} = R_H \left(\frac{1}{9} - \frac{1}{m^2} \right); \quad m = 4, 5, \ldots \tag{1.100}$$

Serienanfang: $\lambda_0 = 18751$ Å
Seriengrenze: $\lambda_\infty = 8208$ Å.

4) Brackett-Serie (Brackett 1922):

$$\frac{1}{\lambda} = R_H \left(\frac{1}{16} - \frac{1}{m^2} \right); \quad m = 5, 6, \ldots \tag{1.101}$$

Serienanfang: $\lambda_0 = 4{,}05\,\mu m$,
Seriengrenze: $\lambda_\infty = 1{,}46\,\mu m$.

Man kennt noch einige wenige Linien einer fünften, der sogenannten Pfund-Serie ($n = 5$ und $m \geq 6$ in (1.97)). Die Lyman-Serie beobachtet man im ultravioletten, die Balmer-Serie im sichtbaren Spektralbereich; alle anderen Serien erscheinen im infraroten Spektralbereich.

Ganz ähnliche Serienformeln wie (1.97) lassen sich auch für wasserstoffähnliche Ionen (He^+, Li^{++}, ...) mit einer etwas abgeänderten Konstanten und für Alkali- und Erdalkalimetalle mit einfachen Korrekturtermen (*Rydberg-Korrekturen*) formulieren.

Die Serienformeln (1.98) bis (1.101) legen es nahe, die reziproke Wellenlänge der emittierten Strahlung als Differenz zweier *Terme* aufzufassen:

$$\frac{1}{\lambda} = T_n - T_m; \qquad T_\nu = \frac{R_H}{\nu^2}. \tag{1.102}$$

Eine unmittelbare Folgerung hieraus ist das 1908 von W. Ritz formulierte *Kombinationsprinzip*:

> *Sind die reziproken Wellenlängen zweier Spektrallinien ein und derselben Serie bekannt, so ist ihre Differenz die reziprokc Wellenlänge einer dritten Spektrallinie, die zu demselben Atom gehört.*

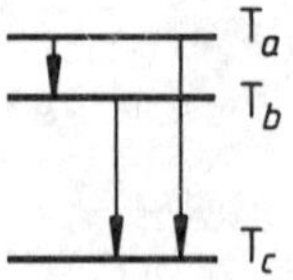

Wenn man die Terme mit der fundamentalen Konstanten hc multipliziert, so ergeben sich Energien. Die experimentell beobachteten Serienformeln lassen deshalb vermuten, daß es sich in Wirklichkeit um Energiebedingungen der Form

$$h\nu = E_n - E_m; \qquad E_n = -\frac{R_H\,hc}{n^2} \tag{1.103}$$

handelt. Es sieht also so aus, als könnten die Atome nur bestimmte, ihnen eigentümliche Energiebeträge aufnehmen. Sie werden dadurch in *angeregte* Zustände der Energie E_n gebracht. Ein Übergang zwischen den Energieniveaus E_n und E_m führt zur Ausstrahlung eines Lichtquants, dessen Frequenz ν der Bedingung (1.103) genügen muß. Die obige Ritz-Bedingung besagt damit, daß durch additive oder subtraktive Kombination der Frequenzen bekannter Spektrallinien neue Linien gefunden werden können. Manche Niveaukombinationen sind allerdings *verboten*, d.h. ergeben keine beobachtbaren Spektrallinien. Es bestehen für diese deshalb gewisse Auswahlregeln. Ziel der experimentellen Spektroskopie mußte es deshalb sein, das Termsystem eines Atoms (Moleküls, Festkörpers) und die zugehörigen Auswahlregeln zu bestimmen. Die Notwendigkeit dieses Programms wurde durch die bahnbrechende Bohr-Sommerfeldsche Theorie des Atoms nur noch bestärkt.

1.5.2 Bohrsches Atommodell

Für N. Bohr (1913) bestand die entscheidende Frage darin, wie das Rutherford-Modell zu modifizieren sei, um die Strahlungsinstabilität der Elektronenhülle zu beseitigen. Die mathematisch strenge Beantwortung dieser Frage gelang ihm nicht. Er ersetzte sie durch ein Postulat, dessen späterer exakter Beweis durch die moderne Quantentheorie Bohrs geniale physikalische Intuition unterstrich. Ihm war offenbar bewußt, daß die Stabilität der Hülle wohl nur durch die Annahme erklärbar wird, daß das kontinuierliche Energieverhalten der Atomelektronen durch eine irgendwie geartete Energiequantelung zu ersetzen ist; ein Konzept, wie es bereits von M. Planck bei der Erklärung der Wärmestrahlung (Kapitel 1.2.3) und von A. Einstein bei der Deutung des Photoeffekts (Kapitel 1.4.4) angewandt wurde. Es war denkbar, daß auch hier das Plancksche Wirkungsquantum h eine zentrale Rolle spielen würde. Die energetische Diskretheit der Atomelektronenbewegung würde natürlich auch die im letzten Abschnitt besprochenen, experimentell beobachteten Serienspektren erklären.

Bohr erweiterte die Rutherford-Theorie durch zwei für ihn noch nicht beweisbare Hypothesen, die man heute die

Bohrschen Postulate

nennt:

1) *Periodische Bewegungen physikalischer Systeme erfolgen in stationären Zuständen mit diskreten Energien* (E_n, E_m, ...) **ohne** *Energieabstrahlung.*

2) *Übergänge zwischen den stationären Zuständen bewirken eine elektromagnetische Strahlung mit einer durch (1.103) festgelegten Frequenz.*

Als unmittelbare Konsequenz der Diskretheit der Energiezustände muß die Existenz eines energetisch tiefsten Zustandes, des **Grundzustandes**, angenommen werden. In diesem Zustand ist das System stabil, d.h., es verläßt diesen nicht, ohne durch äußere Einwirkung dazu gezwungen zu werden.

Wir wollen Bohrs Überlegungen am einfachsten Element des Periodensystems, dem Wasserstoffatom, nachvollziehen. Es besteht aus einem positiv geladenen Kern ($q_\mathbf{K} = +e$), um den sich ein einzelnes Elektron bewegt. Zwischen den beiden Teilchen wirkt das anziehende *Coulomb-Potential*:

$$V(\mathbf{r}) = -\frac{e^2}{4\pi\epsilon_0 r} = -\frac{k}{r}; \qquad k = \frac{e^2}{4\pi\epsilon_0}. \tag{1.104}$$

Dieses ist zentralsymmetrisch und als solches eine spezielle Realisierung des allgemeinen **Kepler-Problems**, das in Kapitel 3.5.3, Band 2 ausführlich besprochen wurde. Wir wiederholen hier nur die Aspekte, die für das Folgende wichtig erscheinen. Die Hamilton-Funktion H des Systems lautet:

$$H = \frac{1}{2m}\left(p_r^2 + \frac{1}{r^2}\,p_\vartheta^2 + \frac{1}{r^2\sin^2\vartheta}\,p_\varphi^2\right) - \frac{k}{r}. \tag{1.105}$$

Die Koordinate φ ist zyklisch, der zugehörige kanonische Impuls p_φ damit ein Integral der Bewegung:

$$p_\varphi = m\,r^2\sin^2\vartheta\,\dot{\varphi} = \text{const.} \tag{1.106}$$

Bei der Konstanten handelt es sich offensichtlich um die z-Komponente L_z des Bahndrehimpulses. Die Bewegung erfolgt demnach in einer festen Bahnebene. Für die beiden anderen generalisierten Impulse gilt ((2.44),Bd. 2):

$$p_r = m\,\dot{r}; \qquad p_\vartheta = m\,r^2\,\dot{\vartheta}. \tag{1.107}$$

Den elegantesten Zugang zur Lösung des Kepler-Problems vermittelt die Hamilton-Jacobi-Methode, die in Kapitel 3, Band 2 entwickelt wurde. Diese nutzt aus, daß man durch kanonische Transformationen, die die Hamiltonschen Bewegungsgleichungen invariant lassen, die *alten* Variablen $\mathbf{q} = (r, \vartheta, \varphi)$, $\mathbf{p} = (p_r, p_\vartheta, p_\varphi)$ in *neue* Variable $\bar{\mathbf{q}}$, $\bar{\mathbf{p}}$ so überführen kann, daß alle $\bar{q}_j$ zyklisch und damit alle $\bar{p}_j$ konstant werden. Die Transformation wird durch die *Erzeugende* $W(\mathbf{q}, \bar{\mathbf{p}})$ vermittelt (s. Kap. 2.5.3, Bd. 2):

$$p_j = \frac{\partial W}{\partial q_j}; \quad \bar{q}_j = \frac{\partial W}{\partial \bar{p}_j}; \quad \overline{H} = H + \frac{\partial W}{\partial t} = H(\bar{\mathbf{q}}, \bar{\mathbf{p}}) \equiv E. \tag{1.108}$$

$\overline{H} = \overline{H}(\bar{\mathbf{q}}, \bar{\mathbf{p}})$ muß konstant sein, da die $\bar{q}_j$ nach der Transformation sämtlich zyklisch sein sollen, also in $\overline{H}$ gar nicht vorkommen, und die $\bar{p}_j$ somit selbst bereits Konstante sind. Das führt zu der

Hamilton-Jacobi-Differentialgleichung (HJD)

$$H\left(q_1, \ldots, q_s, \frac{\partial W}{\partial q_1}, \ldots, \frac{\partial W}{\partial q_s}\right) = E = \text{const.}, \tag{1.109}$$

die die $\mathbf{q}$-Abhängigkeit der Erzeugenden bestimmt, allerdings nichts über die *neuen* Impulse $\bar{p}_j$ aussagt. Letztere können je nach Zweckmäßigkeit festgelegt werden. Die HJD enthält s Ableitungen (s: Zahl der Freiheitsgrade) der Erzeugenden W. Das bedeutet entsprechend viele Integrationskonstanten $\alpha_1, \dots, \alpha_s$, von denen jedoch eine trivial additiv sein muß, da mit W ja auch $W + \alpha$ Lösung zu (1.109) ist. Wir wählen für diese Konstante $\alpha_1 = E$. Durch Auflösen der HJD ergibt sich dann formal:

$$W = W(\mathbf{q}, \boldsymbol{\alpha}).$$

Die HJD des Kepler-Problems lautet mit (1.105):

$$\frac{1}{2m}\left[\left(\frac{\partial W}{\partial r}\right)^2 + \frac{1}{r^2}\left(\frac{\partial W}{\partial \vartheta}\right)^2 + \frac{1}{r^2 \sin^2\vartheta}\left(\frac{\partial W}{\partial \varphi}\right)^2\right] - \frac{k}{r} = E. \qquad (1.110)$$

Ein Separationsansatz für W erscheint sinnvoll:

$$W = W_r(r, \boldsymbol{\alpha}) + W_\vartheta(\vartheta, \boldsymbol{\alpha}) + W_\varphi(\varphi, \boldsymbol{\alpha}).$$

Da φ zyklisch ist, ergibt sich unmittelbar eine weitere Integrationskonstante,

$$p_\varphi = \frac{\partial W}{\partial \varphi} = \frac{\partial W_\varphi}{\partial \varphi} = \alpha_\varphi = \text{const.},$$

die mit L_z identisch ist. Damit läßt sich die HJD wie folgt sortieren:

$$\frac{r^2}{2m}\left(\frac{\partial W_r}{\partial r}\right)^2 - k\,r - E\,r^2 = -\frac{1}{2m}\left[\left(\frac{\partial W_\vartheta}{\partial \vartheta}\right)^2 + \frac{\alpha_\varphi^2}{\sin^2\vartheta}\right].$$

Da die linke Seite nur von r, die rechte dagegen nur von ϑ abhängt, müssen beide für sich genommen bereits konstant sein:

$$\left(\frac{\partial W_\vartheta}{\partial \vartheta}\right)^2 + \frac{\alpha_\varphi^2}{\sin^2\vartheta} \equiv \alpha_\vartheta^2.$$

Man macht sich leicht klar (s. Kap. 3.5.3, Bd. 2), daß α_ϑ^2 mit dem Drehimpulsquadrat $|\mathbf{L}|^2$ identisch ist. Es bleibt dann noch:

$$\left(\frac{\partial W_r}{\partial r}\right)^2 + \frac{\alpha_\vartheta^2}{r^2} = 2\,m\left(E + \frac{k}{r}\right).$$

Wir haben bislang die *neuen* Impulse $\bar{p}_j$ noch nicht festgelegt, die der ursprünglichen Zielsetzung entsprechend ja konstant sein sollen. Es läge also nahe, sie mit den Integrationskonstanten α_j zu identifizieren. Man kann aber auch an spezielle Kombinationen derselben denken, wie zum Beispiel an die sogenannten

Wirkungsvariablen

$$J_j = \oint p_j\, dq_j = \oint \frac{\partial W_j(q_j, \boldsymbol{\alpha})}{\partial q_j}\, dq_j = J_j(\boldsymbol{\alpha}). \qquad (1.111)$$

Integriert wird über eine volle Periode der Bewegung. Im Prinzip sollte sich diese Gleichung umkehren lassen:

$$\alpha_j = \alpha_j(\mathbf{J}) \longrightarrow W = W(\mathbf{q}, \mathbf{J}); \quad \overline{H} = \overline{H}(\mathbf{J}). \tag{1.112}$$

Die zu den Wirkungsvariablen kanonisch konjugierten Koordinaten heißen **Winkelvariable**:

$$\omega_j \equiv \frac{\partial W}{\partial J_j}. \tag{1.113}$$

Die Wirkungsvariablen sind beim Kepler-Problem durch die folgenden Integrale festgelegt:

$$J_\varphi = \oint \frac{\partial W_\varphi}{\partial \varphi}\, d\varphi = 2\pi\, \alpha_\varphi, \tag{1.114}$$

$$J_\vartheta = \oint \frac{\partial W_\vartheta}{\partial \vartheta}\, d\vartheta = \oint \sqrt{\alpha_\vartheta^2 - \frac{\alpha_\varphi^2}{\sin^2\vartheta}}\, d\vartheta,$$

$$J_r = \oint \frac{\partial W_r}{\partial r}\, dr = \oint \sqrt{2\,m\left(E + \frac{k}{r}\right) - \frac{\alpha_\vartheta^2}{r^2}}\, dr.$$

Die etwas aufwendige Auswertung der Integrale (s. Band 2) führt zu relativ einfachen Ausdrücken:

$$J_\vartheta = 2\pi\big(\alpha_\vartheta - \alpha_\varphi\big), \tag{1.115}$$

$$J_r = -2\pi\, \alpha_\vartheta + \pi\, k \sqrt{\frac{2\,m}{-E}}. \tag{1.116}$$

Das Gleichungssystem (1.114) bis (1.116) läßt sich nach E auflösen:

$$\overline{H} = E = -\frac{h^2\, E_R}{\big(J_r + J_\vartheta + J_\varphi\big)^2}. \tag{1.117}$$

Die physikalische Bedeutung der sogenannten

Rydberg-Energie

$$E_R = \frac{2\pi^2\, m\, e^4}{(4\pi\epsilon_0)^2\, h^2} = 13{,}60 \text{ eV} \tag{1.118}$$

wird im folgenden noch klar werden. Die drei Frequenzen der periodischen Bewegung,

$$\nu_j = \dot{\omega}_j = \frac{\partial \overline{H}}{\partial J_j} \equiv \nu,$$

sind offensichtlich entartet:

$$\nu = \frac{2\,h^2\,E_R}{\left(J_r + J_\vartheta + J_\varphi\right)^3}. \tag{1.119}$$

Diese Entartung kann durch eine nochmalige kanonische Transformation

$$(\boldsymbol{\omega}, \mathbf{J}) \xrightarrow[F_2]{} (\bar{\boldsymbol{\omega}}, \bar{\mathbf{J}})$$

aufgehoben werden. Dies gelingt mit der Erzeugenden:

$$F_2(\boldsymbol{\omega}, \bar{\mathbf{J}}) = (\omega_\varphi - \omega_\vartheta)\,\overline{J}_1 + (\omega_\vartheta - \omega_r)\,\overline{J}_2 + \omega_r\,\overline{J}_3.$$

Man erhält neue Winkelvariable,

$$\bar{\omega}_1 = \frac{\partial F_2}{\partial \overline{J}_1} = \omega_\varphi - \omega_\vartheta; \quad \bar{\omega}_2 = \frac{\partial F_2}{\partial \overline{J}_2} = \omega_\vartheta - \omega_r;$$
$$\bar{\omega}_3 = \frac{\partial F_2}{\partial \overline{J}_3} = \omega_r,$$

mit den neuen Frequenzen:

$$\bar{\nu}_1 = \nu_\varphi - \nu_\vartheta = 0; \quad \bar{\nu}_2 = \nu_\vartheta - \nu_r = 0; \quad \bar{\nu}_3 = \nu. \tag{1.120}$$

Wir benötigen noch die *neue* Hamilton-Funktion $\overline{H}$ in den *neuen* Wirkungsvariablen $\overline{J}_j$:

$$J_\varphi = \frac{\partial F_2}{\partial \omega_\varphi} = \overline{J}_1; \quad J_\vartheta = \frac{\partial F_2}{\partial \omega_\vartheta} = -\overline{J}_1 + \overline{J}_2;$$
$$J_r = \frac{\partial F_2}{\partial \omega_r} = -\overline{J}_2 + \overline{J}_3.$$

Mit (1.117) gilt dann offensichtlich:

$$\overline{H} = -\frac{h^2\,E_R}{\overline{J}_3^2} \equiv E. \tag{1.121}$$

Die Frequenzentartung ist also aufgehoben:

$$\bar{\nu}_1 = \bar{\nu}_2 = 0; \quad \bar{\nu}_3 = \frac{2\,h^2\,E_R}{\overline{J}_3^3}. \tag{1.122}$$

Man nennt $\overline{J}_3$ eine **Eigenwirkungsvariable**, da die zugehörige Frequenz ungleich Null und **nicht** entartet ist. $\overline{J}_3$ hat die Dimension einer Wirkung und kann in der Klassischen Mechanik im Prinzip uneingeschränkt jeden beliebigen Wert annehmen. Der experimentelle Befund, wie wir ihn im letzten Kapitel analysiert haben, erfordert die zunächst nicht beweisbare

Quantenhypothese:

Bei einer Eigenwirkungsvariablen J ist die Systembewegung nur auf solchen Bahnen zugelassen, für die J ein ganzzahliges Vielfaches des Planckschen Wirkungsquantums h ist:

$$J = n\,h; \qquad n = 1, 2, 3, \ldots \tag{1.123}$$

Für das Wasserstoffatom bedeutet diese Quantenhypothese, daß die Energie des Hüllenelektrons nicht jeden beliebigen Wert annehmen kann. Sie ist vielmehr gemäß (1.121) *gequantelt*:

$$E_n = -\frac{E_R}{n^2}; \qquad n = 1, 2, 3, \ldots \tag{1.124}$$

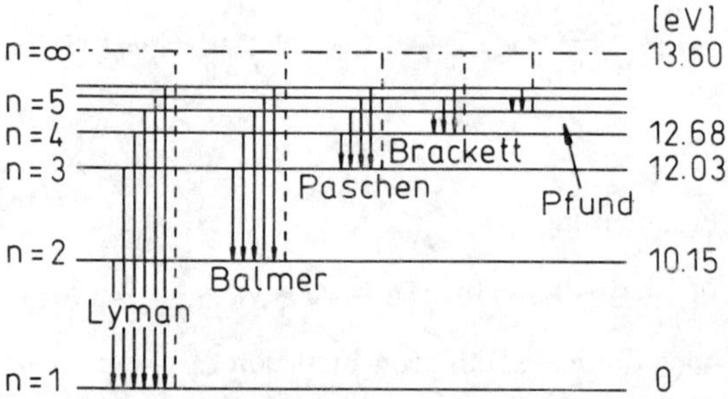

Die Rydberg-Energie E_R entspricht also gerade der **Grundzustandsenergie** des Elektrons. Mit der Quantenbedingung (1.124) erklären sich auf einfache Weise die experimentell beobachteten Rydberg-Serien ((1.97) bis (1.101)). Sie sind in dem Bild, das nicht ganz maßstabsgetreu ist, qualitativ dargestellt. Angegeben sind ferner die sogenannte *Hauptquantenzahl* n der betreffenden Terme und die Anregungsenergien vom Grundzustand.

Die Rydberg-Energie E_R läßt sich mit der Rydberg-Konstanten (1.96) in Verbindung bringen. Offensichtlich muß gelten:

$$R_\infty = \frac{E_R}{h\,c} = \frac{2\pi^2\, m\, e^4}{(4\pi\epsilon_0)^2\, h^3\, c} = 109737{,}3\ \mathrm{cm}^{-1}. \tag{1.125}$$

Der Zahlenwert stimmt nicht exakt mit dem in (1.96) überein. Unsere bisherige Rechnung ist nämlich insofern noch nicht ganz exakt, als sie von dem Grenzfall unendlich großer Kernmassen (deshalb der Index ∞) ausgeht. Wir haben implizit angenommen, daß sich das Elektron um einen **ruhenden** Kern bewegt. Tatsächlich handelt es sich jedoch um ein Zwei-Körper-Problem, bei dem die Bewegung von Kern und Elektron um einen gemeinsamen Schwerpunkt erfolgt, der nicht exakt mit dem Kernmittelpunkt zusammenfällt. Aus dem Zwei-Körper-Problem wird ein effektives Ein-Körper-Problem, wenn man die Elektronenmasse m durch die reduzierte Masse μ ersetzt (s. Kap. 3.2, Bd. 1),

$$\mu = \frac{m\,M}{m+M}; \qquad M\text{: Masse des Wasserstoffkerns,}$$

die sich wegen $\frac{m}{M} \approx \frac{1}{1836}$ natürlich nicht sehr stark von m unterscheidet. Mit μ für m bleibt die obige Theorie ansonsten gültig. Dies bedeutet nach (1.125)

$$R_\mathrm{H} = \frac{\mu}{m} R_\infty \approx \frac{1836}{1837} R_\infty \tag{1.126}$$

und ergibt den von (1.125) leicht, aber meßbar abweichenden Zahlenwert in (1.96).

Durch diesen *Mitbewegungseffekt* wurde 1932 von Urey das schwere Wasserstoffisotop *Deuterium* entdeckt. Für die Frequenz einer Spektrallinie gilt nämlich $\nu_{\mathrm{H(D)}} \sim R_{\mathrm{H(D)}}$, wobei der Index "D" für Deuterium steht. Daraus folgt:

$$\frac{\nu_\mathrm{D}}{\nu_\mathrm{H}} = \frac{\mu_\mathrm{D}}{\mu_\mathrm{H}} = \frac{1+\frac{m}{M_\mathrm{H}}}{1+\frac{m}{M_\mathrm{D}}} \approx 1 + m\frac{M_\mathrm{D}-M_\mathrm{H}}{M_\mathrm{D}\,M_\mathrm{H}}.$$

Wir vernachlässigen den relativistischen Massendefekt ((2.66), Bd. 4) und setzen $M_\mathrm{D} \approx 2\,M_\mathrm{H}$:

$$\frac{\nu_\mathrm{D}}{\nu_\mathrm{H}} \approx 1 + \frac{1}{2\cdot 1836} \approx 1 + 2{,}74\cdot 10^{-4}.$$

Bei dem Auflösungsvermögen guter Spektralapparate ist die relative Wellenlängenverschiebung

$$\left|\frac{\Delta\lambda}{\lambda}\right| \approx 2{,}74\cdot 10^{-4}$$

unschwer meßbar.

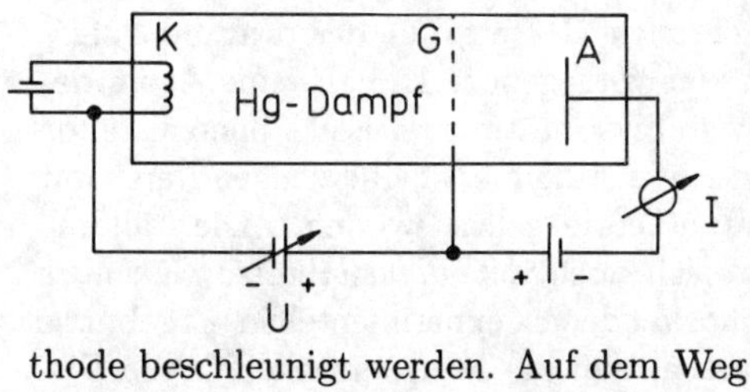

Die experimentelle Bestätigung der Bohrschen Ideen gelang auf eindrucksvolle Weise im Jahre 1914 J. Franck und G. Hertz. Von einer Glühkathode K gehen Elektronen aus, die durch eine variable Spannung zwischen Gitter G und Kathode beschleunigt werden. Auf dem Weg von der Kathode zum Gitter erfahren sie Zusammenstöße mit den Atomen eines Gases, zum Beispiel eines Hg-Dampfes. Die durch das Gitter hindurchtretenden Elektronen müssen dann, um die Elektrode A zu erreichen, ein Gegenfeld von etwa 0,5 V überwinden. Das gelingt ihnen nur dann, wenn ihre kinetische Energie bei G größer als

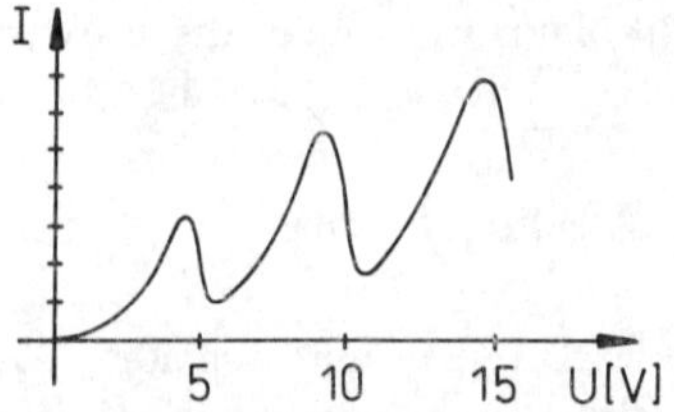

0,5 eV ist. Andernfalls erreichen sie A nicht, tragen also nicht zum Strom I bei. Bei Steigerung der Spannung U zwischen K und G nimmt I zunächst beträchtlich zu, da die Elektronen nur elastische Stöße mit den Gasatomen erleiden. Bei $U \approx$ 4,9 V nimmt jedoch der bei A registrierte Strom abrupt ab. Die Elektronen müssen durch inelastische Stöße mit den Hg-Atomen einen Großteil ihrer kinetischen Energie verloren haben. Nach der *Bohrschen Idee* wird die auf das Gasatom beim Stoß übertragene Energie dazu benutzt, ein Hüllenelektron auf ein *höheres* Energieniveau anzuheben. Bei weiterer Steigerung der Spannung nimmt die Zahl der A erreichenden Elektronen wieder stark zu, um dann bei etwa 9,8 V erneut deutlich abzufallen. Offensichtlich sind die beschleunigten Elektronen nun in der Lage, zwischen K und G **zwei** Atome anzuregen.

Die Frequenzbedingung (1.103) bietet ein weiteres Kriterium für die Korrektheit der *Bohrschen Idee*. Nach kurzer Zeit sollten die angeregten Atome wieder in den Grundzustand zurückkehren, und das unter Aussendung von elektromagnetischer Strahlung (Photonen) der durch (1.103) festgelegten Frequenz. Die Anregungsenergie von 4,9 eV entspricht einer Wellenlänge $\lambda = hc/h\nu \approx$ 2537 Å. Diese im UV-Bereich liegende Spektrallinie konnte von Franck und Hertz eindeutig nachgewiesen werden. Die durch Elektronenstoß auf das Hg-Atom übertragene Energie von 4,9 eV entspricht also der Energiedifferenz zweier stationärer Zustände, die beim *Zurückspringen* des Hg-Hüllenelektrons in den Grundzustand in Form eines Photons mit $\lambda = 2537$ Å wieder emittiert wird. Das war der überzeugende experimentelle Beweis für die Bohrsche Frequenzbedingung und damit letztlich für die gesamte Bohrsche Grundidee.

1.5.3 Korrespondenzprinzip

Nach den kühnen Bohrschen Überlegungen, die zudem eindrucksvolle Unterstützung durch das Experiment (J. Franck, G. Hertz) fanden, war die Aufgabenstellung für die klassische Physik klar vorgegeben. Es galt, eine **Atommechanik** zu entwickeln, die die Existenz stabiler, stationärer Elektronenzustände mit diskreten Energiewerten erklärt. Diese Aufgabe ist überzeugend erst mit der Entwicklung der "neuen" Quantentheorie gelöst worden. Die "ältere" Quantentheorie (1913 - 1924) mußte sich noch mit *Plausibilitätserklärungen* der Diskretisierung begnügen. Die vorhandenen experimentellen Ergebnisse ließen sich dahingehend zusammenfassen, daß die Hauptursache für die Diskretisierung in der Existenz eines Wirkungsquantums $h = 6{,}624 \cdot 10^{-34}$ Js zu suchen ist. Die Wirkung erscheint in Elementarpaketen *gequantelt*. Sind die Dimensionen eines physikalischen Systems dergestalt, daß die Wirkung in die Größenordnung von h gerät, dann wird der Quantencharakter der Phänomene dominierend. Ist jedoch die Wirkung so groß, daß die Einheit h als winzig anzusehen ist ("$h \to 0$"), dann bleiben die Gesetze der klassischen Physik gültig. Diese Überlegungen werden im **Korrespondenzprinzip** zusammengefaßt:

> *Es sollte eine Korrespondenz zwischen klassischer Physik und Quantenphysik in dem Sinne vorliegen, daß letztere asymptotisch für "$h \to 0$" in die "kontinuierliche" klassische Physik übergeht.*

Damit war die korrekte Vorstellung verknüpft, daß die Quantentheorie eine übergeordnete Theorie darstellt, die die klassische Physik als den Grenzfall enthält, für den *Quantensprünge* unbedeutend werden. Eine ähnliche *Korrespondenz* hatten wir mit der *Speziellen Relativitätstheorie* (Band 4) kennengelernt, die im Bereich $v \ll c$, also für Relativgeschwindigkeiten v, die im Vergleich zur Lichtgeschwindigkeit c als winzig anzusehen sind ("$c \to \infty$"), in die klassische Newton-Mechanik übergeht.

Wir wollen noch einmal kurz Bohrs ursprüngliche Überlegungen nachvollziehen. Die Ableitung im letzten Abschnitt ist nicht die historisch getreue, sondern wurde bereits ein wenig mit aus dem Korrespondenzprinzip folgenden Aspekten *aufgearbeitet*. Experimentell gesichert war zu der damaligen Zeit eigentlich nur die Frequenzbedingung (1.103),

$$\nu_{nm} \sim \left(\frac{1}{n^2} - \frac{1}{m^2}\right),$$

wobei die Proportionalitätskonstante zunächst *analytisch unbekannt* war. – Im klassischen Bild führt das Elektron eine beschleunigte Bewegung um den Kern aus, sendet damit elektromagnetische Wellen aus, was zu einem Energieverlust und damit eigentlich zu einer Spiralbahn des Elektrons auf den Kern zu führen müßte. Im *Quantenbild* kann sich das Elektron nur stufenweise dem Kern nähern, wobei nur bei *Sprüngen* Energie emittiert wird. Für große Quantenzahlen sind die Stufen allerdings sehr klein, der *sprunghafte* Abstieg wird sich dann nur wenig von einem stetigen Abgleiten unterscheiden. In dieser Grenze ($n \gg 1$), oder für $h \to 0$, was auf das gleiche herauskommt, sollten die quantentheoretischen in die klassischen Frequenzen übergehen. Nach der klassischen Elektrodynamik entspricht die Frequenz der ausgesendeten Strahlung der Umlauffrequenz ν_{kl} des Elektrons:

$$\begin{aligned} \nu_{n,n+1} &\Longrightarrow \nu_{kl}, \\ \nu_{n,n+\Delta n} &\Longrightarrow \Delta n\, \nu_{kl} \quad (\textit{Oberschwingungen}). \end{aligned} \tag{1.127}$$

Die *quantentheoretische* Frequenzbedingung (1.103) läßt sich für $\Delta n \ll n$ näherungsweise wie folgt ausdrücken:

$$\nu_{n,n+\Delta n} = \frac{1}{h}\left(E_{n+\Delta n} - E_n\right) \approx \frac{1}{h}\,\frac{dE_n}{dn}\,\Delta n.$$

Der Vergleich mit (1.127) liefert die

Grundgleichung der "älteren" Quantentheorie:

$$\nu_{kl} \Longleftrightarrow \frac{1}{h}\frac{dE_n}{dn}. \tag{1.128}$$

In der *korrespondenzartigen* Quantenmechanik wird zunächst die klassische Frequenz ν_{kl} der periodischen Bewegung berechnet und E_n mit E identifiziert. Das wird dann in (1.128) eingesetzt. Die formale Lösung der entstehenden Differentialgleichung liefert die

Hasenöhrlsche Quantenbedingung

$$\int \frac{dE}{\nu_{kl}} \stackrel{!}{=} h(n+\alpha). \tag{1.129}$$

Die linke Seite wird klassisch berechnet und n als ganzzahlige Quantenzahl interpretiert. Einen *Schönheitsfehler* stellt die Integrationskonstante α dar, die dem jeweiligen experimentellen Befund angepaßt werden muß.

Betrachten wir als Beispiel die Bewegung des Atomelektrons im Einflußbereich des positiv geladenen Kerns (H-Atom!). Die Bohrschen Bahnen sind klassisch die Lösungen des Kepler-Problems für das anziehende Zentralkraftfeld zwischen Elektron und Kern, d.h. Ellipsen, in deren einem Brennpunkt der Kern *ruht*, wenn man die *Mitbewegungskorrektur* außer acht läßt. Das klassische Problem haben wir mit (3.154), Bd. 2 gelöst:

$$\pi\,\frac{e^2}{4\pi\epsilon_0}\,\nu_{kl} = \sqrt{\frac{-2E^3}{m}}.$$

Bei der Ellipsenbewegung ist die Gesamtenergie des Elektrons $E < 0$. Wir erhalten damit über (1.129) die Quantenbedingung,

$$h^2(n+\alpha)^2 = \frac{m\,e^4}{8\,\epsilon_0^2}\,\frac{1}{-E},$$

oder nach Einführen der Rydberg-Energie E_R:

$$E \longrightarrow E_n = -\frac{E_R}{(n+\alpha)^2}; \quad n = 1, 2, \ldots \tag{1.130}$$

Das ist das uns inzwischen bekannte und korrekte Resultat, wenn wir $\alpha = 0$ wählen.

Wir wollen uns noch einmal an die Wirkungsvariablen erinnern,

$$J_i = \oint p_i\,dq_i,$$

mit denen man die Frequenzen periodischer Bewegungen festlegen kann ((3.119), Bd. 2):

$$\nu_i = \frac{\partial \overline{H}}{\partial J_i} = \frac{\partial E}{\partial J_i}.$$

Daraus folgt mit der Hasenöhrlschen Bedingung (1.129) eine äquivalente

Phasenintegralquantisierung

$$J_i = J_i(E) = h(n_i + \alpha_i). \tag{1.131}$$

Um die quantisierten Energien zu bekommen, muß dieser Ausdruck nach E aufgelöst werden. Bis auf die Konstante α_i stimmt (1.131) mit der früheren Quantenbedingung (1.123) überein. Diese Phasenintegralquantisierung wurde erstmals von A. Sommerfeld (1916) in die Diskussion eingebracht. W. Heisenberg hat später die aus (1.131) folgende Beziehung,

$$\frac{1}{2\pi} \frac{dJ_i}{dn_i} = \frac{h}{2\pi} = \hbar, \tag{1.132}$$

zum Aufbau seiner konsequenten Matrizenmechanik benutzt.

Die Quantisierungsvorschrift (1.131) gilt beim Kepler-Problem für jede der drei Wirkungsvariablen:

$$J_r = h(n_r + \alpha_r); \quad J_\vartheta = h(n_\vartheta + \alpha_\vartheta); \quad J_\varphi = h(n_\varphi + \alpha_\varphi).$$

Das definiert gemäß (1.117) die

Hauptquantenzahl: $$n = n_r + n_\vartheta + n_\varphi, \tag{1.133}$$

die wie in (1.130) die diskreten Energiestufen festlegt, wenn man die Konstante $\alpha = \alpha_r + \alpha_\vartheta + \alpha_\varphi = 0$ wählt. Die Kepler-Bewegung ist entartet, da ihre Energie allein durch n festgelegt ist. Klassisch entspricht dies der Tatsache, daß die Elektronenenergie auf der Umlaufbahn nur von der großen Halbachse der Ellipse bestimmt ist, wohingegen die kleine Halbachse durch andere Quantenzahlen festgelegt wird. Dazu gehört die

Nebenquantenzahl: $$l = n_\vartheta + n_\varphi - 1. \tag{1.134}$$

Die Energieniveaus spalten im homogenen Magnetfeld auf (Zeeman-Effekt). Das entspricht verschiedenen Orientierungen der Bahnebene relativ zur Feldrichtung, die ebenfalls *gequantelt* sind. Die *Orientierungsquantelung* wird durch die

Magnetische Quantenzahl: $$m_l = n_\varphi \tag{1.135}$$
(*Projektionsquantenzahl*)

beschrieben. Wir wissen aus Band 2 des **Grundkurs: Theoretische Physik**, daß J_ϑ etwas mit dem Drehimpulsquadrat $|\mathbf{L}|^2$ und J_φ mit der z-Komponenten des Drehimpulses L_z zu tun haben. Das überträgt sich auf die Quantenzahlen l und m_l, was durch die *konsequente* Quantentheorie der nächsten Kapitel eindrucksvoll bestätigt wird. Diese wird auch die zunächst nur experimentell verifizierten Zusammenhänge,

$$n = 1, 2, 3, \dots ; \quad 0 \le l \le n-1; \quad -l \le m_l \le l, \tag{1.136}$$

belegen können.

Die auf dem Korrespondenzprinzip fußende Theorie war der Wegbereiter für die *konsequente* Quantenmechanik. Sie deckte mit voller Deutlichkeit die Unzulänglichkeiten der klassischen Physik bei der Beschreibung inneratomarer Vorgänge auf und betonte die Notwendigkeit neuartiger Quantengesetze. Sie *provozierte* damit eine Fülle von entsprechend zielgerichteten Experimenten. Allerdings kann natürlich ein solcher halbempirischer Ansatz letztlich nicht voll überzeugen. Die "ältere" Quantenmechanik war in keiner Weise eine abgeschlossene, in sich stimmige Theorie. Sie besaß eine Reihe schwerwiegender Mängel, die von den damaligen Protagonisten auch von Anfang an erkannt wurden. So konnten einige einfache Ein-Teilchen-Probleme (Wasserstoffatom, harmonischer Oszillator, ...) weitgehend geklärt werden, wohingegen die Theorie bereits bei elementaren Zwei-Teilchen-Problemen (He-Atom, Wasserstoffmolekül-Ion H_2^+, ...) versagte.

1.5.4 Aufgaben

Aufgabe 1.5.1

Ein starrer Körper besitze das auf eine fest vorgegebene Rotationsachse bezogene Trägheitsmoment J. Berechnen Sie mit Hilfe des Korrespondenzprinzips die möglichen Energieniveaus.

Aufgabe 1.5.2

Berechnen Sie mit Hilfe des Korrespondenzprinzips die Energieniveaus des harmonischen Oszillators.

Aufgabe 1.5.3

Nehmen Sie an, daß sich das Elektron im Wasserstoffatom auf einer stationären Kreisbahn ($\vartheta \equiv \pi/2; L_z = \text{const.}$) um den einfach positiv geladenen Kern bewegt. Benutzen Sie die Gleichheit von Coulomb-Anziehung und Zentrifugalkraft zusammen mit der Bohrschen Quantisierungsvorschrift,

$$\int p\,dq \stackrel{!}{=} n\,h; \qquad n = 1, 2, \dots ,$$

um den Radius der ersten Bohrschen Bahn ($n = 1$) zu bestimmen. Welche Umlauffrequenz ergibt sich?

1.6 Kontrollfragen

Zu Kapitel 1.1

1) Durch welche physikalischen Größen ist der *Zustand* eines Systems in der *klassischen Mechanik* definiert?

2) Was muß man von einem mechanischen System wissen, um dessen Zustand für beliebige Zeiten berechnen zu können?

3) Welches Jahr könnte man als das Geburtsjahr der Quantenmechanik ansehen?

4) Wann spricht man von *Quantenphänomenen*?

5) Warum bezeichnet man die *Klassische Mechanik* als deterministisch?

6) Was besagt die Heisenbergsche Unbestimmtheitsrelation?

Zu Kapitel 1.2

1) Was versteht man unter *Wärmestrahlung*?

2) Welche Eigenschaft definiert den *Schwarzen Körper*? Wie läßt er sich realisieren?

3) Wie ist die räumliche, spektrale Energiedichte definiert?

4) Formulieren Sie das Kirchhoffsche Gesetz.

5) Welche Aussage zur Wärmestrahlung steckt im Wienschen Gesetz?

6) Wie hängt die gesamte räumliche Energiedichte des Hohlraums von der Temperatur ab? Wie nennt man diese Gesetzmäßigkeit?

7) Wie verschiebt sich die der maximalen spektralen Energiedichte entsprechende Frequenz $\nu_{\max}$ der *Schwarzen Strahlung* mit der Temperatur?

8) Welche Gesetze der *klassischen Physik* zur Wärmestrahlung werden vom Experiment eindeutig bestätigt?

9) Skizzieren Sie die Beweisstruktur der Rayleigh-Jeans-Formel. Welches Theorem der *klassischen Physik* geht entscheidend in die Ableitungen ein?

10) Skizzieren Sie typische Isothermen der Wärmestrahlung. Wo liegt der Gültigkeitsbereich der Rayleigh-Jeans-Formel?

11) Welches Modell benutzte M. Planck zur Berechnung der spektralen Energiedichte der Wärmestrahlung?

12) Formulieren Sie die *Plancksche Hypothese*.

13) Auf welche Weise geht in die Ableitung der *Planckschen Strahlungsformel* das Wiensche Gesetz ein?

14) Interpretieren Sie die Plancksche Strahlungsformel.

Zu Kapitel 1.3

1) In welchen Untersuchungen fanden sich historisch die ersten Hinweise auf eine atomistische Struktur der Materie?

2) Wie lautet die Grundgleichung der kinetischen Gastheorie?

3) Inwieweit stützt die kinetische Gastheorie die Idee vom atomistischen Aufbau der Materie?

4) Definieren Sie den Begriff *Atom*.

5) Was versteht man unter der *relativen Atommasse*?

6) In welchem Zusammenhang stehen die Begriffe Mol und *Avogadro-Zahl*?

7) Welche Schwierigkeiten ergeben sich bei der Definition eines *Atomradius*?

8) Nennen Sie Methoden zur Abschätzung eines Atomradius. Von welcher Größenordnung sind die Atomradien?

9) Formulieren Sie die Faradayschen Gesetze der Elektrolyse.

10) Beschreiben Sie den Millikan-Versuch. Inwieweit beweist dieser die diskrete Struktur der elektrischen Ladung?

11) Welche Methoden zur Erzeugung **freier** Elektronen kennen Sie?

12) Warum stellt ein elektrisches Feld ein Energiespektrometer dar? Wonach *sortiert* ein Magnetfeld?

13) Wie hängt die Elektronenmasse von der Geschwindigkeit ab?

14) Wie ist die Einheit *Elektronenvolt* definiert?

15) Beschreiben Sie den Stern-Gerlach-Versuch.

16) Welche Aufspaltung erfährt ein Ag-**Atom**strahl im Stern-Gerlach-Versuch? Was passiert, wenn man statt Ag-Atomen Ag^+-Ionen verwendet?

17) Welchen Spin besitzt das Elektron?

18) Beschreiben Sie das Rutherfordsche Atommodell. Skizzieren Sie die Schlußfolgerungen, die zu dieser Modellvorstellung führten.

19) Wie ist der *Stoßparameter* definiert?

Zu Kapitel 1.4

1) Was versteht man unter dem Begriff *Interferenz*?

2) Warum benötigt man zur Interferenz kohärente Lichtwellen?

3) Beschreiben Sie den Fresnelschen Spiegelversuch.

4) Unter welchen Bedingungen ergeben sich bei *Interferenzstreifen gleicher Neigung* Verstärkung bzw. Auslöschung?

5) Was bezeichnet man als *Poissonschen Fleck*?

6) Definieren Sie den Begriff *Beugung*.

7) Formulieren Sie das Huygenssche Prinzip.

8) Erklären Sie mit Hilfe der Fresnelschen Zonen die Entstehung des Poissonschen Flecks.

9) Wodurch unterscheidet man Fraunhofer- und Fresnel-Beugung?

10) Wie lauten die Bedingungen für Intensitätsminima bzw. Intensitätsmaxima bei der Beugung am Einzelspalt?

11) Von welchen Faktoren ist die Intensität der um den Winkel α am Einzelspalt gebeugten Strahlung im wesentlichen bestimmt?

12) Welche Bedingung ist für die Hauptmaxima der Beugung an einem Gitter aus N Spalten der Breite d im Abstand a zu erfüllen?

13) Welchen Typ *Gitter* benötigt man für Beugungserscheinungen bei Röntgenstrahlung?

14) Was ist ein Bravais-Gitter?

15) Erläutern Sie die Bedeutung der Laueschen Gleichungen.

16) Was hat das Beugungsbild eines realen Kristallgitters mit dem entsprechenden reziproken Gitter zu tun?

17) Drücken Sie den Netzebenenabstand d durch einen passenden reziproken Gittervektor aus.

18) Was ist eine *Bragg-Ebene*?

19) Was besagt die Bragg-Bedingung?

20) Welche experimentellen Fakten verhindern eine klassische Deutung des Photoeffekts?

21) Beschreiben Sie Einsteins Lichtquantenhypothese.

22) Warum tritt der Photoeffekt erst oberhalb einer gewissen Grenzfrequenz ν_g auf?

23) Bedeutet eine Zunahme der Strahlungsintesität eine Erhöhung der kinetischen Energie der Photoelektronen?

24) Beschreiben Sie den Compton-Effekt.

25) Welche Ruhemasse hat das Photon? Welcher Impuls muß ihm zugeschrieben werden?

26) Welche Wellenlängenänderung $\Delta\lambda$ tritt bei der Streuung von Röntgenstrahlung an schwach gebundenen Elektronen auf? Wovon hängt diese ab?

27) Wie erklärt sich die unverschobene Linie in der gestreuten Strahlung?

28) Was versteht man beim Licht unter dem *Teilchen-Welle-Dualismus*?

Zu Kapitel 1.5

1) Kommentieren Sie die schwerwiegendsten Widersprüche zwischen dem Rutherford-Modell und dem entsprechenden experimentellen Befund.

2) Welche Rydberg-Serien des Wasserstoffatoms sind experimentell beobachtbar?

3) Was versteht man unter der *Seriengrenze* einer Rydberg-Serie?

4) Welche Rydberg-Serie des H-Atoms liegt im sichtbaren Spektralbereich?

5) Was besagt das Ritzsche Kombinationsprinzip?

6) Formulieren und interpretieren Sie die Bohrschen Postulate.

7) Was definiert den *Grundzustand* eines Atoms?

8) Erinnern Sie sich an die Bedeutung und das Zustandekommen der Hamilton-Jacobi-Differentialgleichung.

9) Was sind Wirkungs- und Winkelvariable?

10) Welche Bedeutung hat die Rydberg-Energie?

11) Was ist eine *Eigenwirkungsvariable*?

12) Formulieren Sie die Bohr-Sommerfeldsche Quantenhypothese.

13) Wie ist die *Hauptquantenzahl* n definiert?

14) Was bezeichnet man als *Mitbewegungseffekt*?

15) Beschreiben Sie den Franck-Hertz-Versuch.

16) Erläutern Sie das Korrespondenzprinzip.

17) Was bezeichnet man als die Grundgleichung der "älteren" Quantentheorie?

18) Welche Überlegung liegt der Hasenöhrlschen Quantenbedingung zugrunde?

19) Wie folgt die Phasenintegralquantisierung aus der Hasenöhrlschen Bedingung?

20) Wie kann man sich im Rahmen der "älteren" Quantentheorie die Nebenquantenzahl l und die magnetische Quantenzahl m_l erklären?

2 SCHRÖDINGER-GLEICHUNG

Die zentrale Bewegungsgleichung der Quantenmechanik ist die Schrödinger-Gleichung, die allerdings nicht mathematisch streng aus ersten Prinzipien abgeleitet werden kann, sondern mehr oder weniger approximativ eingeführt werden muß. Bei ihrer Begründung kann man sich jedoch von der Vorstellung leiten lassen, daß die Quantenmechanik als übergeordnete Theorie zu verstehen ist, die die makrospkopisch korrekte Klassische Mechanik als entsprechenden Grenzfall enthält. Von der *klassischen Seite* macht insbesondere die Hamilton-Jacobi-Theorie (Kap. 3, Bd. 2) eine solche Korrespondenz deutlich. Mechanisch-optische Analogiebetrachtungen weisen der Klassischen Mechanik im Rahmen der Quantenmechanik die Rolle zu, die die geometrische Optik in der allgemeinen Lichtwellentheorie spielt. Wir wollen uns deshalb zu Beginn dieses Kapitels noch einmal in Erinnerung rufen, wie die klassische Hamilton-Jacobi-Theorie über ihr Wirkungswellenkonzept die Schrödinger-Gleichung *plausibel* werden läßt und erste Hinweise auf den Teilchen-Welle-Dualismus der Materie liefert.

Die experimentelle Ausnutzung der Wellennatur der Materie (z.B. Elektronenmikroskop, Strukturuntersuchungen mit Neutronenbeugung) gehört heute zur alltäglichen Arbeit des Physikers und ist deshalb nicht mehr spektakulär. Das ändert aber nichts daran, daß die Erkenntnis, daß der Materie in gewissen Situationen Wellencharakter zugeschrieben werden muß, zu den entscheidenden Errungenschaften der Physik in diesem Jahrhundert zu zählen ist.

Der Wellencharakter der Materie ist die Ursache dafür, daß der *Zustand* eines physikalischen Systems durch eine *Wellenfunktion* $\psi(\mathbf{r}, t)$ beschrieben wird (Kap. 2.2). Diese ist Lösung der Schrödinger-Gleichung, aber selbst keine meßbare Teilcheneigenschaft. An einem *Gedankenexperiment* (Doppelspalt) werden wir uns den statistischen Charakter der Wellenfunktion verdeutlichen, der der Quantenmechanik, im Gegensatz zur Klassischen Mechanik, lediglich Wahrscheinlichkeitsaussagen gestattet. Typische Bestimmungsgrößen sind deshalb Wahrscheinlichkeitsdichten, Mittelwerte und Schwankungen (Kap. 2.2.1, 2.2.6). Der statistische Charakter der Wellenfunktion ist auch für zwei wichtige Eigenarten der Quantenmechanik verantwortlich, nämlich für die Heisenbergsche Unbestimmtheitsrelation (Kap. 1.5) und für das *Breitfließen* von Wellenpaketen (Kap. 2.2.3).

Die Quantenmechanik ordnet den beobachtbaren, also meßbaren Variablen Operatoren zu. Dies werden wir zunächst am Beispiel des Impulsoperators (Kap. 2.3) erkennen und dann für beliebige dynamische Variable verifizieren. Als wichtiges Charakteristikum der Quantenmechanik mit weitreichenden Konsequenzen muß die Nicht-Vertauschbarkeit dieser Operatoren angesehen werden. Die Reihenfolge, in der ich zwei oder mehrere Operatoren auf eine Wellenfunktion wirken lasse, ist in der Regel nicht beliebig, da jeder Operator die

Wellenfunktion, und damit den Systemzustand, auf spezifische Weise ändern kann (Kap. 2.3.2).

Den Abschluß dieses Kapitels bildet der Versuch, eine praktikable Übersetzungsvorschrift zu finden, mit der von der *vertrauten* klassischen Physik auf eine korrekte Formulierung der Schrödinger-Gleichung geschlossen werden kann.

2.1 Materiewellen

In Kapitel 1.4 haben wir uns mit dem *sonderbaren* Teilchen-Welle-Dualismus der elektromagnetischen Strahlung befaßt. Neben eindeutigen Welleneigenschaften (Interferenz, Beugung) besitzt diese ebenso eindeutig auch Teilchencharakter (Photoeffekt, Compton-Effekt). Wir kommen nicht umhin, zur Deutung elektromagnetischer Phänomene mal das eine, mal das andere Bild zu verwenden, und das, obwohl sich die beiden Bilder im Rahmen unserer Erfahrungswelt eigentlich einander ausschließen. Der Teilchen-Welle-Dualismus der elektromagnetischen Strahlung erscheint andererseits aufgrund experimenteller Belege so überzeugend, daß die Schlußfolgerung, daß er auch in *umgekehrter Richtung* gültig sein sollte, eine plausible These darstellt. Trotzdem muß die Erkenntnis, daß es diesen Dualismus auch für Objekte gibt, die man normalerweise als *Teilchen (Korpuskeln)* bezeichnen würde, zu den größten Errungenschaften der Physik in diesem Jahrhundert gezählt werden. Den historischen Startpunkt für eine Wellentheorie der Materie stellten kühne Spekulationen des französischen Physikers L. de Broglie (Dissertation 1924) dar, die kurz darauf E. Schrödinger (1925/26) zur Entwicklung seiner *Wellenmechanik* inspirierten, obwohl experimentelle Bestätigungen des von de Broglie postulierten Wellenaspekts der Materie erst ab 1927 (C.J. Davisson, L.H. Germer) zur Verfügung standen.

Die Idee, der Materie (den Teilchen) Welleneigenschaften zuzuordnen, ist allerdings wesentlich älter. Sie geht auf Hamilton zurück, der bereits in der ersten Hälfte des 19. Jahrhunderts auf eine interessante Analogie zwischen geometrischer Optik und klassischer Newton-Mechanik hinwies, die darin besteht, daß beide mit einem identischen mathematischen Formalismus behandelt werden können. Mit Hilfe der Hamilton-Jacobi-Theorie (s. Kap. 3.6, Bd. 2) läßt sich in der Tat für die Klassische Mechanik eine Wellengleichung ableiten, die der sogenannten *Eikonalgleichung* der geometrischen Optik mathematisch äquivalent ist. Das *verführt* zu der folgenden Spekulation: Die geometrische Optik stellt bekanntlich nur einen Grenzfall mit beschränktem Gültigkeitsbereich dar, der zum Beispiel wichtige Phänomene wie Interferenz und Beugung **nicht** erklären kann. Sie muß deshalb zu einer *Wellenoptik* verallgemeinert werden. In ihrem Gültigkeitsbereich ist die geometrische Optik allerdings exakt. Die Situation ist ganz ähnlich für die Klassische Mechanik. Auch sie besitzt offenbar nur eine begrenzte Anwendbarkeit, kann zum Beispiel die stationären Energiezustände des Atoms nicht erklären. Es könnte nun aber doch sein, daß auch die Klassische Mechanik nur als Grenzfall einer übergeordneten *Wellenmechanik* aufzufassen ist, so wie es die geometrische Optik für die Lichtwellentheorie ist. Wenn das aber wirklich so ist, dann sollte es auch möglich sein, aus dem bekannten Übergang *geometrische Optik* $\Longrightarrow$ *Lichtwellentheorie* durch Analogieschlüsse Hinweise auf die zu findende Wellenmechanik abzuleiten. Daß das in der Tat möglich ist, haben wir im Detail in Kapitel 3.6, Band 2 demonstrieren können. Wegen ihrer grundsätzlichen Bedeutung wollen wir im nächsten Kapitel an die wesentlichen Gedankenschritte noch einmal erinnern.

2.1.1 Wirkungswellen in der Hamilton-Jacobi-Theorie

Die Hamilton-Jacobi-Theorie der Klassischen Mechanik (s. Kap. 3, Bd. 2), an die wir uns bereits in Kapitel 1.5.2 zum Bohrschen Atommodell erinnert haben, basiert auf dem Konzept der kanonischen Transformation (s. Kap. 2.5, Bd. 2). Darunter versteht man einen Variablenwechsel von *alten* auf *neue* Koordinaten $\bar{\mathbf{q}}$ und Impulse $\bar{\mathbf{p}}$,

$$(\mathbf{q}, \mathbf{p}) \xrightarrow[S(\mathbf{q}, \bar{\mathbf{p}}, t)]{} (\bar{\mathbf{q}}, \bar{\mathbf{p}}),$$

der die Hamiltonschen Bewegungsgleichungen invariant läßt und deshalb *erlaubt* ist. Wenn man die Transformation geschickt wählt, kann die Lösung des physikalischen Problems in den *neuen* Variablen sehr viel einfacher sein als in den *alten*. In diesem Sinne baut die Hamilton-Jacobi-Theorie die Methode der kanonischen Transformation zu einem allgemeinen Lösungsverfahren aus.

Die *Erzeugende S* der Transformation, die man auch *Wirkungsfunktion* nennt, soll eine Funktion der *alten* Koordinaten $\mathbf{q} = (q_1, q_2, \dots, q_S)$ und der *neuen* Impulse $\bar{\mathbf{p}} = (\bar{p}_1, \bar{p}_2, \dots, \bar{p}_S)$ sein. Es gelten die Transformationsformeln,

$$p_j = \frac{\partial S}{\partial q_j}; \quad \bar{q}_j = \frac{\partial S}{\partial \bar{p}_j}; \quad \overline{H} = H + \frac{\partial S}{\partial t}, \qquad (j = 1, 2, \dots, s),$$

die wir hier ohne Ableitung angeben. Der an Details interessierte Leser sei auf Kapitel 2.5.3, Bd. 2 verwiesen. Im Hamilton-Jacobi-Verfahren wird die Transformation, d.h. die Erzeugende derselben, so gewählt, daß entweder alle $\bar{q}_j$ zyklisch und damit automatisch alle $\bar{p}_j$ konstant sind (s. Kap. 1.5.2), oder aber **alle** *neuen* Variablen $(\bar{\mathbf{q}}, \bar{\mathbf{p}})$ zeitunabhängige Konstante sind. Im letzten Fall ist das mechanische Problem dann trivial erfüllt. Die Konstanten sind durch entsprechend viele Anfangsbedingungen festgelegt. Eine solche Transformation ist sicher dann erreicht, wenn die *neue* Hamilton-Funktion $\overline{H}$ bereits konstant, zum Beispiel Null, ist:

$$H\left(q_1, q_2, \dots, q_S, \frac{\partial S}{\partial q_1}, \frac{\partial S}{\partial q_2}, \dots, \frac{\partial S}{\partial q_S}, t\right) + \frac{\partial S}{\partial t} = 0. \qquad (2.1)$$

Wir beschränken die folgenden Betrachtungen der Einfachheit halber auf ein einzelnes Teilchen ($\mathbf{q} = \mathbf{r}$) in einem konservativen Kraftfeld:

$$H = T + V = E = \text{const.} \tag{2.2}$$

Dann läßt sich die Zeitabhängigkeit der Wirkungsfunktion abseparieren:

$$S(\mathbf{r}, \bar{\mathbf{p}}, t) = W(\mathbf{r}, \bar{\mathbf{p}}) - E\,t. \tag{2.3}$$

Wegen $\bar{\mathbf{p}}$ = const., definiert die Bedingung W = const. eine feste Fläche im durch die Koordinaten q_j aufgespannten Konfigurationsraum, über die sich die Flächen S = const. mit der Zeit hinwegschieben. Diese S = const.-Flächen heißen *Wirkungswellen*. Man kann ihnen eine Geschwindigkeit, die Wellen- oder Phasengeschwindigkeit $\mathbf{u}$, zuordnen. Diese ist definiert als die Geschwindigkeit eines bestimmten Punktes der Wellenfront. Aus

$$dS \stackrel{!}{=} 0 = \nabla_r W \cdot d\mathbf{r} - E\,dt$$

folgt:

$$\nabla_r W \cdot \mathbf{u} = E. \tag{2.4}$$

$\mathbf{u}$ ist per definitionem senkrecht zu den Wirkungswellenfronten orientiert. Da aber auch $\nabla_r W$ orthogonal zu den Flächen W = const. liegt und mit dem Teilchenimpuls

$$\mathbf{p} = \nabla_r W \tag{2.5}$$

identisch ist, müssen Wellengeschwindigkeit $\mathbf{u}$ und Teilchengeschwindigkeit $\mathbf{v}$ parallel sein. Dann folgt aus (2.4):

$$u = \frac{E}{p} = \frac{E}{m\,v} \implies u\,v = \text{const.} \tag{2.6}$$

Wegen $E^2 = u^2(\nabla_r W)^2$ und (2.1) bis (2.3) ergibt sich die

Wellengleichung der Klassischen Mechanik:

$$(\nabla_r S)^2 = \frac{1}{u^2}\left(\frac{\partial S}{\partial t}\right)^2. \tag{2.7}$$

Wirkungswellen- und Teilchenbewegung sind zwar wesensfremde, aber doch äquivalente Lösungen des mechanischen Problems. Hier deutet sich ein

Teilchen-Welle-Dualismus

der Materie an.

Wir wollen nun, wie angekündigt, in der detailliert bekannten Lichtwellentheorie nach weiteren Analogien suchen. Ein elektromagnetischer Vorgang wie *Licht* wird durch die Wellengleichung

$$\nabla^2 \varphi - \frac{n^2}{c^2} \frac{\partial^2 \varphi}{\partial t^2} = 0 \tag{2.8}$$

für das skalare elektromagnetische Potential $\varphi(\mathbf{r}, t)$ beschrieben, wobei $n = n(\mathbf{r})$ die Brechzahl des Mediums und c die Lichtgeschwindigkeit des Vakuums sind. $u = c/n$ ist dann die Lichtgeschwindigkeit im Medium. Man erkennt leicht, daß für $n = \text{const.}$ die ebene Welle ((4.134), Bd. 3)

$$\varphi(\mathbf{r}, t) = \varphi_0 \, e^{i\,(\mathbf{k} \cdot \mathbf{r} - \omega t)} \tag{2.9}$$

die Wellengleichung löst, falls

$$k = \omega \frac{n}{c} = \frac{\omega}{u} = \frac{2\pi \, \nu}{\lambda \, \nu} = \frac{2\pi}{\lambda} \tag{2.10}$$

gewählt wird. Ist $n = n(\mathbf{r}) \neq \text{const.}$, so sorgt die Ortsabhängigkeit der Brechzahl für Beugungsphänomene. Man wählt nun zweckmäßig den Ansatz

$$\varphi(\mathbf{r}, t) = \varphi_0(\mathbf{r}) \exp\left[i \frac{k}{n} (L(\mathbf{r}) - c\, t) \right], \tag{2.11}$$

wobei $L(\mathbf{r})$ als *Lichtweg* oder *Eikonal* bezeichnet wird. Setzt man (2.11) in die Wellengleichung (2.8) ein, so ergibt sich ein recht komplizierter Ausdruck, der sich unter den Annahmen der geometrischen Optik,

$$\begin{aligned} &\varphi_0(\mathbf{r}) \text{ schwach ortsabhänging,} \\ &\lambda = \frac{2\pi}{k} \ll \text{ Änderungen im optischen Medium,} \end{aligned}$$

zur sogenannten *Eikonalgleichung* vereinfacht ((3.198), Bd. 2):

$$\left(\nabla L(\mathbf{r}) \right)^2 = n^2 = \frac{c^2}{u^2}. \tag{2.12}$$

Die Lösungen $L = \text{const.}$ definieren nach (2.11) Flächen konstanter Phase, also Wellenfronten. Deren Orthogonaltrajektorien sind die *Lichtstrahlen* der geometrischen Optik.

Die Eikonalgleichung ähnelt formal der Wellengleichung (2.7) der Klassischen Mechanik, so daß der Analogieschluß *reizt*, die Klassische Mechanik für den geometrisch-optischen Grenzfall einer übergeordneten Wellenmechanik zu halten. Dieser Analogieschluß ist natürlich kein physikalischer Beweis, sondern basiert im wesentlichen auf Plausibilität. Seine Rechtfertigung kann nur nachträglich durch Vergleich der Resultate mit experimentellen Fakten erfolgen. Diesen Standpunkt werden wir im übrigen in den nächsten Abschnitten noch ein paarmal einnehmen müssen.

Wenn wir nun die dem Teilchen zuzuordnende Wirkungswelle, die die Wellengleichung (2.7) erfüllt, zur Lichtwelle (2.11) in Analogie setzen, so sollten die Wirkungswellenfronten $S = W - E\,t$ der Phase $\frac{k}{n}(L - c\,t)$ entsprechen. Es müßte also gelten:

$$E \sim \frac{k}{n}\,c = k\,u \sim \frac{u}{\lambda} = \nu.$$

Schreiben wir

$$E = h\,\nu, \tag{2.13}$$

so folgt weiter: $\lambda = \frac{u}{\nu} = \frac{E}{p\nu} = \frac{h}{p}$. Dies bedeutet:

$$p = \frac{h}{\lambda}. \tag{2.14}$$

Energie E und Impuls p des Teilchens legen somit die Frequenz ν und die Wellenlänge λ der zugehörigen Wirkungswelle fest. (2.13) und (2.14) werden vom Experiment glänzend bestätigt, wenn man h mit dem Planckschen Wirkungsquantum identifiziert. Die obigen Analogieschlüsse gehen letztlich auf L. de Broglie zurück. Man nennt deshalb λ die *de Broglie-Wellenlänge* des Teilchens.

Eliminieren wir mit dem Ansatz (2.11) die Zeitdifferentiationen in der Wellengleichung (2.8), so bleibt zu lösen:

$$\nabla_r^2\varphi + k^2\varphi = \Delta_r\varphi + \frac{4\pi^2}{\lambda^2}\,\varphi = 0.$$

Im Sinne unseres Analogieschlusses sollte nun auch die Teilchenwelle durch eine entsprechende

Wellenfunktion $\psi(\mathbf{r}, t)$

charakterisiert sein, die wegen

$$\frac{4\pi^2}{\lambda^2} = \frac{1}{\hbar^2}\,\mathbf{p}^2 = \frac{1}{\hbar^2}\,2\,m\,(E - V); \quad \hbar = \frac{h}{2\pi}$$

eine Differentialgleichung erfüllt, die als

zeitunabhängige Schrödinger-Gleichung

$$\left(-\frac{\hbar^2}{2\,m}\,\Delta_r + V(\mathbf{r})\right)\,\psi(\mathbf{r}, t) = E\,\psi(\mathbf{r}, t) \tag{2.15}$$

die Basisgleichung der gesamten Wellenmechanik darstellt. Es handelt sich dabei, wie wir später noch genauer analysieren werden, um eine sogenannte Eigenwertgleichung des

Hamilton-Operators

$$\widehat{H} = -\frac{\hbar^2}{2\,m}\,\Delta_r + V(\mathbf{r}). \tag{2.16}$$

Obwohl die Schrödinger-Gleichung (2.15) nicht mathematisch streng abgeleitet werden kann, sondern Plausibilitätsüberlegungen und Analogieschlüsse benötigt, hat sie sich doch widerspruchsfrei bewährt. Sie markiert als Meilenstein den Durchbruch der klassischen Physik zur modernen Quantenphysik.

Nutzen wir noch einmal die Analogie zwischen der Wellenfunktion $\psi(\mathbf{r}, t)$ und der Lösung (2.11) der Wellengleichung (2.8) aus, so können wir wegen der speziellen Zeitabhängigkeit mit (2.13) und (2.14) offensichtlich die folgende Zuordnung treffen:

$$E \Longrightarrow i\hbar \frac{\partial}{\partial t}. \tag{2.17}$$

Da links eine Variable (Zahl!) und rechts ein Differentialoperator steht, ist diese Zuordnung nur dann sinnvoll, wenn wir sie uns stets auf eine Wellenfunktion $\psi(\mathbf{r}, t)$, deren Eigenschaften in Kapitel 2.2 untersucht werden, angewendet denken. In diesem Sinne wird aus (2.15) die

zeitabhängige Schrödinger-Gleichung

$$\widehat{H}\,\psi(\mathbf{r}, t) = i\hbar \frac{\partial}{\partial t}\,\psi(\mathbf{r}, t). \tag{2.18}$$

2.1.2 Die de Broglie-Wellen

Die Wellenvorstellung der Materie führt zu einer äußerst interessanten Interpretationsmöglichkeit des Bohrschen Postulats stationärer Elektronenbahnen im Atom. Wenn das Elektron wirklich als Welle aufgefaßt werden darf, dann sind stationäre Elektronenbahnen offenbar dadurch ausgezeichnet, daß sie **stehenden** Elektronenwellen entsprechen. Ansonsten würden sie sich nach einigen Umläufen durch destruktive Interferenz auslöschen. Der Bahnumfang muß also ein ganzzahliges Vielfaches der Elektronen-Wellenlänge λ sein. Diese Überlegung ist in der Tat kompatibel mit der Bohrschen Quantenbedingung. Formulieren wir diese nämlich wie in Aufgabe 1.5.3 für stationäre Kreisbahnen (Radius r, Umlaufgeschwindigkeit $v = r\,\dot{\varphi}$),

$$\int p\,dr = 2\pi\, r\, m\, v = n\, h; \qquad n = 1, 2, 3, \ldots\,,$$

und setzen hierin die de Broglie-Beziehung (2.14) für $p = m\,v$ ein, so folgt:

$$2\pi\, r = n\,\lambda; \qquad n = 1, 2, 3, \ldots\,. \tag{2.19}$$

Das sieht fast wie ein *Beweis* der Bohrschen Quantenbedingung aus. Gleichermaßen scheint auch das Problem der Energieabstrahlung beseitigt zu sein. Ein umlaufendes Elektron stellt einen schwingenden Dipol dar, eine stehende Welle sollte dagegen als zeitlich unveränderliches Gebilde auch nach den Gesetzen der klassischen Elektrodynamik ohne Strahlungsnotwendigkeit existieren können.

Die Wellennatur der Materie manifestiert sich im Experiment in Beugungs- und Interferenzphänomenen. Diese sichtbar zu machen, gelang erstmals Davisson und Germer (1927) mit Elektronenreflexionsexperimenten an Ni-(111)-Flächen. Die Intensitätsverteilung der reflektierten Elektronen entsprach einem Laue-Rückstrahldiagramm, wie es von Röntgenstrahlexperimenten bekannt war. Insbesondere waren die Helligkeitsmaxima durch die Laueschen Fundamentalgleichungen (1.78) bzw. (1.80) bestimmt. Alle aus Röntgenbeugungsphänomenen ableitbaren Schlußfolgerungen ließen sich auch bei der Beugung von Elektronenwellen nachvollziehen. Davisson und Germer konnten 1928 direkt nachweisen, daß die Elektronenbeugung die Bragg-Bedingung (1.86) erfüllt, so daß umgekehrt bei bekannter Gitterkonstanten des Kristalls auf die Wellenlänge der den Elektronen zuzuordnenden Materiewellen geschlossen werden konnte. Man fand in voller Übereinstimmung mit (2.14), daß diese umgekehrt proportional zum Elektronenimpuls ist.

Beugungsphänomene wurden in der Folgezeit nicht nur bei Elektronen, sondern auch bei anderen Teilchenstrahlungen beobachtet, wenn nur die de Broglie-Wellenlänge λ in die Größenordnung der Atomabstände des Kristallgitters kommt. Dazu sind die folgenden Faustregeln nützlich (e^-: Elektron; p: Proton; n: Neutron; X: Röntgen):

$$\lambda(e^-)[\text{Å}] = \frac{h}{\sqrt{2\,m_e\,E}} \approx \frac{12{,}25}{\sqrt{E[\text{eV}]}}, \tag{2.20}$$

$$\lambda(n,p)[\text{Å}] = \frac{h}{\sqrt{2\,M_{n,p}E}} \approx \frac{0{,}28}{\sqrt{E[\text{eV}]}}, \tag{2.21}$$

$$\lambda(X)[\text{Å}] = \frac{h\,c}{E} \approx \frac{12{,}4}{E[\text{keV}]}. \tag{2.22}$$

(Die Energieeinheit eV (Elektronvolt) haben wir in (1.57) definiert.) Elektronen, die eine Beschleunigungsspannung von 10^4 V durchlaufen, besitzen demnach eine Wellenlänge von etwa 0,12 Å, die derjenigen von harter Röntgenstrahlung entspricht. Als geladene Teilchen reagieren Elektronen natürlich sehr heftig mit Materie, was ihnen unter anderem nur eine sehr geringe Eindringtiefe in einen Festkörper gestattet. Andererseits hat sich diese *Empfindlichkeit* der Elektronenbewegung zu Strukturanalysen von Oberflächen und dünnen Schichten erfolgreich auswerten lassen. Die Interferenz der an einer Kristalloberfläche reflektierten Elektronenwellen führt letztlich zu einer Abbildung der Struktur des Objekts. Das auf diesem Prinzip arbeitende Elektronenmikroskop hat wegen der gegenüber Licht wesentlich kleineren de Broglie-Wellenlänge ein beträchtlich höheres Auflösungsvermögen als das Lichtmikroskop. Mit dem Elektronenmikroskop lassen sich inzwischen selbst atomare bzw. molekulare Strukturen sichtbar machen. Ein besonderer Vorteil besteht darin, daß man durch Variation der Beschleunigungsspannung die Elektronenwellenlänge fast beliebig einstellen kann, wobei allerdings bei sehr hohen Spannungen die relativistische Massenveränderlichkeit zu berücksichtigen ist.

Einen besonderen Stellenwert hat die Neutronenbeugung erlangt. Um nach (2.21) die Wellenlänge der Neutronen in die Größenrodnung von 1 Å zu bringen, hat man diese auf *thermische* Geschwindigkeiten abzubremsen, zum Beispiel indem man sie Paraffinblöcke durchqueren läßt. Heute erhält man ergiebige Neutronenströme passender kinetischer Energie aus Kernreaktoren. Das Neutron ist ungeladen, kann deshalb wesentlich ungestörter in einen Kristall eindringen als das Elektron. Andererseits besitzt es ein permanentes magnetisches Moment, das mit eventuell vorhandenen Momenten des zu untersuchenden Festkörpers in Wechselwirkung tritt. Neutronenbeugung ist deshalb ein exzellentes Hilfsmittel zur Sichtbarmachung magnetischer Strukturen.

Wir haben im Abschnitt (2.1.1) die Materiewellen durch Analogieschlüsse eingeführt und soeben von ihrer experimentellen Bestätigung berichtet. Wir müssen uns nun um ein vertieftes Verständnis der physikalischen Bedeutung des Phänomens *Materiewelle* bemühen.

Zunächst einmal darf man trotz möglicherweise vergleichbarer Wellenlänge Materiewellen nicht etwa für physikalisch wesensverwandt mit elektromagnetischer (Röntgen-)Strahlung halten. Sie sind grundsätzlich voneinander verschieden. In gewisser Weise muß man den Materiewellen sogar die eigentliche *Meßbarkeit* absprechen. Erinnern wir uns einmal daran, welche Bestimmungsstücke einen "normalen" Wellenvorgang auszeichnen. Da sind zunächst die Eigenschaften *Amplitude* und *Phase*. Die Amplitude charakterisiert den in der Welle realisierten physikalischen Vorgang, ist deshalb von Wellentyp zu Wellentyp verschieden. Die Phase ist dagegen das allen Wellenvorgängen Gemeinsame und kennzeichnet damit ganz allgemein die Wellennatur des physikalischen Prozesses. Sie bestimmt die Gesamtheit aller Punkte mit gleichen Abweichungen der physikalischen Größe von ihrem Gleichgewichtswert. Bei stetig veränderlicher Amplitude bilden solche Punkte Phasenflächen. Der Abstand zweier Flächen gleicher Phase definiert die Wellenlänge. Die Verschiebungsgeschwindigkeit eines Punktes auf einer solchen Phasenfläche nennt man *Phasengeschwindigkeit* der Welle.

Ausbreitungsrichtung, Schwingungsrichtung (longitudinale, transversale *Polarisation*) und Wellenlänge sind im allgemeinen leicht meßbare Bestimmungsstücke einer "normalen" Welle. Nicht ganz so leicht ist die Messung der Phasengeschwindigkeit, bisweilen auch die der Amplitude. Beides ist jedoch möglich.

Bei den Materiewellen fällt die Ausbreitungsrichtung mit der Bewegungsrichtung der Materie zusammen, ist somit bekannt. Die Wellenlänge ergibt sich aus der de Broglie-Beziehung (2.14) und läßt sich, wie bereits erläutert, mit Hilfe von Beugungsexperimenten an Netzebenen passender Kristallgitter bestimmen. Es ist aber noch niemandem gelungen, die Phasengeschwindigkeit oder die Amplitude einer Materiewelle **direkt** zu messen! Materiewellen und die uns aus der klassischen Physik vertrauten elektromagnetischen Wellen verhalten sich zwar in vielerlei Hinsicht ganz offenbar sehr ähnlich, scheinen aber dennoch in ihrer tieferen physikalischen Bedeutung grundverschieden zu sein.

Um das Wesen der Materiewellen wirklich zu verstehen, haben wir uns noch einmal grundsätzlich mit dem *Teilchen-Welle-Dualismus* zu befassen. Unbestritten ist die Beobachtung, daß sich das Elektron in manchen Experimenten wie ein Teilchen, in anderen wie eine Welle verhält. Bedeutet das, daß wir das Elektron, oder irgendein anderes *passendes* Teilchen, zumindest in manchen Situationen direkt als Welle zu verstehen haben? So einfach ist das dann wohl doch nicht! Schon bei etwas genauerer Betrachtung der für Wellen typischen Beugungsphänomene stößt man auf ganz erhebliche Verständnisschwierigkeiten. Elementare Teilchen wie Elektronen besitzen die besondere Eigenschaft der *Unteilbarkeit*, die andererseits einer Welle auf keinen Fall zugeschrieben werden kann. An der Grenze zweier Medien, in denen die Welle unterschiedliche Phasengeschwindigkeiten aufweist, wird diese bekanntlich in eine reflektierte und eine gebrochene Partialwelle zerlegt, also "geteilt". Für das unteilbare Elektron müssen wir dagegen annehmen, daß es entweder reflektiert wird oder aber in das zweite Medium eindringt. Beides gleichzeitig kann nicht möglich sein. – Ganz ähnliche Schwierigkeiten bereitet uns die Interpretation der Beugungsfiguren mit ihren Maxima und Minima in der Wellenintensität. Es ist natürlich absurd anzunehmen, daß an manchen Stellen der Photoplatte "*viel Elektron*", anderswo "*wenig Elektron*" ankommt. Die Formulierung erscheint bereits lächerlich! Aber was hat es denn nun wirklich mit dem *Wellencharakter des Teilchens* auf sich? Wir sind damit offensichtlich an einer ganz fundamentalen Frage angelangt, so daß es sinnvoll erscheint, mit Hilfe eines typischen *Gedankenexperiments* die gesamte Problematik noch einmal aufzuzeichnen.

2.1.3 Das Doppelspaltexperiment

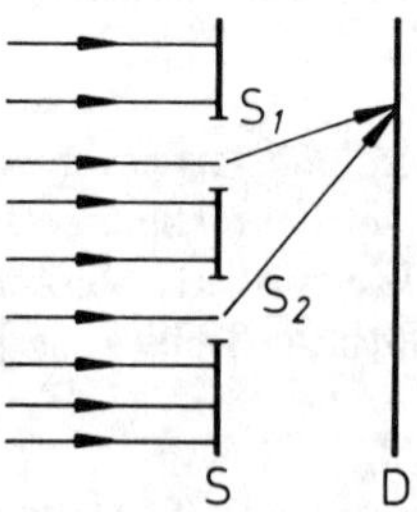

Eine Welle (Materie, elektromagnetisch, ...) falle auf einen undurchlässigen Schirm S, auf dem ein Doppelspalt (S_1, S_2) angebracht ist. Auf einer Photoplatte (Detektor D) hinter dem Schirm in der xy-Ebene wird die sich einstellende Strahlungsintensität registriert. Wir führen nun die folgenden Gedankenexperimente durch:

a) *Die Quelle sendet klassische Teilchen (Kugeln, Schrotkörner, ...) aus!*

Es ist durchaus möglich, daß die Teilchen in irgendeiner Form durch die Spalte S_1 und S_2 beeinflußt werden; wichtig ist jedoch, daß die von S_1 und S_2 ausgehenden Wirkungen unabhängig voneinander sind. Sind $I_{1,2}^{(a)}(x,y)$ die Intensitäten der beiden Einzelspalte, so erhält man für die Gesamtintensität das klassisch selbstverständliche Resultat:

$$I^{(a)}(x,y) = I_1^{(a)}(x,y) + I_2^{(a)}(x,y). \tag{2.23}$$

Es ergibt sich dasselbe Bild für den Fall, daß die beiden Spalte gleichzeitig geöffnet sind, wie für den Fall, daß sie gleich lange, aber nacheinander geöffnet werden.

b) *Die Quelle sendet elektromagnetische Wellen (Licht, Röntgen, ...) aus!*

Das ist die Situation, die wir bereits in Kapitel 1.4 ausführlich erörtert haben. Öffnen wir die beiden Spalte nacheinander, so addieren sich die Intensitäten $I_{1,2}^{(b)}(x,y)$, die allerdings bereits durch die Beugung am Einzelspalt (1.71) geprägt sind. Öffnen wir dagegen die beiden Spalte gleichzeitig, so kommt ein weiterer Interferenzterm $I_{12}^{(b)}(x,y)$ hinzu, der positiv wie negativ sein kann:

$$I^{(b)}(x,y) = I_1^{(b)}(x,y) + I_2^{(b)}(x,y) + I_{12}^{(b)}(x,y). \tag{2.24}$$

Sind A_1 und A_2 die Amplituden der nach dem Huygensschen Prinzip (Kap. 1.4.1) den beiden Spalten zuzuordnenden Sekundärwellen, so ist die Intensität durch das Betragsquadrat der Amplituden**summe** bestimmt:

$$I^{(b)} \sim |A_1 + A_2|^2 \not\equiv |A_1|^2 + |A_2|^2. \tag{2.25}$$

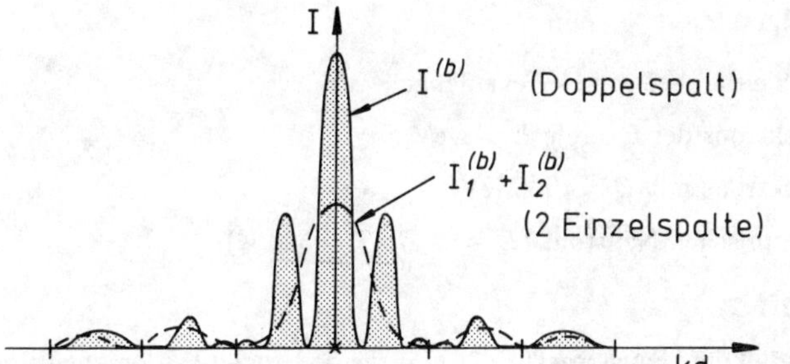

Die genauen Intensitätsformeln sind an (1.72) bzw. an (1.73) für $N = 2$ abzulesen. Das gilt auch für die Beschriftung des Bildes.

c) *Die Quelle sendet elektromagnetische Strahlung extrem schwacher Intensität, d.h. einzelne Photonen, aus!*

Der Detektor "sieht" Teilchen wie in a). Energie wird nur in Quanten $h\nu$ absorbiert. Allerdings erweisen sich die Auftrefforte der Photonen als nicht vorhersagbar! Sie verteilen sich zunächst ziemlich zufällig über die Photoplatte. Läßt man jedoch hinreichend viele Einzelprozesse stattfinden, so ergibt sich schließlich ein Gesamtbild, das $I^{(b)}$ entspricht. Dies erscheint paradox. In einem Gedankenexperiment können wir die Photonen wirklich nacheinander im Detektor erscheinen lassen. Trotzdem ergibt sich schließlich ein Interferenzeffekt. "Interferiert" das Einzelphoton etwa "mit sich selbst"?

d) *Die Quelle sendet Teilchen (Elektronen) aus!*

Diese werden einzeln als Teilchen im Detektor registriert. Wie bei den Photonen ist die Ankunft der Elektronen zufällig, d.h. nicht vorhersagbar. Die ersten, durch Elektronen bewirkten, lokalisierten Wirkungen verteilen sich scheinbar chaotisch über die Photoplatte, um dann bei hinreichend großer Ereigniszahl einer Verteilung gemäß $I^{(b)}$ zu entsprechen. Demnach interferieren auch Elektronen! Die Unterschiede in den Intensitäten für nacheinander geöffnete Einzelspalte und gleichzeitig geöffnetem Doppelspalt sind dieselben wir für die elektromagnetische Strahlung in b). Wenn es uns allerdings gelingt, die Bahn des Elektrons genau zu verfolgen, also festzustellen, durch welchen Spalt das Elektron fliegt, verschwindet unmittelbar der Interferenzeffekt.

Was ist das Elektron denn nun wirklich, ein Teilchen, eine Welle oder beides? Wir wollen in Kapitel 2.2 versuchen, über eine Analyse des geschilderten Doppelspaltgedankenexperiments eine Antwort auf diese Frage zu finden.

2.1.4 Aufgaben

Aufgabe 2.1.1

Berechnen Sie die de Broglie-Wellenlänge

1) eines Elektrons der Energie $E = 1$ eV,

2) eines Elektrons mit $E = 100$ MeV,

3) eines thermischen Neutrons ($E \approx k_B T$; $T = 300$ K).

Aufgabe 2.1.2

Zeigen Sie, daß die "Faustregel" (2.20) für die de Broglie-Wellenlänge eines Elektrons bei voller Berücksichtigung relativistischer Effekte durch

$$\lambda(e^-)\,[\text{Å}] \approx \frac{12{,}25}{\sqrt{E[\text{eV}]}}\,\frac{1}{\sqrt{1+0{,}978\cdot 10^{-6}\,E[\text{eV}]}}$$

ersetzt werden muß.

Aufgabe 2.1.3

Ein Strahl thermischer Neutronen werde an den Netzebenen eines Kristalls reflektiert. Berechnen Sie die Ablenkwinkel, unter denen Braggsche Reflexionsmaxima auftreten, wenn der Netzebenenabstand 3,5 Å beträgt.

2.2 Die Wellenfunktion

2.2.1 Statistische Interpretation

Entscheidend für die Interpretation des Doppelspaltexperiments (s. Kap. 2.1.3) ist die Zufälligkeit des Elementarprozesses, d.h. die Unmöglichkeit, Zeit und Ort der Absorption eines Photons oder Elektrons exakt vorherzusagen. Warum das so ist, können wir nicht erklären; wir müssen es einfach als Erfahrungstatsache akzeptieren. Wenn wir es aber akzeptieren, dann müssen wir auch die *Statistik* und mit ihr den Begriff der *Wahrscheinlichkeit* als das angemessene Konzept zur Beschreibung solcher zufälliger Ereignisse ansehen. Wir kommen nicht umhin,

die Beziehung zwischen Teilchen und Welle statistisch zu deuten!

Ähnlich war die Situation eigentlich bereits bei der Rutherford-Streuung der α- Teilchen (s. Kap. 1.2.3), bei der der Stoßparameter p nicht absolut festgelegt werden konnte, so daß notwendigerweise in die Streuformel (1.67) auch Elemente der Statisitk einfließen mußten. Sie vermittelt deshalb *nur* Wahrscheinlichkeitsaussagen. Der exakte Verlauf des Streuprozesses eines einzelnen α-Teilchens ist nicht vorhersagbar.

Treffen wir nun die Zuordnung

$$\textsf{\textbf{Materiewellen}} \Longleftrightarrow \textsf{\textbf{Wahrscheinlichkeitswellen}}$$

und lassen diese Wahrscheinlichkeitswellen wie *normale* Wellen Interferenz und Beugung erfahren, so wird, wie wir in den folgenden Kapiteln Schritt für Schritt entwickeln werden, der an sich verblüffende, häufig sogar paradox erscheinende experimentelle Befund quantitativ korrekt beschrieben. Charakterisieren wir die Welle, wie durch die Überlegungen in Kapitel 2.1.1 nahegelegt, durch eine Wellenfunktion $\psi(\mathbf{r}, t)$, so ist

$$|\,\psi(\mathbf{r}, t)\,|^2\, d^3r$$

als die Wahrscheinlichkeit aufzufassen, das Teilchen zur Zeit t im Volumenelement d^3r am Ort $\mathbf{r}$ anzutreffen. Da Wahrscheinlichkeiten positiv-definite Größen sind, ist nicht die Wellenfunktion ψ selbst, sondern das Betragsquadrat ausschlaggebend. Wir werden später sehen, daß die Wahrscheinlichkeitsamplitude $\psi(\mathbf{r}, t)$ im allgemeinen komplex ist. Für eine große Zahl von gleichartigen Teilchen ergibt sich dann eine Intensitätsverteilung gemäß dem Amplitudenquadrat $|\,\psi(\mathbf{r}, t)\,|^2$. Dort, wo dieses groß ist, werden zur Zeit t viele Teilchen gelandet sein; dort, wo es gleich Null ist, wird kein Teilchen anzutreffen sein. Beugungsmaxima und -minima erklären sich damit zwanglos als erhöhte bzw. verminderte Teilchendichte.

Materiewellen sind also keine spezielle physikalische Eigenschaft des Teilchens. Sie verdanken ihre Existenz dem besonderen **statistischen** Verhalten der Teilchen. Im **Einzelprozeß** erscheint dagegen nur der **Teilchenaspekt**! Materiewellen besitzen in diesem Sinne keine physikalische Realität wie zum Beispiel elektromagnetische Wellen. Das war gemeint, als in Kapitel 2.1.2 davor gewarnt wurde, Materiewellen und elektromagnetische (Röntgen-)Wellen allein aufgrund vergleichbar großer Wellenlängen für physikalisch wesensverwandt zu halten.

Wir interpretieren also

$$\rho(\mathbf{r},t) = |\,\psi(\mathbf{r},t)\,|^2 \tag{2.26}$$

als *Wahrscheinlichkeitsdichte* für den zeitlich veränderlichen Aufenthaltsort des Teilchens. Anders als in der Klassischen Mechanik sind über dessen Bahn nur solche Wahrscheinlichkeitsaussagen möglich. Leiten wir $\rho(\mathbf{r},t)$ nach der Zeit ab, so können wir mit Hilfe der Schrödinger-Gleichung (2.18) schreiben:

$$\frac{\partial}{\partial t}\psi^*\psi = \left(\frac{\partial}{\partial t}\,\psi^*\right)\psi + \psi^*\left(\frac{\partial}{\partial t}\,\psi\right) = \frac{\hbar}{2\,m\,i}\,(\Delta\psi^*\,\psi - \psi^*\,\Delta\psi).$$

Diese Gleichung legt die Definition einer

Wahrscheinlichkeitsstromdichte

$$\mathbf{j}(\mathbf{r},t) = \frac{\hbar}{2\,m\,i}\{\psi^*(\mathbf{r},t)\,\nabla_r\psi(\mathbf{r},t) - \psi(\mathbf{r},t)\,\nabla_r\psi^*(\mathbf{r},t)\} \tag{2.27}$$

nahe, mit der sich eine

Kontinuitätsgleichung

$$\frac{\partial}{\partial t}\,\rho(\mathbf{r},t) + \operatorname{div}\mathbf{j}(\mathbf{r},t) = 0 \tag{2.28}$$

formulieren läßt. Sie besagt, daß die zeitliche Änderung der Aufenthaltswahrscheinlichkeit in einem bestimmten Volumen gleich dem Wahrscheinlichkeitsstrom durch dessen Oberfläche ist. Es "geht" keine Wahrscheinlichkeit "verloren". Letztlich drückt (2.28) die Teilchenzahlerhaltung aus. Zwischen ρ und $\mathbf{j}$ besteht derselbe Zusammenhang wie in der Elektrodynamik ((3.5), Bd. 3) zwischen der Ladungs- und der Stromdichte.

Die eigentliche Meßgröße ist die reelle Wahrscheinlichkeitsdichte $\rho(\mathbf{r},t)$. Die Wellenfunktion $\psi(\mathbf{r},t)$ ist selbst der Messung nicht direkt zugänglich, legt aber $\rho(\mathbf{r},t)$ eindeutig fest und ist zudem mit Hilfe der Schrödinger-Gleichungen (2.16) und (2.18) berechenbar. Kombiniert man (2.16) und (2.18),

$$i\,\hbar\,\frac{\partial}{\partial t}\,\psi(\mathbf{r},t) = \left(-\frac{\hbar^2}{2\,m}\,\Delta_r + V(\mathbf{r})\right)\psi(\mathbf{r},t), \tag{2.29}$$

so ergibt sich eine Differentialgleichung erster Ordnung in der Zeit. Ist also die Wellenfunktion zu irgendeinem Zeitpunkt t_0 bekannt, so ist sie bereits für *alle* Zeiten *eindeutig* bestimmt. Über die Bahn des Teilchens können zwar nur "ungenaue" Wahrscheinlichkeitsaussagen gemacht werden, die Wahrscheinlichkeit selbst ist aber durch die Schrödinger-Gleichung exakt festgelegt. Durch die Bewegungsgleichung (2.29) der Wellenfunktion wird also keine zusätzliche "Unschärfe" ins Spiel gebracht.

Bei der Lösung von (2.29) wollen wir weiterhin zunächst nur an solche quantenmechanischen Systeme denken, die aus einem einzigen Teilchen bestehen. Das reelle Potential $V(\mathbf{r})$ enthält dann die Einflüsse aller *äußeren Kräfte* auf dieses Teilchen. Die Verallgemeinerung auf Mehr-Teilchen-Systeme wird in einem späteren Kapitel besprochen. – Wir sollten uns jedoch noch einmal in Erinnerung rufen, daß die alles entscheidende Schrödinger-Gleichung (2.29) lediglich das Ergebnis von Plausibilitätsbetrachtungen war:

> *Die Schrödinger-Gleichung läßt sich nicht aus ersten Prinzipien ableiten! Sie hat eher die Bedeutung eines Axioms!*

Um ein gewisses Zutrauen zu ihr zu gewinnen, kann man sie induktiv über Analogieschlüsse "begründen", wie wir es in Kapitel 2.1 versucht haben. Man könnte sie mit gleicher Berechtigung aber auch von vornherein als Grundgesetz der Wellenmechanik *postulieren*, ähnlich wie man in der Klassischen Mechanik mit den Newtonschen Axiomen verfahren ist. In jedem Fall müssen die aus (2.29) abgeleiteten theoretischen Aussagen experimentellen Fakten gegenübergestellt werden. Erst eine sich einstellende Übereinstimmung rechtfertigt den Ansatz.

Die Wahrscheinlichkeitsinterpretation der Wellenfunktion schränkt natürlich die in Frage kommenden mathematischen Funktionen stark ein. Normiert man die Wahrscheinlichkeit wie üblich auf Eins, so muß für das Integral über den gesamten Raum

$$\int d^3r \, | \, \psi(\mathbf{r},t) \, |^2 = 1 \tag{2.30}$$

gefordert werden, da sich das Teilchen ja mit Sicherheit irgendwo im Raum aufhält. Weil eine Lösung der linearen Differentialgleichung (2.29) auch dann Lösung bleibt, wenn man sie mit einer Konstanten multipliziert, haben wir, etwas schwächer als (2.30),

$$\int d^3r \, | \, \psi(\mathbf{r},t) \, |^2 < \infty \tag{2.31}$$

zu fordern. Insbesondere muß $\psi(\mathbf{r},t)$ im Unendlichen "hinreichend rasch" verschwinden. Als Wellenfunktionen kommen demnach nur in Frage.

In der Normierungsbedingung (2.30) steckt implizit die Annahme, daß die Norm zeitlich konstant ist. Das läßt sich mit Hilfe der Kontinuitätsgleichung (2.28) beweisen. Zunächst folgt nach Anwendung des Gaußschen Satzes ((1.54), Bd. 3) für ein endliches Volumen V mit der Oberfläche $S(V)$:

$$\int_V d^3r\,\frac{\partial\rho}{\partial t} + \oint_{S(V)} \mathbf{j}\cdot d\mathbf{f} = 0.$$

Lassen wir nun V über alle Grenzen wachsen, so verschwindet das Oberflächenintegral, da bei quadratintegrablen Funktionen auch die Stromdichte $\mathbf{j}$ (2.77) auf der im Unendlichen liegenden Oberfläche S zu Null wird. Wegen

$$\frac{\partial}{\partial t}\int d^3r\,\rho(\mathbf{r},t) = 0 \tag{2.32}$$

ist das Normierungsintegral (2.30) in der Tat zeitunabhängig.

Wir fügen zum Abschluß unserer recht allgemeinen Überlegungen zur Wellenfunktion noch eine Zusatzbemerkung an. Es wurde bereits erwähnt, daß die im allgemeinen komplexwertige Wellenfunktion

$$\psi(\mathbf{r},t) = |\,\psi(\mathbf{r},t)\,|\,\exp\big(i\,\varphi(\mathbf{r},t)\big)$$

nicht direkt meßbar ist. Von physikalischer Bedeutung scheint nur das Betragsquadrat zu sein. Das könnte dazu verleiten, die Phase $\varphi(\mathbf{r},t)$ für unwichtig zu halten. In vielerlei Hinsicht ist das auch gerechtfertigt; jedoch ist etwas Vorsicht geboten. Die Schrödinger-Gleichung (2.29) ist linear, d.h., mit $\psi_1(\mathbf{r},t)$ und $\psi_2(\mathbf{r},t)$ ist auch jede Linearkombination Lösung:

$$\psi(\mathbf{r},t) = \alpha_1\,\psi_1(\mathbf{r},t) + \alpha_2\,\psi_2(\mathbf{r},t) \qquad \alpha_{1,2} \in \mathbb{C}. \tag{2.33}$$

Natürlich kommt es in einem solchen Fall entscheidend auf die relative Phase der beiden Partiallösungen ψ_1 und ψ_2 an. Man denke nur an das Ergebnis des in Kapitel 2.1.3 diskutierten Doppelspaltexperiments.

2.2.2 Die freie Materiewelle

Wir wollen weitere Informationen über die einem Teilchen zugeordnete Wellenfunktion $\psi(\mathbf{r},t)$ sammeln, die offensichtlich das zentrale Bestimmungsstück bei der Lösung eines quantenmechanischen Problems darstellt. Nach den Überlegungen in Kapitel 2.2.1 ist klar, daß der Vektor $\mathbf{r}$ im Argument von ψ nicht etwa mit der Position des Teilchens zu identifizieren ist, sondern lediglich einen Raumpunkt kennzeichnet. Meßbar ist die Wellenfunktion nur in Form der Aufenthaltswahrscheinlichkeitsdichte (2.26).

Wir beginnen mit dem einfachsten Fall, der Wellenfunktion eines freien Teilchens. *Frei* bedeutet dabei, daß auf das Teilchen keinerlei Kräfte einwirken. Es besitzt somit keine potentielle Energie $V(\mathbf{r}) \equiv 0$. Der Hamilton-Operator $\widehat{H}_0$ des freien Teilchens lautet damit nach (2.16):

$$\widehat{H}_0 = -\frac{\hbar^2}{2m}\,\Delta_r. \tag{2.34}$$

Man erkennt dann unmittelbar, daß die ebene Welle (s. Kap. 4.3.2, Bd. 3),

$$\psi_0(\mathbf{r}, t) = \alpha\, e^{i\,(\mathbf{k}\cdot\mathbf{r} - \omega t)}, \tag{2.35}$$

die Schrödinger-Gleichung (2.29) erfüllt, wenn nur

$$E = \hbar\,\omega = \frac{\hbar^2 k^2}{2m} \iff \omega = \omega(k) = \frac{\hbar\, k^2}{2m} \tag{2.36}$$

gilt. Schwierigkeiten macht die Normierung der Wellenfunktion (2.35). $\psi_0(\mathbf{r}, t)$ ist ersichtlich **nicht** quadratintegrabel. Man hilft sich hier mit der Vorstellung, daß sich das freie Teilchen mit Sicherheit irgendwo in dem im Prinzip beliebig großen, aber endlichen Volumen V aufhält, und fordert:

$$\int\limits_V d^3r\,|\,\psi(\mathbf{r}, t)\,|^2 = 1. \tag{2.37}$$

Man beachte, daß hier nicht über den ganzen Raum, sondern nur über das endliche Volumen V integriert wird. (2.37) hat für die Normierungskonstante α in (2.35)

$$\alpha = \frac{1}{\sqrt{V}} \tag{2.38}$$

zur Folge (s. auch Kap. 2.2.5).

Ebene Wellen sind raum-zeitlich periodische Gebilde, deren Phase,

$$\varphi = \varphi(\mathbf{r}, t) = \mathbf{k}\cdot\mathbf{r} - \omega t, \tag{2.39}$$

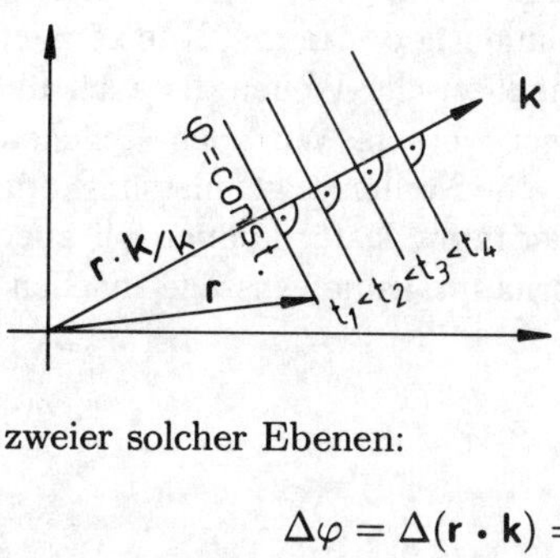

für feste Zeiten t Ebenen definiert. Diese bestehen aus all den Punkten, für die die Projektion des Ortsvektors $\mathbf{r}$ auf die Richtung von $\mathbf{k}$ denselben Wert hat. Für eine feste Zeit $t = t_0$ wiederholen sich Ebenen gleicher Wellenamplitude $\psi_0(\mathbf{r}, t_0)$ periodisch im Raum. Die Wellenlänge λ ist definiert als der senkrechte Abstand zweier solcher Ebenen:

$$\Delta\varphi = \Delta(\mathbf{r}\cdot\mathbf{k}) \stackrel{!}{=} 2\pi \iff \lambda = \frac{\Delta(\mathbf{r}\cdot\mathbf{k})}{k} = \frac{2\pi}{k}. \tag{2.40}$$

Mit (2.14) und (2.36) folgt daraus:

$$p = \hbar\, k; \qquad E = \frac{p^2}{2\,m}. \tag{2.41}$$

Das ist die aus der Klassischen Mechanik bekannte Energie-/Impulsbeziehung des nicht-relativistischen, freien Teilchens.

Hält man dagegen den Ort fest, so wiederholt sich die Wellenamplitude mit der zeitlichen Periode:

$$\tau = \frac{2\pi}{\omega} = \frac{1}{\nu} \iff \omega = 2\pi\,\nu. \tag{2.42}$$

Ebenen konstanter Phase verlagern sich mit der Phasengeschwindigkeit u in Richtung von $\mathbf{k}$:

$$u = \frac{d}{dt}\left(\mathbf{r}\cdot\frac{\mathbf{k}}{k}\right) = \frac{d}{dt}\left[\frac{1}{k}(\omega(k)\,t + \text{const.})\right]$$

$$\Longrightarrow\ u = \frac{\omega(k)}{k} = \frac{p}{2\,m} = \frac{v}{2}. \tag{2.43}$$

Diese Geschwindigkeit tritt im Experiment mit Materiestrahlen ebensowenig in Erscheinung wie die Frequenz ω. Wichtiger ist – warum, wird sehr bald klar werden – die *Gruppengeschwindigkeit* $\mathbf{v}_g$, die bei der ebenen Welle mit der Teilchengeschwindigkeit identisch ist:

$$\mathbf{v}_g(\mathbf{k}) = \nabla_k\,\omega(k) = v_g(k)\,\mathbf{e}_k; \quad \mathbf{e}_k = \frac{\mathbf{k}}{k}, \tag{2.44}$$

$$v_g(k) = \frac{d\omega}{dk} = \frac{\hbar\,k}{m} = v. \tag{2.45}$$

Die ebene Welle $\psi_0(\mathbf{r}, t)$ ist nach (2.35), (2.36) durch einen festen Wellenvektor $\mathbf{k}$ charakterisiert, dessen Richtung der Ausbreitungsrichtung der Welle entspricht, während sein Betrag die Materiewellenlänge λ eindeutig bestimmt. Nun können andererseits Wellenlängen sowohl für elektromagnetische Wellen als auch für Materiewellen im Prinzip beliebig genau gemessen werden. Wird dem Teilchen also eine ebene Welle zugeordnet, so ist über eine Wellenlängenmessung mit (2.40), (2.41) der Impuls des Teilchens exakt bestimmt. Dafür können wir aber offensichtlich über den Ort des Teilchens überhaupt keine Aussage machen. Infolge

$$\rho_0(\mathbf{r}, t) = |\,\psi_0(\mathbf{r}, t)\,|^2 \equiv \frac{1}{V} \tag{2.46}$$

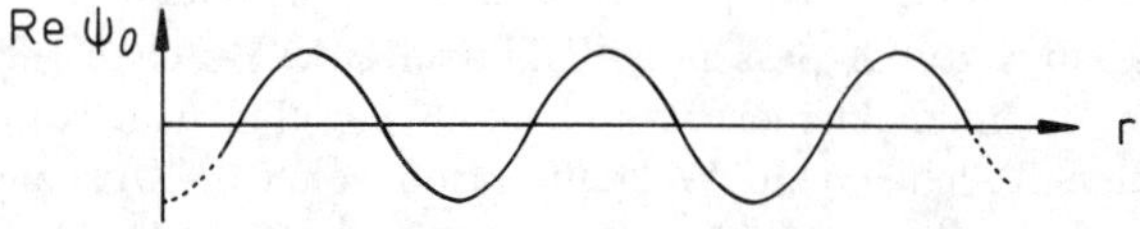

ist die Aufenthaltswahrscheinlichkeit für alle Raumpunkte dieselbe. Durch die streng harmonische, ebene Welle ist in der Tat kein Punkt des Raumes besonders ausgezeichnet. Wir kommen nicht umhin festzustellen, daß die exakte Bestimmungsmöglichkeit für den Impuls die völlige Unkenntnis über die konjugierte Variable *Ort* zur Folge hat. Das deckt sich, als Spezialfall, mit der Heisenbergschen Unbestimmtheitsrelation (1.5), die uns im folgenden immer wieder beschäftigen wird.

Nun ist es aber unbestreitbar unter gewissen Umständen möglich, den Teilchenort, wenn schon nicht exakt, so doch zumindest auf einen endlichen Raumbereich festzulegen. Das erfordert aber offensichtlich eine Wellenfunktion $\psi(\mathbf{r}, t)$, die einem endlichen Wellenzug entspricht. Aus der Fourier-Theorie wissen wir, daß man durch Superposition von ebenen Wellen Wellenzüge beliebiger Gestalt realisieren kann, da die ebenen Wellen ein sogenanntes vollständiges Funktionensystem (s. Kap. 2.3.5, Bd. 3) bilden. Hinzu kommt, daß wegen der Linearität der Wellengleichung (2.29) neben den ebenen Wellen auch jede Linearkombination derselben eine mögliche Lösung für das freie Teilchen darstellt. Setzen wir die allgemeine Superposition

$$\psi(\mathbf{r}, t) = \int d\omega \int d^3k \, \widehat{\psi}(\mathbf{k}, \omega) \, e^{i(\mathbf{k}\cdot\mathbf{r} - \omega t)} \tag{2.47}$$

in die zeitabhängige Schrödinger-Gleichung (2.18) ein, so folgt mit dem Hamilton-Operator (2.34) des freien Teilchens:

$$\int d\omega \int d^3k \, \widehat{\psi}(\mathbf{k}, \omega) \left(\hbar\,\omega - \frac{\hbar^2 k^2}{2m} \right) e^{i(\mathbf{k}\cdot\mathbf{r} - \omega t)} = 0.$$

Diese Gleichung erfordert

$$\widehat{\psi}(\mathbf{k}, \omega) = \widehat{\psi}(\mathbf{k}) \, \delta\big(\omega - \omega(k)\big) \tag{2.48}$$

mit $\omega(k)$ wie in (2.36). "Schnüren" wir also ebene Wellen zu *Wellenpaketen* der Form

$$\psi(\mathbf{r}, t) = \int d^3k \, \widehat{\psi}(\mathbf{k}) \, e^{i(\mathbf{k}\cdot\mathbf{r} - \omega(k) t)}, \tag{2.49}$$

so sind wir sicher, daß es sich um Lösungen der Schrödinger-Gleichung handelt, wobei andererseits über die Amplitudenfunktion $\widehat{\psi}(\mathbf{k})$ noch frei verfügt werden kann. Wir können durch passende Wahl von $\widehat{\psi}(\mathbf{k})$ durchaus erreichen, daß $|\psi(\mathbf{r},t)|^2$ nur in einem kleinen Raumbereich merklich von Null verschieden ist. Wird dem Teilchen eine Wellenfunktion solchen Typs zugeordnet, so ist sein Ort offensichtlich nicht mehr völlig unbestimmt. Andererseits ist aber auch der Impuls nun nicht mehr exakt bekannt, da zum Aufbau des Wellenpakets mehrere ebene Wellen unterschiedlicher Wellenlänge $\lambda = 2\pi/k$ benötigt werden. Auch dieser Sachverhalt bestätigt, zumindest qualitativ, die Unbestimmtheitsrelation (1.5).

2.2.3 Wellenpakete

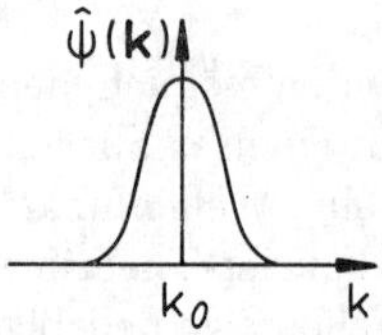

Wir wollen uns noch etwas eingehender mit den Wellenpaketen (2.49) befassen. Nehmen wir einmal an, die Amplitudenfunktion $\widehat{\psi}(\mathbf{k})$ konzentriere sich im wesentlichen um den festen Vektor $\mathbf{k}_0$, habe dort zum Beispiel ein ausgeprägtes Maximum. Dann wird der Wert des Integrals (2.49) vor allem durch solche Wellenzahlen bestimmt, die sich nicht allzu sehr von $\mathbf{k}_0$ unterscheiden. Wir werden deshalb im Integranden von (2.49) ohne großen Fehler eine Taylor-Entwicklung von $\omega(k)$ um $\omega(k_0)$ nach dem linearen Term abbrechen können:

$$\begin{aligned}\omega(\mathbf{k}) &= \omega(k_0) + (\mathbf{k}-\mathbf{k}_0)\cdot\nabla_k\,\omega(k)|_{k_0} + \ldots = \\ &= \omega(k_0) + (\mathbf{k}-\mathbf{k}_0)\cdot\mathbf{v}_g(k_0) + \ldots\,. \end{aligned} \tag{2.50}$$

Damit nimmt das Wellenpaket (2.49) die folgende Gestalt an:

$$\psi(\mathbf{r},t) \approx e^{i(\mathbf{k}_0\cdot\mathbf{r}-\omega(k_0)t)}\,\widetilde{\psi}_{k_0}(\mathbf{r},t). \tag{2.51}$$

Das Herausheben der Wellenzahl $\mathbf{k}_0$ darf auf keinen Fall so mißverstanden werden, daß auch dem Wellenpaket eine bestimmte Wellenlänge zuzuordnen sei. Es handelt sich natürlich in Wirklichkeit um einen komplizierten, aus verschiedenen Partialwellen zusammengesetzten Vorgang. Das manifestiert sich in der Modulationsfunktion:

$$\widetilde{\psi}_{k_0}(\mathbf{r},t) = \int d^3q\,\widehat{\psi}(\mathbf{q}+\mathbf{k}_0)\exp\big(i\,\mathbf{q}\cdot(\mathbf{r}-\mathbf{v}_g(k_0)t)\big). \tag{2.52}$$

Die an sich unbedeutende Phasengeschwindigkeit des Wellenpakets bestimmt sich genau wie in (2.43) zu:

$$u = \frac{d}{dt}(\mathbf{r}\cdot\mathbf{e}_{k_0}) = \frac{\omega(k_0)}{k_0}. \tag{2.53}$$

Die Modulationsfunktion definiert dagegen für

$$\mathbf{r} - \mathbf{v}_g(k_0)\, t = \text{const.}$$

Flächen konstanter Amplitude, die sich mit der Geschwindigkeit

$$\dot{\mathbf{r}} = \mathbf{v}_g(k_0) = \nabla_k\, \omega(k)|_{k_0} \tag{2.54}$$

fortpflanzen. Das ist ebenso die Verschiebungsgeschwindigkeit des gesamten Pakets und damit letztlich die Geschwindigkeit, mit der durch das Wellenpaket Information transportiert werden kann. Nach den Gesetzen der Speziellen Relativitätstheorie (Band 4) muß deshalb stets $v_g \leq c$ sein; eine Beschränkung, der die Phasengeschwindigkeit u nicht unterliegt.

Wir wollen uns den gesamten Sachverhalt noch einmal an einem einfachen *eindimensionalen* Beispiel veranschaulichen:

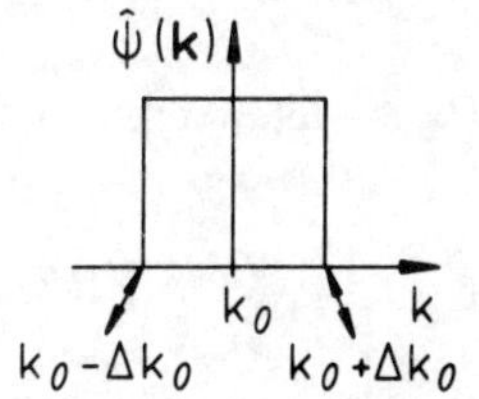

Die Ausbreitungsrichtung des Wellenpakets sei die z-Richtung. Die Amplitudenfunktion $\widehat{\psi}(k)$ soll stückweise konstant sein:

$$\widehat{\psi}(k) = \begin{cases} \widehat{\psi}(k_0), & \text{falls } k_0 - \Delta k_0 \leq k \leq k_0 + \Delta k_0, \\ 0 & \text{sonst.} \end{cases} \tag{2.55}$$

Damit läßt sich die Modulationsfunktion,

$$\widetilde{\psi}_{k_0}(z,t) = \widehat{\psi}(k_0) \int\limits_{-\Delta k_0}^{+\Delta k_0} dq\, \exp[i\, q(z - v_g(k_0)\, t)],$$

leicht berechnen:

$$\widetilde{\psi}_{k_0}(z,t) = 2\, \widehat{\psi}(k_0)\, \Delta k_0\, \frac{\sin[\Delta k_0(z - v_g\, t)]}{\Delta k_0(z - v_g\, t)}. \tag{2.56}$$

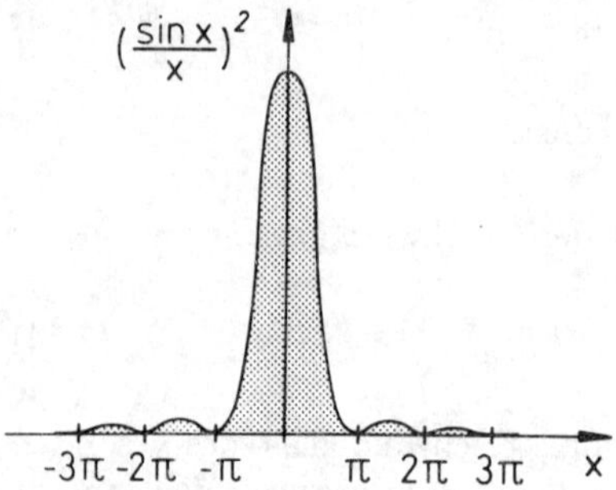

Es handelt sich also um eine Funktion vom Typ $\frac{\sin x}{x}$. Nach unseren Überlegungen in Kapitel 2.2.1 ist nur das Betragsquadrat $|\widetilde{\psi}_{k_0}|^2 \sim (\frac{\sin x}{x})^2$ von physikalischer Bedeutung. Dieses besitzt ein Hauptmaximum bei $x = 0$ mit dem Funktionswert 1 und Nullstellen bei $x = \pm n\,\pi;\ n = 1, 2, \ldots$. Zwischen diesen Nullstellen liegen Nebenmaxima bei den x-Werten, für die $\tan x = x$ gilt. Diese befinden sich zwischen $n\,\pi$ und $(n{+}1/2)\pi$, mit wachsendem n immer dichter bei $(n + 1/2)\pi$. Das erste Nebenmaximum weist allerdings nur noch den Funktionswert 0,047 auf. Mit weiter wachsendem $|x|$ werden die Nebenmaxima im Vergleich zum Hauptmaximum rasch noch kleiner. Mit einem Fehler geringer als 5% ist die Fläche unter der Kurve $(\frac{\sin x}{x})^2$ auf das Intervall von $-\pi$ bis $+\pi$ beschränkt. Damit sorgt die Amplitudenfunktion $\widehat{\psi}(k)$ aus (2.55) ganz offensichtlich für die Realisation eines Wellenpakets.

Das Maximum des Wellenpakets,

$$\psi(z,t) = 2\,\widehat{\psi}(k_0)\,\Delta k_0\,\frac{\sin[\Delta k_0(z - v_g\,t)]}{\Delta k_0\,(z - v_g\,t)}\,\exp[i(k_0\,z - \omega(k_0)\,t)], \tag{2.57}$$

liegt bei

$$z_m(t) = v_g\,t \tag{2.58}$$

und verschiebt sich mit der Geschwindigkeit v_g in die positive z-Richtung. Obwohl durch die Darstellung (2.57) die Wellenlänge $\lambda_0 = 2\pi/k_0$ und die Frequenz $\omega(k_0)$ gegenüber anderen Wellenlängen und Frequenzen besonders hervorgehoben zu sein scheinen, haben wir es dennoch nach Konstruktion (2.55) in Wirklichkeit mit einem aus vielen Wellenlängen zusammengesetzten Vorgang zu tun. Das entspricht genau dem Resultat unserer früheren allgemeinen Überlegungen im Anschluß an (2.51).

Es ist recht aufschlußreich, sich zu überlegen, mit welcher Genauigkeit der Aufenthaltsort eines durch die Wellenfunktion (2.57) beschriebenen Teilchens zu einer festen Zeit, zum Beispiel $t = 0$, angegeben werden kann. Wie oben diskutiert, ist die Aufenthaltswahrscheinlichkeitsdichte $|\psi(z, t = 0)|^2$ im wesentlichen auf das Intervall

$$-\pi \leq \Delta k_0\,z \leq +\pi$$

konzentriert. Die effektive Breite Δz des Wellenpakets erfüllt somit die Relation

$$\Delta k_0\,\Delta z = 2\pi. \tag{2.59}$$

Wenn wir die Wellenzahl mit $\hbar$ multiplizieren, so ergibt sich der Teilchenimpuls. Die Gleichung besagt dann, daß das Produkt aus Orts- und Impulsunschärfe nicht beliebig klein gemacht werden kann. Unter diesem Aspekt stellt die ebene Welle offensichtlich einen Grenzfall dar. Sie besitzt eine scharf definierte Wellenzahl (*monochromatisch*), was einem $\Delta k_0 = 0$ entspricht. Andererseits ist sie aber auch unendlich ausgedehnt ($\Delta z \to \infty$), so daß sich insgesamt kein Widerspruch zu (2.59) ergibt. – Durch (2.59) wird erneut, zumindest qualitativ, die Heisenbergsche Unbestimmtheitsrelation (1.5) bestätigt.

Eine wichtige Eigentümlichkeit der Wellenpakete ist ihr Auseinanderlaufen (*Breitfließen*), das in den Aufgaben (2.2.2) und (2.2.3) an einem prominenten Beispiel, dem *Gaußschen Wellenpaket*, im Detail untersucht wird. Wir sind bisher davon ausgegangen, daß die Entwicklung in (2.50) von $\omega(k)$ um $\omega(k_0)$ nach dem linearen Term abgebrochen werden kann. In der Tat bleiben für $\nabla^2\omega \equiv 0$ alle bisher getroffenen Aussagen gültig. Ist jedoch $\nabla^2\omega \not\equiv 0$, so besitzen offensichtlich die verschiedenen ebenen Partialwellen, aus denen das Paket geschnürt wurde, unterschiedliche Phasengeschwindigkeiten:

$$u = \frac{\omega(k)}{k} = u(k). \tag{2.60}$$

Die Wellenzahlabhängigkeit von u bezeichnet man als *Dispersion*. Die schnellen Partialwellen eilen voraus, die langsamen bleiben zurück. Zum Zeitpunkt $t = 0$ existierende Phasenbeziehungen sind schon im nächsten Moment nicht mehr gültig. Das Paket kann somit seine Form nicht beibehalten. Man sagt: "Es zerfließt!" Für das freie Teilchen ist nach (2.36) u auf jeden Fall wellenzahlabhängig ($u \sim k$). Entsprechende Materiewellenpakete müssen also zerfließen. Bei fehlender Dispersion sind Phasen- und Gruppengeschwindigkeit identisch. Das gesamte Paket verschiebt sich dann mit exakt derselben Geschwindigkeit wie jede einzelne Partialwelle. Diese Situation liegt bei elektromagnetischen Wellen vor ($\omega = c\,k$). Aus ihnen aufgebaute Wellenpakete, wie sie beim Radar zur Ortung benutzt werden, fließen deshalb **nicht** breit. Liegt dagegen, wie bei Materiewellen, Dispersion vor, so kann die dann ebenfalls wellenzahlabhängige Gruppengeschwindigkeit,

$$v_g(k) = \frac{d\omega}{dk} = u(k) + k\frac{du}{dk}, \tag{2.61}$$

sowohl kleiner (*normale Dispersion*) als auch größer (*anomale Dispersion*) als u sein.

Nachdem wir uns die Ursache des Breitfließens der Wellenpakete bereits plausibel gemacht haben, wollen wir die Bedingung für das Nicht-Zerfließen noch einmal ganz formal ableiten. Das machen wir der Einfachheit halber weiter für das eindimensionale Wellenpaket. Wenn sich das Paket in der Zeit t als

Ganzes um die Strecke $z_0(t)$ verschiebt, sich dabei aber nicht deformiert, so muß offenbar gelten:

$$|\psi(z,t)|^2 \overset{!}{=} |\psi(z - z_0(t), 0)|^2.$$

Nach (2.49) ist also zu fordern:

$$\int dk \int dk' \, \widehat{\psi}(k) \, \widehat{\psi}^*(k') \, e^{i(k-k')z} \left\{ e^{-i(\omega(k)-\omega(k'))t} - e^{-i(k-k')z_0(t)} \right\} \overset{!}{=} 0.$$

Substituieren wir k' durch $k + p$, so reduziert sich diese Bedingung auf:

$$\int dk \, \widehat{\psi}(k) \, \widehat{\psi}^*(k+p) \left\{ e^{-i(\omega(k)-\omega(k+p))t} - e^{i\, p\, z_0(t)} \right\} \overset{!}{=} 0.$$

Wenn dies für beliebige Gewichtsfunktionen $\widehat{\psi}$ gültig sein soll, so muß

$$[\omega(k+p) - \omega(k)]\, t \overset{!}{=} p\, z_0(t)$$

angenommen werden, und damit, weil die linke Seite nicht von k abhängen darf,

$$\omega(k) \overset{!}{=} \alpha\, k.$$

Eine im Prinzip noch denkbare additive Konstante kann durch passende Energienormierung zu Null gemacht werden. Für das Nicht-Zerfließen des Wellenpakets ist also, wie erwartet, zu fordern, daß Phasen- und Gruppengeschwindigkeit identisch sind:

$$\frac{\omega(k)}{k} \overset{!}{=} \frac{d\omega(k)}{dk}. \tag{2.62}$$

Ist diese Bedingung nicht erfüllt, so läuft das Wellenpaket unweigerlich auseinander, und zwar um so schneller, je schärfer das Paket bei $t = 0$ "geschnürt" war. Die Fourier-Analyse besagt, daß zum Aufbau eines Wellenpakets um so mehr ebene Partialwellen benötigt werden, je stärker die örtliche Konzentration des Pakets sein soll. Im Einklang mit der Unbestimmtheitsrelation (1.5) ist die Impulsunschärfe bei $t = 0$ also um so größer, je genauer der Teilchenort festgelegt werden kann. Wegen der größeren Impulsunschärfe ist dann aber auch der künftige ($t > 0$) Ort des Teilchens um so weniger genau angebbar, je exakter er zur Zeit $t = 0$ bekannt war. Das den Wellenpaketen eigentümliche Breitfließen läßt sich demnach über die Unbestimmtheitsrelation verstehen. Das weiter oben gerechnete Beispiel (2.55) eines Wellenpakets bestätigt mit (2.59) diese Feststellung.

Wir rechnen in Aufgabe 2.2.2 ein spezielles Materiewellenpaket, das zur Zeit $t = 0$ die Form einer *Gauß-Glocke* hat:

$$\psi(z,0) = (\pi\, b^2)^{-\frac{1}{4}} \exp\left(-\frac{z^2}{2\, b^2}\right) \exp(i\, k_0\, z). \tag{2.63}$$

Dieses entwickelt sich mit der Zeit, wobei die Wahrscheinlichkeitsdichte zu allen späteren Zeiten t stets die Gestalt einer Gauß-Kurve beibehält:

$$\rho(z,t) = |\,\psi(z,t)\,|^2 = \frac{1}{\sqrt{\pi}\,\Delta b(t)}\,\exp\left[-\frac{\left(z - \frac{\hbar k_0}{m}t\right)^2}{(\Delta b(t))^2}\right]. \tag{2.64}$$

Das Maximum der Glocke liegt offenbar bei

$$z_m(t) = \frac{\hbar\, k_0}{m}\, t$$

und verschiebt sich mit der Geschwindigkeit $v_m = \frac{\hbar\, k_0}{m}$. Dabei ändert sich die Breite $2\Delta b(t)$ der Glocke gemäß:

$$\Delta b(t) = \frac{1}{b}\sqrt{b^4 + \left(\frac{\hbar}{m}t\right)^2}\,. \tag{2.65}$$

Als Breite verstehen wir hier den Abstand der Punkte, bei denen der Funktionswert der Gauß-Glocke auf den e-ten Teil des Maximums,

$$\rho(z_m, t) = \frac{1}{\sqrt{\pi}\,\Delta b(t)}, \tag{2.66}$$

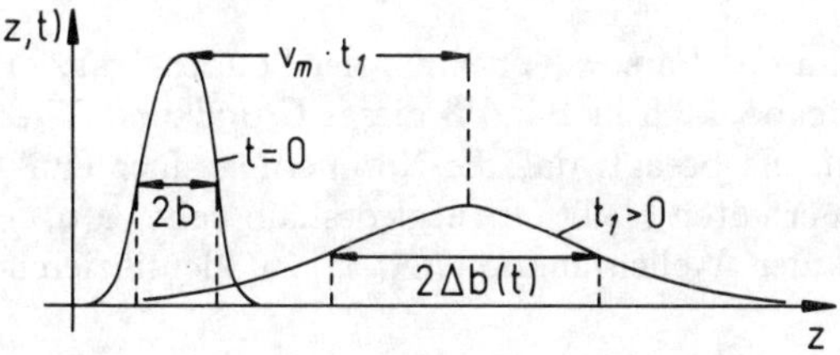

abgenommen hat. Höhe und Breite des Pakets ändern sich so mit der Zeit, daß die Fläche unter der ρ-Kurve für alle t auf Eins normiert bleibt. Nach der Zeit

$$t_d = \sqrt{3}\,\frac{m}{\hbar}\,b^2 \tag{2.67}$$

hat sich die Anfangsbreite des Pakets ($2\,\Delta b(0) = 2\,b$) gerade verdoppelt. Für ein Teilchen der Masse $m = 1$ g mit $b = 1$ mm verdoppelt sich die Paketbreite in $1{,}642 \cdot 10^{25}$ s, d.h. in etwa $5{,}2 \cdot 10^{17}$ Jahren. Für ein Elektron beträgt dagegen bei einer Anfangsbreite von $b = 0{,}5$ Å t_d nur noch etwa $1{,}5 \cdot 10^{-18}$ s. – Es ist nach unserer Diskussion in Kapitel 2.2.1 jedoch klar, daß das Breitfließen des Elektronenwellenpakets nicht etwa als *Zerplatzen* des Elektrons interpretiert werden darf. Lediglich die Unsicherheit in der Ortsangabe weitet sich mit der Zeit aus. $\rho(\mathbf{r}, t)$ macht natürlich keine Aussage über die *Struktur* des Teilchens.

2.2.4 Wellenfunktion im Impulsraum

In Kapitel 2.2.1 haben wir die statistische Interpretation der Wellenfunktion $\psi(\mathbf{r}, t)$ untersucht. Das wichtigste Ergebnis bestand darin, daß das Betragsquadrat der Wellenfunktion Wahrscheinlichkeitsaussagen über die Teilchenposition ermöglicht. Genauso wichtig und interessant ist es natürlich, die entsprechende Wahrscheinlichkeitsverteilung für die konjugierte Variable *Impuls* zu kennen. Wie in (2.26) für die Wahrscheinlichkeitsdichte im Ortsraum, so sollte es einen analogen Ausdruck,

$$w(\mathbf{p}, t)\, d^3p = |\,\overline{\psi}(\mathbf{p}, t)\,|^2\, d^3p, \tag{2.68}$$

geben, der die Wahrscheinlichkeit dafür darstellt, daß das Teilchen zur Zeit t einen Impuls im Volumenelement d^3p bei $\mathbf{p}$ im Impulsraum hat. Auch diese Wahrscheinlichkeit wollen wir durch das Betragsquadrat einer entsprechenden Wellenfunktion $\overline{\psi}(\mathbf{p}, t)$ darstellen. Es muß sich dann notwendig wieder um eine quadratintegrable Funktion handeln, um

$$\int d^3p\, |\,\overline{\psi}(\mathbf{p}, t)\,|^2 = 1 \tag{2.69}$$

zu gewährleisten. Dahinter steckt die triviale Aussage, daß das Teilchen mit Sicherheit irgendeinen Impuls hat. Kombinieren wir nun (2.69) mit (2.30),

$$\int d^3r\, |\,\psi(\mathbf{r}, t)\,|^2 = \int d^3p\, |\,\overline{\psi}(\mathbf{p}, t)\,|^2, \tag{2.70}$$

so werden wir an das Parseval-Theorem der Fourier-Transformation erinnert, das wir als Aufgabe 4.3.5 in Band 3 dieses **Grundkurs: Theoretische Physik** bewiesen haben. Es besagt, daß die Normierung einer Funktion bei Fourier-Transformation erhalten bleibt. Es liegt deshalb nahe, $\overline{\psi}(\mathbf{p}, t)$ mit der Fourier-Tranformierten der Wellenfunktion $\psi(\mathbf{r}, t)$ zu identifizieren (s. Kap. 4.3.6, Bd. 3):

$$\psi(\mathbf{r}, t) = \frac{1}{(2\pi\,\hbar)^{3/2}} \int d^3p\, e^{\frac{i}{\hbar}\mathbf{p}\cdot\mathbf{r}}\, \overline{\psi}(\mathbf{p}, t), \tag{2.71}$$

$$\overline{\psi}(\mathbf{p}, t) = \frac{1}{(2\pi\,\hbar)^{3/2}} \int d^3r\, e^{-\frac{i}{\hbar}\mathbf{p}\cdot\mathbf{r}}\, \psi(\mathbf{r}, t). \tag{2.72}$$

Beide Funktionen ψ und $\overline{\psi}$ sind völlig äquivalent, die eine bestimmt jeweils die andere. Sowohl ψ als auch $\overline{\psi}$ eignen sich zur Beschreibung des Teilchenzustands. Wir bezeichnen sie deshalb beide als *Wellenfunktionen*. – Der Ansatz (2.71) ist in Einklang mit unseren Überlegungen aus Kapitel 2.2.3 über die freien Materiewellen und die aus diesen aufgebauten Wellenpakete. $\psi(\mathbf{r}, t)$ erscheint als Linearkombination von gewichteten ebenen Wellen, wobei die Fourier -Transformierte $\overline{\psi}(\mathbf{p}, t)$ bis auf einen unbedeutenden Vorfaktor und die Zeitabhängigkeit mit der in (2.49) benutzten Amplitudenfunktion übereinstimmt.

Die Identifikation der (2.68) und (2.69) erfüllenden Impulswellenfunktion mit der Fourier-Transformierten von $\psi(\mathbf{r},t)$ muß allerdings erneut als *plausible Spekulation* eingestuft werden, die sich jedoch bislang als widerspruchsfrei zum Experiment erwiesen hat. Meßbar sind die Wahrscheinlicheitsdichten $\rho(\mathbf{r},t)$ und $w(\mathbf{p},t)$, die über (2.70) miteinander verknüpft sind. Daß (2.70) von (2.71) und (2.72) erfüllt wird, beweist man leicht durch Einsetzen mit Hilfe der Fourier-Darstellung der δ-Funktion ((4.189), Bd. 3):

$$\delta(\mathbf{r}-\mathbf{r}') = \frac{1}{(2\pi\hbar)^3}\int d^3p\, e^{\frac{i}{\hbar}\mathbf{p}(\mathbf{r}-\mathbf{r}')}, \tag{2.73}$$

$$\delta(\mathbf{p}-\mathbf{p}') = \frac{1}{(2\pi\hbar)^3}\int d^3r\, e^{-\frac{i}{\hbar}(\mathbf{p}-\mathbf{p}')\cdot\mathbf{r}}. \tag{2.74}$$

2.2.5 Periodische Randbedingungen

Wir wollen in diesem Abschnitt eine Zwischenbemerkung zur Quadratintegrierbarkeit (2.31) der Wellenfunktion $\psi(\mathbf{r},t)$ einschieben. Wir hatten bereits bei der ebenen Welle (2.35) gesehen, daß diese nicht immer erfüllbar ist. Man hilft sich dann häufig mit der Annahme, daß die Wellenfunktion stattdessen auf einem Grundvolumen periodisch ist. Wenn dieses zum Beispiel ein Quader mit den Kantenlängen L_x, L_y, L_z ist ($V = L_x\, L_y\, L_z$), dann bedeutet diese Periodizität:

$$\psi(x,y,z,t) = \psi(x+L_x,y,z,t) = \psi(x,y+L_y,z,t) = \psi(x,y,z+L_z,t). \tag{2.75}$$

Dies impliziert zwar, daß sich die Ereignisse im Grundvolumen außerhalb desselben periodisch wiederholen, was nicht notwendig der Realität entsprechen muß. Andererseits ist für Ereignisse in atomaren Dimensionen diese *fehlerhafte* Annahme völlig ohne Auswirkungen, falls L_x, L_y, L_z nur hinreichend groß, zum Beispiel im Zentimeterbereich, gewählt werden. Der Schluß auf (2.32) zum Beispiel benutzt dann nicht mehr das Verschwinden der Wellenfunktion auf der Oberfläche $S(V)$, sondern die Tatsache, daß sich wegen der Periodizität (2.75) nicht-verschwindende Teilbeiträge auf der Oberfläche des Periodizitätsvolumens gerade kompensieren.

Die Annahme periodischer Randbedingungen (2.75) hat zur Folge, daß der Impuls $\mathbf{p}$ nicht mehr beliebige, kontinuierliche Werte annehmen kann, sondern diskret und damit abzählbar wird. (2.75) läßt sich von (2.72) nur für

$$p_{x,y,z} = n_{x,y,z}\,\frac{2\pi\hbar}{L_{x,y,z}}; \quad n_{x,y,z} \in \mathbb{Z} \tag{2.76}$$

erfüllen. Das ergibt im Impulsraum ein Rastervolumen

$$\Delta^3 p = \frac{(2\pi\hbar)^3}{L_x L_y L_z} = \frac{(2\pi\hbar)^3}{V}, \tag{2.77}$$

in dem sich genau ein *erlaubter* Impulswert befindet. Diese Diskretisierung bietet häufig beträchtliche rechentechnische Vorteile, so daß man periodische Randbedingungen oft unabhängig von der obigen Zielsetzung allein aus solchen Zweckmäßigkeitsgründen einsetzt. Die *willkürliche* Annahme (2.75) stellt einen *Oberflächeneffekt* dar, der um so unbedeutender wird, je größer das Periodizitätsvolumen ist (*thermodynamischer Limes*, s. Bd. 6). Für $L_{x,y,z} \to \infty$ werden die physikalischen Aussagen der betreffenden Auswertung durch (2.75) nicht verfälscht.

Aus dem Fourier-Integral (2.71) wird wegen (2.76) eine Summe:

$$\psi(\mathbf{r}, t) = \frac{1}{\sqrt{V}} \sum_{\mathbf{p}} c_{\mathbf{p}}(t)\, e^{\frac{i}{\hbar}\mathbf{p}\cdot\mathbf{r}}. \tag{2.78}$$

Das Betragsquadrat $|\, c_{\mathbf{p}}(t)\,|^2$ der Koeffizienten übernimmt nun die Rolle von $|\, \overline{\psi}(\mathbf{p}, t)\,|^2$:

$$c_{\mathbf{p}}(t) = \frac{1}{\sqrt{V}} \int_V d^3r\, e^{-\frac{i}{\hbar}\mathbf{p}\cdot\mathbf{r}} \psi(\mathbf{r}, t). \tag{2.79}$$

$|\, c_{\mathbf{p}}(t)\,|^2$ ist die Wahrscheinlichkeit dafür, daß das Teilchen zur Zeit t den (diskreten) Impuls $\mathbf{p}$ besitzt.

Aus der δ-Funktion $\delta(\mathbf{p} - \mathbf{p}')$ (2.74) muß bei diskreten Impulsen (2.76) ein Kronecker-Delta werden:

$$\delta_{\mathbf{p},\mathbf{p}'} = \frac{1}{V} \int_V d^3r\, e^{-\frac{i}{\hbar}(\mathbf{p}-\mathbf{p}')\cdot\mathbf{r}}. \tag{2.80}$$

Den Beweis dazu führen wir als Aufgabe 2.2.7. Die andere δ-Funktion (2.73) erhalten wir aus einer Impulssummation im Grenzfall $V \to \infty$:

$$\begin{aligned} \frac{1}{V} \sum_{\mathbf{p}} e^{\frac{i}{\hbar}\mathbf{p}\cdot(\mathbf{r}-\mathbf{r}')} &= \frac{1}{(2\pi\hbar)^3} \sum_{\mathbf{p}} \Delta^3 p\, e^{\frac{i}{\hbar}\mathbf{p}\cdot(\mathbf{r}-\mathbf{r}')} \\ &\xrightarrow[V \to \infty]{} \frac{1}{(2\pi\hbar)^3} \int d^3p\, e^{\frac{i}{\hbar}\mathbf{p}\cdot(\mathbf{r}-\mathbf{r}')} = \delta(\mathbf{r} - \mathbf{r}'). \end{aligned} \tag{2.81}$$

Wir werden in den folgenden Kapiteln noch häufig auf periodische Randbedingungen zurückgreifen und uns dabei von ihrer Nützlichkeit überzeugen können.

2.2.6 Mittelwerte, Schwankungen

Die Wahrscheinlichkeitsdichten $\rho(\mathbf{r},t)$ und $w(\mathbf{p},t)$ stellen die eigentlich meßbaren Aussagen der Quantenmechanik über Ort und Impuls eines Teilchens dar. Das unterscheidet sich grundsätzlich von der Teilchencharakterisierung in der Klassischen Mechanik, die dem Teilchen exakte Werte für Ort und Impuls zuschreibt. In gewisser Weise kann man die Klassische Mechanik als den Grenzfall auffassen, bei dem die Wahrscheinlichkeitsdichten ρ und w zu scharfen δ-Funktionen werden bzw. in guter Näherung als solche aufgefaßt werden können.

Was können wir nun weiter an physikalischen Aussagen mit Hilfe von $\rho(\mathbf{r},t)$ und $w(\mathbf{p},t)$ formulieren? Wir können den Teilchenort zwar nicht exakt voraussagen, kennen aber für jeden *denkbaren* Meßwert $\mathbf{r}$ die Wahrscheinlichkeit, mit der eine Einzelmessung diesen Wert ergeben würde. Viele Einzelmessungen nacheinander an ein und demselben Teilchen oder gleichzeitig an vielen, durch dieselbe Wellenfunktion beschriebenen, äquivalenten Teilchen, sollten dann einen *Mittelwert* $\langle\, \mathbf{r}\,\rangle$ liefern, der sich als Summe (Integral) über die mit der Wahrscheinlichkeit ihres Auftretens gewichteten Einzelwerte berechnet.

$$\langle\, \mathbf{r}\,\rangle_t = \int d^3r\, \rho(\mathbf{r},t)\, \mathbf{r} = \int d^3r\, \psi^*(\mathbf{r},t)\, \mathbf{r}\, \psi(\mathbf{r},t). \tag{2.82}$$

Diese Definition setzt voraus, daß ψ normiert ist. Die symmetrische Schreibweise im rechten Teil der Gleichung wurde bewußt so gewählt. Der Grund wird sehr bald klar werden. Mittelwerte werden in der Quantenmechanik in der Regel *Erwartungswerte* genannt.

Ganz analog werden wir den Erwartungswert einer allgemeineren Teilcheneigenschaft $A(\mathbf{r})$ definieren,

$$\langle\, A(\mathbf{r})\,\rangle_t = \int d^3r\, \psi^*(\mathbf{r},t)\, A(\mathbf{r})\psi(\mathbf{r},t), \tag{2.83}$$

der sich natürlich mit der Zeit ändern kann, selbst dann, wenn $A = A(\mathbf{r})$ nicht explizit zeitabhängig ist.

Neben dem Mittelwert einer Verteilung von Meßwerten ist noch die Breite der Verteilung eine wichtige Kenngröße. In der elementaren Fehlerrechnung kennzeichnet man solche Breiten durch das *Schwankungsquadrat*,

$$\int d^3r\, \rho(\mathbf{r},t)\, \big(A(\mathbf{r}) - \langle\, A(\mathbf{r})\,\rangle_t\big)^2 = \langle\, \big(A(\mathbf{r}) - \langle\, A(\mathbf{r})\,\rangle_t\big)^2\,\rangle_t = \langle\, A^2(\mathbf{r})\,\rangle_t - \langle\, A(\mathbf{r})\,\rangle_t^2,$$

das angibt, wie stark im Mittel ein gefundener Meßwert von seinem Mittelwert abweichen wird. Da die Abweichung *nach oben* und *nach unten* erfolgen kann, entsprechende Beiträge sich beim Aufsummieren ganz oder teilweise kompensieren könnten, ist es sinnvoll, die **quadratischen** Abweichungen zu betrachten. Als *mittlere quadratische Schwankung* definiert man die positive Wurzel aus dem Schwankungsquadrat:

$$\Delta A_t = \sqrt{\langle\, \left(A(\mathbf{r}) - \langle\, A(\mathbf{r})\,\rangle_t\right)^2 \,\rangle} = \sqrt{\langle\, A^2(\mathbf{r})\,\rangle_t - \langle\, A(\mathbf{r})\,\rangle_t^2}. \tag{2.84}$$

Kommen wir nun zum Erwartungswert des Impulses:

$$\langle\, \mathbf{p}\,\rangle_t = \int d^3p\; w(\mathbf{p},t)\,\mathbf{p} = \int d^3p\,\overline{\psi}^*(\mathbf{p},t)\mathbf{p}\,\overline{\psi}(\mathbf{p},t). \tag{2.85}$$

Diese Definition begründet sich auf dieselbe Weise wie die für $\langle\, \mathbf{r}\,\rangle$ in (2.82), insbesondere wenn man an die völlige Gleichberechtigung der Wellenfunktionen $\psi(\mathbf{r},t)$ und $\overline{\psi}(\mathbf{p},t)$ denkt. Dies überträgt sich auf die Erwartungswerte allgemeinerer Teilcheneigenschaften $B(\mathbf{p})$:

$$\langle\, B(\mathbf{p})\,\rangle_t = \int d^3p\,\overline{\psi}^*(\mathbf{p},t)\,B(\mathbf{p})\,\overline{\psi}(\mathbf{p},t). \tag{2.86}$$

Nun wissen wir allerdings aus der Klassischen Mechanik, daß eine Meßgröße (*Observable*) im allgemeinen sowohl vom Ort als auch vom Impuls des Teilchens abhängt: $F = F(\mathbf{r},\mathbf{p})$. Die Frage ist, wie wir in einem solchen Fall zu mitteln haben. Dieses werden wir im nächsten Kapitel untersuchen.

2.2.7 Aufgaben

Aufgabe 2.2.1

Für die Wellenfunktion eines Elektrons der Masse m gelte

$$|\,\psi(\mathbf{r},t)\,|^2 = \frac{1}{(\pi\, b^2(t))^{3/2}}\,\exp\left(-\frac{(\mathbf{r}-\mathbf{v}_0 t)^2}{b^2(t)}\right)$$

mit

$$b(t) = b\sqrt{1+\frac{\hbar^2 t^2}{m^2 b^4}}.$$

1) Zeigen Sie, daß die gesamte Aufenthaltswahrscheinlichkeit des Elektrons zu jedem Zeitpunkt auf Eins normiert ist.

2) Berechnen Sie den wahrscheinlichsten Ort des Elektrons.

Aufgabe 2.2.2

Das eindimensionale Wellenpaket

$$\psi(z,t) = \int_{-\infty}^{+\infty} dk\, \overline{\psi}(k)\, e^{i(kz-\omega(k)t)}; \qquad \omega(k) = \frac{\hbar k^2}{2m}$$

habe zur Zeit $t = 0$ die Gestalt einer Gauß-Glocke:

$$\psi(z,0) = A\, e^{-\frac{z^2}{2b^2}}\, e^{i k_0 z}.$$

1) Bestimmen Sie die (reelle) Normierungskonstante A.

2) Zeigen Sie, daß die Gewichtsfunktion (Fourier-Transformierte) $\widehat{\psi}(k)$ der Wellenfunktion $\psi(z,t)$ ebenfalls die Gestalt einer Gauß-Glocke hat.

3) Als *Breite* der Gauß-Glocke definieren wir den Abstand der symmetrisch zum Maximum liegenden Punkte, bei denen der Funktionswert auf den e-ten Teil des Maximums abgefallen ist. Berechnen Sie die Breite Δk von $|\widehat{\psi}(k)|^2$.

4) Bestimmen Sie die volle Orts- und Zeitabhängigkeit der Wellenfunktion $\psi(z,t)$.

5) Verifizieren Sie für die Wahrscheinlichkeitsdichte den folgenden Ausdruck:

$$\rho(z,t) = |\psi(z,t)|^2 = \frac{1}{\sqrt{\pi}\,\Delta b(t)} \exp\left\{-\frac{\left(z - \frac{\hbar k_0}{m} t\right)^2}{(\Delta b(t))^2}\right\}.$$

Dabei gilt:

$$\Delta b(t) = \frac{1}{b}\sqrt{b^4 + \left(\frac{\hbar}{m} t\right)^2}.$$

Aufgabe 2.2.3

Ein Teilchen der Masse m mit dem Impuls p werde durch das Gaußsche Wellenpaket aus Aufgabe 2.2.2 beschrieben.

1) Nach welcher Flugzeit hat sich die Breite des Pakets verdoppelt?

2) Nach welcher Flugstrecke hat sich die Breite des Pakets verdoppelt?

3) Ein freies Proton habe die kinetische Energie $T = 1$ MeV. Nach welcher Flugstrecke hat das Proton seine anfängliche Linearausdehnung $b = 10^{-2}$ Å verdoppelt?

Aufgabe 2.2.4

Die Wellenfunktion eines Elektrons entspreche dem Gaußschen Wellenpaket.

1) Wie breit ist das Paket nach 1 Sekunde, wenn es zur Zeit $t = 0$ die Breite $2b = 1$ Å besaß?

2) Das Elektron aus Teil 1) habe eine Potentialdifferenz von 100 V durchfallen. Welche Breite hat es nach einer Flugstrecke von 10 cm?

3) Wie ändern sich die Resultate von 1) und 2), wenn das Wellenpaket eine Anfangsbreite von $2b = 10^{-3}$ cm besitzt?

Aufgabe 2.2.5

1) Als Mittelwert (Erwartungswert) des Teilchenorts z definiert man die Größe:

$$\langle z \rangle_t = \frac{\int\limits_{-\infty}^{+\infty} dz \, |\psi(z,t)|^2 z}{\int\limits_{-\infty}^{+\infty} dz \, |\psi(z,t)|^2} .$$

Interpretieren Sie diesen Ausdruck.

2) Berechnen Sie $\langle z \rangle_t$ für das eindimensionale Gaußsche Wellenpaket.

3) Berechnen Sie die mittlere quadratische Schwankung

$$\Delta z = \sqrt{\langle (z - \langle z \rangle)^2 \rangle}$$

für das Gaußsche Wellenpaket.

4) Berechnen und interpretieren Sie die Wahrscheinlichkeitsstromdichte $j(z, 0)$ des eindimensionalen Gaußschen Wellenpakets.

Aufgabe 2.2.6

Ein Teilchen befolge im Ortsraum die Schrödinger-Gleichung

$$\left(i\hbar \frac{\partial}{\partial t} - H \right) \psi(\mathbf{r}, t) = 0$$

mit

$$H = -\frac{\hbar^2}{2m} \Delta + V(\mathbf{r}).$$

Wie lautet die Schrödinger-Gleichung im Impulsraum, wenn $V(\mathbf{r})$ eine Fourier-Transformierte $V(\mathbf{p})$ besitzt:

$$V(\mathbf{r}) = \frac{1}{(2\pi \hbar)^{3/2}} \int d^3p \, e^{\frac{i}{\hbar} \mathbf{p} \cdot \mathbf{r}} \, V(\mathbf{p})?$$

Aufgabe 2.2.7

Auf einem Quader mit den Kantenlängen L_x, L_y, L_z seien periodische Randbedingungen definiert. Verifizieren Sie die Darstellung (2.80) des Kronecker-Deltas:

$$\delta_{\mathbf{p},\mathbf{p}'} = \frac{1}{V} \int\limits_V d^3r\, e^{-\frac{i}{\hbar}(\mathbf{p}-\mathbf{p}')\cdot\mathbf{r}}; \quad V = L_z\, L_y\, L_z.$$

Aufgabe 2.2.8

Gehen Sie davon aus, daß die klassische Beziehung zwischen Ort und Impuls in der Quantenmechanik für die entsprechenden Erwartungswerte gültig ist (Ehrenfest-Theorem):

$$\langle\, \mathbf{p}\, \rangle_t = m \frac{d}{dt} \langle\, \mathbf{r}\, \rangle_t.$$

Zeigen Sie mit Hilfe der Schrödinger-Gleichung und der Quadratintegrabilität der Wellenfunktion, daß dann

$$\langle\, \mathbf{p}\, \rangle_t = \int d^3r\, \psi^*(\mathbf{r},t)\, \frac{\hbar}{i}\, \nabla_r\, \psi(\mathbf{r},t)$$

gelten muß.

Aufgabe 2.2.9

Die Wellenfunktion $\psi(\mathbf{r},t)$ eines Teilchens sei reellwertig. Zeigen Sie, daß dann der Erwartungswert des Impulses Null ist.

2.3 Der Impulsoperator

2.3.1 Impuls- und Ortsdarstellung

Wir kommen noch einmal zu dem Erwartungswert des Impulses (2.85) zurück, versuchen nun aber $\langle\, \mathbf{p}\, \rangle_t$ im Ortsraum, d.h. mit Hilfe von $\psi(\mathbf{r},t)$ zu berechnen. So ohne weiteres ist das nicht möglich, da wir nicht wissen, wie wir $\mathbf{p}$ durch $\mathbf{r}$ auszudrücken haben. Ansonsten könnten wir direkt (2.83) verwenden. Wir können aber natürlich in einem ersten Schritt in (2.85) $\overline{\psi}(\mathbf{p},t)$ mit Hilfe von (2.72) durch $\psi(\mathbf{r},t)$ ersetzen:

$$\langle\, \mathbf{p}\, \rangle_t = \frac{1}{(2\pi\,\hbar)^3} \int d^3p \int d^3r' \int d^3r\, e^{\frac{i}{\hbar}\mathbf{p}\cdot\mathbf{r}'}\, \psi^*(\mathbf{r}',t)\, \mathbf{p}\, e^{-\frac{i}{\hbar}\mathbf{p}\cdot\mathbf{r}}\, \psi(\mathbf{r},t). \quad (2.87)$$

Das $\mathbf{r}$-Integral formen wir weiter um:

$$\int d^3r\,\mathbf{p}\,e^{-\frac{i}{\hbar}\mathbf{p}\cdot\mathbf{r}}\,\psi(\mathbf{r},t) =$$

$$= i\hbar \int d^3r \left(\nabla_r\, e^{-\frac{i}{\hbar}\mathbf{p}\cdot\mathbf{r}}\right)\psi(\mathbf{r},t) =$$

$$= i\hbar \int d^3r\,\nabla_r\left(e^{-\frac{i}{\hbar}\mathbf{p}\cdot\mathbf{r}}\,\psi(\mathbf{r},t)\right) - i\hbar\int d^3r\, e^{-\frac{i}{\hbar}\mathbf{p}\cdot\mathbf{r}}\,\nabla_r\,\psi(\mathbf{r},t).$$

Mit Hilfe des Gaußschen Satzes ((1.59), Bd. 3) können wir das erste Integral in ein Oberflächenintegral verwandeln:

$$\int\limits_V d^3r\,\nabla_r\left(e^{-\frac{i}{\hbar}\mathbf{p}\cdot\mathbf{r}}\,\psi(\mathbf{r},t)\right) = \int\limits_{S(V)} d\mathbf{f}\,e^{-\frac{i}{\hbar}\mathbf{p}\cdot\mathbf{r}}\,\psi(\mathbf{r},t).$$

Das Integral verschwindet, wenn wir über den gesamten Raum integrieren, da die Wellenfunktion nach Voraussetzung auf der Oberfläche im Unendlichen hinreichend rasch verschwindet. Es bleibt demnach:

$$\langle\,\mathbf{p}\,\rangle_t = \frac{1}{(2\pi\,\hbar)^3}\int d^3p\int d^3r'\int d^3r\,e^{\frac{i}{\hbar}\mathbf{p}\cdot(\mathbf{r}'-\mathbf{r})}\,\psi^*(\mathbf{r}',t)\left(\frac{\hbar}{i}\nabla_r\right)\psi(\mathbf{r},t).$$

Wir benutzen noch die Darstellung (2.73) der δ-Funktion und erhalten dann für den Impulserwartungswert im Ortsraum das folgende bemerkenswerte Resultat:

$$\langle\,\mathbf{p}\,\rangle_t = \int d^3r\,\psi^*(\mathbf{r},t)\left(\frac{\hbar}{i}\nabla_r\right)\psi(\mathbf{r},t). \tag{2.88}$$

Formal ist dieser Ausdruck mit dem Erwartungswert (2.83) identisch, allerdings nur dann, wenn wir der dynamischen Variablen *Impuls* im Ortsraum einen Operator zuordnen:

Impuls in Ortsdarstellung

$$\hat{\mathbf{p}} \longrightarrow \frac{\hbar}{i}\nabla_r. \tag{2.89}$$

Wir sind damit auf ein ganz wesentliches Charakteristikum der Quantenmechanik gestoßen, die den Observablen, d.h. den beobachtbaren, meßbaren Größen Operatoren zuordnet. Dazu wird in den nächsten Kapiteln noch viel zu sagen sein. – Wir wollen bis auf weiteres Operatoren zur Unterscheidung von normalen Variablen mit einem "^" kennzeichnen. Später, wenn keine Verwechslungen mehr zu befürchten sind, werden wir davon wieder Abstand nehmen. – Im Ortsraum ist der Ortsoperator $\hat{\mathbf{r}}$ als Spezialfall mit dem Vektor $\mathbf{r}$ identisch, verhält sich im Integranden von (2.82) deshalb rein multiplikativ, wohingegen in (2.88) die Reihenfolge der Terme natürlich strikt eingehalten werden muß. Der Gradient wirkt nach rechts auf die $\mathbf{r}$-abhängige Wellenfunktion $\psi(\mathbf{r},t)$.

Wir können das Ergebnis (2.89) auf die allgemeinere Teilcheneigenschaft $B(\mathbf{p})$ übertragen, von der wir annehmen, daß wir sie als Polynom oder als absolut konvergente Reihe in p_x, p_y, p_z schreiben können:

$$\langle \widehat{B}(\mathbf{p}) \rangle_t = \int d^3r\, \psi^*(\mathbf{r},t)\, B\left(\frac{\hbar}{i}\nabla_r\right) \psi(\mathbf{r},t), \tag{2.90}$$

$$\widehat{B}(p) \longrightarrow B\left(\frac{\hbar}{i}\nabla_r\right). \tag{2.91}$$

Schaut man sich nun die Mittelwerte (2.82), (2.83), (2.88) und (2.90) an, so erkennt man die stets gleiche Struktur: Der zu mittelnden physikalischen Größe wird ein Operator $\widehat{X}$ mit ganz bestimmten, noch im einzelnen zu besprechenden Eigenschaften zugeordnet. Der Mittelwert ist dann durch den Ausdruck

$$\langle \widehat{X} \rangle_t = \int d^3r\, \psi^*(\mathbf{r},t)\, \widehat{X}\, \psi(\mathbf{r},t) \tag{2.92}$$

gegeben mit der Korrespondenzvorschrift

$$\widehat{X} = \begin{cases} X(\hat{\mathbf{r}}) & \longrightarrow X(\mathbf{r}), \\ X(\hat{\mathbf{p}}) & \longrightarrow X\left(\frac{\hbar}{i}\nabla_r\right). \end{cases} \tag{2.93}$$

Man spricht in diesem Fall von der

Ortsdarstellung des Operators $\widehat{\mathbf{X}}$.

Nun sind wir zu diesen Resultaten gekommen, indem wir zunächst versuchten, den Impulserwartungswert $\langle \mathbf{p} \rangle_t$ im Ortsraum darzustellen. Wir hätten natürlich genauso gut uns das Ziel setzen können, den Erwartungswert des Ortes $\langle \mathbf{r} \rangle$ im Impulsraum zu formulieren, d.h. durch $\overline{\psi}(\mathbf{p},t)$ auszudrücken. Mit exakt derselben Argumentationskette wären wir dann zu der Schlußfolgerung gekommen, daß jeder zu mittelnden physikalischen Größe ein Operator $\widehat{Y}$ zuzuordnen ist mit der Korrespondenzvorschrift

$$\widehat{Y} = \begin{cases} Y(\hat{\mathbf{r}}) & \longrightarrow Y\left(-\frac{\hbar}{i}\nabla_p\right), \\ Y(\hat{\mathbf{p}}) & \longrightarrow Y(\mathbf{p}). \end{cases} \tag{2.94}$$

Das nennen wir die

Impulsdarstellung des Operators $\widehat{\mathbf{Y}}$.

Der Mittelwert ist nun durch den Ausdruck

$$\langle \widehat{Y} \rangle_t = \int d^3p\, \overline{\psi}^*(\mathbf{p},t)\, \widehat{Y}\, \overline{\psi}(\mathbf{p},t) \tag{2.95}$$

gegeben. Insbesondere gilt für den

Ort in Impulsdarstellung:

$$\hat{\mathbf{r}} \longrightarrow -\frac{\hbar}{i}\nabla_p . \tag{2.96}$$

∇_p ist der Gradient im Impulsraum:

$$\nabla_p \equiv \left(\frac{\partial}{\partial p_x}, \frac{\partial}{\partial p_y}, \frac{\partial}{\partial p_z}\right). \tag{2.97}$$

Wir erkennen erneut die völlige Äquivalenz von Orts- und Impulsdarstellung. Die Gleichwertigkeit der Wellenfunktionen $\psi(\mathbf{r},t)$ und $\psi(\mathbf{p},t)$ hatten wir uns bereits früher verdeutlicht. Die strenge Symmetrie der beiden Darstellungen für die Operatoren wird durch (2.93) und (2.94) dokumentiert. Die Mittelwerte (2.92) und (2.95) werden in den beiden Darstellungen in formal identischer Weise gebildet. Die Ursache für diese Symmetrien und Äquivalenzen ist in der Tatsache zu suchen, daß die quantenmechanischen Konzepte unabhängig von jeder speziellen Darstellung allgemein und abstrakt formuliert werden können. Orts- und Impulsdarstellung sind zwei gleichberechtigte, konkrete Realisierungen dieser allgemeinen Konzepte, auf die wir in Kapitel 3 ausführlich eingehen werden.

Die Vorschriften (2.93) und (2.94) lassen sich zusammengefaßt auf solche Teilcheneigenschaften übertragen, die sowohl vom Ort als auch vom Impuls abhängen:

$$\widehat{F}(\mathbf{r},\mathbf{p}) \longrightarrow \begin{cases} F\left(\mathbf{r}, \frac{\hbar}{i}\nabla_r\right): & \textit{Ortsdarstellung,} \\ F\left(-\frac{\hbar}{i}\nabla_p, \mathbf{p}\right): & \textit{Impulsdarstellung.} \end{cases} \tag{2.98}$$

Für den Mittelwert der Größe $\widehat{F}$ ergeben sich damit zwei äquivalente Formulierungen:

$$\begin{aligned} \langle \widehat{F} \rangle_t &= \int d^3r\, \psi^*(\mathbf{r},t)\, F\left(\mathbf{r}, \frac{\hbar}{i}\nabla_r\right) \psi(\mathbf{r},t) = \\ &= \int d^3p\, \overline{\psi}^*(\mathbf{p},t)\, F\left(-\frac{\hbar}{i}\nabla_p, \mathbf{p}\right) \overline{\psi}(\mathbf{p},t). \end{aligned} \tag{2.99}$$

2.3.2 Nicht-Vertauschbarkeit von Operatoren

Eine spezielle Eigentümlichkeit der Quantenmechanik sorgt nun allerdings auch dafür, daß die Vorschrift (2.98) so noch nicht eindeutig ist. Diese Eigentümlichkeit besteht in der Nicht-Vertauschbarkeit gewisser Operatoren. Der sogenannte

$$\text{Kommutator:} \quad [\widehat{A}, \widehat{B}]_- = \widehat{A}\,\widehat{B} - \widehat{B}\,\widehat{A}, \tag{2.100}$$

gebildet aus den Operatoren $\widehat{A}$ und $\widehat{B}$, kann von Null verschieden und selbst wieder ein Operator sein.

Die Reihenfolge der Operatoren ist im allgemeinen nicht beliebig!

Das wollen wir an einem wichtigen Beispiel demonstrieren. Da der Kommutator aus Operatoren aufgebaut ist, müssen wir ihn zu seiner Berechnung auf eine Wellenfunktion wirken lassen. $\psi(\mathbf{r},t)$ sei eine beliebig vorgegebene Wellenfunktion:

$$[\hat{z}, \hat{p}_z]_- \, \psi(\mathbf{r},t) = \frac{\hbar}{i}\left(z \frac{\partial}{\partial z} - \frac{\partial}{\partial z} z\right) \psi(\mathbf{r},t) = -\frac{\hbar}{i} \psi(\mathbf{r},t).$$

Da das für alle ψ gilt, können wir an dieser Gleichung die folgende Operatoridentität ablesen:

$$[\hat{z}, \hat{p}_z]_- = -\frac{\hbar}{i} = i\,\hbar. \tag{2.101}$$

Entsprechende Beziehungen lassen sich auch für die anderen Komponenten ableiten. Insgesamt findet man:

$$\left[\hat{p}_{x_i}, \hat{x}_j\right]_- = \frac{\hbar}{i}\,\delta_{ij}, \tag{2.102}$$

$$\left[\hat{p}_{x_i}, \hat{p}_{x_j}\right]_- = \left[\hat{x}_i, \hat{x}_j\right]_- = 0 \tag{2.103}$$

$$i,j = 1,2,3; \; x_1 = x, \, x_2 = y, \, x_3 = z.$$

Später werden wir sehen, daß die Nicht-Vertauschbarkeit von Operatoren etwas damit zu tun hat, daß die zugehörigen Observablen nicht gleichzeitig scharf meßbar sind. Wir werden in Kapitel 3 zeigen, daß (2.102) in direktem Bezug zur Heisenbergschen Unbestimmtheitsrelation (1.5) steht.

Die Nicht-Vertauschbarkeit von Orts- und Impulsoperator macht die Korrespondenzvorschrift (2.98) mehrdeutig. Algebraisch äquivalente Formen der Observablen $F(\mathbf{r},\mathbf{p})$ können nach (2.98) durchaus zu unterschiedlichen Operatoren führen. Die beiden eindimensionalen Beispiele

$$p_z^2 \longleftrightarrow \frac{1}{z^2}\, p_z^2\, z^2$$

sind algebraisch natürlich äquivalent, entsprechen aber nach der Übersetzungsvorschrift (2.98) verschiedenen Operatoren. So findet man in der Ortsdarstellung:

$$p_z^2 \longrightarrow -\hbar^2 \frac{\partial^2}{\partial z^2},$$

$$\frac{1}{z^2}\, p_z^2\, z^2 \longrightarrow -\hbar^2 \left(\frac{\partial^2}{\partial z^2} + \frac{4}{z}\frac{\partial}{\partial z} + \frac{2}{z^2}\right).$$

Solche Mehrdeutigkeiten sind natürlich unvermeidbar, wenn man die Quantenmechanik auf einer Korrespondenz zur Klassischen Mechanik aufbaut, da für letztere sämtliche Variablen kommutativ sind. Man muß (2.98) durch empirische Zusatzvorschriften ergänzen. Dies wird an einem wichtigen Beispiel im nächsten Abschnitt demonstriert.

2.3.3 Korrespondenzregel

Wir haben in diesem Kapitel 2 bereits eine Reihe entscheidender Resultate gefunden, die uns schon jetzt im Prinzip in die Lage versetzen, mit der quantitativen Diskussion typisch quantenmechanischer Phänomene zu beginnen. Zentrale Aufgabenstellung wird vorläufig die Lösung der Schrödinger-Gleichung sein. Es empfiehlt sich deshalb, ein eindeutiges und übersichtliches Rezept zum Aufstellen der Schrödinger-Gleichung zu entwerfen. Folgende Schritte bieten sich nach unseren Vorüberlegungen an:

1) Wir formulieren das zu lösende physikalische Problem zunächst in der uns vertrauten klassischen Hamilton-Mechanik, d.h., wir konstruieren die zugehörige klassische Hamilton-Funktion:

$$H = H(q_1, \dots, q_s, p_1, \dots, p_s, t) = H(\mathbf{q}, \mathbf{p}, t).$$

Die q_j sind generalisierte Koordinaten, die p_j dazu kanonisch konjugierte Impulse; s ist die Zahl der Freiheitsgrade. Für ein konservatives System ist H mit der Gesamtenergie E identisch:

$$H(q_1 \dots p_s, t) = E. \tag{2.104}$$

2) Wir ordnen dem klassischen System ein Quantensystem zu, dessen Zustand durch eine Wellenfunktion $\psi(q_1, \dots, q_s, t)$ beschrieben wird. Diese ist im durch die q_j aufgespannten *Konfigurationsraum* (s. Kap. 2.4.1, Bd. 2) definiert.

3) Meßbaren physikalischen Systemeigenschaften (*Observable*) werden ganz besondere Operatoren zugeschrieben mit bestimmten, noch zu besprechenden Eigenschaften. Klassische Observable sind Funktionen des Phasenraums, also $(\mathbf{q}, \mathbf{p})$-abhängig. Sie werden durch die Korrespondenzvorschrift (2.98) zu Operatoren:

$$A(\mathbf{q}, \mathbf{p}, t) \longrightarrow \widehat{A}\left(q_1, \dots, q_s, \frac{\hbar}{i}\frac{\partial}{\partial q_1}, \dots, \frac{\hbar}{i}\frac{\partial}{\partial q_s}, t\right). \tag{2.105}$$

Das gilt insbesondere für die Hamilton-Funktion, die auf diese Weise zum Hamilton-Operator $\widehat{H}$ wird:

$$H(\mathbf{q}, \mathbf{p}, t) \longrightarrow \widehat{H}\left(q_1, \dots, q_s, \frac{\hbar}{i}\frac{\partial}{\partial q_1}, \dots, \frac{\hbar}{i}\frac{\partial}{\partial q_s}, t\right). \tag{2.106}$$

Diese Operatoren wirken als spezielle Differentialoperatoren auf die Wellenfunktionen in 2).

4) Die Energiebeziehung (2.104) wird mit der Wellenfunktion ψ multipliziert und anschließend der Übergang (2.106) vollzogen. Das Resultat ist die

zeitunabhängige Schrödinger-Gleichung:

$$\widehat{H}\left(q_1,\dots,q_s,\frac{\hbar}{i}\frac{\partial}{\partial q_1},\dots,\frac{\hbar}{i}\frac{\partial}{\partial q_s},t\right)\psi(q_1,\dots,q_s,t) = \\ = E\,\psi(q_1,\dots,q_s,t), \tag{2.107}$$

die wir bereits aus (2.15) kennen, hier aber auf völlig andere Weise *abgeleitet* haben.

5) Die besondere Rolle von Energie und Zeit als konjugierte Variable wird uns noch beschäftigen. Durch die weitere Transformationsvorschrift (2.17),

$$E \longrightarrow i\hbar\frac{\partial}{\partial t}, \tag{2.108}$$

wird aus (2.107) die **zeitabhängige Schrödinger-Gleichung**.

Damit ist das Problem dann vollständig formuliert. Die weitere Aufgabe wird in der Suche nach mathematischen Lösungsverfahren für die Schrödinger-Gleichung bestehen.

Wir wollen dieses Konzept noch in zwei wichtigen Punkten kommentieren, um Fehlerquellen und Mißverständnissen vorzubeugen:

A) In der klassischen Hamilton-Mechanik (s. Kap. 2, Bd. 2) ist die Wahl der generalisierten Koordinaten $q_1,\dots q_s$ willkürlich, nur ihre Gesamtzahl s steht fest. So sind zum Beispiel für ein einzelnes Teilchen die Hamilton-Funktionen in kartesischen Koordinaten,

$$H = \frac{1}{2m}\left(p_x^2+p_y^2+p_z^2\right)+V(x,y,z), \tag{2.109}$$

und in Kugelkoordinaten (1.104),

$$H = \frac{1}{2m}\left(p_r^2+\frac{1}{r^2}\,p_\vartheta^2+\frac{1}{r^2\sin^2\vartheta}\,p_\varphi^2\right)+V(r,\vartheta,\varphi), \tag{2.110}$$

formal völlig verschieden, führen aber zu denselben physikalischen Resultaten. Man kann sich also nach Zweckmäßigkeitsgesichtspunkten für die eine oder die andere Version entscheiden.

Die Freiheit in der Wahl der generalisierten Koordinaten $q_1, \ldots, q_s$ führt nun allerdings mit der Korrespondenzvorschrift (2.106) zu Mehrdeutigkeiten für die quantenmechanischen Hamilton-Operatoren. Mit (2.109) folgt:

$$\widehat{H} = -\frac{\hbar^2}{2m}\left(\frac{\partial^2}{\partial x^2} + \frac{\partial^2}{\partial y^2} + \frac{\partial^2}{\partial z^2}\right) + V(x, y, z) = -\frac{\hbar^2}{2m}\Delta + V(\mathbf{r}). \qquad (2.111)$$

Aus (2.110) ergibt sich dagegen mit der Vorschrift (2.106):

$$\overline{H} = -\frac{\hbar^2}{2m}\left(\frac{\partial^2}{\partial r^2} + \frac{1}{r^2}\frac{\partial^2}{\partial \vartheta^2} + \frac{1}{r^2\sin^2\vartheta}\frac{\partial^2}{\partial \varphi^2}\right) + V(r, \vartheta, \varphi).$$

Dieser Ausdruck ist jedoch **nicht** mit (2.111) äquivalent, wie man erkennt, wenn man dort den Laplace-Operator Δ in Kugelkoordinaten einsetzt ((2.145), Bd. 3):

$$\begin{aligned}\Delta &= \frac{1}{r^2}\frac{\partial}{\partial r}\left(r^2\frac{\partial}{\partial r}\right) + \frac{1}{r^2}\Delta_{\vartheta,\varphi},\\ \Delta_{\vartheta,\varphi} &= \frac{1}{\sin\vartheta}\frac{\partial}{\partial\vartheta}\left(\sin\vartheta\frac{\partial}{\partial\vartheta}\right) + \frac{1}{\sin^2\vartheta}\frac{\partial^2}{\partial\varphi^2}.\end{aligned} \qquad (2.112)$$

Diese offensichtliche Diskrepanz hebeln wir durch die Zusatzvorschrift aus, die Korrespondenz (2.106) nur bei kartesischen Koordinaten zuzulassen. $\widehat{H}$ in (2.111) ist also korrekt, $\overline{H}$ dagegen nicht. Anschließend kann man natürlich, wenn es zweckmäßig erscheint, den Laplace-Operator auf irgendein günstiges Koordinatensystem transformieren, also zum Beispiel (2.112) in (2.111) verwenden. Diese Vorschrift erscheint recht willkürlich, hat sich aber als widerspruchsfrei erwiesen. Sie läßt sich im übrigen tiefer begründen, was jedoch den Rahmen dieses **Grundkurs: Theoretische Physik** übersteigt.

B) Es gibt eine weitere Quelle für Mehrdeutigkeiten in der Korrespondenzvorschrift (2.106), die auf der bereits im letzten Abschnitt andiskutierten Nicht-Vertauschbarkeit von Impuls- und Ortsoperator beruht. In den meisten Fällen besteht die in kartesischen Koordinaten formulierte Hamilton-Funktion aus einem Term, der nur von den Impulsquadraten abhängt, und einem Term, der nur von den Ortskoordinaten abhängt. Für solche Terme ergeben sich natürlich keine Schwierigkeiten. Hinzukommen können jedoch in manchen Fällen noch Audrücke der Form

$$p_j\, f_j(q_1, \ldots q_s),$$

in die die Impulse linear eingehen. Für die Korrespondenzregel (2.106) wären $p_j\, f_j$ und $f_j\, p_j$ nicht äquivalent. Man vereinbart deshalb, solche Terme vor Anwendung der Korrespondenzregel zu symmetrisieren:

$$p_j\, f_j(\mathbf{q}) \longrightarrow \frac{1}{2}\left(p_j\, f_j\,(\mathbf{q}) + f_j(\mathbf{q})p_j\right). \qquad (2.113)$$

Ein prominentes Anwendungsbeispiel ist das geladene Teilchen im elektromagnetischen Feld (Ladung $\bar{q}$; Vektorpotential $\mathbf{A}(\mathbf{r}, t)$; skalares Potential $\varphi(\mathbf{r}, t)$). Dieses besitzt die Hamilton-Funktion ((2.39), Bd. 2):

$$H = \frac{1}{2m}\left(\mathbf{p} - \bar{q}\,\mathbf{A}(\mathbf{r}, t)\right)^2 + \bar{q}\,\varphi(\mathbf{r}, t). \tag{2.114}$$

Beim Ausmultiplizieren der Klammer fällt der gemischte Term unter die Regel (2.113). Es ergibt sich dann nach der Korrespondenzregel der folgende Hamilton-Operator:

$$\widehat{H} = \frac{1}{2m}\left[-\hbar^2\Delta - \bar{q}\frac{\hbar}{i}\left(\operatorname{div}\mathbf{A}(\mathbf{r}, t) + 2\,\mathbf{A}(\mathbf{r}, t)\cdot\nabla_r\right) + \bar{q}^2\,\mathbf{A}^2(\mathbf{r}, t)\right] + \bar{q}\varphi(\mathbf{r}, t). \tag{2.115}$$

2.3.4 Aufgaben

Aufgabe 2.3.1

Zeigen Sie, daß der Erwartungswert

$$\langle\,\mathbf{p}\,\rangle_t = \int d^3r\,\psi^*(\mathbf{r}, t)\,\frac{\hbar}{i}\nabla_r\,\psi(\mathbf{r}, t)$$

reell ist. Die Wellenfunktion $\psi(\mathbf{r}, t)$ soll quadratintegrierbar sein.

Aufgabe 2.3.2

Gegeben sei die Grundzustandswellenfunktion des Elektrons im Wasserstoffatom:

$$\psi(\mathbf{r}) = \frac{1}{\sqrt{\pi\,a_B^3}}\exp\left(-\frac{|\,\mathbf{r}\,|}{a_B}\right); \quad a_B = \frac{4\pi\epsilon_0\,\hbar^2}{m\,e^2}.$$

Berechnen Sie:

1) $\int d^3r\,|\,\psi(\mathbf{r})\,|^2$,

2) $\langle\,\mathbf{r}\,\rangle$; $\langle\,\mathbf{r}^2\,\rangle$; $\Delta r = \sqrt{(\langle\,\mathbf{r}^2\,\rangle - \langle\,\mathbf{r}\,\rangle^2)}$,

3) $\langle\,\mathbf{p}\,\rangle$; $\langle\,\mathbf{p}^2\,\rangle$; $\Delta p = \sqrt{(\langle\,\mathbf{p}^2\,\rangle - \langle\,\mathbf{p}\,\rangle^2)}$,

4) $\Delta r\,\Delta p$,

5) Stromdichte $\mathbf{j}(\mathbf{r})$.

Aufgabe 2.3.3

Gegeben sei die Wellenfunktion des sich in einem angeregten Zustand befindlichen Elektrons im Wasserstoffatom:

$$\psi(\mathbf{r}) = \frac{1}{4\sqrt{4\pi\, a_B^3}}\,\frac{r}{a_B}\,\exp\left(-\frac{r}{2a_B}\right)\sin\vartheta\,\exp(i\,\varphi).$$

Berechnen Sie die Stromdichte $\mathbf{j}(\mathbf{r})$.

Aufgabe 2.3.4

Berechnen Sie die folgenden Kommutatoren:

1) $[p, x^n]_-$ $(n \geq 1)$,

2) $[x^{-1}, p]_-$,

3) $[p^n, x]_-$ $(n \geq 1)$.

Aufgabe 2.3.5

1) $F(x)$ sei eine Funktion der x-Komponente des Ortsoperators. Zeigen Sie, daß

$$[p_x, F(x)]_- = \frac{\hbar}{i}\,\frac{dF(x)}{dx}$$

gilt.

2) $G(p_x)$ sei eine Funktion der x-Komponente des Impulsoperators. Verifizieren Sie:

$$[G(p_x), x] = \frac{\hbar}{i}\,\frac{dG(p_x)}{dp_x}.$$

Aufgabe 2.3.6

1) Der Translationsoperator $T(\mathbf{a})$ ist definiert durch

$$T(\mathbf{a})\,\psi(\mathbf{r}) = \psi(\mathbf{r} + \mathbf{a}),$$

wobei $\psi(\mathbf{r})$ eine beliebige Wellenfunktion sein kann. Drücken Sie $T(\mathbf{a})$ durch den Impulsoperator $\mathbf{p}$ aus.

2) Beweisen Sie:

$$T(\mathbf{a})\,\mathbf{r}\,T^{-1}(\mathbf{a}) = \mathbf{r} + \mathbf{a}.$$

Aufgabe 2.3.7

Die Wellenfunktion eines Teilchens der Masse m sei durch

$$\psi(\mathbf{r},t) = \frac{1}{(\pi\, b^2)^{1/4}}\, \exp\left(-\frac{r^2}{2\,b^2} - i\,\frac{\hbar}{2\,m\,b^2}\,t\right)$$

gegeben. Dabei sind $b = \sqrt{\hbar/m\,\omega}$ eine Konstante mit der Dimension *Länge* und ω eine feste Frequenz. Bestimmen Sie die potentielle Energie $V(\mathbf{r})$ des Teilchens.

2.4 Kontrollfragen

Zu Kapitel 2.1

1) Wann, von wem und in welchem Zusammenhang wurde erstmals die Idee formuliert, der Materie auch Welleneigenschaften zuzuordnen?

2) In welcher speziellen Weise bedient sich die Hamilton-Jacobi-Theorie der Methode der kanonischen Transformation?

3) Was versteht man unter *Wirkungswellen*?

4) Welche Beziehungen bezüglich Betrag und Richtung bestehen zwischen Teilchengeschwindigkeit v und Wellengeschwindigkeit u?

5) Formulieren Sie die Wellengleichung der Klassischen Mechanik.

6) Unter welchen Bedingungen ist die geometrische Optik gültig?

7) Wie lautet die *Eikonalgleichung* der geometrischen Optik?

8) Durch welche einfachen Beziehungen legen Impuls und Energie des Teilchens Frequenz und Wellenlänge der betreffenden Wirkungswelle fest?

9) Interpretieren Sie die zeitunabhängige Schrödinger-Gleichung.

10) Was versteht man unter dem Hamilton-Operator eines Teilchens?

11) Welcher Operator ist beim Übergang von der zeitunabhängigen zur zeitabhängigen Schrödinger-Gleichung der Energievariablen E zuzuordnen?

12) Wie kann man mit Hilfe der Wellenvorstellung der Materie die Bohrschen Postulate begründen?

13) Wie läßt sich die Wellenlänge einer Elektronenwelle experimentell bestimmen?

14) Wie groß muß die kinetische Energie eines Neutrons sein, damit seine Wellenlänge in die Größenordnung üblicher Gitterkonstanten kommt?

15) Auf welchem Prinzip arbeitet das Elektronenmikroskop?

16) Warum ist Neutronenbeugung besonders hilfreich bei der Untersuchung magnetischer Festkörper?

17) Erläutern Sie die wichtigsten Unterschiede zwischen elektromagnetischen Wellen und Materiewellen.

18) Läßt sich die Phasengeschwindigkeit einer Materiewelle messen?

19) Diskutieren Sie die Elektronenbeugung am Doppelspalt. Wie ändert sich die Intensitätsverteilung, wenn man die beiden Spalten nacheinander öffnet?

20) Läßt sich beim Doppelspaltexperiment der Auftreffort eines einzelnen Elektrons auf dem Detektor vorhersagen? Welche Aussagen sind tatsächlich möglich?

21) Welche Gründe sprechen gegen eine direkte Identifikation des Elektrons als Welle?

Zu Kapitel 2.2

1) Welche physikalische Bedeutung muß den Materiewellen zugesprochen werden?

2) Interpretieren Sie die Wellenfunktion $\psi(\mathbf{r}, t)$ und ihr Betragsquadrat $|\psi(\mathbf{r}, t)|^2$.

3) Läßt sich die Schrödinger-Gleichung beweisen?

4) Ist die Wellenfunktion $\psi(\mathbf{r}, t)$ direkt meßbar?

5) Welche mathematischen Funktionen kommen als Wellenfunktionen überhaupt nur in Betracht?

6) Wie ist die Wahrscheinlichkeitsstromdichte definiert?

7) Wie lautet die Kontinuitätsgleichung der Wahrscheinlichkeit? Worin besteht ihre physikalische Aussage?

8) Von welchem mathematischen Typ ist die Schrödinger-Gleichung?

9) Was ist eine ebene Welle? Warum bezeichnet man sie als *eben*?

10) Wie unterscheiden sich bei der ebenen Welle Phasen- und Gruppengeschwindigkeit?

11) Welche Aussagen lassen sich über Ort und Impuls eines Teilchens machen, wenn diesem eine ebene Welle als Wellenfunktion zugeordnet ist?

12) Was versteht man unter einem Wellenpaket?

13) Mit welcher Geschwindigkeit kann in einem Wellenpaket Information transportiert werden?

14) Warum darf die Phasengeschwindigkeit u auch größer als die Lichtgeschwindigkeit sein?

15) Erläutern Sie anhand des einfachen, eindimensionalen Wellenpakets (1.175), warum Impuls und Ort eines durch diese Wellenfunktion beschriebenen Teilchens nicht gleichzeitig beliebig genau bekannt sein können.

16) Wird durch die ebene Welle die Unbestimmtheitsrelation verletzt?

17) Erklären Sie qualitativ das Breitfließen von Wellenpaketen.

18) Wann spricht man im Zusammenhang mit Wellenpaketen von *Dispersion*?

19) Wird das Breitfließen auch bei Paketen aus elektromagnetischen Wellen beobachtet?

20) Welcher Zusammenhang besteht zwischen dem Breitfließen und der Heisenbergschen Unbestimmtheitsrelation?

21) Wie hängen die Wellenfunktionen im Orts- und im Impulsraum, $\psi(\mathbf{r}, t)$ und $\widehat{\psi}(\mathbf{p}, t)$, zusammen?

22) Welche Bedeutung wird $|\widehat{\psi}(\mathbf{p}, t)|^2$ zugeschrieben?

23) Was versteht man unter periodischen Randbedingungen?

24) Welche Aussagen über Ort und Impuls sind wirklich meßbar?

25) Formulieren Sie den Mittelwert $\langle A(\mathbf{r}) \rangle$ mit Hilfe der Wellenfunktion $\psi(\mathbf{r}, t)$ bzw. $\widehat{\psi}(\mathbf{p}, t)$.

26) Wie ist die mittlere quadratische Schwankung definiert? Was sagt sie aus?

Zu Kapitel 2.3

1) Welche Operatorgestalt nimmt die dynamische Variable *Impuls* in der Ortsdarstellung an?

2) Wie lautet die Impulsdarstellung des Teilchenorts $\mathbf{r}$?

3) Was ist die Ursache für die formale Äquivalenz von Impuls- und Ortsdarstellung?

4) Nach welcher Vorschrift wird der Erwartungswert $\langle F \rangle_t$ der Observablen $F(\mathbf{r}, \mathbf{p})$ im Orts- bzw. Impulsraum gebildet?

5) Wie ist der Kommutator zweier Operatoren definiert?

6) Welchen Wert hat der Kommutator $[z, p_z]_-$?

7) Nach welcher Korrespondenzvorschrift erhält man aus einer klassischen Variablen $A(q_1, \ldots q_s, p_1, \ldots, p_s)$ den zugehörigen quantenmechanischen Operator?

8) Welcher Operator ist der Energievariablen E zugeordnet?

9) Ist die unter Frage 7) erwähnte Korrespondenzvorschrift eindeutig bei einem Koordinatenwechsel?

10) Erläutern Sie die Mehrdeutigkeiten, die aus der Nicht-Vertauschbarkeit von Orts- und Impulsoperatoren resultieren. Wie behebt man sie?

11) Wie lautet der Hamilton-Operator eines geladenen Teilchens im elektromagnetischen Feld?

3 GRUNDLAGEN DER QUANTENMECHANIK (DIRAC-FORMALISMUS)

Das letzte Kapitel zeigte unter anderem, daß Orts- und Impulsdarstellung (s. Kap. 2.3.1) völlig äquivalente Beschreibungen der Quantenmechanik darstellen. Je nach Zweckmäßigkeit können wir uns für die eine oder die andere entscheiden. Wir hatten bereits als Ursache dafür vermutet, daß es eine abstrakte, übergeordnete und allgemeine Formulierung der Quantenmechanik geben muß, für die Orts- und Impulsdarstellung lediglich zwei von mehreren möglichen Realisierungen sind. Um diese übergeordnete Struktur soll es in diesem Kapitel gehen. Während wir in Kapitel 1 mehr oder weniger qualitativ die Quantenmechanik induktiv begründet haben, wollen wir nun den entgegengesetzten, deduktiven Weg einschlagen. Wir werden die fundamentalen Prinzipien axiomatisch einführen und daraus die mit dem Experiment vergleichbaren Aussagen ableiten. Das entspricht der sogenannten Dirac-Formulierung der Quantenmechanik.

Die Aufgabe der Quantentheorie, wie im übrigen jeder anderen physikalischen Theorie, besteht darin, die Ergebnisse von Experimenten an bestimmten Systemen vorherzusagen und zu interpretieren. Diese werden natürlich davon abhängen, in welchem *Zustand* sich das System vor der Messung befindet. Physikalische Messungen verändern im allgemeinen den Zustand, stellen also Operationen an diesem dar. Deswegen muß die begleitende Mathematik eine Operatortheorie sein. Die möglichen Systemzustände werden abstrakt als die Elemente (*Zustandsvektoren*) eines speziellen linearen Vektorraums, des sogenannten Hilbert-Raums, aufgefaßt (Kap. 3.2.1). Die meßbaren, klassischen, dynamischen Variablen werden in der Quantentheorie zu Operatoren (*Observablen*), die in gesetzmäßiger Weise auf die Vektoren des Hilbert-Raums wirken (Kap. 3.2.2).

Nachdem wir in Kapitel 3.1 die fundamentalen Begriffe *Zustand* und *Observable* eingeführt haben, werden wir in Kapitel 3.2 die abstrakten mathematischen Strukturen der Quantenmechanik (Hilbert-Raum, lineare Operatoren, ...) entwickeln, die ohne eine präzise physikalische Interpretation (Kap. 3.3) allerdings wertlos blieben. Insbesondere muß der quantenmechanische *Meßprozeß* mit der abstrakten Mathematik in Verbindung gebracht werden.

Der vierte Abschnitt dieses Kapitels ist der Dynamik der Quantensysteme gewidmet, handelt also von Bewegungsgleichungen und Zeitabhängigkeiten der Zustände und/oder Observablen. – Mit dem Korrespondenzprinzip in Kapitel 3.5 schlagen wir noch einmal die Brücke zur Klassischen Mechanik, unter anderem mit Hilfe einer bestimmten Zuordnung zwischen klassischer Poisson-Klammer (s. Kap. 2.4, Bd. 2) und quantenmechanischem Kommutator (2.100). – Am Schluß dieses Kapitels werden wir in der Lage sein, die uns bereits *vertraute* Schrödinger-Wellenmechanik als spezielle Realisierung des abstrakten Dirac-Formalismus zu erkennen (Kap. 3.5.2).

3.1 Begriffe

3.1.1 Zustand

Der Zustandsbegriff ist uns bereits in der Klassischen Mechanik begegnet (s. Kap. 2.4.1, Bd. 2). Wir hatten den Zustand als minimalen, aber vollständigen Satz von Bestimmungsstücken definiert, der ausreicht, um alle Eigenschaften des Systems daraus ableiten zu können. Da jede mechanische Meßgröße sich als Funktion der generalisierten Koordinaten $q_1, q_2, \ldots, q_s$ und der generalisierten Impulse $p_1, p_2, \ldots p_s$ schreiben läßt, ist der klassische Zustand als Punkt $\boldsymbol{\pi}$ im Phasenraum zu definieren:

klassischer Zustand

$$| \psi \rangle_{\text{kl}} \iff \boldsymbol{\pi} \equiv (\mathbf{q}, \mathbf{p}).$$

Die Zeitentwicklung des Zustands ergibt sich aus den Hamiltonschen Bewegungsgleichungen ((2.11) und (2.12), Bd. 2):

$$\dot{q}_j = \frac{\partial H}{\partial p_j}; \quad \dot{p}_j = -\frac{\partial H}{\partial q_j}; \quad j = 1, \ldots s.$$

Das sind Differentialgleichungen erster Ordnung, so daß bei bekannter Hamilton-Funktion $H = H(\mathbf{q}, \mathbf{p}, t)$ die klassische Phasenraumbahn $\boldsymbol{\pi}(t)$ eindeutig festgelegt ist, falls der Zustand $\boldsymbol{\pi}$ zu irgendeinem Zeitpunkt t_0 bekannt ist.

Wir wissen bereits, daß diese Art der Beschreibung eines Systemzustands durch Koordinaten und Impulse für die Quantenmechanik nicht übernommen werden kann, da q_j und p_j nicht gleichzeitig scharf gemessen werden können, also gar nicht simultan bekannt sind. Die quantenmechanische Beschreibung reicht deshalb im allgemeinen nicht aus, um den Zustand eines Systems für alle Zeiten eindeutig und exakt vorherzusagen. Sie ist nicht so weitgehend wie die klassische Beschreibung und muß sich im wesentlichen mit Wahrscheinlichkeitsaussagen zufriedengeben.

Wie kann ich denn nun in der Quantenmechanik einen *Zustand* sinnvoll kennzeichnen? Das gelingt doch wohl nur dadurch, daß ich mir einen maximalen Satz von gleichzeitig scharf meßbaren Eigenschaften heraussuche, diese messe und die Meßwerte zur Definition des Zustands verwende. Man sagt:

Gleichzeitige Messung eines maximalen Satzes von "verträglichen", d.h. simultan meßbaren, Eigenschaften "präpariert" einen "reinen" quantenmechanischen Zustand $| \psi \rangle$.

Zur abstrakten Kennzeichnung eines quantenmechanischen Zustands werden wir stets das von Dirac eingeführte Symbol $|\ldots\rangle$ verwenden. – Es ist eine fundamentale Feststellung der Quantenmechanik, daß eine noch genauere Beschreibung des Systemzustands als durch das so definierte $|\psi\rangle$ prinzipiell unmöglich ist. Es gibt keine weitere physikalische Eigenschaft, die nicht lediglich eine Funktion der vorgenannten ist, die in diesem Zustand $|\psi\rangle$ einen scharfen Wert hätte.

Wir wollen noch einige Zusatzbemerkungen anfügen:

1) Der Zustand $|\psi\rangle$, im folgenden auch *Zustandsvektor* genannt, hat keine reale Bedeutung im Sinne von Meßbarkeit. Zusammen mit den noch zu besprechenden Operatoren gestattet er *lediglich* die Beschreibung von experimentellen Abläufen.

2) Der Übergang $|\psi\rangle \rightarrow \alpha|\psi\rangle$, wobei α eine beliebige komplexe Zahl ist, soll keinen Einfluß auf die Meßresultate haben, d.h. $|\psi\rangle$ und $\alpha|\psi\rangle$ repräsentieren denselben Zustand.

3) Stehen mehrere Teilsysteme miteinander in Wechselwirkung, so beschreibt $|\psi\rangle$ das Gesamtsystem.

4) $|\psi\rangle = |\psi(t)\rangle$ wird sich in der Regel mit der Zeit ändern, z.B. infolge äußerer Einflüsse oder auch durch Messungen am System.

5) Die Schrödingersche Wellenfunktion $\psi(\mathbf{r}, t)$ des letzten Abschnitts ist als spezielle Darstellung des Systemzustands zu verstehen mit einer expliziten Betonung der Ortsvariablen $\mathbf{r}$. Es gibt andere Darstellungen, die die Abhängigkeit von anderern Größen (Impuls, Energie, Drehimpuls, Spin, ...) hervorheben. Das wird noch genauer zu untersuchen sein.

Wir wollen uns im nächsten Abschnitt mit Hilfe eines einfachen Gedankenexperiments die Präparation eines reinen Zustands durch Messung veranschaulichen. Damit sollen unter anderem auch die Überlegungen in Kapitel 3.3 vorbereitet werden, mit denen wir uns um ein vertieftes Verständnis des für die Quantenmechanik so wichtigen Meßprozesses bemühen wollen.

3.1.2 Präparation eines reinen Zustands

Wir haben in Kapitel 1.3.2 den Stern-Gerlach-Versuch kommentiert, der einen ersten Hinweis auf die Existenz des Elektronenspins gab. Bringt man einen Strahl von Teilchen mit einem permanenten, magnetischen Moment $\boldsymbol{\mu}$ in ein Magnetfeld, so bewirkt die Richtungsquantelung des mit $\boldsymbol{\mu}$ verknüpften Drehimpulses $\mathbf{j}$, die wir erst später begründen können, daß die Projektion j_z

von **j** auf die Feldrichtung nur solche diskreten Werte annehmen kann, die sich um ganzzahlige Vielfache von $\hbar$ unterscheiden. Läßt man den Strahl außerdem ein inhomogenes Magnetfeld durchlaufen, so werden die verschiedenen Drehimpulskomponenten unterschiedlich stark abgelenkt (s. Kap. 1.3.2). Schematisch skizziert ist der einfachste Fall einer Aufspaltung in gerade zwei Teilstrahlen. Wir stellen uns vor, daß die Feldinhomogenitäten so gewählt sind, daß die Strahlen nach Verlassen der Apparatur wieder zusammenlaufen. Die räumliche Aufspaltung gestattet, einen der beiden Teilstrahlen auszublenden. Es ist wichtig zu bemerken, daß erst durch den Einsatz der Blende B eine wirkliche Messung erfolgt, da dann sicher ist, daß ein die Apparatur durchquerendes Teilchen ein (+)-Teilchen sein muß. Die (-)-Komponente ist in B absorbiert. Ohne Blende stellen die skizzierten *Wege* nur die verschiedenen Möglichkeiten des Teilchens dar.

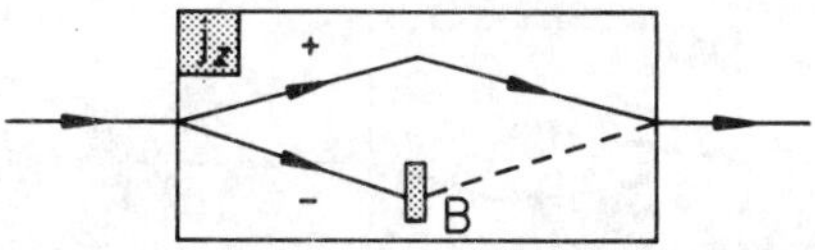

Wir wollen uns etwas von der konkreten Vorstellung einer Stern-Gerlach-Apparatur lösen und in einem Gedankenexperiment annehmen, daß es für die physikalische Eigenschaft A einen analog arbeitenden

Trenner $T(A)$

gibt. Wir setzen voraus, daß A, so wie j_z im Stern-Gerlach-Versuch, ein *diskretes Spektrum* $(\ldots, a_i, \ldots a_j, \ldots)$ besitzt, also nur nach irgendwelchen Gesichtspunkten *gequantelte* Werte a_i annehmen kann. Wir greifen hier etwas vor, werden aber bald zeigen können, warum diese Situation typisch für die Quantenmechanik ist. Das System

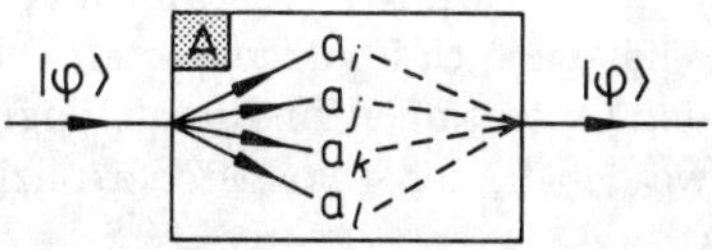

$$\text{Trenner } T(A) + \text{Blendensystem} = \text{Filter } P(a_i)$$

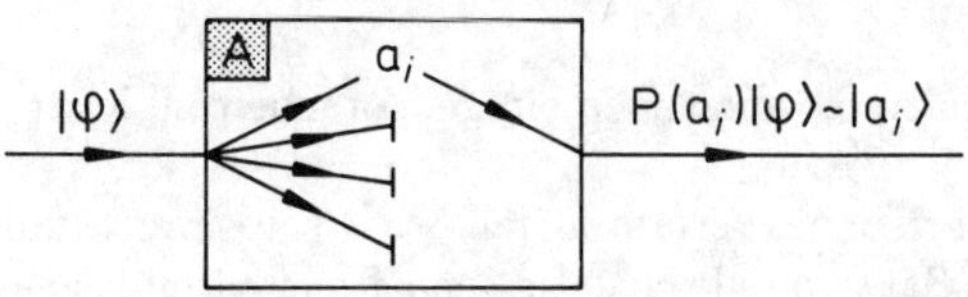

gestattet eine Messung der Eigenschaft A und gleichzeitige Präparation des Zustands $|\, a_i \rangle$. Wir wissen mit Sicherheit, daß für das durchgelassene Teilchen die Eigenschaft A den Wert a_i besitzt. Es befindet sich mit Blick auf A in einem definierten Zustand, den man zweckmäßig mit $|\, a_i \rangle$ bezeichnet. Nun kann es jedoch sein, daß der Systemzustand damit noch nicht hinreichend genau bestimmt ist. Wenn die Eigenschaft B, die die diskreten Werte b_j annehmen kann, gleichzeitig mit A scharf meßbar ist, dann wird der durch das Filter

$P(a_i)$ präparierte Zustand $|\,a_i\,\rangle$ noch bezüglich der b_j-Werte entartet sein. Wir können diese Unsicherheit dadurch beseitigen, daß wir den Teilchenstrahl ein weiteres Filter $P(b_j)$ passieren lassen:

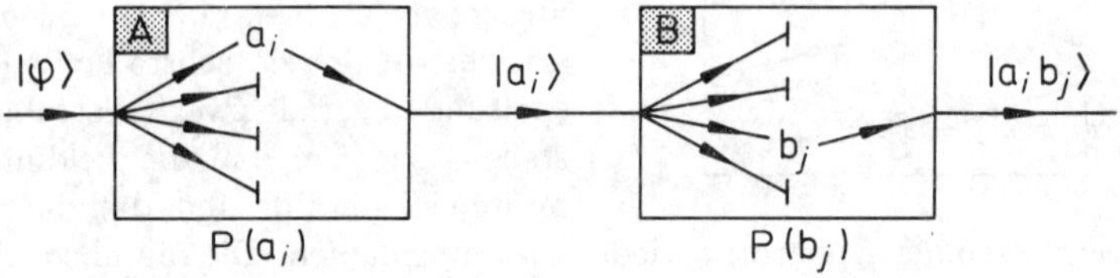

$$P(b_j)\,P(a_i)\,|\,\varphi\,\rangle \sim |\,a_i\,b_j\,\rangle.$$

Dieses Symbol ist so zu lesen, daß der Teilchenstrahl im Zustand $|\,\varphi\,\rangle$ nacheinander die Filter $P(a_i)$ und $P(b_j)$ durchquert. Nach jedem Teilschritt wird sich in der Regel der Zustand geändert haben. Jedes Filter führt also eine *Operation* an dem System durch. Wir werden deshalb später ein solches Filter abstrakt durch einen bestimmten Operator darstellen. Nachdem der Strahl beide Filter durchlaufen hat, befindet er sich in einem Zustand, in dem sowohl die Eigenschaft A als auch die Eigenschaft B definierte Werte haben. Bei A und B handelt es sich nach Voraussetzung um *verträgliche* Eigenschaften. Die Filter $P(a_i)$ und $P(b_j)$ stören sich demnach nicht, d.h., die Teilpräparation durch das Filter $P(a_i)$ wird durch das Filter $P(b_j)$ nicht modifiziert. Dies bedeutet andererseits aber auch, daß wir sie im Prinzip hätten auch in umgekehrter Reihenfolge anwenden können. Die entsprechenden Operationen sind unabhängig voneinander und daher vertauschbar. Wir werden in der Tat später explizit und abstrakt die Zuordnung

$$\begin{matrix}\textit{verträgliche}\\ \textit{Meßgrößen}\end{matrix} \iff \begin{matrix}\textit{vertauschbare}\\ \textit{(kommutierende)}\\ \textit{Operatoren}\end{matrix}$$

zeigen können. Dazu ist aber noch einige Vorarbeit zu leisten.

Das gerade beschriebene Verfahren läßt sich selbstverständlich von zwei auf einen maximalen Satz von gleichzeitig scharf meßbaren Eigenschaften verallgemeinern. Wir schalten entsprechend viele Filter hintereinander und präparieren uns damit, wie im letzten Abschnitt definiert, einen reinen Zustand:

Reiner Zustand:

$$|\,\psi\,\rangle \equiv |\,a_i\,b_j\ldots z_m\,\rangle \sim P(z_m)\cdots P(b_j)\,P(a_i)\,|\,\varphi\,\rangle. \tag{3.1}$$

Wir wollen noch etwas mehr über die so präparierten Zustände erfahren. Die Wahrscheinlichkeit, daß ein Teilchen im Zustand $|\varphi\rangle$ das Filter $P(a_i)$ durchquert, läßt sich durch die entsprechenden Intensitäten $I(a_i)$ und $I(\varphi)$ ausdrücken und messen:

$$w(a_i\,|\,\varphi) = \frac{I(a_i)}{I(\varphi)}. \tag{3.2}$$

$I(\varphi)$ ist die auf das Filter auffallende, $I(a_i)$ die hindurchgehende Intensität. Schalten wir nun zwei identische Filter hintereinander, so wird der durch

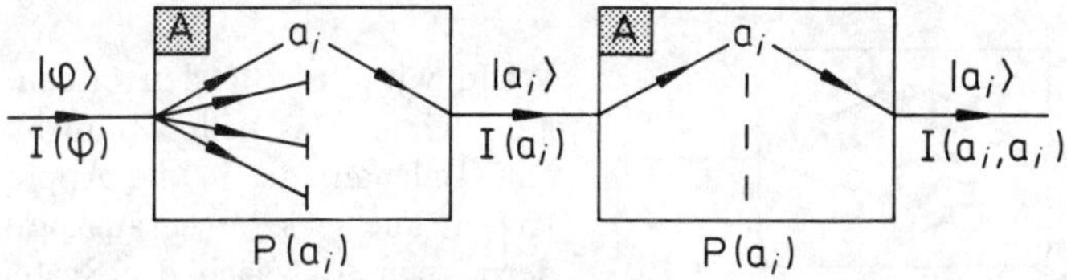

das erste Filter präparierte Zustand das zweite Filter ungehindert passieren können. Dies bedeutet:

$$\begin{aligned} I(a_i, a_i) &= I(a_i), \\ w(a_i\,|\,a_i) &= 1, \\ P(a_i)\,P(a_i) &= P^2(a_i) = P(a_i), \\ P(a_i)\,|\,a_i\rangle &= |\,a_i\rangle. \end{aligned}$$

Diese Ergebnisse sind nicht nur plausibel, sondern entsprechen auch exakt der experimentellen Beobachtung. – Ebenso einleuchtend sind die Resultate für den Fall, daß wir zwar zwei gleiche Trenner $T(A)$ hintereinanderschalten, jedoch mit unterschiedlichen Blenden. Das Experiment bestätigt

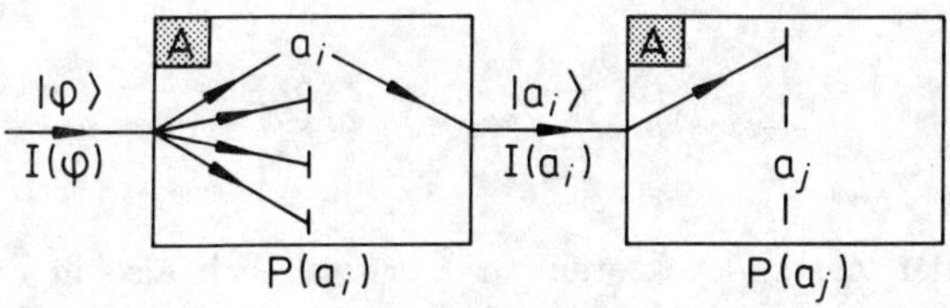

eindeutig, daß kein Teilchen dieses kombinierte Filtersystem durchqueren kann. Wir müssen also aus den beiden letzten Gedankenexperimenten schlußfolgern:

$$\begin{aligned} I(a_j, a_i) &= \delta_{ij}\,I(a_i), \\ w(a_j\,|\,a_i) &= \delta_{ij}, \\ P(a_j)\,P(a_i) &= \delta_{ij}\,P(a_i), \\ P(a_j)\,|\,a_i\rangle &= \delta_{ij}\,|\,a_i\rangle. \end{aligned} \tag{3.3}$$

Die mit Hilfe der Eigenschaft A präparierten Zustände sind, wie man sagt, *orthogonal*. Diese Tatsache schränkt die zur Darstellung von A in Frage kommenden Operatoren stark ein (Kap. 3.2.6 und 3.3.1).

Das Hintereinanderschalten von Filtern haben wir als Produkt von *P-Operatoren* symbolisiert. Wir definieren noch die Summe:

$$P(a_i) + P(a_j) \stackrel{\wedge}{=} \text{Filter mit } \textbf{zwei} \text{ Öffnungen für } a_i \text{ und } a_j.$$

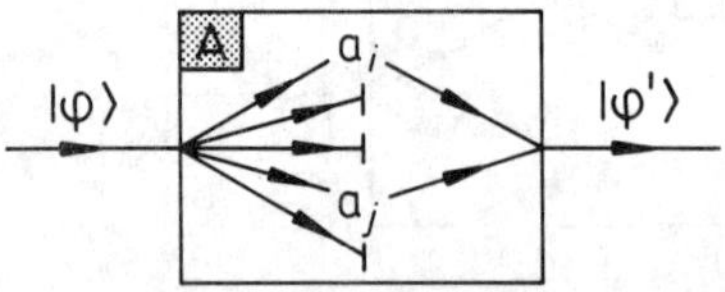

Wenn wir alle Blenden öffnen, tut sich gar nichts. Das bedeutet nicht nur, daß alle Teilchen, die in die Apparatur eintreten, auch wieder herauskommen, sondern auch, daß sich der Systemzustand $|\varphi\rangle$ überhaupt nicht ändert. Nachfolgende Messungen ergeben exakt dieselben Resultate, unabhängig davon, ob der Strahl den Trenner durchquert hat oder nicht. Diese experimentelle Beobachtung erweist sich bei genauerem Hinsehen als gar nicht so trivial. Klassisch absorbiert der Trenner $T(A)$ zwar auch kein Teilchen, der Systemzustand sollte sich aber ändern, da der ursprünglich *ungeordnete* Zustand $|\varphi\rangle$ nach Durchlaufen der Apparatur bezüglich A *geordnet* ist. Quantenmechanisch passiert dagegen nichts. Das bedeutet:

$$T(A)\,|\varphi\rangle = \left(\sum_{i=1}^{n} P(a_i)\right)|\varphi\rangle = |\varphi\rangle. \tag{3.4}$$

Der beliebig vorgegebene Zustand $|\varphi\rangle$ läßt sich deshalb als Linearkombination der $|a_i\rangle$ schreiben ($P(a_i)\,|\varphi\rangle \sim |a_i\rangle$):

$$|\varphi\rangle = \sum_{i=1}^{n} c_i\,|a_i\rangle \quad c_i \in \mathbb{C}. \tag{3.5}$$

Das System der Zustandsvektoren $|a_i\rangle$ erweist sich also in dem Sinne als vollständig, als sich jeder Zustand $|\varphi\rangle$ nach den $|a_i\rangle$ wie in (3.5) entwickeln läßt. Die aus (3.4) folgende Beziehung:

$$\sum_{i=1}^{n} P(a_i) = \mathbf{1} \qquad (\textit{Identität}) \tag{3.6}$$

wird uns später als sogenannte *Vollständigkeitsrelation* wieder begegnen.

3.1.3 Observable

Quantentheoretische dynamische Variable werden häufig in Analogie zu klassischen, dynamischen Variablen eingeführt, obwohl es sich dann um Größen mit ganz unterschiedlichem mathematischen Charakter handelt. Alle klassischen Variablen sind reell und können im Prinzip immer so gemessen werden, daß der Bewegungsablauf dabei nicht gestört wird. Wir erinnern uns:

$$\begin{array}{lcl} \text{Klassische, dynamische} & \Longleftrightarrow & \text{Phasenfunktion} \\ \text{Variable } F & & F = F(\mathbf{q}, \mathbf{p}). \end{array}$$

Beispiele:

$$\begin{array}{ll} \text{Kinetische Energie:} & T = T(\mathbf{p}) = \dfrac{\mathbf{p}^2}{2m}, \\ \text{Hamilton-Funktion:} & H = H(\mathbf{q}, \mathbf{p}) = T(\mathbf{p}) + V(\mathbf{q}), \\ (= \text{Gesamtenergie}) & \\ \text{Drehimpulskomponente:} & L_z = x\,p_y - y\,p_x. \end{array}$$

Solche Phasenfunktionen können mit Hilfe von *Korrespondenzregeln* von der Klassischen Mechanik in die Quantenmechanik *übersetzt* werden. So sind wir in Kapitel 2.3.3 verfahren, wobei es ausreichte, *Grundtransformationen* für die generalisierten Koordinaten $\mathbf{q} = (q_1, \dots, q_s)$ und generalisierten Impulse $\mathbf{p} = (p_1, \dots, p_s)$ einzuführen. Alle Phasenfunktionen $F(\mathbf{q}, \mathbf{p})$ wurden damit zu quantenmechanischen Operatoren $\widehat{F}$. Diese wirken auf die Elemente eines ganz bestimmten, dem System zugeordneten Vektorraums, den wir im nächsten Abschnitt als sogenannten Hilbert-Raum kennenlernen werden.

Es gibt allerdings auch quantenmechanische dynamische Variable (Operatoren), die kein klassisches Analogon besitzen. Prominente Beispiele sind der Elektronenspin und der Paritätsoperator. In solchen Fällen wird von entsprechenden Experimenten bzw. von speziellen Symmetrieeigenschaften auf den zugehörigen Operator geschlossen. Innere Widerspruchsfreiheit der mathematischen Konzepte und Bestätigung theoretischer Schlußfolgerungen durch experimentelle Beobachtungen sind dabei natürlich Kriterien für sinnvolle Definitionen solcher Operatoren.

Ohne klassische Analoga sind bereits alle Produkte nicht-vertauschbarer Operatoren, selbst wenn jeder einzelne beteiligte Operator ein solches Analogon besitzt. Auch hier sind Zusatzvorschriften ad hoc einzuführen, wie wir es in den Kapiteln 2.3.2 und 2.3.3 bereits diskutiert haben.

Unter den quantenmechanischen Operatoren gibt es nun die besonders wichtige Klasse der Observablen. Wir definieren:

Observable: quantendynamische Variable (Operator) mit direkt beobachtbaren, reellen Meßwerten.

Das muß noch etwas näher erläutert werden. Jeder Observablen A sollte eine für sie typische Meßapparatur (*Trenner* $T(A)$) zugeordnet werden können. Mit dieser wechselwirkt das System, das sich in irgendeinem Zustand $|\varphi\rangle$ befinden möge, der, wie im letzten Abschnitt beschrieben, durch den *Trenner* in orthogonale Zustände $|a_i\rangle$ zerlegt wird. Durch Einführen von Blenden (*Filter* $P(a_i)$) erfolgt die Messung. Die möglichen, durch Filter realisierbaren Meßwerte a_i müssen reell sein. Die reellen Zahlenwerte a_i und die orthogonalen Zustände $|a_i\rangle$ sind für die Observable A charakteristisch und legen diese in eindeutiger Weise fest.

Durch diese Forderungen (a_i reell; $|a_i\rangle$ orthogonal) kommen nur ganz spezielle Operatortypen zur Darstellung von Observablen in Frage. Welche das sind, werden wir erst klären können, wenn wir uns im nächsten Kapitel mit dem abstrakten mathematischen Gerüst der Quantenmechanik beschäftigt haben. Im übernächsten Kapitel 3.3 werden wir die in diesem Abschnitt noch etwas rudimentär andiskutierten quantenmechanischen Konzepte weiter vertiefen, dann allerdings bereits mit Hilfe eines vollständigen mathematischen Formalismus.

3.2 Mathematischer Formalismus

3.2.1 Hilbert-Raum

Das mathematische Gerüst der Quantentheorie ist die Theorie des Hilbert-Raums, die es gestattet, die Grundlagen der Quantentheorie allgemein und unabhängig von speziellen Darstellungen zu formulieren. Dazu postulieren wir die folgende Abbildung:

Postulat:

$$\begin{array}{rcl} \text{Quantensystem} & \Longleftrightarrow & \text{Hilbert-Raum } \mathcal{H}, \\ \text{Reiner Zustand} & \Longleftrightarrow & \text{Hilbert-Vektor } |\psi\rangle. \end{array}$$

Der Hilbert-Raum $\mathcal{H}$ ist definiert als eine Menge von Elementen, die wir Zustände oder Zustandsvektoren nennen wollen, mit den folgenden Eigenschaften:

1) $\mathcal{H}$ ist ein komplexer, linearer Vektorraum

Für die Elemente

$$|\alpha\rangle, |\beta\rangle, \ldots, |\varphi\rangle, \ldots, |\psi\rangle, \ldots \in \mathcal{H}$$

sind zwei Verknüpfungen definiert, bezüglich derer $\mathcal{H}$ abgeschlossen ist, d.h., die Resultate dieser Verknüpfungen sind wieder Elemente von $\mathcal{H}$:

Addition:

$$|\alpha\rangle + |\beta\rangle = |\beta\rangle + |\alpha\rangle \equiv |\alpha + \beta\rangle \in \mathcal{H}. \tag{3.7}$$

Multiplikation:

$$c \in \mathbb{C}: \quad c\,|\,\alpha\,\rangle = |\,\alpha\,\rangle\, c = |\, c\,\alpha\,\rangle \in \mathcal{H}. \tag{3.8}$$

Die Addition ist kommutativ. Ferner gilt:

a) Assoziativität:

$$|\,\alpha\,\rangle + (\,|\,\beta\,\rangle + |\,\gamma\,\rangle) = (\,|\,\alpha\,\rangle + |\,\beta\,\rangle) + |\,\gamma\,\rangle, \tag{3.9}$$

$$c_1,\, c_2 \in \mathbb{C}: \quad (c_1\, c_2)\,|\,\alpha\,\rangle = c_1(c_2\,|\,\alpha\,\rangle). \tag{3.10}$$

b) Nullvektor:

Es existiert ein Element $|\,0\,\rangle \in \mathcal{H}$ mit:

$$|\,\alpha\,\rangle + |\,0\,\rangle = |\,\alpha\,\rangle \qquad \forall |\,\alpha\,\rangle \in \mathcal{H}. \tag{3.11}$$

Insbesondere gilt

$$0\,|\,\psi\,\rangle = |\,0\,\rangle \quad \forall |\,\psi\,\rangle \in \mathcal{H}$$

und

$$c\,|\,0\,\rangle = |\,0\,\rangle \quad \forall c \in \mathbb{C}.$$

c) Inverses Element bezüglich Addition:

Zu jedem Element $|\,\alpha\,\rangle \in \mathcal{H}$ existiert ein *inverses* Element $|\,-\alpha\,\rangle \in \mathcal{H}$ mit:

$$|\,\alpha\,\rangle + |\,-\alpha\,\rangle = |\,0\,\rangle. \tag{3.12}$$

Wir schreiben $|\,\alpha\,\rangle + |\,-\beta\,\rangle = |\,\alpha\,\rangle - |\,\beta\,\rangle$ und definieren damit die *Subtraktion* von Hilbert-Vektoren.

d) Distributivität:

Mit $c,\, c_1,\, c_2 \in \mathbb{C}$ gilt:

$$c(\,|\,\alpha\,\rangle + |\,\beta\,\rangle) = c\,|\,\alpha\,\rangle + c\,|\,\beta\,\rangle, \tag{3.13}$$

$$(c_1 + c_2)\,|\,\alpha\,\rangle = c_1\,|\,\alpha\,\rangle + c_2\,|\,\alpha\,\rangle. \tag{3.14}$$

Wir listen noch ein paar wichtige Begriffe auf:

α) Die Elemente $|\,\varphi_1\,\rangle, |\,\varphi_2\,\rangle, \ldots, |\,\varphi_n\,\rangle$ heißen

linear unabhängig,

falls die Relation

$$\sum_{\nu=1}^{n} c_\nu \,|\, \varphi_\nu \rangle = |\, 0 \rangle$$

nur durch $c_1 = c_2 = \ldots = c_n = 0$ erfüllbar ist.

β) Als *Dimension von* $\mathcal{H}$ bezeichnet man die Maximalzahl linear unabhängiger Elemente in $\mathcal{H}$. In diesem Sinne ist $\mathcal{H}$ unendlich-dimensional, wenn es unendlich viele linear unabhängige Elemente in $\mathcal{H}$ gibt. Unendlich viele Zustandsvektoren sind linear unabhängig, wenn jede ihrer endlichen Untermengen es ist.

2) $\mathcal{H}$ ist ein unitärer Raum

Man kann auch sagen, $\mathcal{H}$ ist ein komplexer Vektorraum mit einem Skalarprodukt. Jedem Paar von Vektoren $|\,\alpha\rangle, |\,\beta\rangle \in \mathcal{H}$ ist eine

$$\text{komplexe Zahl } \langle\,\alpha\,|\,\beta\,\rangle$$

zugeordnet mit den folgenden Eigenschaften:

$$\text{a) } \langle\,\alpha\,|\,\beta\,\rangle = \langle\,\beta\,|\,\alpha\,\rangle^* \tag{3.15}$$

(* bedeutet *konjugiert komplex*),

$$\text{b) } \langle\,\alpha\,|\,\beta_1 + \beta_2\,\rangle = \langle\,\alpha\,|\,\beta_1\,\rangle + \langle\,\alpha\,|\,\beta_2\,\rangle, \tag{3.16}$$

$$\text{c) } \langle\,\alpha\,|\,c\beta\,\rangle = c\langle\,\alpha\,|\,\beta\,\rangle = \langle\,c^*\alpha\,|\,\beta\,\rangle \quad c \in \mathbb{C}, \tag{3.17}$$

$$\text{d) } \langle\,\alpha\,|\,\alpha\,\rangle \geq 0 \qquad \forall\,|\,\alpha\,\rangle \in \mathcal{H}$$
$$= 0 \text{ nur für } |\,\alpha\,\rangle = |\,0\,\rangle. \tag{3.18}$$

Mit dem Symbol $\langle\,\alpha\,|\,\beta\,\rangle$ können wir nach diesen Regeln rechnen, ohne zu wissen, was diese Zahl wirklich bedeutet. Der duale Vektor $\langle\,\alpha\,|$ wird später eingeführt.

Wir wollen auch hier eine Liste von Zusatzbemerkungen anschließen:

α) Orthogonalität:

$|\,\alpha\,\rangle, |\,\beta\,\rangle$ heißen orthogonal, falls gilt:

$$\langle\,\alpha\,|\,\beta\,\rangle = 0. \tag{3.19}$$

β) Norm:

Als Norm oder *Länge* des Vektors $|\,\alpha\,\rangle$ bezeichnet man:

$$\|\,\alpha\,\| = \sqrt{\langle\,\alpha\,|\,\alpha\,\rangle}.$$

Wir werden einen Vektor $|\alpha\rangle$ *normiert* nennen, falls $\| \alpha \| = 1$ ist.

γ) Schwarzsche Ungleichung (Beweis als Aufgabe 3.2.2):

$$|\langle\alpha|\beta\rangle| \leq \| \alpha \| \| \beta \| . \tag{3.20}$$

δ) Dreiecksungleichung:

$$\big| \| \alpha \| - \| \beta \| \big| \leq \| \alpha + \beta \| \leq \| \alpha \| + \| \beta \| . \tag{3.21}$$

Den Beweis führen wir als Aufgabe 3.2.3.

ϵ) Konvergenz:

Die Folge $\{|\alpha_n\rangle\}$ konvergiert *stark* gegen $|\alpha\rangle$, falls

$$\lim_{n\to\infty} \| \alpha_n - \alpha \| = 0 \tag{3.22}$$

gilt.

η) Cauchy-Folge:

Eine Folge $\{|\alpha_n\rangle\}$ heißt Cauchy-Folge, falls zu jedem $\epsilon > 0$ ein $N(\epsilon) \in \mathbb{N}$ existiert, so daß

$$\| \alpha_n - \alpha_m \| < \epsilon \qquad \forall n, m > N(\epsilon) \tag{3.23}$$

gilt. Jede *stark* konvergierende Folge ist auch eine Cauchy-Folge.

Hat der lineare, komplexe Vektorraum $\mathcal{H}$ eine endliche Dimension n, so reichen die bislang besprochenen Axiome 1) und 2) völlig aus. Jeder Satz von n linear unabhängigen Zustandsvektoren stellt dann eine Basis von $\mathcal{H}$ dar, d.h., jedes beliebige Element aus $\mathcal{H}$ läßt sich als Linearkombination dieser Basiszustände schreiben. Dies beweist man wie folgt:

Seien $|\alpha_1\rangle, \dots, |\alpha_n\rangle$ linear unabhängige Vektoren und $|\beta\rangle$ ein beliebiges Element aus $\mathcal{H}$. Dann sind

$$|\beta\rangle, |\alpha_1\rangle, \dots, |\alpha_n\rangle$$

natürlich linear abhängig, da sonst $\mathcal{H}$ $(n+1)$-dimensional wäre. Es gibt also einen Koeffizientensatz

$$(b, a_1, \dots, a_n) \neq (0, 0, \dots, 0)$$

mit

$$\sum_{j=1}^{n} a_j |\alpha_j\rangle + b|\beta\rangle = |0\rangle .$$

Wir müssen weiter annehmen, daß $b \neq 0$ ist, da sonst

$$\sum_{j=1}^{n} a_j \,|\, \alpha_j \,\rangle = \,|\, 0 \,\rangle \text{ trotz } (a_1, \ldots, a_n) \neq (0, \ldots, 0)$$

wäre. Damit wären die $|\, \alpha_j \,\rangle$ doch linear abhängig im Widerspruch zu unserer Annahme. Mit $b \neq 0$ und $c_j = -a_j/b$ folgt aber die Behauptung:

$$|\, \beta \,\rangle = \sum_{j=1}^{n} c_j \,|\, \alpha_j \,\rangle. \tag{3.24}$$

Das System der linear unabhängigen Basisvektoren $|\, \alpha_j \,\rangle$ läßt sich stets durch irgendein Standardorthonormalisierungsverfahren (Aufgabe 3.2.4) zu einem vollständigen orthonormierten (VON)–System machen:

$$\langle\, \alpha_i \,|\, \alpha_j \,\rangle = \delta_{ij}. \tag{3.25}$$

Dann gilt in (3.24):

$$c_j = \langle\, \alpha_j \,|\, \beta \,\rangle. \tag{3.26}$$

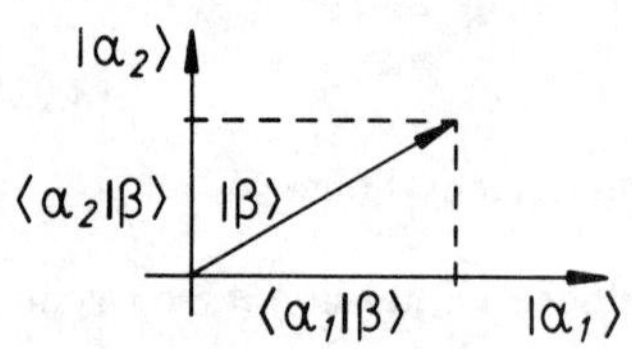

Bei allen bisherigen Überlegungen handelt es sich um offensichtliche Verallgemeinerungen der entsprechenden Erscheinungen im reellen dreidimensionalen Raum. Man kann sie sich deshalb dort auch leicht veranschaulichen.

Die Dimension von $\mathcal{H}$ ist natürlich durch das aktuelle Quantensystem, d.h. letzlich durch die physikalische Problemstellung, vorgegeben. Die Erfahrung lehrt, daß man nur selten mit endlich-dimensionalen Räumen auskommt. Der Übergang von der endlichen zur unendlichen Dimension bringt allerdings eine Fülle mathematischer Probleme mit sich, die wir an dieser Stelle nicht alle voll ausdiskutieren können. Auf jeden Fall benötigen wir zwei Zusatzaxiome.

3) $\mathcal{H}$ ist separabel

Es gibt in $\mathcal{H}$ (mindestens) eine überall dichte Folge von Vektoren $|\, \alpha_n \,\rangle$.

Dieses Axiom besagt, daß für jedes noch so kleine $\epsilon > 0$ zu jedem Vektor $|\, \psi \,\rangle \in \mathcal{H}$ mindestens ein $|\, \alpha_m \,\rangle$ existiert mit $\|\, \alpha_m - \psi \,\| < \epsilon$. Wichtig ist der Zusatz *dicht*, nach dem die Folge jedem Element aus $\mathcal{H}$ im Sinne starker Konvergenz (3.22) beliebig nahekommt. Wir definieren ein

vollständiges Orthonormalsystem (VON)

als die Menge M von orthonormalen Vektoren (3.25) aus $\mathcal{H}$, für die es kein Element aus $\mathcal{H}$ gibt, das nicht zu M gehört, jedoch orthogonal zu allen Elementen aus M ist. – Die obige Folge kommt natürlich auch jedem Zustandsvektor des VON-Systems beliebig nahe. Die Glieder einer Folge sind sicher abzählbar. Das VON-System enthält demnach höchstens abzählbar unendlich viele Elemente. Die orthonormalen Vektoren des VON-Systems sind selbstverständlich linear unabhängig. Das Axiom 3) erzwingt also den Schluß, daß die

Dimension von $\mathcal{H}$ höchstens abzählbar unendlich

ist. – Mit etwas *mathematischer Mühe* kann man weiter schließen, daß stets ein VON-System existiert, das ganz $\mathcal{H}$ *aufspannt*. Jeder Vektor $|\varphi\rangle \in \mathcal{H}$ läßt sich nach diesem VON-System entwickeln:

$$|\varphi\rangle = \sum_j c_j \,|\alpha_j\rangle; \quad c_j = \langle \alpha_j \,|\, \varphi\rangle. \tag{3.27}$$

Notwendige Bedingung für die Konvergenz dieses sogenannten *Entwicklungssatzes* ist die Konvergenz von

$$\sum_j |c_j|^2 = \langle \varphi | \varphi \rangle = \| \varphi \|^2 . \tag{3.28}$$

Sie ist jedoch nicht hinreichend. Die Konvergenz von (3.27) könnte auf ein Grenzelement führen, das nicht zu $\mathcal{H}$ gehört. Wir brauchen deshalb ein zusätzliches Axiom!

4) $\mathcal{H}$ ist vollständig

Jede Cauchy-Folge $|\alpha_n\rangle \in \mathcal{H}$ konvergiert gegen ein Element $|\alpha\rangle \in \mathcal{H}$.

Wenn ein linearer, unitärer Vektorraum noch Separabilität und Vollständigkeit besitzt, also die Axiome 1) bis 4) erfüllt, nennt man ihn Hilbert-Raum. Für diesen gilt in jedem Fall der Entwicklungssatz (3.27). Bei vorgegebenem Basissystem kennzeichnen die *Komponenten* c_j eindeutig den Zustand $|\varphi\rangle$. Es ist jedoch von großer Bedeutung für den weiteren Ausbau der Theorie, daß der Zustand nach ganz unterschiedlichen Basissystemen entwickelt werden kann. Zwei Vektoren gelten als identisch, wenn sie bezüglich desselben VON-Systems in allen Komponenten übereinstimmen. Das Skalarprodukt zweier Zustandsvektoren,

$$|\varphi\rangle = \sum_j c_j \,|\alpha_j\rangle; \quad |\psi\rangle = \sum_j d_j \,|\alpha_j\rangle,$$

läßt sich allein durch die Komponenten ausdrücken:

$$\langle \psi \,|\, \varphi \rangle = \sum_j d_j^* \, c_j . \tag{3.29}$$

3.2.2 Hilbert-Raum der quadratintegrablen Funktionen ($\mathcal{H} = L^2$)

Wir wollen ein wichtiges Anwendungsbeispiel einschieben, um zu demonstrieren, daß unsere vorstehenden Überlegungen nicht als überflüssige *mathematische Spielerei* einzustufen sind. Wir haben in Kapitel 2 gelernt, daß der quantenmechanische Zustand durch eine Wellenfunktion $\psi(\mathbf{r})$ beschrieben werden kann, deren mögliche Zeitabhängigkeit im Moment nicht interessiert. Aus physikalischen Gründen kommen als Wellenfunktionen zunächst nur

quadratintegrable Funktionen

$$\int d^3r \, |\, \psi(\mathbf{r}) \,|^2 < \infty \tag{3.30}$$

über dem unbegrenzten drei-dimensionalen, reellen Raum in Frage. Man kann in der Tat zeigen, daß diese – mit gewissen Zusatzbedingungen – einen Hilbert-Raum $\mathcal{H} = L^2$ definieren.

Zunächst untersuchen wir, ob sie Axiom 1 und 2 erfüllen, d.h. einen unitären Vektorraum bilden, wenn man die Addition (3.7) und die Multiplikation mit einer komplexen Zahl (3.8) wie für Funktionen üblich festlegt und als Skalarprodukt die Definition

$$\langle \varphi \,|\, \psi \rangle = \int d^3r \, \varphi^*(\mathbf{r}) \, \psi(\mathbf{r}) \tag{3.31}$$

verwendet. Zunächst müssen wir zeigen, daß die beiden Verknüpfungen nicht aus dem L^2 hinausführen. Das ist sicher gewährleistet, wenn mit zwei beliebigen Elementen $\psi_1(\mathbf{r})$, $\psi_2(\mathbf{r})$ des L^2 auch die Funktion

$$c_1 \, \psi_1(\mathbf{r}) + c_2 \, \psi_2(\mathbf{r}); \quad c_1, \, c_2 \in \mathbb{C}$$

quadratintegrabel ist. Dazu untersuchen wir:

$$\begin{aligned}
&\int d^3r \, |\, c_1 \, \psi_1(\mathbf{r}) + c_2 \, \psi_2(\mathbf{r}) \,|^2 \le \\
&\le \int d^3r \left\{ |\, c_1 \, \psi_1(\mathbf{r}) + c_2 \, \psi_2(\mathbf{r}) \,|^2 + |\, c_1 \, \psi_1(\mathbf{r}) - c_2 \, \psi_2(\mathbf{r}) \,|^2 \right\} = \\
&= 2 \int d^3r \, \left\{ |\, c_1 \,|^2 \, |\, \psi_1(\mathbf{r}) \,|^2 + |\, c_2 \,|^2 \, |\, \psi_2(\mathbf{r}) \,|^2 \right\} < \infty .
\end{aligned}$$

Wegen $\int d^3r \, |\, \psi_{1,2}(\mathbf{r}) \,|^2 < \infty$ ist auch $|\, c_{1,2} \,|^2 \int d^3r \, |\, \psi_{1,2}(\mathbf{r}) \,|^2 < \infty$. Es ist kein großes Problem, die Axiome (3.9) bis (3.14) des Vektorraums zu verifizieren. Als Nullelement nehmen wir die *identisch verschwindende* Funktion $\psi_0(\mathbf{r}) \equiv 0$, die sicher quadratintegrabel ist.

Ebenso einfach sind die Axiome (3.15) bis (3.18) des Skalarprodukts mit (3.31) überprüfbar. Allerdings müssen wir uns noch Gedanken darüber machen, ob das Skalarprodukt in der Form (3.31) wirklich für **alle** Elemente des L^2 existiert. $\varphi(\mathbf{r})$ und $\psi(\mathbf{r})$ seien zwei beliebige, quadratintegrable Funktionen. Mit

$$\left(|\varphi(\mathbf{r})| - |\psi(\mathbf{r})|\right)^2 \geq 0 \iff \left(|\varphi(\mathbf{r})|^2 + |\psi(\mathbf{r})|^2\right) \geq 2|\varphi(\mathbf{r})|\,|\psi(\mathbf{r})| \quad \forall \mathbf{r}$$

können wir dann schlußfolgern,

$$\begin{aligned} |\langle\varphi|\psi\rangle| &= \left|\int d^3r\, \varphi^*(\mathbf{r})\,\psi(\mathbf{r})\right| \leq \int d^3r\, |\varphi(\mathbf{r})|\,|\psi(\mathbf{r})| \leq \\ &\leq \frac{1}{2}\left\{\int d^3r\, |\varphi(\mathbf{r})|^2 + \int d^3r\, |\psi(\mathbf{r})|^2\right\} < \infty, \end{aligned}$$

was die Existenz des Skalarprodukts beweist. Der L^2 ist also in der Tat ein unitärer Vektorraum. Insbesondere ist die Norm für Elemente des L^2,

$$\|\psi\| = \left(\int d^3r\, |\psi(\mathbf{r})|^2\right)^{1/2}, \tag{3.32}$$

eine endliche Größe und kann deshalb dazu dienen, die Wellenfunktion gemäß ihrer Wahrscheinlichkeitsinterpretation (2.30) *auf Eins zu normieren*:

$$\begin{aligned} &\psi(\mathbf{r}) \text{ beliebig aus } L^2, \\ &\widehat{\psi}(\mathbf{r}) = \frac{1}{\|\psi\|}\,\psi(\mathbf{r}), \\ &\|\widehat{\psi}\| = 1. \end{aligned} \tag{3.33}$$

Die starke Konvergenz (3.22) von Wellenfunktionen des L^2 haben wir in ((2.141), Bd. 3) als Konvergenz im Mittel kennengelernt:

$$\begin{aligned} &\lim_{n\to\infty} \|\psi_n - \psi\| = \lim_{n\to\infty} \int d^3r\, |\psi_n(\mathbf{r}) - \psi(\mathbf{r})|^2 = 0 \\ &\iff \{\psi_n(\mathbf{r})\} \text{ konvergiert stark gegen } \psi(\mathbf{r}). \end{aligned} \tag{3.34}$$

Wir haben nun noch den L^2 auf Separabilität und Vollständigkeit zu untersuchen, also die Axiome 3 und 4 zu kontrollieren. Dieser Part muß leider mathematisch etwas unbefriedigend ausfallen. Bis jetzt konnten wir wohlbekannte Eigenschaften des Integrals in (3.30) verwenden. Für die beiden restlichen Axiome müssen wir explizit in Anspruch nehmen, daß es sich bei den Elementen des L^2 um quadratintegrable Funktionen *im Lebesgueschen Sinn* handelt. Um vernünftig weiter diskutieren zu können, müßten wir den Begriff des Lebesgue-Intgegrals erst einmal präzise einführen. Das übersteigt jedoch den Rahmen dieses **Grundkurs: Theoretische Physik** und führt zu keiner neuen Einsicht für die anwendungsbezogene Quantenmechanik. *Berechnen* werden wir ohnehin alle vorkommenden Integrale stets so, wie wir es beim Riemann-Integral gelernt haben. Das Lebesgue-Integral ist als echte Erweiterung gedacht, um gewisse *pathologische* Funktionen doch integrabel zu machen, ohne irgendetwas bei den schon riemann-integrablen Situationen zu ändern. Die auf diese Weise *neu hinzukommenden* quadratintegrablen Funktionen treten als Limes-Elemente der riemann-quadratintegrablen Funktionen auf und sorgen damit für die Vollständigkeit des Hilbert-Raums L^2. – Einzelheiten dieses Vollständigkeitsbeweises entnehme man der Spezialliteratur (z.B. S. Großmann: *Funktionalanalysis I, II*, uni-text 1972; J. von Neumann: *Mathematische Grundlagen der Quantenmechanik*, Springer, Berlin 1968). – Auf die Existenz von VON-Funktionensystemen aus abzählbar unendlich vielen Elementen, nach denen quadratintegrable Funktionen entwickelt werden können, haben wir bereits in Kapitel 2.3.4 von Band 3 hingewiesen (→ Separabilität). – Ein weiteres wichtiges Beispiel eines Hilbert-Raums wird als Aufgabe 3.2.6 besprochen.

3.2.3 Dualer Raum, bra- und ket-Vektoren

Manchmal erweist es sich als zweckmäßig – ohne daß es allerdings unbedingt notwendig wäre –, dem Symbol $\langle\varphi|$ im Skalarprodukt (3.15) eine eigenständige Bedeutung zuzugestehen. Jedem Vektor $|\varphi\rangle \in \mathcal{H}$ wird dann ein *dualer* Vektor $\langle\varphi|$ zugeordnet, der aber nicht dem Raum $\mathcal{H}$ der $|\varphi\rangle$'s angehört, sondern einem dualen Raum $\mathcal{H}^*$. Nach Dirac benutzt man die Bezeichnungsweise *bra- und ket-Vektoren*,

$$\langle\varphi| \qquad |\psi\rangle,$$

bra – c – ket

da ihr *Produkt* die Skalarproduktklammer (englisch: *bracket*) darstellen soll.

Mathematisch korrekt führt man den dualen Raum $\mathcal{H}^*$ über lineare Funktionale,

$$F_\varphi(|\psi\rangle); \quad |\psi\rangle \in \mathcal{H},$$

der Elemente des Raums $\mathcal{H}$ ein:

$$\mathcal{H}^* = \{F_\varphi; \quad F_\varphi : \mathcal{H} \longrightarrow \mathbb{C}; \quad F_\varphi \text{ linear}\}. \tag{3.35}$$

Linearität bedeutet:

$$F_\varphi(c_1|\psi_1\rangle + c_2|\psi_2\rangle) = c_1 F_\varphi(|\psi_1\rangle) + c_2 F_\varphi(|\psi_2\rangle)$$
$$c_{1,2} \in \mathbb{C}; \quad |\psi_{1,2}\rangle \in \mathcal{H}. \tag{3.36}$$

Man überzeugt sich leicht, daß bezüglich der Verknüpfungen,

$$F_{\varphi_1+\varphi_2}(\,|\,\psi\,\rangle) = F_{\varphi_1}(\,|\,\psi\,\rangle) + F_{\varphi_2}(\,|\,\psi\,\rangle), \tag{3.37}$$

$$F_{c\varphi}(\,|\,\psi\,\rangle) = c^*\,F_{\varphi}(\,|\,\psi\,\rangle); \qquad c \in \mathbb{C}, \tag{3.38}$$

$\mathcal{H}^*$ selbst ein linearer Vektorraum ist. Nun erkennen wir an (3.36) die Linearität (3.16), (3.17) des Skalarprodukts im zweiten Faktor, an (3.37), (3.38) die *Antilinearität* in seinem ersten Faktor. Vereinbaren wir also die Notation

$$F_{\varphi} \equiv \langle\,\varphi\,| \qquad (\textit{bra-Vektor}),$$

$$F_{\varphi}(\,|\,\psi\,\rangle) \equiv \langle\,\varphi\,|\,\psi\,\rangle, \tag{3.39}$$

so ist das Skalarprodukt (3.15) nun formal als Produkt aus je einem Vektor aus $\mathcal{H}$ und $\mathcal{H}^*$ interpretiert.

Der bra-Vektor $\langle\,\varphi\,|$ gilt als eindeutig definiert durch Angabe der Skalarprodukte $\langle\,\varphi\,|\,\alpha_n\,\rangle$ von $\langle\,\varphi\,|$ mit der VON-Basis $\{\,|\,\alpha_n\,\rangle\}$ in $\mathcal{H}$. Insbesondere gilt:

$$\langle\,\varphi_1\,| = \langle\,\varphi_2\,| \iff \langle\,\varphi_1\,|\,\alpha_n\,\rangle = \langle\,\varphi_2\,|\,\alpha_n\,\rangle \quad \forall n, \tag{3.40}$$

$$\langle\,\varphi\,| = \langle\,0\,| \iff \langle\,\varphi\,|\,\alpha_n\,\rangle = 0 \quad \forall n. \tag{3.41}$$

Damit ergibt sich über

$$|\,\varphi\,\rangle = \sum_j |\,\alpha_j\,\rangle\langle\,\alpha_j\,|\,\varphi\,\rangle = \sum_j |\,\alpha_j\,\rangle\langle\,\varphi\,|\,\alpha_j\,\rangle^* \tag{3.42}$$

eine explizite Zuordnung von $|\,\varphi\,\rangle$ und $\langle\,\varphi\,|$. Zu jedem $|\,\varphi\,\rangle \in \mathcal{H}$ gibt es genau ein solches $\langle\,\varphi\,| \in \mathcal{H}^*$. Im einzelnen sind die folgenden Zuweisungen entscheidend:

$$\mathcal{H} \iff \mathcal{H}^*,$$

$$\underset{\text{(ket-Vektor)}}{|\,\varphi\,\rangle} \iff \underset{\text{(bra-Vektor)}}{\langle\,\varphi\,|},$$

$$|\,\psi\,\rangle = c_1\,|\,\psi_1\,\rangle + c_2\,|\,\psi_2\,\rangle \iff \langle\,\psi\,| = c_1^*\langle\,\psi_1\,| + c_2^*\langle\,\psi_2\,|.$$

Ein prominentes Anwendungsbeispiel kennen wir aus der Festkörperphysik. Die Zuordnung Kristallgitter $\iff$ reziprokes Gitter entspricht der von dualen Räumen. Jeder Vektor des reziproken Gitters ist durch Angabe der Skalarprodukte mit drei linear unabhängigen Vektoren des realen Gitters eindeutig gekennzeichnet (s. Kap. 1.4.3).

Die Einführung des dualen Raums erweist sich jedoch keineswegs als zwingende Notwendigkeit für das Verständnis der elementaren Quantenmechanik. Es reicht aus, $\langle\,\varphi\,|\,\psi\,\rangle$ lediglich als Symbol für das Skalarprodukt der Vektoren $|\,\varphi\,\rangle, |\,\psi\,\rangle \in \mathcal{H}$ aufzufassen.

3.2.4 Uneigentliche (Dirac-)Vektoren

Für die Beschreibung vieler wichtiger Quantenerscheinungen ist die Beschränkung auf Zustände, die durch Vektoren des bislang eingeführten Hilbert-Raumes gegeben sind, ganz sicher nicht ausreichend. Man denke nur an eine Ortsmessung, der eine kontinuierliche Verteilung von denkbaren Meßwerten zur Verfügung steht. Dementsprechend können die Ortszustände $|\,\mathbf{r}\,\rangle$ nicht abzählbar sein. Das Axiom der Separabilität ist nicht erfüllbar. Andererseits kann man so wichtige Observable wie z.B. Ort oder Impuls nicht einfach einer quantentheoretischen Behandlung verschließen. Wir müssen nach einer praktikablen, aber auch widerspruchsfreien Erweiterung des Hilbert-Raum suchen. Insbesondere sind das Skalarprodukt (3.15) und der eminent wichtige Entwicklungssatz (3.27) in der bislang vorliegenden Form nicht haltbar. Wenn die physikalische Größe α einen kontinuierlichen Wertevorrat durchläuft, macht die Indizierung (α_j) natürlich keinen Sinn. Das Skalarprodukt $\langle\,\alpha_j\,|\,\varphi\,\rangle$ wird in eine (im allgemeinen komplexwertige) Funktion $\varphi(\alpha)$, die Summe $\sum_j$ in ein entsprechendes Integral zu verwandeln sein.

Man führt deshalb neben den bisher betrachteten eigentlichen Hilbert-Vektoren noch sogenannte uneigentliche ein, die man auch als Dirac-Vektoren bezeichnet. Um diese soll der Hilbert-Raum erweitert werden. Die zugrundeliegende mathematische Idee besteht darin, die uneigentlichen Zustände über Grenzwertprozesse aus den eigentlichen entstehen zu lassen. Das kann man sich schematisch wie folgt klarmachen: Wir gehen zunächst von einem abzählbaren, orthonormierten Satz von (eigentlichen) Vektoren $|\,\alpha_j\,\rangle$ aus. Der Index j ist stets eine nicht-negative ganze Zahl. Dafür können wir natürlich formal auch $|\,\alpha_{p,\Delta p}\,\rangle$ schreiben, wobei p eine natürliche Zahl und $\Delta p = 1$ sein sollen. Wir bilden nun das Skalarprodukt mit einem beliebigen, aber festen Hilbert-Vektor $|\,\psi\,\rangle$:

$$\langle\,\alpha_j\,|\,\psi\,\rangle \iff \langle\,\alpha_{p,\Delta p}\,|\,\psi\,\rangle.$$

Die Beträge sind dann reelle Zahlen, die man über j bzw. über p schematisch auftragen kann. Es ergibt sich die im Bild (s. folgende Seite) dargestellte *Balkenstruktur*. Wir erweitern unsere Überlegungen nun durch die Annahme, daß p beliebige reelle Werte annehmen und Δp beliebig klein werden kann. Wir stellen uns also ein *Filter* vor (s. Kap. 3.1.2), das in Abhängigkeit von irgendeinem Parameter stetig sein Spektrum zu ändern in der Lage ist. Der Grenzübergang $\Delta p \to 0$,

$$\psi(p) = \lim_{\Delta p \to 0} \frac{\langle\,\alpha_{p,\Delta p}\,|\,\psi\,\rangle}{\sqrt{\Delta p}},$$

definiert dann eine kontinuierliche Funktion der Variablen p, die man als Skalarprodukt

$$\psi(p) = \langle\,\overline{\alpha}\,|\,\psi\,\rangle$$

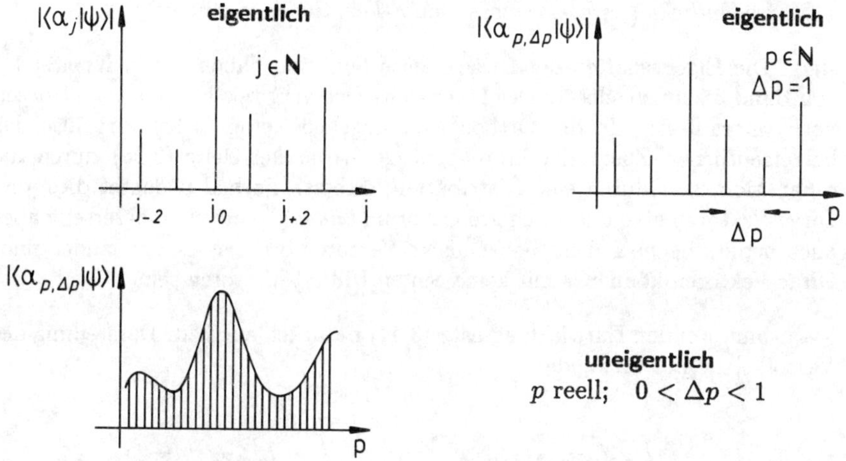

zwischen $|\,\psi\,\rangle$ und dem formalen Dirac-Vektor,

$$|\,\overline{\alpha}_p\,\rangle = \lim_{\Delta p \to 0} \frac{|\,\alpha_{p,\Delta p}\,\rangle}{\sqrt{\Delta p}}, \tag{3.43}$$

interpretieren kann.

Wir können nun den Entwicklungssatz (3.27) auf solche Dirac-Vektoren umschreiben:

$$|\,\psi\,\rangle = \lim_{\Delta p \to 0} \sum_p |\,\alpha_{p,\Delta p}\,\rangle\langle\,\alpha_{p,\Delta p}\,|\,\psi\,\rangle = \lim_{\Delta p \to 0} \sum_p |\,\overline{\alpha}_p\,\rangle\langle\,\overline{\alpha}_p\,|\,\psi\,\rangle\,\Delta p.$$

Wir haben also im Vergleich zu (3.27), wie vermutet, die Summe durch ein Integral zu ersetzen:

$$|\,\psi\,\rangle = \int dp\,|\,\overline{\alpha}_p\,\rangle\langle\,\overline{\alpha}_p\,|\,\psi\,\rangle. \tag{3.44}$$

Multiplizieren wir von links mit dem bra-Vektor $\langle\,\overline{\alpha}_{p'}\,|$, so folgt eine Beziehung,

$$\langle\,\overline{\alpha}_{p'}\,|\,\psi\,\rangle = \int dp\,\langle\,\overline{\alpha}_{p'}\,|\,\overline{\alpha}_p\,\rangle\langle\,\overline{\alpha}_p\,|\,\psi\,\rangle,$$

die sich für beliebige $|\,\psi\,\rangle$ nur durch

$$\langle\,\overline{\alpha}_{p'}\,|\,\overline{\alpha}_p\,\rangle = \delta(p' - p) \tag{3.45}$$

erfüllen läßt. Diese wichtige Beziehung besagt, daß

uneigentliche (Dirac-) Vektoren auf δ-Funktionen normiert

sind. Die Eigenschaften der Diracschen δ-Funktion haben wir in Kapitel 1.1 von Band 3 kennengelernt. Der Leser sollte sich vergewissern, ob er mit diesen noch vertraut ist. In der Orthonormierungsbedingung (3.45) wird also das bei eigentlichen Zustandsvektoren gültige Kronecker-Delta (3.25) durch die δ-Funktion, also durch eine Distribution, ersetzt. Formal bedeutet dies, daß Dirac-Vektoren eine unendlich große Norm (*Länge*) besitzen, andererseits aber auch bereits beliebig dicht benachbarte Vektoren orthogonal zueinander sind. Dirac-Vektoren können somit keine echten Hilbert-Vektoren sein.

Man kann nun den Entwicklungssatz (3.44) natürlich auch zur Darstellung des Vektors $|\,\alpha_{p,\Delta p}\,\rangle$ verwenden:

$$|\,\alpha_{p,\Delta p}\,\rangle = \int dp' \,|\,\overline{\alpha}_{p'}\,\rangle\langle\,\overline{\alpha}_{p'}\,|\,\alpha_{p,\Delta p}\,\rangle = \int\limits_{p-\frac{1}{2}\Delta p}^{p+\frac{1}{2}\Delta p} dp' \,|\,\overline{\alpha}_{p'}\,\rangle\langle\,\overline{\alpha}_{p'}\,|\,\alpha_{p,\Delta p}\,\rangle .$$

Wegen der Orthogonalität des Skalarprodukts im Integranden können wir die Integrationsgrenzen wie angegeben wählen. Für hinreichend kleine Δp läßt sich wegen (3.43) noch $\langle\,\overline{\alpha}_{p'}\,|\,\alpha_{p,\Delta p}\,\rangle$ durch $\frac{1}{\sqrt{\Delta p}}$ ersetzen:

$$|\,\alpha_{p,\Delta p}\,\rangle \;\longrightarrow\; \frac{1}{\sqrt{\Delta p}} \int\limits_{p-\frac{1}{2}\Delta p}^{p+\frac{1}{2}\Delta p} dp' \,|\,\overline{\alpha}_{p'}\,\rangle \tag{3.46}$$

"Eigendifferential von $|\,\overline{\alpha}_p\,\rangle$".

Wenn auch die Dirac-Vektoren $|\,\overline{\alpha}_p\,\rangle$ keine eigentlichen Elemente des Hilbert-Raums sind, so erfüllen doch die Eigendifferentiale alle Axiome des Hilbert-Raums. Sie sind insbesondere normierbar:

$$\begin{aligned}\langle\,\mathrm{ED}\,(p)\,|\,\mathrm{ED}\,(p)\,\rangle &= \frac{1}{\Delta p} \iint\limits_{p-\frac{1}{2}\Delta p}^{p+\frac{1}{2}\Delta p} dp'\, dp''\, \langle\,\overline{\alpha}_{p'}\,|\,\overline{\alpha}_{p''}\,\rangle = \\ &= \frac{1}{\Delta p} \iint\limits_{p-\frac{1}{2}\Delta p}^{p+\frac{1}{2}\Delta p} dp'\, dp''\, \delta(p'-p'') = 1 .\end{aligned}$$

Haben wir uns durch irgendwelche, noch zu erlernende Verfahren den Dirac-Vektor $|\,\overline{\alpha}_p\,\rangle$ verschaffen können, so erhalten wir durch Einsetzen in (3.46) und Integration über ein Intervall der Breite Δp mit dem Eigendifferential einen *richtigen* Hilbert-Vektor. In diesem Sinn vereinbaren wir:

"Erweiterter" Hilbert-Raum = Menge der eigentlichen und uneigentlichen Zustandsvektoren.

Wenn keine Verwechslungen zu befürchten sind, werden wir für eigentliche und uneigentliche Vektoren dieselben Symbole verwenden. Wir lassen somit ab jetzt den Querstrich bei den Dirac-Vektoren (3.43) wieder weg. Insbesondere bezeichnen wir auch den *erweiterten* Hilbert-Raum mit $\mathcal{H}$.

Um den Entwicklungssatz in seiner allgemeinsten Aussage formulieren zu können,

$$|\,\varphi\,\rangle = \sum\!\!\!\!\!\!\!\int_j |\,\alpha_j\,\rangle\langle\,\alpha_j\,|\,\varphi\,\rangle, \tag{3.47}$$

führen wir ein neues Zeichen ein:

$$\sum\!\!\!\!\!\!\!\int_j \longrightarrow \begin{cases} \sum\limits_j : & \text{eigentliche Zustände} \\ \int dj : & \text{uneigentliche Zustände} \\ \sum\limits_j \ldots + \int dj \ldots : & \text{sowohl eigentliche als uneigentliche Zustände} \end{cases} \tag{3.48}$$

Das erspart schwerfällige Fallunterscheidungen. Ebenso lassen sich mit

$$\delta(i,j) \longrightarrow \begin{cases} \delta_{ij} : & \text{diskret} \\ \delta(i-j) : & \text{kontinuierlich} \end{cases} \tag{3.49}$$

die Orthonormierungsbedingungen (3.25) und (3.45) zusammenfassen:

$$\langle\,\alpha_i\,|\,\alpha_j\,\rangle = \delta(i,j). \tag{3.50}$$

3.2.5 Lineare Operatoren

Die Quantenmechanik beschäftigt sich mit den Resultaten physikalischer Messungen, die wiederum als *Operationen* (*Manipulationen*) an vorgegebenen Systemzuständen aufzufassen sind. Über die daraus resultierende zentrale Rolle der Operatoren haben wir bereits in Kapitel 3.1.3 nachgedacht. Wir müssen nun den so wichtigen Begriff des *Operators* in die bislang entwickelte Theorie einbringen. Wie wirken Operatoren auf Hilbert-Raum-Zustände?

Definition: Operator A

Abbildungsvorschrift, die jedem Element $|\,\alpha\,\rangle$ aus der Teilmenge $D_A \subseteq \mathcal{H}$ eindeutig ein Element $|\,\beta\,\rangle \in W_A \subseteq \mathcal{H}$ zuordnet:

$$|\,\beta\,\rangle = A\,|\,\alpha\,\rangle = |\,A\,\alpha\,\rangle. \tag{3.51}$$

Man bezeichnet D_A als den *Definitionsbereich von* A; die Menge aller $|\beta\rangle$ heißt *Wertevorrat* W_A *von* A. Wir wollen Operatoren durch Großbuchstaben kennzeichnen, lassen jedoch das früher benutzte "$\hat{}$" über den Großbuchstaben weg, solange keine irgendwie gearteten Verwechslungen zu befürchten sind.

Zur exakten Festlegung eines Operators sind also zwei Angaben notwendig, da sowohl der Definitionsbereich als auch die Abbildungsvorschrift bekannt sein müssen. Demzufolge sind zwei Operatoren A_1 und A_2 identisch, wenn sie denselben Definitionsbereich besitzen, und für alle $|\alpha\rangle \in D_{A_1} = D_{A_2}$ gilt:

$$A_1\,|\,\alpha\,\rangle = A_2\,|\,\alpha\,\rangle.$$

Dies schreibt man dann kürzer als Operatoridentität:

$$A_1 = A_2.$$

Summen und Produkte von Operatoren haben wir uns bereits in Kapitel 3.1.2 veranschaulicht:

$$(A_1 + A_2)\,|\,\alpha\,\rangle = A_1\,|\,\alpha\,\rangle + A_2\,|\,\alpha\,\rangle \tag{3.52}$$

$$|\,\alpha\,\rangle \in D_{A_1} = D_{A_2},$$

$$(A_1\,A_2)\,|\,\alpha\,\rangle = A_1(A_2\,|\,\varphi\,\rangle). \tag{3.53}$$

Der Definitionsbereich von A_1 in (3.53) muß den Wertevorrat von A_2 enthalten. Die Reihenfolge der Operatoren im Produkt ist nur in Ausnahmefällen (→ *kommutierende Operatoren*) beliebig. In der Regel sind Operatoren nichtvertauschbar. Diesen Sachverhalt haben wir bereits in Kapitel 2.1.3 analysiert.

Der Nulloperator $\hat{0}$ bildet jeden Vektor auf den Nullvektor ab:

$$\hat{0}\,|\,\alpha\,\rangle = |\,0\,\rangle \qquad \forall\,|\,\alpha\,\rangle \in \mathcal{H}. \tag{3.54}$$

Der Einheits- (Eins-, Identitäts-)Operator **1** führt jedes Element in sich selbst über:

$$\mathbf{1}\;|\,\alpha\,\rangle = |\,\alpha\,\rangle \qquad \forall\,|\,\alpha\,\rangle \in \mathcal{H}. \tag{3.55}$$

Zu jedem Operator A gibt es einen adjungierten Operator A^+, der wie folgt definiert ist:

Definition: Zu A adjungierter Operator A^+

1) D_{A^+}: Menge aller $|\,\gamma\,\rangle \in \mathcal{H}$, für die ein $|\,\overline{\gamma}\,\rangle \in \mathcal{H}$ existiert mit:

$$\langle\,\gamma\,|\,A\,|\,\alpha\,\rangle = \langle\,\overline{\gamma}\,|\,\alpha\,\rangle \qquad \forall\,|\,\alpha\,\rangle \in D_A.$$

2) Abbildungsvorschrift:

$$A^+ \,|\, \gamma \rangle = |\, \overline{\gamma} \rangle.$$

Wir wollen aus dieser Definition einige **Folgerungen** ziehen:

a) Seien $|\, \alpha \rangle \in D_A$ und $|\, \gamma \rangle \in D_{A^+}$, dann gilt:

$$\langle \gamma \,|\, A \,|\, \alpha \rangle = \langle \alpha \,|\, A^+ \,|\, \gamma \rangle^*, \tag{3.56}$$

denn:

$$\langle \gamma \,|\, A \,|\, \alpha \rangle = \langle \overline{\gamma} \,|\, \alpha \rangle = \langle \alpha \,|\, \overline{\gamma} \rangle^* = \langle \alpha \,|\, A^+ \,|\, \gamma \rangle^*.$$

b) Durch die Zuordnung

$$|\, \overline{\alpha} \rangle = A \,|\, \alpha \rangle = |\, A \alpha \rangle \iff \langle \overline{\alpha} \,| = \langle \alpha \,|\, A^+ = \langle A \alpha \,| \tag{3.57}$$

wirkt A^+ im dualen Raum $\mathcal{H}^*$ so, wie A in $\mathcal{H}$!

c) Bei *passenden* Definitionsbereichen, die wir ab jetzt nicht mehr explizit angeben, wenn sie offensichtlich sind, gilt die folgende Operatoridentität:

$$(A^+)^+ = A. \tag{3.58}$$

Beweis:

$$\langle \gamma \,|\, A \,|\, \alpha \rangle = \langle \alpha \,|\, A^+ \,|\, \gamma \rangle^* = (\langle \gamma \,|\, (A^+)^+ \,|\, \alpha \rangle^*)^* = \langle \gamma \,|\, (A^+)^+ \,|\, \alpha \rangle.$$

d) Der adjungierte Operator eines Produkts A B von zwei Operatoren A und B berechnet sich nach der Formel:

$$(A B)^+ = B^+ A^+. \tag{3.59}$$

Hier beachte man die Reihenfolge der Operatoren auf der rechten Seite!

Beweis:

$$\begin{aligned}
\langle \gamma \,|\, (A B) \,|\, \alpha \rangle &\overset{(3.56)}{=} \langle \alpha \,|\, (A B)^+ \,|\, \gamma \rangle^*, \\
\langle \gamma \,|\, (A B) \,|\, \alpha \rangle &\overset{(3.57)}{=} \langle A^+ \gamma \,|\, B \,|\, \alpha \rangle = \langle B^+ A^+ \gamma \,|\, \alpha \rangle = \\
&= \langle \alpha \,|\, B^+ A^+ \gamma \rangle^* = \langle \alpha \,|\, B^+ A^+ \,|\, \gamma \rangle^*.
\end{aligned}$$

Durch Vergleich erkennt man die Behauptung. Ebenso einfach verifiziert man zwei weitere Identitäten:

$$(A+B)^+ = A^+ + B^+, \tag{3.60}$$
$$(c\,A)^+ = c^* A^+; \quad c \in \mathbb{C}. \tag{3.61}$$

Von der Vielzahl denkbarer Operatoren ist für die Quantenmechanik nur eine bestimmte Klasse relevant, nämlich die der linearen Operatoren:

Definition: Linearer Operator A

1) D_A linearer Teilraum von $\mathcal{H}$.

2) Für beliebige $|\,\alpha_1\,\rangle$, $|\,\alpha_2\,\rangle \in D_A$ und $c_1, c_2 \in \mathbb{C}$ gilt:

$$A(c_1\,|\,\alpha_1\,\rangle + c_2\,|\,\alpha_2\,\rangle) = c_1\,A\,|\,\alpha_1\,\rangle + c_2\,A\,|\,\alpha_2\,\rangle.$$

Wir werden im nächsten Kapitel begründen, warum unter den linearen Operatoren noch einmal eine spezielle Klasse herausragt. Das sind die hermiteschen Operatoren, die wir später mit den quantenmechanischen Observablen (Kap. 3.1.3) identifizieren werden.

Definition: Hermitescher Operator A

1) $D_A = D_{A^+} = \mathcal{H}$.

2) $A\,|\,\alpha\,\rangle = A^+\,|\,\alpha\,\rangle \qquad \forall\,|\,\alpha\,\rangle \in \mathcal{H}$,

kurz: $A = A^+$.

Mit den für die Quantenmechanik wichtigen Eigenschaften der hermiteschen Operatoren befassen wir uns in Kapitel 3.2.6. – Wir fügen zunächst noch zwei weitere Definitionen an:

Definition: Beschränkter Operator A

Es gibt ein $c > 0$, so daß

$$\|\,A\alpha\,\| \leq c\ \|\,\alpha\,\| \qquad \forall\,|\,\alpha\,\rangle \in D_A.$$

Definition: Stetiger Operator A

Für jede Folge $\{\,|\,\alpha_n\,\rangle\} \longrightarrow |\,\alpha\,\rangle$ gilt:

$$\{A\,|\,\alpha_n\,\rangle\} \longrightarrow A\,|\,\alpha\,\rangle.$$

3.2.6 Eigenwertproblem

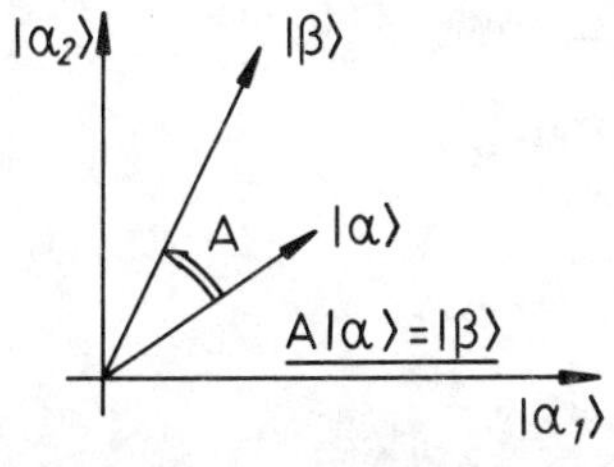

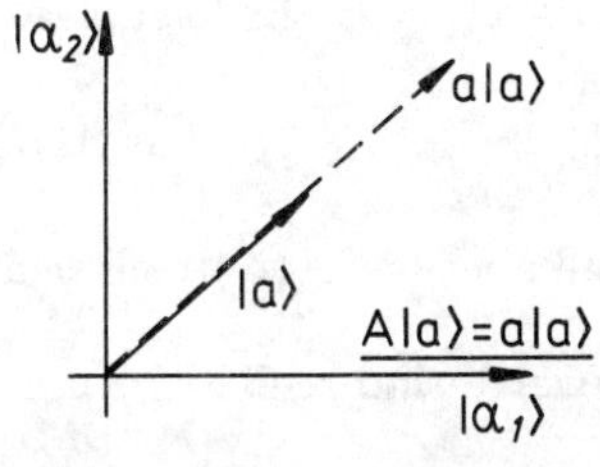

Durch einen linearen Operator A wird einem Vektor $|\,\alpha\,\rangle \in D_A$ ein anderer Vektor $|\,\beta\,\rangle \in \mathcal{H}$ zugeordnet. Eine typische Aufgabenstellung der Quantenmechanik betrifft in diesem Sinne einen Spezialfall. Eine Sonderstellung, insbesondere auch im Hinblick auf die spätere Interpretation, nehmen diejenigen Elemente $|\,a\,\rangle$ des Definitionsbereichs ein, die nach Anwendung des Operators A in zu ihnen *parallele* Vektoren übergehen. Diese speziellen Vektoren zu finden, bezeichnet man als *Eigenwertproblem*. Sie sind Lösungen der *Eigenwertgleichung*:

$$A\,|\,a\,\rangle = a\,|\,a\,\rangle. \tag{3.62}$$

a ist der (im allgemeinen komplexe) Eigenwert, $|\,a\,\rangle$ ein Eigenvektor des Operators A. Die Gesamtheit aller Eigenwerte bezeichnet man als *Spektrum* von A, das sowohl diskret (endlich oder abzählbar unendlich) als auch kontinuierlich sein kann. Ist $|\,a\,\rangle$ ein eigentlicher Hilbert-Vektor, so ist das Spektrum sicher diskret mit höchstens abzählbar unendlich vielen Eigenzuständen und Eigenwerten (Separabilitätsaxiom). Gehören zu ein und demselben Eigenwert a mehrere linear unabhängige Eigenzustände, so nennt man a *entartet*. Als *Entartungsgrad* bezeichnet man die Maximalzahl linear unabhängiger Eigenzustände zu demselben Eigenwert. Jede Linearkombination dieser Eigenzustände ist natürlich selbst wieder Eigenzustand zu demselben Eigenwert. Diese linear unabhängigen Zustände spannen deshalb einen Unterraum von $\mathcal{H}$, den *Eigenraum zu a*, auf, dessen Dimension natürlich mit dem Entartungsgrad übereinstimmt. Man kann sie mit einem üblichen Orthogonalisierungsverfahren (Aufgabe 3.2.4) zu einer VON-Basis des Eigenraums machen.

Von herausragender Bedeutung sind die Eigenwertgleichungen hermitescher Operatoren, da wir diese im nächsten Kapitel per Postulat mit den Observablen des Systems identifizieren werden, wobei ihre Eigenwerte die möglichen Meßwerte darstellen. Die zentrale mathematische Aufgabenstellung wird deshalb darin bestehen, (3.62) für bestimmte, durch die physikalische Fragestellung vorgegebene, lineare hermitesche Operatoren zu lösen, d.h. deren Eigenwerte und Eigenzustände zu bestimmen. Die Resultate sind natürlich für den jeweiligen Operator spezifisch. Es gibt jedoch eine Reihe von sehr wichtigen Eigenschaften, die **für alle hermiteschen Operatoren** gültig sind:

1) Erwartungswerte sind reell

$|\alpha\rangle$, $|\beta\rangle \in D_A = \mathcal{H}$. Es folgt wegen $A = A^+$ aus (3.56):

$$\langle \alpha | A | \beta \rangle = \langle \beta | A | \alpha \rangle^*. \tag{3.63}$$

Dann muß aber $\langle \alpha | A | \alpha \rangle$ reell sein!

2) Eigenwerte sind reell

Für den Eigenwert a der Observablen A ergibt sich nach (3.62):

$$a = \frac{\langle a | A | a \rangle}{\langle a | a \rangle}. \tag{3.64}$$

Zähler und Nenner sind reell, also auch a.

3) Eigenzustände sind orthogonal

a) Ohne Entartung

In

$$A | a_i \rangle = a_i | a_i \rangle$$

ist $| a_i \rangle$ bei diskretem Index i ein eigentlicher Hilbert-Vektor, bei kontinuierlicher Index-Variable i ein Dirac-Vektor. Sei nun $i \neq j$, dann gilt:

$$\begin{aligned} \langle a_i | A | a_j \rangle &= a_j \langle a_i | a_j \rangle = (\langle a_j | A | a_i \rangle)^* = \\ &= a_i^* \langle a_j | a_i \rangle^* \overset{2)}{=} a_i \langle a_i | a_j \rangle. \end{aligned}$$

Es folgt wegen $a_i \neq a_j$ die Behauptung:

$$(a_i - a_j) \langle a_i | a_j \rangle = 0 \implies \langle a_i | a_j \rangle = 0.$$

b) Mit Entartung

Für Eigenzustände aus unterschiedlichen Eigenräumen bleibt die Beweisführung wie unter a). Innerhalb desselben Eigenraums ist wegen $a_i = a_j$ der allerletzte Schritt nicht mehr zwingend. Wir können aber stets die linear unabhängigen Basiszustände des Eigenraums zu a_i orthonormalisieren. Nehmen wir solche als die unter 3) gemeinten Eigenzustände, dann gilt auch in diesem Fall die Behauptung.

4) Eigenzustände bilden eine VON-Basis

Wir haben gesehen, daß sich die eigentlichen oder uneigentlichen Eigenzustände eines hermiteschen Operators orthonormieren lassen:

$$\langle a_i \,|\, a_j \rangle = \delta(i, j). \tag{3.65}$$

Sie erfüllen damit eine notwendige Bedingung für die Verwendung als Basis des Hilbert-Raums $\mathcal{H}$. Hinreichend wird diese allerdings erst, wenn wir auch noch die Vollständigkeit nachweisen können. Dies für beliebige hermitesche Operatoren zu zeigen, ist in der Regel ein nicht-triviales mathematisches Problem, das wir hier stets als anderweitig gelöst ansehen wollen. Unter dieser Voraussetzung können wir dann für einen beliebigen Zustand $|\,\psi\,\rangle \in \mathcal{H}$ schreiben:

$$|\,\psi\,\rangle = \sum\!\!\!\!\!\!\int_j |\,a_j\,\rangle\langle\, a_j \,|\, \psi\,\rangle. \tag{3.66}$$

Darauf lassen wir den Operator A wirken und nutzen dessen Eigenwertgleichung aus:

$$A\,|\,\psi\,\rangle = \sum\!\!\!\!\!\!\int_j a_j\,|\,a_j\,\rangle\langle\, a_j \,|\, \psi\,\rangle. \tag{3.67}$$

Da das für **alle** $|\,\psi\,\rangle \in \mathcal{H}$ gilt, folgt als Operatoridentiät die wichtige

Spektraldarstellung:

$$A = \sum\!\!\!\!\!\!\int_j a_j\,|\,a_j\,\rangle\langle\, a_j \,|\,. \tag{3.68}$$

Insbesondere können wir die in (3.66) angenommene Vollständigkeit der Eigenzustände des hermiteschen Operators A wegen $|\,\psi\,\rangle = \mathbf{1}\;|\,\psi\,\rangle$ durch eine spezielle Darstellung des Einheitsvektors **1** ausdrücken:

Vollständigkeitsrelation:

$$\mathbf{1} = \sum\!\!\!\!\!\!\int_j |\,a_j\,\rangle\langle\, a_j \,|\,. \tag{3.69}$$

Die Gleichungen (3.68) und (3.69) erweisen sich für die explizite Durchführung vieler quantenmechanischer Rechnungen als außerordentlich nützlich. Man kann ja in Operator- bzw. Vektorgleichungen an beliebigen Stellen den **1**-Operator einfügen, ohne die Gültigkeit der Gleichung zu ändern. Schreibt man *die*

Identiät **1** in der Form der rechten Seite von (3.69), so lassen sich bisweilen durch diesen Trick, den man üblicherweise als *Einschieben von Zwischenzuständen* bezeichnet, ganz neue Lösungswege eröffnen. Zwei für spätere Überlegungen wichtige Beispiele seien hier genannt. Das erste wird uns in Kapitel 3.3 bei der physikalischen Interpretation der quantenmechanischen Postulate hilfreich sein. Es betrifft den Erwartungswert des hermiteschen Operators A im Zustand $|\psi\rangle$:

$$
\begin{aligned}
\langle\psi|A|\psi\rangle &= \langle\psi|\,\mathbf{1}\,A\,\mathbf{1}\,|\psi\rangle = \\
&= \sum\!\!\!\!\!\!\int_i \sum\!\!\!\!\!\!\int_j \langle\psi|a_i\rangle\langle a_i|A|a_j\rangle\langle a_j|\psi\rangle = \\
&= \sum\!\!\!\!\!\!\int_i \sum\!\!\!\!\!\!\int_j a_j\langle\psi|a_i\rangle\langle a_i|a_j\rangle\langle a_j|\psi\rangle = \\
&= \sum\!\!\!\!\!\!\int_i a_i\langle\psi|a_i\rangle\langle a_i|\psi\rangle .
\end{aligned}
$$

Dabei haben wir die Eigenwertgleichung des Operators A und (3.65) ausgenutzt. Man kann also den Erwartungswert von A durch die Eigenwerte a_i ausdrücken, die jedoch Gewichtsfaktoren erhalten, die durch die *Komponenten* des Vektors $|\psi\rangle$ bezüglich der Eigenzustände $|a_i\rangle$ bestimmt sind:

$$
\langle\psi|A|\psi\rangle = \sum\!\!\!\!\!\!\int_i a_i\,|\langle a_i|\psi\rangle|^2 . \tag{3.70}
$$

Wir werden diesen Ausdruck später noch genauer physikalisch zu analysieren haben.

Das zweite Beispiel führt zu einem praktischen Lösungsverfahren für Eigenwertprobleme. Es sei ein diskretes Basissystem $|\varphi_n\rangle$ vorgegeben. Gesucht seien die Eigenwerte und Eigenzustände des linearen hermiteschen Operators A. Wir erweitern die Eigenwertgleichung

$$
A|a\rangle = a|a\rangle
$$

durch Einschieben der Identität (3.69):

$$
\begin{gathered}
\mathbf{1}\,A\,\mathbf{1}\,|a\rangle = a\,\mathbf{1}\,|a\rangle \\
\Longrightarrow \sum_{n,n'} |\varphi_n\rangle\langle\varphi_n|A|\varphi_{n'}\rangle\langle\varphi_{n'}|a\rangle = a\sum_n |\varphi_n\rangle\langle\varphi_n|a\rangle .
\end{gathered}
$$

Die $|\varphi_n\rangle$ sind linear unabhängig (VON-System); deswegen muß schon gelten:

$$
\sum_{n'}\left(\langle\varphi_n|A|\varphi_{n'}\rangle - a\,\delta_{nn'}\right)\langle\varphi_{n'}|a\rangle = 0 \qquad \forall n. \tag{3.71}
$$

Das ist ersichtlich ein homogenes, endliches oder abzählbar unendliches, lineares Gleichungssystem. Nach ((1.224), Bd. 1) ergeben sich nicht-triviale Lösungen nur dann, wenn die Säkulardeterminante verschwindet:

$$\det\left(\langle \varphi_n \,|\, A \,|\, \varphi_{n'} \rangle - a\,\delta_{nn'}\right) \stackrel{!}{=} 0. \tag{3.72}$$

Bei berechenbaren Termen $\langle \varphi_n \,|\, A \,|\, \varphi_{n'} \rangle$ (*Matrixelemente*) lassen sich hieraus die Eigenwerte a_i bestimmen. Für jedes a_i können wir mit (3.71) die Komponenten $\langle \varphi_{n'} \,|\, a_i \rangle$ berechnen und damit über (3.66) den zu a_i gehörenden Eigenzustand $|\, a_i \rangle$.

Nicht ganz so übersichtlich ist der Fall des kontinuierlichen Spektrums, für das anstelle von (3.71) eine Integralgleichung zu lösen ist:

$$\int dn' \langle \varphi_n \,|\, A \,|\, \varphi_{n'} \rangle \langle \varphi_{n'} \,|\, a \rangle = a \langle \varphi_n \,|\, a \rangle. \tag{3.73}$$

Wir wollen dieses Kapitel mit dem Beweis eines wichtigen Satzes beschließen:

Satz:

Die linearen, hermiteschen Operatoren A und B sind genau dann vertauschbar,

$$[A, B]_- = A\,B - B\,A = 0, \tag{3.74}$$

wenn sie ein gemeinsames VON-System $|\, \varphi_n \rangle$ als Eigenzustände besitzen.

Beweis:

1) Wir nehmen an, daß A und B dieselben Eigenzustände $|\, \varphi_n \rangle$ besitzen:

$$A \,|\, \varphi_n \rangle = a_n \,|\, \varphi_n \rangle; \qquad B \,|\, \varphi_n \rangle = b_n \,|\, \varphi_n \rangle.$$

$|\, \psi \rangle$ sei ein beliebiger Vektor aus $\mathcal{H}$. Dann gilt:

$$|\, \psi \rangle = \sum\!\!\!\!\!\!\int_n |\, \varphi_n \rangle \langle \varphi_n \,|\, \psi \rangle$$

$$\Longrightarrow A\,B \,|\, \psi \rangle = \sum\!\!\!\!\!\!\int_n A\, b_n \,|\, \varphi_n \rangle \langle \varphi_n \,|\, \psi \rangle = \sum\!\!\!\!\!\!\int_n b_n\, A \,|\, \varphi_n \rangle \langle \varphi_n \,|\, \psi \rangle =$$

$$= \sum\!\!\!\!\!\!\int_n b_n\, a_n \,|\, \varphi_n \rangle \langle \varphi_n \,|\, \psi \rangle.$$

Analog findet man:

$$B\,A\,|\,\psi\,\rangle = \sum_n a_n\,b_n\,|\,\varphi_n\,\rangle\langle\,\varphi_n\,|\,\psi\,\rangle.$$

Wegen gleicher Spektraldarstellungen gilt also:

$$A\,B = B\,A.$$

2) Es gelte $A\,B = B\,A$ und ferner $A\,|\,\varphi_n\,\rangle = a_n\,|\,\varphi_n\,\rangle$. Dann folgt aber auch:

$$A\,B\,|\,\varphi_n\,\rangle = B\,A\,|\,\varphi_n\,\rangle = a_n\,B\,|\,\varphi_n\,\rangle.$$

Lassen wir Entartung außer acht, so bedeutet diese Gleichung, daß $B\,|\,\varphi_n\,\rangle$ Eigenzustand von A zum Eigenwert a_n sein muß. Dies hat

$$B\,|\,\varphi_n\,\rangle \sim |\,\varphi_n\,\rangle \iff B\,|\,\varphi_n\,\rangle = b_n\,|\,\varphi_n\,\rangle$$

zur Folge. Vertauschbare Operatoren haben also denselben Satz von Eigenzuständen!

3.2.7 Spezielle Operatoren

Wir wollen in diesem Abschnitt einige für spätere Betrachtungen wichtige Operatoren einführen und ihre Eigenschaften stichpunktartig auflisten:

1) Dyadisches Produkt

Die Spektraldarstellung (3.68) zeigte bereits, daß man Operatoren aus Zuständen aufbauen kann. Der einfachste Fall dieser Art ist das dyadische Produkt aus zwei Zuständen $|\,\alpha\,\rangle$, $|\,\beta\,\rangle \in \mathcal{H}$:

$$D_{\alpha\,\beta} \equiv |\,\alpha\,\rangle\langle\,\beta\,|\,. \tag{3.75}$$

Dieses darf natürlich nicht mit dem Skalarprodukt $\langle\,\alpha\,|\,\beta\,\rangle$ verwechselt werden, das eine Zahl, keinen Operator darstellt. Die Anwendung von $D_{\alpha\,\beta}$ auf irgendeinen Zustandsvektor $|\,\psi\,\rangle \in \mathcal{H}$ ergibt einen zu $|\,\alpha\,\rangle$ parallelen Zustand mit einer um $|\,\langle\,\beta\,|\,\psi\,\rangle\,|$ modifizierten Länge.

Die Reihenfolge der Zustände in $D_{\alpha\,\beta}$ ist nicht vertauschbar. Vielmehr gilt (Aufgabe 3.2.7):

$$\left(|\,\alpha\,\rangle\langle\,\beta\,|\right)^+ = |\,\beta\,\rangle\langle\,\alpha\,|\,. \tag{3.76}$$

Seien $|\,a_n\,\rangle$ die ein VON-System bildenden Eigenzustände eines hermiteschen Operators. Dann können wir die Vollständigkeitsrelation (3.69) verwenden, um einen beliebigen Operator X durch dyadische Produkte darzustellen:

$$X = X\,\mathbf{1} = \sum\!\!\!\!\!\!\int_j X\,|\,a_j\,\rangle\langle\,a_j\,| = \sum\!\!\!\!\!\!\int_j |\,X\,a_j\,\rangle\langle\,a_j\,|. \tag{3.77}$$

Der Zustand $|\,X\,a_j\,\rangle$ ist natürlich in der Regel nicht parallel zu $|\,a_j\,\rangle$.

2) Projektionsoperator

Von besonderer Bedeutung sind die *diagonalen* dyadischen Produkte, die man als Projektoren interpretieren kann, wenn $|\,\alpha\,\rangle$ normiert ist:

$$P(\,|\,\alpha\,\rangle) \equiv |\,\alpha\,\rangle\langle\,\alpha\,|; \qquad \|\,\alpha\,\| = 1. \tag{3.78}$$

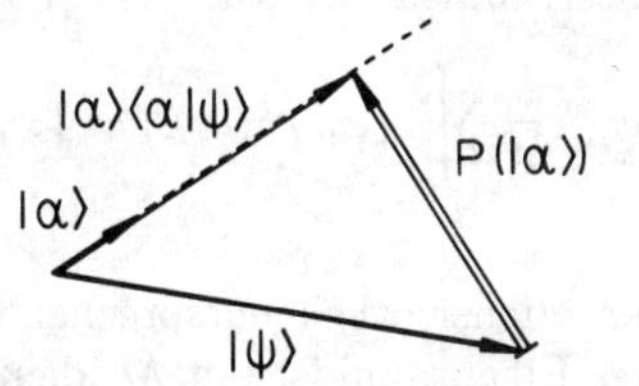

Anschaulich projiziert $P(\,|\,\alpha\,\rangle)$ einen beliebigen Zustandsvektor $|\,\psi\,\rangle$ auf die *Richtung* von $|\,\alpha\,\rangle$. Handelt es sich bei $|\,\alpha\,\rangle$ um den Eigenzustand eines hermiteschen Operators, so hat $P(\,|\,\alpha\,\rangle)$ die Wirkung des in Kapitel 3.1.2 qualitativ eingeführten *Filters*. Der Projektionsoperator hat ein paar prägnante, dennoch einfach zu beweisende Eigenschaften. Sein Definitionsbereich ist der gesamte Hilbert-Raum $\mathcal{H}$. Er ist linear und hermitesch. Letzteres folgt unmittelbar aus (3.76). Außerdem ist er idempotent, d.h.:

$$P^2(\,|\,\alpha\,\rangle) = |\,\alpha\,\rangle\langle\,\alpha\,|\,\alpha\,\rangle\langle\,\alpha\,| = |\,\alpha\,\rangle\langle\,\alpha\,| = P(\,|\,\alpha\,\rangle). \tag{3.79}$$

Das *Hintereinanderschalten* von zwei Projektoren auf orthogonale Zustände $|\,\alpha_i\,\rangle$, $|\,\alpha_j\,\rangle$ ($\langle\,\alpha_i\,|\,\alpha_j\,\rangle = 0$) hat die Wirkung des Null-Operators (3.54):

$$P(\,|\,\alpha_i\,\rangle)\,P(\,|\,\alpha_j\,\rangle) = \hat{0}. \tag{3.80}$$

Die Idempotenz (3.79) ist natürlich an die Normierbarkeit des Zustands $|\,\alpha\,\rangle$ geknüpft, gilt deshalb nur für die eigentlichen Vektoren des Hilbert-Raums. Will man die Defintion (3.78) auf Dirac-Vektoren (3.43) ausdehnen, so faßt man die beiden Eigenschaften (3.79) und (3.80) zweckmäßig wie folgt zusammen:

$$P(\,|\,\alpha_i\,\rangle)\,P(\,|\,\alpha_j\,\rangle) = \delta(i,j). \tag{3.81}$$

$\delta(i,j)$ ist in (3.49) definiert.

Bisweilen sind auch Projektionen auf mehrdimensionale Unterräume von $\mathcal{H}$ anstatt auf einen einzelnen Vektor interessant. Die passende Erweiterung der Defintion (3.78) liegt auf der Hand:

$$\begin{aligned} &M \text{ unitärer Unterraum von } \mathcal{H}, \\ &\{\,|\,\varphi_\nu\,\rangle\}: \text{ VON-Basis von } M, \\ &P_M = \sum\!\!\!\!\!\!\int_\nu \;|\,\varphi_\nu\,\rangle\langle\,\varphi_\nu\,|\,; \quad D_{P_M} = \mathcal{H}. \end{aligned} \tag{3.82}$$

Für die Vektoren aus M wirkt P_M wie der Einheitsoperator $\mathbf{1}$. Der Projektionsoperator P_M erfüllt die Eigenwertgleichung:

$$P_M\,|\,p\,\rangle = \sum\!\!\!\!\!\!\int_\nu \;|\,\varphi_\nu\,\rangle\langle\,\varphi_\nu\,|\,p\,\rangle \stackrel{!}{=} p\,|\,p\,\rangle. \tag{3.83}$$

Einen Satz von Eigenzuständen erkennt man unmittelbar. Es sind letztlich die orthonormierten Basiszustände $|\,\varphi_\nu\,\rangle$ des Unterraums M selbst:

$$|\,p\,\rangle = |\,\varphi_\mu\,\rangle: \; P_M\,|\,\varphi_\mu\,\rangle = \sum\!\!\!\!\!\!\int_\nu \;|\,\varphi_\nu\,\rangle\langle\,\varphi_\nu\,|\,\varphi_\mu\,\rangle = \sum\!\!\!\!\!\!\int_\nu \;|\,\varphi_\nu\,\rangle\,\delta(\nu,\mu) = |\,\varphi_\mu\,\rangle.$$

Sie gehören sämtlich zum Eigenwert $\mathbf{1}$, der offensichtlich entsprechend der Dimension von M entartet ist. Der zugehörige Eigenraum ist mit M identisch.

Es gibt weitere Eigenzustände zum Eigenwert 0. Das sind diejenigen linear unabhängigen Zustände $|\,\psi\,\rangle \in \mathcal{H}$, die orthogonal zu M sind, d.h. für die gilt:

$$\langle\,\varphi_\nu\,|\,\psi\,\rangle = 0 \qquad \forall\,|\,\varphi_\nu\,\rangle \in M.$$

Wir beweisen als Aufgabe 3.2.13 weitere Eigenschaften des Projektionsoperators:

a) P_M hängt nur von M, nicht von der speziellen Basis $\{\,|\,\varphi_\nu\,\rangle\}$ ab!

b) P_M ist hermitesch:

$$P_M^+ = P_M. \tag{3.84}$$

c) P_M ist idempotent:

$$P_M^2 = P_M. \tag{3.85}$$

Der Hilbert-Raum $\mathcal{H}$ wird durch P_M auf M projiziert. P_M *fragt also ab*, ob in einem Systemzustand $|\,\psi\,\rangle$ eine physikalische Eigenschaft, der mathematisch der Raum M zugeordnet ist, vorliegt oder nicht.

3) Inverser (reziproker) Operator

A sei ein linearer Operator mit umkehrbar eindeutiger Abbildungsvorschrift

$$|\beta\rangle = A|\alpha\rangle,$$

wobei Definitionsbereich D_A und Wertevorrat W_A übereinstimmen sollen. Dann ist der zu A inverse Operator A^{-1} durch

$$A^{-1}|\beta\rangle = |\alpha\rangle$$

definiert mit

$$D_{A^{-1}} = W_A; \quad W_{A^{-1}} = D_A. \tag{3.86}$$

Wegen $D_A = W_A$ ergibt sich die Operatoridentität:

$$A^{-1}A = AA^{-1} = \mathbf{1}\,. \tag{3.87}$$

Den zu A^{-1} adjungierten Operator ermitteln wir mit folgender Überlegung:

$$\begin{aligned} \mathbf{1} &= \mathbf{1}^+ = (A^{-1}A)^+ \overset{(3.59)}{=} A^+(A^{-1})^+ \\ &\Longrightarrow (A^+)^{-1} = (A^{-1})^+. \end{aligned} \tag{3.88}$$

A^{-1} ist also genau dann hermitesch, wenn A es ist. – Man überzeugt sich leicht (Aufgabe 3.3.15), daß A^{-1} dieselben Eigenzustände besitzt wie A, wobei die Eigenwerte gerade die reziproken Eigenwerte von A sind.

4) Unitärer Operator

Die physikalische Interpretation in Kapitel 3.3 wird verdeutlichen, daß die experimentell überprüfbaren Resultate der Quantenmechanik

Eigenwerten a_i	$(A\,|\,a_i\rangle = a_i\,|\,a_i\rangle)$,
Skalarprodukten	$\langle\varphi\,|\,\psi\rangle$,
Erwartungswerten	$\langle\psi\,|\,A\,|\,\psi\rangle$

entsprechen. Auf die Zustandsvektoren selbst kommt es eigentlich gar nicht an. Wir können sie *fast beliebig* verändern (transformieren), wenn wir nur dafür Sorge tragen, daß obige Meßgrößen davon unbeeinflußt bleiben.

Definition: Unitärer Operator U

$$U^+U = UU^+ = \mathbf{1} \iff U^+ = U^{-1}. \tag{3.89}$$

Definition: Unitäre Transformation

$$\begin{aligned} &\text{für Zustände:} && |\,\overline{\psi}\,\rangle = U\,|\,\psi\,\rangle, \\ &\text{für Operatoren:} && \bar{A} = U\,A\,U^+. \end{aligned} \tag{3.90}$$

Wir zeigen die Invarianz der oben aufgelisteten Meßgrößen unter einer unitären Transformation:

a)

$$\langle\,\overline{\psi}\,|\,\overline{\varphi}\,\rangle = \langle\,\psi\,|\,U^+\,U\,|\,\varphi\,\rangle = \langle\,\psi\,|\,\varphi\,\rangle. \tag{3.91}$$

b)

$$\langle\,\overline{\psi}\,|\,\bar{A}\,|\,\overline{\psi}\,\rangle = \langle\,\psi\,|\,U^+\,U\,A\,U^+U\,|\,\psi\,\rangle = \langle\,\psi\,|\,A\,|\,\psi\,\rangle. \tag{3.92}$$

c)

$$\begin{aligned} &A\,|\,a_i\,\rangle = a_i\,|\,a_i\,\rangle; \quad \bar{A}\,|\,\bar{a}_i\,\rangle = \bar{a}_i\,|\,\bar{a}_i\,\rangle, \\ &\bar{A}\,|\,\bar{a}_i\,\rangle = U\,A\,U^+\,U\,|\,a_i\,\rangle = U\,A\,|\,a_i\,\rangle = a_i U\,|\,a_i\,\rangle = a_i\,|\,\bar{a}_i\,\rangle \\ &\Longrightarrow \quad \bar{a}_i = a_i. \end{aligned} \tag{3.93}$$

Eine unitäre Transformation *ändert die Physik nicht*!

Von Interesse sind schließlich noch

infinitesimale unitäre Transformationen

$$U_\epsilon = \mathbf{1} + i\,\epsilon\,F; \quad F = F^+ \tag{3.94}$$

(ϵ reell, infinitesimal klein).

Für diese gilt (3.89), wenn man quadratische Terme in ϵ vernachlässigt. Eine solche Transformation führt den Operator A über in:

$$\bar{A} = (\mathbf{1} + i\,\epsilon\,F)\,A(\mathbf{1} - i\,\epsilon\,F) = A + i\,\epsilon\,[F, A]_- + 0(\epsilon^2). \tag{3.95}$$

5) Funktionen von Operatoren

Die Summe und das Produkt von zwei Operatoren haben wir bereits in (3.52) und (3.53) kennengelernt. Darauf aufbauend lassen sich auch etwas kompliziertere Funktionen von Operatoren verstehen.

a) Potenzen

Aus der Definition des Operatorproduktes (3.53) folgt unmittelbar:

$$A^n\,|\,\psi\,\rangle = A^{n-1}(A\,|\,\psi\,\rangle) = \ldots = A(A(\ldots(A\,|\,\psi\,\rangle)\ldots)), \tag{3.96}$$

$$A^o = \mathbf{1}. \tag{3.97}$$

b) Polynome

Kombiniert man (3.96) mit der Defintion (3.52) für Operatorsummen, so ist die Wirkungsweise von Ausdrücken der Form

$$P_n(A) = c_0 \, \mathbf{1} \, + c_1 \, A + \ldots + c_n \, A^n, \quad c_i \in \mathbb{C} \tag{3.98}$$

festgelegt.

c) Potenzreihen

Die logische Verallgemeinerung von b) sind unendliche Summen von Operatorpotenzen, falls nur Konvergenz gewährleistet ist. So gilt zum Beispiel für die Exponentialfunktion eines Operators A:

$$e^A = \sum_{n=0}^{\infty} \frac{1}{n!} A^n. \tag{3.99}$$

Es liegt auf der Hand, wie man Polynome und Potenzreihen von mehr als einem Operator zu verstehen hat. Dabei ist jedoch die eventuelle Nicht-Vertauschbarkeit der Operatoren zu berücksichtigen. So gilt

$$e^A \, e^B = e^{A+B} \text{ nur, falls } [A,B]_- = 0. \tag{3.100}$$

d) Operatorfunktionen

Im Sinne unserer Vorüberlegungen betrachten wir eine allgemeine Funktion eines Operators A,

$$f(A),$$

genau dann als erklärt, wenn es zumindest im Prinzip gelingt, sie durch Summen, Produkte, Potenzen, Polynome oder Potenzreihen darzustellen. Das gilt dann entsprechend auch für Funktionen $f(A, B, C, \ldots)$ mehrerer Operatoren. Für so definierte Operatorfunktionen muß aus

$$A \,|\, a \rangle = a \,|\, a \rangle$$

die Eigenwertgleichung

$$f(A) \,|\, a \rangle = f(a) \,|\, a \rangle \tag{3.101}$$

folgen.

6) Ableitungen von Operatoren

Wir haben zwei Typen von Differentiationen zu unterscheiden:

a) Ableitung nach einem reellen Parameter

Der Operator $A = A(\eta)$ hänge von einem reellen Parameter η, wie zum Beispiel der Zeit t, ab. Dann definieren wir:

$$\frac{dA}{d\eta} = \lim_{\epsilon \to 0} \frac{A(\eta + \epsilon) - A(\eta)}{\epsilon}. \tag{3.102}$$

Einige Rechenregeln werden als Aufgabe (3.2.19) bewiesen!

b) Ableitung nach einem Operator

Gegeben sei die Operatorfunktion $f(A)$ im Sinne von 5d). Dann führt die naheliegende Definition,

$$\frac{d}{dA} f(A) = \lim_{\epsilon \to 0} \frac{f(A + \epsilon \, \mathbf{1}\,) - f(A)}{\epsilon}, \tag{3.103}$$

zu den *üblichen* Rechenregeln der Differentiation, wobei man allerdings gegebenenfalls wieder auf die Reihenfolge der Operatoren achten muß (Aufgabe 3.2.18):

$$\frac{d}{dA}\left(f(A) + g(A)\right) = \frac{d}{dA} f(A) + \frac{d}{dA} g(A), \tag{3.104}$$

$$\frac{d}{dA}\left(f(A)\, g(A)\right) = \frac{df}{dA} g(A) + f(A) \frac{dg}{dA}, \tag{3.105}$$

$$\frac{d}{dA} A^n = n\, A^{n-1}; \qquad \frac{d}{dA} e^{c\,A} = c\, e^{c\,A}, \quad c \in \mathbb{C}. \tag{3.106}$$

Handelt es sich um Funktionen, die von mehreren Operatoren abhängen, so müssen wir auch partiell ableiten können:

$$\frac{\partial}{\partial B} f(A, B, C, \ldots) = \lim_{\epsilon \to 0} \frac{f(A, B + \epsilon \mathbf{1}\,, C, \ldots) - f(A, B, C, \ldots)}{\epsilon}. \tag{3.107}$$

3.2.8 Lineare Operatoren als Matrizen

Bisher haben wir den Hilbert-Raum als eine Menge von abstrakten Zustandsvektoren aufgefaßt . Die Darstellung (3.66) eines allgemeinen Zustands $|\,\psi\,\rangle$ durch die Eigenzustände $|\,a_i\,\rangle$ eines linearen hermiteschen Operators A deutete aber bereits daraufhin, daß dieser Zustand $|\,\psi\,\rangle$ vollständig durch seine Komponenten bezüglich einer vorgegebenen VON-Basis bestimmt ist. Auf dieser Tatsache baute das mit (3.71) bzw. (3.72) formulierte praktische Lösungsverfahren für Eigenwertprobleme auf, in das der Operator A in Form gewisser *Matrixelemente* einging. Diesen Gedanken wollen wir jetzt noch einmal aufgreifen und weiter vertiefen.

Der Hilbert-Raum $\mathcal{H}$ werde aufgespannt durch irgendein

$$\text{abzählbares VON-System: } \{\,|\,\varphi_n\,\rangle\} \quad n = 1, 2, \ldots.$$

$|\,\psi\,\rangle$ sei ein beliebiger Zustand aus $\mathcal{H}$, für den nach (3.66) gelten muß:

$$|\,\psi\,\rangle = \sum_n |\,\varphi_n\,\rangle\langle\,\varphi_n\,|\,\psi\,\rangle. \tag{3.108}$$

Da die Komponenten von $|\,\psi\,\rangle$ bezüglich der Basis $|\,\varphi_n\,\rangle$ den Zustand $|\,\psi\,\rangle$ vollständig festlegen, können wir diesem einen Spaltenvektor zuordnen,

$$|\,\psi\,\rangle \longleftrightarrow \begin{pmatrix} \psi_1 \\ \psi_2 \\ \vdots \\ \psi_m \\ \vdots \end{pmatrix}, \tag{3.109}$$

dessen Elemente gerade die *Projektionen* von $|\,\psi\,\rangle$ auf die Basiszustände $|\,\varphi_n\,\rangle$ darstellen:

$$\psi_n = \langle\,\varphi_n\,|\,\psi\,\rangle; \qquad n = 1, 2, 3, \ldots \tag{3.110}$$

Wir haben als Aufgabe 3.2.6 bewiesen, daß diese Spaltenvektoren die Hilbert-Raumaxiome erfüllen, d.h. selbst als Elemente eines Hilbert-Raums interpretiert werden können.

Ganz analog können wir nun einen Operator A wegen

$$A = \mathbf{1}\, A\, \mathbf{1} = \sum_{n,m} |\,\varphi_n\,\rangle\langle\,\varphi_n\,|\,A\,|\,\varphi_m\,\rangle\langle\,\varphi_m\,| \tag{3.111}$$

als Matrix schreiben:

$$A = (A_{nm}) = \begin{pmatrix} A_{11} & A_{12} & \ldots & A_{1m} & \ldots \\ A_{21} & A_{22} & \ldots & A_{2m} & \ldots \\ \vdots & \vdots & & \vdots & \\ A_{n1} & A_{n2} & \ldots & A_{nm} & \ldots \\ \vdots & \vdots & & \vdots & \end{pmatrix}. \tag{3.112}$$

Die Matrixelemente sind durch die vorgegebene Basis eindeutig festgelegt:

$$A_{nm} = \langle\,\varphi_n\,|\,A\,|\,\varphi_m\,\rangle. \tag{3.113}$$

Ist der Hilbert-Raum n-dimensional, so handelt es sich bei A um eine quadratische $n \times n$-Matrix. Ist die Basis abzählbar unendlich, so ist die Matrix formal aus unendlich vielen Zeilen und Spalten aufgebaut. Besteht die Basis dagegen aus uneigentlichen Hilbert-Vektoren, so müssen die Summen in (3.111) durch Integrale ersetzt werden; n und m werden zu kontinuierlichen Indexvariablen. Eine Matrixdefinition ist dann eigentlich nicht mehr sinnvoll; trotzdem bezeichnet man auch in einem solchen Fall Ausdrücke der Form (3.113) als *Matrixelemente*.

Wird durch den Operator A der Zustand $|\,\psi\,\rangle$ auf den Zustand $|\,\chi\,\rangle$ abgebildet, so gilt:

$$|\,\chi\,\rangle = A\,|\,\psi\,\rangle = \sum_m A\,|\,\varphi_m\,\rangle\langle\,\varphi_m\,|\,\psi\,\rangle .$$

Definieren wir analog zu (3.110) die Komponenten χ_n des Zustands $|\,\chi\,\rangle$ bezüglich der Basis $\{\,|\,\varphi_n\,\rangle\}$, so können wir die letzte Gleichung auch wie folgt schreiben:

$$\chi_n = \sum_m A_{nm}\,\psi_m .$$

Auf der rechten Seite erkennen wir die Multiplikation einer Matrix mit einem Spaltenvektor:

$$\begin{pmatrix} \chi_1 \\ \chi_2 \\ \vdots \\ \chi_n \\ \vdots \end{pmatrix} = \begin{pmatrix} A_{11} & A_{12} & \cdots & \cdots \\ A_{21} & A_{22} & \cdots & \cdots \\ \vdots & \vdots & \vdots & \\ \cdots & \cdots & A_{nm} & \cdots \\ \vdots & \vdots & \vdots & \end{pmatrix} \begin{pmatrix} \psi_1 \\ \psi_2 \\ \vdots \\ \psi_m \\ \vdots \end{pmatrix} . \tag{3.114}$$

Für den Spezialfall einer Eigenwertgleichung ist (3.71) entsprechend in eine Matrizengleichung zu übersetzen ($a_n = \langle\,\varphi_n\,|\,a\,\rangle$):

$$\begin{pmatrix} (A_{11}-a) & A_{12} & \cdots & \cdots & \cdots \\ A_{21} & (A_{22}-a) & \cdots & \cdots & \cdots \\ \vdots & \vdots & \ddots & \vdots & \\ A_{n1} & A_{n2} & & (A_{nn}-a) & \cdots \\ \vdots & \vdots & \vdots & \ddots & \end{pmatrix} \begin{pmatrix} a_1 \\ a_2 \\ \vdots \\ a_n \\ \vdots \end{pmatrix} = \begin{pmatrix} 0 \\ 0 \\ \vdots \\ 0 \\ \vdots \end{pmatrix} . \tag{3.115}$$

Während wir den ket-Zustand $|\,\psi\,\rangle$ als Spaltenvektor auffassen können (3.109), müssen wir den zugehörigen bra-Zustand $\langle\,\psi\,|$ als Zeilenvektor mit konjugiert-komplexen Komponenten schreiben:

$$\langle\,\psi\,| = \sum_n \langle\,\psi\,|\,\varphi_n\,\rangle\langle\,\varphi_n\,| = \sum_n \langle\,\varphi_n\,|\,\psi\,\rangle^*\langle\,\varphi_n\,| , \tag{3.116}$$

$$\langle\,\psi\,| \;\longleftrightarrow\; (\psi_1^*\,\psi_2^* \ldots \psi_m^* \ldots) . \tag{3.117}$$

Für das Skalarprodukt zweier Hilbert-Vektoren gilt nun nach unseren Vorbetrachtungen:

$$\langle \chi \,|\, \psi \rangle = \sum_n \langle \chi \,|\, \varphi_n \rangle \langle \varphi_n \,|\, \psi \rangle = \sum_n \chi_n^* \psi_n, \tag{3.118}$$

$$\langle \chi \,|\, \psi \rangle \longleftrightarrow (\chi_1^* \chi_2^* \cdots \chi_n^* \cdots) \begin{pmatrix} \psi_1 \\ \psi_2 \\ \vdots \\ \psi_n \\ \vdots \end{pmatrix}. \tag{3.119}$$

Wir können uns schließlich sehr leicht überlegen, wie die Matrix des zu A adjungierten Operators A^+ auszusehen hat. Aus (3.56) folgt unmittelbar:

$$(A^+)_{nm} = A_{mn}^*. \tag{3.120}$$

Wir erhalten also die Matrix A^+ aus A durch Vertauschen von Zeilen und Spalten und Übergehen zum Konjugiert-Komplexen. Für eine hermitesche Matrix gilt speziell $A_{nm} = A_{mn}^*$. Spiegelung an der Hauptdiagonalen führt die Matrixelemente in die konjugiert-komplexen über. Die Diagonalelemente einer hermiteschen Matrix sind reell.

Das Produkt zweier Operatoren A und B entspricht der bekannten Matrizenmultiplikation. Es gilt nämlich:

$$(A\,B)_{ij} = \langle \varphi_i \,|\, A\,B \,|\, \varphi_j \rangle = \sum_n \langle \varphi_i \,|\, A \,|\, \varphi_n \rangle \langle \varphi_n \,|\, B \,|\, \varphi_j \rangle = \sum_n A_{in}\, B_{nj}. \tag{3.121}$$

Im zweiten Schritt haben wir einen vollständigen Satz von Eigenzuständen (3.69) zwischen die Operatoren A und B geschoben.

Einen Spezialfall stellen die Matrizen unitärer Operatoren dar. Für diese gilt wegen (3.89) $U^+ = U^{-1}$:

$$(U^{-1})_{nm} = U_{mn}^*. \tag{3.122}$$

Man macht sich leicht klar, daß Zeilen und Spalten einer unitären Matrix orthonormiert sind:

$$\begin{aligned} U^+ U = \mathbf{1} \underset{(3.121)}{\longrightarrow} & \sum_m (U^+)_{im}\, U_{mj} = \delta_{ij} \\ \underset{(3.120)}{\longrightarrow} & \sum_m U_{mi}^*\, U_{mj} = \delta_{ij}. \end{aligned} \tag{3.123}$$

Wählt man als Basis von $\mathcal{H}$ gerade den vollständigen Satz $|\, a_n \,\rangle$ von Eigenzuständen des hermiteschen Operators A, dann hat die Matrix A Diagonalform, wobei in der Diagonalen gerade die Eigenwerte a_n von A stehen:

$$A \,|\, a_n \,\rangle = a_n \,|\, a_n \,\rangle \;\longrightarrow\; \langle\, a_n \,|\, A \,|\, a_m \,\rangle = A_{nm} = a_n\, \delta_{nm},$$

$$A \longleftrightarrow \begin{pmatrix} a_1 & & & & \\ & a_2 & & 0 & \\ & & \ddots & & \\ & & & a_n & \\ & 0 & & & \ddots \end{pmatrix}. \tag{3.124}$$

Wichtig ist in diesem Zusammenhang , daß es stets eine unitäre Transformation gibt, die eine Matrix A auf die Diagonalgestalt (3.124) bringt. Das sieht man wie folgt:

$$a_i\, \delta_{ij} = \langle\, a_i \,|\, A \,|\, a_j \,\rangle = \sum_{n,m} \langle\, a_i \,|\, \varphi_n \,\rangle \langle\, \varphi_n \,|\, A \,|\, \varphi_m \,\rangle \langle\, \varphi_m \,|\, a_j \,\rangle.$$

$\langle\, \varphi_n \,|\, A \,|\, \varphi_m \,\rangle = A_{nm}$ ist das (n, m)-Matrixelement von A in der *φ-Basis*. Wir definieren

$$U_{in} = \langle\, a_i \,|\, \varphi_n \,\rangle \tag{3.125}$$

als das $(i,\, n)$-Element der Matrix U. Dann ist nach (3.120)

$$\langle\, \varphi_m \,|\, a_j \,\rangle = \langle\, a_j \,|\, \varphi_m \,\rangle^* = U^*_{jm} = (U^+)_{mj}$$

das (m, j)-Element der adjungierten Matrix U^+. Das bedeutet für die obige Gleichung:

$$a_i\, \delta_{ij} = \sum_{n,m} U_{in}\, A_{nm}\, (U^+)_{mj} \tag{3.126}$$

$$(\bar{A} = U\, A\, U^+).$$

Die unitäre Matrix U, die A diagonalisiert, ist also aus den Eigenvektoren von A aufgebaut. In der i-ten Zeile stehen die konjugiert-komplexen Komponenten des i-ten Eigenzustands $|\, a_i \,\rangle$ in der *φ-Basis* (3.125). Man überzeugt sich leicht, daß sie die Bedingung (3.89), $U^+U = \mathbf{1}$, erfüllt.

Wir führen zum Schluß dieses Kapitels noch einen im Zusammenhang mit Matrizen häufig verwendeten Begriff ein:

Definition:

"Spur einer Matrix" = Summe ihrer Diagonalelemente

Diese Defintion wäre wenig sinnvoll ohne die Aussage des folgenden Satzes:

Satz:

Die Spur einer Matrix ist unabhängig von der Darstellung, d.h. unabhängig von der verwendeten VON-Basis.

Beweis:

$\{|\varphi_n\rangle\}$ und $\{|\psi_\nu\rangle\}$ seien zwei verschiedene VON-Basen von $\mathcal{H}$:

$$
\begin{aligned}
\operatorname{Sp} A &= \sum_n \langle \varphi_n | A | \varphi_n \rangle = \\
&= \sum_n \sum_{\nu\mu} \langle \varphi_n | \psi_\nu \rangle \langle \psi_\nu | A | \psi_\mu \rangle \langle \psi_\mu | \varphi_n \rangle = \\
&= \sum_{\nu,\mu} \langle \psi_\mu | \left(\sum_n | \varphi_n \rangle \langle \varphi_n | \right) | \psi_\nu \rangle \langle \psi_\nu | A | \psi_\mu \rangle = \\
&= \sum_{\nu,\mu} \langle \psi_\mu | \ \mathbf{1} \ | \psi_\nu \rangle \langle \psi_\nu | A | \psi_\mu \rangle = \\
&= \sum_{\nu,\mu} \delta_{\nu\mu} \langle \psi_\nu | A | \psi_\mu \rangle = \\
&= \sum_\nu \langle \psi_\nu | A | \psi_\nu \rangle .
\end{aligned}
$$

Das ist die Behauptung des Satzes!

3.2.9 Aufgaben

Aufgabe 3.2.1

$\mathcal{H}$ sei ein Hilbert-Raum und $|\alpha\rangle$, $|\beta\rangle$ beliebige Zustände aus $\mathcal{H}$. Beweisen Sie die Parallelogrammgleichung:

$$\| \alpha + \beta \|^2 + \| \alpha - \beta \|^2 = 2 \| \alpha \|^2 + 2 \| \beta \|^2 .$$

Aufgabe 3.2.2

Beweisen Sie mit den Voraussetzungen von Aufgabe 3.2.1 die Schwarzsche Ungleichung

$$| \langle \alpha | \beta \rangle | \leq \| \alpha \| \| \beta \| .$$

Es erweist sich als zweckmäßig, zunächst den Vektor $|\beta\rangle$ in Komponenten parallel und senkrecht zu $|\alpha\rangle$ zu zerlegen und dann $\| \beta \|^2$ zu berechnen.

Aufgabe 3.2.3

Verifizieren Sie mit Hilfe der Schwarzschen Ungleichung die Dreiecksungleichung:

$$| \, \| \alpha \| - \| \beta \| \, | \leq \| \alpha + \beta \| \leq \| \alpha \| + \| \beta \| .$$

Aufgabe 3.2.4

$| \psi_i \rangle$ sei ein System linear unabhängiger Hilbert-Vektoren, die jedoch nicht alle paarweise orthogonal sind. Zeigen Sie, daß rekursiv durch

$$| d_j \rangle = \frac{| \psi_j \rangle - \sum_{i=1}^{j-1} \langle d_i | \psi_j \rangle | d_i \rangle}{\| \left\{ | \psi_j \rangle - \sum_{i=1}^{j-1} \langle d_i | \psi_j \rangle | d_i \rangle \right\} \|}$$

ein System von orthonormalen Vektoren entsteht.

Aufgabe 3.2.5

1) $| v_1 \rangle$ und $| v_2 \rangle$ seien nicht-normierte, aber orthogonale, diskrete Vektoren eines Hilbert-Raums. Zeigen Sie, daß

$$| \varphi_1 \rangle = a | v_1 \rangle + i b | v_2 \rangle,$$
$$| \varphi_2 \rangle = a | v_1 \rangle - i b | v_2 \rangle$$

bei passend gewählten reellen Konstanten a und b orthonormiert sind.

2) Berechnen Sie Norm und Skalarprodukt der Vektoren:

$$| \psi_1 \rangle = \sqrt{\frac{2}{\pi}} \int\limits_a^{a+\pi} dp \, | v_p \rangle \cos p,$$

$$| \psi_2 \rangle = \sqrt{\frac{2}{\pi}} \int\limits_a^{a+\pi} dp \, | v_p \rangle \sin p.$$

$| v_p \rangle$ sei ein orthonormierter uneigentlicher (Dirac-)Vektor.

Aufgabe 3.2.6

$\mathcal{H}$ sei die Menge aller Spaltenvektoren

$$\mathbf{a} = \begin{pmatrix} a_1 \\ a_2 \\ \vdots \end{pmatrix} = (a_n),$$

deren Komponenten komplexe Zahlen sind mit

$$\sum_{n=1}^{\infty} |a_n|^2 < \infty.$$

Addition und Multiplikation mit einer komplexen Zahl seien komponentenweise erklärt:

$$\mathbf{a} + \mathbf{b} = (a_n + b_n),$$
$$c\,\mathbf{a} = (c\,a_n).$$

Das Skalarprodukt sei wie folgt definiert:

$$\mathbf{a} \cdot \mathbf{b} = \sum_{n=1}^{\infty} a_n^* \, b_n.$$

Zeigen Sie, daß $\mathcal{H}$ ein Hilbert-Raum ist.

Aufgabe 3.2.7

Bestimmen Sie die adjungierten Operatoren zu

1) $A + B$ $\quad$ (A, B : Operatoren),

2) $c\,A$ $\quad$ (A : Operator, $c \in \mathbb{C}$),

3) $|\varphi\rangle\langle\psi|$,

4) $\mathbf{1}$.

Aufgabe 3.2.8

1) Unter welcher Voraussetzung ist das Produkt zweier hermitescher Operatoren wieder ein hermitescher Operator?

2) A und B seien hermitesche Operatoren.

2a) Wie lautet der zum Kommutator $[A, B]_-$ adjungierte Operator?

2b) Suchen Sie einen geeigneten Zahlenfaktor, durch den aus $[A, B]_-$ ein hermitescher Operator wird!

Aufgabe 3.2.9

$|\alpha\rangle$ ist ein Eigenzustand des linearen hermiteschen Operators A. Berechnen Sie den Erwartungswert des Kommutators von A mit einem beliebigen Operator B im Zustand $|\alpha\rangle$:

$$\langle\alpha|[A, B]_-|\alpha\rangle.$$

Aufgabe 3.2.10

A, B, C seien lineare Operatoren mit

$$[A,B]_- = 0; \qquad [B,C]_- = 0.$$

Folgt daraus, daß auch $[A,C]_- = 0$ sein muß?

Aufgabe 3.2.11

A, B, C seien lineare Operatoren. Beweisen Sie für diese die folgenden nützlichen Relationen:

1) $[A,\, BC]_- = B[A,\, C]_- + [A,\, B]_-\, C$,

2) $[AB,\, C]_- = A[B,\, C]_- + [A,\, C]_-\, B$,

3) Jacobi-Identität:

$$[A,\, [B,\, C]_-]_- + [B,\, [C,\, A]_-]_- + [C,\, [A,\, B]_-]_- = 0.$$

Aufgabe 3.2.12

Für zwei Operatoren A und B gelte:

$$[A,\, B]_- = i\,\mathbf{1}.$$

Verifizieren sie, daß dann für $n = 1, 2, 3, \ldots$ folgt:

1) $[A,\, B^n]_- = i\, n\, B^{n-1} = i\, \frac{d}{dB}\, B^n$,

2) $[A^n,\, B]_- = i\, n\, A^{n-1} = i\, \frac{d}{dA}\, A^n$.

Aufgabe 3.2.13

P_L und P_M seien Projektionsoperatoren auf die Unterräume $L, M \in \mathcal{H}$. Verifizieren Sie die folgenden Eigenschaften:

1) P_M hängt nur von M, nicht jedoch von der speziellen Basis von M ab,

2) $P_M^+ = P_M$: hermitesch,

3) $P_M^2 = P_M$: idempotent.

4) Unter welchen Bedingungen sind auch

$$P_L\, P_M, \quad P_L + P_M, \quad P_L - P_M$$

Projektionsoperatoren? Auf welche Unterräume projizieren diese Operatorkombinationen?

Aufgabe 3.2.14

Gegeben sei ein zweidimensionaler Hilbert-Raum $\mathcal{H}$ mit einer VON-Basis $\{|\varphi_1\rangle, |\varphi_2\rangle\}$. Für den Operator A gelte:

$$A|\varphi_1\rangle = -|\varphi_2\rangle; \quad A|\varphi_2\rangle = -|\varphi_1\rangle.$$

1) Formulieren Sie A als Linearkombination von dyadischen Produkten $|\varphi_i\rangle\langle\varphi_j|$.

2) Ist A hermitesch?

3) Berechnen Sie $A\,A^+$, A^+A, A^2.

4) Bestimmen Sie Eigenwerte und Eigenzustände von A.

Aufgabe 3.2.15

Der lineare Operator A befolge die Eigenwertgleichung

$$A|a\rangle = a|a\rangle.$$

Der inverse Operator A^{-1} existiere. Zeigen Sie, daß er denselben Eigenzustand besitzt, und berechnen Sie den zugehörigen Eigenwert.

Aufgabe 3.2.16

Besitzt der Projektionsoperator $P(|\alpha\rangle) = |\alpha\rangle\langle\alpha|$ ein Inverses?

Aufgabe 3.2.17

1) Zeigen Sie, daß die Eigenwerte eines unitären Operators U komplexe Zahlen vom Betrag 1 sind.

2) Bleibt ein hermitescher Operator A auch nach unitärer Transformation hermitesch?

3) Bleiben zwei vertauschbare Operatoren A und B auch nach unitärer Transformation in jedem Fall vertauschbar?

Aufgabe 3.2.18

$f(A)$ und $g(A)$ seien Funktionen des Operators A. Beweisen Sie die Differentiationsregeln:

1)

$$\frac{d}{dA}\left(f(A) + g(A)\right) = \frac{df}{dA} + \frac{dg}{dA},$$

2)

$$\frac{d}{dA}\left(f(A)\,g(A)\right) = \frac{df}{dA}\,g(A) + f(A)\,\frac{dg}{dA},$$

3)

$$\frac{d}{dA}\,A^n = n\,A^{n-1}; \quad n = 1, 2, 3, \ldots$$

Aufgabe 3.2.19

Die Operatoren $A = A(\eta)$ und $B = B(\eta)$ sollen von einem reellen Parameter η abhängen. Beweisen Sie die folgenden Differentiationsregeln:

1)

$$\frac{d}{d\eta}\,(A\,B) = \frac{dA}{d\eta}\,B + A\,\frac{dB}{d\eta},$$

2)

$$\frac{d}{d\eta}\,A^n = \sum_{\mu=1}^{n} A^{\mu-1}\,\frac{dA}{d\eta}\,A^{n-\mu}; \quad n = 1, 2, \ldots\,,$$

3)

$$\frac{d}{d\eta}\,A^{-1} = -A^{-1}\,\frac{dA}{d\eta}\,A^{-1}.$$

Aufgabe 3.2.20

$|\,\rho\,\rangle = \begin{pmatrix} 1 \\ 1 \\ 0 \end{pmatrix}$ und $|\,\psi\,\rangle = \begin{pmatrix} 1 \\ 0 \\ 1 \end{pmatrix}$ seien zwei Vektoren des dreidimensionalen Hilbert-Raums $\mathcal{H}$, der durch die VON-Basis

$$|\,e_1\,\rangle = \begin{pmatrix} 1 \\ 0 \\ 0 \end{pmatrix}; \quad |\,e_2\,\rangle = \begin{pmatrix} 0 \\ 1 \\ 0 \end{pmatrix}; \quad |\,e_3\,\rangle = \begin{pmatrix} 0 \\ 0 \\ 1 \end{pmatrix}$$

aufgespannt wird.

1) Finden Sie die Matrixdarstellung des dyadischen Produkts

$$D = |\,\rho\rangle\langle\psi\,|.$$

2) Berechnen Sie den adjungierten Operator D^+. Ist D hermitesch?

3) Bestimmen Sie die Eigenwerte von D.

4) Zeigen Sie die Idempotenz von D. Ist D damit Projektionsoperator?

Aufgabe 3.2.21

Gegeben sei die hermitesche Matrix

$$H = \begin{pmatrix} H_{11} & H_{12} \\ H_{21} & H_{22} \end{pmatrix}.$$

1) Bestimmen Sie die Eigenwerte E_1 und E_2.

2) Berechnen Sie die zugehörigen Eigenzustände.

Aufgabe 3.2.22

Gegeben sei die Matrix

$$A = \begin{pmatrix} 3 & 2i \\ -2i & 0 \end{pmatrix}.$$

Bestimmen Sie

1) die Eigenwerte a_1, a_2,

2) die Eigenvektoren $|\,a_1\,\rangle$, $|\,a_2\,\rangle$,

3) die unitäre Transformation, die A diagonalisiert.

Aufgabe 3.2.23

Bestimmen Sie die unitäre Transformation, welche die Matrizen

$$A = \begin{pmatrix} 0 & -i \\ i & 0 \end{pmatrix} \text{ und } B = \begin{pmatrix} 1 & 0 \\ 0 & 1 \end{pmatrix}$$

gleichzeitig auf Diagonalgestalt bringt.

Aufgabe 3.2.24

Es sei

$$F = F(A, B)$$

eine Operatorfunktion. Zeigen sie, daß sich der transformierte Operator

$$\overline{F} = U\,F\,U^{+}$$

dadurch ergibt, daß man im Argument von F die transformierten Operatoren $\overline{A} = U\,A\,U^{+}$, $\overline{B} = U\,B\,U^{+}$ einsetzt:

$$\overline{F} = F(\overline{A}, \overline{B}).$$

Aufgabe 3.2.25

1) Beweisen Sie die *zyklische Invarianz* der Spur

$$\mathrm{Sp}\,(A\,B) = \mathrm{Sp}\,(B\,A).$$

A, B seien dabei zwei nicht notwendig vertauschbare Operatoren.

2) Zeigen Sie:

$$\mathrm{Sp}\,\overline{A} = \mathrm{Sp}\,A \qquad (\overline{A} = U\,A\,U^{+}).$$

Aufgabe 3.2.26

$|\,\alpha\rangle$, $|\,\beta\,\rangle$ seien zwei orthogonale Zustände. Berechnen Sie die Spur des dyadischen Produkts:

$$D = |\,\alpha\rangle\langle\beta\,|\,.$$

Aufgabe 3.2.27

Gegeben seien die folgenden Matrixdarstellungen der Operatoren L_x, $L_y\,L_z$:

$$L_x = \frac{\hbar}{\sqrt{2}}\begin{pmatrix} 0 & 1 & 0 \\ 1 & 0 & 1 \\ 0 & 1 & 0 \end{pmatrix}; \quad L_y = \frac{\hbar}{\sqrt{2}}\begin{pmatrix} 0 & -i & 0 \\ i & 0 & -i \\ 0 & i & 0 \end{pmatrix};$$

$$L_z = \hbar\begin{pmatrix} 1 & 0 & 0 \\ 0 & 0 & 0 \\ 0 & 0 & -1 \end{pmatrix}.$$

1) Zeigen Sie, daß alle drei Operatoren dieselben Eigenwerte besitzen.

2) Suchen Sie die unitäre Matrix U, die L_y diagonalisiert.

3) Berechnen Sie damit auch $\overline{L}_x = U\,L_x\,U^{+}$, $\overline{L}_z = U\,L_z\,U^{+}$.

3.3 Physikalische Interpretation

Was bedeutet eigentlich *Quantenmechanik verstehen*? Zunächst einmal muß natürlich der mathematische Formalismus beherrscht werden. Ohne diesen geht es nicht; es würde jede Basis für weiterführende Diskussionen fehlen! Hinzu kommen dann aber noch einige begriffliche Neuheiten der Quantenmechanik, um die wir unsere *klassische* Vorstellungswelt zu erweitern haben. Das dürfte in der Regel der schwierigere Teil für ein wirkliches Verstehen der Quantenmechanik sein. Dabei sind die begrifflichen Schwierigkeiten keineswegs der Theorie anzulasten, die sich bis heute als *korrekt* erwiesen hat, sondern ausschließlich in unserem eingeschränkten *klassischen* Vorstellungsvermögen zu suchen. Wir wollen deshalb in diesem Sinne unsere vorbereitenden, qualitativen Überlegungen aus Kapitel 3.1 nun mit den abstrakten mathematischen Begriffen aus Kapitel 3.2 in Verbindung bringen.

3.3.1 Postulate der Quantenmechanik

Wir hatten bereits die *Vorhersage und Interpretation von Ergebnissen physikalischer Messungen an atomaren (mikroskopischen) Systemen* als die wesentliche Aufgabe der Quantenmechanik formuliert. Wir müssen uns also insbesondere um die Bedeutung des Meßprozesses in der Quantenmechanik bemühen. Zunächst einmal haben wir zwei Klassen von physikalischen Größen zu unterscheiden. Die eine besteht aus den physikalisch-relevanten Größen, die sich direkt experimentell beobachten lassen. Die andere Klasse enthält die mittelbaren Größen, die der Messung nicht unmittelbar zugänglich sind, die aber unerläßlich sind, um theoretische Vorhersagen für das Experiment ableiten zu können. So haben der Zustandsvektor $|\psi\rangle$ oder der (lineare, hermitesche) Operator A eigentlich keine reale Bedeutung, sind aber unverzichtbar zur Darstellung objektiver Sachverhalte in Form von Erwartungswerten $\langle\psi|A|\psi\rangle$, Eigenwerten $a_i = \langle a_i|A|a_i\rangle$, Skalarprodukten $\langle\varphi|\psi\rangle$ und Wahrscheinlichkeiten, die sämtlich zu den relevanten Größen zählen.

Mit Hilfe der folgenden Postulate schaffen wir die grundlegende Verbindung zwischen der experimentellen Beobachtung und der Quantentheorie. Einige erscheinen durch unsere Vorüberlegungen vielleicht als *naheliegend*, letztlich müssen sie jedoch alle ihre Rechtfertigung aus der experimentellen Erfahrung, dem *höchsten Richter einer jeden Theorie*, beziehen.

Postulat 1

Meßapparatur für eine bestimmte physikalische Größe (Observable) $\Longleftrightarrow$ linearer, hermitescher Operator.

Dieses Postulat fordert implizit auch, daß, zumindest im Prinzip, für die interessierenden physikalischen Größen eine solche Meßapparatur stets realisierbar ist. Das steckt bereits im Begriff *Observable*.

Postulat 2

Reiner Zustand des Quantensystems $\Longleftrightarrow$ Hilbert-Vektor $|\psi\rangle$.

Was unter einem *reinen* Zustand zu verstehen ist, wurde in Kapitel 3.1.1 erläutert. Wir kommen auf diesen wichtigen Begriff aber noch einmal im Verlauf dieses Kapitels zurück.

Postulat 3

Messung $\hat{=}$ Wechselwirkung zwischen System und Apparatur	$\Longleftrightarrow$	Anwendung des Operators A auf den Zustand $\vert\,\psi\,\rangle$: $A\vert\,\psi\,\rangle = \sum\!\!\!\!\!\!\int_i a_i \vert\,a_i\,\rangle\langle\,a_i\,\vert\,\psi\,\rangle \underset{\text{Filter}}{\longrightarrow} \vert\,a_j\,\rangle\langle\,a_j\,\vert\,\psi\,\rangle.$

Zunächst sorgt die Apparatur für eine Spektralzerlegung des Zustands $|\,\psi\,\rangle$ in Komponenten *parallel* zu den Eigenzuständen $|\,a_i\,\rangle$ von A. Die eigentliche Messung wird durch einen Filter $P(a_i)$ (s. Kap. 3.1.2) bewerkstelligt, der **eine** Komponente *herausfiltert*. Man spricht von einer *Zustandsreduktion* des Systemzustands $|\,\psi\,\rangle$.

Postulat 4

$$\text{Meßergebnisse} \Longleftrightarrow \text{Eigenwerte } a_i \text{ des Operators } A.$$

Welcher Eigenwert tatsächlich gemessen wird, ist im allgemeinen unsicher, nur durch Wahrscheinlichkeitsaussagen abgrenzbar. Dazu benötigen wir

Postulat 5

$$\text{Meßwahrscheinlichkeit für } a_i \Longleftrightarrow w(a_i\,|\,\psi) = |\,\langle\,a_i\,|\,\psi\,\rangle\,|^2.$$

Die Klassische Mechanik ist in dem Sinne deterministisch, daß alle Observablen, insbesondere Ort und Impuls, nach Lösung entsprechender Bewegungsgleichungen mit beliebiger Genauigkeit bestimmt werden können. Dieser Determinismus existiert in der Quantenmechanik nicht. Ihre Aussagen sind wesentlich schwächer, da sie nur auf Fragen der folgenden Art antworten kann:

a) *Welche Resultate sind überhaupt möglich?*

Der tatsächliche Meßwert gehört zu einem Satz von Zahlen, die man als Eigenwerte der entsprechenden Observablen berechnen kann. Diese können eine diskrete Mannigfaltigkeit bilden oder auch ganze Werteintervalle kontinuierlich ausfüllen. Die Beantwortung der Frage a) zielt damit auf eine Eigenschaft der Meßapparatur, unabhängig von dem zu untersuchenden System!

b) *Mit welcher Wahrscheinlichkeit wird ein möglicher Meßwert tatsächlich beobachtet?*

Nach Postulat 5 wird diese Frage durch den Systemzustand $|\psi\rangle$ beantwortet! Offensichtlich ist diese Wahrscheinlichkeit nur dann gleich 1, also nur dann eine Gewißheit, wenn $|\psi\rangle$ mit dem Eigenzustand $|a_i\rangle$ von A identisch ist. Es ist typisch für die Quantenmechanik – und in dem Sinne ist sie nicht deterministisch –, daß sie in der Regel nicht exakt vorhersagen kann, welches der *möglichen* Resultate tatsächlich bei einer Einzelmessung auftritt. Es lassen sich lediglich Wahrscheinlichkeitsverteilungen für viele Messungen am gleichen System oder für eine Messung an einer großen Zahl ($N \to \infty$) äquivalenter Einzelsysteme berechnen (s. Doppelspaltexperiment in Kap. 2.1.3).

In den nächsten Abschnitten wollen wir diese Überlegungen noch etwas vertiefen.

3.3.2 Meßprozeß

Am Meßprozeß sind drei selbständige Komponenten beteiligt:

1) System, 2) Meßapparatur, 3) Beobachter.

Nur durch Wechselwirkungen zwischen diesen Komponenten kann eine Messung zustandekommen. Die klassische Physik geht grundsätzlich davon aus, daß alle diese Wechselwirkungen im Prinzip beliebig klein gemacht werden können, so daß weder die Eigenschaften des Systems 1) noch die Funktion von 2) nennenswert beeinflußt werden. Diese Annahme ist für die Quantenphysik nicht mehr haltbar. Die wechselseitige Beeinflussung von 2) und 3) kann zwar weiterhin vernachläßigt werden, nicht mehr jedoch die von 1) und 2). Das Einschalten der (makroskopischen) Meßapparatur führt zwangsläufig zu einer unkontrollierbaren Störung des (atomaren, mikroskopischen) Systems. Eine Messung wird in der Regel dessen Zustand ändern, so daß eine anschließende, zweite Messung das System bereits in einem anderen Zustand antreffen wird. Verschiedene Meßaparaturen, verschiedenen Observablen entsprechend, ändern den Systemzustand in unterschiedlicher Weise, so daß es durchaus nicht unbedingt dieselben Endresultate geben muß, wenn wir verschiedene Observable in unterschiedlicher Reihenfolge messen. In einem solchen Fall sagt man, daß die beiden Größen nicht gleichzeitig scharf gemessen werden können. Die zugehörigen Operatoren sind nicht vertauschbar; sie gelten als nicht-verträglich.

Wir wollen einmal etwas genauer eine Meßapparatur für die Observable A untersuchen, die wir in Kapitel 3.1.2 abstrakt als Filter $P(a_i)$ ($\hat{=}$ Trenner $T(A)$ + Blenden) eingeführt haben. A habe ein diskretes Spektrum. Das System befinde sich vor der Messung im als bekannt vorausgesetzten Zustand $|\psi\rangle$. Durch das Filter $P(a_i)$ geht das System in einen Eigenzustand $|a_i\rangle$ der Observablen A über (Postulat 3, Bild auf S. 7), gemessen wird der zugehörige Eigenwert a_i (Postulat 4). In welchen Zustand $|a_i\rangle$ das System tatsächlich wechselt, ist allerdings unbestimmt. Wir kennen nach Postulat 5 nur die Wahrscheinlichkeit, mit der ein bestimmter Wert a_i gemessen wird. Man kann diese Wahrscheinlichkeit als Erwartungswert des Projektionsoperators

$$P(a_i) = |\, a_i \rangle\langle a_i \,|$$

schreiben:

$$w(a_i \,|\, \psi) = |\langle a_i \,|\, \psi \rangle|^2 = \langle \psi \,|\, P(a_i) \,|\, \psi \rangle. \tag{3.127}$$

In diesem Sinne ist auch der Projektor eine Observable, die mit ja oder nein auf die Frage antwortet, ob sich das System im Zustand $|\, a_i \rangle$ befindet oder nicht. Dementsprechend sind die Eigenwerte 1 und 0 (3.83). Der Erwartungswert ist dann eine Zahl zwischen 0 und 1.

Mit der Vollständigkeitsrelation (3.69) folgt, daß sich das System nach der Messung auf jeden Fall in irgendeinem Eigenzustand befindet:

$$\sum_i w(a_i \,|\, \psi) = \sum_i \langle \psi \,|\, a_i \rangle\langle a_i \,|\, \psi \rangle = \langle \psi \,|\; \mathbf{1} \;|\, \psi \rangle = \langle \psi \,|\, \psi \rangle = 1.$$

Gemessen wird also mit Sicherheit ein Eigenwert aus dem Spektrum von A. Eine sofortige zweite Messung mit derselben Apparatur, demselben Filter, liefert genau denselben Wert, da sich das System dann ja bereits in einem Eigenzustand von A befindet. Die Wahrscheinlichkeit, einen anderen Eigenwert bei der zweiten Messung zu finden, ist also Null. Das entspricht unseren qualitativen Überlegungen aus Kapitel 3.1.2 (s. (3.3)):

$$w(a_j \,|\, a_i) = |\langle a_j \,|\, a_i \rangle|^2 = \delta_{ij}. \tag{3.128}$$

Die Eigenzustände von A müssen also orthonormal sein; ein Grund, warum wir Observable durch hermitesche Operatoren (Postulat 1) darstellen müssen.

Praktisch dieselben Überlegungen gelten auch für Observable mit kontinuierlichem Spektrum. Man muß dabei allerdings beachten, daß jedes reale Meßsystem den Meßwert nur bis auf eine endliche Breite festlegen kann. Der Ausgangszustand $|\, \psi \rangle$ wird durch die Messung nun in folgender Weise manipuliert:

$$|\, \psi \rangle \overset{\text{Messung}}{\Longrightarrow} \int\limits_{j-\frac{1}{2}\Delta j}^{j+\frac{1}{2}\Delta j} dj' \, |\, \bar{a}_{j'} \rangle\langle \bar{a}_{j'} \,|\, \psi \rangle. \tag{3.129}$$

Die Eigenzustände $|\, \bar{a}_j \rangle$ sind nun Dirac-Vektoren ((3.43), (3.44)). Der Meßwert wird also innerhalb eines Intervalls der Breite Δj liegen und mit der Wahrscheinlichkeit

$$w_{\Delta j}(a_j \,|\, \psi) = \int\limits_{j-\frac{1}{2}\Delta j}^{j+\frac{1}{2}\Delta j} dj' \, |\langle \bar{a}_{j'} \,|\, \psi \rangle|^2 \tag{3.130}$$

tatsächlich gemessen werden. Das Betragsquadrat ist jetzt also eine Wahrscheinlichkeitsdichte, so wie wir es mit $\rho(\mathbf{r})$ (2.26) für den Spezialfall einer Ortsmessung in Kapitel 2 bereits diskutiert haben. Das Skalarprodukt $\langle \bar{\mathbf{r}} \,|\, \psi \rangle$ zwischen dem (uneigentlichen) Ortseigenzustand $|\, \bar{\mathbf{r}} \rangle$ und dem Zustand $|\, \psi \rangle$ werden wir in der Tat später als die dem Systemzustand $|\, \psi \rangle$ zugeordnete Wellenfunktion (*Ortsdarstellung*) identifizieren (3.238). – Auch die Ortseigenzustände bilden ein vollständiges System, so daß jedes $|\, \psi \rangle$ nach ihnen entwickelt werden kann:

$$|\, \psi \rangle = \int d^3r' \,|\, \bar{\mathbf{r}}' \rangle \langle \bar{\mathbf{r}}' \,|\, \psi \rangle. \tag{3.131}$$

Das Integral erstreckt sich über den gesamten Raum. $|\, \psi \rangle$ beschreibe zum Beispiel den Zustand eines Elektrons. Führen wir an diesem nun mit Hilfe eines Detektors, der das kleine Volumen $v(\mathbf{r})$ bei $\mathbf{r}$ *abdecken* möge, eine Ortsmessung durch, so geht das Elektron durch die Messung in den Zustand $|\, \widehat{\psi}(\mathbf{r}) \rangle$ über:

$$|\, \psi \rangle \overset{\text{Messung}}{\Longrightarrow} |\, \widehat{\psi}(\mathbf{r}) \rangle = \int\limits_{v(\mathbf{r})} d^3r' \,|\, \bar{\mathbf{r}}' \rangle \langle \bar{\mathbf{r}}' \,|\, \psi \rangle. \tag{3.132}$$

Die Wahrscheinlichkeit, das Elektron tatsächlich im Volumen $v(\mathbf{r})$ anzutreffen, ist durch

$$w(\mathbf{r} \,|\, \psi) = \int\limits_{v(\mathbf{r})} d^3r' \,|\, \langle \bar{\mathbf{r}}' \,|\, \psi \rangle \,|^2 \tag{3.133}$$

gegeben. Das knüpft nahtlos an die Überlegungen von Kapitel 2 an. Wir erkennen, daß die Schrödingersche Wellenmechanik eine spezielle Realisierung des abstrakten quantenmechanischen Apparates darstellt.

Im Falle eines entarteten Eigenwerts a schreiben wir anstelle von (3.127) bzw. (3.130) für die Meßwahrscheinlichkeit:

$$w(M(a) \,|\, \psi) = \langle \psi \,|\, P_{M(a)} \,|\, \psi \rangle. \tag{3.134}$$

$P_{M(a)}$ ist der Projektionsoperator auf den gesamten Eigenraum $M(a)$ zum entarteten Eigenwert a:

$$P_{M(a)} = \sum_{M(a)} |\, a_j \rangle \langle a_j \,|. \tag{3.135}$$

Hierin sind (3.127) und (3.130) als Spezialfälle enthalten.

Für Einzelmessungen sind die bislang eingeführten Wahrscheinlichkeiten eigentlich *leere*, d.h. nicht-kontrollierbare Ausdrücke. Erst durch eine große Zahl ($N \to \infty$) von Messungen an demselben System unter stets gleichen Bedingungen oder gleichzeitig an vielen, nicht-wechselwirkenden, völlig äquivalenten Systemen läßt sich die Wahrscheinlichkeitsfunktion w über die Verteilung (*Streuung*) der Einzelresultate direkt sichtbar machen. In einem solchen Zusammenhang ist es sinnvoll, wie in Kapitel 2.2.6 bereits geschehen, Mittel- bzw. Erwartungswerte für die Messung der Observablen A an einem System (Menge von Systemen) im Zustand $|\,\psi\,\rangle$ einzuführen. Diese erhalten wir plausiblerweise durch die Vorschrift, jeden denkbaren Meßwert mit der Wahrscheinlichkeit seines Auftretens zu multiplizieren und dann aufzusummieren:

$$\begin{aligned} \sum\!\!\!\!\!\!\!\int_i a_i w(a_i\,|\,\psi) &= \sum\!\!\!\!\!\!\!\int_i a_i\,|\,\langle\, a_i\,|\,\psi\,\rangle\,|^2 = \\ &= \sum\!\!\!\!\!\!\!\int_i \langle\,\psi\,|\,A\,|\,a_i\,\rangle\langle\, a_i\,|\,\psi\,\rangle = \langle\,\psi\,|\,A\,|\,\psi\,\rangle \end{aligned} \tag{3.136}$$

Erwartungswert von A im Zustand $|\,\psi\,\rangle$.

Für ein diskretes Spektrum läßt sich diese Beziehung auch wie folgt schreiben:

$$\langle\,\psi\,|\,A\,|\,\psi\,\rangle = \sum_i \langle\, a_i\,|\,\psi\,\rangle\langle\,\psi\,|\,A\,|\,a_i\,\rangle = \mathrm{Sp}\,\big(P(\psi)\,A\big). \tag{3.137}$$

An diesem Ausdruck werden wir im übernächsten Kapitel ablesen können, daß der Projektor $P(|\,\psi\,\rangle)$ der noch einzuführenden Dichtematrix des reinen Zustands $|\,\psi\,\rangle$ entspricht.

Ganz analog zu (2.84) können wir eine *mittlere quadratische Schwankung* als Maß für die *Streuung* der Meßresultate um den Erwartungswert definieren:

$$\Delta A_\psi = (\langle\,\psi\,|\,A^2\,|\,\psi\,\rangle - \langle\,\psi\,|\,A\,|\,\psi\,\rangle^2)^{1/2}. \tag{3.138}$$

ΔA_ψ ist genau dann Null, wenn $|\,\psi\,\rangle$ Eigenzustand zu A ist. Die eine Richtung des Beweises ist trivial. Ist $|\,\psi\,\rangle$ Eigenzustand ($A\,|\,\psi\,\rangle = a\,|\,\psi\,\rangle$), verschwindet natürlich die rechte Seite von (3.138). Es gibt aber auch die Umkehrung. Sei $\Delta A_\psi = 0$, dann folgt:

$$\begin{aligned} 0 &= \langle\,\psi\,|\,A^2\,|\,\psi\,\rangle - \langle\,\psi\,|\,A\,|\,\psi\,\rangle^2 = \langle\,\psi\,|\,(A - \langle\,\psi\,|\,A\,|\,\psi\,\rangle)^2\,|\,\psi\,\rangle = \\ &= \langle\,\psi\,|\left(\sum_j |\,a_j\,\rangle\langle\, a_j\,|\,a_j - \langle\,\psi\,|\,A\,|\,\psi\,\rangle\right)^2 |\,\psi\,\rangle = \\ &= \langle\,\psi\,|\sum_j |\,a_j\,\rangle\langle\, a_j\,|\,(a_j - \langle\,\psi\,|\,A\,|\,\psi\,\rangle)^2\,|\,\psi\,\rangle = \\ &= \sum_j \langle\,\psi\,|\,a_j\,\rangle\langle\, a_j\,|\,\psi\,\rangle(a_j - \langle\,\psi\,|\,A\,|\,\psi\,\rangle)^2. \end{aligned}$$

In der dritten Zeile haben wir die Orthogonalität der Eigenzustände $|\,a_j\,\rangle$ ausgenutzt. Die Summanden sind sämtlich nicht negativ. Es muß deshalb jeder für sich bereits Null sein:

$$\langle\,\psi\,|\,a_j\,\rangle\langle\,a_j\,|\,\psi\,\rangle(a_j - \langle\,\psi\,|\,A\,|\,\psi\,\rangle)^2 = 0.$$

Die Eigenzustände $|\,a_j\,\rangle$ bilden ein VON-System. Es muß deshalb mindestens ein j geben, für das $\langle\,a_j\,|\,\psi\,\rangle \neq 0$ ist. Dann muß aber die Klammer verschwinden: $a_j = \langle\,\psi\,|\,A\,|\,\psi\,\rangle$. Da $\langle\,\psi\,|\,A\,|\,\psi\,\rangle$ eine j-unabhängige Zahl ist, muß ferner für alle nicht mit $|\,a_j\,\rangle$ entarteten Zustände $|\,a_k\,\rangle$ die Klammer von Null verschieden sein und deswegen $\langle\,a_k\,|\,\psi\,\rangle = 0$ gelten. Damit ist $|\,\psi\,\rangle$ ein Eigenzustand zu A, parallel zu $|\,a_j\,\rangle$ und senkrecht zu allen anderen $|\,a_k\,\rangle$.

3.3.3 Verträgliche, nicht-verträgliche Observable

Typische Unterschiede zur klassischen Physik treten bei der Beschreibung von kombinierten Messungen zweier Observablen A und B zu Tage. Klassisch betrachtet ist die Reihenfolge, in der wir die beiden Teilmessungen durchführen – ob erst A und dann B oder umgekehrt –, völlig belanglos, da keine der beiden Messungen den Zustand des Systems ändert. Unabhängig von der Reihenfolge liegt stets dieselbe Ausgangssituation vor. Das gilt nun allerdings für die Quantenmechanik nicht mehr. Die charakteristische Nicht-Vertauschbarkeit von Operatoren haben wir schon in verschiedenen Zusammenhängen kennengelernt (s. Kap. 2.3.2, 3.1.1). Wir sind nun aber in der Lage, diese mit dem quantenmechanischen Meßprozeß in Verbindung zu bringen.

Der Ausgangszustand des Systems sei $|\,\psi\,\rangle$, auf den wir zunächst A, dann B anwenden. Die erste Messung möge den Eigenwert a_i liefern, die zweite den Eigenwert b_j:

$$\begin{aligned} |\,\psi\,\rangle \xrightarrow{A} |\,\psi_1\,\rangle &= |\,a_i\,\rangle\langle\,a_i\,|\,\psi\,\rangle \\ &\downarrow B \\ |\,\psi_2\,\rangle &= |\,b_j\,\rangle\langle\,b_j\,|\,\psi_1\,\rangle. \end{aligned} \tag{3.139}$$

Wie in Kapitel 3.1.2 wollen wir Observable als *verträglich* bezeichnen, wenn sie sich bei der Messung nicht *stören*, so daß es auf die Reihenfolge ihrer Anwendung nicht ankommt. Das bedeutet insbesondere, daß in der skizzierten Anordnung (3.139) eine nochmalige Messung von A *mit Sicherheit* wieder den Meßwert a_i liefert. Der Endzustand $|\,\psi_2\,\rangle$ in (3.139) ist also gleichzeitig Eigenzustand zu A **und** B. Das bedeutet nach (3.64):

$$A, B \text{ verträglich} \iff [A, B]_- = 0. \tag{3.140}$$

Wir müssen aber andererseits auch schließen, daß der aus der Messung von A resultierende Zustand $|\psi_1\rangle$ noch bezüglich der Eigenwerte von B unbestimmt (entartet) ist. Es kann sich noch nicht um einen *vollständig präparierten*, reinen Zustand handeln. Durch die nachfolgende Anwendung von B wird zumindest ein Teil der Unkenntnis aufgehoben. $|\psi_2\rangle$ ist bereits durch zwei Zahlenangaben charakterisiert:

$$|\psi_2\rangle \sim |a_i\, b_j\rangle, \text{ falls } [A, B]_- = 0.$$

Gibt es eine weitere Observable C, die sowohl mit A als auch mit B vertauscht, so ist auch $|\psi_2\rangle$ noch unbestimmt. Es muß noch C gemessen werden. Das Verfahren muß so lange fortgesetzt werden, bis ein *vollständiger Satz* kommutierender Observabler zu einer *eindeutigen Präparation* des Zustands geführt hat.

Definition:

> Observable $A, B, C, \ldots, M$ bilden einen **vollständigen** (maximalen) Satz von kommutierenden Observablen, wenn es **genau ein** gemeinsames System von Eigenzuständen gibt.

Definition:

> Ein **reiner Zustand** wird durch Messung eines vollständigen Satzes von kommutierenden Observablen $A, B, C, \ldots, M$ **präpariert:**
>
> $$|\psi\rangle = |a\, b\, c \ldots m\rangle.$$

Diese letzte Definition haben wir uns bereits in Kapitel 3.1.2 qualitativ klargemacht.

Nicht-verträgliche Observable A und B haben keinen gemeinsamen Satz von Eigenzuständen, sind deshalb nicht vertauschbar. Eine Anwendung von A auf $|\psi_2\rangle$ in (3.139) liefert nicht mehr mit Sicherheit den Meßwert a_i. Der durch A bewirkte Präparationseffekt wird durch B wieder aufgehoben. Der Zusatz *nicht mehr mit Sicherheit* ist wichtig. Natürlich ergibt die Messung von A an **jedem** Zustand das **gesamte** Spektrum, also auch a_i, jedoch nicht mehr mit der Wahrscheinlichkeit 1. Nach der B-Messung ist die Zahl a_i für den Zustand $|\psi_2\rangle$ keine sinnvolle Kennzeichnung mehr.

Im Anschluß an die Definition (3.138) hatten wir gezeigt, daß die mittlere quadratische Schwankung ΔA_ψ genau dann Null wird, wenn $|\psi\rangle$ ein Eigenzustand der Observablen A ist. Die Aussage, daß A und B **keinen** gemeinsamen VON-Satz von Eigenzuständen besitzen, ist also gleichbedeutend damit, daß die *Streuungen* ΔA_ψ und ΔB_ψ im allgemeinen nicht *gleichzeitig* Null werden können. A und B können nicht simultan für denselben Zustand $|\psi\rangle$ scharf gemessen werden. In der Regel wird das Produkt $\Delta A_\psi\, \Delta B_\psi$ echt größer als Null sein, für das wir deshalb nun eine untere Schranke berechnen wollen.

Wenn A und B hermitesche Operatoren sind, dann sind auch

$$a = A - \langle \psi | A | \psi \rangle \, \mathbf{1}; \quad b = B - \langle \psi | B | \psi \rangle \, \mathbf{1}$$

hermitesch, so daß die Streuungen ΔA_ψ, ΔB_ψ,

$$\begin{aligned} \Delta A_\psi^2 &= \langle \psi | (A - \langle \psi | A | \psi \rangle \, \mathbf{1})^2 | \psi \rangle = \| a\psi \|^2, \\ \Delta B_\psi^2 &= \langle \psi | (B - \langle \psi | B | \psi \rangle \, \mathbf{1})^2 | \psi \rangle = \| b\psi \|^2, \end{aligned} \tag{3.141}$$

als *Längen* der Vektoren $a | \psi \rangle$ und $b | \psi \rangle$ verstanden werden können. Die Schwarzsche Ungleichung (3.20) liefert dann die Abschätzung:

$$\Delta A_\psi^2 \, \Delta B_\psi^2 \geq | \langle a\psi | b\psi \rangle |^2 = \langle \psi | a\, b | \psi \rangle \langle \psi | b\, a | \psi \rangle.$$

Das Produkt zweier hermitescher Operatoren ist nur dann hermitesch, wenn die beiden Operatoren kommutieren. In den Zerlegungen

$$\begin{aligned} a\, b &= \frac{1}{2}(a\, b + b\, a) + \frac{1}{2}[a, b]_-, \\ b\, a &= \frac{1}{2}(a\, b + b\, a) - \frac{1}{2}[a, b]_- \end{aligned}$$

ist der jeweils erste Summand hermitesch, der zweite dagegen antihermitesch. Ein Operator X wird *antihermitesch* genannt, falls für ihn $X^+ = -X$ gilt. Der Operator $i\, X$ ist dann hermitesch. Die Ungleichung

$$\Delta A_\psi^2 \, \Delta B_\psi^2 \geq \frac{1}{4} \langle \psi | (a\, b + b\, a) | \psi \rangle^2 + \frac{1}{4} \langle \psi | i[a, b]_- | \psi \rangle^2$$

enthält auf der rechten Seite die Erwartungswerte von hermiteschen Operatoren, die nach (3.63) reell sein müssen. Das rechtfertigt schließlich die Abschätzung

$$\Delta A_\psi \, \Delta B_\psi \geq \frac{1}{2} | \langle \psi | [A, B]_- | \psi \rangle |, \tag{3.142}$$

wobei wir noch von $[a, b]_- = [A, B]_-$ Gebrauch gemacht haben. Dieses ist ein bemerkenswertes Ergebnis! Die Größen auf der linken Seite betreffen als *Streuungen* der Meßwerte von A und B an einem System im Zustand $| \psi \rangle$ die *Unbestimmtheit* in der quantenmechanischen Messung. Diese ist offenbar korreliert mit der *Nicht-Vertauschbarkeit* von Operatoren. Man bezeichnet (3.142) als

verallgemeinerte Heisenbergsche Unbestimmtheitsrelation.

Sie verknüpft zwei typische quantenmechanische Phänomene. – Für den Ort q und den Impuls p (eindimensional!) eines Teilchens folgt aus $[q, p]_- = i\, \hbar$ (2.102) die eigentliche Heisenbergsche Unschärferelation (1.5):

$$\Delta p \, \Delta q \geq \frac{\hbar}{2}. \tag{3.143}$$

In diesem Spezialfall ist die untere Schranke sogar unabhängig vom Systemzustand $|\psi\rangle$. Ansonsten kann es natürlich durchaus spezielle Zustände $|\psi\rangle$ geben, für die die rechte Seite von (3.142) verschwindet. Die *Nicht-Verträglichkeit* der Operatoren A und B schließt natürlich auch nicht aus, daß es doch den einen oder anderen gemeinsamen Eigenzustand gibt.

3.3.4 Dichtematrix (Statistischer Operator)

In unseren bisherigen Überlegungen sind wir davon ausgegangen, daß die zu diskutierenden Quantensysteme in reinen Zuständen vorliegen. Durch Postulat 2 wird einem solchen reinen Zustand ein Hilbert-Vektor $|\psi\rangle$ zugeordnet. Auch bei der Untersuchung des Meßprozesses haben wir angenommen, daß der Zustand vor der Messung *vollständig präpariert* ist. Das heißt, daß ein vollständiger Satz kommutierender Observabler gemessen wurde. Erst dann *kennen* wir den Zustand. Nun macht man sich aber leicht klar, daß in den meisten praktischen Fällen eine vollständige Präparation illusorisch ist. Man denke nur an einen makroskopischen Festkörper, der sich aus einigen 10^{23} Atomkernen und Elektronen aufbaut. Wie will man für diesen zu einer vollständigen Information gelangen? Man braucht aber auch gar nicht unbedingt nur makroskopische Systeme im Auge zu haben. Auch bei an sich einfachen Systemen können unvollständige Voruntersuchungen die Definition eines reinen Zustands verhindern. Als Beispiele können Streuversuche mit unpolarisierten Elektronen genannt werden.

Auf der anderen Seite scheint die vollständige Präparation eines reinen Zustands zur Deutung empirischer Befunde gar nicht immer unbedingt vonnöten zu sein. Die Thermodynamik zum Beispiel kommt innerhalb gewisser Grenzen durchaus zu befriedigenden Ergebnissen, obwohl sie sich nur makroskopischer Variabler wie Druck, Volumen, Energie, Magnetisierung bedient.

Steht einer quantenmechanischen Beschreibung nur ein unvollständiger Satz von Angaben über das System zur Verfügung, so müssen die bisher entwickelten Methoden noch durch statistische Verfahren ergänzt werden. Ein entsprechendes Konzept benutzt die nun einzuführende Dichtematrix, für die auch die Bezeichnungen Dichteoperator oder Statistischer Operator verwendet werden. Es handelt sich um die allgemeinste Form der quantenmechanischen Beschreibung von physikalischen Systemen. Die Dichtematrix ist von zentraler Bedeutung für die Quantenstatistik, mit der sich der sechste Band dieses **Grundkurs: Theoretische Physik** befassen wird.

Wenn der Satz von Observablen, der zu einem bestimmten Zeitpunkt gemessen wurde, nicht vollständig ist, wenn man also über das System nicht genügend Information besitzt, so sagt man, das System sei *schwach präpariert* bzw. befände sich in einem *gemischten Zustand.*

In diesem Fall ist es nicht durch einen Hilbert-Vektor beschreibbar. Es sei jedoch die folgende Aussage möglich:

Das System befindet sich mit der Wahrscheinlichkeit p_m in dem reinen Zustand $|\,\psi_m\,\rangle$; $m = 1, 2, \ldots$

$$0 \leq p_m \leq 1; \qquad \sum_m p_m = 1. \tag{3.144}$$

$|\,\psi_m\,\rangle$ ist simultaner Eigenzustand zu den Observablen, die tatsächlich gemessen wurden, und zu denen, deren Messungen zur vollständigen Präparierung fehlen. $|\,\psi_m\,\rangle$ ist also einer der *denkbaren* Zustände, in denen sich das System, über das wir nur unvollständig informiert sind, befinden könnte. Es ist eine der wesentlichen Aufgaben der Quantenstatistik (Band 6), für die zugeordneten Wahrscheinlichkeiten p_m konkrete Ausdrücke zu entwickeln. Als Eigenzustände zu Observablen können wir die $|\,\psi_m\,\rangle$ als orthonormiert voraussetzen:

$$\langle\,\psi_m\,|\,\psi_n\,\rangle = \delta_{mn}. \tag{3.145}$$

Benötigt wird für das Folgende eigentlich nur die Normierung, nicht unbedingt die Orthogonalität. Der Einfachheit halber beziehen sich unsere Überlegungen hier auf den Fall, daß m ein diskreter Index ist. Die Übertragung auf den kontinuierlichen Fall ist unproblematisch.

Wenn das System sich im reinen Zustand $|\,\psi_m\,\rangle$ befände, so würde für die Observable A der Erwartungswert $\langle\,\psi_m\,|\,A\,|\,\psi_m\,\rangle$ gemessen. Unsere unvollständige Information über das System erzwingt nun aber eine zusätzliche statistische Mittelung, da wir nur die Wahrscheinlichkeit p_m kennen, mit der das System tatsächlich diesen Zustand annimmt:

Erwartungswert von A im gemischten Zustand

$$\langle\,A\,\rangle = \sum_m p_m \langle\,\psi_m\,|\,A\,|\,\psi_m\,\rangle. \tag{3.146}$$

Man beachte die beiden unterschiedlichen Mittelungstypen. Die statistische Mittelung über die Gewichte p_m resultiert aus unserer unvollständigen Information, könnte also durch entsprechende Zusatzmessungen ganz oder teilweise aufgehoben werden. Die quantenmechanische Mittelung ist dagegen prinzipieller Natur. Sie ist, wie wir in den vorangegangenen Abschnitten diskutiert haben, eine Folge des Ausgangs des quantenmechanischen Meßprozesses. Die quantenmechanische Mittelung ($\{\,|\,b_i\,\rangle\}$: VON-System)

$$\langle\,\psi_m\,|\,A\,|\,\psi_m\,\rangle = \sum_{i,j}\!\!\!\!\!\!\!\int \langle\,\psi_m\,|\,b_i\,\rangle\, A_{ij} \langle\,b_j\,|\,\psi_m\,\rangle,$$

$$A_{ij} = \langle\,b_i\,|\,A\,|\,b_j\,\rangle \tag{3.147}$$

erfolgt über Wahrscheinlichkeitsamplituden $\langle b_j | \psi_m \rangle$, betrifft also Zustände und führt zu den bekannten Interferenzeffekten. Die statistische Mittelung greift dagegen direkt Erwartungswerte und nicht Zustände an, so daß die verschiedenen reinen Zustände $|\psi_m\rangle$ des Gemisches nicht miteinander interferieren. Der gemischte Zustand resultiert also aus einer inkohärenten Superposition von reinen Zuständen.

Eine einheitliche Bearbeitung der beiden unterschiedlichen Mittelungsprozesse gelingt mit Hilfe der

Dichtematrix (Statistischer Operator)

$$\rho = \sum_m p_m |\psi_m\rangle\langle\psi_m| , \tag{3.148}$$

die von überragender Wichtigkeit für die gesamte Quantenstatistik ist. So wie in (3.146) wird in (3.148) über alle *denkbaren* reinen Zustände summiert. Wir wollen die wichtigsten Eigenschaften der Dichtematrix (besser eigentlich: Dichteoperator) in Form einer Liste zusammenstellen:

1) Erwartungswerte

$\{|\varphi_n\rangle\}$ sei ein beliebiges VON-System. Dann gilt für den Erwartungswert einer Observablen A, ausgehend von (3.146):

$$\begin{aligned}\langle A\rangle &= \sum_m \sum_{i,j} p_m \langle\psi_m|\varphi_i\rangle\langle\varphi_i|A|\varphi_j\rangle\langle\varphi_j|\psi_m\rangle = \\ &= \sum_{i,j} \langle\varphi_i|A|\varphi_j\rangle \sum_m p_m \langle\varphi_j|\psi_m\rangle\langle\psi_m|\varphi_i\rangle = \\ &= \sum_{i,j} A_{ij}\,\rho_{ji} = \sum_i (A\,\rho)_{ii}.\end{aligned}$$

Mit ρ lassen sich also – nicht verblüffend, da der ursprünglichen Zielsetzung entsprechend –, Erwartungswerte von Observablen berechnen:

$$\langle A\rangle = \mathrm{Sp}\,(\rho\,A) = \mathrm{Sp}\,(A\,\rho). \tag{3.149}$$

Wir erinnern uns an die Unabhängigkeit der Spur von der verwendeten VON-Basis. Darin kann ein großer rechentechnischer Vorteil liegen. Man wird zur expliziten Auswertung eine möglichst *günstige* Basis verwenden.

2) $\rho = \rho^+$: hermitesch

Damit ist ρ selbst als Observable interpretierbar. Der Beweis der Hermitezität folgt direkt aus der Definition (3.148). Die Gewichte p_m sind reell und der Projektionsoperator $|\psi_m\rangle\langle\psi_m|$ ist hermitesch.

3) ρ : positiv definit

Es gilt nämlich für einen beliebigen Zustand $|\varphi\rangle$:

$$\langle\varphi|\rho|\varphi\rangle = \sum_m p_m |\langle\varphi|\psi_m\rangle|^2 \geq 0. \tag{3.150}$$

Der Erwartungswert von ρ im normierten Zustand $|\varphi\rangle$ stellt die Wahrscheinlichkeit dafür dar, das System in diesem Zustand $|\varphi\rangle$ anzutreffen. Wenn wir die Dichtematrix in der VON-Basis $\{|a_i\rangle\}$ der Observablen A darstellen, so steht in der Diagonalen an der i-ten Stelle gerade die Wahrscheinlichkeit für die Messung von a_i am gemischten Zustand.

Wir hatten im Zusammenhang mit (3.127) den Projektor $P(\psi) = |\psi\rangle\langle\psi|$ als Observable identifiziert, die mit ja (1) oder nein (0) beantwortet, ob sich das System im Zustand $|\psi\rangle$ befindet oder nicht. Der Erwartungswert $\langle\varphi|P(\psi)|\varphi\rangle$ in einem reinen Zustand $|\varphi\rangle$ entspricht dann nach (3.127) der Wahrscheinlichkeit, mit der $|\varphi\rangle$ in $|\psi\rangle$ enthalten ist. Ganz analog lautet das Resultat für den Erwartungswert in einem gemischten Zustand:

$$\begin{aligned}
\langle P(\psi)\rangle &= \mathrm{Sp}\,(|\psi\rangle\langle\psi|\rho) = \\
&= \mathrm{Sp}\left(\sum_m p_m |\psi\rangle\langle\psi|\psi_m\rangle\langle\psi_m|\right) = \\
&= \sum_{m,n} p_m \langle\varphi_n|\psi\rangle\langle\psi|\psi_m\rangle\langle\psi_m|\varphi_n\rangle = \\
&= \sum_{m,n} p_m \langle\psi|\psi_m\rangle\langle\psi_m|\varphi_n\rangle\langle\varphi_n|\psi\rangle = \\
&= \sum_n \langle\psi|\rho|\varphi_n\rangle\langle\varphi_n|\psi\rangle.
\end{aligned}$$

Es gilt also auch:

$$\langle P(\psi)\rangle = \langle\psi|\rho|\psi\rangle. \tag{3.151}$$

4) Spur

$\{|\varphi_n\rangle\}$ sei ein beliebiges VON-System:

$$\begin{aligned}
\mathrm{Sp}\,\rho &= \sum_n \langle\varphi_n|\rho|\varphi_n\rangle = \sum_{n,m} \langle\varphi_n|\psi_m\rangle\langle\psi_m|\varphi_n\rangle p_m = \\
&= \sum_m p_m \langle\psi_m| \underbrace{\left(\sum_n |\varphi_n\rangle\langle\varphi_n|\right)}_{\mathbf{1}} |\psi_m\rangle = \sum_m p_m \langle\psi_m|\psi_m\rangle.
\end{aligned}$$

Es folgt mit

$$\text{Sp}\,\rho = 1 \tag{3.152}$$

eine mit der Wahrscheinlichkeitsinterpretation (3.150) kompatible Relation. Sie folgt im übrigen für $A = \mathbf{1}$ direkt aus (3.149).

5) Reiner Zustand

Auch reine Zustände lassen sich als Spezialfälle im Dichtematrixformalismus behandeln. Ihnen entspricht der höchste Informationsstand, realisiert durch $p_1 = 1;\ p_m = 0 \quad \forall m \neq 1$. Aus der allgemeinen Definition (3.148) wird dann:

$$\rho_\psi = |\,\psi\,\rangle\langle\,\psi\,| = P(\psi). \tag{3.153}$$

Setzen wir dieses Ergebnis in (3.149) ein, so erhalten wir für den Erwartungswert einer Observablen A im reinen Zustand $|\,\psi\,\rangle$ den schon früher abgeleiteten Ausdruck (3.137).

6) Dichtematrixquadrat

Über ρ^2 lassen sich reine und gemischte Zustände voneinander unterscheiden. Es gilt nämlich:

$$\rho^2 = \sum_{n,m} p_n\, p_m\, |\,\psi_n\,\rangle\langle\,\psi_n\,|\,\psi_m\,\rangle\langle\,\psi_m\,| \overset{(3.145)}{=} \sum_n p_n^2\, |\,\psi_n\,\rangle\langle\,\psi_n\,|\,.$$

Wegen

$$\text{Sp}\,\rho^2 = \sum_n p_n^2\, \text{Sp}\,\left(\rho_{\psi_n}\right) \overset{(3.152)}{=} \sum_n p_n^2$$

ergibt sich das folgende nützliche Kriterium:

$$\text{Sp}\,\rho^2 = \sum_n p_n^2 \quad \begin{cases} = 1 & \longleftrightarrow \quad \text{reiner Zustand,} \\ < 1 & \longleftrightarrow \quad \text{gemischter Zustand.} \end{cases} \tag{3.154}$$

Da sich über die Dichtematrix ρ alle experimentell überprüfbaren Aussagen für ein gegebenes physikalisches System berechnen lassen, vereinbart man:

> *Zwei gemischte Zustände sind identisch, wenn sie durch dieselbe Dichtematrix beschrieben werden!*

Die konkrete Gestalt der Dichtematrix ist durch die tatsächlich vorhandenen Vorkenntnisse über das zu beschreibende System bestimmt. Diese zu finden, ist eine typische Aufgabenstellung der Quantenstatistik (Band 6).

3.3.5 Unbestimmtheitsrelation

Wir wollen zum Abschluß dieses Kapitels noch einmal auf die

verallgemeinerte Heisenbergsche Unbestimmtheitsrelation

zurückkommen, die wir in (3.142) bereits für reine Zustände formulieren konnten. Wegen ihrer fundamentalen Bedeutung wollen wir zeigen, daß sie in völlig analoger Form auch für Systeme in gemischten Zuständen gültig ist.

Satz:

A, B seien zwei nicht-vertauschbare Operatoren,

$$[A, B]_- = \frac{\hbar}{i} C,$$

mit den *Unschärfen*:

$$\Delta A = \sqrt{\langle (A - \langle A \rangle \mathbf{1})^2 \rangle},$$
$$\Delta B = \sqrt{\langle (B - \langle B \rangle \mathbf{1})^2 \rangle}.$$

Für diese gilt die Abschätzung:

$$\Delta A \, \Delta B \geq \frac{\hbar}{2} \left| \langle C \rangle \right| = \frac{1}{2} \left| \langle [A, B]_- \rangle \right| . \tag{3.155}$$

Beweis:

Wir definieren wie zu (3.141):

$$a = A - \langle A \rangle \mathbf{1} \implies \Delta A^2 = \langle a^2 \rangle = \mathrm{Sp}\,(\rho\, a^2),$$
$$b = B - \langle B \rangle \mathbf{1} \implies \Delta B^2 = \langle b^2 \rangle = \mathrm{Sp}\,(\rho\, b^2).$$

Das System befinde sich in einem gemischten Zustand, dem die Dichtematrix ρ zugeordnet ist. Mit A und B sind natürlich auch a und b hermitesche Operatoren mit

$$[a, b]_- = [A, B]_- = \frac{\hbar}{i} C.$$

Mit einem reellen Parameter λ führen wir den nicht-hermiteschen Operator

$$d = a + i \lambda b$$

ein. Es gilt dann:

$$\mathrm{Sp}\,(d^+ \rho d) = \sum_n \langle \varphi_n | d^+ \rho\, d | \varphi_n \rangle = \sum_n \langle d\varphi_n | \rho | d\varphi_n \rangle \geq 0.$$

$\{ | \varphi_n \}$ sei irgendein VON-System. Die Abschätzung ergibt sich aus der Positiv-Definitheit der Dichtematrix (3.150). Mit (3.149) folgt weiter:

$$
\begin{aligned}
0 \leq \mathrm{Sp}\,(d^+ \rho\, d) &= \mathrm{Sp}\,(\rho\, d\, d^+) = \\
&= \mathrm{Sp}\,[\rho(a + i\,\lambda\, b)\,(a - i\,\lambda\, b)] = \\
&= \mathrm{Sp}\,[\rho(a^2 + \lambda^2 b^2 - i\,\lambda [a, b]_-] = \\
&= \langle\, a^2 \,\rangle + \lambda^2 \langle\, b^2 \,\rangle - i\,\lambda \langle\, [a, b]_- \,\rangle.
\end{aligned}
$$

Dies gilt für beliebige λ, also auch für das λ_0, das Sp $(d^+ \rho\, d)$ minimal macht:

$$
\frac{d}{d\lambda}\ \mathrm{Sp}\,(d^+\, \rho\, d)\big|_{\lambda=\lambda_0} \overset{!}{=} 0 = 2\,\lambda_0 \langle\, b^2 \,\rangle - \hbar \langle\, C \,\rangle
$$

$$
\longrightarrow\ \lambda_0 = \frac{\hbar \langle\, C \,\rangle}{2 \langle\, b^2 \,\rangle}.
$$

Dieses λ_0 setzen wir in die obige Abschätzung ein:

$$
0 \leq \langle\, a^2 \,\rangle - \frac{\hbar^2 \langle\, C \,\rangle^2}{4 \langle\, b^2 \,\rangle}.
$$

Daraus ergibt sich unmittelbar die Behauptung!. Man überzeugt sich leicht davon, daß (3.142) als Spezialfall in (3.155) enthalten ist.

3.3.6 Aufgaben

Aufgabe 3.3.1

Der lineare hermitesche Operator A habe abzählbar unendlich viele Eigenwerte a_i mit orthonormierten Eigenzuständen $|\, a_i \,\rangle$. Mit welcher Wahrscheinlichkeit werden am System im Zustand

$$
|\, \psi \,\rangle = |\, a_1 \,\rangle + \frac{i}{2} \,|\, a_2 \,\rangle
$$

die Werte a_2 und a_3 gemessen?

Aufgabe 3.3.2

Unter welchen Voraussetzungen für den reinen Zustand $|\, \psi \,\rangle$ gilt in der verallgemeinerten Unschärferelation (3.142) das Gleichheitszeichen?

Aufgabe 3.3.3

Leiten Sie aus der verallgemeinerten Heisenbergschen Unschärferelation (3.155) für Systeme in beliebigen, nicht notwendig reinen Zuständen die Bedingung für *minimale Unbestimmtheit* ab. Vergleichen Sie das Ergebnis mit dem von Aufgabe 3.3.2.

Aufgabe 3.3.4

Der Observablen *Elektronenspin* (Kap. 5.2 und 5.3, Bd. 5, Tl. 2) ist der Operator

$$\mathbf{S} = \frac{\hbar}{2}\boldsymbol{\sigma}; \qquad \boldsymbol{\sigma} \equiv (\sigma_x, \sigma_y, \sigma_z)$$

zugeordnet, wobei die $\sigma_{x,y,z}$ Paulische Spinmatrizen sind:

$$\sigma_x = \begin{pmatrix} 0 & 1 \\ 1 & 0 \end{pmatrix}; \quad \sigma_y = \begin{pmatrix} 0 & -i \\ i & 0 \end{pmatrix}; \quad \sigma_z = \begin{pmatrix} 1 & 0 \\ 0 & -1 \end{pmatrix}.$$

Als VON-Basis zur Darstellung der Operatoren $\sigma_{x,y,z}$ wurden die Eigenzustände der Observablen σ_z verwendet, die durch eine in z-Richtung orientierte Stern-Gerlach-Apparatur (s. Kap. 1.3.2) realisiert wird.

1) Berechnen Sie die Eigenzustände $|\pm\rangle$ und die Eigenwerte $\lambda_\pm$ des Operators σ_z.

2) Zeigen Sie, daß σ_x und σ_y dieselben Eigenwerte besitzen wie σ_z. Gilt das auch für die Eigenzustände?

3) Berechnen Sie die Unbestimmtheitsrelationen für die Operatorpaare (σ_x, σ_y), (σ_x, σ_z) und (σ_y, σ_z).

Aufgabe 3.3.5

Mit den Eigenzuständen von σ_z als VON-Basis sollen die Observablen A, B, C die folgenden Matrixdarstellungen besitzen:

$$A = \begin{pmatrix} 3 & 0 \\ 0 & -1 \end{pmatrix}; \quad B = \begin{pmatrix} 1 & 1 \\ 1 & -1 \end{pmatrix}; \quad C = \begin{pmatrix} 0 & 2i \\ -2i & 0 \end{pmatrix}.$$

An einem Spinzustand wurden die folgenden Erwartungswerte gemessen:

$$\langle A \rangle = 2; \quad \langle B \rangle = \frac{1}{2}; \quad \langle C \rangle = 0.$$

1) Bestimmen Sie die Dichtematrix ρ des Spinzustands.

2) Handelt es sich um einen reinen oder einen gemischten Spinzustand?

3) Wie groß ist die Wahrscheinlichkeit, bei einer Messung in z-Richtung den Spinwert $+1$ (bzw. $+\hbar/2$) zu finden?

4) Berechnen Sie $\langle \sigma_x \rangle$, $\langle \sigma_y \rangle$, $\langle \sigma_z \rangle$.

Aufgabe 3.3.6

1) Eine (idealisierte) Stern-Gerlach-Apparatur sei in Richtung

$$\mathbf{e} = (\sin\vartheta\cos\varphi, \sin\vartheta\sin\varphi, \cos\vartheta)$$

orientiert und präpariere die reinen Spinzustände $|\mathbf{e}_\pm\rangle$. Berechnen Sie diese.

2) Wie lauten die Dichtematrizen $\rho_{e_\pm}$ für die reinen Zustände aus 1):

a) in der Basis $|\,\mathbf{e}_\pm\,\rangle$,

b) in der Basis $|\pm\rangle$ (Aufgabe 3.3.4, Teil 1))?

c) Die Elektronenspinpolarisation $\mathbf{P}$ ist durch

$$\mathbf{P} = \langle\,\boldsymbol{\sigma}\,\rangle = \mathrm{Sp}\,(\rho\,\boldsymbol{\sigma})$$

definiert ($\boldsymbol{\sigma}$ wie in Aufgabe 3.3.4). Der reine Zustand $|\,\mathbf{e}_+\,\rangle$ sei präpariert. Welche Polarisationen ergeben Messungen in $x-$, $y-$, $z-$Richtung?

Aufgabe 3.3.7

Wir benutzen dieselben Bezeichnungen wie in den drei vorangegangenen Aufgaben. Es seien nun $p_\pm$ die Gewichte der Zustände $|\,\mathbf{e}_\pm\,\rangle$ in einem gemischten Spinzustand.

1) Drücken Sie die Dichtematrix ρ und die Elektronenspinpolarisation $\mathbf{P}$ durch $p_\pm$ aus und zeigen Sie dann, daß gilt:

$$\rho = \frac{1}{2}\,(\mathbf{1} + \mathbf{P}\cdot\boldsymbol{\sigma}).$$

2) Bestimmen Sie die Eigenwerte von ρ.

3) Zeigen Sie, daß

$$P_z = \frac{N_\uparrow - N_\downarrow}{N_\uparrow + N_\downarrow}$$

gilt, wobei $N_{\uparrow,\downarrow}$ die Zahl der Elektronen bedeutet, die ihren Spin parallel (antiparallel) zur z-Richtung orientiert haben.

Aufgabe 3.3.8

Es sei

$$\rho = \frac{1}{2}\,(\mathbf{1}\ + \mathbf{P}\cdot\boldsymbol{\sigma})$$

die Dichtematrix für Elektronen in einem gemischten Spinzustand. Man zeige, daß für den Vektor der Spinpolarisation $\mathbf{P}$ dann gilt:

$$\mathbf{P} = \langle\,\boldsymbol{\sigma}\,\rangle.$$

(Definition von $\boldsymbol{\sigma}$ in Aufgabe 3.3.4.)

Aufgabe 3.3.9

$|+\rangle = \begin{pmatrix}1\\0\end{pmatrix}$ und $|-\rangle = \begin{pmatrix}0\\1\end{pmatrix}$ sind die Eigenzustände der z-Komponente des Elektronenspins. N_0 identische Elektronen mögen sich in dem reinen Spinzustand

$$|\psi_0\rangle = \frac{1}{5}\begin{pmatrix}3\\4\end{pmatrix}$$

befinden. Sie passieren zwei Stern-Gerlach-Apparaturen. Die erste sei in ($\vartheta = \pi/2$, $\varphi = 0$)- Richtung orientiert und lasse nur Elektronen mit Spin $+\hbar/2$ passieren (Filter!). Die zweite habe die Richtung ($\vartheta = \pi$, $\varphi = \pi$) und lasse nur Elektronen mit Spin $-\hbar/2$ durch. Welcher Bruchteil von Teilchen passiert die gesamte Anordnung?

Aufgabe 3.3.10

Prüfen Sie, ob die Dichtematrix

$$\rho = \frac{1}{3}\begin{pmatrix}1 & 0 & -1\\0 & 1 & 0\\-1 & 0 & 1\end{pmatrix}$$

einen reinen Zustand beschreibt und berechnen Sie den Mittelwert der Observablen

$$A = \begin{pmatrix}0 & 0 & i\\0 & 0 & 0\\-i & 0 & 0\end{pmatrix}$$

in diesem Zustand.

3.4 Dynamik der Quantensysteme

Bisher haben wir die für die Quantenmechanik wichtigen Größen

Zustände, Observable, Skalarprodukte, Erwartungswerte, ...

nur zum gleichen festen Zeitpunkt betrachtet. Das Experiment erfordert allerdings auch Beziehungen zwischen diesen Größen zu verschiedenen Zeitpunkten. Wir benötigen also Aussagen über die dynamische Entwicklung der Quantensysteme.

Wir schicken voraus, daß die Zeit t ein Parameter, eine sogenannte c-Zahl, ist, die wir so wie in der klassischen, nicht-relativistischen Mechanik (Band 1) bestimmen, nämlich über die Bewegung eines Zeigers auf einer makroskopischen Uhr. Die Zeit ist also nicht als Eigenwert irgendeines physikalischen Operators aufzufassen. Alle Versuche, eine Observable *Zeit* einzuführen, münden in unüberwindlichen, prinzipiellen Schwierigkeiten, worauf wir hier jedoch nicht im einzelnen eingehen können.

Die zentrale Problemstellung dieses Kapitels ist die folgende: Durch eine Messung zur Zeit t_0 sei der Zustand des Systems bekannt. Welche Aussagen sind dann für $t > t_0$ möglich, wenn im Zwischenzeitraum das System nicht durch irgendeine andere Messung *gestört*, d.h. sich selbst überlassen wurde? Um diese Frage beantworten zu können, benötigen wir Bewegungsgleichungen für Zustände und Observable, um diese dann zu integrieren. Um solche Bewegungsgleichungen soll es in diesem Abschnitt gehen.

3.4.1 Zeitentwicklung der Zustände (Schrödinger-Bild)

Zur Zeit $t = t_0$ sei

$$\text{der reine Zustand } |\,\psi(t_0)\,\rangle$$

präpariert worden. Wie entwickelt sich dieser Zustand bis zur Zeit $t > t_0$, wenn im Intervall $[t_0, t]$ keine weitere Messung durchgeführt wird? Über den Ansatz

$$|\,\psi(t)\,\rangle = U(t, t_0)\,|\,\psi(t_0)\,\rangle \tag{3.156}$$

wälzen wir die Beantwortung dieser Frage auf den

Zeitentwicklungsoperator $U(t, t_0)$

ab. Wir stellen einige offensichtliche Forderungen an $U(t, t_0)$ zusammen:

1) Für die Wahrscheinlichkeitsaussagen ist es unumgänglich, daß die Norm des Zustands zeitlich konstant ist:

$$\langle\,\psi(t)\,|\,\psi(t)\,\rangle \stackrel{!}{=} \langle\,\psi(t_0)\,|\,\psi(t_0)\,\rangle.$$

Das ist aber nur möglich, wenn:

$$U \text{ unitär} \iff U^{+}(t, t_0) = U^{-1}(t, t_0). \tag{3.157}$$

2)

$$U(t_0, t_0) = \mathbf{1}. \tag{3.158}$$

3)

$$U(t, t_0) = U(t, t')\,U(t', t_0). \tag{3.159}$$

Diese beiden letzten Bedingungen lassen sich zusammenfassen:

$$U(t, t_0) = U^{-1}(t_0, t). \tag{3.160}$$

4) In abgeschlossenen (konservativen) Systemen kann es nur auf Zeitdifferenzen ankommen; der Zeitnullpunkt ist durch nichts ausgezeichnet:

$$U(t, t_0) = U(t - t_0). \tag{3.161}$$

Diese Beziehung gilt natürlich nicht mehr, wenn das System unter dem Einfluß zeitabhängiger äußerer Kräfte steht, die Systemeigenschaften also explizit zeitabhängig werden.

Wir betrachten nun speziell eine

infinitesimale Zeittranslation

$$U(t+dt,t) = \mathbf{1} + \left(\frac{\partial}{\partial t'}\,U(t',t)\right)_{t'=t} dt + O(dt^2), \tag{3.162}$$

für die sich eine Taylor-Entwicklung nach dem linearen Term abbrechen läßt. Die Ableitung von Operatoren nach einem reellen Parameter haben wir in Kapitel 3.2.7 eingeführt. Für den zweiten Summanden schreiben wir:

$$\left(\frac{\partial}{\partial t'}\,U(t',t)\right)_{t'=t} = -\frac{i}{\hbar}\,H(t). \tag{3.163}$$

Der herausgezogene Faktor $-\frac{i}{\hbar}$ ist lediglich Konvention, hat keine tiefere physikalische Bedeutung. Die imaginäre Einheit i sorgt dafür, daß nach (3.94) die *Erzeugende der Zeittranslation* H ein hermitescher Operator ist. Nur dann ist U unitär. Eigentlich haben wir durch den Ansatz (3.163) noch nicht viel gewonnen, da der unbekannte Operator U durch den zunächst ebenso unbekannten Operator H ersetzt wurde. Die physikalische Bedeutung von H liefert letztlich erst das in Kapitel 3.5 zu diskutierende Korrespondenzprinzip. Wir müssen deshalb an dieser Stelle die Identifikation,

$$H : \text{ Hamilton-Operator},$$

mehr oder weniger axiomatisch vollziehen. Nach aller bisherigen Erfahrung führen andere Identifikationen rasch zu Widersprüchen (s. Kap. 3.5). Der Hamilton-Operator ist uns erstmals in (2.16) begegnet. Die Korrespondenzregel in Kapitel 2.3.2 lehrt uns, wie er aus der klassischen Hamilton-Funktion zu konstruieren ist.

Gleichung (3.162),

$$U(t+dt,\,t) = \mathbf{1} - \frac{i}{\hbar}\,H(t)\,dt, \tag{3.164}$$

verhilft uns nun zu der gesuchten Bewegungsgleichung für die Zustandsvektoren:

$$i\hbar\,|\,\dot{\psi}\,(t)\,\rangle = i\hbar\,\frac{|\,\psi(t+dt)\,\rangle - |\,\psi(t)\,\rangle}{dt} = i\hbar\,\frac{[U(t+dt,\,t) - \mathbf{1}]}{dt}\,|\,\psi(t)\,\rangle.$$

Das ergibt die fundamentale

zeitabhängige Schrödinger-Gleichung

$$i\hbar\,|\,\dot{\psi}\,(t)\,\rangle = H\,|\,\psi(t)\,\rangle. \tag{3.165}$$

Beschreiben wir den Zustand speziell durch eine ortsabhängige Wellenfunktion, so folgt aus dieser Gleichung die früher auf anderem Weg *abgeleitete* Bewegungsgleichung (2.18). Wir hätten auch diese Analogie zum Anlaß nehmen können, um H als Hamilton-Operator zu identifizieren. Den expliziten Übergang vom abstrakten Hilbert-Raumvektor $|\,\psi(t)\,\rangle$ zur Wellenfunktion $\psi(\mathbf{r}, t)$ werden wir in Kapitel 3.5.2 vollziehen.

Auf dieselbe Weise wie oben leitet man die Schrödinger-Gleichung für den bra-Vektor ab:

$$-i\hbar\langle\,\dot{\psi}\,(t)\,| = \langle\,\psi(t)\,|\,H. \tag{3.166}$$

Hier geht natürlich die Hermitezität des Hamilton-Operators H ein.

(3.165) und (3.166) sind die Bewegungsgleichungen für reine Zustände. Gemischten Zuständen sind Dichtematrizen (3.148) zugeordnet. Leiten wir eine solche nach der Zeit ab, so folgt mit (3.165) und (3.166):

$$\begin{aligned}\dot{\rho} &= \sum_m p_m(|\,\dot{\psi}_m\,\rangle\langle\,\psi_m\,| + |\,\psi_m\,\rangle\langle\,\dot{\psi}_m\,\,|) = \\ &= -\frac{i}{\hbar}\sum_m p_m(H\,|\,\psi_m\,\rangle\langle\,\psi_m\,| - |\,\psi_m\,\rangle\langle\,\psi_m\,|\,H).\end{aligned}$$

Die Gewichte p_m sind zeitunabhängig, da sich der *Informationsstand* erst bei einer nächsten Messung ändern kann. Die Bewegungsgleichungen sollen hier aber für Zeiträume gelten, in denen nicht gemessen wird. Die

Bewegungsgleichung der Dichtematrix

$$\dot{\rho} = \frac{i}{\hbar}\,[\rho,\,H]_- \tag{3.167}$$

wird manchmal als *von Neumannsche Differentialgleichung* bezeichnet. Sie ist das quantenmechanische Analogon zur klassischen *Liouville-Gleichung*, die wir im Rahmen der klassischen Statistischen Mechanik in Band 6 kennenlernen werden.

Diese Art der Beschreibung der Dynamik von Quantensystemen ist nicht die einzig mögliche, wie wir im weiteren Verlauf dieses Kapitels zeigen werden. Typisch für dieses

Schrödinger-Bild (Zustandsbild)

ist, daß die zeitliche Entwicklung eines Systems durch zeitabhängige Zustände getragen wird, wohingegen die Operatoren (Observablen) zeitunabhängig sind, falls sie nicht *explizit*, zum Beispiel durch Ein- und Ausschaltvorgänge oder zeitabhängige äußere Felder, von der Zeit abhängen:

$$\frac{dA}{dt} = \frac{\partial A}{\partial t}. \tag{3.168}$$

Die Unitarität des Zeitentwicklungsoperators U sorgt dafür, daß die *Längen* von und *Winkel* zwischen Zustandsvektoren des Hilbert-Raums zeitlich invariant bleiben. Die Zeitabhängigkeit besteht demnach anschaulich aus einer *starren Rotation* der Vektoren im Hilbert-Raum.

3.4.2 Zeitentwicklungsoperator

Die Schrödinger-Gleichung (3.165) und die Definitionsgleichung (3.156) für $U(t, t_0)$ lassen sich als Bewegungsgleichung für den Zeitentwicklungsoperator zusammenfassen:

$$i\hbar \frac{d}{dt} U(t, t_0) = H(t)\, U(t, t_0). \tag{3.169}$$

Diese läßt sich mit der Randbedingung (3.158) formal integrieren:

$$U(t, t_0) = \mathbf{1} + \frac{1}{i\hbar} \int\limits_{t_0}^{t} dt_1\, H(t_1)\, U(t_1, t_0). \tag{3.170}$$

Es bietet sich eine Iteration an, mit der zum Beispiel im zweiten Schritt folgt:

$$U(t, t_0) = \mathbf{1} + \frac{1}{i\hbar} \int\limits_{t_0}^{t} dt_1\, H(t_1) + \frac{1}{(i\hbar)^2} \int\limits_{t_0}^{t} dt_1 \int\limits_{t_0}^{t_1} dt_2\, H(t_1)\, H(t_2)\, U(t_2, t_0).$$

Das läßt sich offenbar fortsetzen und führt schließlich zur **von Neumannschen Reihe:**

$$U(t, t_0) = \mathbf{1} + \sum_{n=1}^{\infty} U^{(n)}(t, t_0), \tag{3.171}$$

$$U^{(n)}(t, t_0) = \left(-\frac{i}{\hbar}\right)^n \int\limits_{t_0}^{t} dt_1 \int\limits_{t_0}^{t_1} dt_2 \ldots \int\limits_{t_0}^{t_{n-1}} dt_n\, H(t_1)\, H(t_2) \ldots H(t_n)$$

$$(t \geq t_1 \geq t_2 \geq \ldots \geq t_n \geq t_0). \tag{3.172}$$

Dabei ist im letzten Ausdruck strikt auf die Zeitordnung zu achten, da die Hamilton-Operatoren bei expliziter Zeitabhängigkeit zu verschiedenen Zeitpunkten nicht notwendig vertauschbar sind. Der Operator mit dem kleinsten Zeitparameter steht am weitesten rechts.

Zur weiteren Umformung führen wir den Dysonschen Zeitordnungsoperator ein:

$$T\left(A(t_1)\, B(t_2)\right) = \begin{cases} A(t_1)\, B(t_2) & \text{für } t_1 > t_2, \\ B(t_1)\, A(t_2) & \text{für } t_2 > t_1. \end{cases} \tag{3.173}$$

Die Verallgemeinerung auf mehr als zwei Operatoren liegt auf der Hand. Gleichzeitigkeit bedeutet hier übrigens keine Unbestimmtheit in (3.172), da dann die Hamilton-Operatoren ohnehin kommutieren.

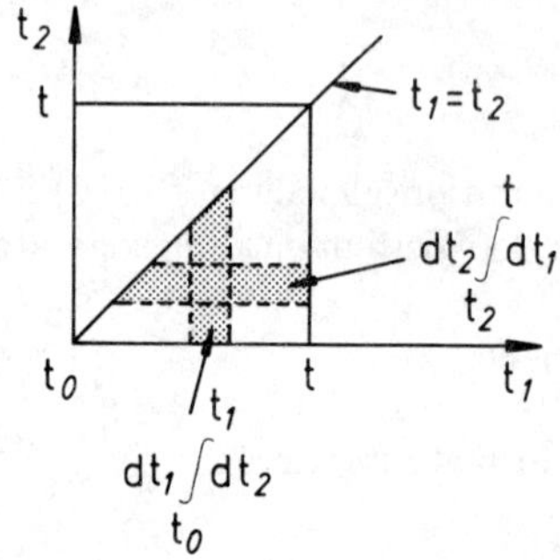

Betrachten wir einmal den $n = 2$-Term in (3.172). In der Skizze stellt das untere Dreieck das Integrationsgebiet dar. Wir können es, wie angedeutet, auf zwei Arten *streifenweise abarbeiten*. Dies bedeutet:

$$\int_{t_0}^{t} dt_1 \int_{t_0}^{t_1} dt_2\, H(t_1)\, H(t_2) =$$

$$= \int_{t_0}^{t} dt_2 \int_{t_2}^{t} dt_1\, H(t_1)\, H(t_2).$$

Rechts vertauschen wir die Zeiten t_1 und t_2:

$$\int_{t_0}^{t} dt_1 \int_{t_0}^{t_1} dt_2\, H(t_1)\, H(t_2) = \int_{t_0}^{t} dt_1 \int_{t_1}^{t} dt_2\, H(t_2)\, H(t_1).$$

Diese beiden Gleichungen lassen sich wie folgt kombinieren:

$$\int_{t_0}^{t} dt_1 \int_{t_0}^{t_1} dt_2\, H(t_1)\, H(t_2) = \frac{1}{2} \int_{t_0}^{t} dt_1 \int_{t_0}^{t} dt_2 *$$

$$* \left(H(t_1)\, H(t_2)\, \Theta(t_1 - t_2) + H(t_2)\, H(t_1)\, \Theta(t_2 - t_1) \right).$$

Dabei ist Θ die *Stufenfunktion*:

$$\Theta(t) = \begin{cases} 1, & \text{falls } t > 0, \\ 0 & \text{sonst.} \end{cases} \tag{3.174}$$

Es gilt also mit (3.173):

$$\int_{t_0}^{t} dt_1 \int_{t_0}^{t_1} dt_2\, H(t_1)\, H(t_2) = \frac{1}{2} \iint_{t_0}^{t} dt_1\, dt_2\, T\left(H(t_1)\, H(t_2)\right).$$

Das läßt sich auf n Terme verallgemeinern, so daß (3.172) die folgende Gestalt annimmt:

$$U^{(n)}(t, t_0) = \frac{1}{n!} \left(-\frac{i}{\hbar} \right)^n \int_{t_0}^{t} \dots \int_{t_0}^{t} dt_1 \dots dt_n\, T\left(H(t_1)\, H(t_2) \cdots H(t_n)\right). \tag{3.175}$$

Setzt man dieses Ergebnis in (3.171) ein, so resultiert eine sehr kompakte Darstellung des Zeitentwicklungsoperators im Schrödunger-Bild:

$$U(t, t_0) = T \exp\left(-\frac{i}{\hbar} \int_{t_0}^{t} dt' \, H(t') \right). \qquad (3.176)$$

Diese kompakte, elegante Darstellung darf jedoch nicht darüber hinwegtäuschen, daß für konkrete Auswertungen doch wieder auf die ursprüngliche Formulierung (3.171) zurückgegriffen werden muß. Es sei denn, eine der beiden folgenden Spezialfälle läge vor:

1) Können wir

$$[H(t), \, H(t')]_- = 0 \qquad \forall t, t'$$

annehmen, so hat der Zeitordnungsoperator lediglich die Wirkung der Identität,

$$T \longrightarrow \mathbf{1},$$

kann also in (3.176) weggelassen werden.

2) Liegt ein abgeschlossenes, konservatives System vor, so verliert der Hamilton-Operator in (3.176) seine explizite Zeitabhängigkeit:

$$\frac{\partial H}{\partial t} = 0.$$

Dann nimmt der Zeitentwicklungsoperator U eine vergleichsweise einfache Gestalt an:

$$U(t, t_0) = U(t - t_0) = \exp\left[-\frac{i}{\hbar} H(t - t_0) \right]. \qquad (3.177)$$

Hieraus kann man folgern, daß die Eigenzustände des Hamilton-Operators,

$$H \,|\, E_n \rangle = E_n \,|\, E_n \rangle, \qquad (3.178)$$

lediglich eine triviale Zeitabhängigkeit aufweisen:

$$|\, E_n(t) \rangle = U(t, 0) \,|\, E_n \rangle = e^{-\frac{i}{\hbar} E_n t} \,|\, E_n \rangle. \qquad (3.179)$$

Die Wahrscheinlichkeit, daß der zur Zeit t' präparierte Zustand $|\, E_n(t') \rangle$ zur Zeit $t > t'$ noch existiert, ist konstant gleich 1:

$$|\langle E_n(t) \,|\, E_n(t') \rangle|^2 = |\, e^{\frac{i}{\hbar} E_n (t - t')} \langle E_n \,|\, E_n \rangle \,|^2 = 1. \qquad (3.180)$$

Solche Zustände nennt man *stationär* oder *von unendlich langer Lebensdauer*. – Für einen allgemeinen Zustand gilt dagegen in einem abgeschlossenen System:

$$| \psi(t) \rangle = e^{-\frac{i}{\hbar} H t} \, | \psi(0) \rangle = e^{-\frac{i}{\hbar} H t} \sum_n | E_n \rangle \langle E_n | \psi(0) \rangle =$$

$$= \sum_n e^{-\frac{i}{\hbar} E_n t} \, | E_n \rangle \langle E_n | \psi(0) \rangle. \tag{3.181}$$

Ein solcher Zustand ist nicht notwendig stationär:

$$| \langle \psi(t) | \psi(t') \rangle |^2 =$$

$$= \left| \sum_{n,m} e^{\frac{i}{\hbar} (E_n t - E_m t')} \langle E_n | E_m \rangle \langle \psi(0) | E_n \rangle \langle E_m | \psi(0) \rangle \right| =$$

$$= \left| \sum_n e^{\frac{i}{\hbar} E_n (t-t')} | \langle E_n | \psi(0) \rangle |^2 \right| \le \sum_n | \langle E_n | \psi(0) \rangle |^2 = \langle \psi(0) | \psi(0) \rangle.$$

Es ist also:

$$| \langle \psi(t) | \psi(t') \rangle |^2 \le 1. \tag{3.182}$$

Dieser Zustand hat möglicherweise nur eine endliche Lebensdauer. Die Exponentialfunktion $\exp\left(\frac{i}{\hbar} E_n (t - t')\right)$ verteilt sich mit wachsender Zeitdifferenz $(t - t')$ allmählich über den Einheitskreis der komplexen Zahlenebene und sorgt eventuell durch destruktive Interferenz für ein Verschwinden des obigen Betragsquadrats (→ Quasiteilchenkonzept der Viel-Teilchen-Theorie; Bd. 7).

3.4.3 Zeitentwicklung der Observablen (Heisenberg-Bild)

Das Schrödinger-Bild ist keineswegs *zwingend*, d.h., es ist nicht die einzig mögliche Formulierung der Dynamik der Quantensysteme. Die spezielle Darstellung (*Bild*) kann *fast beliebig* gewechselt werden, vorausgesetzt, physikalisch-relevante Größen und Beziehungen, also Meßgrößen wie

Erwartungswerte, Eigenwerte, Skalarprodukte, ... ,

bleiben dadurch unbeeinflußt. Wir wissen aus Kapitel 3.2.7, daß diese Forderung von unitären Transformationen erfüllt wird ((3.90) bis (3.92)). Welches Bild man dann tatsächlich wählt, hängt davon ab, in welchem man die aktuelle physikalische Problemstellung am übersichtlichsten darstellen kann.

Im Schrödinger-Bild wird die volle Zeitabhängigkeit von den Zuständen getragen. Erwartungswerte zum Beispiel werden aber letztlich aus Operatoren und Zustandsvektoren gebildet. Man kann sich also durchaus vorstellen, daß es für solche Meßgrößen eigentlich nur auf die *relative Lage* von Operatoren und Zuständen im Hilbert-Raum $\mathcal{H}$ ankommt. Somit ist denkbar, daß statt der Zustände die Observablen die volle Zeitabhängigkeit übernehmen. Genau das ist der Fall im sogenannten Heisenberg-Bild, das durch eine passende unitäre Transformation aus dem Schrödinger-Bild hervorgeht.

Für die Zustände möge im Heisenberg-Bild gelten:

$$|\,\psi_H(t)\,\rangle \equiv |\,\psi_H\,\rangle \stackrel{!}{=} |\,\psi(t_0)\,\rangle. \tag{3.183}$$

Zu einem beliebigen, aber festen Zeitpunkt t_0 (zum Beispiel $t_0 = 0$) soll der zeitunabhängige *Heisenberg-Zustand* mit dem entsprechenden Schrödinger-Zustand übereinstimmen. – Alle Größen des Heisenberg-Bildes bekommen ab jetzt einen Index H zur Unterscheidung von denen des Schrödinger-Bildes, die weiterhin ohne Index bleiben sollen.

Die Bewegungsgleichungen für reine und gemischte Zustände sind im Heisenberg-Bild natürlich trivial:

$$|\,\dot{\psi}_H\,\rangle = 0, \tag{3.184}$$

$$\dot{\rho}_H = \sum_m p_m \left\{ |\,\dot{\psi}_{m\,H}\,\rangle\langle\,\psi_{m\,H}\,| + |\,\psi_{m\,H}\,\rangle\langle\,\dot{\psi}_{m\,H}\,| \right\} = 0. \tag{3.185}$$

Nun gilt mit dem Zeitentwicklungsoperator des Schrödinger-Bildes ((3.156, (3.160)):

$$|\,\psi_H\,\rangle = U^+(t,t_0)\,|\,\psi(t)\,\rangle = U(t_0,t)\,|\,\psi(t)\,\rangle. \tag{3.186}$$

Die Rücktransformation ist klar:

$$|\,\psi(t)\,\rangle = U(t,t_0)\,|\,\psi_H\,\rangle.$$

Die entsprechende unitäre Transformation für die Operatoren muß dann lauten:

$$A_H(t) = U^+(t,t_0)\,A\,U(t,t_0). \tag{3.187}$$

Auch hier ist die Umkehrung klar:

$$A = U(t,t_0)\,A_H(t)\,U^+(t,t_0). \tag{3.188}$$

Die Physik ändert sich durch die Tranformation nicht. Wir kontrollieren dieses:

1) Erwartungswerte bleiben unverändert:

$$\begin{aligned}\langle\,\psi_H\,|\,A_H(t)\,|\,\psi_H\,\rangle &= \langle\,\psi(t)\,|\,U(t,t_0)\,U^+(t,t_0)\,A\,U(t,t_0)\,U^+(t,t_0)\,|\,\psi(t)\,\rangle = \\ &= \langle\,\psi(t)\,|\,A\,|\,\psi(t)\,\rangle.\end{aligned}$$

2) Skalarprodukte bleiben ebenfalls invariant:

$$\langle \psi_H \,|\, \varphi_H \rangle = \langle \psi(t) \,|\, U(t,t_0)\, U^+(t,t_0) \,|\, \varphi(t) \rangle = \langle \psi(t) \,|\, \varphi(t) \rangle.$$

3) Vertauschungsrelationen sind in der Quantenmechanik von herausragender Bedeutung. Es ist deshalb wichtig zu wissen, daß bei unitären Transformationen Kommutatoren forminvariant bleiben:

$$\begin{aligned} &[A,B]_- = C, \\ &[A,B]_- = A\,B - B\,A = U\,A_H U^+\, U\,B_H U^+ - U\,B_H U^+\, U\,A_H U^+ = \\ &\qquad = U[A_H, B_H]_- U^+. \end{aligned}$$

Es ist also:

$$[A_H,\, B_H]_- = U^+\, C\, U = C_H. \tag{3.189}$$

Wichtig ist die Bewegungsgleichung der Operatoren. Einfach aus der Definition folgt für den Operator A:

$$\begin{aligned} \frac{d}{dt} A_H(t) &= \frac{\partial U^+}{\partial t}\, A U + U^+ \frac{\partial A}{\partial t}\, U + U^+ A\, \frac{\partial U}{\partial t} \overset{(3.169)}{=} \\ &\overset{(3.169)}{=} -\frac{1}{i\,\hbar}(H\,U)^+\, A U + U^+ \frac{\partial A}{\partial t}\, U + U^+ A\, \frac{1}{i\,\hbar}\,(H\,U) = \\ &= \frac{1}{i\,\hbar}\, U^+\, [A,H]_-\, U + U^+ \frac{\partial A}{\partial t}\, U. \end{aligned}$$

Wir definieren:

$$\frac{\partial A_H}{\partial t} = U^+(t,t_0) \frac{\partial A}{\partial t} U(t,t_0). \tag{3.190}$$

Das entspricht gewissermaßen einer Vertauschbarkeit von Zeitdifferentiation und unitärer Transformation. Der Ausdruck verschwindet, wenn der Schrödinger-Operator A nicht explizit zeitabhängig ist. – Mit (3.189) folgt somit:

$$i\,\hbar\, \frac{d}{dt}\, A_H(t) = [A_H, H_H]_- + i\,\hbar\, \frac{\partial A_H}{\partial t}. \tag{3.191}$$

Einen wichtigen Spezialfall stellt wiederum das abgeschlossene System dar:

$$\begin{aligned} &\frac{\partial H}{\partial t} = 0 \;\overset{(3.177)}{\longrightarrow}\; U(t,t_0) = \exp\left[-\frac{i}{\hbar} H(t-t_0)\right] \\ &\qquad \longrightarrow\; [H,U]_- = 0 \iff H_H(t) \equiv H_H = H. \end{aligned} \tag{3.192}$$

Der Hamilton-Operator ist dann zeitunabhängig, während für andere Observable des abgeschlossenen Systems nach (3.187) gilt:

$$A_H(t) = e^{\frac{i}{\hbar} H(t-t_0)} A\, e^{-\frac{i}{\hbar} H(t-t_0)}. \qquad (3.193)$$

Die Heisenbergsche Bewegungsgleichung (3.191) für Operatoren ersetzt die Schrödinger-Gleichung (3.165) der Zustandsvektoren des Schrödinger-Bildes. Die Operatoren *rotieren* gewissermaßen im Heisenberg-Bild *umgekehrt* wie die Zustände im Schrödinger-Bild.

Es gibt spezielle Operatoren, die auch in der Heisenberg-Darstellung zeitunabhängig sind. Man nennt sie:

Konstante der Bewegung (Erhaltungsgrößen)
$\Longleftrightarrow$ Observable C_H mit

$$\text{a)}\ \frac{\partial C}{\partial t} = 0; \qquad \text{b)}\ [H_H, C_H]_- = 0. \qquad (3.194)$$

So ist zum Beispiel in einem abgeschlossenen System der Hamilton-Operator selbst eine Konstante der Bewegung (3.192).

Das Heisenberg-Bild erscheint zunächst abstrakter, unanschaulicher als das Schrödinger-Bild. Die *Rotation* von Vektoren ist natürlich leichter zu veranschaulichen als die von Operatoren. Trotzdem ist es eigentlich vom quantenmechanischen Standpunkt aus gesehen *begrifflich konsequenter*. Insbesondere ist das Heisenberg-Bild über das Korrespondenzprinzip (Kap. 3.5) einfacher mit der klassischen Physik in Verbindung zu bringen. – Die Aussage

$$|\, \dot{\psi}_H \rangle = 0$$

versteht man besser, wenn man das Wort *Zustand* durch *Informationszustand* ersetzt. Der Zustand $|\,\psi\rangle$ enthält genau die Information, die zum Zeitpunkt seiner Präparation durch Messung eines vollständigen Satzes von Observablen gewonnen wurde. Dieser Informationsstand ist nun aber in der Tat bis zur nächsten Messung konstant. Dagegen kann es durchaus einen Unterschied machen, zu welchem Zeitpunkt eine Observable analysiert wird.

Dem quantenmechanischen Zustand $|\,\psi_H\rangle$ entspricht in der Klassischen Mechanik die *zeitlose* Bahn des Systems im Phasenraum, d.h. die Gesamtheit der Phasenraumpunkte, die dem System als Lösung der Hamiltonschen Bewegungsgleichungen mit entsprechenden Anfangsbedingungen zur Verfügung stehen. Man denke an die Phasenraumellipse des klassischen harmonischen Oszillators. – Die quantenmechanische Observable $A_H(t)$ entspricht der klassischen Phasenraumfunktion $A(\mathbf{q}(t), \mathbf{p}(t), t)$ (*dynamische Variable*), die auf der *zeitlosen* Bahn zu verschiedenen Zeiten verschiedene Werte annimmt (s. Kap. 3.5.1).

3.4.4 Wechselwirkungsdarstellung (Dirac-Bild)

Es gibt eine weitere Darstellung der Dynamik der Quantensysteme, die eine Zwischenstellung zwischen dem Schrödinger- und dem Heisenberg-Bild einnimmt, da sie die Zeitabhängigkeiten auf Zustände und Operatoren verteilt. Man nennt sie die Wechselwirkungsdarstellung oder das Dirac-Bild. Ausgangspunkt ist die typische Situation, für die sich der Hamilton-Operator wie folgt zerlegen läßt:

$$H = H_0 + H_1^t. \tag{3.195}$$

H_0 ist der zeitunabhängige Hamilton-Operator eines einfacher zu behandelnden Systems. Das *Störglied* H_1^t trägt dagegen eventuell eine explizite Zeitabhängigkeit. Häufig versteht man unter H_0 das *freie*, nicht wechselwirkende System, während H_1^t die Wechselwirkungen erfaßt. Die Idee des Dirac-Bildes besteht nun darin, die dynamische Zeitabhängigkeit, die aus der *freien* Bewegung (H_0) resultiert, den Observablen zu übertragen, während der Einfluß der Wechselwirkung H_1^t von den Zuständen übernommen wird. Das gelingt mit dem Ansatz:

$$|\psi_D(t_0)\rangle = |\psi_H\rangle = |\psi(t_0)\rangle, \tag{3.196}$$

$$|\psi_D(t)\rangle = U_D(t,t')\,|\psi_D(t')\rangle, \tag{3.197}$$

$$|\psi_D(t)\rangle = U_0(t_0,t)\,|\psi(t)\rangle. \tag{3.198}$$

Alle *Dirac-Größen* sind im folgenden durch den Index "D" gekennzeichnet. t_0 ist der vorgegebene Zeitpunkt, zu dem Heisenberg- und Schrödinger-Zustände zusammenfallen (3.183). $U_D(t,t')$ ist der Zeitentwicklungsoperator im Dirac-Bild. Mit U_0 ist der Zeitentwicklungsoperator des *freien* Systems gemeint. Wegen $\partial H_0/\partial t = 0$ gilt nach (3.177) für diesen:

$$U_0(t,t') = U_0(t-t') = \exp\left[-\frac{i}{\hbar}H_0(t-t')\right]. \tag{3.199}$$

Vergleicht man (3.198) mit (3.183), so erkennt man, daß bei fehlender Wechselwirkung, wenn also H_0 bereits der *volle* Hamilton-Operator des Systems ist, das Dirac- mit dem Heisenberg-Bild identisch ist.

Die Gleichungen (3.196) bis (3.198) gestatten die folgende Umformung:

$$\begin{aligned}|\psi_D(t)\rangle &= U_0(t_0,t)\,|\psi(t)\rangle = U_0^+(t,t_0)\,U(t,t')\,|\psi(t')\rangle = \\ &= U_0^+(t,t_0)\,U(t,t')\,U_0^{-1}(t_0,t')\,|\psi_D(t')\rangle.\end{aligned}$$

Wir erinnern daran, daß Größen ohne Index im Schrödinger-Bild gemeint sind. Der Vergleich dieses Ausdrucks mit (3.197) liefert die Verknüpfung zwischen Diracschem und Schrödingerschem Zeitentwicklungsoperator:

$$U_D(t,t') = U_0^+(t,t_0)\,U(t,t')\,U_0(t',t_0). \tag{3.200}$$

Bei fehlender Wechselwirkung ($H_1^t \equiv 0$) ist $U \equiv U_0$ und damit $U_D \equiv \mathbf{1}$. Das bedeutet nach (3.197), daß der Zustand im Dirac-Bild wie der Heisenberg-Zustand zeitunabhängig wird. Die Zeitabhängigkeit der Zustände wird also offenkundig durch die Wechselwirkung bestimmt.

Wir müssen für die Transformation einer beliebigen Observablen A fordern:

$$\langle \psi_D(t) \,|\, A_D(t) \,|\, \psi_D(t) \rangle \overset{!}{=} \langle \psi(t) \,|\, A \,|\, \psi(t) \rangle =$$
$$\overset{(3.198)}{=} \langle \psi_D(t) \,|\, U_0(t_0,t)\, A\, U_0^{-1}(t_0,t) \,|\, \psi_D(t) \rangle .$$

Das bedeutet:

$$A_D(t) = e^{\frac{i}{\hbar} H_0 (t-t_0)}\, A\, e^{-\frac{i}{\hbar} H_0 (t-t_0)} . \tag{3.201}$$

Die Dynamik der Observablen ist also, wie beabsichtigt, durch H_0 festgelegt. Das erkennt man insbesondere an der Bewegungsgleichung der Dirac-Observablen, die sich unmittelbar aus (3.201) ableitet:

$$i\hbar \frac{d}{dt} A_D(t) = [A_D(t), H_0]_- + i\hbar \frac{\partial A_D}{\partial t} . \tag{3.202}$$

Analog zu (3.190) haben wir dabei definiert:

$$\frac{\partial A_D}{\partial t} = e^{\frac{i}{\hbar} H_0 (t-t_0)} \frac{\partial A}{\partial t}\, e^{-\frac{i}{\hbar} H_0 (t-t_0)} . \tag{3.203}$$

Die Bewegungsgleichung (3.202) stimmt *fast* mit der des Heisenberg-Bildes überein, nur steht jetzt im Kommutator nicht der *volle* Hamilton-Operator H, sondern nur der *freie* Anteil H_0.

Wertet man (3.201) speziell für den Hamilton-Operator aus, so ergibt sich für das *freie* System:

$$H_{0D}(t) \equiv H_0 . \tag{3.204}$$

Da aber H_0 und H_1^t in der Regel nicht miteinander vertauschen, kann die *Dirac-Wechselwirkung* $H_{1D}^t(t)$ nicht in jedem Fall mit der *Schrödinger-Wechselwirkung* gleichgesetzt werden:

$$H_{1D}^t(t) = e^{\frac{i}{\hbar} H_0 (t-t_0)}\, H_1^t\, e^{-\frac{i}{\hbar} H_0 (t-t_0)} . \tag{3.205}$$

Man beachte die beiden unterschiedlichen Zeitabhängigkeiten. Die auch im Schrödinger-Bild existierende, explizite Zeitabhängigkeit der Wechselwirkung wurde in (3.195) deshalb bewußt als oberer Index geschrieben.

Untersuchen wir schließlich noch die Zeitabhängigkeit der Zustände im Dirac-Bild. Dazu leiten wir (3.198) nach der Zeit ab:

$$\begin{aligned}|\,\dot{\psi}_D\,(t)\,\rangle =&\dot{U}_0\,(t_0,t)\,|\,\psi(t)\,\rangle + U_0(t_0,t)\,|\,\dot{\psi}\,(t)\,\rangle = \\ &= \frac{i}{\hbar}\left[U_0^+(t,t_0)\,H_0 - U_0^+(t,t_0)\,H\right]\,|\,\psi(t)\,\rangle = \\ &= \frac{i}{\hbar}\,U_0^+(t,t_0)(-H_1^t)\,U_0(t,t_0)\,|\,\psi_D(t)\,\rangle.\end{aligned}$$

Es ergibt sich somit eine Bewegungsgleichung, die formal der Schrödinger-Gleichung (3.165) sehr ähnlich ist:

$$i\,\hbar\,|\,\dot{\psi}_D\,(t)\,\rangle = H_{1D}^t(t)\,|\,\psi_D(t)\,\rangle. \tag{3.206}$$

Auf der rechten Seite ist *lediglich* der volle Hamilton-Operator durch den Wechselwirkungsterm ersetzt. Die zeitliche Entwicklung der Zustände wird demnach von der Wechselwirkung bestimmt. Das gilt natürlich nicht nur für reine, sondern auch für gemischte Zustände, wie man an der Bewegungsgleichung,

$$\dot{\rho}_D\,(t) = \frac{i}{\hbar}\,\left[\rho_D(t),\,H_{1D}^t(t)\right]_-, \tag{3.207}$$

der Dichtematrix

$$\rho_D(t) = \sum_m p_m\,|\,\psi_{mD}(t)\,\rangle\langle\,\psi_{mD}(t)\,| \tag{3.208}$$

erkennt. Diese leitet sich unmittelbar mit (3.206) aus der Definitionsgleichung (3.208) ab.

Von praktischem Interesse für spätere Anwendungen ist der

Zeitentwicklungsoperator des Dirac-Bildes,

der formal genauso abgeleitet wird wie der des Schrödinger-Bildes. Aus (3.197) und (3.206) ergibt sich für diesen eine Bewegungsgleichung,

$$i\,\hbar\,\frac{d}{dt}\,U_D(t,t_0) = H_{1D}^t(t)\,U_D(t,t_0), \tag{3.209}$$

die wir mit demselben Rechengang wie für (3.169) integrieren können. Völlig analog zu (3.176) findet man:

$$U_D(t,t_0) = T\,\exp\left(-\frac{i}{\hbar}\int_{t_0}^{t} dt'\,H_{1D}^{t'}(t')\right). \tag{3.210}$$

Man beachte, daß sich U_D im Gegensatz zu U in (3.176) auch bei fehlender expliziter Zeitabhängigkeit des Hamilton-Operators nicht weiter vereinfachen läßt, da dann lediglich $H_{1D}^{t'}(t')$ durch $H_{1D}(t')$ zu ersetzen ist. Eine der beiden Zeitabhängigkeiten bleibt auf jeden Fall erhalten.

3.4.5 Quantentheoretische Bewegungsgleichungen

Wir stellen noch einmal die bisher abgeleiteten Bewegungsgleichungen zusammen, und zwar für ein System, das durch den Hamilton-Operator

$$H = H_0 + H_1^t$$

charakterisiert sei.

1) Schrödinger-Bild:

Reiner Zustand: $i\hbar \,|\, \dot{\psi}(t) \rangle = H \,|\, \psi(t) \rangle,$

Dichtematrix: $\dot{\rho}(t) = \frac{i}{\hbar} [\rho, H]_-(t),$

Observable: $\frac{d}{dt} A = \frac{\partial}{\partial t} A.$

2) Heisenberg-Bild:

Reiner Zustand: $|\, \dot{\psi}_H \rangle = 0,$

Dichtematrix: $\dot{\rho}_H = 0,$

Observable: $i\hbar \frac{d}{dt} A_H = [A_H, H_H]_-(t) + i\hbar \frac{\partial}{\partial t} A_H,$

Verknüpfungen: $|\, \psi_H \rangle = U^+(t, t_0) \,|\, \psi(t) \rangle,$

$A_H(t) = U^+(t, t_0)\, A\, U(t, t_0),$

$U(t, t_0) = T \exp\left[-\frac{i}{\hbar} \int_{t_0}^{t} dt'\, H(t') \right].$

3) Dirac-Bild:

Reiner Zustand: $i\hbar \,|\, \dot{\psi}_D(t) \rangle = H_{1D}^t(t) \,|\, \psi_D(t) \rangle,$

Dichtematrix: $\dot{\rho}_D(t) = \frac{i}{\hbar} [\rho_D, H_{1D}^t]_-(t),$

Observable: $i\hbar \frac{d}{dt} A_D = [A_D, H_0]_-(t) + i\hbar \frac{\partial}{\partial t} A_D,$

Verknüpfungen: $|\, \psi_D(t) \rangle = U_0(t_0, t) \,|\, \psi(t) \rangle,$

$A_D(t) = U_0^+(t, t_0)\, A\, U_0(t, t_0),$

$U_0(t, t_0) = \exp\left[-\frac{i}{\hbar} H_0 (t - t_0) \right].$

Trotz der doch sehr unterschiedlichen Strukturen läßt sich zeigen, daß die aus diesen Beziehungen resultierenden Bewegungsgleichungen der physikalisch relevanten Erwartungswerte der Observablen forminvariant sind. Wir beweisen als Aufgabe 3.4.6, daß für reine und gemischte Zustände in allen drei Bildern gilt:

$$i\hbar \frac{d}{dt}\langle A \rangle = \langle [A, H]_- \rangle + i\hbar \langle \frac{\partial A}{\partial t} \rangle. \tag{3.211}$$

Diese Beziehung wird *Ehrenfestsches Theorem* genannt, das besagt, daß klassische Bewegungsabläufe in der Quantenmechanik für Erwartungswerte gelten. Wir werden diese Aussage im nächsten Abschnitt im Zusammenhang mit dem Korrespondenzprinzip genauer verstehen, wollen uns hier mit einem illustrativen Beispiel begnügen:

Der Hamilton-Operator

$$H = \frac{p^2}{2m} + V(q) \tag{3.212}$$

beschreibe die eindimensionale Bewegung eines Teilchens in einem Potential V. Wir haben als Aufgabe 3.2.12 bewiesen, daß für zwei Operatoren A und B mit

$$[A, B]_- = i\,\mathbf{1} \tag{3.213}$$

folgt:

$$[A, B^n]_- = i\, n\, B^{n-1}$$

und damit, wenn wir $f(B)$, wie früher vereinbart, als Polynom oder Potenzreihe in B verstehen:

$$[A, f(B)]_- = i \frac{d}{dB} f(B). \tag{3.214}$$

Die Ableitung nach einem Operator haben wir in Kapitel 3.2.7 eingeführt. Wir nutzen (3.214) für unser Beispiel (3.212) aus. Mit $[q, p]_- = i\hbar$ gilt:

$$[p, H]_- = \frac{\hbar}{i} \frac{d}{dq} V(q), \tag{3.215}$$

$$[q, H]_- = \frac{i\hbar}{m} p. \tag{3.216}$$

Ort q und Impuls p sind nicht explizit zeitabhängig, so daß wir mit dem Ehrenfestschen Theorem (3.211) auf

$$\frac{d}{dt}\langle q \rangle = \frac{1}{i\hbar}\langle [q, H]_- \rangle = \frac{1}{m}\langle p \rangle, \tag{3.217}$$

$$\frac{d}{dt}\langle p \rangle = \frac{1}{i\hbar}\langle [p, H]_- \rangle = -\langle \frac{d}{dq} V(q) \rangle \tag{3.218}$$

schließen können. Definieren wir als Operator der Kraft

$$F(q) = -\frac{d}{dq} V(q), \tag{3.219}$$

so ergibt die Kombination von (3.217) und (3.218):

$$m \frac{d^2}{dt^2} \langle q \rangle = \langle F(q) \rangle . \tag{3.220}$$

Diese Beziehung erinnert in der Tat stark an das Trägheitsgesetz der Klassischen Mechanik. Jedoch hat die Analogie einen kleinen Schönheitsfehler, da man im allgemeinen

$$\langle F(q) \rangle \neq F(\langle q \rangle)$$

annehmen muß. Stünde auf der rechten Seite von (3.220) $F(\langle q \rangle)$, dann wäre die Aussage des Eherenfestschen Theorems (3.211), daß die Erwartungswerte $\langle q \rangle$ und $\langle p \rangle$ streng die klassischen Bewegungsgleichungen erfüllen.

3.4.6 Energie-Zeit-Unschärferelation

Über die besondere Rolle der *Zeit* in der Quantenmechanik haben wir bereits zu Beginn dieses Kapitels gesprochen. Sie ist ein Parameter, der nicht als Eigenwert irgendeiner Observablen zugeordnet werden kann. Die Energie-Zeit-Unschärferelation

$$\Delta E \, \Delta t \geq \frac{\hbar}{2} \tag{3.221}$$

ist deshalb von besonderer Art und bedarf einer genauen Interpretation. Während die Ort-Impuls-Unbestimmtheit (1.5) durch die Struktur der Quantenmechanik bestimmt ist – Ort und Impuls sind Observable ! –, stellt (3.221) nur eine Abschätzung der mit Einschwing- bzw. Abklingvorgängen, Zerfallsprozessen, Meßdauern oder ähnlichem verbundenen Zeitintervalle und Energieverteilungen dar. Die Energie ist im übrigen auch zu jedem Zeitpunkt im Prinzip exakt meßbar. Man muß sich also vor Anwendung der Relation (3.221) darüber im klaren sein, was mit ΔE und Δt eigentlich gemeint ist.

Zur Verdeutlichung diskutieren wir zunächst als illustratives Beispiel ein aus freien Materiewellen aufgebautes Wellenpaket der Breite Δq (Kap. 2.2.3). Eine mögliche Interpretation von Δt könnte darin bestehen, es als das Zeitintervall anzusehen, in dem das Paketmaximum q_0 eine Strecke von der Breite der Un-

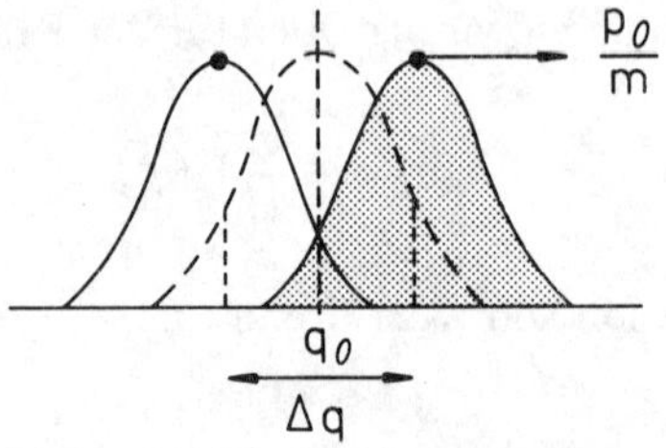

schärfe Δq durchläuft. Das entspräche andererseits der Zeit, während der das Teilchen mit merklicher Wahrscheinlichkeit an einem bestimmten Ort q_0 anzutreffen ist. Wenn nun p_0/m die Gruppengeschwindigkeit des Pakets ist, so gilt demnach:

$$\Delta t = \frac{m}{p_0}\,\Delta q.$$

Wegen der Ortsunschärfe Δq ist gewissermaßen auch die Zeit, während der sich das Teilchen an einem bestimmten Ort aufhält, nur auf Δt genau angebbar. Die Energieunschärfe ΔE können wir als die Differenz der Energien zu um Δt auseinanderliegenden Zeiten interpretieren:

$$\Delta E = \Delta \left(\frac{p^2}{2\,m}\right)_0 = \frac{p_0}{m}\,\Delta p.$$

Die Impulsschärfe Δp bedingt also ΔE. Kombinieren wir die letzten beiden Beziehungen, so folgt mit der bekannten Orts-Impuls-Unbestimmtheitsrelation (3.143) die für Energie und Zeit (3.221):

$$\Delta E\,\Delta t = \Delta p\,\Delta q \geq \frac{\hbar}{2}.$$

Im Kapitel über zeitabhängige Störungstheorie werden wir (3.221) für den Zusammenhang zwischen den Lebensdauern von angeregten Atomzuständen und den Energiebreiten der bei der Abregung emittierten Teilchen (Photonen) begründen können.

Etwas präziser und allgemeiner gelingt die Rechtfertigung der Energie-Zeit-Unbestimmtheitsrelation (3.221) mit Hilfe des Ehrenfestschen Theorems (3.211) und der verallgemeinerten Unschärferelation (3.155). Der Hamilton-Operator H und die Observable A seien nicht explizit zeitabhängig. Dann gilt die Abschätzung:

$$\Delta A\,\Delta H \geq \frac{1}{2}\,|\,\langle\,[A,H]_-\,\rangle\,| = \frac{\hbar}{2}\,|\,\frac{d}{dt}\langle\,A\,\rangle\,|\,.$$

Diese Relation legt die Einführung einer charakteristischen Zeit Δt_A nahe, nämlich als den Zeitabschnitt, in dem sich der Erwartungswert $\langle A \rangle$ der Observablen A gerade um die mittlere Schwankung ΔA verschiebt (s. obiges Beispiel!):

$$\Delta t_A = \frac{\Delta A}{\left| \frac{d}{dt} \langle A \rangle \right|} . \tag{3.222}$$

Solche Zeiten, die für nennenswerte Veränderungen der statistischen Verteilung von Meßwerten mindestens notwendig sind, lassen sich für alle Observablen definieren. Wir lassen deshalb den Index A weg und folgern aus den letzten beiden Beziehungen:

$$\Delta H \, \Delta t \geq \frac{\hbar}{2} . \tag{3.223}$$

Wenn wir nun noch berücksichtigen, daß der Hamilton-Operator die Observable *Energie* repräsentiert, wie wir in Kapitel 2.3.3 aus der Analogie zur klassischen Hamilton-Funktion geschlossen haben, so können wir $\Delta H = \Delta E$ schreiben und haben mit (3.223) dann (3.221) reproduziert.

Befindet sich das System in einem stationären Zustand, d.h. in einem Eigenzustand von H, so gilt $\langle \psi \,|\, [A, H]_- \,|\, \psi \rangle = 0 = \frac{d}{dt} \langle A \rangle$ und damit $\Delta t = \infty$. Das muß nicht als Widerspruch zu (3.221) gewertet werden, da dann ja auch $\Delta E = 0$ ist.

3.4.7 Aufgaben

Aufgabe 3.4.1

Der Observablen "Spin-$\frac{1}{2}$" (Kap. 5.2 und 5.3, Bd. 5, Tl. 2) ist der Operator

$$\mathbf{S} = \frac{\hbar}{2} \boldsymbol{\sigma}; \qquad \boldsymbol{\sigma} = (\sigma_x, \, \sigma_y, \, \sigma_z)$$

zugeordnet, wobei die $\sigma_x, \sigma_y, \sigma_z$ die Paulischen Spinmatrizen sind,

$$\sigma_x = \begin{pmatrix} 0 & 1 \\ 1 & 0 \end{pmatrix}; \quad \sigma_y = \begin{pmatrix} 0 & -i \\ i & 0 \end{pmatrix}; \quad \sigma_z = \begin{pmatrix} 1 & 0 \\ 0 & -1 \end{pmatrix},$$

dargestellt in der Eigenbasis von σ_z.

Ein Spin-$\frac{1}{2}$-Teilchen in einem homogenen Magnetfeld $\mathbf{B} = B \, \mathbf{e}_z$ ($\mathbf{e}_z$: Einheitsvektor in z-Richtung) werde durch den Hamilton-Operator

$$H = \hbar \omega \, \sigma_z; \quad \omega = \frac{q B}{2m}$$

($q(m)$: Ladung (Masse) des Teilchens) beschrieben. In der Eigenbasis von σ_z lautet der Anfangszustand zur Zeit $t = 0$:

$$|\, \psi(0) \,\rangle = \frac{1}{\sqrt{2}} \begin{pmatrix} 1 \\ 1 \end{pmatrix} .$$

Berechnen Sie die Erwartungswerte der Spins $\langle \, \sigma_{x,y,z} \, \rangle$ zu den Zeiten $t_1 = 0$, $t_2 = \frac{\pi m}{q B}$.

Aufgabe 3.4.2

Berechnen Sie mit dem Hamilton-Operator

$$\begin{aligned} H &= \hbar\,\omega(\mathbf{e}\cdot\boldsymbol{\sigma}),\\ \mathbf{e} &= (\sin\vartheta\cos\varphi, \sin\vartheta\sin\varphi, \cos\vartheta),\\ \boldsymbol{\sigma} &= (\sigma_x,\,\sigma_y,\,\sigma_z): \text{ Pauli-Spinoperator} \end{aligned}$$

die Zeitabhängigkeit der Dichtematrix:

$$\rho(t) = \frac{1}{2}(\mathbf{1} + \mathbf{P}\cdot\boldsymbol{\sigma})$$

($\mathbf{P}$: Polarisationsvektor, s. Aufgabe 3.3.7 und 3.3.8).

Aufgabe 3.4.3

Für ein abgeschlossenes System $\left(\frac{\partial H}{\partial t} = 0\right)$ sei A eine Observable im Schrödinger-Bild, A_H die entsprechende des Heisenberg-Bildes. Beide Bilder mögen zur Zeit $t_0 = 0$ übereinstimmen. Der Anfangszustand $|\,\psi(0)\,\rangle$ sei Eigenzustand von A. Zeigen Sie, daß $|\,\psi(t)\,\rangle$ für $t > 0$ Eigenzustand zu $A_H(-t)$ mit demselben Eigenwert ist.

Aufgabe 3.4.4

Der lineare harmonische Oszillator wird beschrieben durch den Hamilton-Operator:

$$H = \frac{p^2}{2m} + \frac{1}{2}m\,\omega^2 q^2.$$

Zeigen Sie, daß Impulsoperator p und Ortsoperator q im Heisenberg-Bild die folgenden Bewegungsgleichungen erfüllen:

$$\begin{aligned} &\frac{d^2}{dt^2}\,q_H(t) + \omega^2\,q_H(t) = 0,\\ &\frac{d^2}{dt^2}\,p_H(t) + \omega^2\,p_H(t) = 0. \end{aligned}$$

Aufgabe 3.4.5

Betrachten Sie die kräftefreie, eindimensionale Bewegung eines Teilchens der Masse m:

$$H = \frac{1}{2m}p^2.$$

1) Lösen Sie die Bewegungsgleichung für den Ortsoperator $q_H(t)$ und den Impulsoperator $p_H(t)$ im Heisenberg-Bild.

2) Berechnen Sie die Kommutatoren:

$$[q_H(t_1), q_H(t_2)]_-; \ [p_H(t_1), p_H(t_2)]_-; \ [q_H(t_1), p_H(t_2)]_-.$$

Aufgabe 3.4.6

Leiten Sie die Bewegungsgleichung des Erwartungswertes $\langle A \rangle$ der Observablen A für reine und gemischte Zustände ab, ausgehend vom

1) Schrödinger-Bild, 2) Heisenberg-Bild, 3) Dirac-Bild

(Ehrenfestsches Theorem (3.211)).

Aufgabe 3.4.7

Ein Teilchen der Masse m führe unter dem Einfluß einer konstanten Kraft F eine eindimensionale Bewegung aus. Zeigen Sie, daß der Erwartungswert des Impulses linear mit der Zeit anwächst.

Aufgabe 3.4.8

1) Die klassische Hamilton-Funktion des linearen harmonischen Oszillators lautet:

$$H = \frac{p^2}{2m} + \frac{1}{2} m \omega^2 q^2 = H(p, q).$$

Berechnen Sie die klassischen Bewegungsgleichungen für $q(t)$ und $p(t)$.

2) Wir ersetzen in der klassischen Hamilton-Funktion die Variablen q und p durch den Orts- und Impulsoperator $\hat{q}$ und $\hat{p}$ und erhalten damit den Hamilton-**Operator** $\widehat{H}$ des linearen harmonischen Oszillators. Zeigen Sie, daß die Bewegungsgleichungen für die Erwartungswerte $\langle \hat{q} \rangle$, $\langle \hat{p} \rangle$ mit den klassischen Gleichungen aus Teil 1) identisch sind (*Ehrenfestsches Theorem*).

3) Gilt die Aussage von Teil 2) auch für ein Potential der Form

$$V(q) = \alpha q^4 \ ?$$

3.5 Korrespondenzprinzip

Wir haben bereits mehrfach Analogien zwischen Klassischer Mechanik und Quantenmechanik aufzuzeigen versucht. Das begann in Kapitel 1.5.3 mit den Bohrschen Überlegungen zu einer *übergeordneten* Theorie, die wir heute *Quantenmechanik* nennen, und die die makroskopisch korrekte, Klassische Mechanik als den Grenzfall enthält, für den *Quantisierungen* und *Quantensprünge* unbedeutend werden (*"$\hbar \to 0$-Grenzfall"*). Die Bohrschen Postulate zeugen auch heute noch von der genialen physikalischen Intuition des Autors, stellten sie doch schließlich den leitenden Gesichtspunkt beim Auffinden der *richtigen* Quantengesetze dar.

In Kapitel 2.3.3 haben wir im Rahmen der Wellenmechanik ein praktisches Rezept (*Korrespondenzregel*) zur Formulierung der Schrödinger-Gleichung als Bewegungsgleichung der Wellenfunktion $\psi(\mathbf{r}, t)$ eines physikalischen Systems entwickelt. Letztlich resultierte dieses Rezept aus Überlegungen, den Mittelwert des Impulsoperators im Ortsraum, also durch $\psi(\mathbf{r}, t)$, auszudrücken.

Wir wollen in diesem Kapitel nun auf eine wesentlich abstraktere, darstellungsunabhängige Weise Analogien zwischen Klassischer Mechanik und Quantenmechanik diskutieren. Wir greifen dazu einen Gedanken auf, mit dem wir uns bereits in Band 2 ("Analytische Mechanik") dieses **Grundkurs: Theoretische Physik** auseinandergesetzt haben. Dieser läßt sich in allgemeiner Form wie folgt formulieren:

> *Zwischen klassischer Physik und Quantenmechanik besteht eine formale Analogie! Die Relationen zwischen klassischen dynamischen Variablen können in ähnlicher Form in die Quantenmechanik als Beziehungen zwischen hermiteschen Operatoren übernommen werden (Korrespondenzprinzip).*

Um den zugehörigen Übersetzungscode soll es im nächsten Abschnitt gehen.

3.5.1 Heisenberg-Bild und klassische Poisson-Klammer

Dynamische Variable der Klassischen Mechanik,

$$A = A(\mathbf{q}, \mathbf{p}, t); \quad B = B(\mathbf{q}, \mathbf{p}, t),$$

sind Phasenraumfunktionen. Je zwei solcher Variablen lassen sich zu einer neuen Phasenraumfunktion kombinieren ((2.104), Bd. 2):

Poisson-Klammer

$$\{A, B\} = \sum_{i=1}^{S} \left(\frac{\partial A}{\partial q_i} \frac{\partial B}{\partial p_i} - \frac{\partial A}{\partial p_i} \frac{\partial B}{\partial q_i} \right). \tag{3.224}$$

Einige wichtige Eigenschaften lassen sich direkt aus dieser Definition ableiten:

1) Die Poisson-Klammer ist eine *kanonische Invariante*, d.h. unabhängig davon, welcher Satz von kanonisch konjugierten Variablen $\mathbf{q}, \mathbf{p}$ zur Berechnung verwendet wird (s. Kap. 2.4.2, Bd. 2):

$$\{A, B\}_{\mathbf{q},\mathbf{p}} = \{A, B\}_{\mathbf{Q},\mathbf{P}}.$$

Dies gilt, falls die Variablensätze $(\mathbf{q}, \mathbf{p})$ und $(\mathbf{Q}, \mathbf{P})$ durch eine kanonische Transformation ((2.134) bis (2.136), Bd. 2) auseinander hervorgehen; durch eine Transformation also, bei der die Hamiltonschen Bewegungsgleichungen forminvariant bleiben.

2) $\{A, B\} = -\{B, A\}$.

3) $\{A, \text{ const.}\} = 0$.

4) $\{A, B + C\} = \{A, B\} + \{A, C\}$.

5) $\{A, BC\} = B\{A, C\} + \{A, B\}C$.

6) Jacobi-Identität:

$$\{A, \{B, C\}\} + \{B, \{C, A\}\} + \{C, \{A, B\}\} = 0.$$

7) Fundamental-Klammern:

$$\{q_i, p_j\} = \delta_{ij}; \quad \{q_i, q_j\} = \{p_i, p_j\} = 0. \tag{3.225}$$

8) Bewegungsgleichung:

$$\frac{dA}{dt} = \{A, H\} + \frac{\partial A}{\partial t}. \tag{3.226}$$

Speziell:

$$\dot{q}_j = \{q_j, H\}; \quad \dot{p}_j = \{p_j, H\}. \tag{3.227}$$

Anstatt die Eigenschaften 2) bis 8) aus der konkreten Definition (3.224) der klassischen Poisson-Klammer abzuleiten, kann man nun auch umgekehrt vorgehen und sie als

Axiome einer abstrakten mathematischen Struktur, unabhängig von einer speziellen Definition des Klammersymbols $\{\dots, \dots\}$

auffassen. Die klassische Poisson-Klammer, gebildet gemäß (3.224) mit klassischen dynamischen Variablen, ist dann eine, allerdings nicht die einzige, konkrete Realisierung dieser abstrakten Struktur. Wir legen als weitere Realisierung eine

quantenmechanische Klammer $\{\widehat{A}, \widehat{B}\}_{QM}$

fest, gebildet aus

Observablen $\widehat{A}, \widehat{B}$ *im Heisenberg-Bild.*

Sie habe die Eigenschaften 2) bis 8). Insbesondere sei die Klammer selbst wieder eine Observable.

Zwischen diesen beiden Realisierungen des abstrakten Klammersymbols besteht die Korrespondenz:

$$\begin{array}{lcl} \textit{Klassische, dynamische Variable} & \Longleftrightarrow & \textit{Observable, d.h. hermite-} \\ A, B, C & & \textit{sche Operatoren } \widehat{A}, \widehat{B}, \widehat{C} \\ \{A, B\} = C & \Longleftrightarrow & \{\widehat{A}, \widehat{B}\}_{QM} = \widehat{C}. \end{array} \tag{3.228}$$

Für eine praktische Auswertung benötigen wir allerdings noch detailliertere Kenntnisse über die Quanten-Poisson-Klammer. Wegen gleicher Eigenschaften vermuten wir:

$$\{\widehat{A}, \widehat{B}\}_{QM} \sim [\widehat{A}, \widehat{B}]_- = \widehat{A}\,\widehat{B} - \widehat{B}\,\widehat{A}.$$

Daß der Kommutator die Eigenschaften 2) bis 4) erfüllt, ist sofort zu sehen, 5) und 6) waren Gegenstand der Aufgaben 3.2.11. Wir können die vermutete Proportionalität noch wie folgt begründen:

$\widehat{A}_1$, $\widehat{A}_2$; $\widehat{B}_1$, $\widehat{B}_2$ seien hermitesche Operatoren. Ferner sollen $\widehat{A}_1$ und $\widehat{A}_2$ sowie $\widehat{B}_1$ und $\widehat{B}_2$ miteinander vertauschen, damit auch $\widehat{A}_1\,\widehat{A}_2$ und $\widehat{B}_1\,\widehat{B}_2$ hermitesch sind:

$$\begin{aligned} \{\widehat{A}_1\,\widehat{A}_2,\, \widehat{B}_1\,\widehat{B}_2\}_{QM} &\overset{(5)}{=} \widehat{A}_1\,\{\widehat{A}_2,\, \widehat{B}_1\,\widehat{B}_2\}_{QM} + \{\widehat{A}_1,\, \widehat{B}_1\,\widehat{B}_2\}_{QM}\,\widehat{A}_2 = \\ &= \widehat{A}_1\,\widehat{B}_1\,\{\widehat{A}_2, \widehat{B}_2\}_{QM} + \widehat{A}_1\,\{\widehat{A}_2, \widehat{B}_1\}_{QM}\,\widehat{B}_2 + \\ &\quad + \widehat{B}_1\,\{\widehat{A}_1, \widehat{B}_2\}_{QM}\,\widehat{A}_2 + \{\widehat{A}_1, \widehat{B}_1\}_{QM}\,\widehat{B}_2\,\widehat{A}_2. \end{aligned}$$

Man kann die Klammer noch auf eine andere Weise auflösen:

$$\begin{aligned} \{\widehat{A}_1\,\widehat{A}_2, \widehat{B}_1\,\widehat{B}_2\}_{QM} &= \widehat{B}_1\,\{\widehat{A}_1\,\widehat{A}_2, \widehat{B}_2\}_{QM} + \{\widehat{A}_1\,\widehat{A}_2, \widehat{B}_1\}_{QM}\,\widehat{B}_2 = \\ &= \widehat{B}_1\,\widehat{A}_1\{\widehat{A}_2, \widehat{B}_2\}_{QM} + \widehat{B}_1\,\{\widehat{A}_1, \widehat{B}_2\}_{QM}\,\widehat{A}_2 + \\ &\quad + \widehat{A}_1\,\{\widehat{A}_2, \widehat{B}_1\}_{QM}\,\widehat{B}_2 + \{\widehat{A}_1, \widehat{B}_1\}_{QM}\,\widehat{A}_2\,\widehat{B}_2. \end{aligned}$$

Wenn wir diese beiden Ausdrücke voneinander abziehen, so bleibt:

$$[\widehat{A}_1, \widehat{B}_1]_-\,\{\widehat{A}_2, \widehat{B}_2\}_{QM} = \{\widehat{A}_1, \widehat{B}_1\}_{QM}\,[\widehat{A}_2, \widehat{B}_2]_-.$$

Da die $\widehat{A}_i$, $\widehat{B}_i$ *fast beliebig* gewählte Operatoren sind, legt dieses Ergebnis in der Tat die Proportionalität von Kommutator und Quanten-Poisson-Klammer nahe:

$$\{\widehat{A}, \widehat{B}\}_{QM} = i\,\alpha\,[\widehat{A}, \widehat{B}]_-; \qquad \alpha \in \mathbb{R}.$$

Die Proportionalitätskonstante muß rein imaginär sein, da bei hermiteschen Operatoren $\widehat{A}$ und $\widehat{B}$ die Klammer ebenfalls hermitesch ist, wohingegen der Kommutator antihermitesch ($[\widehat{A},\widehat{B}]_-^+ = -[\widehat{A},\widehat{B}]_-$) ist. Die reelle Konstante α muß dem Experiment angepaßt werden. Die Wahl $\alpha = -\hbar^{-1}$ bleibt als einzige widerspruchsfrei, so daß sich schließlich aus (3.228) die folgende Übersetzungsvorschrift ergibt:

$$\begin{array}{ccc} \textbf{Klassische Mechanik} & & \textbf{Quantenmechanik} \\ \{A,B\} = C & \Longleftrightarrow & \{\widehat{A},\widehat{B}\}_{QM} = \widehat{C} = \frac{1}{i\hbar}[\widehat{A},\widehat{B}]_- . \end{array} \tag{3.229}$$

Sämtliche Bewegungsgleichungen der Klassischen Mechanik lassen sich durch Poisson-Klammern ausdrücken. Die entsprechenden Beziehungen der Quantenmechanik sind dann durch das Korrespondenzprinzip (3.228) und (3.229) festgelegt. So ergibt sich aus (3.226) unmittelbar die Bewegungsgleichung (3.191) für zeitabhängige Heisenberg-Operatoren mit den wichtigen Spezialfällen:

$$i\hbar\, \dot{\hat{q}}_i = [\hat{q}_i, \widehat{H}]_- , \tag{3.230}$$

$$i\hbar\, \dot{\hat{p}}_i = [\hat{p}_i, \widehat{H}]_- , \tag{3.231}$$

$$\frac{d}{dt}\widehat{H} = \frac{\partial}{\partial t}\widehat{H} . \tag{3.232}$$

Wir haben der Einfachheit halber hier den Index "H" an den Operatorsymbolen weggelassen, da aus dem Zusammenhang klar wird, daß es sich um *Heisenberg-Operatoren* handelt. Aus demselben Grund werden wir ab sofort auch das Zeichen "$\widehat{\ }$" zur Unterscheidung der Operatoren von den klassischen Variablen wieder einsparen können, da keine Verwechslungen mehr zu befürchten sind.

Die in diesem Kapitel entwickelte Quantisierungsvorschrift entpuppt sich als konsequente Verallgemeinerung der in Kapitel 2.3.3 für den Spezialfall der Ortsdarstellung konzipierten Korrespondenzregel. Ein quantenmechanisches Problem wird dadurch gelöst, daß man die klassische Hamilton-Funktion zum Hamilton-Operator macht, indem man die Koordinaten $\mathbf{q} = (q_1, q_2, \cdots, q_s)$ und Impulse $\mathbf{p} = (p_1, p_2, \ldots, p_s)$ zu Operatoren erklärt, die mit (3.229) die Fundamentalklammern (3.225) erfüllen. Die durch die Nicht-Vertauschbarkeit dieser Operatoren eventuell auftretenden Mehrdeutigkeiten werden durch Zusatzvorschriften wie (2.113) (*Symmetrisierung*) vermieden. Bei bekanntem Hamilton-Operator läßt sich über die Bewegungsgleichung (3.226) mit dem Übersetzungscode (3.229) im Prinzip die Zeitabhängigkeit einer jeden Heisenberg-Observablen berechnen.

3.5.2 Orts- und Impulsdarstellung

Wir wollen nun zum Schluß die in diesem Kapitel entwickelte allgemeine Theorie mit der Wellenmechanik aus Kapitel 2 in Verbindung bringen. Die in Kapitel 2.3.3 speziell für die Wellenmechanik (*Ortsdarstellung*) entwickelte Korrespondenzregel für die Übersetzung klassischer Größen und Beziehungen in den quantenmechanischen Formalismus soll hier auf abstraktere Weise nachvollzogen und begründet werden. Im Resultat werden wir die Schrödingersche Wellenmechanik als spezielle Realisierung des abstrakten Dirac-Formalismus identifiziert haben, so daß wir bei der expliziten Lösung quantenmechanischer Probleme uns je nach Zweckmäßigkeit der einen oder der anderen Darstellung bedienen können.

Durch das Korrespondenzprinzip in Kapitel 3.5.1 haben wir den Übergang von der klassischen Hamilton-Funktion $H(q,p)$ auf den quantenmechanischen Hamilton-Operator

$$H(\hat{q},\hat{p}) = T(\hat{p}) + V(\hat{q}) = \frac{1}{2m}\,\hat{p}^2 + V(\hat{q}) \tag{3.233}$$

vollzogen. Um den Sachverhalt so übersichtlich wie möglich zu gestalten, beschränken wir uns hier auf die eindimensionale Bewegung eines Teilchens der Masse m im Potential V. Die Verallgemeinerung auf mehrdimensionale Systeme wird keine Schwierigkeiten bereiten.

$\hat{q}$ und $\hat{p}$ sind Observable,

$$\hat{q} = \hat{q}^+ : \text{Ortsoperator,}$$
$$\hat{p} = \hat{p}^+ : \text{Impulsoperator,}$$

mit den Eigenwertgleichungen:

$$\hat{q}\,|\,q\,\rangle = q\,|\,q\,\rangle, \tag{3.234}$$
$$\hat{p}\,|\,p\,\rangle = p\,|\,p\,\rangle. \tag{3.235}$$

q und p sind die scharfen Orts- und Impulsmeßwerte, die kontinuierliche Wertebereiche durchlaufen können. Deshalb sind

$$|\,q\,\rangle,\ |\,p\,\rangle : \text{ uneigentliche (Dirac-)Zustände,}$$

wie wir sie in Kapitel 3.2.4 diskutiert haben. Sie stellen vollständige Systeme dar, so daß jeder Zustand $|\,\psi\,\rangle$ nach ihnen entwickelt werden kann:

$$|\,\psi(t)\,\rangle = \int dq\,|\,q\,\rangle\langle\,q\,|\,\psi(t)\,\rangle, \tag{3.236}$$

$$|\,\psi(t)\,\rangle = \int dp\,|\,p\,\rangle\langle\,p\,|\,\psi(t)\,\rangle. \tag{3.237}$$

Die Entwicklungskoeffizienten sind skalare Funktionen der Variablen q bzw. p. Wir nennen die Skalarprodukte der Orts- bzw. Impulseigenzustände mit $|\psi\rangle$ *Wellenfunktionen*:

$$\text{Ortsraum:} \qquad \psi(q,t) = \langle q \,|\, \psi(t)\rangle, \tag{3.238}$$

$$\text{Impulsraum:} \qquad \overline{\psi}(p,t) = \langle p \,|\, \psi(t)\rangle. \tag{3.239}$$

Wir wollen uns zunächst mit der Ortsraumfunktion $\psi(q,t)$ auseinandersetzen. Die Zeitabhängigkeit von $|\psi(t)\rangle$ deutet auf das Schrödinger-Bild hin, in dem $|\psi(t)\rangle$ der fundamentalen Bewegungsgleichung (3.165)

$$i\hbar\,|\,\dot{\psi}\rangle = H\,|\,\psi\rangle$$

unterliegt. Wenn wir diese von links mit dem bra-Zustand $\langle q|$ skalar multiplizieren, so ergibt sich:

$$i\hbar\,\frac{\partial}{\partial t}\,\psi(q,t) = \langle q\,|\,H\,|\,\psi(t)\rangle. \tag{3.240}$$

Mit dieser Gleichung können wir erst dann etwas anfangen, wenn wir wissen, was $\langle q\,|\,H\,|\,\psi\rangle$ bedeutet. Dazu untersuchen wir etwas allgemeiner den Ausdruck

$$\langle q\,|\,A(\hat{q},\hat{p})\,|\,\psi\rangle,$$

wobei $A(\hat{q},\hat{p})$ eine Operatorfunktion im Sinne von Kapitel 3.2.7 ist (Potenzreihe, Polynom). Einige Vorbetrachtungen sind notwendig!

Definition:

Translationsoperator

$$T(a)\,|\,q\rangle = |\,q+a\rangle; \quad a \in \mathbb{R}. \tag{3.241}$$

Mehrere wichtige Eigenschaften dieses Operators werden wir als Aufgabe 3.5.6 untersuchen. Es ist klar, daß die Anwendung von $T(a)$ lediglich die Verschiebung des Koordinatensystems um eine konstante Strecke a bedeutet. Diese Maßnahme kann *die Physik* des Systems natürlich nicht ändern. Insbesondere muß im homogenen Raum die Norm der Ortszustände erhalten bleiben:

$$\langle q+a\,|\,q+a\rangle \overset{!}{=} \langle q\,|\,q\rangle \implies T(a) \text{ unitär.} \tag{3.242}$$

Vollzieht man zunächst eine Translation um die Strecke a_1 und dann eine um die Strecke a_2, dann sollte es nicht auf die Reihenfolge der Teilschritte ankommen. Ferner sollte im Resultat nichts anderes herauskommen als bei einer einzigen Translation um die Gesamtstrecke $a_1 + a_2$:

$$T(a_1)\,T(a_2) = T(a_2)\,T(a_1) = T(a_1 + a_2). \tag{3.243}$$

Diesen Ausdruck differenzieren wir zunächst nach dem Parameter a_1, dann nach a_2:

$$\frac{dT(a_1)}{da_1} T(a_2) = \frac{dT(a_1 + a_2)}{d(a_1 + a_2)} = \frac{dT(a_2)}{da_2} T(a_1).$$

Dies bedeutet auch:

$$\frac{dT(a_1)}{da_1} T^{-1}(a_1) = \frac{dT(a_2)}{da_2} T^{-1}(a_2).$$

Die linke Seite ist nur von a_1, die rechte nur von a_2 abhängig, also muß jede für sich unabhängig von a_1 bzw. a_2 sein. Wir setzen deshalb

$$\frac{dT(a)}{da} T^{-1}(a) \equiv i\,K,$$

wobei der Operator K vom Parameter a nicht abhängt. Die imaginäre Einheit i wird hier lediglich aus Zweckmäßigkeitsgründen herausgezogen. Mit $T(a = 0) = \mathbf{1}$ liefert die Integration:

$$T(a) = \exp(i\,a\,K). \tag{3.244}$$

Aus der Unitarität von T ($T^{-1} = T^{+}$) folgt, daß K ein hermitescher Operator ist. Zur weiteren Festlegung von K untersuchen wir nun eine infinitesimale Translation $a = dq$, für die wegen (3.241) und (3.244) gelten muß:

infinitesimaler Translationsoperator

$$\begin{aligned} T_{dq}\,|\,q\,\rangle &= |\,q + dq\,\rangle, \\ T_{dq} &= \mathbf{1} + i\,dq\,K. \end{aligned} \tag{3.245}$$

Wie in (3.94) allgemein eingeführt, stellt T_{dq} eine *infinitesimale unitäre Transformation* dar.

Die Operatoren T_{dq} und $\hat{q}$ sind **nicht** vertauschbar:

$$\begin{aligned} T_{dq}\,\hat{q}\,|\,q\,\rangle &= q\,|\,q + dq\,\rangle, \\ \hat{q}\,T_{dq}\,|\,q\,\rangle &= (q + dq)\,|\,q + dq\,\rangle. \end{aligned}$$

Wir subtrahieren diese beiden Gleichungen:

$$[\hat{q},\, T_{dq}]_{-}\,|\,q\,\rangle = dq\,|\,q + dq\,\rangle = dq\,(\,\mathbf{1} + i\,dq\,K)\,|\,q\,\rangle = dq\,\mathbf{1}\;|\,q\,\rangle + O(dq^2).$$

Dieses gilt für alle $|\,q\,\rangle$, die andererseits ein vollständiges System bilden. Wir erkennen deshalb die Operatoridentität:

$$[\hat{q},\, T_{dq}]_{-} = dq\,\mathbf{1} \implies i\,[\hat{q}, K]_{-} = \mathbf{1}.$$

Der Vergleich mit der Fundamentalklammer (3.225) $[\hat{q}, \hat{p}]_- = i\hbar\,\mathbf{1}$ zwingt zu dem Schluß:

$$[\hat{q},\, \hbar K + \hat{p}]_- = 0 \iff [\hat{q}^n,\, \hbar K + \hat{p}]_- = 0.$$

Wir benutzen im nächsten Schritt die Vertauschbarkeit von Impuls- und Translationsoperator (s. Teil 5) von Aufgabe 3.5.6). Natürlich ändert sich der Teilchenimpuls nicht, wenn das räumliche Koordinatensystem verschoben wird. Deshalb muß selbstverständlich

$$[\hat{p},\, T_{dq}]_- = 0 \implies [\hat{p}, K]_- = 0$$

angenommen werden und damit auch:

$$[\hat{p}^m,\, \hbar K + \hat{p}]_- = 0.$$

Die beiden Zwischenergebnisse lassen sich zu

$$[\hat{q}^n\, \hat{p}^m,\, \hbar K + \hat{p}]_- = 0$$

kombinieren. Nun ist jede beliebige Operatorfunktion $A(\hat{q}, \hat{p})$ als Polynom oder Potenzreihe darstellbar (Kap. 3.2.7). Mit Hilfe der Kommutatorrelation $[\hat{q}, \hat{p}]_- = i\hbar\,\mathbf{1}$ lassen sich alle Ortsoperatoren nach links, alle Impulsoperatoren nach rechts sortieren, so daß stets die folgende Darstellung erreichbar ist:

$$A(\hat{q}, \hat{p}) = \sum_{n,m} \alpha_{nm}\, \hat{q}^n\, \hat{p}^m. \tag{3.246}$$

Damit ist aber klar, daß jede beliebige Operatorfunktion $A(\hat{q}, \hat{p})$ mit dem Operator $\hbar K + \hat{p}$ vertauscht:

$$[A(\hat{q}, \hat{p}), \hbar K + \hat{p}]_- = 0.$$

Da dieses für alle A richtig sein soll, muß der Operator rechts gleich $(c\,\mathbf{1})$ sein mit einer reellen Konstanten c, die wir gleich Null setzen:

$$K = -\frac{1}{\hbar}\hat{p}. \tag{3.247}$$

Der Impulsoperator $\hat{p}$ erweist sich damit nach (3.245) als *Erzeugende einer infinitesimalen Translation*, so wie sich der Hamilton-Operator in (3.164) als Erzeugende der Zeittranslation ergab:

$$T_{dq} = \mathbf{1} - \frac{i}{\hbar}\, dq\, \hat{p}, \tag{3.248}$$

$$T(a) = \exp\left(-\frac{i}{\hbar}\, a\, \hat{p}\right). \tag{3.249}$$

Wenn wir nun die folgende Ableitung des bra-Vektors $\langle q |$,

$$\frac{d}{dq}\langle q | = \frac{\langle q + dq | - \langle q |}{dq} = \frac{1}{dq}\langle q | \left(\mathbf{1} + \frac{i}{\hbar} dq\,\hat{p} - \mathbf{1} \right) = \frac{i}{\hbar}\langle q | \hat{p},$$

von rechts mit dem ket $| \psi(t) \rangle$ multiplizieren, so erhalten wir das wichtige Zwischenergebnis:

$$\langle q | \hat{p} | \psi(t) \rangle = \frac{\hbar}{i} \frac{\partial}{\partial q} \psi(q,t). \tag{3.250}$$

Wir schließen weiter rekursiv auf $\hat{p}^n$:

$$\begin{aligned}
\langle q | \hat{p}^n | \psi(t) \rangle &= \langle q | \hat{p}\, \mathbf{1}\, \hat{p}^{n-1} | \psi(t) \rangle = \\
&= \langle q | \hat{p} \left(\int dq' \, | q' \rangle \langle q' | \right) \hat{p}^{n-1} | \psi(t) \rangle = \\
&= \frac{\hbar}{i} \frac{\partial}{\partial q} \int dq' \underbrace{\langle q | q' \rangle}_{\delta(q-q')} \langle q' | \hat{p}^{n-1} | \psi(t) \rangle = \\
&= \frac{\hbar}{i} \frac{\partial}{\partial q} \langle q | \hat{p}^{n-1} | \psi(t) \rangle = \\
&\;\vdots \\
&= \left(\frac{\hbar}{i} \frac{\partial}{\partial q} \right)^n \psi(q,t).
\end{aligned} \tag{3.251}$$

Da $\hat{q}$ als Observable hermitesch ist, folgt weiter:

$$\langle q | \hat{q}^m \hat{p}^n | \psi(t) \rangle = q^m \langle q | \hat{p}^n | \psi(t) \rangle = q^m \left(\frac{\hbar}{i} \frac{\partial}{\partial q} \right)^n \psi(q,t).$$

Aus der allgemeinen Operatorbeziehung

$$A(\hat{q}, \hat{p}) \, | \psi(t) \rangle = | \varphi(t) \rangle,$$

wobei A eine beliebige Operatorfunktion von der Art (3.246) ist, wird somit in der Darstellung mit Ortsraumwellenfunktionen:

$$A\left(q, \frac{\hbar}{i} \frac{\partial}{\partial q} \right) \psi(q,t) = \varphi(q,t). \tag{3.252}$$

Wir haben somit schlußendlich die folgende Zuordnung abgeleitet:

Ortsdarstellung

$$\begin{aligned}
| \psi(t) \rangle &\longrightarrow \psi(q,t), \\
\hat{p} &\longrightarrow \frac{\hbar}{i} \frac{\partial}{\partial q}, \\
\hat{q} &\longrightarrow q, \\
A(\hat{q}, \hat{p}) &\longrightarrow A\left(q, \frac{\hbar}{i} \frac{\partial}{\partial q} \right).
\end{aligned} \tag{3.253}$$

Insbesondere gilt für den Hamilton-Operator (3.233) in der Ortsdarstellung:

$$H(\hat{q},\hat{p}) \longrightarrow -\frac{\hbar^2}{2m}\frac{\partial^2}{\partial q^2} + V(q). \tag{3.254}$$

Mit diesem H lautet die zeitabhängige Schrödinger-Gleichung (3.240):

$$i\hbar\frac{\partial}{\partial t}\psi(q,t) = H\,\psi(q,t). \tag{3.255}$$

Dieses Ergebnis ist identisch mit (2.107) bzw. (2.108). Die hier entwickelte *Ortsdarstellung* (3.253) ist also zu der in Kapitel 2.3.1 völlig äquivalent. Letztere hatten wir, ausgehend vom Wirkungswellenkonzept der klassischen Hamilton-Jacobi-Theorie, mehr oder weniger durch Plausibilitätsüberlegungen und Analogieschlüsse begründen können. Daß diese offensichtlich korrekt waren, belegt die strengere und allgemeinere Schlußweise, die in diesem Kapitel zu (3.253) führte.

Ein völlig analoger Gedankengang, den wir hier nicht im einzelnen nachvollziehen wollen, stattdessen als Aufgabe 3.5.9 empfehlen, liefert die

Impulsdarstellung

$$\begin{aligned} |\,\psi(t)\,\rangle &\longrightarrow \overline{\psi}(p,t), \\ \hat{p} &\longrightarrow p, \\ \hat{q} &\longrightarrow -\frac{\hbar}{i}\frac{\partial}{\partial p}, \\ B(\hat{q},\hat{p}) &\longrightarrow B\left(-\frac{\hbar}{i}\frac{\partial}{\partial p}, p\right). \end{aligned} \tag{3.256}$$

Auch dieses Ergebnis stimmt mit den entsprechenden Aussagen in Kapitel 2.3.1 überein!

3.5.3 Aufgaben

Aufgabe 3.5.1

1) Berechnen Sie für den klassischen Drehimpuls

$$\mathbf{L} = \mathbf{r} \times \mathbf{p}$$

die Poisson-Klammern:

a) $\{L_i,\, L_j\},\ \{L_i,\, \mathbf{L}^2\}$,

b) $\{L_i,\, x_j\},\ \{L_i,\, \mathbf{r}^2\}$,

c) $\{L_i,\, p_j\},\ \{L_i,\, \mathbf{p}^2\}$.

Die Indizes i, j kennzeichnen kartesische Komponenten!

2) Welche Kommutatorrelationen folgen daraus für die entsprechenden quantenmechanischen Operatoren?

Aufgabe 3.5.2

Beweisen Sie mit Hilfe der Bewegungsgleichung für Heisenberg-Observable die folgenden Differentiationsregeln:

1) $\frac{d}{dt}(A+B) = \frac{d}{dt}A + \frac{d}{dt}B$,

2) $\frac{d}{dt}(AB) = \left(\frac{d}{dt}A\right)B + A\left(\frac{d}{dt}B\right)$,

3) $\frac{d}{dt}(\alpha A) = \dot{\alpha}\, A + \alpha\left(\frac{d}{dt}A\right)$; α zeitabhängige c-Zahl.

Aufgabe 3.5.3

Drücken Sie den Beschleunigungsoperator $\frac{d^2}{dt^2}q$ durch den Ortsoperator q und den Hamilton-Operator H aus.

Aufgabe 3.5.4

Ein Teilchen der Masse m bewege sich in einem Potential $V = V(\mathbf{r})$, das eine homogene Funktion vom Grad n sein möge:

$$V(\alpha\,\mathbf{r}) = \alpha^n\, V(\mathbf{r}) \qquad \forall \alpha \in \mathbb{R}^+,\; n \in \mathbb{N}.$$

Es besitzt damit den Hamilton-Operator:

$$H = T(\mathbf{p}) + V(\mathbf{r}); \qquad T(\mathbf{p}) = \frac{\mathbf{p}^2}{2m}.$$

Die Observable

$$A = \frac{1}{2}(\mathbf{r}\cdot\mathbf{p} + \mathbf{p}\cdot\mathbf{r})$$

wird uns zum quantenmechanischen Analogon des klassischen Virialsatzes ((3.33), Bd. 1) führen.

1) Verifizieren Sie die Beziehungen:

$$A = \mathbf{r}\cdot\mathbf{p} + \frac{3}{2}\frac{\hbar}{i}\,\mathbf{1},$$

$$\sum_{i=1}^{3} x_i \frac{\partial V}{\partial x_i} = n\,V.$$

2) Beweisen Sie den Virialsatz:

$$\dot{A} = 2T - n\,V.$$

3) Das System befinde sich in dem reinen Zustand $|\,E\rangle$, der Eigenzustand zu H ist. Zeigen Sie, daß dann

$$2\langle T\rangle = n\langle V\rangle$$

gilt. Was bedeutet das für das Coulomb-Potential bzw. für das Oszillatorpotential?

Aufgabe 3.5.5

Berechnen Sie die den Impulseigenzuständen $|\,p\rangle$,

$$\hat{p}\,|\,p\rangle = p\,|\,p\rangle,$$

zugeordneten Ortsraumwellenfunktionen

$$\psi_p(q) = \langle\, q\,|\,p\rangle.$$

Aufgabe 3.5.6

Nach (3.241) ist der Translationsoperator $T(a)$ für die eindimensionale Teilchenbewegung durch

$$T(a)\,|\,q\,\rangle = |\,q + a\,\rangle; \qquad a \in \mathbb{R}$$

definiert, wobei $|\,q\,\rangle$ ein (uneigentlicher) Ortseigenzustand ist. Beweisen Sie die folgenden Relationen:

$$\begin{aligned}
&1) \quad T^{-1}\,(a) = T(-a),\\
&2) \quad T^{+}\,(a) = T^{-1}(a),\\
&3) \quad T\,(a)\,T\,(b) = T\,(a+b),\\
&4) \quad T\,(a)\,\hat{q}\,T^{+}\,(a) = \hat{q} - a\,\mathbf{1},\\
&5) \quad T\,(a)\,\hat{p}\,T^{+}\,(a) = \hat{p}.
\end{aligned} \tag{3.243}$$

Aufgabe 3.5.7

Der sogenannte *Paritätsoperator* Π ist definiert durch

$$\Pi\,|\,q\,\rangle = |\,-q\,\rangle; \qquad q \in \mathbb{R}.$$

$|\,q\,\rangle$ ist ein (uneigentlicher) Ortseigenzustand für die eindimensionale Teilchenbewegung.

1) Zeigen Sie, daß Π hermitesch und unitär ist.

2) Berechnen Sie die Eigenwerte π des Paritätsoperators.

3) Man nennt A einen *ungeraden* Operator, falls

$$\Pi\,A\,\Pi^{+} = -A$$

gilt. $|\,\alpha\,\rangle$, $|\,\beta\,\rangle$ seien Eigenzustände von Π zu demselben Eigenwert π. Verifizieren Sie

$$\langle\,\alpha\,|\,A\,|\,\beta\,\rangle = 0.$$

4) Zeigen Sie, daß der Ortsoperator $\hat{q}$ ein *ungerader* Operator ist.

5) Besitzt auch der Impulsoperator $\hat{p}$ ungerade Parität?

Aufgabe 3.5.8

Welche Randbedingungen für die Wellenfunktion eines Teilchens im Eindimensionalen gewährleisten, daß der Impulsoperator

$$\hat{p} \longrightarrow \frac{\hbar}{i}\frac{\partial}{\partial q}$$

ein hermitescher Operator ist?

Aufgabe 3.5.9

Begründen Sie die Impulsdarstellung (3.256):

$$\begin{aligned}
|\,\psi\,\rangle &\longrightarrow \overline{\psi}(p) = \langle\, p\,|\,\psi\,\rangle, \\
\hat{p} &\longrightarrow p, \\
\hat{q} &\longrightarrow -\frac{\hbar}{i}\frac{\partial}{\partial p}, \\
B(\hat{q},\hat{p}) &\longrightarrow B\left(-\frac{\hbar}{i}\frac{\partial}{\partial p}, p\right).
\end{aligned}$$

Benutzen Sie dazu ein Verfahren, das der für die Ableitung der Ortsdarstellung (3.253) verwendeten Methode analog ist.

Aufgabe 3.5.10

Der Hamilton-Operator für die eindimensionale Teilchenbewegung habe die allgemeine Gestalt:

$$H = \frac{1}{2m}\hat{p}^2 + V(\hat{q}).$$

E_n, $|\,E_n\,\rangle$ seien Eigenwerte und Eigenzustände von H:

$$H\,|\,E_n\,\rangle = E_n\,|\,E_n\,\rangle; \quad \langle\, E_n\,|\,E_{n'}\,\rangle = \delta_{nn'}.$$

1) Berechnen Sie den Doppelkommutator

$$[[H,\hat{q}]_-,\,\hat{q}]_-.$$

2) Benutzen Sie das Ergebnis von Teil 1) zum Beweis der *Summenregel*:

$$\sum_n |\,\langle\, E_{n'}\,|\,\hat{q}\,|\,E_n\,\rangle\,|^2\,(E_n - E_{n'}) = \frac{\hbar^2}{2m}.$$

3.6 Kontrollfragen

Zu Kapitel 3.1

1) Wie definiert die klassische Physik den Begriff *Zustand*?

2) Warum kann die klassische Zustandsdefinition nicht direkt von der Quantenmechanik übernommen werden?

3) Was versteht die Quantenmechanik unter einem *reinen Zustand*?

4) Ist der Systemzustand direkt meßbar?

5) Wie ändern sich die Meßresultate beim Übergang $|\psi\rangle \to \alpha|\psi\rangle$, wobei α eine beliebige komplexe Zahl ist?

6) Wie präpariert man einen reinen Zustand?

7) Beschreiben Sie die Wirkungsweisen eines *Trenners* $T(A)$ und eines *Filters* $P(a_i)$.

8) Wann werden die Eigenschaften A und B *verträglich* genannt?

9) Welches Gedankenexperiment verbirgt sich hinter der Formel $P(b_j)\,P(a_i)\,|\varphi\rangle$?

10) Was hat man unter $P(a_i) + P(a_j)$ zu verstehen?

11) Wie ist eine klassische dynamische Variable definiert?

12) Kennen Sie quantenmechanische dynamische Variable, die kein klassisches Analogon besitzen?

13) Wie ist in der Quantenmechanik eine Observable definiert?

Zu Kapitel 3.2

1) Welche Axiome definieren den Hilbert-Raum?

2) Wann bildet eine Menge von Elementen einen linearen Vektorraum?

3) Wann nennt man Zustandsvektoren $|\varphi_1\rangle, |\varphi_2\rangle, \ldots, |\varphi_n\rangle$ linear unabhängig?

4) Wie ist die Dimension eines Vektorraums definiert?

5) Wann nennt man einen Vektorraum unitär?

6) Welche Eigenschaften definieren ein Skalarprodukt?

7) Wann bezeichnet man Zustandsvektoren $|\alpha_i\rangle$ als orthonormal?

8) Was versteht man unter *starker* Konvergenz?

9) Was ist eine Cauchy-Folge?

10) Was bedeutet die Separabilität des Hilbert-Raums?

11) Wie lautet der Entwicklungssatz? Welche Bedingungen gewährleisten seine Konvergenz?

12) Was versteht man unter einem VON-System?

13) Wie definiert man zweckmäßig ein Skalarprodukt für quadratintegrable Funktionen?

14) Erläutern Sie die Bezeichnungen *bra-* und *ket*-Vektoren.

15) Wodurch ist der bra-Vektor $\langle \varphi |$ eindeutig definiert?

16) Wann wird die Einführung von Dirac-Vektoren wichtig bzw. unumgänglich?

17) Wie ist ein Dirac-Vektor definiert?

18) Wie lautet der Entwicklungssatz für uneigentliche Zustände?

19) Wie ist die *Orthonormierung* von uneigentlichen (Dirac-)Zuständen zu verstehen?

20) Was versteht man unter dem *Eigendifferential* eines Dirac-Vektors?

21) Durch welche Angaben ist ein Operator eindeutig festgelegt?

22) Wann gelten zwei Operatoren A_1 und A_2 als gleich?

23) Was bezeichnet man als kommutierende Operatoren?

24) Wie ist der zu A adjungierte Operator definiert?

25) Wann ist ein Operator linear, wann hermitesch, wann beschränkt, wann stetig?

26) Was versteht man unter dem Eigenwertproblem des Operators A?

27) Wann nennt man einen Eigenwert *entartet*?

28) Welche Zustände enthält der Eigenraum zum Eigenwert a?

29) Welche allgemeinen Aussagen können Sie über Eigenwerte und Eigenzustände hermitescher Operatoren machen?

30) Was versteht man unter der *Spektraldarstellung* des hermiteschen Operators A?

31) Formulieren Sie die Vollständigkeitsrelation für den Einheitsoperator $\mathbf{1}$.

32) Welcher Rechentrick ist mit *Einschieben von Zwischenzuständen* gemeint?

33) Wie kann man den Erwartungswert des hermiteschen Operators A $\langle \psi | A | \psi \rangle$ in einem Zustand $| \psi \rangle$ durch seine Eigenwerte a_i und Eigenzustände $| a_i \rangle$ ausdrücken?

34) Was kann über die Eigenzustände zweier vertauschbarer, hermitescher Operatoren A und B ausgesagt werden?

35) Wie kann man aus Zuständen Operatoren aufbauen?

36) Was ist ein dyadisches Produkt? Wie sieht der entsprechende adjungierte Operator aus?

37) Wann ist ein dyadisches Produkt auch Projektionsoperator?

38) Was versteht man unter der Idempotenz eines Projektionsoperators? Gilt diese auch für uneigentliche Vektoren?

39) P_M projiziere auf den Unteraum $M \subset \mathcal{H}$. Welche Eigenwerte und Eigenzustände besitzt P_M? Welche Entartungsgrade liegen vor?

40) Wann ist der inverse Operator A^{-1} hermitesch?

41) Wie ergeben sich Eigenwerte und Eigenzustände von A^{-1} aus denen von A?

42) Wann nennt man einen Operator unitär?

43) Was ist charakteristisch für unitäre Transformationen?

44) Unter welcher Voraussetzung lassen sich Funktionen von Operatoren definieren?

45) Wann gilt $\exp A \cdot \exp B = \exp(A + B)$?

46) Wie leitet man einen Operator nach einem reellen Parameter ab?

47) Wie leitet man eine Operatorfunktion $f(A)$ nach dem Operator A ab?

48) Welche charakteristischen Merkmale weist die Matrix eines hermiteschen Operators auf?

49) Was kann über Zeilen und Spalten einer unitären Matrix ausgesagt werden?

50) Wie sieht die unitäre Transformation aus, mit der man die Matrix des Operators A auf Diagonalgestalt bringt?

51) Was versteht man unter der Spur einer Matrix?

52) Wie hängt die Spur einer Matrix von der verwendeten VON-Basis ab?

Zu Kapitel 3.3

1) Wodurch wird eine Observable in der Quantenmechanik repräsentiert?

2) Zu welchen Aussagen ist eine quantenmechanische Messung prinzipiell nur fähig?

3) Welche physikalischen Komponenten sind an einem Meßprozeß beteiligt?

4) Worin besteht der wesentliche Unterschied zwischen einer klassischen und einer quantenmechanischen Messung?

5) Das System befinde sich **vor** der Messung der Observablen A in irgendeinem Zustand $|\psi\rangle$. Was kann über den Systemzustand **nach** der Messung ausgesagt werden?

6) Welche Aussagen sind möglich, wenn der Ausgangszustand bereits ein Eigenzustand von A ist?

7) Unter welchen Voraussetzungen verschwindet die mittlere quadratische Schwankung ΔA_ψ?

8) Was ist unter dem Erwartungswert der Observablen A im Zustand $|\psi\rangle$ zu verstehen?

9) Wann nennt man Observable (nicht-)verträglich?

10) Was versteht man unter einem vollständigen oder maximalen Satz kommutierender Observabler?

11) Durch Messung von A sei der Eigenzustand $|a_i\rangle$ präpariert worden. Was kann über den Systemzustand ausgesagt werden, wenn anschließend die nicht mit A kommutierende Observable B gemessen wird?

12) Was ist ein antihermitescher Operator?

13) Gibt es einen Zusammenhang zwischen der Unbestimmtheit quantenmechanischer Messungen und der Nicht-Vertauschbarkeit hermitescher Operatoren?

14) Was versteht man unter der verallgemeinerten Heisenbergschen Unbestimmtheitsrelation?

15) Wann befindet sich ein physikalisches System in einem gemischten Zustand?

16) Erläutern Sie die beiden konzeptionell unterschiedlichen Typen der Mittelung, die für die Berechnung des Erwartungswertes einer Observablen A in einem gemischten Zustand notwendig sind.

17) Wie ist die Dichtematrix definiert?

18) Wie berechnet man mit einer gegebenen Dichtematrix Erwartungswerte von Observablen?

19) Die Dichtematrix ρ werde in der VON-Eigenbasis $\{|a_i\rangle\}$ der Observablen A dargestellt. Welche physikalische Bedeutung haben die Diagonalelemente?

20) $|\varphi\rangle$ sei ein normierter, reiner Zustand. Was bedeutet $\langle\varphi|\rho|\varphi\rangle$?

21) Was kann über die Spur der Dichtematrix ausgesagt werden?

22) Wie lautet die Dichtematrix für reine Zustände?

23) Wie kann man über die Dichtematrix ρ entscheiden, ob ein reiner oder ein gemischter Zustand vorliegt?

Zu Kapitel 3.4

1) Warum muß der Zeitentwicklungsoperator $U(t, t_0)$ unitär sein?

2) Welche Größe wird als *Erzeugende der Zeittranslation* aufgefaßt?

3) Welcher Bewegungsgleichung genügen im Schrödinger-Bild die Zustandsvektoren?

4) Wie lautet die Bewegungsgleichung der Dichtematrix im Schrödinger-Bild?

5) Charakterisieren Sie das Schrödinger-Bild.

6) Was ist die Ursache dafür, daß mehrere, verschiedene *Bilder* zur Beschreibung der Dynamik von Quantensystemen existieren?

7) Wie lautet die Bewegungsgleichung des Zeitentwicklungsoperators im Schrödinger-Bild?

8) Wie sieht die formale Lösung für den Zeitentwicklungsoperator aus?

9) Was ist ein stationärer Zustand?

10) Welche Gestalt hat der Zeitentwicklungsoperator eines abgeschlossenen Systems?

11) Was sind die charakteristischen Merkmale des Heisenberg-Bildes?

12) Welcher Zusammenhang besteht zwischen den Observablen des Heisenberg-Bildes und denen des Schrödinger-Bildes?

13) Wie lautet die Bewegungsgleichung der Observablen im Heisenberg-Bild?

14) Was ist eine Konstante der Bewegung?

15) Wie unterscheidet sich das Dirac- vom Schrödinger- bzw. vom Heisenberg-Bild?

16) Auf welche Weise sind der Schrödingersche und der Diracsche Zeitentwicklungsoperator miteinander verknüpft?

17) Wie lautet die Bewegungsgleichung einer Observablen im Dirac-Bild?

18) Welche Gleichung bestimmt die Zeitabhängigkeit der reinen (gemischten) Zustände im Dirac-Bild?

19) Worin besteht die Aussage des Ehrenfestschen Theorems?

20) Für welche physikalischen Vorgänge wird die Energie-Zeit-Unschärferelation angewendet?

21) Ist die Energie-Zeit-Unschärferelation ein Spezialfall der verallgemeinerten Unschärferelation (3.155)?

22) Was ergibt sich aus der Energie-Zeit-Unschärferelation für stationäre Zustände?

Zu Kapitel 3.5

1) Wie ist die klassische Poisson-Klammer definiert?

2) Nennen Sie die wichtigsten Eigenschaften der Poisson-Klammer.

3) Welcher Zusammenhang besteht zwischen der klassischen Poisson-Klammer, gebildet mit klassischen dynamischen Variablen, und dem Kommutator der entsprechenden quantenmechanischen Observablen?

4) Wie sind die skalaren Wellenfunktionen $\psi(q,t)$ bzw. $\overline{\psi}(p,t)$ eines abstrakten Zustands $|\,\psi(t)\,\rangle$ definiert?

5) Worin besteht die Wirkungsweise des Translationsoperators $T(a)$? Warum muß er unitär sein?

6) Wie hängt $T\,(a)$ mit dem Impulsoperator zusammen?

7) Was versteht man unter einem *infinitesimalen Translationsoperator*?

8) Welcher Operator wird als die Erzeugende einer infinitesimalen Translation bezeichnet?

9) Wie läßt sich das Matrixelement $\langle\, q\,|\,\hat{q}^m\,\hat{p}^n\,|\,\psi(t)\,\rangle$ durch die Wellenfunktion $\psi(q,t)$ ausdrücken?

10) Wie lautet $\langle\, p\,|\,\hat{p}^m\,\hat{q}^n\,|\,\psi\,\rangle$ in der Impulsdarstellung?

4 EINFACHE MODELLSYSTEME

Nachdem wir uns im vorangegangenen Kapitel das abstrakte Gerüst der Quantenmechanik erarbeitet haben, wollen wir nun diese allgemeinen theoretischen Überlegungen unterbrechen und einige spezielle Anwendungen diskutieren. Dabei beschränken wir uns auf die Betrachtung von *Bewegungsabläufen in einer Dimension*, d.h. auf eindimensionale Potentiale $V(q)$. Zum einen tun wir dies aus Gründen mathematischer Einfachheit, um den bislang erlernten Formalismus möglichst direkt üben zu können, ohne allzu sehr von in diesem Zusammenhang irrelevanten, rein mathematischen Schwierigkeiten abgelenkt zu werden. Zum anderen sind viele der typisch quantenmechanischen Phänomene in der Tat praktisch von eindimensionaler Natur. Physikalische Abläufe im dreidimensionalen Raum lassen sich, wie wir noch ausführlich diskutieren werden, häufig durch sogenannte *Separationsansätze* für die gesuchte Wellenfunktion mit effektiv eindimensionalen Bewegungsgleichungen beschreiben. Dabei muß die verbleibende Variable nicht notwendig die Dimension einer *Länge* haben; es kann sich zum Beispiel auch um einen Winkel oder ähnliches handeln. Wir werden deshalb in diesem Kapitel, um den allgemeineren Aspekt anzudeuten, für die Variable des Potentials stets den für *generalisierte* Koordinaten üblichen Buchstaben q verwenden.

Beim Übertragen des abstrakten Formalismus auf konkrete quantenmechanische Fragestellungen werden wir einige charakteristische Phänomene kennenlernen, die für die klassische Physik unerklärlich sind. Eine besonders spektakuläre Konsequenz der Wellennatur der Materie ist der Tunneleffekt (Kap. 4.3.3) mit wichtigen Auswirkungen wie zum Beispiel der *α-Radioaktivität* (Kap. 4.3.4), der sogenannten *kalten Emission* (*Feldemission*) von Elektronen aus Metallen (Aufgabe 4.3.4) sowie der *Energiebandstruktur der Festkörper* (Kap. 4.3.5, Aufgaben 4.3.5 und 4.3.6).

Beginnen werden wir allerdings in Kapitel 4.1 mit einigen bereits recht weitreichenden Schlußfolgerungen, die sich direkt aus dem allgemeinen Formalismus ergeben, ohne daß dazu das Potential $V(q)$ im einzelnen spezifiziert werden müßte. Diese Überlegungen werden uns sehr nützlich sein, wenn es in Kapitel 4.2 ("Potentialtopf") und Kapitel 4.3 ("Potentialbarriere") gilt, die Schrödinger-Gleichung für spezielle, stückweise konstante Potentialverläufe zu lösen. In Kapitel 4.4 beschäftigen wir uns dann mit dem *harmonischen Oszillator* ($V(q) \sim q^2$), einem der am häufigsten diskutierten und verwendeten Modellsysteme der theoretischen Physik. Es ist zum einen mathematisch streng behandelbar, zum andern lassen sich tatsächlich innerhalb gewisser Grenzen viele realistische Potentialverläufe durch die Parabel des harmonischen Oszillators approximieren. In späteren Kapiteln wird uns dieses Modellsystem immer wieder als Test und zur Veranschaulichung neuer abstrakter Konzepte der Quantenmechanik dienen.

Wir werden für die meisten Überlegungen dieses vierten Kapitels die Ortsdarstellung (*Schrödingersche Wellenmechanik*, Kap. 2) verwenden, die sich bei den hier zu besprechenden einfachen Potentialproblemen als zweckmäßig erweist. Lediglich beim harmonischen Oszillator wird sich auch einmal der abstraktere Dirac-Formalismus (Kap. 3) empfehlen. Wir sind ja inzwischen in der glücklichen Lage, unter verschiedenen äquivalenten Darstellungen wählen zu können.

4.1 Allgemeine Aussagen zu eindimensionalen Potentialproblemen

Die konkrete Gestalt der Lösung der Schrödinger-Gleichung ist natürlich von der speziellen Struktur des Potentials V bestimmt, in dem das System bzw. Teilchen sich bewegt. Darüber hinaus gibt es jedoch auch ein paar allgemeingültige Eigenschaften, die **jede** Lösung unabhängig von V erfüllen muß, um zum Beispiel dem statistischen Charakter der Wellenfunktion (Kap. 2.2.1) zu genügen. Diese können eminent wichtig werden, wenn es darum geht, aus einem Satz von mathematischen Lösungen der fundamentalen Bewegungsgleichungen die physikalisch relevanten herauszusortieren. Um solche Aspekte soll es in diesem Kapitel gehen, wobei wir uns ausschließlich der Ortsdarstellung (3.253) bedienen werden.

4.1.1 Lösung der eindimensionalen Schrödinger-Gleichung

Wir beschränken unsere Überlegungen auf ein eindimensionales, konservatives System. *Konservativ* bedeutet, daß die klassische Hamilton-Funktion nicht explizit zeitabhängig ist. Nach dem Korrespondenzprinzip überträgt sich das auf den Hamilton-Operator:

$$\frac{\partial H}{\partial t} = 0 : \; H = H(\hat{q}, \hat{p}) = \frac{\hat{p}^2}{2m} + V(\hat{q}) = -\frac{\hbar^2}{2m}\frac{\partial^2}{\partial q^2} + V(q). \tag{4.1}$$

Die zentrale Aufgabe besteht darin, die zeitabhängige Schrödinger-Gleichung,

$$i\hbar \frac{\partial}{\partial t}\psi(q,t) = H\,\psi(q,t),$$

zu lösen, wobei sich wegen der fehlenden Zeitabhängigkeit ein Separationsansatz für die Wellenfunktion empfiehlt:

$$\psi(q,t) = \varphi(q)\,X(t).$$

Setzt man diesen in die Schrödinger-Gleichung ein, so ergibt sich nach Division durch $\psi(q,t) \neq 0$ ein Ausdruck,

$$\frac{1}{X(t)}\,i\hbar\frac{\partial}{\partial t}X(t) = \frac{1}{\varphi(q)}\,H\,\varphi(q),$$

dessen linke Seite nur von der Variablen t abhängt, während die rechte Seite allein durch die Ortsvariable q bestimmt ist. Beide Seiten müssen demnach für sich genommen bereits konstant sein:

$$\begin{aligned} i\hbar \frac{\partial}{\partial t} X(t) &= E\,X(t), \\ H\,\varphi(q) &= E\,\varphi(q). \end{aligned} \tag{4.2}$$

Die Zeitabhängigkeit ist nun sehr einfach berechenbar:

$$X(t) \sim \exp\left(-\frac{i}{\hbar} E\,t\right).$$

Um die Integrationskonstante brauchen wir uns hier nicht zu kümmern, da diese mit in den zweiten Faktor $\varphi(q)$ einbezogen werden kann:

$$\psi(q,t) = \varphi(q)\,\exp\left(-\frac{i}{\hbar} E\,t\right). \tag{4.3}$$

Die gesuchte Wellenfunktion repräsentiert einen stationären Zustand (3.179). Die verbleibende Aufgabe besteht darin, die zeitunabhängige Schrödinger-Gleichung (4.2) zu lösen, die sich als Eigenwertgleichung des Hamilton-Operators H darstellt. Da H ein hermitescher Operator ist, muß die Konstante E reell sein. Mit der Abkürzung

$$k^2(q) = \frac{2m}{\hbar^2}\left(E - V(q)\right) \tag{4.4}$$

läßt sich (4.2) in die kompakte Form

$$\varphi''(q) + k^2(q)\varphi(q) = 0 \tag{4.5}$$

bringen. Eine explizite Lösung dieser linearen Differentialgleichung zweiter Ordnung ist natürlich nur bei bekanntem Potential $V(q)$ möglich. Ein paar allgemeine Eigenschaften lassen sich jedoch bereits ohne genaue Kenntnis des Potentials angeben. Zunächst erkennen wir, daß bei reellem $V(q)$ mit $\varphi(q)$ stets auch die konjugiert komplexe Funktion $\varphi^*(q)$ Lösung ist und damit auch die reellen Kombinationen $\varphi(q) + \varphi^*(q)$ bzw. $-i\left(\varphi(q) - \varphi^*(q)\right)$. Wir können also für die folgenden Betrachtungen $\varphi(q)$ bereits als reell voraussetzen. Wichtiger sind allerdings die nächsten Feststellungen:

1) $\varphi\,(q)$ überall endlich!

Dies erfordert die statistische Interpretation der Wellenfunktion (Kap. 2.2.1). Nach (2.26) haben wir $|\varphi(q)|^2$ $(= \varphi^2(q))$ als Wahrscheinlichkeitsdichte zu verstehen.

2) $\varphi(q)$ und $\varphi'(q)$ überall stetig!

Wir werden in der Regel davon ausgehen können, daß $V(q)$ stetig ist oder höchstens endliche Diskontinuitäten aufweist. Das überträgt sich direkt auf die zweite Ableitung der Wellenfunktion,

$$\varphi''(q) = -k^2(q)\varphi(q),$$

die deshalb integrierbar ist. $\varphi'(q)$ ist demzufolge stetig und damit erst recht auch $\varphi(q)$. – Man beachte: Macht $V(q)$ bei gewissen q-Werten unendliche Sprünge, kann die Stetigkeit von $\varphi'(q)$ nicht mehr vorausgesetzt werden.

Die Bedingungen 1) und 2) können bei der expliziten Lösung von Potentialproblemen sehr hilfreich sein. Häufig ist es so, daß der Term $k^2(q)$ in der Differentialgleichung (4.5) für verschiedene q-Bereiche von recht unterschiedlicher Gestalt ist. Die Lösungsansätze in den einzelnen Bereichen können demnach ebenfalls sehr stark voneinander abweichen. Freie Parameter in diesen Ansätzen werden dann durch die Forderung festgelegt, die Teillösungen an den *Nahtstellen* so aneinander anzupassen, daß die Stetigkeitsbedingungen erfüllt sind.

Es ist sinnvoll, die q-Achse in die folgenden Gebiete zu zerlegen:

a) Klassisch erlaubtes Gebiet

$$V(q) < E \iff k^2(q) > 0. \tag{4.6}$$

Da die kinetische Energie nicht negativ sein kann, ist klassisch selbstverständlich nur dann eine Bewegung möglich, wenn die potentielle Energie kleiner als die Gesamtenergie ist. Quantenmechanisch ist diese Aussage zu modifizieren.

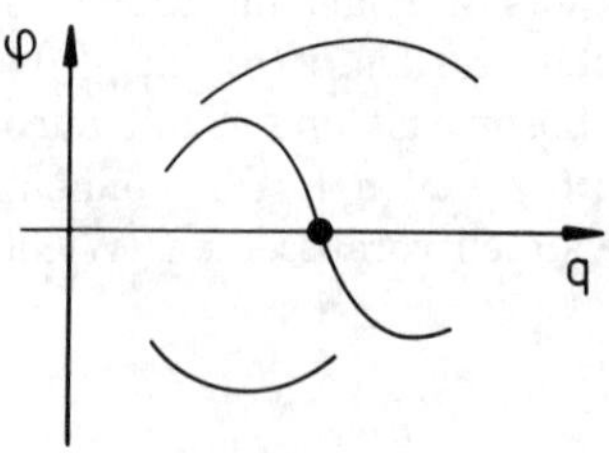

Wegen $k^2(q) > 0$ haben φ'' und φ stets entgegengesetzte Vorzeichen. Damit ist φ im Bereich $\varphi > 0$ als Funktion von q konkav, im Bereich $\varphi < 0$ dagegen konvex (s. (4.32), Bd. 4); auf jeden Fall stets zur q-Achse *hingekrümmt*. Nulldurchgänge stellen Wendepunkte dar ($\varphi'' = 0$). Typisch für *klassisch erlaubtes Gebiet* ist deshalb ein

oszillatorisches Verhalten der Wellenfunktion!

Für die vereinfachte Situation, daß $V(q) = V_a = \text{const.}$ im klassisch erlaubten Gebiet ist, lautet die allgemeine Lösung von (4.5):

$$\varphi(q) = \alpha_+ \, e^{i\,k_a q} + \alpha_- \, e^{-i\,k_a q},$$
$$k_a = \sqrt{\frac{2\,m}{\hbar^2}(E - V_a)}. \tag{4.7}$$

k_a ist reell. Das oszillatorische Verhalten von φ als Funktion von q ist unmittelbar zu erkennen. α_+ und α_- sind durch Randbedingungen festzulegende Konstanten.

b) Klassische Umkehrpunkte

$$V(q^*) = E \iff k^2(q^*) = 0. \tag{4.8}$$

An diesen Stellen hat wegen $\varphi''(q^*) = 0$ die Wellenfunktion $\varphi(q)$ einen Wendepunkt, der natürlich nicht notwendig auf der q-Achse liegen muß.

c) Klassisch verbotenes Gebiet

$$V(q) > E \iff k^2(q) < 0. \tag{4.9}$$

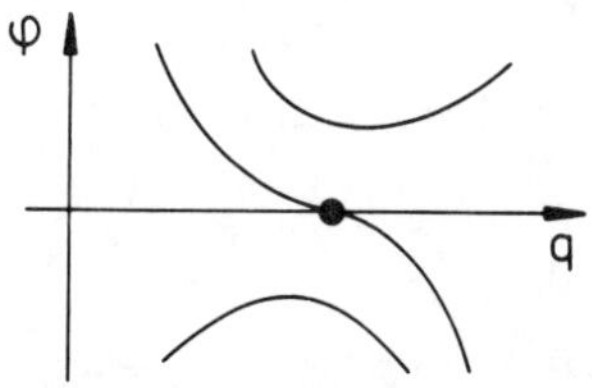

Die Tatsache, daß ein quantenmechanisches Teilchen auch in einem solchen Gebiet eine endliche Aufenthaltswahrscheinlichkeit besitzen kann, führt zu ganz charakteristischen Phänomenen (z.B. Tunneleffekt), auf die wir noch im Rahmen dieses Kapitel stoßen werden.

$\varphi''(q)$ und $\varphi(q)$ haben überall im klassisch verbotenen Gebiet gleiches Vorzeichen. Für $\varphi > 0$ ist deshalb die Wellenfunktion konvex, für $\varphi < 0$ dagegen konkav. Sie ist stets von der q-Achse *weggekrümmt*.

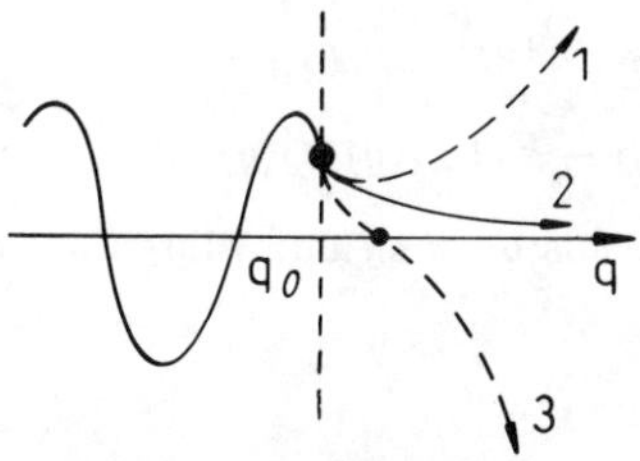

Untersuchen wir einmal etwas genauer die nicht untypische Situation, daß für alle $q \geq q_0$ *klassisch verbotenes* Gebiet vorliegt. Die Skizze zeigt drei Möglichkeiten. Im *klassisch erlaubten* Gebiet $q < q_0$ oszilliert die Wellenfunktion. Im Fall 1 führt eine zu starke konvexe Krümmung im *klassisch verbotenen* Gebiet zu $\varphi(q \to +\infty) \to \infty$, im Fall 3 eine zu schwache Krümmung nach einem nochmaligen Nulldurchgang zu $\varphi(q \to \infty) \to -\infty$. Beide Situationen sind wegen der Wahrscheinlichkeitsinterpretation der Wellenfunktion nicht akzeptabel. Es bleibt nur die Möglichkeit 2, nach der $\varphi(q)$ sich asymptotisch an die q-Achse schmiegt.

Nehmen wir einmal für eine einfache Abschätzung $V(q) \equiv V_c = \text{const.}$ für $q \geq q_0$ an, dann lautet die formale Lösung zu (4.5) in diesem Bereich:

$$\begin{aligned} \varphi(q) &= \beta_+ \, e^{\kappa q} + \beta_- \, e^{-\kappa q}, \\ \kappa &= +\sqrt{\frac{2m}{\hbar^2}(V_c - E)}. \end{aligned} \tag{4.10}$$

κ ist positiv-reell. Der erste Summand divergiert deshalb für $q \to \infty$ und damit auch $\varphi(q)$, wenn nicht $\beta_+ = 0$ gewählt wird. Typisch ist deshalb für $q \to \infty$ im *klassisch verbotenen* Gebiet ein

exponentielles Abklingen der Wellenfunktion,

und zwar ganz allgemein, nicht nur für das Beispiel $V(q) \equiv \text{const.}$ – Die Schlüsse für $q \to -\infty$ sind natürlich ganz analog.

4.1.2 Wronski-Determinante

Wir wollen uns um weitere allgemeine Aussagen über die Lösung $\varphi(q)$ der zeitunabhängigen, eindimensionalen Schrödinger-Gleichung (4.5) bemühen. Dabei setzen wir für die folgenden Überlegungen lediglich voraus, daß das Potential $V(q)$ nach unten beschränkt ist und höchstens endliche Unstetigkeitssprünge aufweist.

$\varphi_1(q)$ und $\varphi_2(q)$ seien zwei reelle Lösungen der Schrödinger-Gleichung zu den Energien E_1 und E_2:

$$\begin{aligned} \varphi_1''(q) + k_1^2(q)\varphi_1(q) &= 0, \\ \varphi_2''(q) + k_2^2(q)\varphi_2(q) &= 0, \\ k_i^2 = \frac{2m}{\hbar^2}\left(E_i - V(q)\right); &\quad i = 1, 2. \end{aligned}$$

Wir multiplizieren die erste der beiden Differentialgleichungen mit $\varphi_2(q)$, die zweite mit $\varphi_1(q)$ und bilden die Differenz:

$$\begin{aligned} \varphi_1''(q)\,\varphi_2(q) - \varphi_2''(q)\,\varphi_1(q) &= \left(k_2^2(q) - k_1^2(q)\right)\varphi_1(q)\,\varphi_2(q) = \\ &= \frac{2m}{\hbar^2}(E_2 - E_1)\,\varphi_1(q)\,\varphi_2(q). \end{aligned}$$

Wir integrieren diese Gleichung über q von q_0 bis $q_1 > q_0$ und führen auf der linken Seite eine partielle Integration durch:

$$\int_{q_0}^{q_1} dq\left(\varphi_1''(q)\,\varphi_2(q) - \varphi_2''(q)\,\varphi_1(q)\right) =$$

$$= \left(\varphi_1'(q)\,\varphi_2(q) - \varphi_2'(q)\,\varphi_1(q)\right)\Big|_{q_0}^{q_1} - \int_{q_0}^{q_1}\left(\varphi_1'(q)\,\varphi_2'(q) - \varphi_2'(q)\,\varphi_1'(q)\right)dq.$$

Führen wir an dieser Stelle die sogenannte

Wronski-Determinante

$$W(\varphi_1, \varphi_2; q) = \begin{vmatrix} \varphi_1(q) & \varphi_2(q) \\ \varphi_1'(q) & \varphi_2'(q) \end{vmatrix} = \\ = \varphi_1(q)\,\varphi_2'(q) - \varphi_2(q)\,\varphi_1'(q) \tag{4.11}$$

ein, so bleibt:

$$W(\varphi_1, \varphi_2; q)\big|_{q_0}^{q_1} = \frac{2m}{\hbar^2}\,(E_1 - E_2) \int\limits_{q_0}^{q_1} \varphi_1(q)\,\varphi_2(q)\,dq. \tag{4.12}$$

Dies ist eine Relation, die sich häufig vorteilhaft ausnutzen läßt. Nehmen wir zum Beispiel einmal an, bei φ_1 und φ_2 handele es sich um zwei Wellenfunktionen zu demselben Energieeigenwert $E = E_1 = E_2$. Dann schließen wir aus (4.12), daß die Wronski-Determinante q-unabhängig ist:

$$E = E_1 = E_2: \qquad W(\varphi_1, \varphi_2; q) = \text{const.} \tag{4.13}$$

Haben dann die beiden Lösungen noch eine gemeinsame Nullstelle q^*,

$$\varphi_1(q^*) = \varphi_2(q^*) = 0,$$

so ist die Konstante in (4.13) gleich Null. φ_1 und φ_2 haben deshalb dieselbe logarithmische Ableitung:

$$W = 0 \iff \frac{\varphi_2'(q)}{\varphi_2(q)} = \frac{\varphi_1'(q)}{\varphi_1(q)} \iff 0 = \frac{d}{dq} \ln \frac{\varphi_2(q)}{\varphi_1(q)} \\ \iff \varphi_2(q) = c\,\varphi_1(q); \quad \delta c \in \mathbb{C}. \tag{4.14}$$

Werden beide Eigenlösungen als normiert vorausgesetzt, so können sich φ_1 und φ_2 sogar nur um eine unbedeutende Phase vom Betrag 1 unterscheiden. Der Energieeigenwert E ist also nicht entartet! Weitere Aussagen dieser Art beweisen wir in den Aufgaben 4.1.1 und 4.1.2. Sie sind insbesondere deshalb von Interesse, weil sie unabhängig von der speziellen Gestalt des Potentials $V(q)$ gültig sind.

4.1.3 Eigenwertspektrum

Wir wollen uns nun durch einige qualitative Überlegungen einen Überblick über mögliche Formen des Eigenwertspektrums verschaffen. Diese sind selbstverständlich durch die konkrete Gestalt von $V(q)$ bedingt. Wir besprechen deshalb einige typische Potentialverläufe. Unsere qualitativen Aussagen lassen sich natürlich auch mathematisch streng beweisen, was wir an einigen speziellen Potentialen in den folgenden Abschnitten demonstrieren werden.

1) $V(q) \to \infty$ für $q \to \pm\infty$

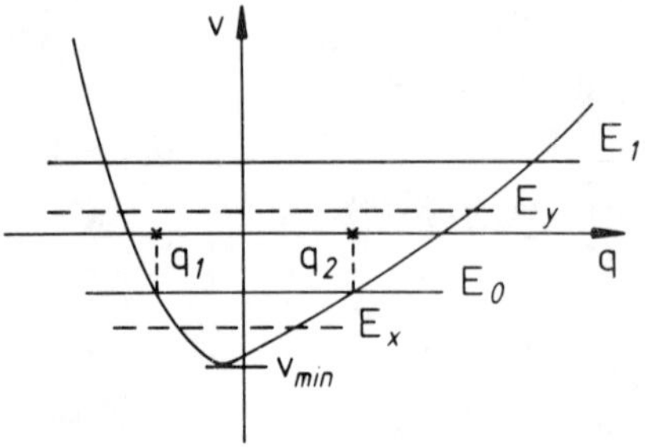

Wir wissen aus der Klassischen Mechanik (Kap. 2.3.6, Bd. 1), daß ein solches Potential zu einer periodischen Bewegung mit zwei im Endlichen liegenden Umkehrpunkten führt. Für $E < V_{\min}$ ist stets $k^2(q) < 0$, d.h., der gesamte q-Bereich ist *klassisch verboten*. Man macht sich dann leicht klar, daß nur $\varphi \equiv 0$ als Lösung in Frage kommt.

Für jede Energie $E > V_{\min}$ gibt es zwei klassische Umkehrpunkte q_1 und q_2, die die q-Achse in drei relevante Bereiche unterteilen:

$$\begin{aligned} -\infty < q \le q_1: &\quad \text{klassisch verboten:} \quad k^2(q) < 0,\\ q_1 \le q \le q_2: &\quad \text{klassisch erlaubt:} \quad k^2(q) > 0,\\ q_2 \le q < +\infty: &\quad \text{klassisch verboten:} \quad k^2(q) < 0. \end{aligned}$$

Um die folgende Diskussion konkret führen zu können, nehmen wir an, daß die Lösungsfunktion $\varphi(q)$ für $q \le q_1$ bereits das korrekte exponentielle Abklingen ausweist, und diskutieren lediglich das Verhalten der Wellenfunktion für $q \ge q_2$. Die weitere Annahme, daß $\varphi(q)$ für $q \to -\infty$ von der positiven Seite exponentiell gegen Null geht, bedeutet ebenfalls keine Einschränkung.

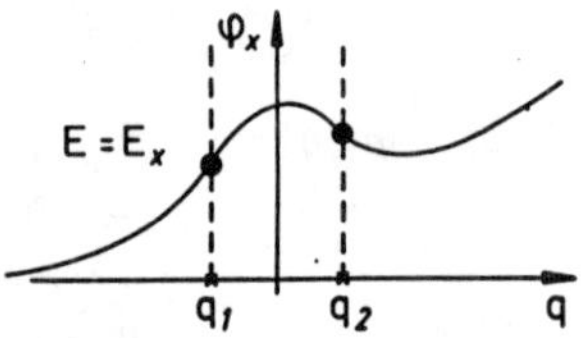

Beginnen wir mit der Energie $E = E_x$. Zwischen den beiden klassischen Wendepunkten q_1 und q_2 ist φ konkav. Der *erlaubte* Bereich $q_1 \le q \le q_2$ ist allerdings noch zu wenig ausgedehnt, um das durch die Konvexität von φ im Gebiet $q \ge q_2$ bedingte Divergieren von $\varphi(q \to +\infty)$ zu verhindern. Die Energie $E = E_x$ läßt somit keine akzeptable Lösung der Schrödinger-Gleichung (4.5) zu.

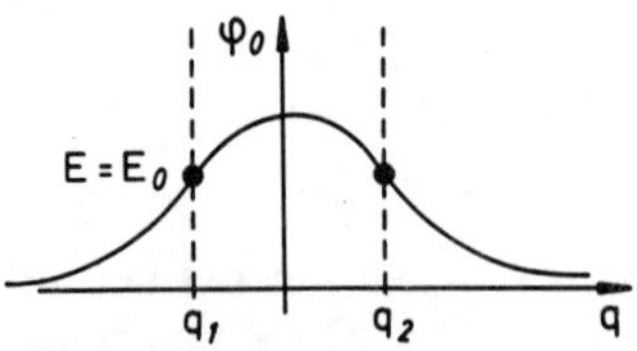

Wir steigern nun die Energie E und verschieben damit die klassischen Wendepunkte q_1 und q_2 weiter nach außen. Bei einem ganz bestimmten Wert E_0 ist dann die konkave Krümmung im klassisch erlaubten Gebiet $q_1 \le q \le q_2$ gerade ausreichend, um das korrekte exponentielle Abklingen der Wellenfunktion für $q \to \infty$ zu gewährleisten. Wir haben damit eine erste Lösung des Eigenwertproblems (4.2) gefunden. E_0 ist offensichtlich der niedrigste Energieeigenwert. Es handelt sich um die sogenannte *Grundzustandsenergie*.

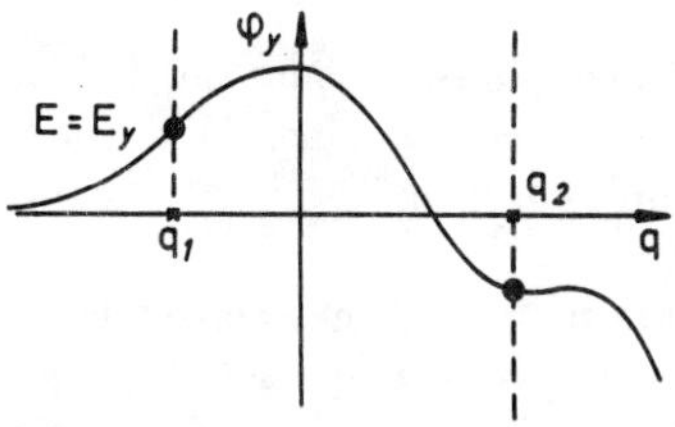

Steigern wir die Energie weiter auf E_y, so wächst der *klassisch erlaubte* Bereich dementsprechend an. Es wird sich ein erster Nulldurchgang ergeben. Die Krümmung zur q-Achse für $q > q_2$ ist allerdings noch nicht stark genug, um das Divergieren der Wellenfunktion für $q \rightarrow +\infty$ zu vermeiden. E_y kommt deshalb als Energieeigenwert nicht in Frage.

Für die nächste Lösung des Eigenwertproblems muß der *klassisch erlaubte* Bereich erst eine Breite erreichen, wie sie bei $E = E_1$ auftritt.

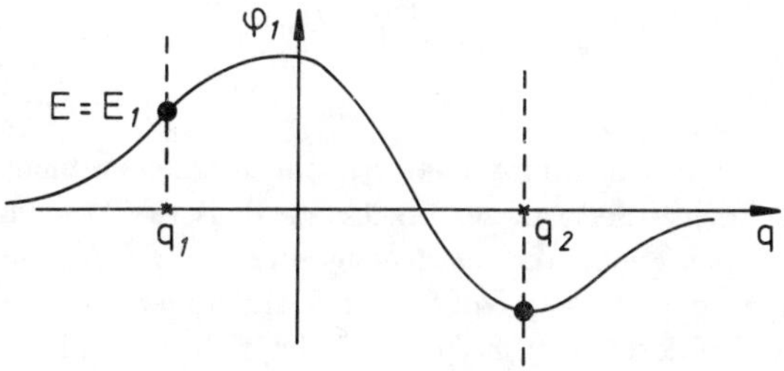

Das Verfahren kann auf diese Weise fortgesetzt werden. Es ist anschaulich klar, daß die nächste Eigenfunktion $\varphi_2(q)$ durch zwei Nulldurchgänge gekennzeichnet sein wird, $\varphi_3(q)$ durch drei Nulldurchgänge usw. Die Tatsache, daß die Wellenfunktion sowohl nach links bei q_1 als auch nach rechts bei q_2 ihr oszillatorisches Verhalten im *klassisch erlaubten* Bereich $q_1 \leq q \leq q_2$ auf *exponentielles Abklingen* für $q \rightarrow \pm\infty$ umstellen muß, zusammen mit der Forderung, daß das *Anstückeln* bei q_1 und q_2 für φ und φ' stetig erfolgen muß, sorgt dafür, daß nur

$$\textit{diskrete Energieeigenwerte } E_n; \; n = 0, 1, 2, \ldots$$

erlaubt sind. Ausschlaggebend für die *Diskretheit* ist letztlich, daß der *klassisch erlaubte* Bereich durch zwei im Endlichen liegende *klassische Umkehrpunkte* begrenzt wird. Klassisch gesehen kann das Teilchen also nicht bis Unendlich gelangen, ist vielmehr auf einen endlichen Raumbereich beschränkt. Man spricht in diesem Fall von

$$\textit{gebundenen Zuständen } \varphi_n(q); \; n = 0, 1, 2, \ldots$$

Sind in dem diskreten Energiespektrum die Eigenwerte der Größe nach geordnet,

$$E_0 < E_1 < E_2 < \ldots < E_n < \ldots ,$$

so entspricht der Index n der sogenannten

Knotenzahl = Zahl der im Endlichen liegenden Nullstellen von $\varphi(q)$.

Das ist die Aussage des *Knotensatzes*, den wir hier plausibel gemacht haben, der sich aber natürlich auch mathematisch streng beweisen läßt. Wir wollen noch ein paar Bemerkungen zu seiner Begründung anfügen:

Seien $\varphi_n(q)$ und $\varphi_m(q)$ zwei (reelle) Eigenfunktionen mit Eigenwerten $E_n > E_m$. Mit q_0, q_1 bezeichnen wir zwei benachbarte Nullstellen (Knoten) von $\varphi_m(q)$. Zwischen diesen hat $\varphi_m(q)$ ein festes Vorzeichen. Es sei zum Beispiel $\varphi_m(q) > 0$ für $q_0 < q < q_1$. Dann muß aber auch $\varphi'_m(q_0) > 0$ und $\varphi'_m(q_1) < 0$ sein, und die Wronski-Determinante (4.12) führt auf die folgende Beziehung:

$$\varphi_n(q)\,\varphi'_m(q)\Big|_{q_0}^{q_1} = \frac{2\,m}{\hbar^2}\,(E_n - E_m)\int_{q_0}^{q_1} \varphi_n(q)\,\varphi_m(q)\,dq.$$

Wenn $\varphi_n(q)$ ebenfalls im Intervall $[q_0, q_1]$ sein Vorzeichen nicht ändern würde, dann hätte die rechte Seite dieser Gleichung dasselbe Vorzeichen wie $\varphi_n(q)$, die linke Seite aber genau das entgegengesetzte. Die Annahme, daß $\varphi_n(q)$ im Intervall $q_0 \leq q \leq q_1$ sein Vorzeichen nicht ändert, muß also falsch sein. Zwischen je zwei Knoten von $\varphi_m(q)$ befindet sich also mindestens einer von $\varphi_n(q)$!

Die Eigenfunktionen $\varphi_n(q)$, $\varphi_m(q)$ verschwinden beide exponentiell für $q \to \pm\infty$. Wenn $\varphi_m(q)$ m Knoten hat, dann wird durch diese die q-Achse in $(m+1)$ Teilstücke zerlegt. In jedem befindet sich mindestens ein Knoten von $\varphi_n(q)$. Demzufolge hat $\varphi_n(q)$ mindestens (!) $(m+1)$ Knoten. Streng bewiesen ist damit, daß die Knotenzahl um so größer ist, je höher die diskrete Energie E_n ist. Diese Aussage ist ein wesentlicher Bestandteil des Knotensatzes.

Wir können noch eine weitere wichtige Aussage mit Hilfe der Wronski-Determinante ableiten:

Die Energien E_n des diskreten Spektrums sind **nicht** *entartet!*

Zum Beweis nehmen wir einmal an, es gäbe zwei verschiedene Eigenfunktionen $\varphi_n(q)$, $\overline{\varphi}_n(q)$ zu demselben Eigenwert E_n. Dann wäre nach (4.13) die entsprechende Wronski-Determinante eine Konstante, also unabhängig von q. Da sowohl $\varphi_n(q)$ als auch $\overline{\varphi}_n(q)$ für $q \to \pm\infty$ Null wird, sind φ_n und $\overline{\varphi}_n$ nach (4.14) identisch. E_n ist also nicht entartet. – Das gilt allerdings nur für die hier diskutierten eindimensionalen Systeme.

2) $V(q) \to \infty$ für endliches $q = q_0$ und $q \to +\infty$

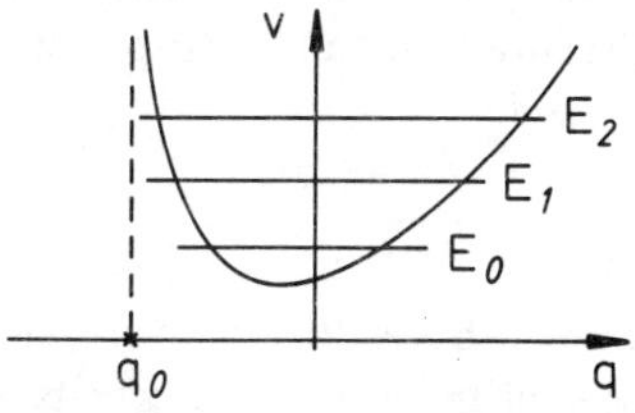

Für $q \leq q_0$ kann nur $\varphi(q) \equiv 0$ Lösung sein ($\kappa = \infty$ in (4.10)!). Für $q > q_0$ gelten dieselben Gesetzmäßigkeiten wie im Fall 1). Wegen der Stetigkeit von $\varphi(q)$ müssen alle diskreten Eigenfunktionen $\varphi_n(q)$ als Randbedingung $\varphi_n(q_0) = 0$ erfüllen.

3) $V(q \to \pm\infty) = V_{\pm\infty} < \infty$

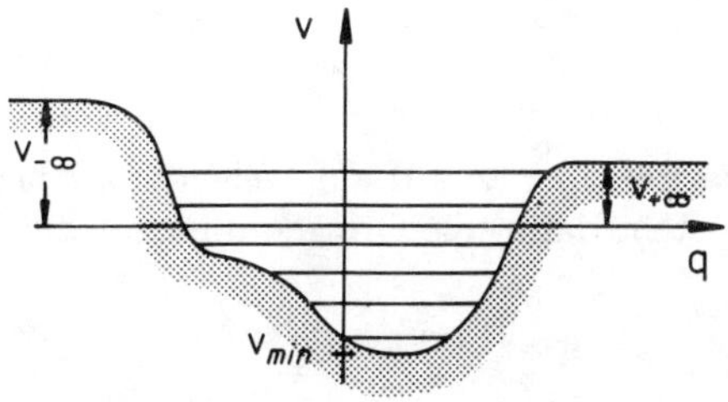

Das Verhalten der Wellenfunktion hängt nun sehr entscheidend von der Energie E ab. Wir haben verschiedene Situationen gegeneinander abzugrenzen:

a) $E < V_{\min}$

Wie in Teil 1) begründet, kann in einem solchen Fall keine Lösung existieren.

b) $V_{\min} \leq E \leq V_{+\infty}$

Das ist der Bereich des diskreten Spektrums, welches sich genau wie im Fall 1) erklärt. Die Zahl der tatsächlich existierenden diskreten Eigenwerte hängt wesentlich von der Struktur des Potentials $V(q)$ ab. Zahlen zwischen 0 und ∞ sind denkbar. Das Teilchen ist klassisch auf einen endlichen Raumbereich beschränkt. Die Eigenfunktionen stellen also gebundene Zustände dar.

c) $V_{+\infty} < E \leq V_{-\infty}$

Nun gibt es für jeden Energiewert E die Möglichkeit, eine Eigenlösung zu konstruieren. Diese muß sich für $q \to -\infty$ exponentiell an die q-Achse *anschmiegen*. Der *klassisch erlaubte* Bereich ist nach rechts dagegen unbeschränkt. In diesem oszilliert die Wellenfunktion. Die *Anstückelung* links an den *klassisch verbotenen* Bereich ist stets machbar. Typisch ist deshalb ein

kontinuierliches Spektrum,

das wegen der *Anstückelung* nicht entartet ist. Da das oszillatorische Verhalten bis $q \to +\infty$ reicht, sind die Eigenlösungen nicht mehr normierbar. Sie divergieren allerdings auch nicht (s. uneigentliche Dirac-Zustände, Kap. 3.2.4; periodische Randbedingungen, Kap. 2.2.5).

d) $E > V_{-\infty}$

Jetzt haben die Eigenlösungen über den gesamten q-Bereich oszillatorisches Verhalten. Das Spektrum der Eigenwerte ist kontinuierlich und zweifach entartet. Letzteres gilt, weil für jede Energie E zwei linear unabhängige Lösungen der Differentialgleichung (4.5) existieren!

4.1.4 Parität

Die Wirkung des Paritätsoperators Π auf Wellenfunktionen $\varphi(q)$ oder Ortseigenzustände $|\,q\,\rangle$ besteht darin, die Ortskoordinate q durch $(-q)$ zu ersetzen (Raumspiegelung!):

$$\Pi\,\varphi(q) = \varphi(-q). \tag{4.15}$$

Eine Reihe wichtiger Eigenschaften dieses Operators haben wir in Aufgabe 3.5.7 abgeleitet, zum Beispiel, daß er hermitesch und unitär ist:

$$\Pi = \Pi^{+} = \Pi^{-1}. \tag{4.16}$$

Als Eigenwerte ($\Pi\,\psi = \pi\,\psi$) kommen nur

$$\pi = +1,\ -1 \tag{4.17}$$

in Frage:

$$\Pi^2\,\psi(q) \begin{array}{l} \nearrow\ \pi\,\Pi\,\psi(q) = \pi^2\,\psi(q) \\ \searrow\ \Pi\,\psi(-q) = \psi(q). \end{array}$$

Die geraden Wellenfunktionen sind Eigenfunktionen zum Eigenwert

$$\pi = +1:\ \textbf{gerade Parität}$$
$$\Pi\,\psi(q) = \psi(q) \overset{!}{=} \psi(-q), \tag{4.18}$$

die ungeraden Wellenfunktionen zum Eigenwert

$$\pi = -1:\ \textbf{ungerade Parität}$$
$$\Pi\,\psi(q) = -\psi(q) \overset{!}{=} \psi(-q). \tag{4.19}$$

Jede beliebige Wellenfunktion kann in einen Anteil mit gerader und einen mit ungerader Parität zerlegt werden:

$$\chi(q) = \chi_+(q) + \chi_-(q), \tag{4.20}$$

$$\chi_+(q) = \frac{1}{2}\big(\chi(q) + \chi(-q)\big) = \chi_+(-q), \tag{4.21}$$

$$\chi_-(q) = \frac{1}{2}\big(\chi(q) - \chi(-q)\big) = -\chi_-(-q). \tag{4.22}$$

Das entspricht im übrigen dem Entwicklungssatz (3.66), nach dem jeder beliebige Zustand nach den Eigenzuständen eines hermiteschen Operators entwickelt werden kann.

Π vermittelt eine unitäre Transformation (3.90). In Aufgabe 3.5.7 haben wir gezeigt, daß für Orts- und Impulsoperator gilt:

$$\Pi\,\hat{q}\,\Pi^+ = -\hat{q}; \quad \Pi\,\hat{p}\,\Pi^+ = -\hat{p}. \tag{4.23}$$

Beide Operatoren sind also ungerade. Da nach Vereinbarung (Kap. 3.2.7) jede Operatorfunktion $A(\hat{q}, \hat{p})$ als Polynom oder Potenzreihe in $\hat{q}$ und $\hat{p}$ aufzufassen ist, gilt:

$$\Pi\, A(\hat{q}, \hat{p})\,\Pi^+ = A(-\hat{q}, -\hat{p}). \tag{4.24}$$

Der Hamilton-Operator H (4.1) ist genau dann gerade, wenn $V(\hat{q}) = V(-\hat{q})$ ist. Nehmen wir einmal an, daß dies der Fall ist:

$$V(\hat{q}) = V(-\hat{q}) \implies \Pi\, H\,\Pi^+ = H. \tag{4.25}$$

Diese Invarianzeigenschaft des Hamilton-Operators führt, wie andere auch, zu bestimmten Symmetriebedingungen an die Eigenfunktionen (Eigenzustände) und kann deshalb häufig vorteilhaft ausgenutzt werden. Multipliziert man (4.25) von rechts mit Π, so folgt wegen (4.16):

$$[\Pi, H]_- = 0. \tag{4.26}$$

Die hermiteschen Operatoren Π und H haben also einen gemeinsamen Satz von Eigenfunktionen (Eigenzuständen). Man kann demnach die Eigenzustände zu H stets so wählen, daß sie eine definierte Parität besitzen. Ist der betreffende Energieeigenwert nicht entartet, so hat die zugehörige Wellenfunktion eine wohlbestimmte Parität. Ist er dagegen entartet, so kann der Eigenraum als Basiszustände solche wohldefinierter, aber unterschiedlicher Parität besitzen.

4.1.5 Aufgaben

Aufgabe 4.1.1

$\varphi_1(q)$ und $\varphi_2(q)$ seien zwei reelle Lösungen der eindimensionalen Schrödinger-Gleichung mit unterschiedlichen Eigenwerten E_1, E_2 aus dem diskreten Teil des Energiespektrums. Zeigen Sie mit Hilfe der Wronski-Determinante die Orthogonalität der beiden Eigenfunktionen.

Aufgabe 4.1.2

Die Lösungen $\varphi_1(q)$, $\varphi_2(q)$ der eindimensionalen Schrödinger-Gleichung sind genau dann linear abhängig auf dem Intervall $q_0 \leq q \leq q_1$, wenn die Wronski-Determinante $W(\varphi_1, \varphi_2; q)$ dort *identisch verschwindet*. Beweisen Sie diese Aussage.

Aufgabe 4.1.3

Der Hamilton-Operator eines Teilchens der Masse m in einem eindimensionalen Potential

$$V(q) = V(-q); \qquad q \in \mathbb{R}$$

besitze diskrete Energieeigenwerte E_n mit $E_0 < E_1 < \ldots < E_n < \ldots$ Nach dem Knotensatz stimmt der Index n mit der Anzahl der Nullstellen der zugehörigen Eigenfunktionen $\varphi_n(q)$ im Intervall $-\infty < q < +\infty$ überein. Welche Paritäten besitzen die $\varphi_n(q)$?

4.2 Potentialtopf

Wir wollen die allgemeinen Überlegungen des letzten Abschnitts an einem ersten konkreten Anwendungsbeispiel testen. Der rechteckige, eindimensionale Potentialtopf kann als einfaches Modell für kurzreichweitige, anziehende Kräfte dienen, wie sie zum Beipiel in Festkörpern von Störstellen ($\hat{=}$ Abweichungen von der periodischen Gitterstruktur) auf Elektronen ausgeübt werden. – In der Ortsdarstellung ist das Potential durch

$$V(q) = \begin{cases} -V_0 & \text{für } |q| < q_0, \\ 0 & \text{sonst.} \end{cases} \tag{4.27}$$

gegeben. Die eindimensionale Schrödinger-Gleichung führt auf die Differentialgleichung (4.5), in der $k^2(q)$ stückweise konstant ist:

$$\begin{aligned} &\text{Bereiche A und C:} \quad k^2(q) = \tfrac{2m}{\hbar^2}\, E, \\ &\text{Bereich B:} \quad k^2(q) = \tfrac{2m}{\hbar^2}\, (E + V_0). \end{aligned} \tag{4.28}$$

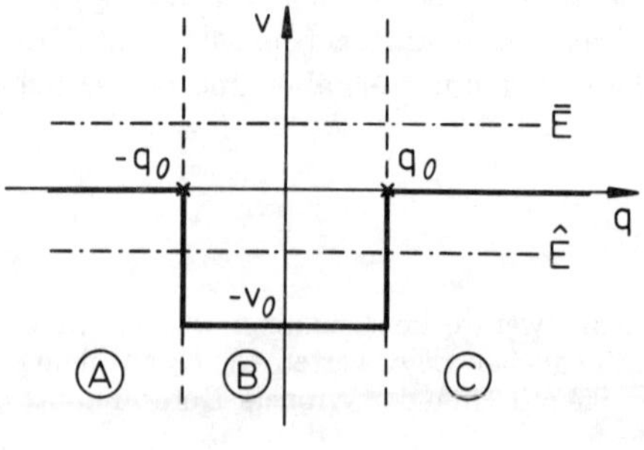

4.2.1 Gebundene Zustände

Wir untersuchen zunächst das diskrete Spektrum des Hamilton-Operators (4.1), setzen also

$$-V_0 < E < 0 \tag{4.29}$$

voraus. Von diesem wissen wir nach den Vorüberlegungen aus Kapitel 4.1, daß es nicht entartet ist. Die gesuchten Wellenfunktionen $\varphi_n(q)$, $n = 0, 1, 2, \ldots$, müssen eine wohlbestimmte Parität besitzen, da wegen

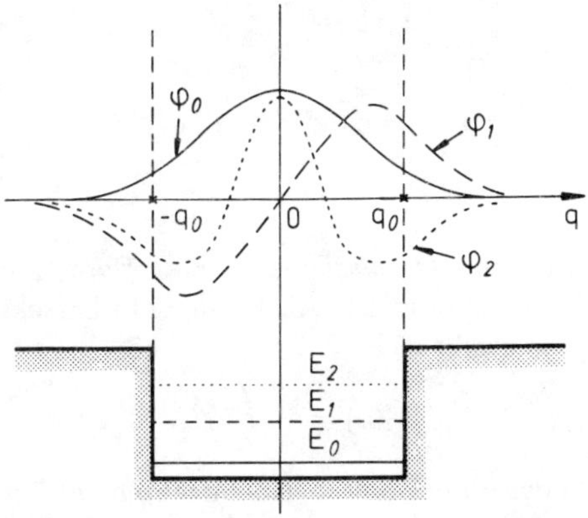

$V(q) = V(-q)$ der Hamilton-Operator H ein gerader Operator ist (4.25). Der Index n entspricht der Zahl der Knoten der Wellenfunktion $\varphi_n(q)$ im Bereich B, in dem wir oszillatorisches Verhalten zu erwarten haben, an das sich in den Bereichen A und C ein asymptotisches exponentielles Abklingen ankoppelt. Damit haben wir qualitativ bereits eine recht genaue Vorstellung von dem zu erwartenden Lösungssystem. Diese wollen wir nun durch eine explizite Rechnung bestätigen. Dazu lösen wir zunächst die Differentialgleichung (4.5) separat für die drei Bereiche A, B und C und stückeln die drei Teillösungen dann in gesetzmäßiger Weise bei $\pm q_0$ aneinander. Die Anschlußbedingungen werden dazu dienen, freie Parameter in den Lösungsansätzen festzulegen.

Bereich A

Hier gilt:

$$k^2(q) \to -\kappa^2 = -\frac{2m}{\hbar^2}\,|\,E\,|\,. \tag{4.30}$$

Damit lautet die zu lösende Differentialgleichung (4.5):

$$\varphi''(q) - \kappa^2\,\varphi(q) = 0. \tag{4.31}$$

Es handelt sich um *klassisch verbotenes* Gebiet, in dem sich die allgemeine Lösung,

$$\varphi_{\mathrm{A}}(q) = \alpha_+\,e^{\kappa q} + \alpha_-\,e^{-\kappa q},$$

für $q \to -\infty$ exponentiell der q-Achse nähern muß. Das geht nur mit $\alpha_- = 0$:

$$\varphi_{\mathrm{A}}(q) = \alpha_+ \, e^{\kappa q}. \tag{4.32}$$

Bereich B

Dieser stellt *klassisch erlaubtes* Gebiet dar:

$$k^2(q) = \frac{2\,m}{\hbar^2}\,(V_0 - |\,E\,|) > 0. \tag{4.33}$$

Die Wellenfunktion oszilliert:

$$\varphi_{\mathrm{B}}(q) = \beta_+ \, e^{ikq} + \beta_- \, e^{-ikq}. \tag{4.34}$$

Bereich C

Es handelt sich wieder um *klassisch verbotenes* Gebiet, für das (4.31) mit demselben κ wie in (4.30) zu lösen ist. Als Lösung mit korrektem exponentiellen Abklingen für $q \to +\infty$ ergibt sich:

$$\varphi_C(q) = \gamma_- \, e^{-\kappa q}. \tag{4.35}$$

Zur Festlegung der noch unbekannten Koeffizienten in den drei Teillösungen (4.32), (4.34) und (4.35) nutzen wir nun die Anschlußbedingungen bei $\pm q_0$ aus. Die Stetigkeit von $\varphi(q)$ bei $\pm q_0$ führt zu den folgenden Bestimmungsgleichungen:

$$\alpha_+ \, e^{-\kappa q_0} \stackrel{!}{=} \beta_+ \, e^{-ikq_0} + \beta_- \, e^{ikq_0}, \tag{4.36}$$

$$\beta_+ \, e^{ikq_0} + \beta_- \, e^{-ikq_0} \stackrel{!}{=} \gamma_- \, e^{-\kappa q_0}. \tag{4.37}$$

Zwei weiter- ergeben sich aus der Stetigkeit von $\varphi'(q)$:

$$\kappa\,\alpha_+ \, e^{-\kappa q_0} = i\,k\big(\beta_+ \, e^{-ikq_0} - \beta_- \, e^{+ikq_0}\big), \tag{4.38}$$

$$i\,k\big(\beta_+ \, e^{ikq_0} - \beta_- \, e^{-ikq_0}\big) = -\kappa\,\gamma_- \, e^{-\kappa q_0}. \tag{4.39}$$

Das sind vier Gleichungen mit vier Unbekannten. Das Gleichungssystem vereinfacht sich jedoch noch einmal beträchtlich, wenn wir die Symmetrie ausnutzen, d.h. die Tatsache, daß die Eigenfunktionen eine wohldefinierte Parität besitzen müssen.

1) Symmetrische Lösungen (gerade Parität)

Aus $\varphi(q) = \varphi(-q)$ folgt unmittelbar:

$$\alpha_+ = \gamma_- = \alpha; \quad \beta_+ = \beta_- = \beta.$$

Damit werden je zwei der vier Gleichungen (4.36) bis (4.39) identisch:

$$\alpha\, e^{-\kappa q_0} = 2\,\beta \cos k\, q_0,$$
$$\kappa\, \alpha\, e^{-\kappa q_0} = 2\,\beta\, k \sin k\, q_0.$$

Dies ist ein homogenes Gleichungssystem für die unbekannten Koeffizienten α und β, das nur dann eine nichttriviale Lösung besitzt, wenn die Säkulardeterminante verschwindet. Es resultiert eine transzendente Bestimmungsgleichung,

$$k \tan k q_0 = \kappa, \tag{4.40}$$

an der wir weiter unten die diskreten Energieeigenwerte ablesen werden. Zunächst legen wir jedoch die Koeffzienten α, β fest:

$$\beta = \frac{e^{-\kappa q_0}}{2 \cos k q_0}\, \alpha = \frac{1}{2} \sqrt{1 + \frac{\kappa^2}{k^2}}\, e^{-\kappa q_0}\, \alpha.$$

Dies führt zu der folgenden symmetrischen Wellenfunktion:

$$\varphi_+(q) = \alpha \begin{cases} \exp(\kappa q) & \text{für } -\infty < q \leq -q_0, \\ \frac{\exp(-\kappa q_0)}{\cos k q_0} \cos k q & \text{für } -q_0 < q < +q_0, \\ \exp(-\kappa q) & \text{für } +q_0 \leq q < +\infty. \end{cases} \tag{4.41}$$

Die verbleibende Konstante α wird durch die Normierungsbedingung bestimmt:

$$\alpha = e^{\kappa q_0} \left[\left(1 + \frac{\kappa^2}{k^2}\right) \left(q_0 + \frac{1}{\kappa}\right) \right]^{-\frac{1}{2}}. \tag{4.42}$$

2) Antisymmetrische Lösungen (ungerade Parität)

Wegen $\varphi(q) = -\varphi(-q)$ können wir in (4.36) bis (4.39) nun

$$\alpha_+ = -\gamma_- = a; \quad \beta_+ = -\beta_- = b$$

ausnutzen. Es bleibt dann das homogene Gleichungssystem:

$$a\, e^{-\kappa q_0} = -2ib \sin k q_0,$$
$$\kappa a\, e^{-\kappa q_0} = 2ikb \cos k q_0.$$

Die Forderung nach dem Verschwinden der Säkulardeterminante führt jetzt auf:

$$k \cot k q_0 = -\kappa. \tag{4.43}$$

Die antisymmetrische Lösungsfunktion berechnet sich nun leicht zu:

$$\varphi_-(q) = a \begin{cases} \exp(\kappa q) & \text{für } -\infty < q \leq -q_0, \\ \frac{-\exp(-\kappa q_0)}{\sin k q_0} \sin kq & \text{für } -q_0 < q < +q_0, \\ -\exp(-\kappa q) & \text{für } q_0 \leq q < +\infty. \end{cases} \tag{4.44}$$

Der Koeffizient a ergibt sich auch hier aus der Normierung. Er erweist sich als identisch mit α aus (4.42).

Wir wollen nun die Energiebedingungen (4.40) und (4.43) analysieren. Es handelt sich um transzendente Gleichungen, die sich nicht analytisch lösen lassen. Die Auswertung am Rechner macht natürlich keinerlei Schwierigkeiten. Wir wollen uns hier einen gewissen Überblick über das Lösungssystem verschaffen. Wir multiplizieren dazu (4.40) und (4.43) jeweils mit q_0 und schreiben zur Abkürzung:

$$\eta = \kappa q_0; \qquad \xi = k q_0. \tag{4.45}$$

Dann haben wir das folgende Gleichungssystem zu lösen:

$$\eta = \xi \tan \xi; \qquad \eta = -\xi \cot \xi. \tag{4.46}$$

ξ und η sind nicht unabhängig voneinander:

$$\xi^2 = k^2 q_0^2 = \frac{2m\,q_0^2}{\hbar^2}\,(V_0 - |E|),$$

$$\eta^2 = \kappa^2 q_0^2 = \frac{2m\,q_0^2}{\hbar^2}\,|E|.$$

Die Summe $\xi^2 + \eta^2$ ist unabhängig von der Energie E und beschreibt Kreise mit Radien R:

$$R^2 = \xi^2 + \eta^2 = \frac{2m}{\hbar^2}\,q_0^2\,V_0. \tag{4.47}$$

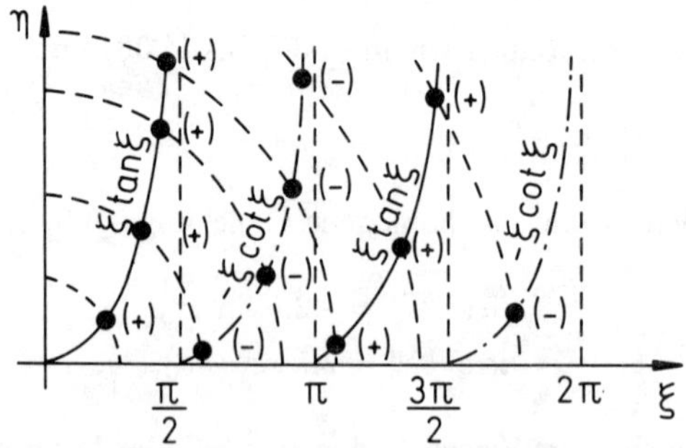

Der Kreisradius R wird durch das Produkt $q_0^2\,V_0$ bestimmt, also durch Breite und Tiefe des Potentialtopfes. Da η und ξ positiv sein müssen, können die

Lösungen nur im rechten oberen Quadranten des η–ξ-Achsenkreuzes liegen. Die Schnittpunkte der Kurven (4.46) mit den Kreisen (4.47) stellen die Lösungen dar. Die Skizze macht klar, daß es für beliebig kleine Parameter q_0, V_0 stets mindestens eine symmetrische Lösung gibt, während für Lösungen ungerader Parität das Produkt $q_0^2\,V_0$ einen Minimalwert überschreiten muß. Wir erkennen ferner, daß zu jedem *endlichen* Potentialtopf ($q_0^2\,V_0 < \infty \iff R < \infty$) auch nur endlich viele Energie- eigenwerte und damit nur endlich viele gebundene Zustände existieren. Deren Zahl läßt sich auf einfache Weise mit R in Verbindung bringen. Wenn N die Zahl der Schnittpunkte und damit die Zahl der Lösungen ist, dann muß offensichtlich gelten:

$$(N-1)\,\frac{\pi}{2} < R < N\,\frac{\pi}{2} \implies N = \left[\frac{2\,R}{\pi}\right]. \tag{4.48}$$

Das Zeichen $[x]$ soll die nach x nächstgrößere ganze Zahl bedeuten. – Wir können die Lösungszahl noch nach Paritäten aufschlüsseln. Die Zahl N_+ der Lösungen gerader Parität ergibt sich wie folgt:

$$(N_+ - 1)\,\pi < R < N_+\pi \implies N_+ = \left[\frac{R}{\pi}\right].$$

Für die Zahl N_- der ungeraden Lösungen lesen wir an der Skizze ab:

$$(2\,N_- - 1)\,\frac{\pi}{2} < R < (2\,N_- + 1)\,\frac{\pi}{2} \implies N_- = \left[\frac{R}{\pi} - \frac{1}{2}\right].$$

Man erkennt, daß eine symmetrische Lösung selbst bei beliebig kleinem Topf existiert, während für die antisymmetrischen $R > \frac{\pi}{2}$ erfüllt sein muß. Der Potentialtopf muß also so dimensioniert sein, daß

$$q_0^2\,V_0 > \frac{\pi^2\,\hbar^2}{8\,m} \tag{4.49}$$

gewährleistet ist, wenn mindestens ein antisymmetrischer gebundener Zustand existieren soll.

Diese expliziten Rechnungen bestätigen unsere qualitativen Vorüberlegungen, mit denen wir zu Beginn dieses Kapitels bereits die Lösungsstruktur angeben konnten.

4.2.2 Streuzustände

Wir wollen nun die Situation $E > 0$ für den zu Beginn dieses Kapitels 4.2 skizzierten Potentialtopf analysieren. *Klassisch gesehen* kann das Teilchen zu beiden Seiten hin bis ins Unendliche laufen. Es kann deshalb keine gebundenen Zustände geben. Da die gesamte q-Achse *klassisch erlaubtes* Gebiet ist, wird für $E > 0$ die gesuchte Wellenfunktion überall oszillatorisches Verhalten aufweisen und damit nicht mehr normierbar sein. Die de Broglie-Wellenlänge des Teilchens wird allerdings innerhalb und außerhalb des *Topfbereichs* unterschiedlich sein. Unsere Überlegungen aus Kapitel 4.1 lassen ein kontinuierliches Energiespektrum erwarten.

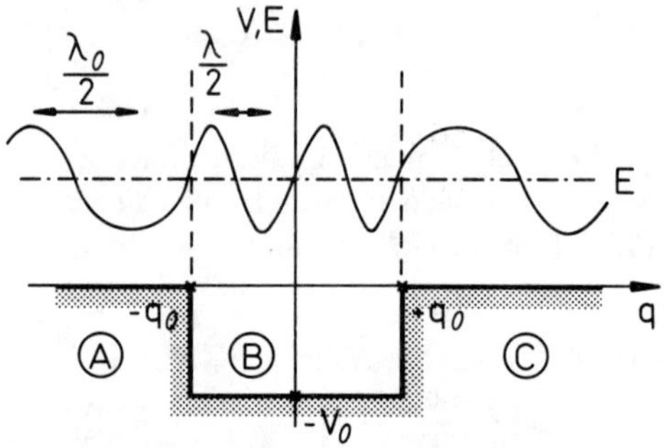

Ausgangspunkt ist natürlich auch jetzt die Schrödinger-Gleichung in der Form (4.5), deren Lösungsstruktur qualitativ durch die in Kapitel 4.1 vollzogenen Analysen bekannt ist. Wir benutzen die Abkürzungen

$$k_0^2 = \frac{2m}{\hbar^2} E; \quad k^2 = \frac{2m}{\hbar^2} (E + V_0); \quad y = \frac{k}{k_0} = \sqrt{\frac{E + V_0}{E}} \tag{4.50}$$

und wählen den folgenden Lösungsansatz:

$$\varphi(q) = \begin{cases} \varphi_0(q) + \varphi_r(q) : & -\infty < q \leq -q_0, \\ \beta_+ \, e^{ikq} + \beta_- \, e^{-ikq} : & -q_0 < \quad q < \quad +q_0, \\ \varphi_d(q) : & +q_0 \leq q < +\infty. \end{cases} \tag{4.51}$$

Ohne Beschränkung der Allgemeingültigkeit können wir die von negativ Unendlich kommende Teilchenwelle auf die Intensität 1 dimensionieren:

$$\varphi_0(q) = e^{ik_0 q}. \tag{4.52}$$

Ein Teil der Welle wird möglicherweise vom Potentialtopf bei $-q_0$ reflektiert:

$$\varphi_r(q) = \alpha_- \, e^{-ik_0 q}. \tag{4.53}$$

Die durchgehende Welle wird dagegen von positiv Unendlich nicht reflektiert:

$$\varphi_d(q) = \gamma_+ \, e^{ik_0 q}. \tag{4.54}$$

Mit diesen Teilwellen sind Wahrscheinlichkeitsstromdichten (2.27),

$$j_{0,r,d} = \frac{\hbar}{2\,m\,i}\left(\varphi^*_{0,r,d}\,\frac{d}{dq}\,\varphi_{0,r,d} - \varphi_{0,r,d}\,\frac{d}{dq}\,\varphi^*_{0,r,d}\right),$$

verknüpft, die sich hier auf einfache Weise zu

$$j_0 = \frac{\hbar\,k_0}{m}; \quad j_r = -\frac{\hbar\,k_0}{m}\,|\,\alpha_-\,|^2; \quad j_d = \frac{\hbar\,k_0}{m}\,|\,\gamma_+\,|^2 \tag{4.55}$$

berechnen. Physikalisch wichtig sind der *Transmissionskoeffizient* T und der *Reflexionskoeffizient* R, die ein Maß dafür sind, welcher Bruchteil der Welle durch den *Topfbereich* hindurchgeht bzw. an diesem reflektiert wird:

$$T = \left|\frac{j_d}{j_0}\right| = |\,\gamma_+\,|^2, \tag{4.56}$$

$$R = \left|\frac{j_r}{j_0}\right| = |\,\alpha_-\,|^2. \tag{4.57}$$

Klassisch dürfte bei $E > 0$ die Teilchenwelle vom Potentialtopf höchstens abgebremst, jedoch nicht reflektiert werden. Die folgende Rechnung wird jedoch zeigen, daß in der Regel $R \neq 0$ ist, worin sich erneut ein typisch quantenmechanisches Phänomen manifestiert, das seine Ursache in der klassisch nicht erklärbaren Wellennatur der Materie hat. Die Teilchenzahlerhaltung macht natürlich

$$T + R = 1 \tag{4.58}$$

erforderlich.

Zur expliziten Berechnung von T und R benötigen wir die noch unbekannten Koeffizienten in den Lösungsansätzen (4.51) bis (4.54). Diese erhalten wir wiederum aus den Stetigkeitsforderungen für φ und φ' an den Unstetigkeitsstellen $\pm q_0$ des Potentials. Bei $q = -q_0$ muß gelten:

$$e^{-ik_0q_0} + \alpha_-\,e^{ik_0q_0} = \beta_+\,e^{-ikq_0} + \beta_-\,e^{ikq_0},$$

$$i\,k_0\left(e^{-ik_0q_0} - \alpha_-\,e^{ik_0q_0}\right) = i\,k\left(\beta_+\,e^{-ikq_0} - \beta_-\,e^{ikq_0}\right)$$

und bei $q = +q_0$:

$$\beta_+\,e^{ikq_0} + \beta_-\,e^{-ikq_0} = \gamma_+\,e^{ik_0q_0},$$

$$i\,k\left(\beta_+\,e^{ikq_0} - \beta_-\,e^{-ikq_0}\right) = i\,k_0\,\gamma_+\,e^{ik_0q_0}.$$

Wir dividieren die zweite und die vierte Gleichung jeweils durch ik_0 und addieren die zweite dann zu der ersten bzw. subtrahieren die vierte von der dritten Bestimmungsgleichung:

$$\begin{aligned} 2\,e^{-ik_0q_0} &= \beta_+\,(1+y)\,e^{-ikq_0} + \beta_-(1-y)\,e^{ikq_0}\,,\\ 0 &= \beta_+(1-y)\,e^{ikq_0} + \beta_-(1+y)\,e^{-ikq_0}\,. \end{aligned}$$

Das ist ein lineares, inhomogenes Gleichungssystem für die Amplituden β_+ und β_-. Die Determinante der Koeffizientenmatrix

$$\begin{aligned} \det A = \ &\det\begin{pmatrix} (1+y)\,e^{-ikq_0} & (1-y)\,e^{ikq_0} \\ (1-y)\,e^{ikq_0} & (1+y)\,e^{-ikq_0} \end{pmatrix} = \\ &= (1+y)^2\,e^{-2ikq_0} - (1-y)^2\,e^{2ikq_0} \end{aligned} \tag{4.59}$$

ist in jedem Fall ungleich Null. Für jedes $E > 0$ besitzt das inhomogene Gleichungssystem also nach der Cramerschen Regel ((1.221), Bd. 1) eine eindeutige Lösung. Das bestätigt, daß für $E > 0$ das Eigenwertspektrum kontinuierlich ist.

Für die konkreten Lösungen benutzen wir noch einmal die Cramersche Regel:

$$\beta_+\ \det A = \det\begin{pmatrix} 2\,e^{-ik_0q_0} & (1-y)\,e^{ikq_0} \\ 0 & (1+y)\,e^{-ikq_0} \end{pmatrix} = 2(1+y)\,e^{-i(k+k_0)q_0}\,,$$

$$\beta_-\ \det A = \det\begin{pmatrix} (1+y)\,e^{-ikq_0} & 2\,e^{-ik_0q_0} \\ (1-y)\,e^{ikq_0} & 0 \end{pmatrix} = -2(1-y)\,e^{i(k-k_0)q_0}\,.$$

Interessanter als β_+ und β_- sind die Amplituden α_- und γ_+, die Reflexion und Transmission bestimmen. Setzen wir die Resultate für β_+ und β_- in das Ausgangsgleichungssystem ein, so ergibt sich nach einfachen Umformungen:

$$\gamma_+ = \frac{4\,y}{\det A}\,e^{-2ik_0q_0}\,, \tag{4.60}$$

$$\alpha_- = -2\,i\sin 2\,k\,q_0\,\frac{1-y^2}{\det A}\,e^{-2ik_0q_0}\,. \tag{4.61}$$

Benutzen wir schließlich noch (4.59) zur Berechnung von

$$|\det A\,|^2 = 16\,y^2 + 4(1-y^2)^2\sin^2 2kq_0\,, \tag{4.62}$$

so erhalten wir nach Einsetzen von (4.60) und (4.61) in (4.56) und (4.57) die folgenden Ausdrücke für den Transmissions- und Reflexionskoeffizienten:

$$T = \frac{16\,y^2}{|\det A\,|^2} = T(E), \tag{4.63}$$

$$R = \frac{4(1-y^2)^2\sin^2 2kq_0}{|\det A\,|^2} = R(E). \tag{4.64}$$

Die Bedingung (4.58) ist offensichtlich erfüllt. Wir erkennen, daß die Teilchenwelle quantenmechanisch in der Regel an dem Potentialtopf eine Reflexion erleidet. Genaugenommen zeigt R ein oszillatorisches Verhalten. Bei bestimmten Werten von $2kq_0$, d.h. bei bestimmten Energien, wird der Wert des Sinus Null:

$$2kq_0 = n\pi \iff 2q_0 = n\,\frac{\lambda}{2}; \qquad n = 1, 2, 3\ldots \tag{4.65}$$

Das ist also immer dann der Fall, wenn ein ganzzahliges Vielfaches der halben de Broglie-Wellenlänge λ in den Potentialtopf hineinpaßt. Man spricht von *Resonanzen*, die nach (4.65) bei den Energien

$$E_n^{(R)} = -V_0 + \frac{\hbar^2\pi^2}{8mq_0^2}\,n^2 \tag{4.66}$$

auftreten ($n \geq n_0$, damit $E_n^{(R)} > 0$). Das sind interessanterweise gerade die Energieeigenwerte des diskreten Spektrums im unendlich hohen Potentialtopf, die wir als Aufgabe 4.2.1 berechnen. Bei diesen Resonanzenergien wird der Potentialtopf *vollkommen durchlässig*:

$$T\big(E = E_n^{(R)}\big) = 1; \qquad R\big(E = E_n^{(R)}\big) = 0. \tag{4.67}$$

Anschaulich lassen sich diese Resonanzen durch destruktive Interferenz der bei $-q_0$ und $+q_0$ reflektierten Teilwellen verstehen. Bei $q = -q_0$ haben die direkt reflektierte Welle und die von $q = +q_0$ *zurückkommende* Welle einen Gangunterschied $4kq_0 = 2\pi n$. Hinzu kommt noch ein Phasensprung um π bei der direkten Reflexion, so daß insgesamt die bei $-q_0$ und $+q_0$ reflektierten Teilwellen sich auslöschen.

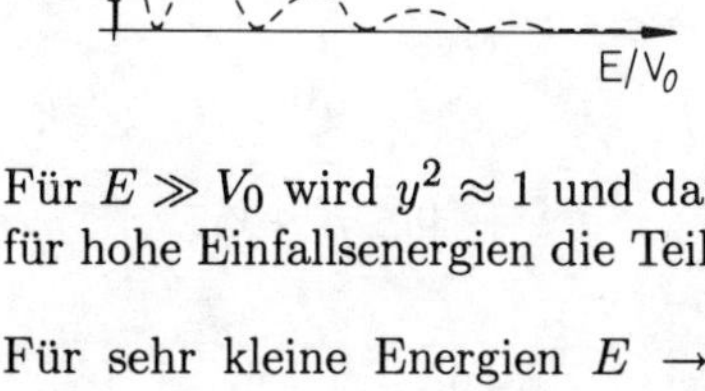

Maxima in der Reflexion bzw. Minima in der Transmission lassen sich bei

$$2kq_0 = (2n+1)\,\frac{\pi}{2}$$

erwarten, weil dann in (4.64)

$$\sin^2 2kq_0 = 1$$

wird.

Für $E \gg V_0$ wird $y^2 \approx 1$ und damit $R \approx 0$, $T \approx 1$. Das ist sehr plausibel, weil für hohe Einfallsenergien die Teilchenwelle den Potentialtopf *kaum noch spürt*.

Für sehr kleine Energien $E \to 0$, d.h. $y \to \infty$, dominiert die Reflexion ($R \to 1$, $T \to 0$). – Qualitativ ergibt sich eine Energieabhängigkeit von Transmissions- und Reflexionskoeffizient, wie in der Skizze angedeutet. Die Oszillationen von T und R werden um so schärfer sein und mit um so größerer Amplitude erfolgen, je tiefer der Potentialtopf ist.

4.2.3 Aufgaben

Aufgabe 4.2.1

Ein Teilchen der Masse m bewege sich in einem eindimensionalen, unendlich hohen Potentialtopf:

$$V(q) = \begin{cases} 0, & \text{falls } |q| < q_0 \quad (q_0 > 0), \\ \infty, & \text{falls } |q| \geq q_0. \end{cases}$$

1) Stellen Sie die zeitunabhängige Schrödinger-Gleichung auf und formulieren Sie die Randbedingungen.

2) Berechnen Sie die diskreten Energieeigenwerte mit den zugehörigen Eigenfunktionen.

3) Wie groß ist die Wahrscheinlichkeit, das Teilchen im Ortsintervall

$$-\frac{q_0}{2} \leq q \leq +\frac{q_0}{2}$$

zu finden?

Aufgabe 4.2.2

Bestimmen Sie noch einmal für denselben eindimensionalen, unendlich hohen Potentialtopf wie in Aufgabe 4.2.1 die Wellenfunktion $\varphi(q)$ und die Energieeigenwerte E, nun aber unter Verwendung von *periodischen Randbedingungen* (Kap. 2.2.5):

$$\varphi(q + 2q_0) = \varphi(q).$$

Vergleichen Sie die Resultate mit denen aus der vorigen Aufgabe, die für *homogene Randbedingungen* $\varphi(\pm q_0) = 0$ abgeleitet wurden.

Aufgabe 4.2.3

Ein Teilchen der Masse m bewege sich in einem eindimensionalen, stückweise konstanten Potential:

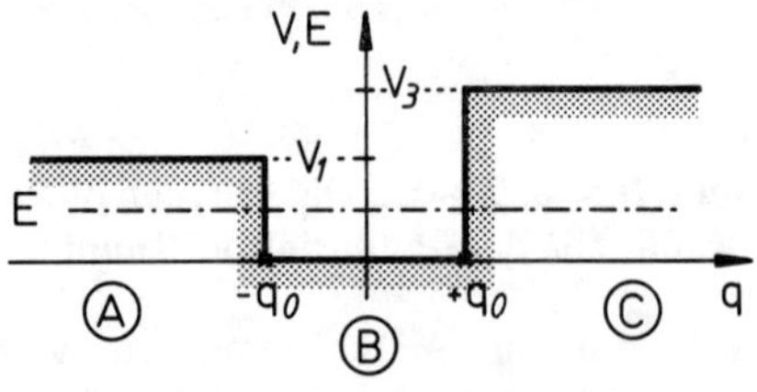

$$V_3 \geq V_1$$
$$0 \leq E < V_1$$

$$V(q) = \begin{cases} V_1 > 0 & \text{für } -\infty < q \leq -q_0, \\ 0 & \text{für } -q_0 < q < +q_0, \\ V_3 > 0 & \text{für } +q_0 \leq q < +\infty. \end{cases}$$

1) Formulieren Sie die Schrödinger-Gleichung und geben Sie für die Wellenfunktion die Anschlußbedingungen bei $\pm q_0$ an. Benutzen Sie dazu die Abkürzungen:

$$k^2 = \frac{2m}{\hbar^2} E; \quad \kappa_{1,3}^2 = \frac{2m}{\hbar^2} (V_{1,3} - E).$$

2) Zeigen Sie, daß sich die diskreten Eigenenergien aus der transzendenten Gleichung

$$1 = e^{-4ikq_0} \frac{V_3}{V_1} \left(\frac{k + i\kappa_1}{k - i\kappa_3} \right)^2$$

bestimmen lassen.

3) Bringen Sie die Bestimmungsgleichung aus 2) in die Form:

$$f(E) = \arcsin \sqrt{\frac{E}{V_1}} + \arcsin \sqrt{\frac{E}{V_3}} = n\pi - 2q_0 k; n = 1, 2, 3, \ldots$$

Hinweis: Benutzen Sie für die komplexen Wellenzahlkombinationen deren Polardarstellungen!

4) Zeigen Sie mit Hilfe einer *graphischen Diskussion*, daß das Eigenwertspektrum diskret ist.

5) Vergleichen Sie die Eigenwerte bei $V_3 = V_1$ mit denen bei $V_3 = 2V_1$. Wie verschiebt sich das Eigenwertspektrum?

Aufgabe 4.2.4

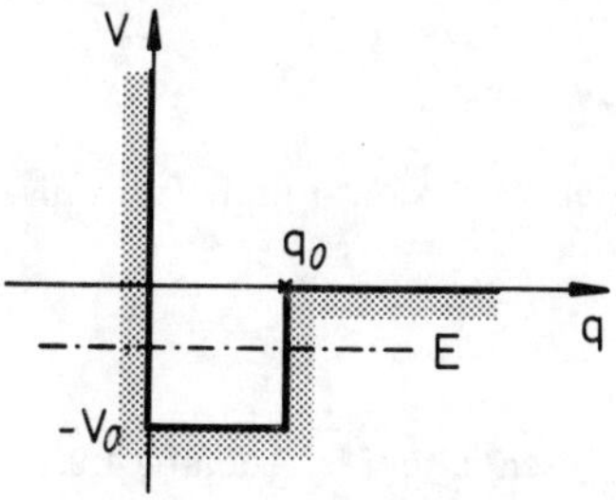

Gegeben sei das eindimensionale Potential:

$$V(q) = \begin{cases} \infty & \text{für } q \leq 0 & \text{(A)}, \\ -V_0 & \text{für } 0 < q < q_0 & \text{(B)}, \\ 0 & \text{für } q_0 \leq q < \infty & \text{(C)}. \end{cases}$$

1) Durch welche Gleichung sind die Energieeigenwerte für die gebundenen Zustände eines Teilchens der Masse m bestimmt? Benutzen Sie für das Intervall $0 < q < q_0$ den Ansatz:

$$\varphi(q) = \alpha \sin(kq + \overline{\varphi}).$$

2) Leiten Sie eine notwendige Bedingung für das Auftreten gebundener Zustände ab.

3) Gibt es für $V_0 = \frac{\hbar^2}{mq_0^2}$ gebundene Zustände?

Aufgabe 4.2.5

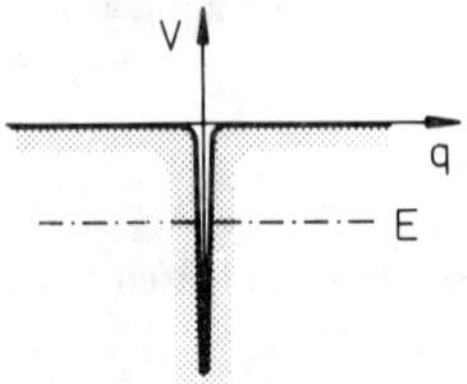

Betrachtet werde die eindimensionale Bewegung eines Teilchens der Masse m in einem δ-Potential:

$$V(q) = -V_0\delta(q); \quad V_0 > 0.$$

Berechnen Sie die normierten Eigenfunktionen der gebundenen Zustände. Wie viele gebundene Zustände gibt es in Abhängigkeit von V_0?

Setzen Sie bei der Lösung voraus, daß die gesuchte Wellenfunktion $\varphi(q)$ sich trotz des *unphysikalischen* Potentials überall *physikalisch vernünftig* verhält, d.h. zum Beispiel, die wichtige statistische Interpretation (Kap. 2) zuläßt.

Aufgabe 4.2.6

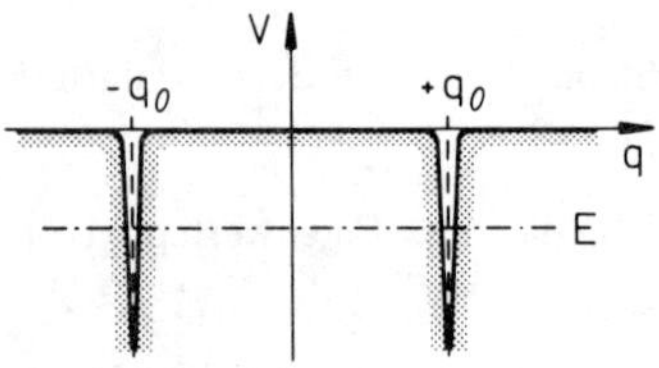

Untersuchen Sie dieselbe Fragestellung wie in Aufgabe 4.2.5 für das Doppel-δ-Potential:

$$V(q) = -V_0\delta(q+q_0) - V_0\delta(q-q_0); \; V_0 > 0.$$

Aufgabe 4.2.7

Ein Teilchen der Masse m bewege sich in dem Potential aus Aufgabe 4.2.3:

$$V(q) = \begin{cases} V_1 > 0 & \text{für } -\infty < q \leq -q_0, \\ 0 & \text{für } -q_0 < q < +q_0, \\ V_3 > V_1 & \text{für } +q_0 \leq q < +\infty. \end{cases}$$

Berechnen Sie für die Streuzustände ($E > V_3$) den Reflexions- und Transmissionskoeffizienten R bzw. T.

Aufgabe 4.2.8

Betrachten Sie ein Teilchen in einem unendlich hohen Potentialtopf (s. Aufgabe 4.2.1):

$$V(q) = \begin{cases} 0 & \text{falls } |q| < q_0, \\ \infty & \text{falls } |q| \geq q_0. \end{cases}$$

Das Teilchen befinde sich in einem nicht-stationären Zustand $\psi(q)$:

$$\psi(q) = \begin{cases} A(q^2 - q_0^2) & \text{für } -q_0 < q < +q_0, \\ 0 & \text{sonst.} \end{cases}$$

1) Berechnen Sie die (reelle) Normierungskonstante A.

2) Mit welcher Wahrscheinlichkeit liefert eine Energiemessung an diesem Teilchen die Energie $E_n^{(-)}$ des stationären Zustands

$$\varphi_n^{(-)}(q) = \frac{1}{\sqrt{q_0}} \sin\left(\frac{\pi}{q_0} n q\right)$$

(s. Aufgabe 4.2.1) ($\varphi_n^{(-)}(q) \equiv 0$ für $|q| \geq q_0$)?

3) Mit welcher Wahrscheinlichkeit liefert die Energiemessung den Wert $E_n^{(+)}$ des stationären Zustands

$$\varphi_n^{(+)}(q) = \frac{1}{\sqrt{q_0}} \cos\left(\frac{\pi}{2q_0}(2n+1)q\right)$$

($\varphi_n^{(+)}(q) \equiv 0$ für $|q| > q_0$)?

4.3 Potentialbarrieren

Wir wollen in diesem Abschnitt einige weitere einfache Beispiele eindimensionaler Bewegungen diskutieren, zum einen, um den quantenmechanischen Formalismus, also den *Rechenapparat*, noch sicherer in den Griff zu bekommen, zum anderen, um einige typisch quantenmechanische Phänomene (Tunneleffekt, Energiebänder, ...) zu beschreiben, die klassisch nicht erklärbar sind, in denen sich insbesondere die Wellennatur der Materie manifestiert.

4.3.1 Potentialstufe

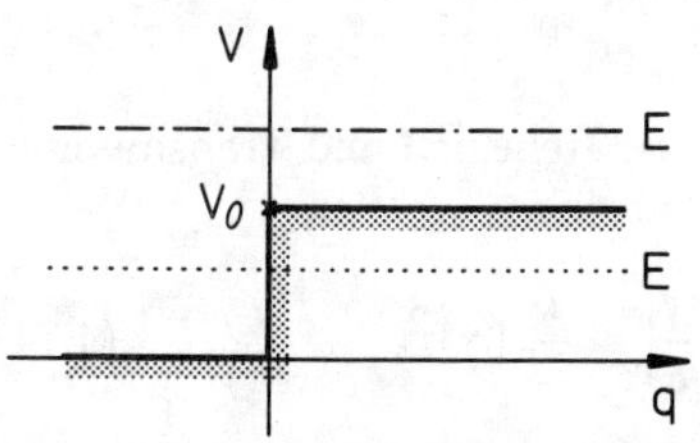

Die einfachste Form einer Potentialbarriere ist die Stufe:

$$V(q) = \begin{cases} 0 & \text{für } q < 0, \\ V_0 & \text{für } q \geq 0. \end{cases} \qquad (4.68)$$

Wir stellen uns wiederum vor (*Gedankenexperiment*), daß von links eine passend dimensionierte Teilchenstromdichte ($\hat{=}$ Teilchenwelle $\varphi_0(q)$) mit der Energie E auf die Potentialstufe fällt. Qualitativ unterschiedliche Resultate sind für $E > V_0$ und $E < V_0$ zu erwarten. Wir beginnen mit dem Fall

1) $E > V_0$,

der für die gesamte q-Achse *klassisch erlaubtes* Gebiet garantiert. Unsere allgemeinen Überlegungen aus Kapitel 4.1 erlauben bereits recht detaillierte Lösungsansätze. So wissen wir, daß die gesuchte Wellenfunktion $\varphi(q)$ überall oszialatorisches Verhalten aufweisen wird. Das Energiespektrum wird kontinuierlich und zweifach entartet sein, diskrete Lösungen sind nicht zu erwarten:

$$\varphi(q) = \begin{cases} \varphi_0(q) + \varphi_r(q) & \text{für } q \leq 0, \\ \varphi_d(q) & \text{für } q \geq 0. \end{cases} \tag{4.69}$$

$\varphi_0(q)$ ist die einfallende Teilchenwelle,

$$\varphi_0(q) = \exp(ik_0 q); \quad k_0^2 = \frac{2m}{\hbar^2} E, \tag{4.70}$$

die wir der Einfachheit halber wieder so dimensionieren, daß ihre Amplitude gleich 1 ist. Ohne Potentialstufe wäre das bereits die vollständige Lösung der Schrödinger-Gleichung. Die Stufe zerlegt die einfallende Welle in eine reflektierte,

$$\varphi_r(q) = \alpha \exp(-ik_0 q), \tag{4.71}$$

und in eine das Gebiet $q > 0$ durchlaufende Welle,

$$\varphi_d(q) = \gamma\, e^{ikq}; \quad k^2 = \frac{2m}{\hbar^2}(E - V_0). \tag{4.72}$$

Da das Teilchen aus dem positiv Unendlichen nicht zurückkehrt, kann in φ_d ein e^{-ikq}-Term nicht auftauchen. Dieser würde eine von rechts auf die Stufe zulaufende Teilchenwelle darstellen.

Nach (2.27) und (4.55) entsprechen den einzelnen Teilwellen die folgenden Stromdichten:

$$j_0 = \frac{\hbar\, k_0}{m}; \quad j_r = -\frac{\hbar\, k_0}{m}|\alpha|^2; \quad j_d = \frac{\hbar k}{m}|\gamma|^2. \tag{4.73}$$

Physikalisch interessant sind die Koeffizienten der Reflexion und Transmission, auf deren Bestimmung die folgende Rechnung abzielt:

$$R = \left|\frac{j_r}{j_0}\right| = |\alpha|^2; \quad T = \left|\frac{j_d}{j_0}\right| = \frac{k}{k_0}|\gamma|^2. \tag{4.74}$$

Die Forderung der Stetigkeit von $\varphi(q)$ und $\varphi'(q)$ an der Unstetigkeitsstelle $q = 0$ des Potentials dient der Festlegung der noch unbekannten Koeffizienten α und γ:

$$\varphi(0) = 1 + \alpha = \gamma,$$
$$\varphi'(0) = ik_0(1 - \alpha) = ik\,\gamma.$$

Dies läßt sich natürlich leicht nach α und γ auflösen:

$$\alpha = \frac{k_0 - k}{k_0 + k}; \quad \gamma = \frac{2k_0}{k_0 + k}. \tag{4.75}$$

Damit ist die Wellenfunktion vollständig bestimmt. Der Realteil

$$\operatorname{Re} \varphi(q) = \frac{2k_0}{k + k_0} \begin{cases} \cos k_0 q & \text{für } q \leq 0, \\ \cos kq & \text{für } q \geq 0 \end{cases} \tag{4.76}$$

oszilliert für $q < 0$ mit einer kürzeren Wellenlänge $\lambda_0 = 2\pi/k_0$ als für $q > 0$: $\lambda = 2\pi/k$. Die Amplitude der Oszillation ändert sich jedoch bei $q = 0$ nicht. Bezüglich der Wellenlängen gelten dieselben Aussagen für den Imaginärteil der Wellenfunktion:

$$\operatorname{Im} \varphi(q) = \frac{2k_0}{k + k_0} \begin{cases} \frac{k}{k_0} \sin k_0 q & \text{für } q \leq 0, \\ \sin kq & \text{für } q \geq 0. \end{cases} \tag{4.77}$$

Die Amplitude ist nun allerdings im Gebiet $q < 0$ um den Faktor k/k_0 kleiner als die im Bereich $q > 0$.

Durch Interferenz von einlaufender und reflektierter Welle zeigt die Aufenthaltswahrscheinlichkeit des Teilchens links von der Stufe eine oszillatorische Ortsabhängigkeit, während sie für $q > 0$ konstant bleibt:

$$|\varphi(q)|^2 = \frac{4k_0^2}{(k + k_0)^2} \begin{cases} 1 - \left(1 - \frac{k^2}{k_0^2}\right) \sin^2 k_0 q & \text{für } q \leq 0, \\ 1 & \text{für } q \geq 0. \end{cases} \tag{4.78}$$

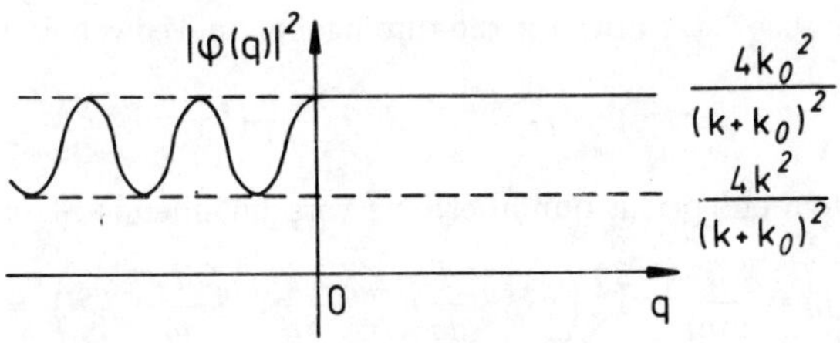

Für den Reflexions- und den Transmissionskoeffizienten finden wir mit (4.74) und (4.75):

$$R = \left(\frac{k_0 - k}{k_0 + k}\right)^2; \qquad T = \frac{4kk_0}{(k + k_0)^2}. \tag{4.79}$$

Die physikalisch selbstverständliche Beziehung $T + R = 1$, die letztlich die Teilchenzahlerhaltung ausdrückt, ist offensichtlich erfüllt. R ist die Wahrscheinlichkeit dafür, daß das Teilchen an der Stufe reflektiert wird. Wie schon im letzten Kapitel beim Potentialtopf festgestellt, ist auch hier wegen $E > 0$ ein von Null verschiedener Reflexionskoeffizient *klassisch völlig unverständlich* und muß der Wellennatur der Materie zugeschrieben werden. Wir wissen, daß bei der Ausbreitung von Lichtwellen eine abrupte Änderung des Brechungsindex des Mediums eine partielle Reflexion der Welle hervorruft. Eine analoge Situation liegt offensichtlich hier vor.

Für hohe Teilchenenergien $E \gg V_0$ wird der relative Sprung des Wellenvektors an der Stelle $q = 0$ $(k_0 \to k)$ immer unbedeutender, die Reflexion auf Kosten der Transmission deshalb schwächer. Im umgekehrten Fall $E \gtrsim V_0$ $(k \to 0)$ gewinnt die Reflexion immer mehr die Oberhand: $R \to 1$, $T \to 0$.

Es ist bemerkenswert, daß nach (4.79) sowohl R als auch T symmetrisch in k und k_0 sind. Offensichtlich sind sie von der Bewegungsrichtung des Teilchens unabhängig. Wir hätten es bei gleicher Energie E auch von rechts nach links, d.h. von $q = +\infty$ nach $q = -\infty$, laufen lassen können.

Wir kommen nun zu dem etwas anders gelagerten Fall

2) $E < V_0$

Die Energie des einfallenden Teilchens sei nun kleiner als die Höhe der Potentialstufe. Dadurch ist nur das Gebiet $q < 0$ noch *klassisch erlaubt* mit oszillatorischem Verhalten der Wellenfunktion, während für $q > 0$ ein exponentielles Abklingen der Wellenfunktion zu erwarten ist. Das Energiespektrum wird kontinuierlich und nicht entartet sein.

Wir schreiben den Lösungsansatz wie in (4.69) mit formal unverändertem $\varphi_0(q)$ und $\varphi_r(q)$, müssen jetzt aber für die durchgehende Teilwelle

$$\varphi_d(q) = \gamma\, e^{-\kappa q}; \quad \kappa^2 = \frac{2m}{\hbar^2}(V_0 - E) \tag{4.80}$$

annehmen. Dem entspricht nun aber eine verschwindende Stromdichte

$$j_d = \frac{\hbar}{2mi}\,|\gamma|^2 \left(e^{-\kappa q}\,\frac{d}{dq}\,e^{-\kappa q} - e^{-\kappa q}\,\frac{d}{dq}\,e^{-\kappa q} \right) = 0 \tag{4.81}$$

und damit ein Transmissionskoeffizient $T = 0$. Auf der anderen Seite ist die Aufenthaltswahrscheinlichkeit des Teilchens im Gebiet rechts der Stufe $(q > 0)$ durchaus von Null verschieden. Das soll noch etwas genauer untersucht werden. Die Stetigkeitsbedingungen,

$$\varphi(0) = 1 + \alpha = \gamma,$$
$$\varphi'(0) = ik_0(1 - \alpha) = -\kappa\,\gamma,$$

führen unmittelbar auf die Koeffizienten α und γ:

$$\alpha = \frac{k_0 - i\kappa}{k_0 + i\kappa}; \quad \gamma = \frac{2k_0}{k_0 + i\kappa}. \tag{4.82}$$

Benutzen wir für die komplexe Zahl $k_0 + i\kappa$ ihre Polardarstellung,

$$k_0 + i\kappa = \sqrt{k_0^2 + \kappa^2}\, e^{i\varphi} = \frac{\sqrt{2mV_0}}{\hbar}\, e^{i\varphi},$$
$$\tan\varphi = \frac{\kappa}{k_0} \qquad \left(-\frac{\pi}{2} \le \varphi \le +\frac{\pi}{2}\right),$$

so erkennen wir, daß $\alpha = \exp(-2i\,\varphi)$ ein reiner Phasenfaktor vom Betrag 1 ist. Die Welle wird also an der Stufe vollständig reflektiert,

$$R = \left|\frac{j_r}{j_0}\right| = |\,\alpha\,|^2 = 1; \qquad T = \left|\frac{j_d}{j_0}\right| = 0, \tag{4.83}$$

in Übereinstimmung mit der *klassischen Vorstellung* eines Teilchens der Masse m, das mit dem Impuls $p = \hbar k_0/2m$ auf die Stufe bei $q = 0$ prallt, um dann nach elastischer Reflexion mit demselben Impuls in umgekehrter Richtung wieder zurückzulaufen.

Klassisch völlig unverständlich ist dagegen das Resultat für die Aufenthaltswahrscheinlichkeit des Teilchens, die wegen $\gamma \neq 0$ auch im *klassisch verbotenen* Gebiet $q > 0$ von Null verschieden ist:

$$|\,\varphi(q)\,|^2 = \begin{cases} 4\cos^2(k_0 q + \varphi) & \text{für } q \le 0, \\ \frac{4k_0^2}{\kappa^2 + k_0^2}\exp(-2\kappa q) & \text{für } q \ge 0. \end{cases} \tag{4.84}$$

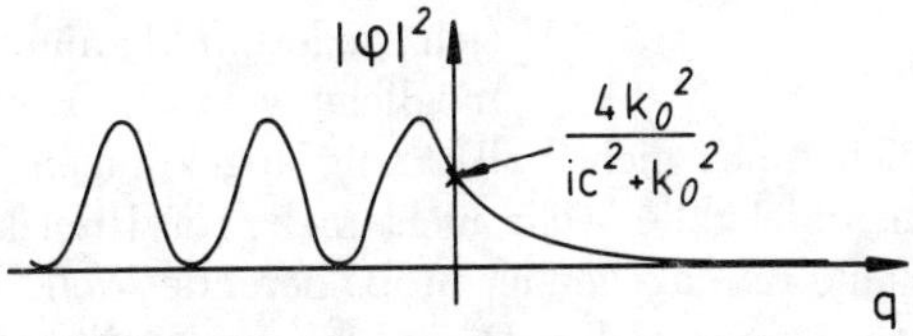

Das *quantenmechanische Teilchen* vermag also für eine gewisse Strecke in das *klassisch verbotene* Gebiet einzudringen, obwohl nach (4.81) kein eigentlicher Teilchenfluß stattfindet. Im nächsten Abschnitt wird uns dieses Phänomen den wichtigen Tunneleffekt erklären können. – Der Schnittpunkt mit der Ordinate, d.h. die Aufenthaltswahrscheinlichkeitsdichte am Potentialsprung, rutscht mit zunehmender Stufenhöhe V_0 gegen Null:

$$|\,\varphi(0)\,|^2 = \frac{4k_0^2}{\kappa^2 + k_0^2} = 4\frac{E}{V_0}. \tag{4.85}$$

Für den Spezialfall einer unendlich hohen Stufe ($V_0 \to \infty$) ist deshalb $\varphi(q) \equiv 0$ für $q \geq 0$. – Im *klassisch erlaubten* Bereich $q < 0$ sorgt die Interferenz (Kap. 1.4.1) von einlaufender und reflektierter Welle für ein oszillatorisches Verhalten der Aufenthaltswahrscheinlichkeitsdichte.

Wir wollen diesen Abschnitt mit einer Erinnerung an eine analoge Situation der klassischen Elektrodynamik beenden, die bei der Reflexion und Brechung elektromagnetischer Wellen an der Grenzfläche zweier Isolatoren mit unterschiedlichen Brechzahlen beobachtet wird. Fällt eine Welle in einem optisch dichten Medium 1 (Brechzahl n_1) auf die Grenzfläche zu einem optisch dünneren Medium 2 ($n_2 < n_1$), so tritt, wenn der Einfallswinkel ϑ_1 einen bestimmten Grenzwinkel überschreitet, Totalreflexion auf (Kap. 4.3.10, Ziffer G, Bd. 3). Es findet kein Energiefluß in das Medium 2 statt. Trotzdem fällt die Amplitude der elektrischen Feldstärke an der Grenzfläche nicht etwa abrupt auf Null ab, sondern nimmt im Medium 2 lediglich exponentiell mit den Abstand von der Grenzfläche ab. Ursache ist ein komplexer Wellenvektor, der die Amplitudendämpfung verursacht und die Wellenpropagation im Medium 2 verhindert. – Das entspricht haargenau dem Verhalten der quantenmechanischen Teilchenwelle an der Potentialstufe.

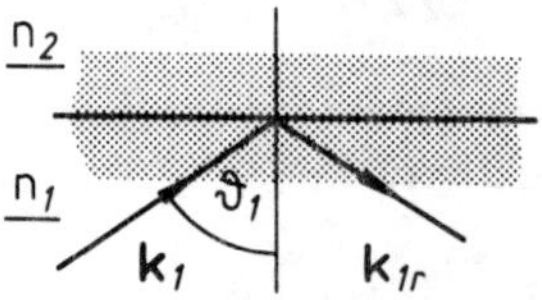

Diese Analogieüberlegungen lassen sich noch etwas ausbauen. Die Welle wird strenggenommen nämlich nur dann total reflektiert, wenn das Medium 2 unendlich ausgedehnt ist. Handelt es sich dagegen nur um eine relativ dünne Schicht, an die sich wiederum Medium 1 anschließt, so ist möglicherweise die Feldamplitude an der nächsten Grenzschicht noch nicht vollständig abgeklungen. In dem Fall wird an der ersten Grenzschicht die Welle nicht mehr total reflektiert. Es wird im oberen Medium 1 eine durchgehende, propagierende Welle beobachtet, deren Amplitude der nach exponentieller Dämpfung im Medium 2 noch verbliebenen *Restamplitude* entspricht. Die an sich *optisch verbotene* Zwischenschicht wurde also von der Welle partiell *durchtunnelt*. – Das hierzu passende quantenmechanische Analogon werden wir nun anschließend im nächsten Kapitel kennenlernen.

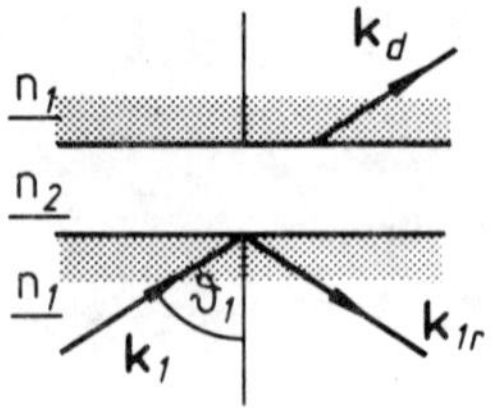

4.3.2 Potentialwall

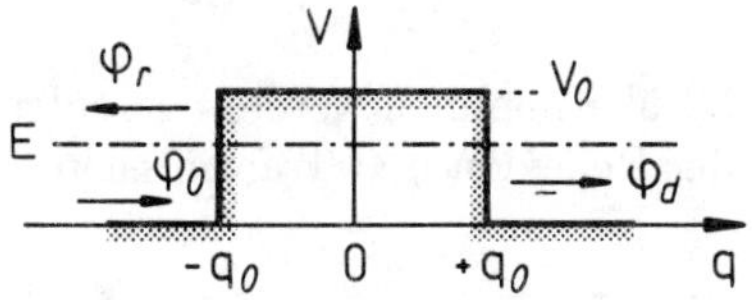

Eine konsequente Fortführung der Überlegungen zur Potentialstufe im letzten Abschnitt bietet der Potentialwall endlicher Höhe V_0 und endlicher Breite $2q_0$. In dem entsprechenden *Gedankenexperiment* lassen wir ein Teilchen der Masse m mit der Geschwindigkeit $\frac{\hbar k_0}{m}$ von links, d.h. von $q = -\infty$, gegen das Potential

$$V(q) = \begin{cases} V_0 > 0 & \text{für } |q| \leq q_0, \\ 0 & \text{sonst.} \end{cases} \tag{4.86}$$

anlaufen. Beschrieben wird dieses Teilchen wiederum als ebene Welle:

$$\varphi_0(q) = \exp(ik_0 q); \quad k_0^2 = \frac{2m}{\hbar^2} E.$$

Klassisch gesehen kann es den Wall nicht durchdringen, sondern wird reflektiert:

$$\varphi_r(q) = \alpha_- \exp(-ik_0 q).$$

Wie wir aber bereits wissen, kann ein *quantenmechanisches Teilchen* bis zu einem gewissen Grad in *klassisch verbotenes* Gebiet eindringen. Wenn nun an der rechten Seite des Walls das exponentielle Abklingen der Aufenthaltswahrscheinlichkeitsdichte $|\varphi(q)|^2$ noch nicht vollständig ist, sollte das Teilchen in der Tat den Wall auch durchdringen können, um sich dann ohne weitere Störungen in Richtung $q = +\infty$ zu bewegen:

$$\varphi_d(q) = \gamma_+ \exp(ik_0 q).$$

Dies wollen wir nun etwas genauer analysieren, wobei die explizite Rechnung allerdings völlig analog zu der in Kapitel 4.2.2 für die (ungebundenen) Streuzustände am Potentialtopf verläuft und deshalb hier nicht in allen Einzelheiten wiederholt zu werden braucht. Wir können zum Beispiel formal denselben Ansatz für die Wellenfunktion wie in (4.51) wählen, haben lediglich zu berücksichtigen, daß im *klassisch verbotenen* Bereich $-q_0 < q < +q_0$ die Wellenzahl k rein imaginär ist:

$$k^2 = \frac{2m}{\hbar^2}(E - V_0) = -\kappa^2 \implies k = i\kappa. \tag{4.87}$$

Dies bedeutet auch:

$$y = \frac{k}{k_0} = ix; \quad x = \frac{\kappa}{k_0} = \sqrt{\frac{V_0 - E}{E}}. \tag{4.88}$$

Mit diesen Substitutionen und

$$\sin ix = i \sinh x$$

können sämtliche Ergebnisse aus Kapitel 4.2.2 übernommen werden. So folgt nach (4.63) und (4.64) für die Koeffizienten der Reflexion und Transmission:

$$T(E) = \frac{4x^2}{4x^2 + (1+x^2)^2 \sinh^2 2\kappa q_0}, \tag{4.89}$$

$$R(E) = \frac{(1+x^2)^2 \sinh^2 2\kappa q_0}{4x^2 + (1+x^2)^2 \sinh^2 2\kappa q_0}. \tag{4.90}$$

Da $T(E)$ in jedem Fall von Null verschieden ist, findet also eine *klassisch nicht erlaubte* Transmission statt. Man sagt, das Teilchen *durchtunnele* den Potentialwall. Viele grundsätzlich wie technisch wichtige Anwendungen basieren auf diesem sogenannten *Tunneleffekt*, der erneut ein typisch quantenmechanisches Wellenphänomen darstellt. (Siehe auch die zu Ende des vorherigen Abschnitts qualitativ erläuterten Analogien zur Brechung und Reflexion elektromagnetischer Wellen!) Spezielle Beispiele für Konsequenzen des Tunneleffekts sind die α-Radioaktivität (Kap. 4.3.4), die feldinduzierte Elektronenemission aus Metallen (Aufgabe 4.3.4) und die Energiebänder in Festkörpern (Kap. 4.3.5, Aufgabe 4.3.5).

Die *Tunnelwahrscheinlichkeit* $T(E)$ wird besonders übersichtlich, wenn

$$\kappa q_0 = \frac{1}{\hbar}\sqrt{2m(V_0 - E)}q_0 \gg 1 \tag{4.91}$$

angenommen werden kann. Dann dominiert in (4.89) die hyperbolische Sinusfunktion in der Form

$$\sinh^2 2\kappa q_0 \approx \frac{1}{4} e^{4\kappa q_0},$$

und $T(E)$ nimmt die folgende, relativ einfache Gestalt an:

$$\begin{aligned} T(E) &\approx \frac{16(\kappa k_0)^2}{(k_0^2+\kappa^2)^2} e^{-4\kappa q_0} = \\ &= \frac{16E(V_0 - E)}{V_0^2} \exp\left(-\frac{4}{\hbar}\sqrt{2m(V_0-E)}\, q_0.\right) \end{aligned} \tag{4.92}$$

Die Tunnelwahrscheinlichkeit nimmt also exponentiell mit der Breite $2q_0$ des Potentialwalls und der Wurzel aus der *effektiven* Potentialbarriere $V_0 - E$ ab.

In der anderen Grenze $\kappa q_0 \ll 1$, zum Beispiel durch $E \to V_0$ realisiert, kann man mit $\sinh x \approx x$ abschätzen:

$$T(E) \approx \frac{1}{1 + k_0^2 q_0^2}. \tag{4.93}$$

Wir haben uns in diesem Abschnitt bei der Auswertung für den Potentialwall auf das wirklich Neue, wie zum Beispiel den Tunneleffekt, beschränkt. Die explizite und vollständige Berechnung der Wellenfunktion $\varphi(q)$ (Aufgabe 4.3.2) führt zu einer Dichte $|\varphi(q)|^2$ der Aufenthaltswahrscheinlichkeit, wie sie qualitativ in der Skizze dargestellt ist. Für $q < -q_0$ sorgen einlaufende und reflek-

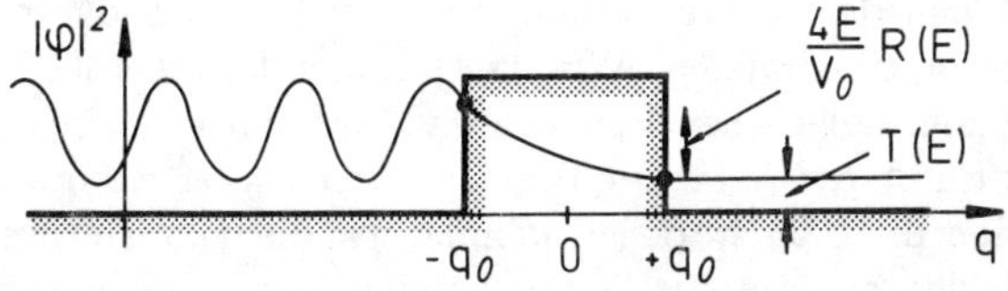

tierte Welle durch Interferenz für eine oszillierende Ortsabhängigkeit der Wahrscheinlichkeitsdichte. Im Bereich des Potentialwalls nimmt diese exponentiell ab, um dann für $q > q_0$ konstant zu bleiben. Letzteres resultiert aus der Tatsache, daß wir rechts von $q = q_0$ nur eine nach $+\infty$ laufende ebene Welle $\varphi_d(q)$ haben. Es wird keine Welle aus dem positiv Unendlichen reflektiert, mit der φ_d interferieren könnte.

4.3.3 Tunneleffekt

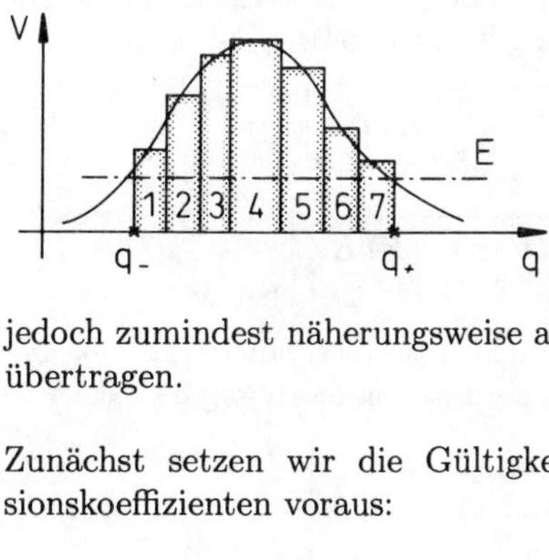

Zur Beschreibung realistischer Tunnelvorgänge ist die Rechteckgestalt des Potentialwalls natürlich überidealisiert. In den interessierenden Fällen wird das Potential V eine kontinuierliche Funktion von q darstellen. Durch einen *Trick* lassen sich die Ergebnisse des letzten Abschnitts jedoch zumindest näherungsweise auf solche kontinuierlichen Potentialverläufe übertragen.

Zunächst setzen wir die Gültigkeit der Formel (4.92) für den Transmissionskoeffizienten voraus:

$$T(E) \approx \exp\left[-\frac{4}{\hbar}\sqrt{2m(V_0 - E)}\, q_0 + \ln\left(\frac{16E(V_0 - E)}{V_0^2}\right)\right].$$

Für alle in Frage kommenden Situationen kann man den ersten Summanden im Exponenten als den dominanten ansehen und deshalb weiter vereinfachen:

$$T(E) \approx \exp\left[-\frac{4}{\hbar}\sqrt{2m(V_0 - E)}\, q_0\right]. \tag{4.94}$$

Das ist zwar eine inzwischen stark simplifizierte Formel, die aber für Abschätzungen sehr nützlich und auch noch hinreichend genau ist. – Wie in der Skizze angedeutet, zerlegen wir nun die Fläche unter der kontinuierlichen Potentialkurve in eine Anzahl N von Rechtecken, wobei uns nur der Bereich zwischen den *klassischen Umkehrpunkten* $q_\pm$ ($V(q_\pm) \stackrel{!}{=} E$) interessiert. Wenn der Kurvenverlauf glatt ist, läßt sich dieser durch solche Stufen recht gut approximieren. Wir ersetzen nun den eigentlichen Tunnelprozeß durch den kontinuierlichen Potentialwall, der mathematisch nur schwer zu behandeln ist, durch ein N-faches Tunneln durch lauter Rechteckwälle. Wenn die Transmission nicht zu stark ist, können wir die Tunnelprozesse durch die einzelnen Teilwälle als statistisch unabhängige Ereignisse ansehen. Für den Strom, der alle N Wälle durchtunnelt, gilt dann:

$$j_d^{(N)} = T_N j_d^{(N-1)} = T_N T_{N-1} j_d^{(N-2)} = \ldots = T_N T_{N-1} \cdots T_2 T_1 j_0 .$$

Der Transmissionskoeffizient für die gesamte Anordnung ($T = j_d^{(N)}/j_0$) sollte sich also multiplikativ aus den Einzelbeiträgen zusammensetzen:

$$T = T_1 T_2 \cdots T_N .$$

In Betracht kommen natürlich nur die Rechtecke zwischen den klassischen Umkehrpunkten q_- und q_+, da das Teilchen bei q_- in den Potentialwall eindringt und diesen bei q_+ wieder verläßt. Der i-te Rechteckwall möge bei q_i zentriert sein mit einer Breite Δq_i. Dann gilt mit (4.94):

$$T(E) \approx \prod_i \exp\left[-\frac{2}{\hbar}\sqrt{2m\big(V(q_i) - E\big)}\,\Delta q_i\right] =$$

$$= \exp\left[-\frac{2}{\hbar}\sum_i \sqrt{2m\big(V(q_i) - E\big)}\,\Delta q_i\right] .$$

Wenn wir nun den Übergang zu unendlich kleinen Intervallen ($\Delta q \to dq$) vollziehen, so können wir die Summe durch ein Integral ersetzen:

$$T(E) \approx \exp\left[-\frac{2}{\hbar}\int\limits_{q_-}^{q_+} \sqrt{2m\big(V(q) - E\big)}dq\right] . \tag{4.95}$$

Natürlich handelt es sich hierbei um eine insgesamt sehr grobe Näherung, da zum Beispiel die Voraussetzungen für die Abschätzung (4.94) in der Grenze $\Delta q \to dq$ sicher fragwürdig werden. Das gilt insbesondere auch für die Rechtecke in der unmittelbaren Nähe der Umkehrpunkte. Trotzdem liefert (4.95) ein qualitativ korrektes Bild des Tunneleffekts, wie im nächsten Abschnitt am Beispiel der α-Radioaktivität demonstriert wird. Der Ausdruck (4.95) läßt sich im übrigen mathematisch etwas überzeugender mit Hilfe der sogenannten WKB-Methode (**W**entzel-**K**ramers-**B**rillouin) begründen, auf die wir in einem späteren Kapitel (*Näherungsverfahren*) im Detail eingehen werden.

Die Formel (4.95) zeigt, daß die Tunnelwahrscheinlichkeit mit wachsender Teilchenenergie E aus zwei Gründen zunimmt; zum einen, weil die effektive Tunnelbarriere $(V - E)$ kleiner wird, zum anderen, weil der Integrationsbereich (Abstand zwischen q_- und q_+) eingeschränkt wird. – Der Transmissionskoeffizient nimmt dagegen mit zunehmender Teilchenmasse m ab.

Man kann sich schließlich noch durch Einsetzen von aktuellen Zahlenwerten davon überzeugen, daß der Tunneleffekt nur in Bereichen atomarer Dimensionen beobachtbar sein wird.

4.3.4 Beispiel: α-Radioaktivität

Viele radioaktive Elemente zerfallen durch Emission von α-Teilchen und ändern dabei ihre Kernladung von $Z'e$ auf Ze. Da das α-Teilchen selbst zweifach positiv geladen ist, ändert sich die Ordnungszahl vom Mutter- zum Tochterkern von Z' auf $Z = Z' - 2$. Der Zerfall erfolgt *spontan*, d.h. kann durch äußere Parameter wie z.B. Druck, Temperatur, elektromagnetische Felder nicht beeinflußt werden. Ein quantitatives Maß für den spontanen Zerfall ist die Halbwertszeit. Dies ist die Zeit, nach der von einer ursprünglichen Anzahl N_0 gleichartiger Kerne die Hälfte radioaktiv zerfallen ist. Neben der Erklärung des eigentlichen Effektes liegt eine besondere Verständnisschwierigkeit in den riesigen Größenordnungsunterschieden der Halbwertszeiten verschiedener radioaktiver Elemente:

$$\begin{aligned} {}^{212}_{84}\mathrm{Po} &: \tau_{1/2} = 3 \cdot 10^{-7}\ \mathrm{s}, \\ {}^{228}_{90}\mathrm{Th} &: \tau_{1/2} = 1{,}91\ \mathrm{a}, \\ {}^{238}_{92}\mathrm{U} &: \tau_{1/2} = 4{,}5 \cdot 10^{9}\ \mathrm{a}. \end{aligned}$$

Typisch für den α-Zerfall ist außerdem, daß das emittierte α-Teilchen eine für den Emitter charakteristische Energie aufweist, wobei der empirische Befund von einer starken Korrelation zwischen dieser Energie und der Halbwertszeit zeugt.

Um diese Beobachtungen zumindest qualitativ verstehen zu können, benutzen wir ein einfaches theoretisches Modell: Wegen seiner großen Stabilität nehmen wir an, daß das zweifach positiv geladene α-Teilchen auch innerhalb des Atomkerns als selbständiges Gebilde existiert, was natürlich keineswegs bewiesen ist. Es unterliegt zwei verschiedenen Typen von Kräften. Da ist zunächst die *normale* Coulomb-Abstoßung zwischem dem α-Teilchen und dem ebenfalls positiv geladenen Kern (Ladung: Ze):

$$V(q) = \frac{2Ze^2}{4\pi\epsilon_0 q}. \tag{4.96}$$

Hinzukommen die sehr kurzreichweitigen und sehr stark anziehenden Kernkräfte, über deren wahre Natur allerdings auch heute noch keine klaren Vorstellungen existieren. Sie müssen aber auf jeden Fall für ein Potentialminimum sorgen, da sonst die lange Aufenthaltszeit des α-Teilchens, oder der dieses aufbauenden Nukleonen, in Kernnähe unerklärlich wäre.

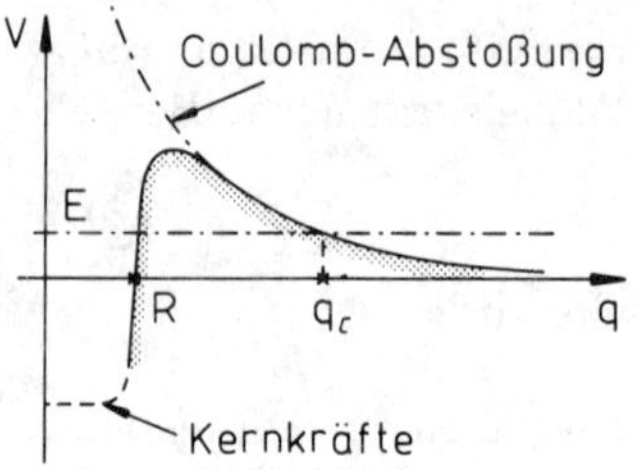

Um den Kernbereich zu verlassen, muß das α-Teilchen einen Potentialberg durchtunneln, der das anziehende von dem abstoßenden Gebiet trennt. *Klassisch* müßten wir dem α-Teilchen Energie zur Überwindung des Potentialberges zufügen. Quantenmechanisch kommt das in den letzten beiden Abschnitten diskutierte Tunneln in Betracht, allerdings auch nur dann, wenn das α-Teilchen im Kern einen Zustand mit einer Energie $E > 0$ besetzt. Für $E < 0$ befindet sich das Teilchen in einem gebundenen Zustand; ein Entweichen ist dann unmöglich. In radioaktiven Elementen muß also $E > 0$ sein.

Wir wollen zunächst einmal die Tunnelwahrscheinlichkeit abschätzen und benutzen dazu die Beziehung (4.95). Die klassischen Umkehrpunkte sind R und q_c, wobei wir annehmen, daß innerhalb des Potentialberges $R < q < q_c$ das Potential durch (4.96) hinreichend genau approximiert wird. Für q_c gilt dann:

$$q_c = \frac{\gamma}{E}; \quad \gamma = \frac{2Ze^2}{4\pi\epsilon_0}.$$

Der *Kernradius* R ist nur ungenau bekannt. Als hilfreich hat sich die folgende Formel erwiesen:

$$R \approx 1{,}5 \cdot 10^{-13}\, A_r^{1/3} \text{ cm } \approx 2 \cdot 10^{-13}\, Z^{1/3}. \tag{4.97}$$

Zur Auswertung von (4.95) müssen wir das folgende Integral bestimmen (m: Masse des α-Teilchens):

$$I = \frac{2}{\hbar} \int\limits_R^{q_c} \sqrt{2m\left(\frac{\gamma}{q} - E\right)}\, dq = \frac{2}{\hbar}\sqrt{2mE} \int\limits_R^{q_c} \sqrt{\frac{q_c}{q} - 1}\, dq.$$

Das Integral läßt sich elementar lösen. Dazu substitutieren wir:

$$\frac{q}{q_c} = \sin^2 u \implies dq = 2q_c \sin u \cos u\, du.$$

Mit $u_c = \arcsin\sqrt{R/q_c}$ bleibt dann zu berechnen:

$$I = \frac{4q_c}{\hbar}\sqrt{2mE}\int\limits_{u_c}^{\pi/2}\cos^2 u\,du = \frac{4q_c}{\hbar}\sqrt{2mE}\,\frac{1}{2}(u+\sin u\cos u)\Big|_{u_c}^{\pi/2} =$$

$$= \frac{2q_c}{\hbar}\sqrt{2mE}\left(\frac{\pi}{2} - \arcsin\sqrt{\frac{R}{q_c}} - \sqrt{\frac{R}{q_c}\left(1-\frac{R}{q_c}\right)}\right).$$

Wir können von $R/q_c \ll 1$ ausgehen und deshalb mit $\arcsin x \approx x$ weiter abschätzen:

$$I \approx \frac{2q_c}{\hbar}\sqrt{2mE}\left(\frac{\pi}{2} - 2\sqrt{\frac{R}{q_c}}\right).$$

Das ergibt schließlich die α-Tunnelwahrscheinlichkeit:

$$T(E) \approx \exp\left[-\frac{\beta_1}{\sqrt{E}} + \beta_2\right]. \tag{4.98}$$

Die Konstanten β_1 und β_2 sind insbesondere durch die Ordnungszahl Z des Tochterkerns bestimmt:

$$\beta_1 = \frac{\sqrt{2m}\,e^2}{2\hbar\epsilon_0}Z = \overline{\beta}_1 Z, \tag{4.99}$$

$$\beta_2 = \frac{4e}{\hbar}\sqrt{\frac{mZR}{\pi\,\epsilon_0}} \approx \overline{\beta}_2 Z^{2/3}. \tag{4.100}$$

Wir müssen uns nun noch überlegen, wie wir mit dem Ausdruck (4.98) für die Tunnelwahrscheinlichkeit auf die Lebensdauer des radioaktiven Kerns schließen können. Wir stellen uns dazu – sicher etwas naiv – vor, daß das α-Teilchen im Kern mit der Geschwindigkeit v zwischen den Potentialwänden hin und her springt und bei jedem Stoß diese mit der Wahrscheinlichkeit $T(E)$ durchdringt. Die Zeit zwischen zwei Wandstößen läßt sich zu

$$t_0 = \frac{2R}{v} \qquad \left(v \approx \sqrt{\frac{2E}{m}}\right)$$

abschätzen, wobei die Geschwindigkeit v kernphysikalisch nur einen sehr verschwommenen Begriff darstellt. Das α-Teilchen benötigt im Mittel $1/T$ Stöße, um den Potentialberg tatsächlich zu durchtunneln. Es liegt deshalb nahe zu definieren:

$$\textit{Lebensdauer}\ \tau \approx \frac{t_0}{T}. \tag{4.101}$$

Bildet man den Logarithmus von τ, so fällt für die in Frage kommenden Substanzen die ohnehin nicht ganz klare E-Abhängigkeit von $(\ln t_0)$ gegenüber der des ersten Terms in (4.98) kaum ins Gewicht:

$$\ln \tau = \overline{\beta}_1 \frac{Z}{\sqrt{E}} - \overline{\beta}_2 Z^{2/3} + \ln t_0. \tag{4.102}$$

Dieser charakteristische Zusammenhang zwischen der Energie des α-Teilchens, die, wie wir eingangs erwähnten, eine für das radioaktive Element kennzeichnende Größe ist, und der Lebensdauer des Kerns wird vom Experiment glänzend bestätigt. Trägt man die Logarithmen (meistens nimmt man den zur Basis 10: $\log \tau = (\log e) \ln \tau \approx 0{,}434 \ln \tau$) der um viele Zehnerpotenzen differierenden Lebensdauern der Kerne gegen $(\beta_1/\sqrt{E} - \beta_2)$ auf, so erhält man in der Tat eindeutig ein lineares Verhalten. Weitere Einzelheiten entnehme man der Spezialliteratur zur Kernphysik.

Die Lebensdauer des radioaktiven Kerns ist eng verknüpft mit dessen Zerfallsgesetz, über das man letztlich die Lebensdauer bestimmt. Es ist dt/τ die Wahrscheinlichkeit, daß in dem Zeitintervall dt ein Kern α-radioaktiv zerfällt. Die Anzahl dN der bei N vorliegenden Kernen in der Zeit dt zerfallenden Kerne ist dann durch

$$dN = -N \frac{1}{\tau} dt$$

gegeben. Das läßt sich leicht integrieren, wenn man als Anfangsbedingung die Zahl N_0 der zur Zeit $t = 0$ vorhandenen Kerne wählt:

$$N = N_0 \, e^{-t/\tau}. \tag{4.103}$$

$\lambda = 1/\tau$ bezeichnet man auch als die *Zerfallskonstante*. Über (4.103) können wir schließlich noch die Lebensdauer τ mit der eingangs erwähnten *Halbwertszeit* $\tau_{1/2}$ in Verbindung bringen:

$$\tau_{1/2} = \ln 2 \, \tau \approx 0{,}693 \, \tau.$$

4.3.5 Kronig-Penney-Modell

Ein außerordentlich wichtiges Charakteristikum der Festkörper mit ihrer periodischen Gitterstruktur ist in der Tatsache zu sehen, daß ihre Elektronen nur diskrete, in *Energiebändern* sehr dicht zusammengefaßte Energieniveaus besetzen können. Zwischen den verschiedenen Energiebändern befinden sich *verbotene Zonen*, die keine stationären elektronischen Zustände des Festkörpers enthalten. Diese Anordnung von *erlaubten* und *verbotenen* Energiebereichen erklärt die Erscheinungsformen der Festkörper als Isolatoren, Halbleiter und Metalle. Das *Pauli-Prinzip*, das in Kapitel 8 zu besprechen sein wird, fordert, daß jedes Niveau mit höchstens zwei Elektronen unterschiedlichen Spins (Kap. 5) besetzt ist. Im Grundzustand sind alle Energieniveaus bis zu einer Grenzenergie, der sogenannten *Fermi-Energie*, mit Elektronen gefüllt. In einem Isolator ist nun jedes Energieband entweder vollständig besetzt oder völlig leer. Die Elektronen können deshalb durch normale elektrische Felder nicht in andere, freie Niveaus *angeregt* werden und stehen aus diesem Grund für einen Stromtransport nicht zur Verfügung. In Metallen liegt die Fermi-Energie dagegen innerhalb eines Bandes, das somit nicht vollständig gefüllt ist. Die Elektronen lassen sich durch elektrische Felder beschleunigen (*anregen*). Halbleiter nehmen eine Zwischenstellung ein. Die Energiebandstruktur ist wie bei den Isolatoren, nur ist der energetische Abstand zwischen dem höchsten besetzten und dem ersten leeren Band so klein, daß Elektronen zum Beispiel thermisch in freie Zustände *angeregt* werden können und sich dann durch ein elektrisches Feld beschleunigen lassen.

Die physikalische Ursache für die Entstehung der Energiebänder ist zum einen die streng periodische Anordnung der Kristallatome, zum anderen der quantenmechanische Tunnelprozeß, der es Festkörperelektronen mit einer gewissen Wahrscheinlichkeit ermöglicht, von Gitteratom zu Gitteratom zu *tunneln*. Wir wollen uns den Sachverhalt an einem einfachen, aber recht aufschlußreichen, eindimensionalen Modell verdeutlichen. Das Kronig-Penney-Modell setzt in einer Dimension eine periodische Anordnung von δ-Potentialen voraus:

$$V(q) = D \sum_{n=-\infty}^{+\infty} \delta(q - na). \tag{4.104}$$

a ist die Gitterkonstante und wie der Kopplungsparameter D eine fest vorgegebene Konstante ($D > 0$). Man kann sich (4.104) als Grenzübergang $q_0 \to 0$ aus einer periodischen Anordnung von Potentialwällen der Höhe V_0 und der Breite $2q_0$, bei denen das Produkt $D = 2q_0 V_0$ konstant bleibt, entstanden denken. Die Potentialwälle sind Ausdruck der Tatsache, daß *klassisch* die Elektronen erst nach Überwindung eines Potentialberges zum Nachbaratom gelangen können (s. Aufgabe 4.3.5). – Wir wollen im folgenden mit dem Potential (4.104) eine

Eigenwertbedingung für die möglichen Elektronenenergien ableiten. Dazu benutzen wir natürlich wieder die zeitunabhängige Schrödinger-Gleichung in der Form (4.5), deren allgemeine Lösungsstruktur uns nach den Vorüberlegungen in Kapitel 4.1 vertraut ist. Allerdings haben wir zu beachten, daß δ-Potentiale wie das in (4.104) gewisse Eigentümlichkeiten nach sich ziehen, auf die wir noch gesondert eingehen müssen (s. Aufgaben 4.2.5, 4.2.6, 4.3.4).

In den Bereichen

$$B_n = \{q; \quad na < q < (n+1)a\}; \quad n \in \mathbb{Z}$$

ist $V(q) = 0$. Für $E > 0$ stellen sie demnach *klassisch erlaubtes* Gebiet dar. (Der Fall $E < 0$ ist für das Modell (4.104) uninteressant, da er zu einer *identisch verschwindenden* Wellenfunktion führt.) In B_n zeigt die Lösungsfunktion ein oszillatorisches Verhalten. Ein passender Ansatz ist deshalb:

$$\begin{aligned} \varphi(q) &= a_n e^{ik(q-na)} + b_n\, e^{-ik(q-na)}, \\ k &= \sqrt{\frac{2m}{\hbar^2} E}; \quad q \in B_n. \end{aligned} \tag{4.105}$$

Daß wir aus den Koeffizienten a_n, b_n die Terme $\exp(\pm ikna)$ explizit herausgezogen haben, entspricht reiner Zweckmäßigkeit und ist keineswegs zwingend erforderlich.

Wie sehen nun die Anschlußbedingungen bei den kritischen Punkten $q = na$ aus? Zunächst einmal muß die resultierende Wellenfunktion als Wahrscheinlichkeitsamplitude an allen Raumpunkten eindeutig erklärt und endlich sein. Sie muß somit stetig sein:

$$\varphi(na + \eta) = \varphi(na - \eta) = \varphi(na) \text{ für } \eta \to 0^+ \text{ und } \forall n \in \mathbb{Z}. \tag{4.106}$$

In den Bereichen B_n sind neben φ natürlich auch φ' und φ'' stetig. Nur an den diskreten Punkten $q = na$ können Unstetigkeiten auftreten. Auf jeden Fall läßt sich aber die Schrödinger-Gleichung (4.5) über ein kleines Intervall um $q = na$ herum integrieren:

$$\begin{aligned} \eta \to 0^+ : \qquad & \int\limits_{na-\eta}^{na+\eta} \varphi''(q)dq - \frac{2m}{\hbar^2} D \int\limits_{na-\eta}^{na+\eta} \delta(q-na)\,\varphi(q)\,dq = \\ & = -\frac{2m}{\hbar^2} E \int\limits_{na-\eta}^{na+\eta} \varphi(q)\,dq. \end{aligned}$$

Wegen der Stetigkeit der Wellenfunktion verschwindet der Term auf der rechten Seite der Gleichung für $\eta \to 0^+$. Es bleibt dann:

$$\varphi'(na+\eta) - \varphi'(na-\eta) = \frac{2m}{\hbar^2} D\,\varphi(na). \tag{4.107}$$

Die erste Ableitung macht also an den kritischen Punkten einen endlichen Sprung.

(4.106) und (4.107) sind die gesuchten Anschlußbedingungen, mit denen wir die Koeffizienten a_n und b_n in unserem Ansatz (4.105) festlegen können. Bevor wir das machen, wollen wir jedoch zunächst noch die Periodizität des Problems ausnutzen, die sich in dem Potential durch

$$V(q) = V(q+a) \tag{4.108}$$

manifestiert. Da sich die kinetische Energie $-\frac{\hbar^2}{2m}\frac{d^2}{dq^2}$ bei der Verschiebung $q \to q+a$ ebenfalls nicht ändert, ist der gesamte Hamilton-Operator invariant gegenüber Translationen um die Periode a. Dies gilt dann auch für alle anderen beobachtbaren, meßbaren Größen. Die Wellenfunktion selbst ist nicht meßbar, so daß $\varphi(q)$ und $\varphi(q+a)$ durchaus verschieden sein können. Dagegen ist das Betragsquadrat der Wellenfunktion als Aufenthaltswahrscheinlichkeitsdichte beobachtbar. Wir müssen deshalb fordern:

$$|\,\varphi(q+a)\,|^2 \stackrel{!}{=} |\,\varphi(q)\,|^2.$$

Damit können sich aber $\varphi(q)$ und $\varphi(q+a)$ nur um einen reinen Phasenfaktor unterscheiden:

$$\varphi(q+a) = e^{iKa}\,\varphi(q); \quad -\pi < Ka \le +\pi. \tag{4.109}$$

Die Ungleichung rechts bedeutet keine Einschränkung, sind dadurch doch sämtliche Punkte des Einheitskreises in der komplexen Zahlenebene erfaßt. Die Lösungsfunktion ist damit durch eine zusätzliche Wellenzahl K gekennzeichnet:

$$\varphi_K(q+na) = e^{iKna}\,\varphi_K(q). \tag{4.110}$$

Man kann die gesuchte Wellenfunktion also in die Form

$$\varphi_K(q) = u_K(q)\,e^{iKq}; \quad u_K(q+a) = u_K(q) \tag{4.111}$$

bringen mit einer *gitterperiodischen* Amplitudenfunktion $u_K(q)$. Das ist die Aussage des für die Festkörperphysik fundamentalen **Bloch-Theorems**. Die $u_K(q)$ enthalten den gesamten Einfluß des Gitterpotentials. Bei verschwindendem Potential (*leeres Gitter*) gilt $u_K(q) \equiv \text{const.}$, und die Lösungsfunktionen (4.111) werden zu ebenen Wellen.

Nach diesen allgemeinen Überlegungen ist bereits klar, daß wegen

$$|\varphi_K(q+na)|^2 = |\varphi_K(q)|^2$$

für beliebig große n die Wellenfunktion nicht im eigentlichen Sinne normierbar sein kann. Andererseits ist jeder Festkörper natürlich endlich. In unserem eindimensionalen Modell können wir dem zum Beispiel durch periodische Randbedingungen (Kap. 2.2.5) auf einer Kette aus $N < \infty$ *Bausteinen* Rechnung tragen:

$$\varphi_K(q+Na) \stackrel{!}{=} \varphi_K(q).$$

Dies bedeutet wegen $\exp(iKNa) \stackrel{!}{=} 1$ eine Diskretisierung der in Frage kommenden K-Werte:

$$K = \frac{2\pi}{Na}\,m; \quad m = 0, \pm 1, \pm 2, \ldots, \pm\left(\frac{N}{2} - 1\right), +\frac{N}{2}. \tag{4.112}$$

Die Anzahl verschiedener K-Werte entspricht also der (geraden) Zahl N der Periodizitätsintervalle des linearen Gitters.

Was bedeutet das Bloch-Theorem (4.110) nun für unseren allgemeinen Lösungsansatz (4.105)? Durch Einsetzen,

$$\begin{aligned}\varphi_K(q+na) &= e^{iKna}\varphi(q) = e^{iKna}\left(a_0\, e^{ikq} + b_0\, e^{-ikq}\right) \stackrel{!}{=} \\ &\stackrel{!}{=} a_n\, e^{ikq} + b_n\, e^{-ikq},\end{aligned}$$

findet man, daß nur zwei Koeffizienten, zum Beispiel a_0 und b_0, zu bestimmen bleiben. Alle anderen sind dann bereits bekannt:

$$a_n = a_0\, e^{iKna}; \quad b_n = b_0\, e^{iKna}. \tag{4.113}$$

Zur Festlegung von a_0 und b_0 benutzen wir die Stetigkeitsbedingungen (4.106) und (4.107) für die Stelle $q = a$:

$$\begin{aligned}&(4.106) \implies \varphi_K(q=a) = a_0\, e^{ika} + b_0\, e^{-ika} \stackrel{!}{=} a_1 + b_1 = e^{iKa}\,(a_0 + b_0),\\ &(4.107) \implies i\,k\,(a_1 - b_1) - i\,k\left(a_0\, e^{ika} - b_0\, e^{-ika}\right) = \frac{2m}{\hbar^2}\, D\, e^{iKa}\,(a_0 + b_0).\end{aligned}$$

Das ergibt ein homogenes Gleichungssystem:

$$\begin{pmatrix} \left(e^{ika} - e^{iKa}\right) & \left(e^{-ika} - e^{iKa}\right) \\ \left(\begin{matrix} ik\left(e^{iKa} - e^{ika}\right) - \\ -\frac{2m}{\hbar^2}\, D\, e^{iKa} \end{matrix}\right) & \left(\begin{matrix} ik\left(-e^{iKa} + e^{-ika}\right) - \\ -\frac{2m}{\hbar^2}\, D\, e^{iKa} \end{matrix}\right) \end{pmatrix} \begin{pmatrix} a_0 \\ b_0 \end{pmatrix} = \begin{pmatrix} 0 \\ 0 \end{pmatrix}.$$

Die Determinante der Koeffizientenmatrix,

$$\Delta = 2i\, e^{iKa} \left(2k \cos Ka - 2k \cos ka - \frac{2m}{\hbar^2} D \sin ka \right),$$

muß verschwinden, damit das Gleichungssystem eine eindeutige Lösung besitzt. Das führt schließlich zu der entscheidenden Bedingung für die möglichen Elektronenenergien:

$$\cos Ka = \cos ka + \frac{mD}{\hbar^2 k} \sin ka. \tag{4.114}$$

Aus dieser Beziehung lassen sich mehrere wichtige Schlußfolgerungen ziehen:

1) Offensichtlich sind nur solche Energien

$$E = \frac{\hbar^2 k^2}{2m}$$

möglich, für die der Betrag der rechten Seite von (4.114) den Wert 1 nicht übersteigt. Das teilt die Energieachse in *erlaubte* und *verbotene* Bereiche auf, d.h. in *Energiebänder* und *Energielücken.* Letztere sind in dem Bild schraffiert gezeichnet.

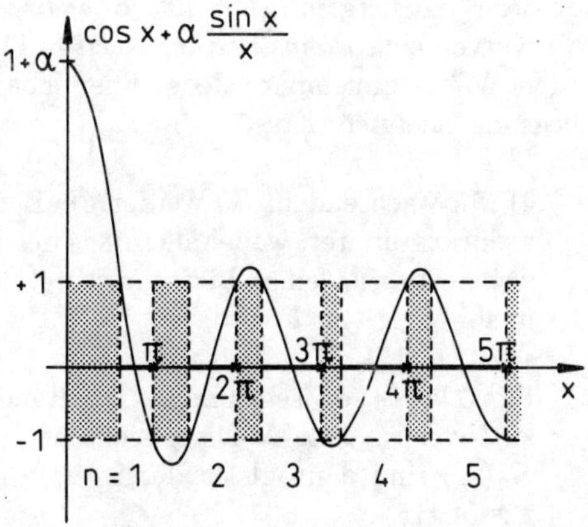

$$x = ka = \sqrt{\frac{2m}{\hbar^2} E}\, a,$$

$$\alpha = \frac{mDa}{\hbar^2}$$

2) Der Beginn einer verbotenen Zone ist stets durch

$$ka = n\pi; \qquad n = 1, 2, 3, \ldots$$

gegeben. Dann ist nämlich $\sin ka = 0$ und $\cos ka = (-1)^n$. Die oberen Bandkanten liegen also unabhängig von der Potentialstärke D stets bei den Energien

$$E_n = \frac{\hbar^2 \pi^2}{2ma^2} n^2. \tag{4.115}$$

Dies gestattet, die Energiebänder mit einem Bandindex n nach wachsender Energie durchzunumerieren.

3) Die zu einer vorgegebenen Wellenzahl K $\left(-\frac{\pi}{a} < K \leq +\frac{\pi}{a}\right)$ gehörigen diskreten Energiewerte

$$E_n(K)$$

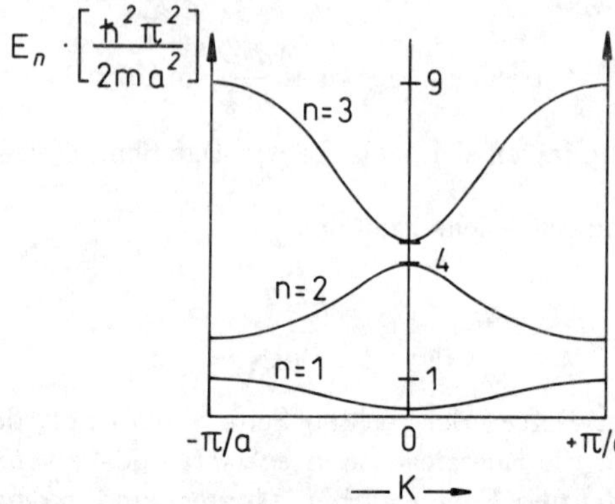

erhält man durch explizites Lösen der Gleichung (4.114) für das entsprechende Energieband n. Die K-Abhängigkeit der Bandenergien nennt man *Banddispersion* und die Gesamtheit der $E_n(K)$-Kurven eine *Bandstruktur*. Nach (4.112) kann die Wellenzahl K N verschiedene Werte annehmen. Jedes Energieband enthält deshalb N diskrete, dicht liegende Energieniveaus.

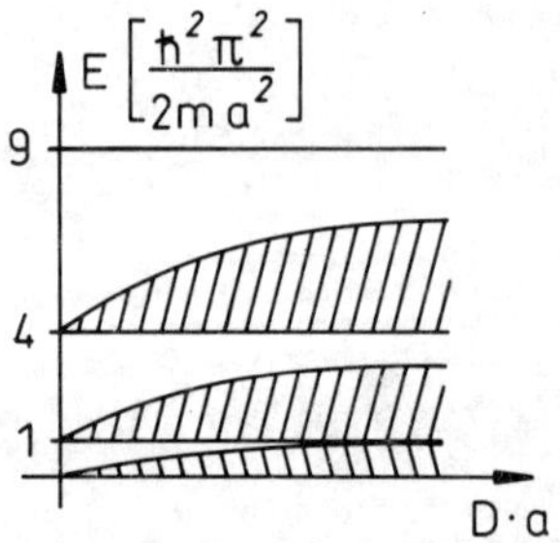

4) Mit wachsendem Da werden die Energielücken breiter, wobei allerdings der jeweilige Beginn einer Lücke nach (4.115) unabhängig von Da ist.

Für $Da \to \infty$ schrumpfen die Bänder zu Niveaus. Alle N Dispersionsenergien $E_n(K)$ sind dann gleich der Energie E_n aus (4.115).

Für $D \to 0$ (a fest) wird die Wechselwirkung der Elektronen mit dem Gitter *ausgeschaltet*. Alle Energien E sind dann erlaubt.

5) Bei festen D und a werden die Energiebänder mit wachsendem Bandindex n immer breiter.

4.3.6 Aufgaben

Aufgabe 4.3.1

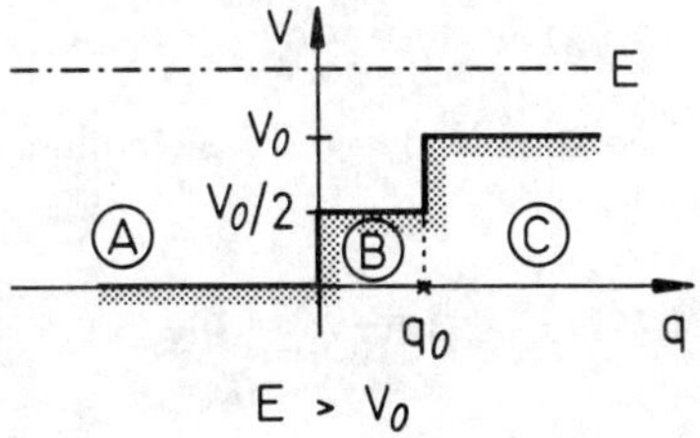

Eine von links kommende Teilchenwelle falle auf eine Potentialdoppelstufe:

$$V(q) = \begin{cases} 0 & \text{für } q \leq 0, \\ \frac{V_0}{2} & \text{für } 0 < q < q_0, \\ V_0 & \text{für } q_0 \leq q. \end{cases}$$

Wie lautet der Reflexionskoeffzient für die bei $q = 0$ reflektierte Welle? Ist dieser größer oder kleiner als bei der einfachen Potentialstufe (Kap. 4.3.1)?

Aufgabe 4.3.2

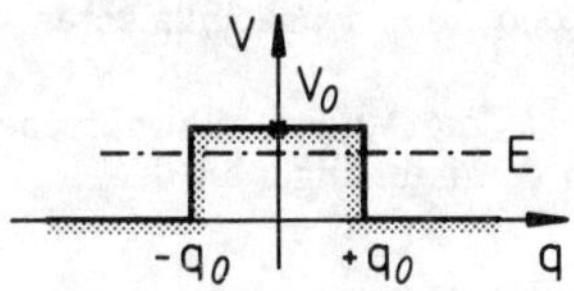

Berechnen Sie für die in Kapitel 4.3.2 diskutierte Potentialstufe

$$V(q) = V_0\,\Theta(q_0 - |q|)$$

die Dichte der Aufenthaltswahrscheinlichkeit $|\varphi(q)|^2$ für die gesamte q-Achse. Dabei soll für die Teilchenenergie $0 < E < V_0$ gelten. Zeigen Sie, daß für

1) $q \geq q_0$

$$|\varphi(q)|^2 = \text{const.} = T(E),$$

2) $q_0 \geq q \geq -q_0$

$$|\varphi(q)|^2 = T(E) + \frac{4ER(E)}{V_0 \sinh^2 2\kappa q_0} \sinh^2 \kappa(q_0 - q),$$

3) $-q_0 \geq q$

$$|\varphi(q)|^2 = 1 + R(E) + \frac{2E}{V_0} R(E) \left[\left(1 - \frac{\kappa^2}{k_0^2}\right) \cos 2k_0(q_0 + q) - \right.$$
$$\left. -2\frac{\kappa}{k_0} \coth 2\kappa q_0 \sin 2k_0(q_0 + q) \right]$$

gilt. Dabei sind:

$$\kappa = \sqrt{\frac{2m}{\hbar^2}(V_0 - E)}; \quad k_0 = \sqrt{\frac{2m}{\hbar^2} E}.$$

Aufgabe 4.3.3

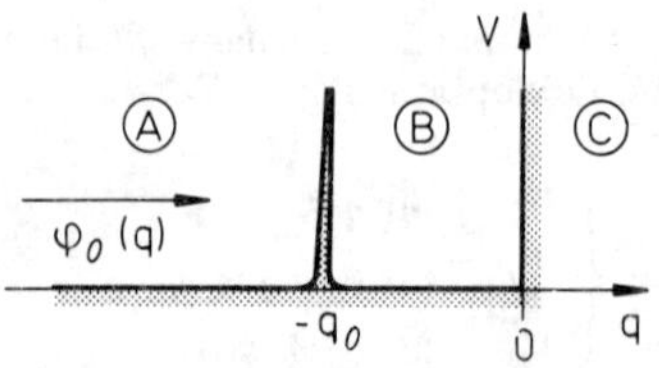

Eine (freie) Teilchenwelle

$$\varphi_0(q) = \exp(ik_0 q)$$

laufe von $q = -\infty$ kommend gegen das eindimensionale Potential:

$$V(q) = \begin{cases} \frac{\hbar^2 v_0}{2m}\delta(q+q_0) & \text{für } q \leq 0;\ q_0 > 0, \\ +\infty & \text{für } q > 0. \end{cases}$$

1) Formulieren Sie passende Lösungsansätze der Wellenfunktion $\varphi(q)$ für die Bereiche A, B und C (Teilchenenergie $E > 0$; $k_0^2 = \frac{2m}{\hbar^2}E$).

2) Wie lauten die Anschlußbedingungen bei $q = 0, -q_0$? Legen Sie damit $\varphi(q)$ fest!

3) Bestimmen und diskutieren Sie für den Bereich A den Reflexionskoeffizienten.

4) Untersuchen Sie, für welche Werte des Wellenvektors k_0 die Aufenthaltswahrscheinlichkeitsdichte des Teilchens im Bereich B von v_0 und q_0 unabhängig wird.

Aufgabe 4.3.4

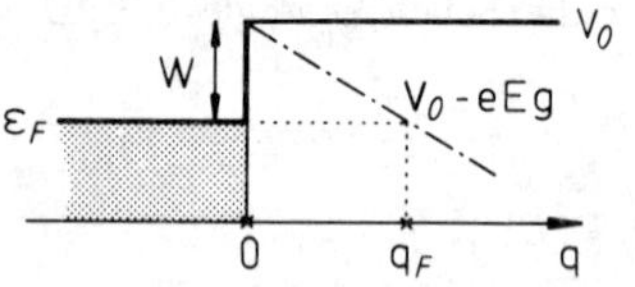

Die innerhalb eines Metalls quasifreien Leitungselektronen haben dort eine geringere potentielle Energie als im Außenraum, können deshalb dieses nicht verlassen. Wegen des Pauli-Prinzips wird ein bestimmtes Energieniveau von maximal zwei Elektronen (unterschiedlichen Spins) besetzt. Sie füllen bei $T = 0$ das *Leitungsband* ($\hat{=}$ höchstes bei $T = 0$ noch mit Elektronen besetzes Energieband) bis zur *Fermi-Energie* ϵ_F auf. Der energetische Abstand zum Außenraumpotential V_0 wird *Austrittsarbeit* W ($= V_0 - \epsilon_F$) genannt.

Legt man senkrecht zur Metalloberfläche ein homogenes elektrisches Feld E an, so kann dieses so gut wie gar nicht in das Metall eindringen, ändert aber das elektronische Potential im Außenraum von $V_0 = \text{const.}$ auf

$$V(q) = V_0 - eEq$$

(e: Elementarladung). Quantenmechanisches Tunneln wird dann möglich (*Feldemission, kalte Emission*).

Welcher Strom j_d ist außerhalb des Metalls nach Anlegen des Feldes beobachtbar? Nehmen Sie dazu an, daß wegen der kürzesten Tunnelstrecke im wesentlichen die Elektronen von der Fermi-Kante für einen Tunnelprozeß in Frage kommen.

Aufgabe 4.3.5

Gegeben ist das folgende eindimensionale Potential $V(q)$ mit der Periodenlänge $l = a + b$:

$$V(q) = \begin{cases} 0 & \text{für } q \in \mathrm{B}_n, \\ V_0 & \text{für } q \in \mathrm{C}_n, \end{cases} \qquad n = 0, \pm 1, \pm 2, \ldots$$

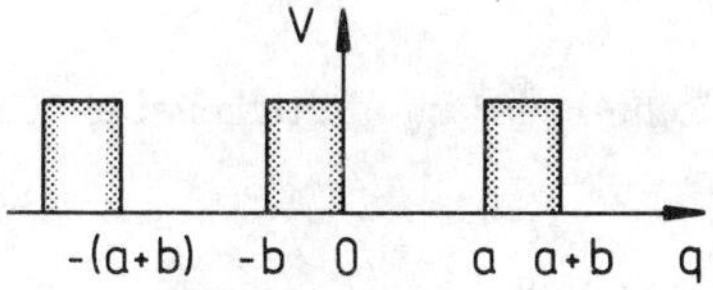

$$\mathrm{B}_n = \{q;\ n\,l < q < n\,l + a\},$$
$$\mathrm{C}_n = \{q;\ n\,l - b < q < n\,l\},$$

Ein Teilchen (Elektron) der Masse m bewege sich mit der Energie E in diesem periodischen Potential.

1) Formulieren Sie für $0 < E < V_0$ einen passenden Ansatz für die Wellenfunktion!

2) Reduzieren Sie die Anzahl der Bestimmungsgrößen auf vier durch Verwendung des Blochschen Theorems (4.110)!

3) Führen Sie periodische Randbedingungen ein:

$$\varphi(q + Nl) \stackrel{!}{=} \varphi(q).$$

4) Nutzen Sie die Stetigkeitsbedingungen für φ und φ', zum Beispiel bei $q = 0$ und $q = a$, zur Ableitung einer Bestimmungsgleichung für die möglichen Energieeigenwerte E aus.

5) Vergleichen Sie das Resultat aus 4) mit dem des Kronig-Penney-Modells (4.114) für den Grenzübergang:

$$V_0 \to \infty, \ b \to 0; \quad bV_0 \to D \ (< \infty).$$

6) Diskutieren Sie, ob die Gleichung aus 4) für alle Energien E lösbar ist. Geben Sie ein Beispiel für verbotene Energiewerte an.

7) Untersuchen Sie den Grenzfall $E \ll V_0$ und machen Sie eine qualitative Aussage über den Zusammenhang zwischen der Breite der Energiebänder und der Größe von E.

Aufgabe 4.3.6

Zeigen Sie für das periodische Potential $V(q)$ aus Aufgabe 4.3.5, daß für den Fall $E > V_0$ die Energien $E = \hbar^2 k^2 / 2m$ verboten sind, wenn die Wellenzahl k die Bedingung

$$ka + \epsilon\, b = n\,\pi; \qquad n = 0, 1, 2, \ldots$$

erfüllt. Dabei ist

$$\epsilon = \sqrt{\frac{2m}{\hbar^2}\,(E - V_0)}.$$

4.4 Harmonischer Oszillator

Der harmonische Oszillator ist uns im Rahmen dieses **Grundkurs: Theoretische Physik** schon an mehreren Stellen begegnet, zum ersten Mal in Kapitel 2.3.6, Band 1. Dort haben wir den harmonischen Oszillator als ein schwingungsfähiges System charakterisiert, das einer typischen Differentialgleichung genügt:

$$m\ddot{q} + k\,q = 0.$$

Gedacht ist dabei zum Beispiel an eine elastische Feder im Gültigkeitsbereich des Hookeschen Gesetzes,

$$F = -k\,q \qquad (k: \text{ Federkonstante}),$$

in dem die rücktreibende Kraft F zur Auslenkung q aus der Ruhelage proportional ist. Das Hookesche Gesetz selbst ist natürlich eine Idealisierung und nur für kleine Auslenkungen anwendbar. Wir haben neben dem Pendel noch mehrere andere Realisierungen des harmonischen Oszillators kennengelernt, die nicht notwendig mechanischer Natur sein müssen. Man denke zum Beispiel an den elektrischen Schwingkreis (Kap. 2.3.6, Bd. 1). In **Band 2: Analytische Mechanik** wurde der harmonische Oszillator immer wieder verwendet, um die dort neu erarbeiteten Konzepte (Lagrange, Hamilton, Hamilton-Jacobi) an einem mathematisch streng behandelbaren Modellsystem zu demonstrieren. So hatten wir im Rahmen der Hamilton-Mechanik mit Gleichung (2.35) von Band 2 die folgende Hamilton-Funktion gefunden:

$$H(q,p) = \frac{p^2}{2m} + \frac{1}{2}m\omega^2 q^2; \qquad \omega^2 = \frac{k}{m}. \tag{4.116}$$

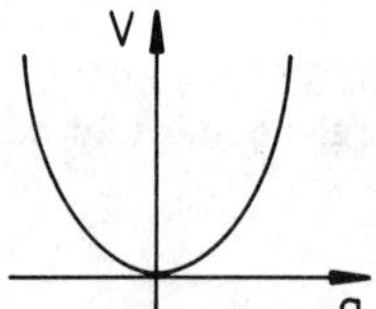

Die potentielle Energie $V(q)$ ist also durchweg stetig mit $V \to \infty$ für $q \to \pm\infty$, entsprechend der Situation, mit der wir in Kapitel 4.1.3 unsere allgemeine, qualitative Diskussion des Energieeigenwertproblems begonnen hatten. Wir wissen deshalb bereits jetzt ohne explizite Rechnung, daß der Hamilton-Operator des linearen harmonischen Oszillators, der formal dieselbe Gestalt hat wie die Hamilton-Funktion (4.116), wenn man q und p als Operatoren interpretiert, ein

nicht-entartetes, diskretes Spektrum

besitzen wird.

Der harmonische Oszillator besitzt eine außerordentliche Fülle praktisch wichtiger Anwendungen. Ein bedeutendes Beispiel findet man in der Theorie der Gitterschwingungen. Durch geeignete Wahl der Koordinaten (Transformation auf *Normalkoordinaten*, s. Kap. 2.2.1, Bd. 7) lassen sich die Schwingungen der Gitterionen um ihre Gleichgewichtslagen unter gewissen Bedingungen auf ein System von nicht miteinander gekoppelten harmonischen Oszillatoren zurückführen, deren quantenmechanische Behandlung auf den wichtigen Begriff des *Phonons* führt.

Weitere bemerkenswerte Anwendungen finden wir in der Quantenfeldtheorie. Das elektromagnetische Feld kann als Superposition von ebenen Wellen dargestellt werden. Der Hamilton-Operator des quantisierten elektromagnetischen Feldes läßt sich deshalb als Überlagerung von harmonischen Oszillatoren interpretieren. Die Quantisierungseinheit ist das *Photon*.

Die entscheidene Bedeutung des harmonischen Oszillators für die Quantentheorie dürfte allerdings darin bestehen, daß seine exakte Lösbarkeit zur Illustration allgemeiner Konzepte und Formalismen dienen kann. – Manchmal gelingt es auch, den Hamilton-Operator eines physikalisch eigentlich anders gelagerten Problems in geschickter Weise auf den des harmonischen Oszillators zu transformieren, so daß sich dessen exakte Lösung sofort übernehmen läßt. Ein prominentes Beispiel betrifft die Bewegung eines Elektrons im Magnetfeld (s. Aufgabe 4.4.15). Die Diskretheit des Eigenwertspektrums des harmonischen Oszillators manifestiert sich darin, daß die elektronische Bewegung in der Ebene senkrecht zum Magnetfeld *gequantelt* ist (*Landau-Niveaus*).

Alle diese Überlegungen, die wir leicht noch fortsetzen könnten, rechtfertigen eine ausführliche Untersuchung des harmonischen Oszillators, mit der wir nun beginnen wollen.

4.4.1 Erzeugungs- und Vernichtungsoperator

Ausgangspunkt ist der Hamilton-Operator des harmonischen Oszillators,

$$H = \frac{p^2}{2m} + \frac{1}{2} m \omega^2 q^2, \tag{4.117}$$

in dem p und q als Observable *Impuls* und *Ort* eines Teilchens der Masse m hermitesche Operatoren sind. Eine mögliche Vorgehensweise, die wir in den vorangegangenen Unterabschnitten dieses Kapitels stets gewählt haben, besteht darin, mit Hilfe von H die zeitunabhängige Schrödinger-Gleichung in der Form (4.5) zu lösen. Das verschieben wir noch etwas, wählen statt dessen zunächst einen etwas *ausgefalleneren* Weg. Dieser beginnt damit, durch geschickte Wahl von nicht-hermiteschen, zueinander adjungierten Operatoren a und a^+ den Hamilton-Operator (4.117) auf eine möglichst einfache und mathematisch bequem behandelbare Gestalt zu bringen. Aus Gründen, die wir später verstehen werden, werden a^+ und a *Erzeugungs-* und *Vernichtungsoperator* genannt. Sie werden insbesondere in der Viel-Teilchen-Theorie (Bd. 7, Stichwort: *Zweite Quantisierung*) noch eine zentrale Rolle spielen. Da wir H durch a und a^+ ausdrücken wollen, werden a und a^+ Funktionen von q und p sein müssen. Als einfachster Ansatz bietet sich in diesem Fall an:

$$a = c_1\, q + c_2\, p; \qquad c_{1,2} \in \mathbb{C}. \tag{4.118}$$

Wegen der Hermitezität von q und p muß dann für den Erzeugungsoperator gelten:

$$a^+ = c_1^*\, q + c_2^*\, p. \tag{4.119}$$

Da q und p nicht-vertauschbare Operatoren sind, werden auch a und a^+ nicht kommutieren. Unsere erste Forderung an die Koeffizienten c_1, c_2 soll aber sein, daß der Kommutator von a und a^+ so einfach wie möglich wird, nämlich:

$$[a, a^+]_- = 1. \tag{4.120}$$

Mit der bekannten Vertauschungsrelation (2.101) für Ort und Impuls,

$$[q, p]_- = i\,\hbar,$$

folgt durch Einsetzen von (4.118) und (4.119) in (4.120):

$$\begin{aligned} 1 &= [c_1 q + c_2 p,\; c_1^* q + c_2^* p]_- = \\ &= |\,c_1\,|^2\,[q,q]_- + |\,c_2\,|^2\,[p,p]_- + c_1 c_2^*[q,p]_- + c_2 c_1^*[p,q]_- = \\ &= i\,\hbar\big(c_1 c_2^* - c_2 c_1^*\big). \end{aligned}$$

Das liefert als erste Bedingung an die Koeffizienten:

$$\mathrm{Im}\; c_1\, c_2^* = -\frac{1}{2\,\hbar}. \tag{4.121}$$

Durch Umkehrung von (4.118) und (4.119) können wir q und p durch a und a^+ ausdrücken:

$$q = i\,\hbar\big(c_2^*\, a - c_2\, a^+\big); \quad p = -i\,\hbar\big(c_1^*\, a - c_1\, a^+\big). \tag{4.122}$$

Das setzen wir in den Hamilton-Operator (4.117) ein:

$$\begin{aligned} H = &-\frac{\hbar^2}{2\,m}\big[c_1^{*2}\, a^2 + c_1^2\, a^{+2} - |\,c_1\,|^2\,(2\,a^+\, a + 1)\big] - \\ &-\frac{\hbar^2\, m\,\omega^2}{2}\big[c_2^{*2}\, a^2 + c_2^2\, a^{+2} - |\,c_2\,|^2\,(2\,a^+\, a + 1)\big]. \end{aligned}$$

Hier haben wir bereits (4.120) ausgenutzt. Es erweist sich als zweckmäßig, die Terme in a^2 und a^{+2} zum Verschwinden zu bringen. Das gelingt durch die folgende zweite Forderung an die Koeffizienten:

$$\frac{1}{m}\, c_1^2 + m\omega^2 c_2^2 = 0. \tag{4.123}$$

Diese Gleichung legt nahe, einen der beiden Koeffizienten rein reell und den anderen rein imaginär zu wählen. Dann werden (4.121) und (4.123) durch

$$c_1 = \sqrt{\frac{m\,\omega}{2\,\hbar}}; \quad c_2 = \frac{i}{\sqrt{2\,\hbar\, m\,\omega}} \tag{4.124}$$

gelöst. Das ergibt schließlich die folgenden expliziten Transformationsformeln:

$$a = \frac{1}{\sqrt{2\,\hbar}} \left(\sqrt{m\,\omega}\, q + i\, \frac{p}{\sqrt{m\,\omega}} \right), \tag{4.125}$$

$$a^+ = \frac{1}{\sqrt{2\,\hbar}} \left(\sqrt{m\,\omega}\, q - i\, \frac{p}{\sqrt{m\,\omega}} \right), \tag{4.126}$$

$$q = \sqrt{\frac{\hbar}{2\,m\,\omega}}\, (a + a^+), \tag{4.127}$$

$$p = -i \sqrt{\frac{\hbar\, m\,\omega}{2}}\, (a - a^+). \tag{4.128}$$

Der Hamilton-Operator nimmt nun in der Tat eine sehr einfache Gestalt an:

$$H = \hbar\,\omega \left(a^+ a + \frac{1}{2} \right). \tag{4.129}$$

Durch unsere Operatortransformation ist die Lösung der zeitunabhängigen Schrödinger-Gleichung für den harmonischen Oszillator auf das Eigenwertproblem eines neuen Operators zurückgeführt, den man den

$$\textbf{Besetzungszahloperator:}\ \hat{n} = a^+\, a \tag{4.130}$$

nennt. Wir wollen diesen deshalb nun etwas genauer untersuchen.

4.4.2 Eigenwertproblem des Besetzungszahloperators

Der Besetzungszahloperator $\hat{n}$ ist offensichtlich hermitesch (3.59); seine Eigenwerte sind somit reell. Wir schreiben

$$\hat{n}\, |\, n\, \rangle = n\, |\, n\, \rangle; \quad n \in \mathbb{R} \tag{4.131}$$

und nehmen die Eigenzustände $|n\rangle$ als normiert an. Wir wollen nun sukzessive weitere Informationen über Eigenwerte und Eigenzustände des Besetzungszahloperators sammeln.

1. Behauptung: *Die Eigenwerte n sind nicht-negativ.*

Der Beweis ist schnell erbracht:

$$n = \langle n | \hat{n} | n \rangle = \langle n | a^+ a | n \rangle = \| a | n \rangle \|^2 \geq 0. \tag{4.132}$$

Rechts steht das Quadrat der Norm des Zustandes $a|n\rangle$. Dieses ist nach (3.18) Null, wenn es sich bei $a|n\rangle$ um den Nullvektor handelt, ansonsten natürlich positiv.

2. Behauptung: *Mit $|n\rangle$ sind auch $a|n\rangle$ und $a^+|n\rangle$ Eigenzustände mit den Eigenwerten $n-1$ und $n+1$.*

Für den Beweis benötigen wir die Kommutatoren $[\hat{n}, a]_-$ und $[\hat{n}, a^+]_-$. Mit der in Aufgabe 3.2.11 bewiesenen Relation,

$$[A\,B, C]_- = A[B, C]_- + [A, C]_- B, \tag{4.133}$$

wobei auf die Reihenfolge der Operatoren A, B und C zu achten ist, finden wir wegen (4.120):

$$[\hat{n}, a]_- = [a^+, a]_- \, a + a^+[a, a]_- = -a, \tag{4.134}$$

$$[\hat{n}, a^+]_- = [a^+, a^+]_- \, a + a^+[a, a^+]_- = a^+. \tag{4.135}$$

Damit untersuchen wir nun:

$$\hat{n}(a^+ | n \rangle) = ([\hat{n}, a^+]_- + a^+ \hat{n}) | n \rangle = (a^+ + n\, a^+) | n \rangle = (n+1)(a^+ | n \rangle). \tag{4.136}$$

Damit ist also in der Tat $a^+|n\rangle$ Eigenzustand des Operators $\hat{n}$ mit dem Eigenwert $n+1$. Ganz analog zeigen wir, daß auch $a|n\rangle$ Eigenzustand, nun aber zum Eigenwert $n-1$ ist:

$$\hat{n}(a | n \rangle) = ([\hat{n}, a]_- + a\,\hat{n}) | n \rangle = (-a + n\,a) | n \rangle = (n-1)(a | n \rangle). \tag{4.137}$$

3. Behauptung: *Die Eigenwerte von $\hat{n}$ sind nicht entartet!*

Da $\hat{n}$ bis auf unwesentliche Zahlenfaktoren mit H übereinstimmt, folgt diese Aussage, wie bereits in der Einleitung dieses Kapitels 4.4 erwähnt, schon aus der speziellen Form des Potentials des harmonischen Oszillators, das nur gebundene Zustände zuläßt. Wir können die Aussage aber auch explizit beweisen. Wären die Eigenwerte n zumindest teilweise entartet, so würde im Sinne von Kapitel 3.3.3 $\hat{n}$ noch keinen *vollständigen (maximalen) Satz von Operatoren* darstellen. Es müßte also eine Observable F existieren, die mit $\hat{n}$ vertauscht,

$$[\hat{n}, F]_- = 0,$$

ohne selbst nur eine Funktion von $\hat{n}$ zu sein. Da mit $|\,n\,\rangle$, wie bewiesen, auch $a\,|\,n\,\rangle$ und $a^+\,|\,n\,\rangle$ Eigenzustände sind, muß sich F als Funktion von a und a^+ interpretieren lassen. Nach Kapitel 3.2.7 bedeutet das:

$$F = F(a, a^+) = \sum_{n,m} c_{nm}\, a^{+n}\, a^m .$$

Mit der Vertauschungsrelation (4.120) lassen sich die Operatoren a und a^+ immer so wie angegeben sortieren. Für die weiteren Überlegungen benötigen wir die folgenden Kommutatorrelationen,

$$[\hat{n}, a^m]_- = -m\, a^m; \quad [\hat{n}, a^{+m}]_- = m\, a^{+m} \qquad m \in \mathbb{N}, \tag{4.138}$$

die wir als Verallgemeinerungen zu (4.134) und (4.135) in Aufgabe 4.4.1 beweisen. Damit gilt:

$$\begin{aligned} 0 = [\hat{n}, F]_- &= \sum_{n,m} c_{nm}([\hat{n}, a^{+n}]_-\, a^m + a^{+n}[\hat{n}, a^m]_-) = \\ &= \sum_{n,m} c_{nm}(n-m)\, a^{+n}\, a^m . \end{aligned}$$

Da die einzelnen Summanden sicher linear unabhängig sind, muß jeder für sich bereits verschwinden. Das geht aber nur mit

$$c_{nm} = c_n\, \delta_{nm} .$$

Damit ist entgegen der Annahme F doch lediglich eine Funktion von $\hat{n}$. Der Besetzungszahloperator $\hat{n}$ bildet deshalb für sich bereits einen *vollständigen Satz von Operatoren*. Seine Eigenwerte sind demnach nicht entartet!

Wegen dieser Tatsache können wir aus (4.135) und (4.137) dann auf

$$a^+\,|\,n\,\rangle = d_{n+1}\,|\,n+1\,\rangle, \; a\,|\,n\,\rangle = \bar{d}_{n-1}\,|\,n-1\,\rangle$$

schließen, wobei die Koeffizienten schnell berechnet sind:

$$\begin{aligned} |\,d_{n+1}\,|^2 &= |\,d_{n+1}\,|^2\langle\, n+1\,|\,n+1\,\rangle = \langle\, n\,|\,a\,a^+\,|\,n\,\rangle = \\ &= \langle\, n\,|\,(\hat{n}+1)\,|\,n\,\rangle = n+1, \\ |\,\bar{d}_{n-1}\,|^2 &= |\,\bar{d}_{n-1}\,|^2\langle\, n-1\,|\,n-1\,\rangle = \langle\, n\,|\,a^+ a\,|\,n\,\rangle = n. \end{aligned}$$

Da die willkürliche Phase nicht interessiert, können wir d und $\bar{d}$ als reell annehmen:

$$a^+\,|\,n\,\rangle = \sqrt{n+1}\,|\,n+1\,\rangle, \tag{4.139}$$

$$a\,|\,n\,\rangle = \sqrt{n}\,|\,n-1\,\rangle. \tag{4.140}$$

Die Zustände $a^+ | n \rangle$ und $a | n \rangle$ sind natürlich nicht auf Eins normiert.

4. Behauptung: *Der kleinste Eigenwert von $\hat{n}$ ist $n_{\min} = 0$!*

Wegen (4.132) und (4.140) muß es ein minimales n mit

$$a | n_{\min} \rangle = 0$$

geben. Daraus folgt unmittelbar:

$$0 \langle n_{\min} | a^+ a | n_{\min} \rangle = n_{\min}. \tag{4.141}$$

Die Zahl Null ist also der kleinste Eigenwert des Besetzungszahloperators. Wir schreiben

$$| n_{\min} \rangle = | 0 \rangle$$

und nennen $| 0 \rangle$ den *Vakuumzustand*, der nicht mit dem Nullvektor $| 0 \rangle$ (3.11) verwechselt werden darf. Er ist im Gegensatz zu diesem auf Eins normiert:

$$\langle 0 | 0 \rangle = 1. \tag{4.142}$$

5. Behauptung: *Das Eigenwertspektrum von $\hat{n}$ ist nach oben unbeschränkt!*

Gäbe es nämlich ein maximales n, so müßte wegen (4.139) $a^+ | n_{\max} \rangle = 0$ sein. Das würde aber bedeuten:

$$0 = \langle n_{\max} | a\, a^+ | n_{\max} \rangle = \langle n_{\max} | (\hat{n} + 1) | n_{\max} \rangle = n_{\max} + 1.$$

$n_{\max}$ wäre somit im Widerspruch zu (4.132) negativ.

Wir kommen zu der wichtigen Schlußfolgerung, daß die durch sukzessive Anwendung von a^+ aus $| 0 \rangle$ erzeugten Eigenzustände $| n \rangle$ als Eigenwerte nur nicht-negative ganze Zahlen besitzen. Man überlegt sich leicht mit (4.139) die Rekursionsformel:

$$| n \rangle = \frac{1}{\sqrt{n!}} (a^+)^n | 0 \rangle. \tag{4.143}$$

Mit $| 0 \rangle$ sind alle $| n \rangle$ auf Eins normiert. Als Eigenwerte eines hermiteschen Operators sind sie auch orthogonal (expliziter Beweis als Aufgabe 4.4.2):

$$\langle n | m \rangle = \delta_{nm}. \tag{4.144}$$

Es bleibt noch nachzuweisen, daß mit (4.143) wirklich alle denkbaren Eigenzustände erfaßt sind.

6. Behauptung: *Eigenzustände $| n \rangle$ mit nicht-ganzzahligem n gibt es nicht!*

Sei $|\,\psi\,\rangle$ ein Eigenzustand zu $\hat{n}$ mit

$$\hat{n}\,|\,\psi\,\rangle = (m+x)\,|\,\psi\,\rangle; \quad m \in \mathbb{N},\, 0 < x < 1.$$

Dann besitzt zunächst einmal $|\,\psi\,\rangle$ nach Voraussetzung eine endliche Norm. Mit der Kommutatorrelation (4.138) läßt sich zeigen, daß der sich aus $|\,\psi\,\rangle$ durch $\overline{m}$-fache Anwendung von a ergebende Zustand den Eigenwert $m+x-\overline{m}$ besitzen sollte:

$$\hat{n}(a^{\overline{m}}\,|\,\psi\,\rangle = (-\overline{m}\,a^{\overline{m}} + a^{\overline{m}}\,\hat{n})\,|\,\psi\,\rangle = (-\overline{m}+m+x)\,(a^{\overline{m}}\,|\,\psi\,\rangle).$$

Dies bedeutet, daß die Norm des Zustandes $a^{\overline{m}+1}\,|\,\psi\,\rangle$,

$$\langle\, a^{\overline{m}+1}\psi\,|\,a^{\overline{m}+1}\psi\,\rangle = \langle\, a^{\overline{m}}\psi\,|\,a^{+}a\,|\,a^{\overline{m}}\psi\,\rangle = (-\overline{m}+m+x)\langle\, a^{\overline{m}}\psi\,|\,a^{\overline{m}}\psi\,\rangle,$$

genau dann existiert, wenn die von $a^{\overline{m}}\,|\,\psi\rangle$ existiert, da der Vorfaktor $(-\overline{m}+m+x)$ nie Null werden kann. Wir können deshalb induktiv schließen, daß für beliebige $\overline{m} \in \mathbb{N}$ die Norm des Zustands $a^{\overline{m}}\,|\,\psi\,\rangle$ endlich ist. Für $\overline{m} \geq m+1$ würde das aber bedeuten, daß es normierbare Eigenzustände des Besetzungszahloperators mit negativen Eigenwerten gibt. Der Widerspruch zu (4.132) löst sich dadurch, daß die Ausgangsannahme, daß es einen Eigenzustand $|\,\psi\,\rangle$ von $\hat{n}$ mit nicht-ganzzahligem Eigenwert gibt, falsch ist. – Durch (4.143) sind bereits alle Eigenzustände erfaßt.

4.4.3 Spektrum des harmonischen Oszillators

Nach (4.129) sind die Eigenzustände des Hamilton-Operators H des harmonischen Oszillators mit denen des Besetzungszsahloperators identisch. Die Eigenwertgleichung läßt sich deshalb wie folgt schreiben:

$$H\,|\,n\,\rangle = E_n\,|\,n\,\rangle, \tag{4.145}$$

$$E_n = \hbar\omega\left(n+\frac{1}{2}\right); \quad n = 0,1,2,\ldots \tag{4.146}$$

Das Spektrum des linearen harmonischen Oszillators ist demnach diskret und nicht-entartet mit Energiewerten, die äquidistant im Abstand $\hbar\omega$ liegen. Für Frequenzen *des täglichen Lebens* ist $\hbar\omega$ natürlich nur eine sehr kleine Energie, so daß die Energiequantelung an den klassischen Realisierungen (Feder, Pendel, ...) auch gar nicht auffällt. Klassisch nimmt der Oszillator seine niedrigste Energie im Zustand der Ruhe an ($E = 0$, $p = 0$, $q = q_0$) an, quantenmechanisch tritt eine von Null verschiedene

Nullpunktsenergie $$E_0 = \frac{1}{2}\,\hbar\omega \tag{4.147}$$

auf. – Die Quantelung eines schwingungsfähigen Systems ist von M. Planck lange vor der Entwicklung der Quantenmechanik in genialer Weise *erahnt* und postuliert worden (s. "Plancksche Hypothese", Kap. 1.2.3, (1.24)), mit der er die klassisch nicht verständliche Wärmestrahlung erklären konnte. In seinem Ansatz fehlt allerdings noch die Nullpunktsenergie.

Man kann das Ergebnis (4.146) anschaulich so verstehen, als ob sich die *Schwingung* des Oszillators im Zustand $|\, n\,\rangle$ aus n Schwingungsquanten (*Vibronen*) zusammensetzt, wobei jedes die Energie $\hbar\,\omega$ mitbringt. Der Hamilton-Operator H beschreibt also gewissermaßen ein System aus nicht unterscheidbaren *Vibronen* gleicher Energie $\hbar\,\omega$, deren Zahl n sich ändern kann. Der Eigenzustand $|\, n\,\rangle$ von H ist dann eindeutig durch die Zahl der vorhandenen Schwingungsquanten charakterisiert. Damit wird auch die Bezeichnung *Besetzungszahloperator* für $\hat{n}$ verständlich. Der Operator $\hat{n}$ *fragt ab*, wie viele *Vibronen* den Oszillatorzustand $|\, n\,\rangle$ *besetzen*. Die Relationen (4.139) und (4.140) lassen dann auch die Begriffe *Erzeugungs-* und *Vernichtungsoperator* sinnvoll erscheinen. Die Anwendung von $a^+(a)$ auf den Zustand $|\, n\,\rangle$ *erzeugt* (*vernichtet*) ein *Vibron*.

Im Eigenzustand $|\, n\,\rangle$ ist die Energie des *oszillierenden* Teilchens eine scharf definierte Größe. Dagegen sind Ort und Impuls unbestimmt. Man kennt nur ihre Erwartungswerte, die sich recht einfach mit (4.127) und (4.128) berechnen lassen:

$$\langle\, n\,|\, q\,|\, n\,\rangle = \sqrt{\frac{\hbar}{2\,m\,\omega}}(\langle\, n\,|\, a\,|\, n\,\rangle + \langle\, n\,|\, a^+\,|\, n\,\rangle) = 0, \tag{4.148}$$

$$\langle\, n\,|\, p\,|\, n\,\rangle = -i\sqrt{\frac{1}{2}\hbar\, m\,\omega}\,(\langle\, n\,|\, a\,|\, n\,\rangle - \langle\, n\,|\, a^+\,|\, n\,\rangle) = 0. \tag{4.149}$$

Beide Erwartungswerte verschwinden wegen (4.139), (4.140) und (4.144). Interessant sind noch die mittleren quadratischen Schwankungen um diese Erwartungswerte:

$$\begin{aligned}(\Delta q)_n^2 &= \langle\, n\,|\, q^2\,|\, n\,\rangle = \frac{\hbar}{2\,m\,\omega}\langle\, n\,|\,(a^2 + a\,a^+ + a^+a + a^{+2})\,|\, n\,\rangle = \\ &= \frac{\hbar}{2\,m\,\omega}\langle\, n\,|\,(2\,\hat{n} + 1)\,|\, n\,\rangle = \frac{\hbar}{m\,\omega}\left(n + \frac{1}{2}\right), \\ (\Delta p)_n^2 &= -\frac{1}{2}\hbar\, m\,\omega\langle\, n\,|\, -(2\hat{n} + 1)\,|\,\rangle = \hbar\, m\,\omega\left(n + \frac{1}{2}\right).\end{aligned}$$

Das ergibt als Unschärferelation:

$$(\Delta q)_n\,(\Delta p)_n = \hbar\left(n + \frac{1}{2}\right). \tag{4.150}$$

Das Unschärfeprodukt ist für den Grundzustand minimal, allerdings auch nicht Null. Dies entspricht dem Auftreten der Nullpunktsenergie (4.147), die den Eindruck vermittelt, daß der Oszillator im Grundzustand nicht etwa *ruht*, was in der Tat dem Unschärfeprinzip widersprechen würde, sondern eine *Nullpunktsschwingung* durchführt. Wir erinnern uns daran, daß wir bereits in Aufgabe 1.1 umgekehrt aus der Heisenbergschen Unschärferelation (1.5) auf die Grundzustandsenergie (4.147) des harmonischen Oszillators geschlossen haben. Die Existenz der Nullpunktsunschärfen beim harmonischen Oszillator dokumentieren sehr nachdrücklich die Objektivität solcher Unschärfen, die nicht, wie manchmal fälschlicherweise angenommen wird, auf Störungen durch die Meßapparatur zurückzuführen sind.

Der harmonische Oszillator hat unter anderem in der periodischen Pendelschwingung sein klassischen Analogon. Bisher fehlt uns aber eigentlich noch jeder Hinweis auf eine entsprechende Periodizität des quantenmechanischen Oszillators. Nach den Überlegungen in Kapitel 3.5.1 sollte die Korrespondenz zwischen Klassischer Mechanik und Quantenmechanik insbesondere durch das Heisenberg-Bild vermittelt werden. Wir wollen deshalb nun die Zeitabhängigkeiten der Erzeugungs- und Vernichtungsoperatoren in diesem Bild berechnen, wobei wir uns den Index “H” zur Kennzeichnung der Heisenberg-Darstellung sparen, da keine Verwechslungen zu befürchten sind. Nach (3.191) haben wir die folgenden Bewegungsgleichungen zu lösen:

$$i\hbar\frac{d}{dt}a(t) = [a, H]_-(t) = \hbar\,\omega[a, \hat{n}]_-(t) \overset{(4.134)}{=} \hbar\,\omega\, a(t),$$

$$i\hbar\frac{d}{dt}a^+(t) = \hbar\,\omega[a^+, \hat{n}](t) \overset{(4.135)}{=} -\hbar\,\omega\, a^+(t).$$

Mit $a^+(0) = a^+$ und $a(0) = a$ sind diese Differentialgleichungen leicht integriert:

$$a(t) = a\, e^{-i\omega t}; \quad a^+(t) = a^+\, e^{i\omega t}. \tag{4.151}$$

Diese Zeitabhängigkeiten übertragen sich nach (4.127) und (4.128) auf den Orts- und den Impulsoperator:

$$q(t) = \sqrt{\frac{\hbar}{2\,m\,\omega}}\,(a\,e^{-i\omega t} + a^+\,e^{i\omega t}),$$

$$p(t) = -i\sqrt{\frac{1}{2}\hbar\, m\,\omega}\,(a\,e^{-i\omega t} - a^+\,e^{i\omega t}).$$

Verwendet man nun noch (4.125) und (4.126), um in diesen Ausdrücken a und a^+ zu eliminieren, so erhält man:

$$q(t) = q\cos\omega t + \frac{p}{m\,\omega}\sin\omega t, \tag{4.152}$$

$$p(t) = -m\,\omega\, q\sin\omega\, t + p\cos\omega\, t. \tag{4.153}$$

Diese Relationen lassen in der Tat die vom harmonischen Oszillator erwarteten zeitlichen Periodizitäten erkennen. Insbesondere erfüllen die Erwartungswerte $\langle q \rangle_t$ und $\langle p \rangle_t$ die klassischen Schwingungsgleichungen und damit das Ehrenfestsche Theorem (3.211).

4.4.4 Ortsdarstellung

Durch die Transformation des Hamilton-Operators in Kapitel 4.4.1 ließen sich die Eigenwerte des harmonischen Oszillators $E_n = \hbar\,\omega(n+1/2)$ finden, ohne daß wir dazu die entsprechenden Wellenfunktionen hätten ableiten müssen. Auch die Erwartungswerte der Observablen q, p, q^2, p^2 in den Energieeigenzuständen konnten leicht berechnet werden. Dieser auf Dirac zurückgehende Lösungsweg erweist sich als deutlich bequemer als die direkte Lösung der zeitunabhängigen Schrödinger-Gleichung, welche wir trotzdem in Kapitel 4.4.5 nachvollziehen wollen; dann allerdings nur, um dabei ein neues spezielles Lösungsverfahren kennenzulernen.

Für manche Zwecke ist es sicher nützlich, die ortsabhängigen Wellenfunktionen des harmonischen Oszialltors,

$$\varphi_n(q) \equiv \langle\, q \,|\, n \,\rangle, \tag{4.154}$$

explizit zu kennen. Mit den bereits vorliegenden Ergebnissen lassen sich diese relativ leicht ableiten. Zunächst empfiehlt sich eine Maßstabstransformation auf die dimensionslose Größe:

$$x = \sqrt{\frac{m\,\omega}{\hbar}}\; q. \tag{4.155}$$

Diese Substitution bedeutet auch:

$$dx = \sqrt{\frac{m\,\omega}{\hbar}}\, dq; \quad \frac{d}{dq} = \sqrt{\frac{m\,\omega}{\hbar}}\, \frac{d}{dx}.$$

Damit lauten gemäß (4.125) und (4.126) die Erzeugungs- und Vernichtungsoperatoren a und a^+, wenn wir den Impulsoperator in seiner Ortsdarstellung (3.253) $p = \frac{\hbar}{i}\frac{d}{dq}$ verwenden:

$$a = \frac{1}{\sqrt{2}}\left(x + \frac{d}{dx}\right); \quad a^+ = \frac{1}{\sqrt{2}}\left(x - \frac{d}{dx}\right). \tag{4.156}$$

Man mache sich klar, daß die beiden Operatoren nach wie vor adjungiert zueinander sind! Für die Grundzustandswellenfunktion $\varphi_0(x)$ (Wellenfunktion des Vakuumzustands $|\,0\,\rangle$) muß

$$a\,\varphi_0(x) = \langle\, x \,|\, a \,|\, 0 \,\rangle = 0$$

gelten, was zu der folgenden Differentialgleichung führt:

$$\left(x+\frac{d}{dx}\right)\varphi_0(x)=0. \tag{4.157}$$

Diese hat die Lösung

$$\varphi_0(x)=c_0\exp\left(-\frac{x^2}{2}\right),$$

wobei die Konstante c_0 durch die Normierungsbedingung festgelegt ist:

$$1\stackrel{!}{=}\int_{-\infty}^{+\infty}dq\,|\,\varphi_0(q)\,|^2=\sqrt{\frac{\hbar}{m\omega}}\,|\,c_0\,|^2\int_{-\infty}^{+\infty}dx\,e^{-x^2}.$$

Das Integral auf der rechten Seite ergibt $\sqrt{\pi}$ (s. Lösung zu Aufgabe 2.2.1). Die Phase der komplexen Zahl c_0 spielt auch hier keine Rolle. Wir können deshalb c_0 als reell ansehen. Damit haben wir als vollständige Lösung für die Grundzustandswellenfunktion des harmonischen Oszillators:

$$\varphi_0(x)=\left(\frac{m\,\omega}{\hbar\pi}\right)^{1/4}\exp\left(-\frac{x^2}{2}\right). \tag{4.158}$$

Die übrigen Eigenfunktionen gewinnen wir nun wegen (4.143) einfach durch wiederholtes Anwenden des Erzeugungsoperators a^+ auf $\varphi_0(x)$:

$$\varphi_n(x)=\langle\,x\,|\,n\,\rangle=\frac{1}{\sqrt{n!}}\langle\,x\,|\,(a^+)^n\,|\,0\,\rangle=\frac{1}{\sqrt{2^n\,n!}}\left(x-\frac{d}{dx}\right)^n\varphi_0(x).$$

Das läßt sich auch wie folgt schreiben:

$$\varphi_n(x)=\left(\frac{m\,\omega}{\hbar\pi}\right)^{\frac{1}{4}}(n!\,2^n)^{-\frac{1}{2}}\exp\left(-\frac{x^2}{2}\right)H_n(x);\quad n=0,1,2,\ldots, \tag{4.159}$$

$$H_n(x)=\exp\left(\frac{x^2}{2}\right)\left(x-\frac{d}{dx}\right)^n\exp\left(-\frac{x^2}{2}\right). \tag{4.160}$$

Hermite-Polynome

Man macht sich leicht klar, daß es sich bei den Hermite-Polynomen um Polynome n-ten Grades handelt, die für alle reellen x reellwertig sind. Man erkennt den Symmetriecharakter:

$$H_n(-x)=(-1)^n\,H_n(x)\iff\varphi_n(-x)=(-1)^n\,\varphi_n(x). \tag{4.161}$$

Die Eigenfunktionen des harmonischen Oszillators haben also jeweils eine wohldefinierte Parität, was uns wegen

$$V(q) = V(-q) \overset{(4.25)}{\Longleftrightarrow} [H, \Pi]_- = 0 \tag{4.162}$$

natürlich nicht wundert. – Gleichung (4.160) ist eigentlich nicht die Standarddarstellung der Hermite-Polynome. Als Aufgabe 4.4.4 verifizieren wir den folgenden äquivalenten und bequemeren Ausdruck:

$$H_n(x) = (-1)^n \, e^{x^2} \, \frac{d^n}{dx^n} \, e^{-x^2} . \tag{4.163}$$

Die Orthonormalitätseigenschaften der Eigenfunktionen des hermiteschen Hamilton-Operators H,

$$\int\limits_{-\infty}^{+\infty} dq \, \varphi_n(q) \, \varphi_m(q) = \delta_{nm}, \tag{4.164}$$

übertragen sich unmittelbar auf die Hermite-Polynome:

$$\int\limits_{-\infty}^{+\infty} dx \, e^{-x^2} \, H_n(x) \, H_m(x) = \sqrt{\pi} \, 2^n \, n! \, \delta_{nm}. \tag{4.165}$$

Weitere nützliche Relationen ergeben sich ziemlich direkt aus (4.139) und (4.140):

$$a^+ \varphi_n = \frac{1}{\sqrt{2}} \left(x - \frac{d}{dx} \right) \varphi_n = \sqrt{n+1} \, \varphi_{n+1}, \tag{4.166}$$

$$a \, \varphi_n = \frac{1}{\sqrt{2}} \left(x + \frac{d}{dx} \right) \varphi_n = \sqrt{n} \, \varphi_{n-1}. \tag{4.167}$$

Die Addition dieser beiden Gleichungen führt auf:

$$\sqrt{2} \, x \, \varphi_n(x) = \sqrt{n+1} \, \varphi_{n+1}(x) + \sqrt{n} \, \varphi_{n-1}(x).$$

Setzt man nun noch (4.159) ein, so ergibt sich mit

$$2 \, x \, H_n(x) = H_{n+1}(x) + 2 \, n \, H_{n-1}(x) \tag{4.168}$$

eine Formel, nach der sich die Hermite-Polynome besonders einfach rekursiv berechnen lassen. Auf diese Weise findet man zum Beispiel die folgenden expliziten Ausdrücke, wenn man sich zunächst H_0 und H_1 nach (4.163) verschafft:

$$\begin{aligned}
&H_0(x) = 1,\\
&H_1(x) = 2x,\\
&H_2(x) = (2x)^2 - 2,\\
&H_3(x) = (2x)^3 - 6(2x),\\
&H_4(x) = (2x)^4 - 12(2x)^2 + 12,\\
&H_5(x) = (2x)^5 - 20(2x)^3 + 60(2x),\\
&H_6(x) = (2x)^6 - 30(2x)^4 + 180(2x)^2 - 120\\
&\quad\vdots
\end{aligned}$$

Die so berechneten Eigenfunktionen $\varphi_n(x)$ (4.159) haben dem Knotensatz (Kap. 4.1.3) entsprechend n Nullstellen. Im *klassisch erlaubten* Gebiet zeigen sie oszillatorisches Verhalten, während sie außerhalb desselben für $q \to \pm\infty$

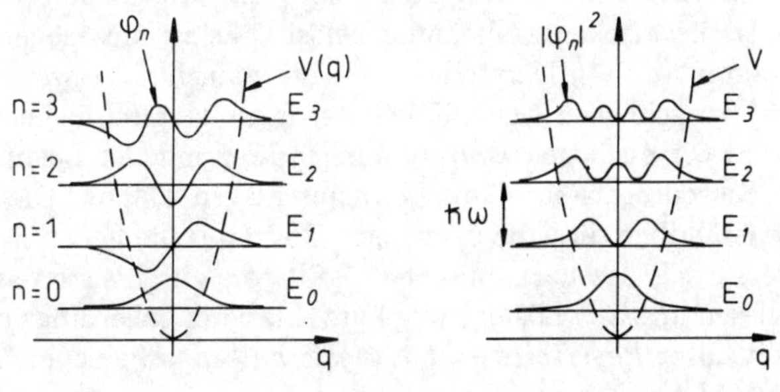

gegen Null abfallen. $|\varphi_n(q)|^2$ stellt die Wahrscheinlichkeitsdichte dafür dar, den Oszillator mit der Energie E_n am Ort q anzutreffen. Mit Ausnahme des Grundzustands zeigt diese stets in der Nähe der klassischen Umkehrpunkte relativ ausgeprägte Maxima.

Benutzen wir schließlich noch einmal (4.167),

$$\frac{d}{dx}\varphi_n(x) = \sqrt{2n}\,\varphi_{n-1}(x) - x\,\varphi_n(x),$$

und setzen (4.159) ein, so folgt:

$$\frac{d}{dx} H_n(x) = 2\,n\,H_{n-1}(x). \tag{4.169}$$

Diese Beziehung läßt sich mit (4.168) umformen:

$$\frac{d^2}{dx^2} H_n(x) = 2n \frac{d}{dx} H_{n-1}(x) = 2 H_n(x) + 2x \frac{d}{dx} H_n(x) - \frac{d}{dx} H_{n+1}(x) =$$
$$= 2 H_n(x) + 2x \frac{d}{dx} H_n(x) - 2(n+1) H_n(x).$$

Das Resultat ist eine lineare, homogene Differentialgleichung zweiter Ordnung für das Hermite-Polynom $H_n(x)$:

$$\left(\frac{d^2}{dx^2} - 2x \frac{d}{dx} + 2n \right) H_n(x) = 0. \tag{4.170}$$

4.4.5 Sommerfeldsche Polynommethode

Wir haben bei der Lösung des Eigenwertproblems des quantenmechanischen linearen harmonischen Oszillators im Vergleich zum Vorgehen in den vorangegangenen Unterabschnitten dieses vierten Kapitels einen etwas *unorthodoxen* Weg mit der Einführung des Erzeugungs- und Vernichtungsoperators gewählt. Das Problem ist inzwischen vollständig gelöst. Es ist uns sogar gelungen, von der abstrakten $(a,\, a^+)$-Darstellung auf die manchmal etwas vertrautere Ortsdarstellung zu schließen. Damit könnte dieses Kapitel eigentlich enden. Natürlich hätten wir auch den *konventionellen* Weg mit der Lösung der zeitunabhängigen Schrödinger-Gleichung (4.5) einschlagen können. Die Ergebnisse wären selbstverständlich dieselben gewesen. Obwohl keine neuen Erkenntnisse mehr über die Physik des harmonischen Oszillators zu erwarten sind, wollen wir dennoch diesen *direkten* Lösungsweg kurz skizzieren, allerdings nur, um bei der Gelegenheit unser *Repertoire an Lösungstechniken* um eine auch anderweitig verwendbare Methode zu erweitern.

Ausgangspunkt sei also die zeitunabhängige Schrödinger-Gleichung in der Form (4.5):

$$\frac{d^2}{dq^2} \varphi(q) + \frac{2m}{\hbar^2} \left(E - \frac{1}{2} m \omega^2 q^2 \right) \varphi(q) = 0. \tag{4.171}$$

Zunächst empfiehlt sich die schon in (4.155) benutzte Variablentransformation, die alle beteiligten Größen dimensionslos macht:

$$\frac{d^2}{dx^2} \varphi(x) + (\eta - x^2) \varphi(x) = 0, \tag{4.172}$$
$$\eta = \frac{2E}{\hbar \omega}; \quad x = \sqrt{\frac{m\omega}{\hbar}}\, q.$$

(An die mathematisch *etwas schlampige* Eigenart, Funktionen auch nach Variablentransformationen mit denselben Buchstaben zu kennzeichnen, haben wir uns inzwischen gewöhnt! Es ist so *üblich* und läßt Mißverständnisse auch kaum befürchten.) – An die Lösungsfunktion haben wir eine wichtige Zusatzbedingung zu stellen: $\varphi(x)$ muß quadratintegrabel sein! Das ist sicher nur dann gewährleistet, wenn $\varphi(x)$ für $x \to \pm\infty$ hinreichend rasch gegen Null geht. Diesen Aspekt nutzen wir nun aus, um zu einem passenden Ansatz für die Lösung der Differentialgleichung (4.172) zu gelangen. In der Grenze $x \to \pm\infty$ ist in der Klammer die Konstante η sicher unbedeutend. *Asymptotisch* nimmt also (4.172) die folgende Gestalt an:

$$\frac{d^2}{dx^2}\,\overline{\varphi}(x) - x^2\overline{\varphi}(x) = 0.$$

Diese Gleichung wird näherungsweise durch

$$\overline{\varphi}_\pm(x) \sim \exp\left(\pm\frac{1}{2}x^2\right)$$

gelöst, denn:

$$\frac{d^2}{dx^2}\overline{\varphi}_\pm(x) = (x^2 \pm 1)\exp\left(\pm\frac{1}{2}x^2\right) \xrightarrow[x^2 \gg 1]{} x^2 \exp\left(\pm\frac{1}{2}x^2\right).$$

$\overline{\varphi}_+(x)$ ist für unsere Zwecke allerdings eine unbrauchbare Lösung, da sie für $x \to \pm\infty$ divergiert. Damit kennen wir nun aber bereits das korrekte asymptotische Verhalten der für (4.172) gesuchten Lösungsfunktion $\varphi(x)$, das den folgenden Ansatz nahelegt:

$$\varphi(x) = v(x)\exp\left(-\frac{1}{2}x^2\right). \tag{4.173}$$

Setzen wir diesen in (4.172) ein, so erhalten wir eine Differentialgleichung für die noch unbekannte Funktion $v(x)$:

$$\left[\frac{d^2}{dx^2} - 2\,x\,\frac{d}{dx} + (\eta - 1)\right]\,v(x) = 0. \tag{4.174}$$

Wir scheinen damit noch nicht sehr viel weiter gekommen zu sein. (4.174) ist eine lineare Differentialgleichung zweiter Ordnung mit nicht-konstanten Koeffizienten. Da es sich bei diesen Koeffizienten um Potenzen der Variablen x handelt, ist, wie man aus der allgemeinen Theorie der Differentialgleichungen weiß, ein Potenzreihenansatz vielversprechend:

$$v(x) = \sum_\nu \alpha_\nu\, x^\nu.$$

Wegen (4.162), $[H, \Pi]_- = 0$, muß unsere Lösung $\varphi(x)$ eine wohldefinierte Parität besitzen. Nach (4.173) wird diese von $v(x)$ bestimmt. Wir setzen deshalb bereits an dieser Stelle voraus, daß der Potenzreihenansatz nur ausschließlich gerade oder ausschließlich ungerade Indizes ν enthält:

$$v_+(x) = \sum_{\nu}^{0,2,4,\ldots} \alpha_\nu\, x^\nu; \quad v_-(x) = \sum_{\nu}^{1,3,5,\ldots} \alpha_\nu\, x^\nu. \tag{4.175}$$

Mit

$$x\,\frac{d}{dx}\,v_\pm(x) = \sum_\nu \nu\,\alpha_\nu\, x^\nu,$$

$$\frac{d^2}{dx^2}\,v_\pm(x) = \sum_\nu \nu(\nu-1)\,\alpha_\nu\, x^{\nu-2} = \sum_\mu (\mu+2)\,(\mu+1)\,\alpha_{\mu+2}\, x^\mu$$

erhalten wir dann nach Einsetzen von (4.175) in (4.174):

$$\sum_\mu \left[\alpha_{\mu+2}\,(\mu+2)\,(\mu+1) + \alpha_\mu(\eta - 1 - 2\,\mu)\right] x^\mu = 0.$$

Wegen der Variablen x kann diese Gleichung nur dann erfüllt sein, wenn jeder Summand für sich bereits verschwindet. Daraus resultiert eine Rekursionsformel,

$$\alpha_{\mu+2} = \frac{2\,\mu + 1 - \eta}{(\mu+2)\,(\mu+1)}\,\alpha_\mu, \tag{4.176}$$

die bei Vorgabe von α_0 alle Koeffizienten mit geraden Indizes und bei Vorgabe von α_1 die mit ungeraden Indizes zu bestimmen gestattet. Ist irgendein $\alpha_{\bar{\mu}} = 0$, so gilt das auch für alle folgenden Koeffizienten mit höheren Indizes. Die Reihe in (4.175) bricht dann ab!

Nehmen wir jedoch zunächst einmal an, die Reihe bräche nicht ab, alle Koeffizienten α_ν seien also ungleich Null. Dann sollten wir uns aber erst einmal vergewissern, daß die Potenzreihe $v(x)$ in unserem Ansatz (4.173) nicht etwa das korrekte asymptotische Verhalten, das die Exponentialfunktion gewährleisten sollte, wieder zerstört. Für $x \to \pm\infty$ dominieren natürlich die hohen Potenzen von x, deren Koeffizienten sich nach (4.176) wie folgt abschätzen lassen:

$$\frac{\alpha_{\mu+2}}{\alpha_\mu} \approx \frac{2}{\mu} \quad \text{für große } \mu.$$

Vergleichen wir dieses für gerade Indizes mit

$$\exp(x^2) = \sum_{\mu=0}^{\infty} \frac{x^{2\mu}}{n!} = \sum_{\nu}^{0,2,4,\ldots} \beta_\nu\, x^\nu,$$

$$\beta_\nu = \frac{1}{(\frac{\nu}{2})!}; \quad \frac{\beta_{\nu+2}}{\beta_\nu} = \frac{1}{\frac{\nu}{2}+1} \approx \frac{2}{\nu} \quad \text{für große } \nu,$$

und für ungerade Indizes mit

$$x \exp(x^2) = \sum_{\mu=0}^{\infty} \frac{x^{2\mu+1}}{\mu!} = \sum_{\nu}^{1,3,5,\dots} \gamma_\nu \, x^\nu ,$$

$$\gamma_\nu = \frac{1}{\left(\frac{\nu-1}{2}\right)!} ; \qquad \frac{\gamma_{\nu+2}}{\gamma_\nu} = \frac{2}{\nu+1} \approx \frac{2}{\nu} \quad \text{für große } \nu ,$$

so erkennen wir, daß sich unsere *Befürchtung* bestätigt, da sich $v_+(x)$ bei Nicht-Abbrechen der Reihe asymptotisch wie $\exp(x^2)$ und $v_-(x)$ wie $x \exp(x^2)$ verhält. In beiden Fällen würde demnach $\varphi(x)$ in (4.173) nicht normierbar sein. Das Nicht-Abbrechen der Reihe (4.175) ist also physikalisch unzulässig!.

Wie können wir nun aber ein Abbrechen der Reihe erreichen? Nach (4.176) haben wir offensichtlich ganz spezielle Bedingungen an die Konstante η zu stellen. Es ergibt sich immer dann eine *physikalisch korrekte* Lösung, wenn für irgendein endliches

$$\mu = n ; \qquad n = 0, 1, 2, \dots$$

gilt:

$$\eta = 2\,n + 1 . \tag{4.177}$$

Erinnern wir uns an die Definition von η in (4.172), so haben wir hiermit die uns inzwischen wohlbekannte Energiebedingung (4.146),

$$E_n = \hbar\,\omega \left(n + \frac{1}{2} \right) ; \quad n = 0, 1, 2, \dots , \tag{4.178}$$

reproduziert.

Auch die Eigenfunktionen des linearen harmonischen Oszillators liegen damit fest. Sie lassen sich sukzessive mit der Rekursionsformel (4.176) über (4.173) und (4.175) festlegen. Wir wollen das einmal an den ersten drei Eigenfunktionen ($n = 0, 1, 2$) demonstrieren:

$$\begin{aligned}
n = 0 \implies & \alpha_0 \neq 0, \; \alpha_2 = \alpha_4 = \dots = 0, \\
& v_+(x) \equiv \alpha_0 , \\
& \varphi_0(x) = \alpha_0 \exp\left(-\frac{x^2}{2} \right) , \\
n = 1 \implies & \alpha_1 \neq 0, \; \alpha_3 = \alpha_5 = \dots = 0, \\
& v_-(x) = \alpha_1 \, x , \\
& \varphi_1(x) = \alpha_1 \, x \exp\left(-\frac{x^2}{2} \right) ,
\end{aligned}$$

$$n = 2 \Longrightarrow \alpha_0 \neq 0, \quad \frac{\alpha_2}{\alpha_0} \overset{(4.176)}{=} -2, \; \alpha_4 = \alpha_6 = \ldots = 0,$$

$$v_+(x) = \alpha_0\,(1 - 2\,x^2),$$

$$\varphi_2(x) = \frac{1}{2}\,\alpha_0\,\left(2 - (2\,x)^2\right)\,\exp\left(-\frac{x^2}{2}\right).$$

α_0 und α_1 folgen in diesen Beziehungen aus der Normierungsbedingung für $\varphi(x)$. Dann sind aber in der Tat die Funktionen φ_0, φ_1 und φ_2 mit den Eigenfunktionen (4.159) für $n = 0, 1, 2$ identisch. Das kann man auf diese Weise für jedes beliebige n zeigen.

Die in diesem Abschnitt entwickelte *Polynommethode* wird A. Sommerfeld (1868–1951) zugeschrieben. Sie ist immer dann erfolgversprechend, wenn sich für die Koeffizienten eines Potenzreihenansatzes wie in (4.175) eine zweigliedrige Rekursionsformel wie die in (4.176) finden läßt.

4.4.6 Mehrdimensionaler harmonischer Oszillator

Wir haben uns in diesem Kapitel bislang ausschließlich mit eindimensionalen Potentialproblemen beschäftigt. Zum Schluß wollen wir nun aber doch noch ganz kurz auf den dreidimensionalen Oszillator eingehen. Dieser bringt im Vergleich zum linearen Oszillator keine neuartigen Probleme mit sich und kann deshalb relativ schnell abgehandelt werden.

Gemeint ist die Bewegung eines Teilchens der Masse m im Potential

$$V(\mathbf{q}) = \frac{1}{2}\,m \sum_{i=1}^{3} \omega_i^2\, q_i^2. \tag{4.179}$$

q_1, q_2, q_3 sollen die drei kartesischen Komponenten des Vektors $\mathbf{q}$ sein. Der Hamilton-Operator,

$$H = \frac{\mathbf{p}^2}{2\,m} + V(\mathbf{q}) \equiv \sum_{i=1}^{3} H_i, \tag{4.180}$$

setzt sich additiv aus drei Teiloperatoren zusammen, die jeder für sich einen linearen Oszillator beschreiben:

$$H_i = \frac{p_i^2}{2\,m} + \frac{1}{2}\,m\,\omega_i^2\, q_i^2; \quad i = 1, 2, 3. \tag{4.181}$$

Für die Lösung der Eigenwertgleichung

$$H\,\psi(\mathbf{q}) = E\,\psi(\mathbf{q})$$

empfiehlt sich in einem solchen Fall stets ein sogenannter Separationsansatz:

$$\psi(\mathbf{q}) = f_1(q_1)\, f_2(q_2)\, f_3(q_3). \tag{4.182}$$

Setzen wir diesen nämlich in die Eigenwertgleichung ein und dividieren anschließend durch $\psi(\mathbf{q})$,

$$\frac{1}{f_1(q_1)} H_1\, f_1(q_1) + \frac{1}{f_2(q_2)} H_2\, f_2(q_2) + \frac{1}{f_3(q_3)} H_3\, f_3(q_3) = E,$$

so zerfällt diese in drei additive Bestandteile, von denen jeder nur von einer einzigen Variablen abhängt. Die Gleichung kann also nur dann erfüllt werden, wenn jeder Term für sich bereits konstant ist. Das dreidimensionale Ausgangsproblem *separiert* also in drei unabhängige, lineare Oszillatorprobleme,

$$\begin{aligned} H_1\, f_1(q_1) &= \epsilon_1\, f_1(q_1), \\ H_2\, f_2(q_2) &= \epsilon_2\, f_2(q_2), \\ H_3\, f_3(q_3) &= (E - \epsilon_1 - \epsilon_2)\, f_3(q_3), \end{aligned}$$

deren Lösungen wir bereits kennen. Die Eigenfunktionen entsprechen denen aus (4.159):

$$\begin{aligned} f_{i\,\mathrm{n}_i}(q_i) = \sqrt{\frac{m\,\omega_i}{\hbar\,\pi}}\,(2^{n_i}\, n_i!)^{-\frac{1}{2}}\, \exp\left(-\frac{m\,\omega_i}{2\hbar}\, q_i^2\right) * \\ * H_{n_i}\left(\sqrt{\frac{m\,\omega_i}{\hbar}}\, q_i\right); \qquad i = 1, 2, 3. \end{aligned} \tag{4.183}$$

Wir können nun allerdings nicht mehr davon ausgehen, daß die Energieeigenwerte,

$$E_{\mathrm{n}_1\mathrm{n}_2\mathrm{n}_3} = \sum_{i=1}^{3} \hbar\omega_i \left(n_i + \frac{1}{2}\right), \tag{4.184}$$

die jetzt drei Indizes aufweisen, in jedem Fall nicht-entartet sind. Das gilt nach Kapitel 4.1 allgemein auch nur für die eindimensionalen Systeme. Es kann durchaus zu demselben Eigenwert verschiedene Eigenfunktionen

$$\psi_{n_1 n_2 n_3}(\mathbf{q}) = f_{1n_1}(q_1)\, f_{2n_2}(q_2)\, f_{3n_3}(q_3) \tag{4.185}$$

geben. Das ist besonders einfach am Beispiel des isotropen, dreidimensionalen Oszillators ($\omega_1 = \omega_2 = \omega_3 \equiv \omega$) nachzuvollziehen. Seine Eigenwerte hängen wiederum nur von einer Quantenzahl N ab:

$$E_N = \hbar\omega\left(N + \frac{3}{2}\right); \quad N = n_1 + n_2 + n_3. \tag{4.186}$$

Ein bestimmtes N kann durch verschiedene Kombinationen n_1, n_2, n_3 realisiert werden. So kann für vorgegebene N und n_1 die Ziffer n_2 die Werte $0, 1, \dots, N - n_1$ durchlaufen, wobei n_3 dann allerdings festliegt. Das sind also $N - n_1 + 1$ Möglichkeiten. Insgesamt folgt somit:

$$\text{Entartungsgrad } (E_N) = \sum_{n_1=0}^{N} (N - n_1 + 1) = \frac{1}{2}(N+1)(N+2). \qquad (4.187)$$

4.4.7 Aufgaben

Aufgabe 4.4.1

$\hat{n} = a^+ a$ ist der Besetzungszahloperator; a^+ und a sind der Erzeugungs- und der Vernichtungsoperator. Verifizieren Sie die folgenden Kommutatorrelationen:

1) $[a^m, a^+]_- = m\, a^{m-1}$,

2) $[a, a^{+m}]_- = m\,(a^+)^{m-1}$,

3) $[\hat{n}, a^m]_- = -m\, a^m$,

4) $[\hat{n}, a^{+m}]_- = m\, a^{+m}$.

Aufgabe 4.4.2

Beweisen Sie explizit die Orthonormalität der Eigenzustände $|\, n\,\rangle$ (4.143) des Besetzungszahloperators.

Aufgabe 4.4.3

Verifizieren Sie für die Erwartungswerte der kinetischen Energie T und der potentiellen Energie V in den Energieeigenzuständen des harmonischen Oszillators das quantenmechanische Virialtheorem (Aufgabe 3.5.4):

$$\langle\, n\,|\, T\,|\, n\,\rangle = \langle\, n\,|\, V\,|\, n\,\rangle.$$

Aufgabe 4.4.4

1) Beweisen Sie die allgemeine Operatorrelation:

$$\frac{1}{f(x)}\,\frac{d}{dx}\,f(x) = \frac{d}{dx} + \frac{f'(x)}{f(x)}.$$

2) Überlegen Sie sich, warum

$$\frac{1}{f(x)}\,\frac{d^n}{dx^n}\,f(x) = \left(\frac{1}{f(x)}\,\frac{d}{dx}\,f(x)\right)^n$$

gelten muß.

3) Beweisen Sie mit 1) und 2) die Äquivalenz der Darstellungen (4.160) und (4.163) der Hermite-Polynome.

Aufgabe 4.4.5

Zeigen Sie, daß

$$\varphi(x) = \alpha\,(2\,x^2 - 1)\,\exp\left(-\frac{x^2}{2}\right); \quad x = q\sqrt{\frac{m\,\omega}{\hbar}}$$

Eigenfunktion des linearen harmonischen Oszillators ist und geben Sie den zugehörigen Energieeigenwert an.

Aufgabe 4.4.6

Ein Teilchen der Masse m bewege sich im Oszillatorpotential $V(q) = \frac{1}{2}m\,\omega^2 q^2$. Bestimmen Sie die Wahrscheinlichkeit, das im Grundzustand befindliche Teilchen außerhalb des klassisch erlaubten Bereichs anzutreffen.

Aufgabe 4.4.7

Durch die lineare harmonische Schwingung eines Atoms (Masse: $m = 4{,}85 \cdot 10^{-23}$ g) innerhalb eines Moleküls wird ein Photon der Energie $2\,\epsilon = 7{,}2$ eV emittiert. Dies wird als Übergang vom niedrigsten angeregten Zustand des harmonischen Oszillators in den Grundzustand interpretiert.

1) Wie groß ist die Amplitude A der Schwingung des Atoms nach der Klassischen Mechanik? Geben Sie auch den Zahlenwert an.

2) Wie groß ist die Wahrscheinlichkeit dafür, daß sich das die harmonische Schwingung ausführende Atom um eine größere Strecke als A aus der Ruhelage entfernt?

Zahlenwerte: $\hbar = 1{,}055 \cdot 10^{-34}$ Js; 1 eV=$1{,}6019 \cdot 10^{-19}$ Js.

Aufgabe 4.4.8

Die Hermiteschen Polynome haben die Integraldarstellung

$$H_n(x) = \frac{1}{\sqrt{\pi}}\,2^n \int_{-\infty}^{+\infty} dy(x + i\,y)^n\,e^{-y^2}; \qquad n = 0, 1, 2, \ldots$$

1) Berechnen Sie nach dieser Formel H_0, H_1 und H_2.

2) Zeigen Sie durch Einsetzen der Integralformel, daß die Hermite-Polynome die erzeugende Funktion

$$\exp(-t^2 + 2\,t\,x) = \sum_{n=0}^{\infty} \frac{t^n}{n!}\,H_n(x)$$

besitzen.

Aufgabe 4.4.9

Ein Teilchen der Masse m bewege sich in dem Potential:

$$V(q) = \begin{cases} \infty & \text{für } q < 0, \\ \frac{1}{2} m\omega^2 q^2 & \text{für } q > 0. \end{cases}$$

Bestimmen Sie Eigenwerte und Eigenfunktionen des Hamilton-Operators

$$H = \frac{p^2}{2m} + V(q).$$

Aufgabe 4.4.10

Berechnen Sie mit Hilfe der Eigenfunktionen des harmonischen Oszillators in der Ortsdarstellung die Matrixelemente der Operatoren

1) q und q^2,

2) p und p^2.

Benutzen Sie dazu zweckmäßig die Rekursionsformeln (4.168) und (4.169).

Aufgabe 4.4.11

Berechnen Sie die Matrixdarstellungen des Orts- und Impulsoperators in der Basis der Eigenzustände des Besetzungszahloperators. Verifizieren Sie durch die entsprechenden Matrixmultiplikationen die Kommutatorrelation:

$$[q, p]_- = i\hbar.$$

Aufgabe 4.4.12

Ein Teilchen der Ladung $\hat{q}$ und der Masse m führt eine eindimensionale Bewegung in einem harmonischen Oszillatorpotential aus und ist außerdem dem Einfluß eines konstanten elektrischen Feldes unterworfen, das parallel zu seiner Bewegungsrichtung wirkt. Geben Sie den Hamilton-Operator dieses Systems an und bestimmen Sie sein Eigenwertspektrum und seine Eigenfunktionen.

Aufgabe 4.4.13

Gegeben seien der Hamilton-Operator H des geladenen harmonischen Oszillators (Ladung $\hat{q}$, Masse m) im konstanten elektrischen Feld E,

$$H = \frac{p^2}{2m} + \frac{1}{2} m\omega^2 q^2 - \hat{q} E q,$$

und der unitäre Translationsoperator (3.249):

$$T(y_0) = \exp\left(-\frac{i}{\hbar}\, y_0\, p\right); \quad y_0 = -\frac{\hat{q}\,E}{m\,\omega^2} \in \mathbb{R}.$$

1) Berechnen Sie den Kommutator

$$[q, T]_- .$$

2) Transformieren Sie den Hamilton-Operator

$$\overline{H} = T\,H\,T^+$$

und vergleichen Sie das Ergebnis mit Aufgabe 4.4.12.

Aufgabe 4.4.14

Beweisen Sie, daß im Hilbert-Raum der quadratintegrablen Wellenfunktionen $\psi(q)$ einer Variablen q der durch

$$\Pi(\hat{q}, \hat{p}) = \exp\left[i\,\pi\left(\frac{\hat{p}^2}{2\,\alpha} + \frac{\alpha}{2\,\hbar^2}\,\hat{q}^2 - \frac{1}{2}\right)\right]$$

definierte Operator den Paritätsoperator darstellt. Dabei sind $\hat{q}$ und $\hat{p}$ Orts- und Impulsoperator und α eine beliebige, positiv-reelle Konstante von der Dimension $(\mathrm{Impuls})^2$.

Aufgabe 4.4.15

Ein Elektron mit der Ladung $\hat{q} = -e$ befinde sich in einem homogenen Magnetfeld $\mathbf{B} = B\,\mathbf{e}_z$ ($\mathbf{e}_z$: Einheitsvektor in z-Richtung).

1) Wie lautet die klassische Hamilton-Funktion?

2) Wählen Sie das Vektorpotential $\mathbf{A}(\mathbf{r}) \equiv (0, A_y(x), 0)$ so, daß die Coulomb-Eichung ($\mathrm{div}\,\mathbf{A} = 0$) erfüllt ist.

3) Zeigen Sie, daß sich das Eigenwertproblem des Hamilton-**Operators**,

$$H\,\psi = E\,\psi,$$

mit dem Ansatz

$$\psi(\mathbf{r}) = \psi(x, y, z) = e^{i\,k_z\,z}\,e^{i\,k_y\,y}\,\varphi(x)$$

auf das des linearen harmonischen Oszillators reduziert.

4) Bestimmen Sie Eigenenergien und Eigenfunktionen.

Aufgabe 4.4.16

Ein geladenes Teilchen (Masse m, Ladung $\hat{q} = -e$) bewegt sich in einem homogenen Magnetfeld $\mathbf{B} = B\,\mathbf{e}_z$ und unterliegt außerdem dem Einfluß eines harmonischen Potentials $V(z) = \frac{1}{2}\,m\,\omega^2 z^2$, wobei z die Richtung des Magnetfeldes angibt.

1) Formulieren Sie den Hamilton-Operator. Wählen Sie das Vektorpotential zweckmäßig so, daß die Coulomb-Eichung div $\mathbf{A} = 0$ vorliegt.
Ansatz: $A(\mathbf{r}) = (0,\, A_y(x), 0)$.

2) Wählen Sie einen passenden Separationsansatz für die Eigenfunktion $\psi(\mathbf{r}) = \psi(x, y, z)$ des Hamilton-Operators H.

3) Geben Sie die Eigenwerte und Eigenfunktionen explizit an.

Aufgabe 4.4.17

Ein Teilchen der Masse m bewege sich im Oszillatorpotential

$$V(q) = \frac{1}{2}\,m\,\omega^2 q^2 .$$

Zur Zeit $t = 0$ werde es durch das Gaußsche Wellenpaket

$$\psi(q, 0) = \left(\frac{m\,\omega}{\hbar\,\pi}\right)^{1/4} \exp\left[-\frac{m\,\omega}{2\,\hbar}\,(q - \bar{q})^2\right]$$

beschrieben.

1) Entwickeln Sie $\psi(q, 0)$ nach den Eigenfunktionen $\varphi_n(q)$ des linearen harmonischen Oszillators:

$$\psi(q, 0) = \sum_n \alpha_n\,\varphi_n(q).$$

Zur Berechnung der Koeffizienten α_n ist die Formel

$$\int\limits_{-\infty}^{+\infty} dx\, e^{-(x - x_0)^2}\, H_n(x) = \sqrt{\pi}\,(2\,x_0)^n$$

nützlich.

2) Berechnen Sie die volle Zeitabhängigkeit der Wellenfunktion $\psi(q, t)$. Es empfiehlt sich, dabei die Darstellung der erzeugenden Funktion der Hermite-Polynome aus Teil 2) von Aufgabe 4.4.8 zu verwenden.

3) Bestimmen Sie die Aufenthaltswahrscheinlichkeitsdichte $|\,\psi(q, t)\,|^2$ und demonstrieren Sie daran, daß das Wellenpaket im Gegensatz zu dem des *freien* Teilchens (Kap. 2.2.3) **nicht** ***breitfließt***.

4) Geben Sie den Erwartungwert $\langle q \rangle_t$ und die mittlere quadratische Schwankung Δq_t an.

5) Mit welcher Wahrscheinlichkeit liefert eine Energiemessung am Teilchen zur Zeit $t > 0$ den Eigenwert

$$E_n = \hbar\omega \left(n + \frac{1}{2}\right)?$$

Aufgabe 4.4.18

Ein Teilchen der Masse m bewege sich im Oszillatorpotential

$$V(q) = \frac{1}{2} m\omega^2 q^2.$$

Es befinde sich in einem gemischten Zustand, der durch die (nicht-normierte) Dichtematrix

$$\rho = \exp\left(-\frac{H}{k_B T}\right)$$

charakterisiert ist (k_B: Boltzmann-Konstante, T: Temperatur).

1) Wie groß ist der Erwartungswert $\langle H \rangle$ der Energie?

2) Mit welcher Wahrscheinlichkeit liefert eine Energiemessung den Wert $E_n = \hbar\omega\left(n + \frac{1}{2}\right)$?

4.5 Kontrollfragen

Zu Kapitel 4.1

1) Wann empfiehlt sich ein Separationsansatz für die Wellenfunktion $\psi(q,t)$?

2) Wann repräsentiert $\psi(q,t)$ einen stationären Zustand?

3) Welche allgemeinen Bedingungen müssen $\varphi(q)$ und $\varphi'(q)$ erfüllen? Begründen Sie diese Forderungen.

4) Wie ist das *klassisch erlaubte* Gebiet definiert? Was können Sie ganz allgemein über das Verhalten der Wellenfunktion in diesem Gebiet aussagen?

5) Was sind *klassische Umkehrpunkte*?

6) Wie verhält sich die Wellenfunktion im *klassisch verbotenen* Gebiet?

7) Was versteht man unter der Wronski-Determinante?

8) Was kann über die Wronski-Determinante $W(\varphi_1, \varphi_2; q)$ ausgesagt werden, wenn die Funktionen $\varphi_1(q)$ und $\varphi_2(q)$ zu demselben Eigenwert E gehören?

9) Was ist ein *gebundener* Zustand?

10) Formulieren und begründen Sie den Knotensatz.

11) Unter welchen Bedingungen besitzt H ein diskretes Eigenwertspektrum?

12) Wie wirkt der Paritätsoperator Π auf eine Wellenfunktion $\varphi(q)$?

13) Was versteht man unter gerader (ungerader) Parität?

14) Wann kommutiert der Hamilton- mit dem Paritätsoperator?

Zu Kapitel 4.2

1) Skizzieren Sie die wichtigsten Schritte zum Auffinden der gebundenen Zustände im Potentialtopf.

2) Welche transzendenten Gleichungen legen das diskrete Energiespektrum des Potentialtopfes fest?

3) Gibt es unabhängig von der Größe des Potentialtopfes immer einen symmetrischen und immer einen antisymmetrischen gebundenen Zustand?

4) Welche Größe bestimmt die Zahl der diskreten Zustände im Potentialtopf? Ist diese bei endlichen Topfdimensionen immer endlich?

5) Wie sind Transmissions- und Reflexionskoeffizienten T und R definiert? Welche physikalische Information vermitteln sie?

6) Wie verhalten sich T und R qualitativ als Funktion der Energie E?

7) Bei welchen Energien (*Resonanzen*) wird der Potentialtopf *vollkommen durchlässig* ($T = 1,\ R = 0$)?

8) Wie lassen sich die *Resonanzen* anschaulich verstehen?

Zu Kapitel 4.3

1) Wie sieht qualitativ die Aufenthaltswahrscheinlichkeitsdichte $|\varphi(q)|^2$ eines mit dem Impuls $\frac{\hbar k_0}{m}$ auf eine Potentialstufe $V(q) = V_0\,\Theta(q)$ zulaufenden Teilchens aus? Unterscheiden Sie die Fälle $E > V_0$ und $E < V_0$.

2) Wie ändern sich Reflexions- und Transmissionskoeffizienten (T und R), wenn man bei gleicher Teilchenenergie $E > V_0$ dieses statt von $q = -\infty$ nach $q = +\infty$ in umgekehrter Richtung laufen läßt?

3) Welcher Erhaltungssatz steht hinter der Relation $T + R = 1$?

4) Wie kann man sich bei einer Teilchenenergie $E > V_0$ einen von Null verschiedenen Reflexionskoeffizienten R an der Potentialstufe erklären?

5) Wie verhalten sich bei der Potentialstufe T und R für $E < V_0$, $E \gtrsim V_0$ und $E \gg V_0$?

6) Was kann bei einer unendlich hohen Potentialstufe ($V_0 \to \infty$) über die Wellenfunktion $\varphi(q)$ im klassisch verbotenen Gebiet ($q > 0$) ausgesagt werden?

7) Kennen Sie aus der klassischen Elektrodynamik eine dem quantenmechanischen Tunneln analoge Situation?

8) Erläutern Sie am Beispiel des rechteckigen Potentialwalls den Tunneleffekt.

9) Kennen Sie einige bedeutende Konsequenzen des Tunneleffekts?

10) Welche Größen bestimmen vornehmlich die Tunnelwahrscheinlichkeit durch den rechteckigen Potentialwall?

11) Wie sieht qualitativ die q-Abhängigkeit von $|\varphi(q)|^2$ beim Potentialwall aus?

12) Mit welchem *Trick* läßt sich die Tunnelwahrscheinlichkeit durch einen realistischen, kontinuierlichen Potentialberg mit den Ergebnissen zum einfacheren rechteckigen Potentialwall zumindest näherungsweise ausdrücken?

13) Nach welcher Formel läßt sich die Tunnelwahrscheinlichkeit für einen kontinuierlichen Potentialberg berechnen?

14) Wie läßt sich qualitativ die α-Radioaktivität erklären?

15) Welcher Zusammenhang besteht zwischen der Lebensdauer eines α-radioaktiven Kerns und der Energie des emittierten α-Teilchens?

16) Welche Situation beschreibt das Kronig-Penney-Modell?

17) Wie verhalten sich die Wellenfunktion und ihre erste Ableitung, wenn die potentielle Energie $V(q)$ die Gestalt einer δ-Funktion hat?

18) Erläutern Sie am Kronig-Penney-Modell das Bloch-Theorem.

19) Was ist die Ursache für das Entstehen von Energiebändern und Energielücken in Festkörpern?

20) Wie hängen Position und Breite der Energiebänder im Kronig-Penney-Modell von der Wechselwirkungsstärke D und dem Gitterabstand a ab?

21) Wie viele diskrete Niveaus bilden ein Energieband? Gibt es Niveaus, deren energetische Position unabhängig von der Potentialstärke D ist?

22) Wie kann man einen *Bandindex n* einführen?

23) Was versteht man unter einer *Bandstruktur*?

Zu Kapitel 4.4

1) Wie lautet der Hamilton-Operator des harmonischen Oszillators?

2) Warum muß dieser ein diskretes, nicht-entartetes Spektrum besitzen?

3) Sind der Erzeugungs- und der Vernichtungsoperator a und a^+ vertauschbar? Wenn nicht, welche Kommutatorrelation erfüllen sie?

4) Welche Zusammenhänge bestehen zwischen Ort q, Impuls p des harmonischen Oszillators und a, a^+?

5) Wie läßt sich der Hamilton-Operator des harmonischen Oszillators durch den Besetzungszahloperator ausdrücken?

6) Warum hat $\hat{n} = a^+a$ reelle Eigenwerte?

7) Was können Sie über die Eigenwerte von $\hat{n}$ aussagen?

8) Wie beweist man, daß mit $|\,n\,\rangle$ auch $a\,|\,n\,\rangle$ und $a^+\,|\,n\,\rangle$ Eigenzustände zu $\hat{n}$ sind? Zu welchen Eigenwerten gehören sie? vskip -2mm

9) Was ist der kleinste Eigenwert von $\hat{n}$?

10) Wie hängt der Eigenzustand $|\,n\,\rangle$ mit dem *Vakuumzustand* $|\,0\,\rangle$ zusammen?

11) Was versteht man unter der Nullpunktsenergie des harmonischen Oszillators?

12) Wie kann man anschaulich die Begriffe *Besetzungszahl-*, *Erzeugungs-* und *Vernichtungs*operator verstehen?

13) Geben Sie die Erwartungswerte von Ort und Impuls des Oszillators im Eigenzustand $|\,n\,\rangle$ an.

14) Wie lautet das Unschärfeprodukt $\Delta p\,\Delta q$, wenn sich der Oszillator im Zustand $|\,n\,\rangle$ befindet?

15) Welche einfache Differentialgleichung muß die Grundzustandswellenfunktion $\varphi_0(x)$ erfüllen?

16) Wie kann man über die Grundzustandswellenfunktion $\varphi_0(x)$ die anderen Eigenfunktionen, $\varphi_n(x)$, $n \geq 1$, des harmonischen Oszillators gewinnen?

17) Was kann über die Parität der Eigenfunktionen $\varphi_n(x)$ ausgesagt werden?

18) Wie verhält sich qualitativ $\varphi_n(x)$ im *klassisch erlaubten (verbotenen)* Gebiet?

19) Skizzieren Sie die *Polynommethode*. Welche Eigenschaft der Wellenfunktion spielt bei der Wahl des Lösungsansatzes für die zeitunabhängige Schrödinger-Gleichung die entscheidende Rolle?

20) Durch welchen Lösungsansatz läßt sich das Problem des dreidimensionalen Oszillators auf das des linearen Oszillators zurückführen?

21) Was können Sie über den Entartungsgrad der Eigenwerte des isotropen, dreidimensionalen Oszillators aussagen?

ANHANG: LÖSUNGEN DER ÜBUNGSAUFGABEN

Kapitel 1.1.1

Lösung zu Aufgabe 1.1.1

Hamilton-Funktion des harmonischen Oszillators:

$$H = \frac{p^2}{2m} + \frac{1}{2} m \omega^2 q^2 = E.$$

Es soll gelten:

$$E \geq \frac{(\Delta p)^2}{2m} + \frac{1}{2} m \omega^2 (\Delta q)^2.$$

Unschärferelation:

$$(\Delta p)^2 (\Delta q)^2 \geq \frac{1}{4} \hbar^2.$$

Damit folgt:

$$E \geq \frac{(\Delta p)^2}{2m} + \frac{1}{8} \hbar^2 m \omega^2 \frac{1}{(\Delta p)^2}.$$

Aus

$$\frac{dE}{d(\Delta p)^2} \stackrel{!}{=} 0 = \frac{1}{2m} - \frac{1}{8} \hbar^2 m \omega^2 \frac{1}{(\Delta p)^4}$$

ergibt sich:

$$(\Delta p)_0^2 = \frac{1}{2} m \omega \hbar.$$

Einsetzen in die Ungleichung für E:

$$E \geq \frac{1}{4} \hbar\omega + \frac{1}{4} \hbar\omega = \frac{1}{2} \hbar \omega.$$

Lösung zu Aufgabe 1.1.2

Hamilton-Funktion:

$$H = T + V = \frac{p^2}{2m} - \frac{e^2}{4\pi\epsilon_0 r} \stackrel{!}{=} E.$$

Untere Grenze für den Bahnradius durch die Unschärferelation festgelegt:

$$a \geq \Delta r; \quad p \geq \Delta p.$$

Wir können deshalb abschätzen:

$$a p \geq \frac{\hbar}{2} \iff p \geq \frac{\hbar}{2a}.$$

Zugehörige Energie:

$$E(a) = \frac{\hbar^2}{8 m a^2} - \frac{e^2}{4\pi\epsilon_0 a}.$$

Energieminimum:

$$\left.\frac{dE}{da}\right|_{a_0} = -\frac{\hbar^2}{4\,m\,a_0^3} + \frac{e^2}{4\pi\epsilon_0 a_0^2} \stackrel{!}{=} 0$$

$$\Longrightarrow\; a_0 = \frac{1}{4}\,\frac{4\pi\epsilon_0\,\hbar^2}{m\,e^2}.$$

Die spätere quantenmechanische Berechnung wird als untere Grenze für den Bahnradius den Bohrschen Radius

$$a_B = 4\,a_0$$

liefern. Mit dem kleinsten Radius ist dann ein Energieminimum (*Grundzustandsenergie*) verknüpft.

Lösung zu Aufgabe 1.1.3

$$T = \frac{\mathbf{p}^2}{2\,m} = \frac{1}{2\,m}(p_x^2 + p_y^2 + p_z^2).$$

Unschärferelation:

$$(\Delta p_x)^2 \gtrsim \frac{\hbar^2}{4(\Delta x)^2}; \quad (\Delta p_y)^2 \gtrsim \frac{\hbar^2}{4(\Delta y)^2}; \quad (\Delta p_z)^2 \gtrsim \frac{\hbar^2}{4(\Delta z)^2},$$

$$\Delta x \approx \Delta y \approx \Delta z \approx 2\,R$$

$$\Longrightarrow\; T \gtrsim \frac{3}{32\,m}\,\frac{\hbar^2}{R^2}.$$

Zahlenwerte:

$$T \gtrsim \frac{3}{32 \cdot 1{,}7 \cdot 10^{-27}}\,\frac{(1{,}055)^2 \cdot 10^{-68}}{10^{-30}}\,\frac{\mathrm{J^2\,s^2}}{\mathrm{kg\ m^2}} \approx$$
$$\approx 0{,}614 \cdot 10^{-12}\mathrm{J} = 0{,}614 \cdot 6{,}242 \cdot 10^6\ \mathrm{eV} \;\Longrightarrow\; T \gtrsim 3{,}831\ \mathrm{MeV}.$$

Kapitel 1.2.4

Lösung zu Aufgabe 1.2.1

Es ist zu berechnen:

$$w = \int_0^\infty w_\nu\,d\nu = \frac{8\pi}{c^3}\int_0^\infty \frac{h\,\nu^3}{\exp(\beta\,h\,\nu) - 1}\,d\nu.$$

Substitution:

$$x = \beta\,h\,\nu \;\Longrightarrow\; \nu^3\,d\nu = \frac{1}{(\beta\,h)^4}\,x^3\,dx.$$

Zwischenergebnis:

$$w = \frac{8\pi}{c^3\,h^3\,\beta^4}\int\limits_0^\infty dx\,\frac{x^3}{e^x-1},$$

$$\int\limits_0^\infty dx\,\frac{x^3}{e^x-1} = \int\limits_0^\infty dx\,x^3\,e^{-x}\sum_{n=0}^\infty (e^{-x})^n = \sum_{n=1}^\infty \int\limits_0^\infty dx\,x^3\,e^{-n\,x} =$$

$$= \sum_{n=1}^\infty \frac{\Gamma(4)}{n^4} = 3!\sum_{n=1}^\infty \frac{1}{n^4} = 3!\,\frac{\pi^4}{90}.$$

Es gilt demnach das Stefan-Boltzmann-Gesetz,

$$w = \alpha\,T^4,$$

mit der Konstanten:

$$\alpha = \frac{8}{15}\,\pi^5\,\frac{k_B^4}{c^3\,h^3} = 7{,}5648\cdot 10^{-16}\,\frac{\mathrm{J}}{\mathrm{m^3\,K^4}}.$$

Lösung zu Aufgabe 1.2.2

Es gilt die Transformationsformel:

$$w_\lambda = \frac{c}{\lambda^2}\,w_{\nu(\lambda)}.$$

Damit berechnet man leicht:

Wien:

$$w_\nu^w = \nu^3\,g\left(\frac{\nu}{T}\right) = \nu^3\,a\,e^{-b\frac{\nu}{T}}$$

$$\Longrightarrow\; w_{\nu(\lambda)}^w = a\,\frac{c^3}{\lambda^3}\,e^{-b\frac{c}{\lambda T}}$$

$$\Longrightarrow\; w_\lambda^w = a\,\frac{c^4}{\lambda^5}\,e^{-b\frac{c}{\lambda T}}.$$

Planck:

$$w_\nu^P = \frac{8\pi}{c^3}\,\nu^3\,\frac{h}{\exp(\beta\,h\,\nu)-1}$$

$$\Longrightarrow\; w_\lambda^P = \frac{8\pi}{\lambda^5}\,\frac{h\,c}{\exp\left(\frac{h\,c}{\lambda\,k_B\,T}\right)-1}.$$

Für $h\,c \gg \lambda$ gilt näherungsweise:

$$w_\lambda^P \approx 8\pi\,\frac{h\,c}{\lambda^5}\,e^{-\frac{h}{k_B}\frac{c}{\lambda T}}.$$

Das entspricht der Wien-Formel, falls

$$a = \frac{8\pi\, h}{c^3}; \quad b = \frac{h}{k_B}.$$

In der anderen Grenze $h\,c \ll \lambda$ gilt dagegen:

$$w_\lambda^P \approx 8\pi\, k_B\, \frac{T}{\lambda^4}.$$

Das ist exakt die Rayleigh-Formel!

Kapitel 1.3.4

Lösung zu Aufgabe 1.3.1

Zahl der Teilchen im Volumenelement d^3r bei $\mathbf{r}$ des Ortsraums und d^3v bei $\mathbf{v}$ des Geschwindigkeitsraums:

$$dN(\mathbf{r}, \mathbf{v}) = f(\mathbf{r}, \mathbf{v})\, d^3r\, d^3v.$$

Räumliche Dichte:

$$n(\mathbf{r}) = \int f(\mathbf{r}, \mathbf{v})\, d^3v.$$

Homogenes Gas im thermischen Gleichgewicht:

$$n(\mathbf{r}) = n = \frac{N}{V},$$
$$f(\mathbf{r}, \mathbf{v}) \equiv f(\mathbf{v}) \equiv f(v).$$

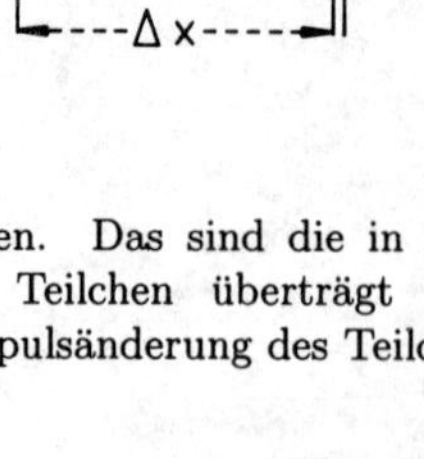

Alle Teilchen der Geschwindigkeit $\mathbf{v}$, deren senkrechter Abstand von der Wand nicht größer als

$$\Delta x = v_x\, \Delta t$$

ist, erreichen in der Zeit Δt die Wand. Das Flächenelement ΔS erreichen in der Zeit Δt

$$dN(\mathbf{v}, \Delta S) = f(v)\, \Delta S\, v_x\, \Delta t\, d^3v$$

Teilchen. Das sind die in dem skizzierten Zylinder mit passender Geschwindigkeit. Jedes Teilchen überträgt auf die ideal reflektierende Wand den Impuls $2mv_x$ (= Impulsänderung des Teilchens).

$$\text{Druck} = \frac{\text{auf die Wand übertragener Impuls}}{\text{Fläche} \cdot \text{Zeit}}$$
$$\Longrightarrow dp(\mathbf{v}) = \frac{2m\, v_x\, dN\,(\mathbf{v}, \Delta S)}{\Delta S\, \Delta t} = 2m\, v_x^2\, f(v)\, d^3v.$$

Dies bedeutet für den Gesamtdruck:

$$p = 2m \iint\limits_{-\infty}^{+\infty} dv_y\, dv_z \int\limits_0^{\infty} dv_x\, v_x^2\, f(v)\, dv_x =$$

$$= m \int d^3v\, f(v)\, v_x^2 = \frac{1}{3} m \int d^3v\, f(v)\, \mathbf{v}^2 \quad \text{(Isotropie)}.$$

Mittleres Geschwindigkeitsquadrat:

$$\langle \mathbf{v}^2 \rangle = \frac{1}{n} \int d^3v\, \mathbf{v}^2\, f(v).$$

Daraus folgt schließlich:

$$p = \frac{1}{3} n\, m \langle \mathbf{v}^2 \rangle \qquad \text{q.e.d.}$$

Lösung zu Aufgabe 1.3.2

1)

$$1 \overset{!}{=} f_0 \iint d^{3N}r\, d^{3N}v\, e^{-\beta H}$$

$$\Longrightarrow f(\mathbf{r}_1, \ldots, \mathbf{r}_N, \mathbf{v}_1, \ldots, \mathbf{v}_N) = \frac{e^{-\beta H}}{\iint d^{3N}r\, d^{3N}v\, e^{-\beta H}}.$$

Dies bedeutet für die Geschwindigkeitsverteilung:

$$w(\mathbf{v}_1, \ldots, \mathbf{v}_N) = \frac{e^{-\beta T}}{\int d^{3N}v\, e^{-\beta T}},$$

$$\int d^{3N}v\, e^{-\beta T} = \left(\int\limits_{-\infty}^{+\infty} dv\, e^{-\beta \frac{m}{2} v^2} \right)^{3N} =$$

$$= \left(\frac{2}{m\beta} \right)^{\frac{3N}{2}} \left(\int\limits_{-\infty}^{+\infty} dy\, e^{-y^2} \right)^{3N} = \left(\frac{2\pi}{m\beta} \right)^{\frac{3N}{2}}.$$

Daraus folgt:

$$w(\mathbf{v}_1, \ldots \mathbf{v}_N) = \prod_{i=1}^{N} \omega_i(\mathbf{v}_i),$$

$$w_i(\mathbf{v}_i) = \left(\frac{m}{2\pi\, k_B T} \right)^{\frac{3}{2}} e^{-\frac{m v_i^2}{2k_B T}}.$$

2)

$$U = \langle H \rangle = \langle T \rangle = \int \ldots \int d^{3N}r\, d^{3N}v \left(\frac{1}{2} \sum_{i=1}^{N} m\, v_i^2 \right) f(\mathbf{r}_1 \ldots \mathbf{r}_N, \mathbf{v}_1 \ldots \mathbf{v}_N) =$$

$$= \int d^{3N}\, v \left(\frac{m}{2} \sum_{i=1}^{N} v_i^2 \right) \prod_{j=1}^{N} w_j(\mathbf{v}_j).$$

Es ist

$$\int d^3 v_i\, w_i\,(\mathbf{v}_i) = 1,$$

so daß zu berechnen bleibt:

$$U = N\, \frac{m}{2} \int d^3 v\, v^2 \left(\frac{m\, \beta}{2\pi} \right)^{3/2} e^{-\beta \frac{1}{2} m\, v^2} =$$

$$= N\, \frac{m}{2} \left(\frac{m\, \beta}{2\pi} \right)^{3/2} 4\pi \int_0^\infty dv\, v^4\, e^{-\frac{\beta\, m}{2} v^2} =$$

$$= N\, \frac{m}{2}\, \frac{4\pi}{\pi^{3/2}}\, \frac{2}{m\, \beta} \int_0^\infty dy\, y^4\, e^{-y^2} = N\, k_B T\, \frac{4}{\sqrt{\pi}}\, \frac{3}{8} \sqrt{\pi}$$

$$\Longrightarrow \; U = \frac{3}{2}\, N k_B T \qquad \text{q.e.d.}$$

Lösung zu Aufgabe 1.3.3

Gleichgewicht:

$$E = \frac{U}{d} = -\frac{m^* g}{q}$$

$$\Longrightarrow \; U = + \frac{2{,}4 \cdot 10^{-16}\ \text{kg} \cdot 9{,}81 \frac{\text{J}}{\text{m kg}} \cdot 1{,}5 \cdot 10^{-2}\ \text{m}}{3 \cdot 1{,}6021 \cdot 10^{-19}\ \text{As}} = +73{,}5\ \text{V}.$$

Lösung zu Aufgabe 1.3.4

Fallgeschwindigkeit:

$$v_0 = \frac{\frac{4\pi}{3}\, r^3 (\rho - \rho_L) g}{6\pi r \eta} = \frac{2}{9}\, \frac{r^2 (\rho - \rho_L)\, g}{\eta}$$

$$\Longrightarrow \; v_0 = \frac{2}{9} (0{,}39)^2\, \frac{0{,}98 - 0{,}001288}{183{,}2} \cdot 9{,}81\, \frac{\text{cm}}{\text{s}},$$

$$v_0 \approx 0{,}002 \frac{\text{cm}}{\text{s}}.$$

Lösung zu Aufgabe 1.3.5

Nach 1.46 ist zu berechnen:

$$q = -n\,e = -\frac{18\pi(\eta\,v_0)^{3/2}}{E\sqrt{2(\rho-\rho_L)g}}.$$

Mit

$$1\text{ J} = 1\text{ VAs} = 10^7\,\frac{g\text{ cm}^2}{\text{s}^2}$$

gilt:

$$n = \frac{1{,}6\cdot 18\pi(1{,}832\cdot 0{,}0029)^{3/2}\cdot 10^3}{1{,}602\cdot\sqrt{2(0{,}98-0{,}001288)\cdot 9{,}81}} \approx 5.$$

Radius:

$$r = \sqrt{\frac{9}{2}\,\frac{\eta\,v_0}{(\rho-\rho_L)g}} = \sqrt{\frac{9}{2}\,\frac{1{,}832\cdot 0{,}29}{9{,}81(0{,}98-0{,}001288)}}\cdot 10^{-4}\text{ cm}$$

$$\Longrightarrow\ r \approx 0{,}5\cdot 10^{-4}\text{ cm}.$$

Masse:

$$m^* = \frac{4\pi}{3}\,r^3(\rho-\rho_L) \approx 0{,}51\cdot 10^{-12}\text{ g}.$$

Lösung zu Aufgabe 1.3.6

Dem *klassischen Elektronenradius* liegt die Vorstellung zugrunde, daß die gesamte Ruhemasse des Elektrons von dem elektrostatischen Feld einer Kugel vom Radius r_e hervorgerufen wird, auf deren Oberfläche sich die Elementarladung $-e$ gleichmäßig verteilt:

Nach ((2.48), Bd. 3) gilt für die Energie:

$$W = \frac{\epsilon_0}{2}\int d^3r\,|\mathbf{E}|^2 = \frac{\epsilon_0}{2}\,\frac{e^2}{(4\pi\epsilon_0)^2}\,4\pi\int_r^\infty dr\,\frac{r^2}{r^4} = \frac{1}{2}\,\frac{e^2}{4\pi\epsilon_0\,r}.$$

Im Innern der Kugel ist das Feld Null. Man fordert:

$$W \overset{!}{=} m_e\,c^2 \ \Longrightarrow\ r = \frac{1}{2}\,\frac{e^2}{(4\pi\epsilon_0)\,m_e\,c^2}.$$

Hätte man angenommen, daß die Ladung $(-e)$ homogen über die gesamte Kugel verteilt ist ((2.50), Bd. 3), so hätte sich

$$r' = \frac{3}{5}\,\frac{e^2}{(4\pi\epsilon_0)\,m_e\,c^2}$$

ergeben. Beide Ausdrücke unterscheiden sich nur durch den Vorfaktor. Da sie außerdem auf nicht weiter begründbaren Hypothesen basieren, macht es wenig Sinn, den Vorfaktor allzu ernst zu nehmen. Man definiert deshalb als *klassischen Elektronenradius*:

$$r_e = \frac{e^2}{(4\pi\epsilon_0)\, m_e\, c^2}.$$

Lösung zu Aufgabe 1.3.7

L: Kondensatorlänge.

1) Ablenkung durch das elektrische Feld im Kondensator nach (1.49):

$$\Delta y \approx \frac{L\left(\frac{L}{2} + d\right)}{v^2} \left(\frac{q}{m}\right) E,$$

v: Teilchengeschwindigkeit in z-Richtung.

Ablenkung durch das Magnetfeld:

$$\Delta x \approx \left(\frac{L}{2} + d\right) \frac{v_x}{v}.$$

Das Magnetfeld zwingt das geladene Teilchen auf eine Kreisbahn in der xz-Ebene. Das Feld sei allerdings so schwach, daß innerhalb der Kondensatorabmessung L nur ein kleiner Bogen des Bahnkreises realisiert wird. Dann gilt in guter Näherung für die Lorentz-Kraft:

$$\begin{aligned}
\mathbf{F}_L &= q(\mathbf{v} \times \mathbf{B}) \approx -q\, B\, v\, \mathbf{e}_x = m\, \mathbf{a}, \\
v_x &= a_x\, t, \\
t &= \frac{L}{v} : \text{ Aufenthaltsdauer im Kondensatorbereich,} \\
v_x &= -\frac{q}{m}\, B\, L.
\end{aligned}$$

Dies bedeutet:

$$\Delta x \approx -\left(\frac{L}{2} + d\right) \left(\frac{q}{m}\right) B\, \frac{L}{v}.$$

Aus den Beziehungen für Δx und Δy v eliminieren:

$$\begin{aligned}
v^2 &= \frac{\left(\frac{L}{2} + d\right)^2}{(\Delta x)^2} \left(\frac{q}{m}\, B\, L\right)^2 \\
\Longrightarrow\ \Delta y &= \alpha (\Delta x)^2, \\
\alpha &\approx \frac{1}{L\, d}\, \frac{E}{B^2} \left(\frac{m}{q}\right) \qquad (d \gg L).
\end{aligned}$$

2) Energiereiche Teilchen haben großes v und damit kleine Ablenkungen Δx, Δy; treffen also in der Scheitelnähe der Parabel auf den Schirm.

3) Relativistische Massenzunahme der energiereichen Teilchen verändert $\frac{m}{q}$ und damit α. Die Kurve auf dem Schirm wird in der Nähe des Scheitels spitzer als die Parabel!

Kapitel 1.4.5

Lösung zu Aufgabe 1.4.1

Zunächst interferieren die Strahlenbündel der Einzelspalte wie in Kapitel 1.4.2 (s. (1.70), (1.71)).

Hauptmaximum ($n = 0$: kein Gangunterschied der in Einfallsrichtung verlaufenden Wellenzüge):

$$\sin\alpha = 0.$$

Maxima (*erster Klasse*):

$$\sin\alpha_n^{(1)} = (2n+1)\,\frac{\lambda}{2d}; \qquad n = 1, 2, \ldots .$$

Minima (*erster Klasse*):

$$\sin\alpha_n^{(1)} = n\frac{\lambda}{d}; \qquad n = 1, 2, \ldots .$$

Dazu kommt nun noch die Interferenz zwischen Strahlenbündeln aus den beiden verschiedenen Spalten. Auslöschung tritt zum Beispiel dann ein, wenn der Gangunterschied zwischen entsprechenden Bündeln aus Spalt 1 und Spalt 2 gerade $\lambda/2$ beträgt. Allgemein gilt:

Maxima (*zweiter Klasse*):

$$\sin\alpha_n^{(2)} = n\,\frac{\lambda}{a}; \qquad n = 1, 2, \ldots .$$

Minima (*zweiter Klasse*):

$$\sin\alpha_n^{(2)} = (2n+1)\,\frac{\lambda}{2a}; \qquad n = 0,1, \ldots .$$

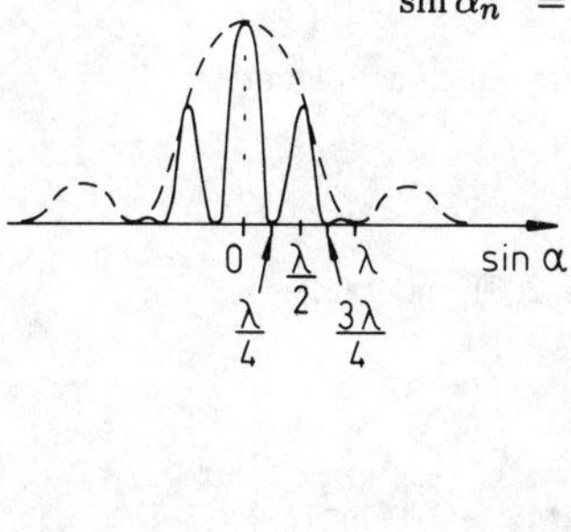

Das Hauptmaximum ist für $a = 2d$ von vier dunklen Streifen durchzogen, entsprechend den Minima zweiter Klasse für $n = 0$ und $n = 1$.

Lösung zu Aufgabe 1.4.2

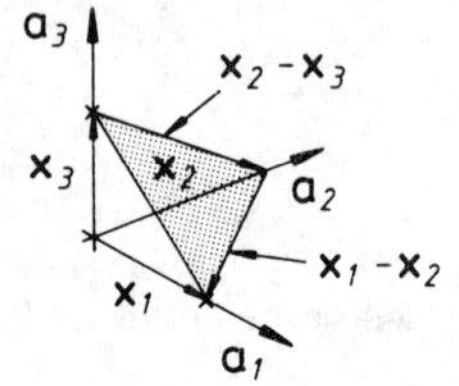

Die (p_1, p_2, p_3)-Ebene hat im direkten Gitter die Achsenabschnitte

$$\mathbf{x}_i = \frac{\alpha}{p_i}\,\mathbf{a}_i; \qquad i = 1, 2, 3.$$

Für jeden Vektor **in** der Ebene gilt:

$$\mathbf{r}(\mathbf{p}) = \gamma_1(\mathbf{x}_1 - \mathbf{x}_2) + \gamma_2(\mathbf{x}_2 - \mathbf{x}_3).$$

Mit (1.82) zeigt man dann leicht:

$$\mathbf{K}^{\mathbf{p}} \cdot \mathbf{r}(\mathbf{p}) = 0.$$

Da $\mathbf{r}(\mathbf{p})$ beliebig gewählt wurde, ist somit die Behauptung bewiesen.

Lösung zu Aufgabe 1.4.3

Wir haben in Aufgabe 1.4.2 gezeigt, daß

$$\boldsymbol{\kappa} = \frac{\mathbf{K}^{\mathbf{p}}}{|\,\mathbf{K}^{\mathbf{p}}\,|}$$

der Normaleneinheitsvektor der (p_1, p_2, p_3)-Ebene ist. Eine bestimmte (p_1, p_2, p_3)-Ebene im Abstand Δ vom Koordinatenursprung ist dann durch solche Gittervektoren $\mathbf{R}^{\mathbf{n}}$ definiert, für die gilt:

$$\Delta = \boldsymbol{\kappa} \cdot \mathbf{R}^{\mathbf{n}} = \frac{2\pi}{|\,\mathbf{K}^{\mathbf{p}}\,|}\,(p_1 n_1 + p_2 n_2 + p_3 n_3) = \frac{2\pi}{|\,\mathbf{K}^{\mathbf{p}}\,|}\,N; \quad N \in \mathbb{Z}.$$

p_1, p_2, p_3 sind teilerfremde ganze Zahlen. Damit durchläuft N ebenso wie die n_i **alle** ganzen Zahlen. Der Abstand benachbarter Ebenen ist deshalb

$$d = \Delta_{N+1} - \Delta_N,$$

was der Behauptung (1.84) entspricht.

Lösung zu Aufgabe 1.4.4

Für die primitiven Translationen des reziproken Gitters gilt ganz allgemein:

$$b_i^2 = \frac{4\pi^2}{a_i^2}\,\frac{a_1^2\,a_2^2\,a_3^2}{V_z^2}\,\sin^2\alpha_i;$$
$$\alpha_i = \sphericalangle(\mathbf{a}_j, \mathbf{a}_k) \qquad (i, j, k) = (1, 2, 3) \text{ und zyklisch.}$$

Der Netzebenenabstand beträgt:

$$d(p_1, p_2, p_3) = \frac{V_z}{a_1 a_2 a_3}\left\{\frac{p_1^2}{a_1^2}\sin^2\alpha_1 + \frac{p_2^2}{a_2^2}\sin^2\alpha_2 + \frac{p_3^2}{a_3^2}\sin^2\alpha_3\right\}^{-\frac{1}{2}}.$$

Diese Ausdrücke vereinfachen sich für orthorhombische Gitter ($\alpha_i = \pi/2;\ i = 1,2,3$). Die Bragg-Bedingung (1.86) lautet dann:

$$\sin^2\vartheta = \frac{n^2\lambda^2}{4}\left(\frac{p_1^2}{a_1^2} + \frac{p_2^2}{a_2^2} + \frac{p_3^2}{a_3^2}\right).$$

Bei kubischen Gittern kann schließlich noch $a_1 = a_2 = a_3 = a$ zur weiteren Vereinfachung benutzt werden.

Lösung zu Aufgabe 1.4.5

$$\nu_g = \frac{c}{\lambda_g} = \left(3\cdot 10^8\frac{\mathrm{m}}{\mathrm{s}}\right)(6400\cdot 10^{-10}\ \mathrm{m})^{-1} = 4{,}69\cdot 10^{14}\ \mathrm{s}^{-1},$$

$$W = h\,\nu_g = 6{,}624\cdot 10^{-34}\ \mathrm{Js}\cdot 4{,}69\cdot 10^{14}\ \mathrm{s}^{-1} = 3{,}11\cdot 10^{-19}\ \mathrm{Js} = 1{,}94\ \mathrm{eV}.$$

Lösung zu Aufgabe 1.4.6

$$\vartheta = \frac{\pi}{2} \implies \Delta\lambda = \lambda_c \implies \frac{\Delta\lambda}{\lambda_0} = \frac{\lambda_c}{\lambda_0} = \frac{0{,}024263\ \text{Å}}{\lambda_0}.$$

$$1)\ \frac{\Delta\lambda}{\lambda_0} = 6{,}06575\cdot 10^{-6} = 0{,}6\cdot 10^{-3}\ \%,$$

$$2)\ \frac{\Delta\lambda}{\lambda_0} = 0{,}0485 = 4{,}85\ \%,$$

$$3)\ \frac{\Delta\lambda}{\lambda_0} = 1{,}2132 = 121{,}32\ \%.$$

Rückstoßenergie des Elektrons:

$$\frac{\Delta T}{h\nu_0} = \frac{h\Delta\nu}{h\nu_0} = 1 - \frac{\nu}{\nu_0} = 1 - \frac{\lambda_0}{\lambda} = \frac{\Delta\lambda}{\lambda_0 + \Delta\lambda} = \frac{\frac{\Delta\lambda}{\lambda_0}}{1 + \frac{\Delta\lambda}{\lambda_0}}$$

$$\implies 1)\ \frac{\Delta T}{h\nu_0} = 0{,}0000061;\ 2)\ \frac{\Delta T}{h\nu_0} = 0{,}04626;\ 3)\ \frac{\Delta T}{h\nu_0} = 0{,}54817.$$

In der Regel sind *Rückstoßelektronen* leicht von *Photoelektronen* zu unterscheiden, die durch Absorption eines Photons stets eine Energie von der Größenordnung $h\nu_0$ aufnehmen.

Kapitel 1.5.4

Lösung zu Aufgabe 1.5.1

Klassisch:

$$E = \frac{1}{2}J\,\omega^2 = 2\pi^2 J\,\nu^2 \implies \nu = \frac{1}{\pi}\frac{1}{\sqrt{2J}}\sqrt{E}.$$

Korrespondenzprinzip:

$$\int \frac{dE}{\nu} = \pi\sqrt{2J} \int \frac{dE}{\sqrt{E}} = 2\pi\sqrt{2J}\,\sqrt{E} \stackrel{!}{=} h(n+\alpha) \quad (s.(1.129))$$

$$\Longrightarrow \; E_n = \frac{1}{2J}\,\hbar^2 (n+\alpha)^2 .$$

Die Energieniveaus des starren Rotators rücken also mit wachsender Ordnungszahl quadratisch auseinander. Die Rotationsspektren von Molekülen lassen auf $\alpha = 0$ schließen.

Lösung zu Aufgabe 1.5.2

Die klassische Eigenfrequenz des harmonischen Oszillators,

$$\nu = \frac{1}{2\pi}\sqrt{\frac{k}{m}} = \frac{\omega_0}{2\pi} \quad (k\text{: Federkonstante}),$$

ist unabhängig von E. Die Quantenbedingung (1.129) liefert deshalb unmittelbar:

$$E_n = \hbar\omega_0\,(n+\alpha); \quad n = 0, 1, 2, \ldots$$

Das Experiment (*Molekülschwingungen*) führt hier auf $\alpha = \frac{1}{2}$.

Lösung zu Aufgabe 1.5.3

Coulomb-Kraft:

$$\frac{e^2}{4\pi\epsilon_0 r^2} .$$

Zentrifugalkraft:

$$mr\omega^2 = mr\,\dot{\varphi}^2 .$$

Quantenbedingung:

$$\int p\,dq = \int mvr\,d\varphi = \int \underbrace{mr^2\,\dot{\varphi}}_{=L_z=\text{const.}}\,d\varphi = 2\pi mr^2\,\dot{\varphi} \stackrel{!}{=} h\,n$$

$$\Longrightarrow \; \dot{\varphi} = \frac{\hbar}{mr^2}\,n .$$

Gleichgewicht:

$$\frac{e^2}{4\pi\epsilon_0 r^2} \stackrel{!}{=} mr\,\dot{\varphi}^2 = mr\frac{\hbar^2}{m^2 r^4}\,n^2$$

$$\Longrightarrow \; \text{Bohrsche Radien: } r_n = \frac{\hbar^2 (4\pi\epsilon_0)}{me^2}\,n^2 .$$

Radius der ersten Bohrschen Bahn:

$$r_1 = a_B = \frac{4\pi\epsilon_0\hbar^2}{me^2} = 0{,}529\ \text{Å}.$$

Umlauffrequenz:

$$\dot{\varphi}_n = \omega_n = \frac{\hbar}{m r_n^2}\, n,$$
$$\omega_n = \frac{m e^4}{(4\pi\epsilon_0)^2\, \hbar^3}\, \frac{1}{n^3},$$

speziell:

$$\omega_1 = 4{,}06 \cdot 10^{16}\, \frac{1}{\mathrm{s}}.$$

Kapitel 2.1.4

Lösung zu Aufgabe 2.1.1

1) Nach (2.20) ist $\lambda(e^-) \approx 12{,}25$ Å.

2) Bei dieser Energie muß relativistisch gerechnet werden:

$$((2.63),\ \text{Bd. } 4):\quad E = \sqrt{c^2 p^2 + m_e^2\, c^4}$$
$$\Longrightarrow\ c^2 p^2 = E^2 - (m_e\, c^2)^2,$$
$$m_e\, c^2 = 0{,}5110\ \text{MeV} \qquad (s.(1.58))$$
$$\Longrightarrow\ E^2 \gg (m_e\, c^2)^2\ \Longrightarrow\ p \approx \frac{E}{c}.$$

De Broglie-Wellenlänge: $\lambda = \frac{h\,c}{E}$

$$\Longrightarrow\ \lambda \approx \frac{12{,}4}{E[\text{keV}]} \qquad (\text{s. } (2.22)),$$
$$\lambda \approx 1{,}24 \cdot 10^{-4}\ \text{Å} = 12{,}4\ \text{fm}$$
$$(1\ \text{Fermi} = 1\ \text{fm} = 10^{-15}\ \text{m}).$$

3)

$$k_B \approx 0{,}862 \cdot 10^{-4}\, \frac{\text{eV}}{\text{K}}$$
$$\Longrightarrow\ k_B T \approx 0{,}0259\ \text{eV} \qquad \text{bei } T = 300\ \text{K}$$
$$\Longrightarrow\ \lambda(n) \approx \frac{0{,}28}{\sqrt{0{,}0259}}\ \text{Å} \approx 1{,}741\ \text{Å}.$$

Lösung zu Aufgabe 2.1.2

m_e: Ruhemasse des Elektrons.

Kinetische Energie:

$$E = mc^2 - m_e\,c^2 = m_e\,c^2 \left(\frac{1}{\sqrt{1-\frac{v^2}{c^2}}} - 1 \right)$$

$$\Longrightarrow\ 1 - \frac{v^2}{c^2} = \left(\frac{m_e\,c^2}{E + m_e\,c^2} \right)^2$$

$$\Longrightarrow\ v = c\,\frac{\sqrt{E^2 + 2E\,m_e\,c^2}}{E + m_e\,c^2}.$$

De Broglie-Wellenlänge:

$$\lambda = \frac{h}{p} = \frac{h}{m_e\,v}\sqrt{1-\frac{v^2}{c^2}} = \frac{h}{v}\,\frac{c^2}{E + m_e\,c^2} = \frac{h\,c}{\sqrt{E^2 + 2E\,m_e\,c^2}}$$

$$\Longrightarrow\ \lambda = \frac{h}{\sqrt{2m_e\,E}}\,\frac{1}{\sqrt{1+\frac{E}{2m_e\,c^2}}}.$$

Das bedeutet mit $2m_e\,c^2 = 1{,}022 \cdot 10^6$ eV:

$$\lambda \approx \frac{12{,}25}{\sqrt{E[\mathrm{eV}]}}\,\frac{1}{\sqrt{1 + 0{,}978 \cdot 10^{-6} \cdot E[\mathrm{eV}]}}.$$

Lösung zu Aufgabe 2.1.3

Bragg-Bedingung:

$$2d\sin\vartheta = n\,\lambda; \qquad n = 1, 2, \ldots$$

Thermische Neutronen (s. Aufgabe 2.1.1, Teil 3)):

$$\lambda = 1{,}741\ \text{Å}$$

$$\Longrightarrow\ \sin\vartheta = n \cdot 0{,}249.$$

Ablenkwinkel:

$$n = 1: \quad \vartheta = 14{,}4\ \text{grd},$$
$$n = 2: \quad \vartheta = 29{,}8\ \text{grd},$$
$$n = 3: \quad \vartheta = 48{,}3\ \text{grd},$$
$$n = 4: \quad \vartheta = 84{,}2\ \text{grd}.$$

Kapitel 2.2.7

Lösung zu Aufgabe 2.2.1

1) Die gesamte Aufenthaltswahrscheinlichkeit ist durch

$$\int d^3r \, |\, \psi(\mathbf{r},t)\,|^2$$

gegeben, wobei sich das Integral über den vollen Raum erstreckt:

$$\int d^3r \, |\, \psi(\mathbf{r},t)\,|^2 = \frac{1}{(\pi\, b^2(t))^{3/2}} \int d^3r \, e^{-\frac{(\mathbf{r}-\mathbf{v}_0 t)^2}{b^2(t)}} = \frac{1}{\pi^{3/2}} \int d^3r' \, e^{-\mathbf{r}'^2}.$$

Integrationstrick:

$$\left(\int\limits_{-\infty}^{+\infty} dx \, e^{-x^2} \right)^2 = \int\limits_{-\infty}^{+\infty} dx \int\limits_{-\infty}^{+\infty} dy \, e^{-(x^2+y^2)} = \int\limits_{0}^{2\pi} d\varphi \int\limits_{0}^{\infty} r\, dr \, e^{-r^2} =$$

$$= 2\pi \left(-\frac{1}{2}\, e^{-r^2} \right)\Bigg|_0^\infty = \pi.$$

Dies bedeutet:

$$\int\limits_{-\infty}^{+\infty} dx \, e^{-x^2} = \sqrt{\pi}; \quad \int d^3r \, e^{-r^2} = \pi^{3/2}.$$

Damit ist gezeigt, daß die Aufenthaltswahrscheinlichkeit auf Eins normiert ist:

$$\int d^3r \, |\, \psi(\mathbf{r},t)\,|^2 = 1.$$

2) Der wahrscheinlichste Ort $\mathbf{r}^*$ ist durch das Maximum von $|\, \psi(\mathbf{r},t)\,|^2$ gegeben:

$$\mathbf{r}^* = \mathbf{v}_0\, t.$$

Lösung zu Aufgabe 2.2.2

1)

$$1 \stackrel{!}{=} \int\limits_{-\infty}^{+\infty} dz \, |\, \psi(z,0)\,|^2 = A^2 \int\limits_{-\infty}^{+\infty} dz \, e^{-\frac{z^2}{b^2}} = A^2 \sqrt{\pi\, b^2}$$

$$\Longrightarrow A = (\pi\, b)^{-\frac{1}{4}}.$$

2) Fourier-Umkehrung (Kap. 4.3.6, Bd. 3):

$$\widehat{\psi}(k) = \frac{1}{2\pi} \int\limits_{-\infty}^{+\infty} dz \, \psi(z,0)\, e^{-ikz} =$$

$$= \frac{A}{2\pi} \int\limits_{-\infty}^{+\infty} dz \, \exp\left\{ -\frac{z^2}{2b^2} - i(k-k_0)z \right\}.$$

Substitution:

$$y = \frac{z}{\sqrt{2}\,b} + i(k - k_0)\frac{b}{\sqrt{2}}$$

$$\Longrightarrow \widehat{\psi}(k) = \frac{A}{2\pi}\, e^{-B^2}\, b\sqrt{2} \int\limits_{-\infty+i\,B}^{+\infty+i\,B} dy\, e^{-y^2},$$

$$B = (k - k_0)\,\frac{b}{\sqrt{2}}.$$

Komplexe Integration (Kap. 4.4.5, Bd. 3):

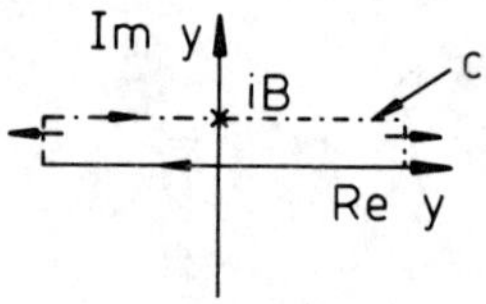

Im vom Weg C umschlossenen Gebiet ist e^{-y^2} überall holomorph. Dann folgt nach dem Residuensatz ((4.322), Bd. 3):

$$\oint\limits_C dy\, e^{-y^2} = 0 = \int\limits_{-\infty+i\,B}^{+\infty+i\,B} dy\, e^{-y^2} + \int\limits_{+\infty}^{-\infty} dy\, e^{-y^2} = \int\limits_{-\infty+i\,B}^{+\infty+i\,B} dy\, e^{-y^2} - \sqrt{\pi}.$$

Es gilt demnach:

$$\widehat{\psi}(k) = \frac{A\,b}{\sqrt{2\pi}} \exp\left(-\frac{b^2}{2}(k - k_0)^2\right).$$

3)

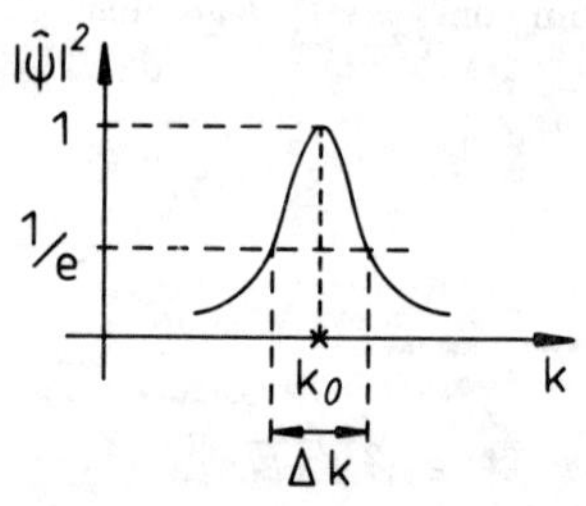

Das Maximum von

$$|\,\widehat{\psi}(k)\,|^2 = \frac{b^2 A^2}{2\pi}\, e^{-b^2 (k-k_0)^2}$$

liegt offensichtlich bei $k = k_0$. Für die Breite gilt:

$$\Delta k = \frac{2}{b}.$$

4)

$$\psi(z,t) = \frac{b\,A}{\sqrt{2\pi}} \int\limits_{-\infty}^{+\infty} dk\, e^{-\frac{b^2}{2}(k-k_0)^2}\, e^{ikz}\, e^{-i\frac{\hbar k^2}{2m}t}.$$

Mit den Abkürzungen

$$C(t) = \sqrt{\frac{1}{2}b^2 + i\frac{\hbar}{2m}t},$$

$$D(z,t) = \frac{k_0 b^2 + i\,z}{2C(t)}$$

bleibt zu berechnen:

$$\psi(z,t) = \frac{b\,A}{\sqrt{2\pi}} \exp\left(D^2 - \frac{1}{2}b^2k_0^2\right) \int\limits_{-\infty}^{+\infty} dk \, \exp[-(k\,C - D)^2].$$

Mit der Substitution

$$y = k\,C - D \qquad (C, D: \text{ komplex})$$

und einer komplexen Integration wie in Teil 2) – man überlege sich einen passenden Weg C – folgt:

$$\psi(z,t) = \frac{b\,A}{\sqrt{2}\,C(t)} \exp\left\{D^2(z,t) - \frac{1}{2}b^2k_0^2\right\}.$$

5)

$$|\,\psi(z,t)\,|^2 = \frac{b^2A^2}{2\,|\,C\,|^2} \exp\left[2 \text{ Re } \left(D^2 - \frac{1}{2}b^2k_0^2\right)\right],$$

$$b\,A^2 = \frac{1}{\sqrt{\pi}},$$

$$|\,C\,|^2 = C\,C^* = \sqrt{\frac{1}{4}b^4 + \frac{1}{4}\left(\frac{\hbar}{m}t\right)^2} = \frac{b}{2}\Delta b(t),$$

$$D^2 = \frac{1}{4}\,\frac{k_0^2b^4 - z^2 + i\,2z\,k_0b^2}{\frac{1}{2}b^2 + i\frac{\hbar}{2m}t}$$

$$\Longrightarrow \text{ Re } D^2 = \frac{\frac{1}{2}b^2(k_0^2b^4 - z^2) + 2z\,k_0b^2\frac{\hbar}{2m}t}{b^4 + \left(\frac{\hbar}{m}t\right)^2} =$$

$$= \frac{1}{2(\Delta b(t))^2}\left(k_0^2b^4 - z^2 + 2z\,k_0\frac{\hbar}{m}t\right)$$

$$\Longrightarrow 2 \text{ Re } \left(D^2 - \frac{1}{2}b^2k_0^2\right) =$$

$$= \frac{1}{(\Delta b(t))^2}\left[k_0^2b^4 - z^2 + 2z\,k_0\frac{\hbar}{m}t - b^4k_0^2 - k_0^2\left(\frac{\hbar}{m}t\right)^2\right] =$$

$$= \frac{-1}{(\Delta b(t))^2}\left(z - \frac{\hbar\,k_0}{m}t\right)^2.$$

Damit folgt letztendlich:

$$|\,\psi(z,t)\,|^2 = \frac{1}{\sqrt{\pi}\,\Delta b(t)} \exp\left\{-\frac{\left(z - \frac{\hbar\,k_0}{m}t\right)^2}{(\Delta b(t))^2}\right\} \qquad \text{q.e.d.}$$

Die Breite des Wellenpakets $2\Delta b(t)$ ändert sich also mit der Zeit!

Lösung zu Aufgabe 2.2.3

1) Breite des Wellenpakets:

$$2\Delta b(t) = \frac{2}{b}\sqrt{b^4 + \left(\frac{\hbar}{m}t\right)^2},$$
$$2\Delta b(0) = 2b,$$
$$\Delta b(t_2) \stackrel{!}{=} 2\Delta b(0) = 2b$$

$$\iff 4b^2 = \frac{1}{b^2}\left[b^4 + \left(\frac{\hbar}{m}t_2\right)^2\right]$$
$$\iff 3b^4 = \left(\frac{\hbar}{m}\right)^2 t_2^2$$
$$\iff t_2 = \sqrt{3}\,b^2\,\frac{m}{\hbar}.$$

2) Flugstrecke:

$$S_2 = \frac{p}{m}t_2 = \sqrt{3}\,b^2\frac{p}{\hbar}.$$

3)

$$\hbar = 1{,}055 \cdot 10^{-34}\ \mathrm{Js},$$
$$M_p = 1{,}673 \cdot 10^{-27}\ \mathrm{kg}$$
$$\Longrightarrow \frac{p}{\hbar} = \sqrt{\frac{2M_p\,E}{\hbar^2}} = \left\{\frac{2 \cdot 1{,}673 \cdot 10^{-27}\ \mathrm{kg} \cdot 10^6 \cdot 1{,}602 \cdot 10^{-19}\ \mathrm{J}}{(1{,}055)^2 \cdot 10^{-68}\ \mathrm{J^2 s^2}}\right\}^{1/2} =$$
$$= 2{,}195 \cdot 10^{14}\ \mathrm{m}^{-1} = 2{,}195 \cdot 10^4\ \text{Å}^{-1},$$
$$S_2 = 3{,}802\ \text{Å}.$$

Lösung zu Aufgabe 2.2.4

1)

$$m_e = 9{,}1096 \cdot 10^{-31}\ \mathrm{kg},$$
$$\frac{\hbar}{m_e} = 1{,}158 \cdot 10^{-4}\ \frac{\mathrm{m}^2}{\mathrm{s}}.$$

Breite nach 1 s:

$$2\Delta b(1) = 4\sqrt{(0{,}5)^4 + 1{,}3410 \cdot 10^{32}}\ \text{Å} \approx 4{,}632 \cdot 10^6\ \mathrm{m} = 4632\ \mathrm{km}.$$

Das Wellenpaket fließt also außerordentlich rasch breit.

2)

$$\frac{p}{m_e} = \sqrt{\frac{2E}{m_e}} = \left(\frac{200 \cdot 1{,}602 \cdot 10^{-19}\ \mathrm{J}}{9{,}1096 \cdot 10^{-31}\ \mathrm{kg}}\right)^{1/2} = 5{,}931 \cdot 10^{6}\ \frac{\mathrm{m}}{\mathrm{s}}.$$

Flugzeit für 10 cm:

$$t_0 = 1{,}686 \cdot 10^{-8}\ \mathrm{s}$$

$$\Longrightarrow \frac{\hbar}{m_e} t_0 = 1{,}953 \cdot 10^{8}\ \text{Å}^2.$$

Breite des Wellenpakets:

$$2\Delta b(t_0) \approx 7{,}810\ \mathrm{cm}.$$

3)

$$2\Delta b(1) = 4 \cdot 10^{3} \sqrt{(0{,}5)^4 \cdot 10^{-12} + 1{,}341}\ \mathrm{cm} \quad \approx 46{,}321\ \mathrm{m}.$$

Das Wellenpaket fließt auch jetzt noch sehr rasch breit. Wegen

$$b^2 = 0{,}25 \cdot 10^{10}\ \text{Å}^2 \gg \frac{\hbar}{m_e} t_0$$

hat das Paket nach der Flugstrecke von 10 cm aber praktisch noch dieselbe Breite wie zu Anfang.

Lösung zu Aufgabe 2.2.5

1) Der Teilchenort ist nicht exakt festgelegt. Bei der hier vorliegenden eindimensionalen Problemstellung sind

$$-\infty < z < +\infty$$

die in Frage kommenden Werte des Teilchenortes. Jeder *denkbare* Wert wird mit der Wahrscheinlichkeit seiner Realisierung multipliziert:

$$\frac{z\,|\,\psi(z,t)\,|^2}{\int\limits_{-\infty}^{+\infty} dz\,|\,\psi(z,t)\,|^2}.$$

Anschließend wird über alle Möglichkeiten summiert bzw. integriert, um den Mittelwert zu erhalten. Der Nenner sorgt für die übliche Konvention, Wahrscheinlichkeiten auf Eins zu normieren.

2)

$$\langle z \rangle_t = \frac{\int\limits_{-\infty}^{+\infty} dz\, z\, \exp\left[-\left(z - \frac{\hbar k_0}{m} t\right)^2 \Big/ (\Delta b(t))^2\right]}{\int\limits_{-\infty}^{+\infty} dz\, \exp\left[-\left(z - \frac{\hbar k_0}{m} t\right)^2 \Big/ (\Delta b(t))^2\right]}.$$

Substitution:

$$y \equiv \frac{1}{\Delta b(t)}\left(z - \frac{\hbar\, k_0}{m} t\right)$$

$$\Longrightarrow \langle\, z\,\rangle_t = \frac{\int\limits_{-\infty}^{+\infty} dy\, \left(\Delta b(t) y + \frac{\hbar\, k_0}{m} t\right)\, e^{-y^2}}{\int\limits_{-\infty}^{+\infty} dy\, e^{-y^2}} =$$

$$= \frac{-\frac{1}{2}\Delta b(t)\, e^{-y^2}\Big|_{-\infty}^{+\infty}}{\sqrt{\pi}} + \frac{\hbar\, k_0}{m}\, t.$$

Damit ist der Mittelwert gleich dem wahrscheinlichsten Wert:

$$\langle\, z\,\rangle_t = \frac{\hbar\, k_0}{m}\, t.$$

3)

$$\langle\, (z - \langle\, z\,\rangle)^2\, \rangle = \frac{\int\limits_{-\infty}^{+\infty} dz \left(z - \frac{\hbar\, k_0}{m}\, t\right)^2 \exp\left[-\left(z - \frac{\hbar\, k_0}{m}\, t\right)^2 \Big/ (\Delta b(t))^2\right]}{\int\limits_{-\infty}^{+\infty} dz\, \exp\left[-\left(z - \frac{\hbar\, k_0}{m} t\right)^2 \Big/ (\Delta b(t))^2\right]} =$$

$$= (\Delta b(t))^2\, \frac{\int\limits_{-\infty}^{+\infty} dy\, y^2\, e^{-y^2}}{\int\limits_{-\infty}^{+\infty} dy\, e^{-y^2}} =$$

$$= (\Delta b(t))^2\, \frac{\Gamma\left(\frac{3}{2}\right)}{\Gamma\left(\frac{1}{2}\right)} = \frac{1}{2}(\Delta b(t))^2$$

$$\Longrightarrow\ \Delta z = \frac{1}{\sqrt{2}}\, \Delta b(t) = \frac{1}{\sqrt{2}}\, \frac{1}{b} \sqrt{b^4 + \left(\frac{\hbar}{m} t\right)^2}.$$

4) Nach (2.27) gilt:

$$j(z, 0) = \frac{\hbar}{m}\, \mathrm{Im}\, \left(\psi^*(z, 0)\, \frac{d}{dz}\, \psi(z, 0)\right),$$

$$\psi(z, 0) = A\, e^{-\frac{z^2}{2b^2}}\, e^{ik_0 z}$$

$$\Longrightarrow\ j(z, 0) = \frac{\hbar}{m}\, |\, A\, |^2\, \mathrm{Im}\, \left(e^{-\frac{z^2}{2b^2}}\, e^{-ik_0 z}\, \left(-\frac{z}{b^2} + ik_0\right)\, e^{-\frac{z^2}{2b^2}}\, e^{ik_0 z}\right) =$$

$$= \frac{\hbar}{m}\, |\, A\, |^2\, e^{-\frac{z^2}{b^2}}\ \mathrm{Im}\, \left(-\frac{z}{b^2} + ik_0\right) = \frac{\hbar}{m}\, |\, A\, |^2\, e^{-\frac{z^2}{b^2}}\, k_0$$

$$\Longrightarrow\ j(z, 0) = \frac{\hbar\, k_0}{m}\, |\, \psi(z, 0)\, |^2.$$

↑ Geschwindigkeit · Dichte ↑

Lösung zu Aufgabe 2.2.6

Fourier-Transformierte,

$$\psi(\mathbf{r},t) = \frac{1}{(2\pi\hbar)^{3/2}} \int d^3p \, e^{\frac{i}{\hbar}\mathbf{p}\cdot\mathbf{r}} \, \overline{\psi}(\mathbf{p},t),$$
$$V(\mathbf{r}) = \frac{1}{(2\pi\hbar)^{3/2}} \int d^3p \, e^{\frac{i}{\hbar}\mathbf{p}\cdot\mathbf{r}} \, V(\mathbf{p}),$$

in die Schrödinger-Gleichung einsetzen:

$$\frac{1}{(2\pi\hbar)^{3/2}} \int d^3\bar{p} \left(i\hbar\frac{\partial}{\partial t} - \frac{\bar{\mathbf{p}}^2}{2m} \right) e^{\frac{i}{\hbar}\bar{\mathbf{p}}\cdot\mathbf{r}} \, \overline{\psi}(\bar{\mathbf{p}},t) -$$
$$- \frac{1}{(2\pi\hbar)^3} \int d^3\bar{p} \int d^3p' \, e^{\frac{i}{\hbar}(\mathbf{p}'+\bar{\mathbf{p}})\cdot\mathbf{r}} \, V(\mathbf{p}') \, \overline{\psi}(\bar{\mathbf{p}},t) = 0.$$

Diese Gleichung mit $e^{-\frac{i}{\hbar}\mathbf{p}\cdot\mathbf{r}}$ multiplizieren und über den gesamten Raum integrieren:

$$(2\pi\hbar)^{3/2} \int d^3\bar{p} \left(i\hbar\frac{\partial}{\partial t} - \frac{\bar{\mathbf{p}}^2}{2m} \right) \overline{\psi}(\bar{\mathbf{p}},t) \, \frac{1}{(2\pi\hbar)^3} \int d^3r \, e^{\frac{i}{\hbar}(\bar{\mathbf{p}}-\mathbf{p})\cdot\mathbf{r}} -$$
$$- \int d^3\bar{p} \int d^3p' \, V(\mathbf{p}') \, \overline{\psi}(\bar{\mathbf{p}},t) \, \frac{1}{(2\pi\hbar)^3} \int d^3r \, e^{\frac{i}{\hbar}(\mathbf{p}'+\bar{\mathbf{p}}-\mathbf{p})\cdot\mathbf{r}} = 0.$$

Die Darstellung (2.74) der δ-Funktion ausnutzen:

$$\left(i\hbar\frac{\partial}{\partial t} - \frac{\mathbf{p}^2}{2m} \right) \overline{\psi}(\mathbf{p},t) - \frac{1}{(2\pi\hbar)^{3/2}} \int d^3p' \, V(\mathbf{p}') \, \overline{\psi}(\mathbf{p}-\mathbf{p}',t) = 0.$$

Der zweite Term stellt ein Faltungsintegral dar (s. (4.188), Bd. 3).

Lösung zu Aufgabe 2.2.7

1) $\mathbf{p} = \mathbf{p}'$:

$$\frac{1}{V} \int_V d^3r = 1.$$

2) $\mathbf{p} \neq \mathbf{p}'$:

$$\frac{1}{V} \int_V d^3r \, e^{-\frac{i}{\hbar}(\mathbf{p}-\mathbf{p}')\cdot\mathbf{r}} =$$

$$= \frac{1}{V} \int_0^{L_x} dx \int_0^{L_y} dy \int_0^{L_z} dz \; \exp\left(-\frac{i}{\hbar} 2\pi\hbar \left\{ \frac{n_x - n_x'}{L_x} x + \frac{n_y - n_y'}{L_y} y + \frac{n_z - n_z'}{L_z} z \right\} \right),$$

$$(n_x, n_y, n_z) \neq (n_x', n_y', n_z').$$

Sei $n_x \neq n_x'$:

$$\int\limits_0^{L_x} dx \exp\left(-i\,2\pi\left\{\frac{n_x - n_x'}{L_x}\,x\right\}\right) =$$

$$= i\,\frac{L_x}{2\pi(n_x - n_x')}\left(e^{-i2\pi(n_x - n_x')} - 1\right) = 0,$$

da $n_x - n_x' \in \mathbb{Z};\ n_x \neq n_x'$.

Es folgt demnach:

$$\frac{1}{V}\int\limits_V d^3r\, e^{-\frac{i}{\hbar}(\mathbf{p}-\mathbf{p}')\cdot\mathbf{r}} = 0, \text{ falls } \mathbf{p} \neq \mathbf{p}'.$$

Lösung zu Aufgabe 2.2.8

Zunächst gilt wegen $\frac{\partial}{\partial t}\mathbf{r} = 0$:

$$\langle\, \mathbf{p}\,\rangle_t = m\int d^3r\left(\frac{\partial\psi^*}{\partial t}\mathbf{r}\,\psi + \psi^*\mathbf{r}\frac{\partial\psi}{\partial t}\right).$$

Schrödinger-Gleichung mit reellem Potential ($V^* = V$):

$$\left(-\frac{\hbar^2}{2m}\Delta + V(\mathbf{r})\right)\psi(\mathbf{r},t) = i\hbar\frac{\partial}{\partial t}\psi(\mathbf{r},t),$$

$$\left(-\frac{\hbar^2}{2m}\Delta + V(\mathbf{r})\right)\psi^*(\mathbf{r},t) = -i\hbar\frac{\partial}{\partial t}\psi^*(\mathbf{r},t).$$

Von links mit $\psi^* x$ bzw. ψx multiplizieren und voneinander abziehen:

$$-\frac{\hbar^2}{2m}(\psi^* x\,\Delta\psi - \psi\,x\,\Delta\psi^*) = i\hbar\left(\psi^* x\frac{\partial}{\partial t}\psi + \psi\,x\frac{\partial}{\partial t}\psi^*\right).$$

In die obige Beziehung für die x-Komponente einsetzen:

$$\begin{aligned}\langle\, p_x\,\rangle_t &= -\frac{\hbar}{2i}\int d^3r[\psi^* x\,\Delta\psi - \psi\,x\,\Delta\psi^*] = \\ &= -\frac{\hbar}{2i}\int d^3r \text{ div } [\psi^* x\,\nabla\psi - \psi\,x\,\nabla\psi^*] + \\ &\qquad + \frac{\hbar}{2i}\int d^3r[(\nabla\psi^* x)\nabla\psi - (\nabla\psi\,x)\nabla\psi^*].\end{aligned}$$

Gaußscher Satz ((1.59), Bd. 3) und Quadratintegrabilität der Wellenfunktion:

$$\int\limits_V d^3r \text{ div } [\psi^* x\,\nabla\psi - \psi\,x\,\nabla\psi^*] =$$

$$= \int\limits_{S(V)} d\mathbf{f}\cdot[\psi^* x\,\nabla\psi - \psi\,x\,\nabla\psi^*] \xrightarrow[V\to\infty]{} 0.$$

Ferner gilt:

$$\nabla\psi^* x = (\nabla\psi^*)\, x + \psi^* \mathbf{e}_x; \quad \nabla\psi\, x = (\nabla\psi)\, x + \psi\, \mathbf{e}_x.$$

Damit bleibt:

$$\begin{aligned}\langle p_x \rangle_t &= \frac{\hbar}{2i} \int d^3r \left[\psi^*\, \mathbf{e}_x \cdot \nabla\psi - \psi\, \mathbf{e}_x \cdot \nabla\psi^*\right] = \\ &= -\frac{\hbar}{2i} \int d^3r\, \mathbf{e}_x \cdot \nabla(\psi\,\psi^*) + \frac{\hbar}{i} \int d^3r\, \psi^* \frac{\partial}{\partial x}\psi.\end{aligned}$$

Gaußscher Satz und Quadratintegrabilität:

$$\int\limits_V d^3r\, \nabla(\psi\,\psi^*) = \int\limits_{S(V)} d\mathbf{f}\, |\,\psi\,|^2 \xrightarrow[V \to \infty]{} 0.$$

Es bleibt also:

$$\langle p_x \rangle_t = \int d^3r\, \psi^* \frac{\hbar}{i} \frac{\partial}{\partial x}\psi.$$

Analog beweist man die Behauptung für die beiden anderen Komponenten:

$$\langle \mathbf{p} \rangle_t = \int d^3r\, \psi^*\, \frac{\hbar}{i}\, \nabla\psi; \quad \nabla = \left(\frac{\partial}{\partial x}, \frac{\partial}{\partial y}, \frac{\partial}{\partial z}\right).$$

Lösung zu Aufgabe 2.2.9

(2.72) $\Longrightarrow$

$$\overline{\psi}^*(\mathbf{p}, t) = \frac{1}{(2\pi\hbar)^{3/2}} \int d^3r\, e^{\frac{i}{\hbar}\mathbf{p}\cdot\mathbf{r}}\, \underbrace{\psi^*(\mathbf{r}, t)}_{=\psi(\mathbf{r},t)} = \overline{\psi}(-\mathbf{p}, t).$$

Impulserwartungswert:

$$\begin{aligned}\langle \mathbf{p} \rangle_t &= \int d^3p\, \overline{\psi}^*(\mathbf{p}, t)\, \mathbf{p}\, \overline{\psi}(\mathbf{p}, t) = \int d^3p\, \overline{\psi}(-\mathbf{p}, t)\, \mathbf{p}\, \overline{\psi}(\mathbf{p}, t) = \\ &= \int d^3p'\, \overline{\psi}(\mathbf{p}', t)\, (-\mathbf{p}')\, \overline{\psi}(-\mathbf{p}', t) = -\int d^3p'\, \overline{\psi}(\mathbf{p}', t)\, \mathbf{p}'\, \overline{\psi}^*(\mathbf{p}', t) = -\langle \mathbf{p} \rangle_t = 0.\end{aligned}$$

Kapitel 2.3.4

Lösung zu Aufgabe 2.3.1

Wir berechnen:

$$\begin{aligned}\langle \mathbf{p} \rangle_t - \langle \mathbf{p} \rangle_t^* &= \int d^3r\, \psi^*(\mathbf{r}, t)\, \frac{\hbar}{i}\, \nabla_r\psi(\mathbf{r}, t) - \int d^3r\, \psi(\mathbf{r}, t) \left(-\frac{\hbar}{i}\right) \nabla_r\, \psi^*(\mathbf{r}, t) = \\ &= \frac{\hbar}{i} \int d^3r\, (\psi^*\, \nabla_r\psi + \psi\, \nabla_r\psi^*) = \frac{\hbar}{i} \int d^3r\, \nabla_r(\psi^*(\mathbf{r}, t)\, \psi(\mathbf{r}, t)) = \\ &= \frac{\hbar}{i} \int\limits_{S(V \to \infty)} d\mathbf{f}\, |\,\psi(\mathbf{r}, t)\,|^2 = 0.\end{aligned}$$

Im vorletzten Schritt haben wir den Gaußschen Satz ((1.59), Bd. 3) ausgenutzt, im letzten Schritt die Quadratintegrierbarkeit der Wellenfunktion $\psi(\mathbf{r}, t)$. Es ist also:

$$\langle \mathbf{p} \rangle_t = \langle \mathbf{p} \rangle_t^*,$$

$\langle \mathbf{p} \rangle_t$ somit reell.

Lösung zu Aufgabe 2.3.2

1) $\psi(\mathbf{r})$ reell; Kugelkoordinaten zweckmäßig.

Volumenelement ((1.263), Bd. 1):

$$d^3r = r^2 dr \sin\vartheta \, d\vartheta \, d\varphi,$$

$$\int d^3r \, | \psi(\mathbf{r}) |^2 = \frac{1}{\pi a_B^3} \int d^3r \exp\left(-\frac{2r}{a_B}\right) = \frac{4}{a_B^3} \int\limits_0^\infty dr \, r^2 \exp\left(-\frac{2r}{a_B}\right).$$

Substitution:

$$y = \frac{2r}{a_B}$$

$$\Longrightarrow \; r^2 \, dr = \frac{a_B^3}{8} y^2 \, dy.$$

Damit bleibt zu berechnen:

$$\int d^3r \, | \psi(\mathbf{r}) |^2 = \frac{1}{2} \int\limits_0^\infty dy \, y^2 \, e^{-y}.$$

Gammafunktion:

$$\Gamma(x) = \int\limits_0^\infty dt \, t^{x-1} \, e^{-t}$$

a) $\Gamma(x+1) = x \, \Gamma(x),$

b) $\Gamma(n+1) = n!,$

c) $\Gamma(1) = \Gamma(2) = 1,$

d) $\Gamma\left(\frac{1}{2}\right) = \sqrt{\pi}.$

Die Wellenfunktion ist also bereits normiert:

$$\int d^3r \, | \psi(\mathbf{r}) |^2 = \frac{1}{2} \Gamma(3) = \frac{1}{2} \, 2! = 1.$$

2) $\langle \mathbf{r} \rangle = 0$, da

$$\langle \mathbf{r} \rangle = \frac{1}{\pi\, a_B^3} \int d^3r\, \mathbf{r}\, e^{-\frac{2r}{a_B}},$$

$$\mathbf{r} = r(\sin\vartheta\cos\varphi, \sin\vartheta\sin\varphi, \cos\vartheta),$$

$$\int\limits_0^{2\pi} \cos\varphi\, d\varphi = \int\limits_0^{2\pi} \sin\varphi\, d\varphi = \int\limits_{-1}^{+1} \cos\vartheta\; d\cos\vartheta = 0,$$

$$\langle \mathbf{r}^2 \rangle = \frac{4}{a_B^3} \int\limits_0^{\infty} dr\, r^4 \exp\left(-\frac{2r}{a_B}\right) = \frac{4}{a_B^3}\frac{a_B^5}{32} \int\limits_0^{\infty} dy\, y^4\, e^{-y} =$$

$$= \frac{1}{8}\, a_B^2\, \Gamma(5) = \frac{1}{8}\, a_B^2\, 4! = 3\, a_B^2.$$

$\Longrightarrow$ mittleres Schwankungsquadrat:

$$\Delta r = \sqrt{3}\, a_B.$$

3)

$$\mathbf{p} \Longrightarrow \frac{\hbar}{i}\,\nabla_r = \frac{\hbar}{i}\left(\frac{\partial}{\partial x}, \frac{\partial}{\partial y}, \frac{\partial}{\partial z}\right).$$

Man berechnet:

$$\frac{\partial}{\partial x}\, e^{-\frac{r}{a_B}} = -\frac{1}{a_B}\, e^{-\frac{r}{a_B}} \frac{\partial r}{\partial x},$$

$$\frac{\partial r}{\partial x} = \frac{\partial}{\partial x}\sqrt{x^2+y^2+z^2} = \frac{x}{r}.$$

Es gilt also:

$$\nabla_r\, e^{-\frac{r}{a_B}} = -\frac{1}{a_B}\frac{\mathbf{r}}{r}\, e^{-\frac{r}{a_B}}.$$

Daraus folgt schließlich:

$$\langle \mathbf{p} \rangle = \int d^3r\, \psi^*(\mathbf{r})\, \frac{\hbar}{i}\, \nabla_r \psi(\mathbf{r}) = -\frac{\hbar}{i}\,\frac{1}{\pi\, a_B^4} \int d^3r\, \frac{\mathbf{r}}{r}\, e^{-\frac{2r}{a_B}} = 0$$

(man substituiere $\mathbf{r}$ durch $-\mathbf{r}$). Begründung wie für $\langle \mathbf{r} \rangle$ unter Teil 2)!

$$\frac{\partial^2}{\partial x^2}\, e^{-\frac{r}{a_B}} = \frac{\partial}{\partial x}\left(-\frac{1}{a_B}\, e^{-\frac{r}{a_B}}\, \frac{x}{r}\right) = e^{-\frac{r}{a_B}}\left(\frac{1}{a_B^2}\frac{x^2}{r^2} - \frac{1}{a_B}\frac{1}{r} + \frac{1}{a_B}\frac{x^2}{r^3}\right)$$

$$\Longrightarrow \Delta e^{-\frac{r}{a_B}} = \frac{1}{a_B^2}\, e^{-\frac{r}{a_B}}\left(1 - \frac{2a_B}{r}\right).$$

Damit berechnen wir:

$$
\begin{aligned}
\langle \mathbf{p}^2 \rangle &= \int d^3r\, \psi^*(\mathbf{r})\, (-\hbar^2 \Delta)\, \psi(\mathbf{r}) = \\
&= -\hbar^2 \frac{4}{a_B^3} \int\limits_0^\infty dr\, r^2 \frac{1}{a_B^2} \left(1 - \frac{2a_B}{r}\right) e^{-\frac{2r}{a_B}} = \\
&= \frac{-4\hbar^2}{a_B^5} \int\limits_0^\infty dr (r^2 - 2a_B\, r)\, e^{-\frac{2r}{a_B}} = \\
&= -\frac{4\hbar^2}{a_B^5} \left(\frac{a_B^3}{8} \int\limits_0^\infty dy\, y^2\, e^{-y} - 2a_B \frac{a_B^2}{4} \int\limits_0^\infty dy\, y\, e^{-y} \right) = \\
&= -\frac{\hbar^2}{a_B^2} \left(\frac{1}{2} \Gamma(3) - 2\Gamma(2) \right) = \frac{\hbar^2}{a_B^2}.
\end{aligned}
$$

Mittleres Schwankungsquadrat:

$$\Delta p = \frac{\hbar}{a_B}.$$

4)

$$\Delta r\, \Delta p = \sqrt{3}\, a_B \frac{\hbar}{a_B} = \sqrt{3}\, \hbar,$$

s. Unschärferelation (1.5).

5) Stromdichte:

$$\mathbf{j}(\mathbf{r}) = \frac{\hbar}{2m\, i} \{\psi^* \nabla \psi - \psi\, \nabla \psi^*\} = \frac{\hbar}{2m\, i} \{\psi\, \nabla \psi - \psi\, \nabla \psi\} = 0,$$

da ψ reell!

Lösung zu Aufgabe 2.3.3

Gradient in Kugelkoordinaten ((1.267), Bd. 1):

$$\nabla \equiv \left(\frac{\partial}{\partial r}, \frac{1}{r} \frac{\partial}{\partial \vartheta}, \frac{1}{r \sin \vartheta} \frac{\partial}{\partial \varphi} \right).$$

Stromdichte:

$$\mathbf{j}(\mathbf{r}) = \frac{\hbar}{2m\, i} \left(\psi^*(\mathbf{r})\, \nabla_r \psi(\mathbf{r}) - \psi(\mathbf{r})\, \nabla \psi^*(\mathbf{r}) \right) = \frac{\hbar}{m}\, \mathrm{Im}\, \left(\psi^*(\mathbf{r})\, \nabla_r \psi(\mathbf{r}) \right).$$

r- und ϑ-Anteile sind reell:

$$j_r(\mathbf{r}) = j_\vartheta(\mathbf{r}) = 0.$$

Wir brauchen also nur den φ-Anteil zu berechnen:

$$j_\varphi(\mathbf{r}) = \frac{\hbar}{m}\,\frac{r^2 \exp\left(-\frac{r}{a_B}\right)}{64\,\pi\,a_B^5}\,\sin^2\vartheta\,\frac{1}{r\sin\vartheta}\;\mathrm{Im}\left(e^{-i\varphi}\,\frac{\partial}{\partial\varphi}\,e^{i\varphi}\right)$$

$$\Longrightarrow\; j_\varphi(\mathbf{r}) = \frac{\hbar}{m}\,\frac{r\sin\vartheta}{64\,\pi\,a_B^5}\,\exp\left(-\frac{r}{a_B}\right).$$

Lösung zu Augabe 2.3.4

1) $\psi(x)$ beliebig; $\qquad n \geq 1$:

$$[\,p, x^n]_-\,\psi(x) = \left(\frac{\hbar}{i}\,\frac{d}{dx}\,x^n\psi(x) - x^n\,\frac{\hbar}{i}\,\frac{d}{dx}\,\psi(x)\right) = \frac{\hbar}{i}\,n\,x^{n-1}\,\psi(x)$$

$$\Longrightarrow\; [\,p, x^n]_- = n\,\frac{\hbar}{i}\,x^{n-1}.$$

2) $\psi(x)$ beliebig:

$$[x^{-1}, p]_-\,\psi(x) = \left(x^{-1}\,\frac{\hbar}{i}\,\frac{d}{dx}\,\psi(x) - \frac{\hbar}{i}\,\frac{d}{dx}\,x^{-1}\,\psi(x)\right) = \frac{\hbar}{i}\,x^{-2}\,\psi(x)$$

$$\Longrightarrow\; [x^{-1}, p]_- = \frac{\hbar}{i}\,x^{-2}.$$

3) $\widehat{\psi}(p)$ beliebig; $\qquad n \geq 1$:

$$[\,p^n, x]_-\,\widehat{\psi}(p) = \left[p^n\left(-\frac{\hbar}{i}\,\frac{d}{dp}\right)\widehat{\psi}(p) + \frac{\hbar}{i}\,\frac{d}{dp}\,p^n\,\widehat{\psi}(p)\right] = \frac{\hbar}{i}\,n\,p^{n-1}\,\widehat{\psi}(p)$$

$$\Longrightarrow\; [\,p^n, x]_- = n\,\frac{\hbar}{i}\,p^{n-1}.$$

Lösung zu Aufgabe 2.3.5

1) $\psi(x)$ beliebig:

$$[\,p_x, F(x)]_-\,\psi(x) = \left(\frac{\hbar}{i}\,\frac{d}{dx}\,F(x)\,\psi(x)\right) - F(x)\,\frac{\hbar}{i}\,\frac{d}{dx}\,\psi(x) = \left(\frac{\hbar}{i}\,\frac{d}{dx}\,F(x)\right)\,\psi(x)$$

$$\Longrightarrow\; [\,p_x, F(x)]_- = \frac{\hbar}{i}\,\frac{d}{dx}\,F(x).$$

2) $\widehat{\psi}(p_x)$ beliebig:

$$[G(p_x), x]_-\,\widehat{\psi}(p_x) = G(p_x)\left(-\frac{\hbar}{i}\,\frac{d}{dp_x}\,\widehat{\psi}(p_x)\right) + \frac{\hbar}{i}\,\frac{d}{dp_x}\,G(p_x)\,\widehat{\psi}(p_x) =$$

$$= \left(\frac{\hbar}{i}\,\frac{d}{dp_x}\,G(p_x)\right)\,\widehat{\psi}(p_x)$$

$$\Longrightarrow\; [G(p_x), x]_- = \frac{\hbar}{i}\,\frac{d}{dp_x}\,G(p_x).$$

Lösung zu Aufgabe 2.3.6

1) Taylor-Entwicklung ((1.28), Bd. 3):

$$\psi(\mathbf{r}+\mathbf{a}) = \sum_{n=0}^{\infty} \frac{1}{n!} (\mathbf{a} \cdot \nabla_r)^n \, \psi(\mathbf{r}) = \exp(\mathbf{a} \cdot \nabla_r) \, \psi(\mathbf{r})$$

$$\Longrightarrow \quad T(\mathbf{a}) \equiv \exp(\mathbf{a} \cdot \nabla_r) = \exp\left(\frac{i}{\hbar} \mathbf{a} \cdot \mathbf{p}\right).$$

2)

$$\begin{aligned}
&T(\mathbf{a})\, x\, T^{-1}(\mathbf{a}) = \\
&= \exp\left(\frac{i}{\hbar} \mathbf{a} \cdot \mathbf{p}\right) x \exp\left(-\frac{i}{\hbar} \mathbf{a} \cdot \mathbf{p}\right) = \exp\left(\frac{i}{\hbar} a_x p_x\right) x \exp\left(-\frac{i}{\hbar} a_x p_x\right) = \\
&= \exp\left(\frac{i}{\hbar} a_x p_x\right) \exp\left(-\frac{i}{\hbar} a_x p_x\right) x + \exp\left(\frac{i}{\hbar} a_x p_x\right) \left[x, \exp\left(-\frac{i}{\hbar} a_x p_x\right)\right]_- = \\
&= x + \exp\left(\frac{i}{\hbar} a_x p_x\right) \left[-\frac{\hbar}{i} \frac{d}{dp_x} \exp\left(-\frac{i}{\hbar} a_x p_x\right)\right] = x + a_x.
\end{aligned}$$

Dabei wurde Teil 2) von Aufgabe 2.3.5 benutzt. Ganz analog berechnet man die beiden anderen Komponenten. Insgesamt folgt somit:

$$T(\mathbf{a})\mathbf{r}T^{-1}(\mathbf{a}) = \mathbf{r} + \mathbf{a} \qquad \text{q.e.d..}$$

Lösung zu Aufgabe 2.3.7

Die Schrödinger-Gleichung

$$i\hbar \frac{\partial}{\partial t} \psi(\mathbf{r},t) = \left(-\frac{\hbar^2}{2m} \Delta + V(\mathbf{r})\right) \psi(\mathbf{r},t)$$

läßt sich umschreiben:

$$V(\mathbf{r})\, \psi(\mathbf{r},t) = \left(i\hbar \frac{\partial}{\partial t} + \frac{\hbar^2}{2m} \Delta\right) \psi(\mathbf{r},t).$$

Der erste Term rechts liefert:

$$i\hbar \frac{\partial}{\partial t} \psi(\mathbf{r},t) = \frac{\hbar^2}{2mb^2} \psi(\mathbf{r},t) = \frac{\hbar\omega}{2} \psi(\mathbf{r},t).$$

Laplace-Operator in Kugelkoordinaten (2.112):

$$\Delta = \frac{1}{r^2} \frac{\partial}{\partial r} \left(r^2 \frac{\partial}{r}\right) + \frac{1}{r^2} \Delta_{\vartheta,\varphi}.$$

Keine Winkelabhängigkeit:

$$\Delta_{\vartheta,\varphi}\, \psi(\mathbf{r},t) = 0.$$

Radialanteil:

$$\frac{\partial\psi}{\partial r} = -\frac{r}{b^2}\,\psi \implies \Delta\psi = \frac{1}{r^2}\,\frac{\partial}{\partial r}\left(-\frac{r^3}{b^2}\psi\right) = \left(-\frac{3}{b^2} + \frac{r^2}{b^4}\right)\psi$$

$$\implies \frac{\hbar^2}{2m}\,\Delta\psi(\mathbf{r},t) = \left(-\frac{3}{2}\,\hbar\,\omega + \frac{1}{2}\,m\omega^2 r^2\right)\psi(\mathbf{r},t).$$

Es bleibt also:

$$V(\mathbf{r}) = -\hbar\,\omega + \frac{1}{2}\,m\omega^2 r^2.$$

Bis auf die Konstante $-\hbar\,\omega$ ist dies das Oszillatorpotential.

Kapitel 3.2.9

Lösung zu Aufgabe 3.2.1

$$\begin{aligned}
&\| \alpha + \beta \|^2 + \| \alpha - \beta \|^2 = \langle \alpha + \beta \,|\, \alpha + \beta \rangle + \langle \alpha - \beta \,|\, \alpha - \beta \rangle = \\
&= \langle \alpha \,|\, \alpha \rangle + \langle \alpha \,|\, \beta \rangle + \langle \beta \,|\, \alpha \rangle + \langle \beta \,|\, \beta \rangle + \langle \alpha \,|\, \alpha \rangle - \langle \alpha \,|\, \beta \rangle - \langle \beta \,|\, \alpha \rangle + \langle \beta \,|\, \beta \rangle = \\
&= 2\langle \alpha \,|\, \alpha \rangle + 2\langle \beta \,|\, \beta \rangle = 2 \| \alpha \|^2 + 2 \| \beta \|^2 .
\end{aligned}$$

Lösung zu Aufgabe 3.2.2

Man zerlege $|\,\beta\,\rangle$ in eine parallele und eine senkrechte Komponente zu $|\,\alpha\,\rangle$:

Parallel:

$$\frac{|\,\alpha\,\rangle\langle\,\alpha\,|\,\beta\,\rangle}{\langle\,\alpha\,|\,\alpha\,\rangle} = z\,|\,\alpha\,\rangle.$$

Senkrecht:

$$\left(|\,\beta\,\rangle - \frac{|\,\alpha\,\rangle\langle\,\alpha\,|\,\beta\,\rangle}{\langle\,\alpha\,|\,\alpha\,\rangle}\right) \equiv |\,\gamma\,\rangle.$$

Man erkennt:

$$\begin{aligned}
\langle\,\alpha\,|\,\gamma\,\rangle &= 0, \\
|\,\beta\,\rangle &= z\,|\,\alpha\,\rangle + |\,\gamma\,\rangle.
\end{aligned}$$

Damit bilden wir:

$$\begin{aligned}
\| \beta \|^2 &= \| z\alpha + \gamma \|^2 = \langle\, z\alpha + \gamma \,|\, z\alpha + \gamma \,\rangle = \\
&= |\,z\,|^2 \langle\,\alpha\,|\,\alpha\,\rangle + \langle\,\gamma\,|\,\gamma\,\rangle + z^* \langle\,\alpha\,|\,\gamma\,\rangle + z\langle\,\gamma\,|\,\alpha\,\rangle = \\
&= \frac{|\,\langle\,\alpha\,|\,\beta\,\rangle\,|^2}{\| \alpha \|^2} + \| \gamma \|^2 \geq \frac{|\,\langle\,\alpha\,|\,\beta\,\rangle\,|^2}{\| \alpha \|^2}.
\end{aligned}$$

$\implies$ Schwarzsche Ungleichung:

$$|\,\langle\,\alpha\,|\,\beta\,\rangle\,| \leq \| \alpha \| \| \beta \| .$$

Lösung zu Aufgabe 3.2.3

1. Behauptung:

$$
\begin{aligned}
&| \parallel \alpha \parallel - \parallel \beta \parallel | \leq \parallel \alpha + \beta \parallel \\
\iff &\parallel \alpha \parallel^2 - 2 \parallel \alpha \parallel \parallel \beta \parallel + \parallel \beta \parallel^2 \leq \parallel \alpha + \beta \parallel^2 .
\end{aligned}
$$

Beweis:

$$
\begin{aligned}
\parallel \alpha + \beta \parallel^2 &= \langle \alpha + \beta \,|\, \alpha + \beta \rangle = \parallel \alpha \parallel^2 + \parallel \beta \parallel^2 + \langle \alpha \,|\, \beta \rangle + \langle \beta \,|\, \alpha \rangle = \\
&= \parallel \alpha \parallel^2 + \parallel \beta \parallel^2 + 2 \operatorname{Re} \langle \alpha \,|\, \beta \rangle \geq \parallel \alpha \parallel^2 + \parallel \beta \parallel^2 - 2 | \langle \alpha \,|\, \beta \rangle | \geq \\
&\geq \parallel \alpha \parallel^2 + \parallel \beta \parallel^2 - 2 \parallel \alpha \parallel \parallel \beta \parallel \qquad \text{q.e.d.}
\end{aligned}
$$

↑ Schwarzsche Ungleichung

2. Behauptung:

$$
\begin{aligned}
&\parallel \alpha + \beta \parallel \leq \parallel \alpha \parallel + \parallel \beta \parallel \\
\iff &\parallel \alpha + \beta \parallel^2 \leq \parallel \alpha \parallel^2 + \parallel \beta \parallel^2 + 2 \parallel \alpha \parallel \parallel \beta \parallel .
\end{aligned}
$$

Beweis:

$$
\begin{aligned}
\parallel \alpha + \beta \parallel^2 &= \parallel \alpha \parallel^2 + \parallel \beta \parallel^2 + 2 \operatorname{Re} \langle \alpha \,|\, \beta \rangle \leq \parallel \alpha \parallel^2 + \parallel \beta \parallel^2 + 2 | \langle \alpha \,|\, \beta \rangle | \leq \\
&\leq \parallel \alpha \parallel^2 + \parallel \beta \parallel^2 + 2 \parallel \alpha \parallel \parallel \beta \parallel \qquad \text{q.e.d.}
\end{aligned}
$$

↑ Schwarzsche Ungleichung

Lösung zu Aufgabe 3.2.4

Beweis durch vollständige Induktion:

$\boxed{j = 1}$

$$
|\, d_1 \rangle = \frac{|\, \psi_1 \rangle}{\parallel \psi_1 \parallel} \implies \langle d_1 \,|\, d_1 \rangle = 1.
$$

$\boxed{j = 2}$

$$
\begin{aligned}
|\, d_2 \rangle &= \frac{|\, \psi_2 \rangle - \langle d_1 \,|\, \psi_2 \rangle \,|\, d_1 \rangle}{\parallel \,|\, \psi_2 \rangle - \langle d_1 \,|\, \psi_2 \rangle d_1 \parallel}, \\
\langle d_1 \,|\, d_2 \rangle &\sim \langle d_1 \,|\, \psi_2 \rangle - \langle d_1 \,|\, \psi_2 \rangle \langle d_1 \,|\, d_1 \rangle = 0.
\end{aligned}
$$

Normierung ohnehin klar!

$\boxed{j \to j + 1}$

$$
|\, d_{j+1} \rangle = \frac{1}{\parallel \ldots \parallel} \left\{ |\, \psi_{j+1} \rangle - \sum_{i=1}^{j} \langle d_i \,|\, \psi_j \rangle \,|\, d_i \rangle \right\}.
$$

Sei $0 < n \leq j; \quad n \in \mathbb{N}$:

$$\langle d_n \,|\, d_{j+1} \rangle \sim \langle d_n \,|\, \psi_{j+1} \rangle - \sum_{i=1}^{j} \langle d_i \,|\, \psi_{j+1} \rangle \langle d_n \,|\, d_i \rangle,$$

$$\text{Induktionsvoraussetzung: } \langle d_n \,|\, d_i \rangle = \delta_{ni} \qquad \text{für } i, n \leq j,$$

$$\Longrightarrow \langle d_n \,|\, d_{j+1} \rangle \sim (\langle d_n \,|\, \psi_{j+1} \rangle - \langle d_n \,|\, \psi_{j+1} \rangle) = 0.$$

Normierung per Ansatz gegeben!

Lösung zu Aufgabe 3.2.5

1)

$$\langle \varphi_1 \,|\, \varphi_1 \rangle = a^2 \langle v_1 \,|\, v_1 \rangle + b^2 \langle v_2 \,|\, v_2 \rangle = a^2 \parallel v_1 \parallel^2 + b^2 \parallel v_2 \parallel^2 = \langle \varphi_2 \,|\, \varphi_2 \rangle,$$
$$\langle \varphi_1 \,|\, \varphi_2 \rangle = a^2 \parallel v_1 \parallel^2 - b^2 \parallel v_2 \parallel^2 .$$

Wählt man

$$a = \frac{1}{\parallel v_1 \parallel \sqrt{2}}; \qquad b = \frac{1}{\parallel v_2 \parallel \sqrt{2}},$$

so gilt:

$$\langle \varphi_1 \,|\, \varphi_1 \rangle = \langle \varphi_2 \,|\, \varphi_2 \rangle = 1; \qquad \langle \varphi_1 \,|\, \varphi_2 \rangle = 0.$$

2) Norm:

$$\parallel \psi_1 \parallel^2 = \langle \psi_1 \,|\, \psi_1 \rangle = \frac{2}{\pi} \iint_a^{a+\pi} dp\, dp' \langle v_p \,|\, v_{p'} \rangle \cos p \cos p' =$$
$$= \frac{2}{\pi} \iint_a^{a+\pi} dp\, dp'\, \delta(p - p') \cos p \cos p' =$$
$$= \frac{2}{\pi} \int_a^{a+\pi} dp \cos^2 p = \frac{2}{\pi} \left[\frac{1}{2} \sin p \cos p + \frac{p}{2} \right]_a^{a+\pi} = 1.$$

Analog findet man:

$$\parallel \psi_2 \parallel^2 = \langle \psi_2 \,|\, \psi_2 \rangle = 1.$$

Skalarprodukt:

$$\langle \psi_1 \,|\, \psi_2 \rangle = \frac{2}{\pi} \iint_a^{a+\pi} dp\, dp' \langle v_p \,|\, v_{p'} \rangle \cos p \sin p' =$$
$$= \frac{2}{\pi} \int_a^{a+\pi} dp \cos p \sin p = \frac{1}{\pi} \sin^2 p \Big|_a^{a+\pi} = 0.$$

Lösung zu Aufgabe 3.2.6

1) $\mathcal{H}$ ist ein komplexer, linearer Vektorraum:

a)

$$\sum_n |a_n + b_n|^2 \leq \sum_n (|a_n + b_n|^2 + |a_n - b_n|^2) = 2\sum_n (|a_n|^2 + |b_n|^2) < \infty .$$

$\Longrightarrow$ wenn $\mathbf{a}, \mathbf{b} \in \mathcal{H}$, dann auch $\mathbf{a} + \mathbf{b}$. $\mathcal{H}$ ist also bezüglich Addition abgeschlossen! Das gilt natürlich auch für die Multiplikation mit komplexen Zahlen!

b) Forderungen (3.9) bis (3.14) offensichtlich erfüllt!

2) $\mathcal{H}$ ist ein unitärer Raum:

Wegen

$$0 \leq \sum_n (|a_n| - |b_n|)^2$$

ist

$$2\sum_n |a_n|\,|b_n| \leq \sum_n (|a_n|^2 + |b_n|^2) < \infty .$$

Für $\mathbf{a}, \mathbf{b} \in \mathcal{H}$ existiert also das Skalarprodukt!

3) $\mathcal{H}$ ist separabel:

Offensichtlich bilden die Spaltenvektoren

$$\mathbf{e}_n = \begin{pmatrix} 0 \\ \vdots \\ 0 \\ 1 \\ 0 \\ \vdots \\ 0 \\ \vdots \end{pmatrix} \leftarrow n\text{-te Komponente,}$$

die nur in der n-ten Komponente die Eins, ansonsten überall die Null haben, eine VON-Basis:

$$\mathbf{e}_n \cdot \mathbf{e}_m = \delta_{nm} .$$

Jeder Vektor $\mathbf{a}$ läßt sich als Linearkombination der $\mathbf{e}_n$ schreiben!

4) $\mathcal{H}$ ist vollständig:

Cauchy-Folge:

$$\| \mathbf{a}^{(n)} - \mathbf{a}^{(m)} \|^2 = \sum_\nu |a_\nu^{(n)} - a_\nu^{(m)}|^2 \to 0 .$$

Da die Summanden nicht-negativ sind, muß jeder für sich bereits verschwinden:

$$|a_\nu^{(n)} - a_\nu^{(m)}| \to 0 \qquad \forall \nu$$
$$\Longrightarrow (a_\nu^{(n)} - a_\nu^{(m)}) \to 0 \qquad \forall \nu.$$

Die komplexen Zahlen sind vollständig. Deswegen existiert für jedes ν ein eindeutiges Grenzelement α_ν mit

$$\lim_{n\to\infty} a_\nu^{(n)} = \alpha_\nu \in \mathbb{C}.$$

Es gibt also einen Limesvektor $\boldsymbol{\alpha}$ mit den Komponenten α_ν. Wir müssen noch zeigen, daß $\boldsymbol{\alpha}$ zu $\mathcal{H}$ gehört. Dazu nutzen wir noch einmal die Cauchy-Folge aus:

$$\sum_\nu |a_\nu^{(n)} - a_\nu^{(m)}|^2 < \epsilon, \text{ falls } n, m > N(\epsilon).$$

Da die Grenzwerte existieren, gilt dieses insbesondere für $n \to \infty$:

$$\sum_\nu |\alpha_\nu - a_\nu^{(m)}|^2 < \epsilon.$$

$\Longrightarrow$ Der *neue* Vektor $(\boldsymbol{\alpha} - \mathbf{a}^{(m)})$ gehört zu $\mathcal{H}$. Ferner $\mathbf{a}^{(m)} \in \mathcal{H}$. Nach Teil a) gilt dies dann aber auch für die Summe:

$$[(\boldsymbol{\alpha} - \mathbf{a}^{(m)}) + \mathbf{a}^{(m)}] = \boldsymbol{\alpha} \in \mathcal{H} \qquad \text{q.e.d.}$$

Lösung zu Aufgabe 3.2.7

1)

$$\langle\gamma|(A+B)|\alpha\rangle \overset{\text{Def.}}{=} \langle\alpha|(A+B)^+|\gamma\rangle^*,$$
$$\langle\gamma|(A+B)|\alpha\rangle = \langle\gamma|A|\alpha\rangle + \langle\gamma|B|\alpha\rangle = \langle\alpha|A^+|\gamma\rangle^* + \langle\alpha|B^+|\gamma\rangle^* =$$
$$= \langle\alpha|(A^+ + B^+)|\gamma\rangle^*.$$

Durch Vergleich:

$$(A+B)^+ = A^+ + B^+.$$

2)

$$\langle\gamma|cA|\alpha\rangle \overset{\text{Def.}}{=} \langle\alpha|(cA)^+|\gamma\rangle^*,$$
$$\langle\gamma|cA|\alpha\rangle = c\langle\gamma|A|\alpha\rangle = c\langle\alpha|A^+|\gamma\rangle^* =$$
$$= (c^*\langle\alpha|A^+|\gamma\rangle)^* = \langle\alpha|c^*A^+|\gamma\rangle^*.$$

Durch Vergleich:

$$(cA)^+ = c^*A^+.$$

3)

$$\langle\gamma|(|\varphi\rangle\langle\psi|)|\alpha\rangle \overset{\text{Def.}}{=} \langle\alpha|(|\varphi\rangle\langle\psi|)^+|\gamma\rangle^*,$$
$$\langle\gamma|(|\varphi\rangle\langle\psi|)|\alpha\rangle = \langle\gamma|\varphi\rangle\langle\psi|\alpha\rangle = \langle\varphi|\gamma\rangle^*\langle\alpha|\psi\rangle^* =$$
$$= (\langle\alpha|\psi\rangle\langle\varphi|\gamma\rangle)^* = \langle\alpha|(|\psi\rangle\langle\varphi|)|\gamma\rangle^*.$$

Durch Vergleich:

$$(|\varphi\rangle\langle\psi|)^+ = |\psi\rangle\langle\varphi|.$$

4)

$$\langle\gamma|\ \mathbf{1}\ |\alpha\rangle \overset{\text{Def.}}{=} \langle\alpha|\ \mathbf{1}^+|\gamma\rangle^*,$$
$$\langle\gamma|\ \mathbf{1}|\alpha\rangle = \langle\gamma|\alpha\rangle = \langle\alpha|\gamma\rangle^* = \langle\alpha|\ \mathbf{1}\ |\gamma\rangle^*.$$

Durch Vergleich:

$$\mathbf{1}^+ = \mathbf{1}.$$

Lösung zu Aufgabe 3.2.8

1)

$$\begin{aligned} A = A^+,\ B &= B^+ \\ (A\,B)^+ = B^+\,A^+ &= B\,A, \\ (A\,B)^+ = A\,B &\iff [A,B]_- = 0. \end{aligned}$$

2a)

$$\begin{aligned} & A = A^+,\ B = B^+ \\ \Longrightarrow\ & [A,B]_-^+ = (A\,B)^+ - (B\,A)^+ = B^+A^+ - A^+B^+ = \\ & = B\,A - A\,B = -[A,B]_-. \end{aligned}$$

Der Kommutator ist *antihermitesch*.

2b) Man setze

$$\begin{aligned} & x = i\,\alpha[A,B]_-; \qquad \alpha \in \mathbb{R} \\ \Longrightarrow\ & x^+ = (i\,\alpha)^*\,[A,B]_-^+ = (-i\,\alpha)\,(-[A,B]_-) = x. \end{aligned}$$

Lösung zu Aufgabe 3.2.9

$$\begin{aligned} A\,|\,\alpha\,\rangle &= \alpha\,|\,\alpha\,\rangle; \qquad \alpha \text{ reell} \\ \langle\,\alpha\,|\,[A,B]_-\,|\,\alpha\,\rangle &= \langle\,\alpha\,|\,A\,B\,|\,\alpha\,\rangle - \langle\,\alpha\,|\,B\,A\,|\,\alpha\,\rangle = \\ &= \langle\,\alpha\,|\,B^+\,A^+\,|\,\alpha\,\rangle^* - \alpha\,\langle\,\alpha\,|\,B\,|\,\alpha\,\rangle = \\ &= \langle\,\alpha\,|\,B^+\,A\,|\,\alpha\,\rangle^* - \alpha\,\langle\,\alpha\,|\,B\,|\,\alpha\,\rangle = \\ &= \alpha\langle\,\alpha\,|\,B^+\,|\,\alpha\,\rangle^* - \alpha\langle\,\alpha\,|\,B\,|\,\alpha\,\rangle = \\ &= \alpha\langle\,\alpha\,|\,B\,|\,\alpha\,\rangle - \alpha\langle\,\alpha\,|\,B\,|\,\alpha\,\rangle = 0. \end{aligned}$$

Lösung zu Aufgabe 3.2.10

Nein! Man setze $B = \mathbf{1}$. Dann gilt sicher:

$$[A,\mathbf{1}]_- = 0; \quad [\mathbf{1},C]_- = 0,$$

obwohl keineswegs $[A, C]_- = 0$ sein muß. Man denke an $A = x$, $C = p_x$!

Lösung zu Aufgabe 3.2.11

1)

$$\begin{aligned}[A, BC]_- &= ABC - BCA = ABC - BAC + BAC - BCA = \\ &= [A, B]_- C + B[A, C]_- \quad \text{q.e.d.}\end{aligned}$$

2)

$$\begin{aligned}[AB, C]_- &= ABC - CAB = ABC - ACB + ACB - CAB = \\ &= A[B, C]_- + [A, C]_- B \quad \text{q.e.d.}\end{aligned}$$

3)

$$\begin{aligned}&A(BC - CB) - (BC - CB)A + \\ &+ B(CA - AC) - (CA - AC)B + \\ &+ C(AB - BA) + (AB - BA)C = 0.\end{aligned}$$

Lösung zu Aufgabe 3.2.12

Vollständige Induktion:

Die Aussagen seien richtig für n. Wir führen den Schluß auf $(n+1)$. Dazu benutzen wir die Teilergebnisse 1) und 2) aus der Aufgabe 3.2.11:

1)

$$[A, B^{n+1}]_- = [A, B]\, B^n + B[A, B^n] = i\,\mathbf{1}\, B^n + B\, i\, n\, B^{n-1} = i\,(n+1)\, B^n \quad \text{q.e.d.}$$

2)

$$[A^{n+1}, B] = A^n[A, B] + [A^n, B]\, A = A^n\, i\,\mathbf{1} + i\, n\, A^{n-1}\, A = i\,(n+1)\, A^n \quad \text{q.e.d.}$$

Lösung zu Aufgabe 3.2.13

1) Seien $\{|\varphi_\nu\rangle\}$, $\{|\psi_\nu\rangle\}$ zwei verschiedene VON-Basen von M. Entwicklungssatz:

$$\begin{aligned}|\varphi_\nu\rangle &= \sum\!\!\!\!\!\!\int_\mu |\psi_\mu\rangle\langle\psi_\mu|\varphi_\nu\rangle, \\ \langle\varphi_\nu| &= \sum\!\!\!\!\!\!\int_\mu \langle\psi_\mu|\langle\varphi_\nu|\psi_\mu\rangle\end{aligned}$$

$$\Longrightarrow P_M = \sum_\nu\!\!\!\!\!\!\!\int |\varphi_\nu\rangle\langle\varphi_\nu| = \sum_\nu\!\!\!\!\!\!\!\int \sum_\mu\!\!\!\!\!\!\!\int \sum_{\mu'}\!\!\!\!\!\!\!\int |\psi_\mu\rangle\langle\psi_\mu|\varphi_\nu\rangle\langle\varphi_\nu|\psi_{\mu'}\rangle\langle\psi_{\mu'}| =$$

$$= \sum_\mu\!\!\!\!\!\!\!\int \sum_{\mu'}\!\!\!\!\!\!\!\int |\psi_\mu\rangle\langle\psi_\mu| \underbrace{P_M|\psi_{\mu'}\rangle}_{=|\psi_{\mu'}\rangle,\ \text{da}\ |\psi_{\mu'}\rangle\in M} \langle\psi_{\mu'}| =$$

$$= \sum_\mu\!\!\!\!\!\!\!\int \sum_{\mu'}\!\!\!\!\!\!\!\int |\psi_\mu\rangle\delta_{\mu\mu'}\langle\psi_{\mu'}| = \sum_\mu\!\!\!\!\!\!\!\int |\psi_\mu\rangle\langle\psi_\mu| \text{ q.e.d..}$$

2) $|\psi_{1,2}\rangle \in \mathcal{H}$.

$$\langle\psi_1|P_M|\psi_2\rangle \stackrel{\text{Def.}}{=} \langle\psi_2|P_M^+|\psi_1\rangle^*,$$

$$\langle\psi_1|P_M|\psi_2\rangle = \langle\psi_1|\left(\sum_\nu\!\!\!\!\!\!\!\int |\varphi_\nu\rangle\langle\varphi_\nu|\right)|\psi_2\rangle = \sum_\nu\!\!\!\!\!\!\!\int \langle\psi_2|\varphi_\nu\rangle^*\langle\varphi_\nu|\psi_1\rangle^* =$$

$$= \left[\langle\psi_2|\left(\sum_\nu\!\!\!\!\!\!\!\int |\varphi_\nu\rangle\langle\varphi_\nu|\right)|\psi_1\rangle\right]^* = \langle\psi_2|P_M|\psi_1\rangle^*.$$

$|\psi_1\rangle$, $|\psi_2\rangle$ **beliebig** aus $\mathcal{H}$. Deshalb folgt durch Vergleich:

$$P_M^+ = P_M.$$

3)

$$P_M^2 = \sum_{\nu,\mu} |\varphi_\nu\rangle\underbrace{\langle\varphi_\nu|\varphi_\mu\rangle}_{\delta_{\nu\mu}}\langle\varphi_\mu| = \sum_\nu |\varphi_\nu\rangle\langle\varphi_\nu| = P_M.$$

4a)

$$\begin{aligned}(P_L\,P_M)^2 &= P_L\,P_M\,P_L\,P_M = P_L\,(P_L\,P_M)\,P_M + P_L\,[P_M,P_L]_-\,P_M = \\ &= P_L\,P_M + P_L\,[P_M,P_L]_-\,P_M, \\ (P_L\,P_M)^+ &= P_M^+\,P_L^+ = P_M\,P_L = P_L\,P_M + [P_M,P_L]_-.\end{aligned}$$

$\Longrightarrow$ $P_L\,P_M$ hermitesch und idempotent, falls $[P_M,P_L]_- = 0$.

$\Longrightarrow$ $P_L\,P_M$ projiziert auf den Durchschnitt $M \cap L$!

4b)

$$\begin{aligned}&(P_L + P_M)^+ = P_L^+ + P_M^+ = P_L + P_M, \text{ also hermitesch,} \\ &(P_L + P_M)^2 = P_L^2 + P_M^2 + P_L\,P_M + P_M\,P_L \stackrel{!}{=} P_L + P_M, \\ &\text{falls } P_L\,P_M = P_M\,P_L = 0.\end{aligned}$$

Gilt genau dann, wenn $M \cap L = \emptyset$. $(P_L + P_M)$ projiziert auf die Vereinigung $M \cup L$.

4c)

$$\begin{aligned}(P_L - P_M)^+ &= P_L - P_M, \text{ also hermitesch,}\\ (P_L - P_M)^2 &= P_L^2 + P_M^2 - P_L P_M - P_M P_L =\\ &= P_L + P_M - (P_L P_M + P_M P_L) \stackrel{!}{=}\\ &\stackrel{!}{=} P_L - P_M, \text{ falls } P_L P_M + P_M P_L = 2 P_M.\end{aligned}$$

Dies ist erfüllt, wenn $L \supseteq M$. $(P_L - P_M)$ projiziert $\mathcal{H}$ auf L/M!

Lösung zu Aufgabe 3.2.14

1) VON-Basis, deshalb: $\mathbf{1} = |\varphi_1\rangle\langle\varphi_1| + |\varphi_2\rangle\langle\varphi_2|$:

$$A = A\,\mathbf{1} = -|\varphi_2\rangle\langle\varphi_1| - |\varphi_1\rangle\langle\varphi_2|.$$

2) Mit Teil 3) in Aufgabe 3.2.7:

$$\begin{aligned}&A^+ = -(|\varphi_2\rangle\langle\varphi_1|)^+ - (|\varphi_1\rangle\langle\varphi_2|)^+ = -|\varphi_1\rangle\langle\varphi_2| - |\varphi_2\rangle\langle\varphi_1| = A\\ &\Longrightarrow A \text{ hermitesch.}\end{aligned}$$

3) $A\,A^+ = A^+\,A = A^2$ wegen 2):

$$\begin{aligned}A^2 &= (|\varphi_2\rangle\langle\varphi_1| + |\varphi_1\rangle\langle\varphi_2|)(|\varphi_2\rangle\langle\varphi_1| + |\varphi_1\rangle\langle\varphi_2|)\\ \Longrightarrow A^2 &= |\varphi_2\rangle\langle\varphi_2| + |\varphi_1\rangle\langle\varphi_1| = \mathbf{1}.\end{aligned}$$

4) Eigenwertgleichung:

$$A\,|a\rangle = a\,|a\rangle \Longrightarrow A^2\,|a\rangle = a^2\,|a\rangle = \mathbf{1}\,|a\rangle = |a\rangle.$$

$\Longrightarrow$ Eigenwerte: $a_+ = +1$; $a_- = -1$.

Eigenzustände:

$$\begin{aligned}|a_\pm\rangle &= \alpha_\pm^{(1)}\,|\varphi_1\rangle + \alpha_\pm^{(2)}\,|\varphi_2\rangle,\\ A\,|a_\pm\rangle &= -(\alpha_\pm^{(1)}\,|\varphi_2\rangle + \alpha_\pm^{(2)}\,|\varphi_1\rangle) = \pm(\alpha_\pm^{(1)}\,|\varphi_1\rangle + \alpha_\pm^{(2)}\,|\varphi_2\rangle)\\ \Longrightarrow \alpha_+^{(1)} &= -\alpha_+^{(2)}; \quad \alpha_-^{(1)} = \alpha_-^{(2)}.\end{aligned}$$

Normierung: $\langle a_\pm\,|\,a_\pm\rangle = 1$

$$\Longrightarrow |a_\pm\rangle = \frac{1}{\sqrt{2}}(|\varphi_1\rangle \mp |\varphi_2\rangle).$$

Lösung zu Aufgabe 3.2.15

$$\begin{aligned}A^{-1}\,A\,|a\rangle &= \mathbf{1}\,|a\rangle = a\,A^{-1}\,|a\rangle\\ a \neq 0 &\Longrightarrow A^{-1}\,|a\rangle = a^{-1}\,|a\rangle.\end{aligned}$$

Lösung zu Aufgabe 3.2.16

Nein, da keine umkehrbar eindeutige Abbildungsvorschrift. Alle $|\psi\rangle \in \mathcal{H}$ mit denselben $\langle\alpha|\psi\rangle$ werden durch $P(|\alpha\rangle)$ auf denselben Vektor abgebildet:

$$P(|\alpha\rangle)|\psi\rangle = |\alpha\rangle\langle\alpha|\psi\rangle.$$

Lösung zu Aufgabe 3.2.17

1)

$$\begin{aligned} &U|u\rangle = u|u\rangle \\ \Longrightarrow\ &\langle u|U^+ u|u\rangle = u\langle u|U^+|u\rangle = u^* u\langle u|u\rangle = \langle u|\ \mathbf{1}\ |u\rangle = \langle u|u\rangle \\ &\Longrightarrow\ |u| = 1. \end{aligned}$$

2)

$$A = A^+; \qquad \overline{A} = U\,A\,U^+$$

$$(\overline{A})^+ = (U\,A\,U^+)^+ = (U^+)^+\,(U\,A)^+ = U\,A^+\,U^+ = U\,A\,U^+, \text{ da } A \text{ hermitesch}$$

$$\Longrightarrow\ \overline{A}^+ = \overline{A} \Longrightarrow \overline{A} \text{ hermitesch.}$$

3)

$$\overline{A} = U\,A\,U^+; \quad \overline{B} = U\,B\,U^+; \quad [A,B]_- = 0$$

$$\begin{aligned} [\overline{A},\overline{B}]_- &= \overline{A}\,\overline{B} - \overline{B}\,\overline{A} = U\,A\,U^+\,U\,B\,U^+ - U\,B\,U^+\,U\,A\,U^+ = \\ &= U\,A\,B\,U^+ - U\,B\,A\,U^+ = U\,[A,B]_-\,U^+ = 0. \end{aligned}$$

Lösung zu Aufgabe 3.2.18

1) Wir benutzen direkt die Definition (3.103):

$$\begin{aligned} \frac{d}{dA}\,(f(A)+g(A)) &= \lim_{\epsilon\to 0}\frac{[f(A+\epsilon\,\mathbf{1})+g(A+\epsilon\,\mathbf{1})]-(f(A)+g(A))}{\epsilon} = \\ &= \lim_{\epsilon\to 0}\left\{\frac{f(A+\epsilon\,\mathbf{1})-f(A)}{\epsilon}+\frac{g(A+\epsilon\,\mathbf{1})-g(A)}{\epsilon}\right\} = \\ &= \frac{d}{dA}\,f(A)+\frac{d}{dA}\,g(A) \qquad \text{q.e.d.} \end{aligned}$$

2)

$$\begin{aligned} &\frac{d}{dA}\,(f(A)\,g(A)) = \\ &= \lim_{\epsilon\to 0}\frac{f(A+\epsilon\,\mathbf{1})\,g(A+\epsilon\,\mathbf{1})-f(A)\,g(A)}{\epsilon} = \\ &= \lim_{\epsilon\to 0}\left\{\frac{[f(A+\epsilon\,\mathbf{1})-f(A)]\,g(A)}{\epsilon}+\frac{f(A+\epsilon\,\mathbf{1})\,[g(A+\epsilon\,\mathbf{1})-g(A)]}{\epsilon}\right\} = \\ &= \frac{df}{dA}\,g(A)+f(A)\,\frac{dg}{dA}. \end{aligned}$$

3) Vollständige Induktion:

$\boxed{n=1}$

$$\frac{d}{dA}\,A = \lim_{\epsilon\to 0}\,\frac{A+\epsilon\,\mathbf{1}-A}{\epsilon} = \mathbf{1}.$$

$\boxed{n=2}$

$$\frac{d}{dA}\,A^2 \overset{2)}{=} \frac{dA}{dA}\,A + A\,\frac{dA}{dA} = 2A.$$

$\boxed{n \implies n+1}$

Die Aussage sei richtig für n:

$$\begin{aligned}\frac{d}{dA}\,A^{n+1} &= \frac{d}{dA}\,(A\,A^n) \overset{2)}{=} \frac{dA}{dA}\,A^n + A\,\frac{dA^n}{dA} = \\ &= \mathbf{1}\,A^n + A\,n\,A^{n-1} = (n+1)\,A^n \quad \text{q.e.d.}\end{aligned}$$

Lösung zu Aufgabe 3.2.19

1) Wir benutzen die Definition (3.102):

$$\begin{aligned}&\frac{d}{d\eta}\,A(\eta)\,B(\eta) = \\ &= \lim_{\epsilon\to 0}\,\frac{A(\eta+\epsilon)B(\eta+\epsilon)-A(\eta)\,B(\eta)}{\epsilon} = \\ &= \lim_{\epsilon\to 0}\left\{\frac{[A(\eta+\epsilon)-A(\eta)]\,B(\eta)}{\epsilon} + \frac{A(\eta+\epsilon)\,[B(\eta+\epsilon)-B(\eta)]}{\epsilon}\right\} = \\ &= \frac{dA(\eta)}{d\eta}\,B(\eta) + A(\eta)\,\frac{dB(\eta)}{d\eta}.\end{aligned}$$

2) Vollständige Induktion:

$\boxed{n=1}$

$$\frac{dA}{d\eta} = \mathbf{1}\,\frac{dA}{d\eta}\,\mathbf{1}.$$

$\boxed{n=2}$

$$\frac{dA^2}{d\eta} = \frac{dA}{d\eta}\,A + A\,\frac{dA}{d\eta} = \sum_{\mu=1}^{2} A^{\mu-1}\,\frac{dA}{d\eta}\,A^{2-\mu}.$$

$\boxed{n \implies n+1}$

Die Aussage sei richtig für n:

$$\begin{aligned}\frac{d}{d\eta}\,A^{n+1} &= \frac{dA^n}{d\eta}\,A + A^n\,\frac{dA}{d\eta} = \sum_{\mu=1}^{n} A^{\mu-1}\,\frac{dA}{d\eta}\,A^{n-\mu}\,A + A^n\,\frac{dA}{d\eta} = \\ &= \sum_{\mu=1}^{n+1} A^{\mu-1}\,\frac{dA}{d\eta}\,A^{n+1-\mu} \quad \text{q.e.d.}\end{aligned}$$

3)

$$0 = \frac{d}{d\eta}\left(A\,A^{-1}\right) = \frac{dA}{d\eta}\,A^{-1} + A\,\frac{dA^{-1}}{d\eta} \quad\Longrightarrow\quad \frac{dA^{-1}}{d\eta} = -A^{-1}\,\frac{dA}{d\eta}\,A^{-1}.$$

Lösung zu Aufgabe 3.2.20

1)

$$\langle e_1 \,|\, \rho \rangle = 1; \quad \langle e_2 \,|\, \rho \rangle = 1; \quad \langle e_3 \,|\, \rho \rangle = 0,$$
$$\langle \psi \,|\, e_1 \rangle = 1; \quad \langle \psi \,|\, e_2 \rangle = 0; \quad \langle \psi \,|\, e_3 \rangle = 1$$
$$\Longrightarrow \quad |\rho\rangle\langle\psi| = \begin{pmatrix} 1 & 0 & 1 \\ 1 & 0 & 1 \\ 0 & 0 & 0 \end{pmatrix} = D.$$

2)

$$D^+ = |\psi\rangle\langle\rho| = \begin{pmatrix} 1 & 1 & 0 \\ 0 & 0 & 0 \\ 1 & 1 & 0 \end{pmatrix} \neq D.$$

$\Longrightarrow$ D ist **nicht** hermitesch!

3) Eigenwerte d_i bestimmen sich aus der Säkulardeterminante:

$$0 \stackrel{!}{=} \det\left(D - d\,\mathbf{1}\right) = \det \begin{pmatrix} 1-d & 0 & 1 \\ 1 & -d & 1 \\ 0 & 0 & -d \end{pmatrix} = d^2(1-d)$$
$$\Longrightarrow \quad d_1 = d_2 = 0, \; d_3 = 1.$$

4)

$$\langle \psi \,|\, \rho \rangle = (1\,0\,1) \begin{pmatrix} 1 \\ 1 \\ 0 \end{pmatrix} = 1$$
$$\Longrightarrow \quad D^2 = |\rho\rangle\langle\psi\,|\,\rho\rangle\langle\psi| = |\rho\rangle\langle\psi| = D.$$

D ist also idempotent, hat nach 3) auch dieselben Eigenwerte wie ein Projektionsoperator. D ist trotzdem kein Projektor, da nicht hermitesch!

Lösung zu Aufgabe 3.2.21

1) Eigenwerte:

$$H_{21} = H_{12}^*; \quad H_{11},\, H_{22} \text{ reell, da } H \text{ hermitesch.}$$

Säkulardeterminante:

$$0 = \begin{vmatrix} H_{11} - E & H_{12} \\ H_{21} & H_{22} - E \end{vmatrix} = (H_{11} - E)\,(H_{22} - E) - |\,H_{12}\,|^2$$
$$\Longrightarrow \quad E^2 - E(H_{11} + H_{22}) = |\,H_{12}\,|^2 - H_{11}\,H_{22}$$
$$\Longrightarrow \quad E_{1,2} = \frac{1}{2}\,(H_{11} + H_{22}) \mp \sqrt{\frac{1}{4}\,(H_{11} - H_{22})^2 + |\,H_{12}\,|^2}.$$

2) Eigenzustände:

$$| E_1 \rangle = \begin{pmatrix} E_{11} \\ E_{12} \end{pmatrix}.$$

Eigenwertgleichung:

$$\begin{pmatrix} H_{11} - E_1 & H_{12} \\ H_{21} & H_{22} - E_1 \end{pmatrix} \begin{pmatrix} E_{11} \\ E_{12} \end{pmatrix} = \begin{pmatrix} 0 \\ 0 \end{pmatrix} \Longrightarrow E_{11} = E_{12} \frac{H_{12}}{E_1 - H_{11}}.$$

Normierung:

$$\langle E_1 | E_1 \rangle = | E_{11} |^2 + | E_{12} |^2 \stackrel{!}{=} 1 = \frac{| H_{12} |^2 + (E_1 - H_{11})^2}{(E_1 - H_{11})^2} | E_{12} |^2.$$

Abkürzung:

$$\begin{aligned} \alpha^2 &= | H_{12} |^2 + (E_1 - H_{11})^2 = | H_{12} |^2 + (H_{22} - E_2)^2 \\ \Longrightarrow \quad | E_{12} | &= \frac{1}{\alpha} (E_1 - H_{11}), \\ | E_{11} | &= \frac{1}{\alpha} | H_{12} |. \end{aligned}$$

Bis auf einen unwesentlichen Phasenfaktor gilt also:

$$| E_1 \rangle = \frac{1}{\alpha} \begin{pmatrix} | H_{12} | \\ E_1 - H_{11} \end{pmatrix}.$$

Ganz analog finden wir den zweiten Eigenzustand:

$$| E_2 \rangle = \frac{1}{\alpha} \begin{pmatrix} | H_{12} | \\ E_2 - H_{11} \end{pmatrix}.$$

Man überprüft leicht die Orthogonalität:

$$\langle E_1 | E_2 \rangle = 0.$$

Lösung zu Aufgabe 3.2.22

1) Eigenwerte:

Matrix A ist hermitesch, die Eigenwerte müssen also reell sein!

Säkulardeterminante:

$$0 = \begin{vmatrix} 3 - a & 2i \\ -2i & -a \end{vmatrix} = -a(3 - a) - 4$$

$$\Longleftrightarrow a^2 - 3a = 4 \Longleftrightarrow \left(a - \frac{3}{2} \right)^2 = \frac{25}{4},$$

$$a_1 = -1; \qquad a_2 = 4.$$

2) Eigenzustände:

$$\begin{pmatrix} 4 & 2i \\ -2i & 1 \end{pmatrix} \begin{pmatrix} a_{11} \\ a_{12} \end{pmatrix} = \begin{pmatrix} 0 \\ 0 \end{pmatrix} \implies a_{11} = -\frac{1}{2}\, i\, a_{12}$$

$$\implies |\, a_1 \,\rangle = c \begin{pmatrix} 1 \\ 2i \end{pmatrix}.$$

Annahme: c reell. Dann folgt aus der Normierung:

$$c = \frac{1}{\sqrt{5}}.$$

Zur Bestimmung von $|\, a_2 \,\rangle$ haben wir auszuwerten:

$$\begin{pmatrix} -1 & 2i \\ -2i & -4 \end{pmatrix} \begin{pmatrix} a_{21} \\ a_{22} \end{pmatrix} = \begin{pmatrix} 0 \\ 0 \end{pmatrix} \iff a_{21} = 2i\, a_{22}$$

$$\implies |\, a_2 \,\rangle = c' \begin{pmatrix} 2i \\ 1 \end{pmatrix}.$$

c' reell, dann folgt aus der Normierung:

$$c' = c = \frac{1}{\sqrt{5}}.$$

Man überprüfe: $\langle\, a_1 \,|\, a_2 \,\rangle = 0$.

3)

$$\begin{aligned}
\overline{A} &= U\, A\, U^{+}, \\
U &= c \begin{pmatrix} 1 & -2i \\ -2i & 1 \end{pmatrix} \implies U^{+} = c \begin{pmatrix} 1 & 2i \\ 2i & 1 \end{pmatrix}, \\
\overline{A} &= \frac{1}{5} \begin{pmatrix} 1 & -2i \\ -2i & 1 \end{pmatrix} \begin{pmatrix} 3 & 2i \\ -2i & 0 \end{pmatrix} \begin{pmatrix} 1 & 2i \\ 2i & 1 \end{pmatrix} = \\
&= \frac{1}{5} \begin{pmatrix} 1 & -2i \\ -2i & 1 \end{pmatrix} \begin{pmatrix} -1 & 8i \\ -2i & 4 \end{pmatrix} = \\
&= \frac{1}{5} \begin{pmatrix} -5 & 0 \\ 0 & 20 \end{pmatrix} = \begin{pmatrix} -1 & 0 \\ 0 & 4 \end{pmatrix} = \begin{pmatrix} a_1 & 0 \\ 0 & a_2 \end{pmatrix}.
\end{aligned}$$

Lösung zu Aufgabe 3.2.23

Eigenwerte von A:

$$0 = \begin{vmatrix} -a & -i \\ i & -a \end{vmatrix} = a^2 - 1 \implies a_1 = -1; \quad a_2 = +1.$$

Eigenvektoren von A:

$$\begin{pmatrix} 1 & -i \\ i & 1 \end{pmatrix} \begin{pmatrix} a_{11} \\ a_{12} \end{pmatrix} = \begin{pmatrix} 0 \\ 0 \end{pmatrix} \implies a_{11} = i\, a_{12},$$

$$|\, a_1 \rangle = c \begin{pmatrix} 1 \\ -i \end{pmatrix}; \quad \text{Normierung} \implies c = \frac{1}{\sqrt{2}},$$

$$\begin{pmatrix} -1 & -i \\ i & -1 \end{pmatrix} \begin{pmatrix} a_{21} \\ a_{22} \end{pmatrix} = \begin{pmatrix} 0 \\ 0 \end{pmatrix} \implies a_{21} = -i\, a_{22},$$

$$|\, a_2 \rangle = c' \begin{pmatrix} 1 \\ i \end{pmatrix}; \quad \text{Normierung} \implies c' = \frac{1}{\sqrt{2}}.$$

Eigenzustände sind orthonormal, da A hermitesch! Unitäre Matrix, aufgebaut aus den Eigenzuständen von A (3.125):

$$U = \frac{1}{\sqrt{2}} \begin{pmatrix} 1 & i \\ 1 & -i \end{pmatrix} \implies U^+ = \frac{1}{\sqrt{2}} \begin{pmatrix} 1 & 1 \\ -i & i \end{pmatrix}.$$

Kontrolle:

$$U\,U^+ = \frac{1}{2} \begin{pmatrix} 1 & i \\ 1 & -i \end{pmatrix} \begin{pmatrix} 1 & 1 \\ -i & i \end{pmatrix} = \frac{1}{2} \begin{pmatrix} 2 & 0 \\ 0 & 2 \end{pmatrix} = \mathbf{1},$$

$$\overline{B} = U\,B\,U^+ = U\,U^+ = \mathbf{1} = B,$$

$$\overline{A} = \frac{1}{2} \begin{pmatrix} 1 & i \\ 1 & -i \end{pmatrix} \begin{pmatrix} 0 & -i \\ i & 0 \end{pmatrix} \begin{pmatrix} 1 & 1 \\ -i & i \end{pmatrix} =$$

$$= \frac{1}{2} \begin{pmatrix} 1 & i \\ 1 & -i \end{pmatrix} \begin{pmatrix} -1 & 1 \\ i & i \end{pmatrix} = \begin{pmatrix} -1 & 0 \\ 0 & 1 \end{pmatrix}.$$

Auf der Diagonalen der transformierten Matrix $\overline{A}$ stehen die Eigenwerte von A.

Lösung zu Aufgabe 3.2.24

Die Behauptung ist sicher richtig, wenn F eine Summe oder ein Produkt darstellt:

$$U(A+B)\,U^+ = U\,A\,U^+ + U\,B\,U^+ = \overline{A} + \overline{B},$$

$$U\,A\,B\,U^+ = U\,A\,\mathbf{1}\;B\,U^+ = U\,A\,U^+\,U\,B\,U^+ = \overline{A}\,\overline{B}.$$

Damit gilt sie auch für Polynome und Potenzreihen!

Lösung zu Aufgabe 3.2.25

1)

$$\text{Sp}\,AB = \sum_n \langle \varphi_n \,|\, AB \,|\, \varphi_n \rangle = \sum_{n,m} \langle \varphi_n \,|\, A \,|\, \varphi_m \rangle \langle \varphi_m \,|\, B \,|\, \varphi_n \rangle =$$

$$= \sum_m \sum_n \langle \varphi_m \,|\, B \,|\, \varphi_n \rangle \langle \varphi_n \,|\, A \,|\, \varphi_m \rangle = \sum_m \langle \varphi_m \,|\, B\,A \,|\, \varphi_m \rangle = \text{Sp}\,BA.$$

Dies gilt auch für den Fall, daß die Operatoren A und B nicht kommutieren. Die Verallgemeinerung der zyklischen Invarianz der Spur auf Produkte von mehr als zwei Operatoren liegt auf der Hand:

$$\mathrm{Sp}\, ABC = \mathrm{Sp}\, CAB = \mathrm{Sp}\, BCA.$$

2) Wegen $U^+ U = \mathbf{1}$ mit Teil 1) sehr einfach zu zeigen:

$$\mathrm{Sp}\, \overline{A} = \mathrm{Sp}\, UAU^+ = \mathrm{Sp}\, U^+UA = \mathrm{Sp}\, A.$$

Lösung zu Aufgabe 3.2.26

$\{|\varphi_n\rangle\}$: irgendeine VON-Basis von $\mathcal{H}$. Dann gilt:

$$\begin{aligned}\mathrm{Sp}\, D &= \sum_n \langle \varphi_n | \alpha \rangle \langle \beta | \varphi_n \rangle = \langle \beta | \left\{ \sum_n |\varphi_n\rangle\langle\varphi_n| \right\} |\alpha\rangle = \\ &= \langle \beta | \mathbf{1} | \alpha \rangle = \langle \beta | \alpha \rangle = 0, \text{ da orthogonal.}\end{aligned}$$

Lösung zu Aufgabe 3.2.27

Daß es sich bei den drei Operatoren um die kartesischen Komponenten des Bahndrehimpulsoperators $\mathbf{L} = (L_x, L_y, L_z)$ zur Quantenzahl $l = 1$ (s. (1.133)) handelt, ist für die Lösung der Aufgabe nicht relevant. Der Drehimpuls wird in Kapitel 5 ausgiebig diskutiert.

1) **Eigenwerte:**

Zu L_x

$$0 = \hbar^3 \begin{vmatrix} -m & \frac{1}{\sqrt{2}} & 0 \\ \frac{1}{\sqrt{2}} & -m & \frac{1}{\sqrt{2}} \\ 0 & \frac{1}{\sqrt{2}} & -m \end{vmatrix} = \hbar^3 \left(-m^3 + \frac{m}{2} + \frac{m}{2} \right)$$

$$\Longrightarrow m_1 = 0; \quad m_2 = -1; \quad m_3 = +1.$$

Zu L_y

$$0 = \hbar^3 \begin{vmatrix} -\overline{m} & \frac{-i}{\sqrt{2}} & 0 \\ \frac{i}{\sqrt{2}} & -\overline{m} & \frac{-i}{\sqrt{2}} \\ 0 & \frac{i}{\sqrt{2}} & -\overline{m} \end{vmatrix} = \hbar^3 \left(-\overline{m}^3 + \frac{\overline{m}}{2} + \frac{\overline{m}}{2} \right)$$

$$\Longrightarrow \overline{m}_1 = 0; \quad \overline{m}_2 = -1; \quad \overline{m}_3 = +1.$$

L_z ist bereits diagonal. In der Diagonalen stehen die Eigenwerte. Wir erkennen, daß alle drei Operatoren L_x, L_y, L_z dieselben Eigenwerte

$$m_l = -\hbar,\ 0,\ +\hbar$$

besitzen.

2) **Eigenvektoren von L_y** :

Zu $m_l = -\hbar$

$$\begin{pmatrix} \sqrt{2} & -i & 0 \\ i & \sqrt{2} & -i \\ 0 & i & \sqrt{2} \end{pmatrix} \begin{pmatrix} \alpha \\ \beta \\ \gamma \end{pmatrix} \stackrel{!}{=} \begin{pmatrix} 0 \\ 0 \\ 0 \end{pmatrix}$$

$$\Longrightarrow \sqrt{2}\,\alpha - i\,\beta = 0,$$
$$i\,\alpha + \sqrt{2}\,\beta - i\,\gamma = 0,$$
$$i\,\beta + \sqrt{2}\,\gamma = 0$$
$$\Longrightarrow \alpha = \frac{i}{\sqrt{2}}\,\beta; \qquad \gamma = -\frac{i}{\sqrt{2}}\,\beta.$$

Normierung (o.B.d.A.: β reell):

$$1 = |\,\alpha\,|^2 + |\,\beta\,|^2 + |\,\gamma\,|^2 = \left(\frac{1}{2} + 1 + \frac{1}{2}\right)\beta^2,$$
$$\beta = \frac{1}{\sqrt{2}}$$
$$\Longrightarrow \quad |\,L_y^{(-)}\rangle = \begin{pmatrix} \frac{i}{2} \\ \frac{1}{\sqrt{2}} \\ -\frac{i}{2} \end{pmatrix}.$$

Zu $m_l = 0$

$$\begin{pmatrix} 0 & -i & 0 \\ i & 0 & -i \\ 0 & i & 0 \end{pmatrix} \begin{pmatrix} \overline{\alpha} \\ \overline{\beta} \\ \overline{\gamma} \end{pmatrix} = \begin{pmatrix} 0 \\ 0 \\ 0 \end{pmatrix}$$

$$\Longrightarrow -i\,\overline{\beta} = 0,$$
$$i\,\overline{\alpha} - i\,\overline{\gamma} = 0,$$
$$i\,\overline{\beta} = 0$$
$$\Longrightarrow \overline{\beta} = 0; \quad \overline{\alpha} = \overline{\gamma}.$$

Normierung (o.B.d.A.: $\overline{\gamma}$ reell):

$$1 = |\,\overline{\alpha}\,|^2 + |\,\overline{\beta}\,|^2 + |\,\overline{\gamma}\,|^2 = 2\,\overline{\gamma}^2$$
$$\Longrightarrow \quad |\,L_y^{(0)}\rangle = \begin{pmatrix} \frac{1}{\sqrt{2}} \\ 0 \\ \frac{1}{\sqrt{2}} \end{pmatrix}.$$

Zu $m_l = \hbar$

$$\begin{pmatrix} -\sqrt{2} & -i & 0 \\ i & -\sqrt{2} & -i \\ 0 & i & -\sqrt{2} \end{pmatrix} \begin{pmatrix} \alpha' \\ \beta' \\ \gamma' \end{pmatrix} = \begin{pmatrix} 0 \\ 0 \\ 0 \end{pmatrix}$$

$$\Longrightarrow -\sqrt{2}\,\alpha' - i\,\beta' = 0,$$
$$i\,\alpha' - \sqrt{2}\,\beta' - i\,\gamma' = 0,$$
$$i\,\beta' - \sqrt{2}\,\gamma' = 0$$
$$\Longrightarrow \alpha' = -\frac{i}{\sqrt{2}}\,\beta'; \quad \gamma' = \frac{i}{\sqrt{2}}\,\beta'.$$

Normierung (o.B.d.A.: β' reell):

$$1 = |\alpha'|^2 + |\beta'|^2 + |\gamma'|^2 = \left(\frac{1}{2} + 1 + \frac{1}{2}\right)\beta'^2$$
$$\Longrightarrow \beta' = \frac{1}{\sqrt{2}}$$
$$\Longrightarrow |\,L_y^{(+)}\rangle = \begin{pmatrix} -\frac{i}{2} \\ \frac{1}{\sqrt{2}} \\ \frac{i}{2} \end{pmatrix}.$$

Unitäre Matrix:

$$U = \frac{1}{2}\begin{pmatrix} i & \sqrt{2} & -i \\ \sqrt{2} & 0 & \sqrt{2} \\ -i & \sqrt{2} & i \end{pmatrix} \Longrightarrow U^+ = \frac{1}{2}\begin{pmatrix} -i & \sqrt{2} & i \\ \sqrt{2} & 0 & \sqrt{2} \\ i & \sqrt{2} & -i \end{pmatrix}$$

$$U\,U^+ = \mathbf{1}\ ?$$

$$\frac{1}{4}\begin{pmatrix} i & \sqrt{2} & -i \\ \sqrt{2} & 0 & \sqrt{2} \\ -i & \sqrt{2} & i \end{pmatrix}\begin{pmatrix} -i & \sqrt{2} & i \\ \sqrt{2} & 0 & \sqrt{2} \\ i & \sqrt{2} & -i \end{pmatrix} = \frac{1}{4}\begin{pmatrix} 4 & 0 & 0 \\ 0 & 4 & 0 \\ 0 & 0 & 4 \end{pmatrix} = \mathbf{1}.$$

Transformierter Operator $\overline{L}_y$:

$$\overline{L}_y = \frac{1}{4}\frac{\hbar}{\sqrt{2}}\begin{pmatrix} i & \sqrt{2} & -i \\ \sqrt{2} & 0 & \sqrt{2} \\ -i & \sqrt{2} & i \end{pmatrix}\begin{pmatrix} 0 & -i & 0 \\ i & 0 & -i \\ 0 & i & 0 \end{pmatrix}\begin{pmatrix} -i & \sqrt{2} & i \\ \sqrt{2} & 0 & \sqrt{2} \\ i & \sqrt{2} & -i \end{pmatrix} =$$

$$= \frac{\hbar}{4\sqrt{2}}\begin{pmatrix} i & \sqrt{2} & -i \\ \sqrt{2} & 0 & \sqrt{2} \\ -i & \sqrt{2} & i \end{pmatrix}\begin{pmatrix} -i\sqrt{2} & 0 & -i\sqrt{2} \\ 2 & 0 & -2 \\ i\sqrt{2} & 0 & i\sqrt{2} \end{pmatrix} =$$

$$= \frac{\hbar}{4\sqrt{2}}\begin{pmatrix} 4\sqrt{2} & 0 & 0 \\ 0 & 0 & 0 \\ 0 & 0 & -4\sqrt{2} \end{pmatrix} = \hbar\begin{pmatrix} 1 & 0 & 0 \\ 0 & 0 & 0 \\ 0 & 0 & -1 \end{pmatrix} \Longrightarrow \overline{L}_y = L_z.$$

3)

$$\overline{L}_x = \frac{1}{4}\frac{\hbar}{\sqrt{2}} \begin{pmatrix} i & \sqrt{2} & -i \\ \sqrt{2} & 0 & \sqrt{2} \\ -i & \sqrt{2} & i \end{pmatrix} \begin{pmatrix} 0 & 1 & 0 \\ 1 & 0 & 1 \\ 0 & 1 & 0 \end{pmatrix} \begin{pmatrix} -i & \sqrt{2} & i \\ \sqrt{2} & 0 & \sqrt{2} \\ i & \sqrt{2} & -i \end{pmatrix} =$$

$$= \frac{\hbar}{4\sqrt{2}} \begin{pmatrix} i & \sqrt{2} & -i \\ \sqrt{2} & 0 & \sqrt{2} \\ -i & \sqrt{2} & i \end{pmatrix} \begin{pmatrix} \sqrt{2} & 0 & \sqrt{2} \\ 0 & 2\sqrt{2} & 0 \\ \sqrt{2} & 0 & \sqrt{2} \end{pmatrix} =$$

$$= \frac{\hbar}{4\sqrt{2}} \begin{pmatrix} 0 & 4 & 0 \\ 4 & 0 & 4 \\ 0 & 4 & 0 \end{pmatrix} = \frac{\hbar}{\sqrt{2}} \begin{pmatrix} 0 & 1 & 0 \\ 1 & 0 & 1 \\ 0 & 1 & 0 \end{pmatrix} \Longrightarrow \overline{L}_x = L_x,$$

$$\overline{L}_z = \frac{\hbar}{4} \begin{pmatrix} i & \sqrt{2} & -i \\ \sqrt{2} & 0 & \sqrt{2} \\ -i & \sqrt{2} & i \end{pmatrix} \begin{pmatrix} 1 & 0 & 0 \\ 0 & 0 & 0 \\ 0 & 0 & -1 \end{pmatrix} \begin{pmatrix} -i & \sqrt{2} & i \\ \sqrt{2} & 0 & \sqrt{2} \\ i & \sqrt{2} & -i \end{pmatrix} =$$

$$= \frac{\hbar}{4} \begin{pmatrix} i & \sqrt{2} & -i \\ \sqrt{2} & 0 & \sqrt{2} \\ -i & \sqrt{2} & i \end{pmatrix} \begin{pmatrix} -i & \sqrt{2} & i \\ 0 & 0 & 0 \\ -i & -\sqrt{2} & +i \end{pmatrix} =$$

$$= \frac{\hbar}{4} \begin{pmatrix} 0 & 2i\sqrt{2} & 0 \\ -2i\sqrt{2} & 0 & 2i\sqrt{2} \\ 0 & -2i\sqrt{2} & 0 \end{pmatrix} = \frac{\hbar}{\sqrt{2}} \begin{pmatrix} 0 & i & 0 \\ -i & 0 & i \\ 0 & -i & 0 \end{pmatrix} \Longrightarrow \overline{L}_z = -L_y.$$

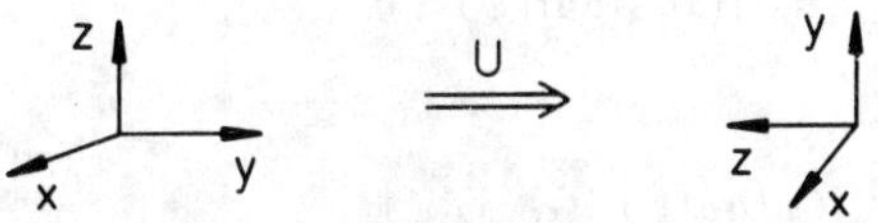

$U \equiv$ Drehung um die x-Achse um 90°!

Kapitel 3.3.6

Lösung zu Aufgabe 3.3.1

Für Wahrscheinlichkeitsaussagen muß $|\,\psi\,\rangle$ zunächst normiert werden:

$$\langle\,\psi\,|\,\psi\,\rangle = 1 + \frac{1}{4} = \frac{5}{4}$$

$$\Longrightarrow\ |\,\overline{\psi}\,\rangle = \frac{|\,\psi\,\rangle}{\|\,\psi\,\|} = \frac{2}{\sqrt{5}}\,|\,a_1\,\rangle + \frac{i}{\sqrt{5}}\,|\,a_2\,\rangle.$$

Wahrscheinlichkeiten:

$$w(a_2\,|\,\overline{\psi}) = |\,\langle\,a_2\,|\,\overline{\psi}\,\rangle\,|^2 = \frac{1}{5},$$

$$w(a_3\,|\,\overline{\psi}) = |\,\langle\,a_3\,|\,\overline{\psi}\,\rangle\,|^2 = 0.$$

Lösung zu Aufgabe 3.3.2

1. Bedingung:

Die Schwarzsche Ungleichung muß zur Gleichung werden:

$$\| a\psi \|^2 \| b\psi \|^2 \stackrel{!}{=} |\langle a\psi | b\psi \rangle|^2 .$$

Dazu müssen die Vektoren parallel sein (s. Lösung 3.2.2):

$$|a\psi\rangle \stackrel{!}{=} \alpha |b\psi\rangle; \qquad \alpha \in \mathbb{C}.$$

Daraus folgt:

$$\begin{aligned} &\langle b\psi | a\psi \rangle = \alpha \| b\psi \|^2 \\ \Longrightarrow \quad &|\langle a\psi | b\psi \rangle|^2 = |\alpha|^2 \, \| b\psi \|^4 = \| a\psi \|^2 \| b\psi \|^2 \\ \Longrightarrow \quad &|\alpha| = \frac{\| a\psi \|}{\| b\psi \|} = \frac{\Delta A_\psi}{\Delta B_\psi} . \end{aligned}$$

2. Bedingung:

Die *Vernachlässigung* vor (3.142) muß exakt sein:

$$\langle \psi | (ab + ba) | \psi \rangle \stackrel{!}{=} 0.$$

a, b hermitesch:

$$\begin{aligned} \langle \psi | ab | \psi \rangle &= \alpha^* \| b\psi \|^2, \\ \langle \psi | ba | \psi \rangle &= \alpha \| b\psi \|^2 . \end{aligned}$$

Zu fordern, da $\| b\psi \| > 0$:

$$\alpha^* + \alpha = 0 \Longrightarrow \alpha = \pm i |\alpha| .$$

$|\psi\rangle$ muß also so sein, daß

$$(A - \langle \psi | A | \psi \rangle \mathbf{1}) |\psi\rangle = \pm i |\alpha| (B - \langle \psi | B | \psi \rangle \mathbf{1}) |\psi\rangle$$

mit

$$|\alpha| = \frac{\Delta A_\psi}{\Delta B_\psi}$$

erfüllt wird.

Lösung zu Aufgabe 3.3.3

Minimale Unbestimmtheit,

$$\Delta A \, \Delta B = \frac{\hbar}{2} |\langle C \rangle| \qquad \left([A, B]_- = \frac{\hbar}{i} C \right),$$

bedeutet auch:

$$0 \stackrel{!}{=} \text{Sp}\,(\rho\, d_0\, d_0^+) = \sum_n \sum_m \langle \varphi_n \,|\, \psi_m \rangle \langle \psi_m \,|\, d_0\, d_0^+ \,|\, \varphi_n \rangle p_m =$$

$$= \sum_m p_m \langle \psi_m \,|\, d_0\, d_0^+ \,|\, \psi_m \rangle = \sum_m p_m \,\|\, d_0^+\, \psi_m \,\|^2,$$

$$d_0 = (a + i\,\lambda_0\, b); \qquad \lambda_0 = \frac{\hbar \langle C \rangle}{2 \langle b^2 \rangle} = \frac{\Delta A}{\Delta B}.$$

Jeder Summand muß selbst bereits Null sein. Wegen $\sum_m p_m = 1$ können nicht alle p_m gleich Null sein. Für $p_m \neq 0$ muß aber

$$(a - i\,\lambda_0\, b) \,|\, \psi_m \rangle = 0$$

gelten. Mit $a = A - \langle A \rangle\, \mathbf{1}$, $b = B - \langle B \rangle\, \mathbf{1}$ entspricht dies exakt dem Resultat von Aufgabe 3.3.2!

Lösung zu Aufgabe 3.3.4

1)

Eigenwerte:

$$\det\,(\sigma_z - \lambda\, \mathbf{1}) \stackrel{!}{=} 0 = \det \begin{pmatrix} 1-\lambda & 0 \\ 0 & -1-\lambda \end{pmatrix} = -(1 - \lambda^2)$$

$$\Longrightarrow \lambda_\pm = \pm 1.$$

Eigenzustände:

$$\begin{pmatrix} 1-\lambda_\pm & 0 \\ 0 & -1-\lambda_\pm \end{pmatrix} \begin{pmatrix} a_\pm \\ b_\pm \end{pmatrix} = \begin{pmatrix} 0 \\ 0 \end{pmatrix}$$

$$\Longrightarrow b_+ = 0 = a_-; \qquad a_+,\, b_- \text{ zunächst beliebig!}$$

$$\text{Normierung} \Longrightarrow a_+ = b_- = 1:$$

$$|+\rangle = \begin{pmatrix} 1 \\ 0 \end{pmatrix}; \qquad |-\rangle = \begin{pmatrix} 0 \\ 1 \end{pmatrix}.$$

2)

$$\det\,(\sigma_x - x\, \mathbf{1}) \stackrel{!}{=} 0 = \det \begin{pmatrix} -x & 1 \\ 1 & -x \end{pmatrix}$$

$$\Longrightarrow x^2 = 1 \Longrightarrow x_\pm = \pm 1$$

$$\det\,(\sigma_y - y\, \mathbf{1}) \stackrel{!}{=} 0 = \det \begin{pmatrix} -y & -i \\ i & -y \end{pmatrix} = y^2 + i^2 \Longrightarrow y_\pm = \pm 1.$$

Die Eigenzustände sind nicht mit denen von σ_z identisch:

$\boxed{\sigma_x}$

$$\begin{pmatrix} -x_\pm & 1 \\ 1 & -x_\pm \end{pmatrix} \begin{pmatrix} \bar{a}_\pm \\ \bar{b}_\pm \end{pmatrix} = \begin{pmatrix} 0 \\ 0 \end{pmatrix},$$

$$\mp \bar{a}_\pm + \bar{b}_\pm = 0 \implies \bar{b}_\pm = \pm \bar{a}_\pm,$$

$$|\, x_+ \rangle = \bar{a}_+ \begin{pmatrix} 1 \\ 1 \end{pmatrix}; \quad |\, x_- \rangle = \bar{a}_- \begin{pmatrix} 1 \\ -1 \end{pmatrix},$$

$$\text{Normierung: } \bar{a}_+ = \bar{a}_- = \frac{1}{\sqrt{2}}.$$

$\boxed{\sigma_y}$

$$\begin{pmatrix} -y_\pm & -i \\ i & -y_\pm \end{pmatrix} \begin{pmatrix} \hat{a}_\pm \\ \hat{b}_\pm \end{pmatrix} = 0,$$

$$\mp \hat{a}_\pm = i\, \hat{b}_\pm \implies \hat{b}_\pm = \pm i\, \hat{a}_\pm,$$

$$|\, y_+ \rangle = \hat{a}_+ \begin{pmatrix} 1 \\ i \end{pmatrix}; \quad |\, y_- \rangle = \hat{a}_- \begin{pmatrix} 1 \\ -i \end{pmatrix},$$

$$\text{Normierung: } \hat{a}_+ = \hat{a}_- = \frac{1}{\sqrt{2}}.$$

Die Komponenten $\sigma_{x,y,z}$ des Spinoperators haben dieselben Eigenwerte, aber unterschiedliche Eigenzustände, sind deshalb nicht simultan scharf meßbar!

3) Unschärferelation:

$$\Delta A\, \Delta B \geq \frac{1}{2} |\, \langle [A, B]_- \rangle \,|\,.$$

Wir berechnen die Kommutatoren!

$$\sigma_x \sigma_y = \begin{pmatrix} 0 & 1 \\ 1 & 0 \end{pmatrix} \begin{pmatrix} 0 & -i \\ i & 0 \end{pmatrix} = \begin{pmatrix} i & 0 \\ 0 & -i \end{pmatrix} = i\, \sigma_z,$$

$$\sigma_y \sigma_x = \begin{pmatrix} 0 & -i \\ i & 0 \end{pmatrix} \begin{pmatrix} 0 & 1 \\ 1 & 0 \end{pmatrix} = \begin{pmatrix} -i & 0 \\ 0 & i \end{pmatrix} = -i\, \sigma_z,$$

$$\sigma_x \sigma_z = \begin{pmatrix} 0 & 1 \\ 1 & 0 \end{pmatrix} \begin{pmatrix} 1 & 0 \\ 0 & -1 \end{pmatrix} = \begin{pmatrix} 0 & -1 \\ 1 & 0 \end{pmatrix} = -i\, \sigma_y,$$

$$\sigma_z \sigma_x = \begin{pmatrix} 1 & 0 \\ 0 & -1 \end{pmatrix} \begin{pmatrix} 0 & 1 \\ 1 & 0 \end{pmatrix} = \begin{pmatrix} 0 & 1 \\ -1 & 0 \end{pmatrix} = i\, \sigma_y,$$

$$\sigma_y \sigma_z = \begin{pmatrix} 0 & -i \\ i & 0 \end{pmatrix} \begin{pmatrix} 1 & 0 \\ 0 & -1 \end{pmatrix} = \begin{pmatrix} 0 & i \\ i & 0 \end{pmatrix} = i\, \sigma_x,$$

$$\sigma_z \sigma_y = \begin{pmatrix} 1 & 0 \\ 0 & -1 \end{pmatrix} \begin{pmatrix} 0 & -i \\ i & 0 \end{pmatrix} = \begin{pmatrix} 0 & -i \\ -i & 0 \end{pmatrix} = -i\, \sigma_x.$$

Dies ergibt die folgenden Kommutatoren:

$$[\sigma_x, \sigma_y]_- = 2i\, \sigma_z,$$
$$[\sigma_y, \sigma_z]_- = 2i\, \sigma_x,$$
$$[\sigma_z, \sigma_x]_- = 2i\, \sigma_y.$$

Unschärferelationen:

$$\Delta\sigma_x\,\Delta\sigma_y \geq |\langle\,\sigma_z\,\rangle|\,,$$
$$\Delta\sigma_y\,\Delta\sigma_z \geq |\langle\,\sigma_x\,\rangle|\,,$$
$$\Delta\sigma_z\,\Delta\sigma_x \geq |\langle\,\sigma_y\,\rangle|\,.$$

Lösung zu Aufgabe 3.3.5

1) ρ hermitesch, Sp $\rho = 1$

$$\Longrightarrow \quad \rho = \begin{pmatrix} a & b \\ b^* & 1-a \end{pmatrix}; \quad a \text{ reell},$$

$$\rho\,A = \begin{pmatrix} 3a & \dots \\ \dots & a-1 \end{pmatrix},$$

$$\rho\,B = \begin{pmatrix} a+b & \dots \\ \dots & b^*+a-1 \end{pmatrix},$$

$$\rho\,C = \begin{pmatrix} -2i\,b & \dots \\ \dots & 2i\,b^* \end{pmatrix}$$

$$\Longrightarrow \quad \langle\,A\,\rangle = \text{Sp}\,(\rho\,A) = 4a - 1 \stackrel{!}{=} 2,$$

$$\langle\,B\,\rangle = \text{Sp}\,(\rho\,B) = 2a + b + b^* - 1 \stackrel{!}{=} \frac{1}{2},$$

$$\langle\,C\,\rangle = \text{Sp}\,(\rho\,C) = 2i(b^* - b) \stackrel{!}{=} 0$$

$$\Longrightarrow \quad a = \frac{3}{4}; \quad b = b^* = 0,$$

$$\rho = \begin{pmatrix} \frac{3}{4} & 0 \\ 0 & \frac{1}{4} \end{pmatrix}.$$

2)

$$\text{Sp}\,\rho^2 = \text{Sp}\begin{pmatrix} \frac{9}{16} & 0 \\ 0 & \frac{1}{16} \end{pmatrix} = \frac{5}{8} < 1$$

$$\Longrightarrow \quad \text{gemischter Spinzustand.}$$

3) Der Eigenwert +1 gehört zum Eigenzustand $|+\rangle$ der Observablen σ_z. Die Wahrscheinlichkeit ist also gerade das (1,1)-Element von ρ oder formal:

$$w(+1) = \langle +|\,\rho\,|+\rangle = (1\,0)\begin{pmatrix} \frac{3}{4} & 0 \\ 0 & \frac{1}{4} \end{pmatrix}\begin{pmatrix} 1 \\ 0 \end{pmatrix} = \frac{3}{4}.$$

4)

$$\langle\,\sigma_x\,\rangle = \text{Sp}\begin{pmatrix} \frac{3}{4} & 0 \\ 0 & \frac{1}{4} \end{pmatrix}\begin{pmatrix} 0 & 1 \\ 1 & 0 \end{pmatrix} = \text{Sp}\begin{pmatrix} 0 & \frac{3}{4} \\ \frac{1}{4} & 0 \end{pmatrix} = 0,$$

$$\langle\,\sigma_y\,\rangle = \text{Sp}\begin{pmatrix} \frac{3}{4} & 0 \\ 0 & \frac{1}{4} \end{pmatrix}\begin{pmatrix} 0 & -i \\ i & 0 \end{pmatrix} = \text{Sp}\begin{pmatrix} 0 & -\frac{3}{4}i \\ \frac{1}{4}i & 0 \end{pmatrix} = 0,$$

$$\langle\,\sigma_z\,\rangle = \text{Sp}\begin{pmatrix} \frac{3}{4} & 0 \\ 0 & \frac{1}{4} \end{pmatrix}\begin{pmatrix} 1 & 0 \\ 0 & -1 \end{pmatrix} = \text{Sp}\begin{pmatrix} \frac{3}{4} & 0 \\ 0 & -\frac{1}{4} \end{pmatrix} = \frac{1}{2}.$$

Lösung zu Aufgabe 3.3.6

1) Die Apparatur repräsentiert die Observable

$$\boldsymbol{\sigma} \cdot \mathbf{e}.$$

Eigenwertgleichung:

$$(\boldsymbol{\sigma} \cdot \mathbf{e}) \,|\, \mathbf{e}_\pm \rangle = \epsilon_\pm \,|\, \mathbf{e}_\pm \rangle.$$

Matrix-Darstellung (VON-Basis = Eigenzustände zu σ_z):

$$\boldsymbol{\sigma} \cdot \mathbf{e} = \sin\vartheta\cos\varphi \begin{pmatrix} 0 & 1 \\ 1 & 0 \end{pmatrix} + \sin\vartheta\sin\varphi \begin{pmatrix} 0 & -i \\ i & 0 \end{pmatrix} + \cos\vartheta \begin{pmatrix} 1 & 0 \\ 0 & -1 \end{pmatrix} =$$
$$= \begin{pmatrix} \cos\vartheta & e^{-i\varphi}\sin\vartheta \\ e^{i\varphi}\sin\vartheta & -\cos\vartheta \end{pmatrix}.$$

Säkulardeterminante:

$$\det\left(\boldsymbol{\sigma} \cdot \mathbf{e} - \epsilon\, \mathbf{1}\right) \overset{!}{=} 0 = -(\cos\vartheta - \epsilon)\,(\cos\vartheta + \epsilon) - \sin^2\vartheta =$$
$$= \epsilon^2 - \cos^2\vartheta - \sin^2\vartheta = \epsilon^2 - 1$$
$$\Longrightarrow \quad \epsilon_\pm = \pm 1.$$

Die Eigenwerte haben sich durch Drehung der Apparatur nicht geändert!

Eigenzustände:

$$\begin{pmatrix} \cos\vartheta \mp 1 & e^{-i\varphi}\sin\vartheta \\ e^{i\varphi}\sin\vartheta & -\cos\vartheta \mp 1 \end{pmatrix} \begin{pmatrix} a_\pm \\ b_\pm \end{pmatrix} = \begin{pmatrix} 0 \\ 0 \end{pmatrix}$$

$$\Longrightarrow \quad \frac{a_+}{b_+} = -e^{-i\varphi}\,\frac{\sin\vartheta}{\cos\vartheta - 1} = e^{-i\varphi}\,\frac{2\sin\frac{\vartheta}{2}\cos\frac{\vartheta}{2}}{2\sin^2\frac{\vartheta}{2}} = e^{-i\varphi}\cot\frac{\vartheta}{2},$$
$$\frac{a_-}{b_-} = -e^{-i\varphi}\,\frac{\sin\vartheta}{\cos\vartheta + 1} = -e^{-i\varphi}\,\frac{2\sin\frac{\vartheta}{2}\cos\frac{\vartheta}{2}}{2\cos^2\frac{\vartheta}{2}} = -e^{-i\varphi}\tan\frac{\vartheta}{2}.$$

Normierung plus willkürliche Phase:

$$|\,\mathbf{e}_+\rangle = \begin{pmatrix} \cos\frac{\vartheta}{2} \\ e^{i\varphi}\sin\frac{\vartheta}{2} \end{pmatrix}; \quad |\,\mathbf{e}_-\rangle = \begin{pmatrix} -\sin\frac{\vartheta}{2} \\ e^{i\varphi}\cos\frac{\vartheta}{2} \end{pmatrix}.$$

Kontrolle:

$$|\,\mathbf{e}_\pm\rangle \underset{\vartheta=0}{\longrightarrow} |\pm\rangle; \quad \text{evtl. bis auf Phase } e^{i\varphi}.$$

$\vartheta = 0$ bedeutet, daß die Stern-Gerlach-Apparatur in z-Richtung orientiert ist (Aufgabe 3.3.4, Teil 1)).

2) Für reine Zustände gilt nach (3.153):

$$\rho_{e_\pm} = P(e_\pm) = |\,\mathbf{e}_\pm\rangle\langle\mathbf{e}_\pm\,|.$$

a) **Basis $|\mathbf{e}_\pm\rangle$**

Die Basiszustände sind orthonormiert:

$$\rho_{e_+} = \begin{pmatrix} 1 & 0 \\ 0 & 0 \end{pmatrix}; \quad \rho_{e_-} = \begin{pmatrix} 0 & 0 \\ 0 & 1 \end{pmatrix}.$$

b) **Basis $|\pm\rangle$**

$$\begin{aligned}\rho_{e_+} &= \begin{pmatrix} \langle + | \mathbf{e}_+ \rangle\langle \mathbf{e}_+ | + \rangle & \langle + | \mathbf{e}_+ \rangle\langle \mathbf{e}_+ | - \rangle \\ \langle - | \mathbf{e}_+ \rangle\langle \mathbf{e}_+ | + \rangle & \langle - | \mathbf{e}_+ \rangle\langle \mathbf{e}_+ | - \rangle \end{pmatrix} = \\ &= \begin{pmatrix} \cos^2 \frac{\vartheta}{2} & e^{-i\varphi} \sin \frac{\vartheta}{2} \cos \frac{\vartheta}{2} \\ e^{i\varphi} \sin \frac{\vartheta}{2} \cos \frac{\vartheta}{2} & \sin^2 \frac{\vartheta}{2} \end{pmatrix}.\end{aligned}$$

Wir benutzen noch:

$$\cos^2 \frac{\vartheta}{2} = \frac{1}{2}(1 + \cos\vartheta); \quad \sin^2 \frac{\vartheta}{2} = \frac{1}{2}(1 - \cos\vartheta); \quad 2 \sin \frac{\vartheta}{2} \cos \frac{\vartheta}{2} = \sin\vartheta$$

$$\begin{aligned}\Longrightarrow \ \rho_{e_+} &= \frac{1}{2} \begin{pmatrix} 1 + \cos\vartheta & e^{-i\varphi} \sin\vartheta \\ e^{i\varphi} \sin\vartheta & 1 - \cos\vartheta \end{pmatrix}, \\ \rho_{e_-} &= \begin{pmatrix} \sin^2 \frac{\vartheta}{2} & -e^{-\varphi} \sin \frac{\vartheta}{2} \cos \frac{\vartheta}{2} \\ -e^{i\varphi} \sin \frac{\vartheta}{2} \cos \frac{\vartheta}{2} & \cos^2 \frac{\vartheta}{2} \end{pmatrix} = \\ &= \frac{1}{2} \begin{pmatrix} 1 - \cos\vartheta & -e^{-i\varphi} \sin\vartheta \\ -e^{i\varphi} \sin\vartheta & 1 + \cos\vartheta \end{pmatrix}.\end{aligned}$$

3) $|\mathbf{e}_+\rangle$ ist präpariert:

$$\begin{aligned}P_x &= \langle e_+ | \sigma_x | e_+ \rangle = \mathrm{Sp}\ (\rho_{e_+} \sigma_x) = \\ &= \frac{1}{2}\ \mathrm{Sp} \begin{pmatrix} 1 + \cos\vartheta & e^{-i\varphi} \sin\vartheta \\ e^{i\varphi} \sin\vartheta & 1 - \cos\vartheta \end{pmatrix} \begin{pmatrix} 0 & 1 \\ 1 & 0 \end{pmatrix} = \\ &= \frac{1}{2}\ \mathrm{Sp} \begin{pmatrix} e^{-i\varphi} \sin\vartheta & \dots \\ \dots & e^{i\varphi} \sin\vartheta \end{pmatrix} = \sin\vartheta \cos\varphi\end{aligned}$$

oder mit $|\mathbf{e}_+\rangle$ aus Teil 1):

$$\begin{aligned}P_x &= \left(\cos \frac{\vartheta}{2} \ e^{-i\varphi} \sin \frac{\vartheta}{2} \right) \begin{pmatrix} 0 & 1 \\ 1 & 0 \end{pmatrix} \begin{pmatrix} \cos \frac{\vartheta}{2} \\ e^{i\varphi} \sin \frac{\vartheta}{2} \end{pmatrix} = \\ &= \sin \frac{\vartheta}{2} \cos \frac{\vartheta}{2} \,(e^{i\varphi} + e^{-i\varphi}) = \sin\vartheta \cos\varphi, \\ P_y &= \mathrm{Sp}\ (\rho_{e_+} \sigma_y) = \frac{1}{2}\ \mathrm{Sp} \begin{pmatrix} 1 + \cos\vartheta & e^{-i\varphi} \sin\vartheta \\ e^{i\varphi} \sin\vartheta & 1 - \cos\vartheta \end{pmatrix} \begin{pmatrix} 0 & -i \\ i & 0 \end{pmatrix} = \\ &= \frac{1}{2}\ \mathrm{Sp} \begin{pmatrix} i\, e^{-i\varphi} \sin\vartheta & \dots \\ \dots & -i\, e^{i\varphi} \sin\vartheta \end{pmatrix} = \\ &= \frac{1}{2i} (e^{i\varphi} - e^{-i\varphi}) \sin\vartheta = \sin\vartheta \sin\varphi, \\ P_z &= \mathrm{Sp}\ (\rho_{e_+} \sigma_z) = \frac{1}{2}\ \mathrm{Sp} \begin{pmatrix} 1 + \cos\vartheta & e^{-i\varphi} \sin\vartheta \\ e^{i\varphi} \sin\vartheta & 1 - \cos\vartheta \end{pmatrix} \begin{pmatrix} 1 & 0 \\ 0 & -1 \end{pmatrix} = \\ &= \frac{1}{2}\ \mathrm{Sp} \begin{pmatrix} 1 + \cos\vartheta & \dots \\ \dots & -1 + \cos\vartheta \end{pmatrix} = \cos\vartheta.\end{aligned}$$

Lösung zu Aufgabe 3.3.7

1)

Dichtematrix:

$$\rho = p_+ \,|\,\mathbf{e}_+\,\rangle\langle\,\mathbf{e}_+\,| + p_- \,|\,\mathbf{e}_-\,\rangle\langle\,\mathbf{e}_-\,| = p_+ \,\rho_{e_+} + p_- \,\rho_{e_-} \text{ mit } p_+ + p_- = 1.$$

Die Dichtematrizen $\rho_{e_\pm}$ für die reinen Zustände $|\,\mathbf{e}_\pm\,\rangle$ wurden in Aufgabe 3.3.6, Teil 2) gerechnet! Wir können deshalb übernehmen:

$$\rho = \frac{1}{2}\begin{pmatrix} 1 + (p_+ - p_-)\cos\vartheta & (p_+ - p_-)\,e^{-i\varphi}\sin\vartheta \\ (p_+ - p_-)\,e^{i\varphi}\sin\vartheta & 1 - (p_+ - p_-)\cos\vartheta \end{pmatrix}.$$

Polarisation:

$$\rho\,\sigma_x = \rho\begin{pmatrix} 0 & 1 \\ 1 & 0 \end{pmatrix} = \frac{1}{2}\begin{pmatrix} (p_+ - p_-)\,e^{-i\varphi}\sin\vartheta & \dots \\ \dots & (p_+ - p_-)\,e^{i\varphi}\sin\vartheta \end{pmatrix},$$

$$\rho\,\sigma_y = \rho\begin{pmatrix} 0 & -i \\ i & 0 \end{pmatrix} = \frac{1}{2}\begin{pmatrix} i(p_+ - p_-)\,e^{-i\varphi}\sin\vartheta & \dots \\ \dots & -i(p_+ - p_-)\,e^{i\varphi}\sin\vartheta \end{pmatrix},$$

$$\rho\,\sigma_z = \rho\begin{pmatrix} 1 & 0 \\ 0 & -1 \end{pmatrix} = \frac{1}{2}\begin{pmatrix} 1 + (p_+ - p_-)\cos\vartheta & \dots \\ \dots & -1 + (p_+ - p_-)\cos\vartheta \end{pmatrix}.$$

Daraus folgt:

$$P_x = \mathrm{Sp}\,(\rho\,\sigma_x) = (p_+ - p_-)\cos\varphi\sin\vartheta,$$
$$P_y = \mathrm{Sp}\,(\rho\,\sigma_y) = (p_+ - p_-)\sin\varphi\sin\vartheta,$$
$$P_z = \mathrm{Sp}\,(\rho\,\sigma_z) = (p_+ - p_-)\cos\vartheta.$$

Durch Vergleich ergibt sich:

$$\rho = \frac{1}{2}\begin{pmatrix} 1 + P_z & P_x - i\,P_y \\ P_x + i\,P_y & 1 - P_z \end{pmatrix} = \frac{1}{2}(\mathbf{1} + \mathbf{P}\cdot\boldsymbol{\sigma}).$$

2) **Eigenwerte von ρ:**

$$0 \overset{!}{=} \det\,(\rho - \lambda\,\mathbf{1}) = \det\begin{pmatrix} \frac{1}{2}(1 + P_z) - \lambda & \frac{1}{2}(P_x - i\,P_y) \\ \frac{1}{2}(P_x + i\,P_y) & \frac{1}{2}(1 - P_z) - \lambda \end{pmatrix} =$$
$$= \lambda^2 - \lambda + \frac{1}{4}(1 - P_z^2) - \frac{1}{4}\,(P_x^2 + P_y^2).$$

Wir kürzen ab:

$$P = \sqrt{P_x^2 + P_y^2 + P_z^2} \overset{1)}{=} |\,p_+ - p_-\,|.$$

Dann bleibt zu lösen:

$$0 = \left(\lambda - \frac{1}{2}\right)^2 - \frac{1}{4}\,P^2 \implies \lambda_\pm = \frac{1}{2}(1 \pm P),$$

o.B.d.A.: $p_+ \geq p_-$:

$$\lambda_\pm = \frac{1}{2}(1 \pm P) = p_\pm .$$

Daß die Eigenwerte von ρ gleich den Gewichten des gemischten Spinzustands sind, folgt bereits aus der allgemeinen Theorie. Durch Messung der Polarisation P sind somit die Gewichte $p_\pm$ des gemischten Zustands bestimmt:

$$P = \pm 1 \iff \text{“totale Polarisation”},$$
$$P = 0 \iff \text{“total unpolarisiert”}.$$

3) $w(\pm)$ seien die Wahrscheinlichkeiten, bei einer Messung in z-Richtung am gemischten Spinzustand die Eigenwerte ± 1 zu messen:

$$w(+) = \frac{N_\uparrow}{N}; \quad w(-) = \frac{N_\downarrow}{N}; \quad N = N_\uparrow + N_\downarrow .$$

Andererseits gilt auch:

$$\begin{aligned} w(+) &= \langle + \,|\, \rho \,|\, + \rangle = (1\,0)\,\rho \begin{pmatrix} 1 \\ 0 \end{pmatrix} = \\ &\overset{1)}{=} (1\,0) \begin{pmatrix} \frac{1}{2}[1 + (p_+ - p_-)\cos\vartheta] \\ \frac{1}{2}(p_+ - p_-)\, e^{i\varphi} \sin\vartheta \end{pmatrix} = \frac{1}{2}[1 + (p_+ - p_-)\cos\vartheta], \\ w(-) &= \langle - \,|\, \rho \,|\, - \rangle = (0\,1)\,\rho \begin{pmatrix} 0 \\ 1 \end{pmatrix} = \\ &\overset{1)}{=} \frac{1}{2}(0\,1) \begin{pmatrix} (p_+ - p_-)\, e^{-i\varphi} \sin\vartheta \\ 1 - (p_+ - p_-)\cos\vartheta \end{pmatrix} = \frac{1}{2}[1 - (p_+ - p_-)\cos\vartheta]. \end{aligned}$$

Durch Vergleich mit dem Ergebnis für P_z aus Teil 1) folgt:

$$w(+) = \frac{1}{2}(1 + P_z); \quad w(-) = \frac{1}{2}(1 - P_z).$$

Nach der allgemeinen Theorie hätten wir dieses Ergebnis an ρ aus 1) ablesen können. Diese Wahrscheinlichkeiten sind gerade die Diagonalelemente von ρ. – Wir erkennen:

$$P_z = w(+) - w(-) = \frac{N_\uparrow - N_\downarrow}{N_\uparrow + N_\downarrow} \quad \text{q.e.d.}$$

Lösung zu Aufgabe 3.3.8

1)

$$\begin{aligned} \langle \sigma_x \rangle &= \mathrm{Sp}\,(\rho\,\sigma_x), \\ \rho\,\sigma_x &= \frac{1}{2}\,[\sigma_x + (\mathbf{P} \cdot \boldsymbol{\sigma})\,\sigma_x] = \frac{1}{2}\,(\sigma_x + P_x\,\sigma_x^2 + P_y\,\sigma_y\,\sigma_x + P_z\,\sigma_z\,\sigma_x). \end{aligned}$$

In der Lösung zu Aufgabe 3.3.4 wurde gezeigt:

$$\begin{aligned} \sigma_x\,\sigma_y &= i\,\sigma_z = -\sigma_y\,\sigma_x, \\ \sigma_x\,\sigma_z &= -i\,\sigma_y = -\sigma_z\,\sigma_x, \\ \sigma_y\,\sigma_z &= i\,\sigma_x = -\sigma_z\,\sigma_y. \end{aligned}$$

Dies bedeutet:

$$\rho\,\sigma_x = \frac{1}{2}\,(\sigma_x + P_x\,\sigma_x^2 - i\,P_y\,\sigma_z + i\,P_z\,\sigma_y).$$

Für die Paulischen Spinmatrizen gilt:

$$\begin{aligned}
\mathrm{Sp}\;\sigma_x = \mathrm{Sp}\;\sigma_y = \mathrm{Sp}\;\sigma_z = 0,\\
\sigma_x^2 = \sigma_y^2 = \sigma_z^2 = \mathbf{1},\\
\mathrm{Sp}\;\sigma_x^2 = \mathrm{Sp}\;\sigma_y^2 = \mathrm{Sp}\;\sigma_z^2 = 2.
\end{aligned}$$

Man überzeuge sich von der Richtigkeit dieser Beziehungen.

Damit folgt:

$$\mathrm{Sp}\;(\rho\,\sigma_x) = P_x.$$

2)

$$\begin{aligned}
\langle\,\sigma_y\,\rangle &= \mathrm{Sp}\;(\rho\,\sigma_y),\\
\rho\,\sigma_y &= \frac{1}{2}\,(\sigma_y + P_x\,\sigma_x\,\sigma_y + P_y\,\sigma_y^2 + P_z\,\sigma_z\,\sigma_y) =\\
&= \frac{1}{2}\,(\sigma_y + i\,P_x\,\sigma_z + P_y\,\sigma_y^2 - i\,P_z\,\sigma_x)\\
&\Longrightarrow\;\mathrm{Sp}\;(\rho\,\sigma_y) = P_y.
\end{aligned}$$

3)

$$\begin{aligned}
\langle\,\sigma_z\,\rangle &= \mathrm{Sp}\;(\rho\,\sigma_z),\\
\rho\,\sigma_z &= \frac{1}{2}\,(\sigma_z + P_x\,\sigma_x\,\sigma_z + P_y\,\sigma_y\,\sigma_z + P_z\,\sigma_z^2) =\\
&= \frac{1}{2}\,(\sigma_z - i\,P_x\,\sigma_y + i\,P_y\,\sigma_x + P_z\,\sigma_z^2)\\
&\Longrightarrow\;\mathrm{Sp}\;(\rho\,\sigma_z) = P_z.
\end{aligned}$$

Insgesamt gilt also:

$$\mathbf{P} = \mathrm{Sp}\;(\rho\,\boldsymbol{\sigma}) = \langle\,\boldsymbol{\sigma}\,\rangle.$$

Lösung zu Aufgabe 3.3.9

Nach Lösung (3.3.6) gilt für die allgemeinen Spineigenzustände:

$$\begin{aligned}
+\frac{\hbar}{2}:\quad |\,\mathbf{e}_+(\vartheta,\varphi)\,\rangle &= \begin{pmatrix}\cos\frac{\vartheta}{2}\\ e^{i\varphi}\sin\frac{\vartheta}{2}\end{pmatrix},\\
-\frac{\hbar}{2}:\quad |\,\mathbf{e}_-(\vartheta,\varphi)\,\rangle &= \begin{pmatrix}-\sin\frac{\vartheta}{2}\\ e^{i\varphi}\cos\frac{\vartheta}{2}\end{pmatrix}.
\end{aligned}$$

Die erste Apparatur wird von

$$N_1 = N_0\,|\,\langle\,\mathbf{e}_+\left(\frac{\pi}{2},0\right)\,|\,\psi_0\,\rangle\,|^2$$

Teilchen passiert, die zweite von

$$N_2 = N_1 \left| \langle \mathbf{e}_-(\pi, 0) \,|\, \mathbf{e}_+ \left(\frac{\pi}{2}, 0\right) \rangle \right|^2$$

Teilchen.

$$| \mathbf{e}_+ \left(\frac{\pi}{2}, 0\right) \rangle = \begin{pmatrix} \cos\frac{\pi}{4} \\ \sin\frac{\pi}{4} \end{pmatrix} = \frac{1}{2}\sqrt{2} \begin{pmatrix} 1 \\ 1 \end{pmatrix},$$

$$| \mathbf{e}_-(\pi, \pi) \rangle = \begin{pmatrix} -1 \\ 0 \end{pmatrix}.$$

Dies bedeutet:

$$\left| \langle \mathbf{e}_+ \left(\frac{\pi}{2}, 0\right) | \psi_0 \rangle \right|^2 = \left(\frac{1}{2}\sqrt{2}\, \frac{1}{5}(3+4) \right)^2 = \frac{49}{50},$$

$$\left| \langle \mathbf{e}_-(\pi, \pi) \,|\, e_+ \left(\frac{\pi}{2}, 0\right) \rangle \right|^2 = \left(-\frac{1}{2}\sqrt{2} \right)^2 = \frac{1}{2}.$$

Daraus folgt:

$$N_1 = N_0 \, \frac{49}{50}; \qquad N_2 = \frac{1}{2} \, N_1 \implies \frac{N_2}{N_0} = 0{,}49.$$

Lösung zu Aufgabe 3.3.10

$$\rho^2 = \frac{1}{9} \begin{pmatrix} 2 & \dots & \dots \\ \dots & 1 & \dots \\ \dots & \dots & 2 \end{pmatrix} \implies \mathrm{Sp}\ \rho^2 = \frac{5}{9} < 1.$$

Es ist also **kein** reiner Zustand!

$$\rho A = \frac{1}{3} \begin{pmatrix} +i & \dots & \dots \\ \dots & 0 & \dots \\ \dots & \dots & -i \end{pmatrix} \implies \langle A \rangle = \mathrm{Sp}\ (\rho A) = 0.$$

Kapitel 3.4.7

Lösung zu Aufgabe 3.4.1

$$\frac{\partial H}{\partial t} = 0 \iff \text{abgeschlossenes System},$$

$$\sigma_z \begin{pmatrix} 1 \\ 0 \end{pmatrix} = \begin{pmatrix} 1 \\ 0 \end{pmatrix}; \quad \sigma_z \begin{pmatrix} 0 \\ 1 \end{pmatrix} = -\begin{pmatrix} 0 \\ 1 \end{pmatrix},$$

$$| \psi(t) \rangle = e^{-\frac{i}{\hbar}Ht} \, | \psi(0) \rangle = e^{-i\omega\sigma_z t} \, \frac{1}{\sqrt{2}} \left[\begin{pmatrix} 1 \\ 0 \end{pmatrix} + \begin{pmatrix} 0 \\ 1 \end{pmatrix} \right] =$$

$$= \frac{1}{\sqrt{2}} \left[e^{-i\omega t} \begin{pmatrix} 1 \\ 0 \end{pmatrix} + e^{+i\omega t} \begin{pmatrix} 0 \\ 1 \end{pmatrix} \right] = \frac{1}{\sqrt{2}} \begin{pmatrix} e^{-i\omega t} \\ e^{i\omega t} \end{pmatrix}$$

$\iff$ reiner Zustand.

Erwartungswerte:

$$
\begin{aligned}
\langle \sigma_x \rangle_t &= \langle \psi(t) \,|\, \sigma_x \,|\, \psi(t) \rangle = \frac{1}{2} \left(e^{i\omega t} \; e^{-i\omega t} \right) \begin{pmatrix} 0 & 1 \\ 1 & 0 \end{pmatrix} \begin{pmatrix} e^{-i\omega t} \\ e^{i\omega t} \end{pmatrix} = \\
&= \frac{1}{2} \left(e^{i\omega t} \; e^{-i\omega t} \right) \begin{pmatrix} e^{i\omega t} \\ e^{-i\omega t} \end{pmatrix} = \cos(2\omega t), \\
\langle \sigma_y \rangle_t &= \langle \psi(t) \,|\, \sigma_y \,|\, \psi(t) \rangle = \frac{1}{2} \left(e^{i\omega t} \; e^{-i\omega t} \right) \begin{pmatrix} 0 & -i \\ i & 0 \end{pmatrix} \begin{pmatrix} e^{-i\omega t} \\ e^{i\omega t} \end{pmatrix} = \\
&= \frac{1}{2} \left(e^{i\omega t} \; e^{-i\omega t} \right) \begin{pmatrix} -i\, e^{i\omega t} \\ i\, e^{-i\omega t} \end{pmatrix} = \frac{1}{2i} \left(e^{2i\omega t} - e^{-2i\omega t} \right) = \sin(2\omega t), \\
\langle \sigma_z \rangle_t &= \frac{1}{2} \left(e^{i\omega t} \; e^{-i\omega t} \right) \begin{pmatrix} 1 & 0 \\ 0 & -1 \end{pmatrix} \begin{pmatrix} e^{-i\omega t} \\ e^{i\omega t} \end{pmatrix} = \\
&= \frac{1}{2} \left(e^{i\omega t} \; e^{-i\omega t} \right) \begin{pmatrix} e^{-i\omega t} \\ -e^{i\omega t} \end{pmatrix} = \frac{1}{2} (1 - 1) = 0,
\end{aligned}
$$

$$
\begin{aligned}
&t_1 = 0: \quad \langle \sigma_x \rangle = 1; \quad \langle \sigma_y \rangle = 0; \quad \langle \sigma_z \rangle = 0, \\
&t_2 = \frac{\pi\, m}{q\, B} = \frac{\pi}{2\omega}: \quad \langle \sigma_x \rangle = -1; \quad \langle \sigma_y \rangle = 0; \quad \langle \sigma_z \rangle = 0.
\end{aligned}
$$

Lösung zu Aufgabe 3.4.2

Die Zeitabhängigkeit von ρ steckt in $\mathbf{P} = \mathbf{P}(t)$.

Schrödinger-Bild:

$$
\begin{aligned}
\dot{\rho} &= \frac{i}{\hbar} [\rho, H]_- = \frac{1}{2}\, \dot{\mathbf{P}} \cdot \boldsymbol{\sigma}, \\
[\rho, H]_- &= \frac{1}{2}\, \hbar\omega \,[\mathbf{P} \cdot \boldsymbol{\sigma},\, \mathbf{e} \cdot \boldsymbol{\sigma}]_- = \\
&= \frac{1}{2}\, \hbar\,\omega \{ P_x \,[\sigma_x, e_y\, \sigma_y + e_z\, \sigma_z]_- + P_y \,[\sigma_y, e_x\, \sigma_x + e_z\, \sigma_z]_- + \\
&\qquad + P_z \,[\sigma_z, e_x\, \sigma_x + e_y\, \sigma_y]_- \}.
\end{aligned}
$$

Vertauschungsrelationen nach Lösung 3.3.8:

$$
[\sigma_x, \sigma_y]_- = 2i\, \sigma_z; \quad [\sigma_x, \sigma_z]_- = -2i\, \sigma_y, \quad [\sigma_y, \sigma_z]_- = 2i\, \sigma_x
$$

$$
\begin{aligned}
\Longrightarrow\; & [\rho, H]_- = \\
&= i\,\hbar\,\omega \{ P_x\, e_y\, \sigma_z - P_x\, e_z\, \sigma_y - P_y\, e_x\, \sigma_z + P_y\, e_z\, \sigma_x + P_z\, e_x\, \sigma_y - P_z\, e_y\, \sigma_x \} = \\
&= i\,\hbar\,\omega \{ (P_x\, e_y - P_y\, e_x)\, \sigma_z + (P_z\, e_x - P_x\, e_z)\, \sigma_y + (P_y\, e_z - P_z\, e_y)\, \sigma_x \} = \\
&= i\,\hbar\,\omega\, (\mathbf{P} \times \mathbf{e}) \cdot \boldsymbol{\sigma}.
\end{aligned}
$$

Es folgt damit:

$$
\begin{aligned}
&\dot{\rho} = -\omega (\mathbf{P} \times \mathbf{e}) \cdot \boldsymbol{\sigma} = \frac{1}{2}\, \dot{\mathbf{P}} \cdot \boldsymbol{\sigma} \\
\Longrightarrow\; &\dot{\mathbf{P}} = 2\, \boldsymbol{\omega} \times \mathbf{P} \qquad (\boldsymbol{\omega} = \omega\, \mathbf{e}).
\end{aligned}
$$

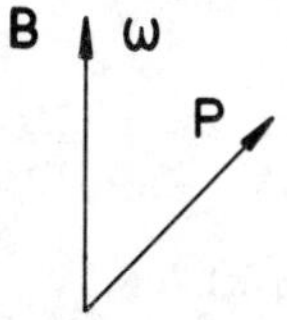

Das ist die Geschwindigkeit, mit der der Polarisationsvektor um die Feldrichtung rotiert. Typisch für Spin-$\frac{1}{2}$-Teilchen (Kap. 1.3.2) ist, daß die Winkelgeschwindigkeit der doppelten Larmor-Frequenz $\omega_L = \frac{qB}{2m}$ entspricht!

Lösung zu Aufgabe 3.4.3

$$t = 0: A\,|\,\psi(0)\,\rangle = a\,|\,\psi(0)\,\rangle,$$
$$t > 0: A_H(t) = U^+(t,t_0)\,A\,U(t,t_0); \quad t_0 = 0.$$

Schrödinger-Zustand:

$$|\,\psi(t)\,\rangle = U(t,0)\,|\,\psi(0)\,\rangle,$$
$$\frac{\partial H}{\partial t} = 0: \; U(t,0) = e^{-\frac{i}{\hbar}Ht} = U(0,-t).$$

Dann gilt:

$$\begin{aligned} A_H(-t)\,|\,\psi(t)\,\rangle &= U^+(-t,0)\,A\,\underbrace{U(-t,0)\,U(t,0)}_{=\mathbf{1}}\,|\,\psi(0)\,\rangle = \\ &= U^+(-t,0)\,A\,|\,\psi(0)\,\rangle = a\,U^+(-t,0)\,|\,\psi(0)\,\rangle = \\ &= a\,U(t,0)\,|\,\psi(0)\,\rangle = a\,|\,\psi(t)\,\rangle \quad \text{q.e.d.} \end{aligned}$$

Lösung zu Aufgabe 3.4.4

1) Bewegungsgleichung für nicht explizit zeitabhängige Observable:

$$i\hbar\frac{d}{dt}q_H(t) = [q_H(t), H_H]_- = e^{\frac{i}{\hbar}Ht}[q,H]_-\,e^{-\frac{i}{\hbar}Ht},$$
$$\frac{\partial H}{\partial t} = 0 \implies H_H = H,$$
$$[q,H]_- = \frac{1}{2m}[q,p^2] = \frac{1}{2m}\{[q,p]_-\,p + p[q,p]_-\} = \frac{i\hbar}{m}p.$$

Zwischenergebnis:

$$\frac{d}{dt}q_H(t) = \frac{1}{m}p_H(t).$$

2)

$$i\hbar\frac{d}{dt}p_H(t) = [p_H(t), H] = e^{\frac{i}{\hbar}Ht}[p,H]_-\,e^{-\frac{i}{\hbar}Ht},$$
$$[p,H]_- = \frac{1}{2}m\omega^2[p,q^2]_- = \frac{1}{2}m\omega^2\{q\,[p,q]_- + [p,q]_-\,q\} = -i\hbar m\omega^2 q.$$

Zwischenergebnis:

$$\frac{d}{dt}p_H(t) = -m\omega^2 q_H(t).$$

3) Kombination der beiden Zwischenergebnisse:

$$\frac{d^2}{dt^2}\,q_H(t) = \frac{1}{m}\,\frac{d}{dt}\,p_H(t) = -\omega^2 q_H(t),$$
$$\frac{d^2}{dt^2}\,p_H(t) = -m\omega^2\frac{d}{dt}\,q_H(t) = -\omega^2\,p_H(t) \qquad \text{q.e.d.}$$

Lösung zu Aufgabe 3.4.5

$$H = \frac{1}{2m}\,p^2; \quad \frac{\partial H}{\partial t} = 0 \Longrightarrow H_H = H.$$

1) Bewegungsgleichungen:

$$i\hbar\,\dot{q}_H\,(t) = [q_H(t), H_H]_- = e^{\frac{i}{\hbar}H(t-t_0)}\,[q,H]_-\,e^{-\frac{i}{\hbar}H(t-t_0)},$$
$$[q,H]_- = \frac{1}{2m}\,[q,p^2] = \frac{1}{2m}\,\{p[q,p]_- + [q,p]_-\,p\} = \frac{i\hbar}{m}\,p$$
$$\Longrightarrow \dot{q}_H\,(t) = \frac{1}{m}\,p_H(t),$$
$$i\hbar\,\dot{p}_H\,(t) = [\,p_H(t), H_H]_- = 0$$
$$\Longrightarrow\ p_H(t) = \text{const.} = p(0) = p \text{ (Konstante der Bewegung)}$$
$$\Longrightarrow\ q_H(t) = q_H(0) + \frac{1}{m}\,p\,t = q + \frac{p}{m}\,t.$$

2)

$$[q_H(t_1), q_H(t_2)]_- = \left[q + \frac{p}{m}\,t_1, q + \frac{p}{m}\,t_2\right]_- =$$
$$= [q,q]_- + \frac{1}{m^2}\,t_1\,t_2\,[p,p]_- + \frac{t_1}{m}[p,q]_- + \frac{t_2}{m}[q,p]_- =$$
$$= \frac{i\hbar}{m}\,(t_2 - t_1),$$
$$[\,p_H(t_1), p_H(t_2]_- = [p,p]_- = 0,$$
$$[q_H(t_1), p_H(t_2)]_- = \left[q + \frac{p}{m}\,t_1, p\right]_- = [q,p]_- + \frac{t_1}{m}\,[p,p]_- = i\hbar.$$

Lösung zu Aufgabe 3.4.6

1) **Schrödinger-Bild:**

Reiner Zustand:

$$\frac{d}{dt}\langle A\rangle = \frac{d}{dt}\langle\,\psi(t)\,|\,A\,|\,\psi(t)\,\rangle =$$
$$= \langle\,\dot{\psi}\,(t)\,|\,A\,|\,\psi(t)\,\rangle + \langle\,\psi(t)\,|\,\frac{\partial A}{\partial t}\,|\,\psi(t)\,\rangle + \langle\,\psi(t)\,|\,A\,|\,\dot{\psi}\,(t)\,\rangle =$$
$$= \frac{-1}{i\hbar}\langle\,\psi(t)\,|\,(H\,A - A\,H)\,|\,\psi(t)\,\rangle + \langle\,\psi(t)\,|\,\frac{\partial A}{\partial t}\,|\,\psi(t)\,\rangle$$
$$\Longrightarrow i\hbar\,\frac{d}{dt}\langle A\rangle = \langle\,[A,H]_-\,\rangle + i\hbar\langle\,\frac{\partial A}{\partial t}\,\rangle.$$

Gemischter Zustand:

$$\begin{aligned}\frac{d}{dt}\langle A\rangle = \frac{d}{dt}\,\mathrm{Sp}\,(\rho A) &= \\ &= \mathrm{Sp}\,(\dot{\rho}\, A) + \mathrm{Sp}\,(\rho\, \dot{A}) = \\ &= \frac{i}{\hbar}\,\mathrm{Sp}\,([\rho, H]_- A) + \mathrm{Sp}\,\left(\rho \frac{\partial A}{\partial t}\right) = \\ &= \frac{i}{\hbar}\,\mathrm{Sp}\,(\rho\, H\, A - \underbrace{H\, \rho\, A}) + \langle \frac{\partial A}{\partial t} \rangle .\end{aligned}$$

Für den zweiten Summanden im Argument der Spur nutzen wir, wie angedeutet, die zyklische Invarianz aus:

$$\Longrightarrow\; i\,\hbar\,\frac{d}{dt}\langle A\rangle = \mathrm{Sp}\,(\rho[A,H]_-) + i\,\hbar\langle \frac{\partial A}{\partial t}\rangle = \langle\, [A,H]_-\,\rangle + i\,\hbar\langle \frac{\partial A}{\partial t}\rangle .$$

2) **Heisenberg-Bild:**

Reiner Zustand:

$$\begin{aligned}\frac{d}{dt}\langle A_H\rangle &= \langle \psi_H \,|\, \frac{d}{dt} A_H \,|\, \psi_H\rangle = \\ &\overset{(3.191)}{=} \frac{1}{i\,\hbar}\langle \psi_H\,|\,[A_H, H_H]_-\,|\,\psi_H\rangle + \langle \psi_H\,|\,\frac{\partial A_H}{\partial t}\,|\,\psi_H\rangle \\ \Longrightarrow\; i\,\hbar\frac{d}{dt}\langle A_H\rangle &= \langle\,[A_H, H_H]_-\,\rangle + i\hbar\langle \frac{\partial A_H}{\partial t}\rangle .\end{aligned}$$

Gemischter Zustand:

$$\frac{d}{dt}\langle A_H\rangle = \mathrm{Sp}\,\left(\rho_H \frac{d}{dt} A_H\right).$$

Mit (3.191) folgt unmittelbar dieselbe Gleichung wie für den reinen Zustand.

3) **Dirac-Bild:**

Reiner Zustand:

$$\begin{aligned}\frac{d}{dt}\langle A_D\rangle &= \langle \dot{\psi}_D\,(t)\,|\,A_D\,|\,\psi_D(t)\rangle + \\ &\quad + \langle \psi_D(t)\,|\; \dot{A}_D \;|\,\psi_D(t)\,\rangle + \langle \psi_D(t)\,|\,A_D\,|\; \dot{\psi}_D\,(t)\,\rangle = \\ &= \frac{-1}{i\,\hbar}\langle \psi_D(t)\,|\,(H_{1D}\,A_D - A_D\,H_{1D})\,|\,\psi_D(t)\,\rangle + \\ &\quad + \frac{1}{i\,\hbar}\langle \psi_D(t)\,|\,[A_D, H_0]_-\,|\,\psi_D(t)\rangle + \langle \psi_D(t)\,|\,\frac{\partial A_D}{\partial t}\,|\,\psi_D(t)\rangle \\ \Longrightarrow\; i\,\hbar\,\frac{d}{dt}\langle A_D\rangle &= \langle \psi_D(t)\,|\,[A_D, H_D]_-\,|\,\psi_D(t)\,\rangle + i\,\hbar\langle \frac{\partial A_D}{\partial t}\rangle = \\ &= \langle\,[A_D, H_D]_-\,\rangle + i\,\hbar\langle \frac{\partial A_D}{\partial t}\rangle .\end{aligned}$$

Gemischter Zustand:

$$\frac{d}{dt}\langle A_D \rangle =$$
$$= \mathrm{Sp}\,(\dot{\rho}_D\, A_D) + \mathrm{Sp}\,(\rho_D\, \dot{A}_D) =$$
$$= \mathrm{Sp}\,\left(\frac{i}{\hbar}[\rho_D, H_{1D}]_- A_D\right) + \mathrm{Sp}\,\left(\rho_D \frac{1}{i\hbar}[A_D, H_0]_-\right) + \mathrm{Sp}\,\left(\rho_D \frac{\partial A_D}{\partial t}\right) =$$
$$= \frac{1}{i\hbar}\,\mathrm{Sp}\,(\rho_D\, A_D\, H_0 - \rho_D\, H_0\, A_D - \rho_D\, H_{1D}\, A_D + \underbrace{H_{1D}\,\rho_D\, A_D}) + \langle \frac{\partial A_D}{\partial t} \rangle =$$

(zyklische Invarianz der Spur!)

$$= \frac{1}{i\hbar}\,\mathrm{Sp}\,(\rho_D[A_D, H_0 + H_{1D}]_-) + \langle \frac{\partial A_D}{\partial t} \rangle$$
$$\Longrightarrow\; i\hbar \frac{d}{dt}\langle A_D \rangle = \langle [A_D, H_D]_- \rangle + \langle \frac{\partial A_D}{\partial t} \rangle.$$

Fazit:

Bewegungsgleichung für $\langle A \rangle$ ist forminvariant, unabhängig von der Darstellung. $\Longrightarrow$ Ehrenfestsches Theorem (3.211).

Lösung zu Aufgabe 3.4.7

Kraft:

$$F(q) = -\frac{d}{dq} V(q) \equiv F = \text{const.}$$
$$\Longrightarrow\; V(q) = -F\,q + C.$$

Die Konstante C ist unwesentlich, kann weggelassen werden. q ist der Orts**operator**, F dagegen eine c-Zahl.

Hamilton-Operator:

$$H = \frac{p^2}{2m} - F\,q.$$

Der Impuls ist nicht explizit zeitabhängig! (3.211) $\Longrightarrow$

$$\frac{d}{dt}\langle p \rangle = \frac{1}{i\hbar}\langle [p, H]_- \rangle = -\frac{1}{i\hbar} F \langle [p, q]_- \rangle = F$$
$$\Longrightarrow\; \langle p \rangle_t = \langle p \rangle_0 + F\,t.$$

Lösung zu Aufgabe 3.4.8

1) Hamiltonsche Bewegungsgleichungen:

$$\dot{q} = \frac{\partial H}{\partial p} = \frac{p}{m}; \quad \dot{p} = -\frac{\partial H}{\partial q} = -m\omega^2 q$$
$$\Longrightarrow\; \ddot{q}\,(t) + m\omega^2 q(t) = 0,$$
$$\ddot{p}\,(t) + m\omega^2 p(t) = 0.$$

2) $\hat{q}$, $\hat{p}$ sind nicht explizit zeitabhängig. Deswegen gilt mit (3.211):

$$i\hbar \frac{d}{dt}\langle \hat{q} \rangle = \langle [\hat{q}, \hat{H}]_- \rangle,$$

$$i\hbar \frac{d}{dt}\langle \hat{p} \rangle = \langle [\hat{p}, \hat{H}]_- \rangle.$$

Mit (3.215), (3.216) schließen wir:

$$[\hat{p}, \hat{H}]_- = \frac{\hbar}{i}\frac{d}{d\hat{q}} V(\hat{q}) = \frac{\hbar}{i} m\omega^2 \hat{q},$$

$$[\hat{q}, \hat{H}]_- = \frac{i\hbar}{m}\hat{p}.$$

Dies bedeutet:

$$\frac{d}{dt}\langle \hat{q} \rangle = \frac{1}{m}\langle \hat{p} \rangle,$$

$$\frac{d}{dt}\langle \hat{p} \rangle = -m\omega^2 \langle \hat{q} \rangle$$

$$\Longrightarrow \frac{d^2}{dt^2}\langle \hat{q} \rangle + m\omega^2 \langle \hat{q} \rangle = 0,$$

$$\frac{d^2}{dt^2}\langle \hat{p} \rangle + m\omega^2 \langle \hat{p} \rangle = 0.$$

3) Nach (3.220) lautet die quantenmechanische Bewegungsgleichung:

$$m \frac{d^2}{dt^2}\langle \hat{q} \rangle = -\langle \frac{d}{d\hat{q}} V(\hat{q}) \rangle.$$

Übereinstimmung mit dem klassischen Ergebnis, falls

$$\langle \frac{d}{d\hat{q}} V(\hat{q}) \rangle = \frac{d}{d\langle \hat{q} \rangle} V(\langle \hat{q} \rangle).$$

In Teil 2):

$$V(\hat{q}) = \frac{1}{2} m\omega^2 \hat{q}^2$$

$$\Longrightarrow \langle \frac{d}{d\hat{q}} V(\hat{q}) \rangle = m\omega^2 \langle \hat{q} \rangle = \frac{d}{d\langle \hat{q} \rangle} V(\langle \hat{q} \rangle).$$

Jetzt:

$$V(\hat{q}) = \alpha \hat{q}^4$$

$$\Longrightarrow \langle \frac{d}{d\hat{q}} V(\hat{q}) \rangle = 4\alpha \langle \hat{q}^3 \rangle,$$

$$\frac{d}{d\langle \hat{q} \rangle} V(\langle \hat{q} \rangle) = 4\alpha \langle \hat{q} \rangle^3$$

$$\Longrightarrow \langle \frac{d}{d\hat{q}} V(\hat{q}) \rangle \neq \frac{d}{d\langle \hat{q} \rangle} V(\langle \hat{q} \rangle).$$

Keine Übereinstimmung zwischen klassischen und quantenmechanischen Bewegungsgleichungen!

Kapitel 3.5.3

Lösung zu Aufgabe 3.5.1

1) Klassischer Drehimpuls:

$$L_i = \sum_{m,n} \epsilon_{imn}\, x_m p_n,$$

$$\epsilon_{imn} = \begin{cases} +1, & \text{falls } (i,m,n) \text{ zyklisch aus } (1,2,3), \\ -1, & \text{falls } (i,m,n) \text{ antizyklisch aus } (1,2,3), \\ 0 & \text{sonst,} \end{cases}$$

antisymmetrischer Einheitstensor dritter Stufe (s.(1.65), Bd. 1).

a)

$$\begin{aligned}\{L_i, L_j\} &= \sum_{m,n} \sum_{s,t} \epsilon_{imn}\, \epsilon_{jst}\, \{x_m p_n, x_s\, p_t\} = \\ &= \sum_{m,n} \sum_{s,t} \epsilon_{imn}\, \epsilon_{jst}\, (x_m\{p_n, x_s\}p_t + x_s\{x_m, p_t\}p_n) = \\ &= \sum_{\substack{m,n\\ s,t}} \epsilon_{imn}\, \epsilon_{jst}\, (-\delta_{ns}\, x_m p_t + \delta_{mt}\, x_s\, p_n).\end{aligned}$$

Wir haben hier die in Kapitel 3.5.1 aufgelisteten Eigenschaften der Poisson-Klammer ausgenutzt.

$$\begin{aligned}\{L_i, L_j\} &= \sum_{\substack{m,n\\ s}} \epsilon_{imn}\, (\epsilon_{jsm}\, x_s\, p_n - \epsilon_{jns}\, x_m p_s) = \\ &= \sum_{m,n,s} \epsilon_{imn}\, \epsilon_{jsm}\, (x_s\, p_n - x_n\, p_s).\end{aligned}$$

Man überlegt sich leicht:

$$\sum_m \epsilon_{imn}\, \epsilon_{jsm} = -\sum_m \epsilon_{inm}\, \epsilon_{jsm} = -(\delta_{ij}\, \delta_{ns} - \delta_{is}\, \delta_{nj}).$$

Dies bedeutet:

$$\begin{aligned}\underline{\{L_i, L_j\}} &= \sum_{ns} (\delta_{is}\, \delta_{nj} - \delta_{ij}\, \delta_{ns})\, (x_s\, p_n - x_n\, p_s) = x_i\, p_j - x_j\, p_i = \\ &= \underline{\sum_k \epsilon_{ijk}\, L_k}.\end{aligned}$$

Im einzelnen ergeben sich die folgenden wichtigen Poisson-Klammern:

$$\begin{aligned}\{L_x, L_y\} &= -\{L_y, L_x\} = L_z, \\ \{L_x, L_z\} &= -\{L_z, L_x\} = -L_y, \\ \{L_y, L_z\} &= -\{L_z, L_y\} = L_x.\end{aligned}$$

Im nächsten Schritt berechnen wir:

$$\underline{\{L_i, \mathbf{L}^2\}} = \sum_j \{L_i, L_j^2\} = \sum_j (L_j\,\{L_i, L_j\} + \{L_i, L_j\}L_j) =$$
$$= \sum_{j,k} \epsilon_{ijk}\,(L_j\,L_k + L_k\,L_j) = \sum_{j,k} \underbrace{(\epsilon_{ijk} + \epsilon_{ikj})}_{=0}\,L_j L_k \underline{= 0.}$$

b)

$$\underline{\{L_i, x_j\}} = \sum_{m,n} \epsilon_{imn}\,\{x_m\,p_n, x_j\} = \sum_{m,n} \epsilon_{imn}\,x_m\{p_n, x_j\} =$$
$$= \sum_{m,n} \epsilon_{imn}\,x_m(-\delta_{nj}) = \underline{\sum_m \epsilon_{ijm}\,x_m},$$
$$\underline{\{L_i, \mathbf{r}^2\}} = \sum_j \{L_i, x_j^2\} = \sum_j (x_j\,\{L_i, x_j\} + \{L_i, x_j\}x_j) =$$
$$= \sum_{jm} \epsilon_{ijm}(x_j\,x_m + x_m\,x_j) = \sum_{jm} \underbrace{(\epsilon_{ijm} + \epsilon_{imj})}_{=0}\,x_j\,x_m \underline{= 0.}$$

c)

$$\underline{\{L_i, p_j\}} = \sum_{m,n} \epsilon_{imn}\,\{x_m\,p_n, p_j\} = \sum_{m,n} \epsilon_{imn}\,\{x_m, p_j\}\,p_n = \underline{\sum_n \epsilon_{ijn}\,p_n},$$
$$\underline{\{L_i, \mathbf{p}^2\}} = \sum_j \{L_i, p_j^2\} = \sum_j (p_j\{L_i, p_j\} + \{L_i, p_j\}p_j) =$$
$$= \sum_{jn} \epsilon_{ijn}\,(p_j\,p_n + p_n\,p_j) = \sum_{j,n} \underbrace{(\epsilon_{ijn} + \epsilon_{inj})}_{=0}\,p_j\,p_n \underline{= 0}.$$

2) Übergang zu quantenmechanischen Operatoren:

$$\hat{L}_i = \sum_{m,n} \epsilon_{imn}\,\hat{x}_m\,\hat{p}_n.$$

Symmetrisierung **nicht** erforderlich, da $\hat{x}_m$ und $\hat{p}_n$ für $n \neq m$ kommutieren.

Korrespondenzprinzip (3.229):

$$[\hat{L}_i, \hat{L}_j]_- = i\,\hbar \sum_k \epsilon_{ijk}\,\hat{L}_k,$$
$$[\hat{L}_i, \hat{\mathbf{L}}^2]_- = 0,$$
$$[\hat{L}_i, \hat{x}_j]_- = i\,\hbar \sum_m \epsilon_{ijm}\,\hat{x}_m,$$
$$[\hat{L}_i, \hat{\mathbf{r}}^2]_- = 0,$$
$$[\hat{L}_i, \hat{p}_j]_- = i\,\hbar \sum_m \epsilon_{ijm}\,\hat{p}_m,$$
$$[\hat{L}_i, \hat{\mathbf{p}}^2]_- = 0.$$

Lösung zu Aufgabe 3.5.2

1)

$$\begin{aligned} i\hbar \frac{d}{dt}(A+B) &= [A+B,H]_- + i\hbar \frac{\partial}{\partial t}(A+B) = \\ &= [A,H]_- + [B,H]_- + i\hbar \frac{\partial}{\partial t} A + i\hbar \frac{\partial}{\partial t} B = \\ &= i\hbar \frac{d}{dt} A + i\hbar \frac{d}{dt} B \qquad \text{q.e.d.} \end{aligned}$$

2)

$$\begin{aligned} i\hbar \frac{d}{dt}(A\,B) &= [A\,B,H]_- + i\hbar \frac{\partial}{\partial t}(A\,B) = \\ &= A[B,H]_- + [A,H]_- B + i\hbar \left(\frac{\partial}{\partial t} A\right) B + i\hbar A \left(\frac{\partial}{\partial t} B\right) = \\ &= i\hbar \left(\frac{d}{dt} A\right) B + i\hbar A \left(\frac{d}{dt} B\right) \qquad \text{q.e.d.} \end{aligned}$$

3)

$$\begin{aligned} i\hbar \frac{d}{dt}(\alpha\,A) &= [\alpha\,A,H]_- + i\hbar \frac{\partial}{\partial t}(\alpha\,A) = \\ &= \alpha[A,H]_- + i\hbar\,\dot{\alpha}\,A + i\hbar\,\alpha \frac{\partial}{\partial t} A = \\ &= \alpha\, i\hbar \frac{d}{dt} A + i\hbar\,\dot{\alpha}\,A \qquad \text{q.e.d.} \end{aligned}$$

Lösung zu Aufgabe 3.5.3

Bewegungsgleichung:

$$i\hbar \frac{d}{dt} q = [q,H]_-; \qquad \frac{\partial}{\partial t} q = 0$$

$$\Longrightarrow \dot{q} = \frac{1}{i\hbar}[q,H]_- .$$

Bewegungsgleichung für den Operator der Geschwindigkeit:

$$i\hbar\,\ddot{q} = [\dot{q},H]_- + i\hbar \frac{\partial\,\dot{q}}{\partial t} = \frac{1}{i\hbar}\big[[q,H]_-,H\big]_- + \frac{\partial}{\partial t}[q,H]_-$$

$$\Longrightarrow \ddot{q} = \frac{1}{(i\hbar)^2}\big[[q,H]_-,H\big]_- + \frac{1}{i\hbar}\left[q,\frac{\partial H}{\partial t}\right]_- .$$

Lösung zu Aufgabe 3.5.4

1)

$$A = \frac{1}{2} \sum_{i=1}^{3} (x_i\, p_i + p_i\, x_i) = \frac{1}{2} \sum_{i=1}^{3} \left(2x_i\, p_i + \frac{\hbar}{i}\, \mathbf{1} \right) = \mathbf{r} \cdot \mathbf{p} + \frac{3\hbar}{2i}\, \mathbf{1}.$$

V ist homogen vom Grad n: $V(\alpha\, \mathbf{r}) = \alpha^n\, V(\mathbf{r})$:

$$\frac{d}{d\alpha}\, V(\alpha\, \mathbf{r}) = (\mathbf{r} \cdot \nabla_{\alpha\mathbf{r}})\, V(\alpha\, \mathbf{r}) = \sum_i x_i\, \frac{\partial V(\alpha\, \mathbf{r})}{\partial(\alpha\, x_i)},$$

$$\frac{d}{d\alpha}\, V(\alpha\, \mathbf{r}) = \frac{d}{d\alpha}\, \alpha^n\, V(\mathbf{r}) = n\, \alpha^{n-1}\, V(\mathbf{r}).$$

Der Vergleich liefert:

$$\sum_i x_i\, \frac{\partial V(\alpha\, \mathbf{r})}{\partial(\alpha\, x_i)} = n\, \alpha^{n-1}\, V(\mathbf{r}).$$

Dies gilt für alle $\alpha \in \mathbb{R}^+$, also auch für $\alpha = 1$:

$$\sum_{i=1}^{3} x_i\, \frac{\partial V}{\partial x_i} = n\, V.$$

2) Bewegungsgleichung:

$$i\hbar\, \mathring{A} = [A, H]_- = [\mathbf{r} \cdot \mathbf{p}, H]_- + \frac{3\hbar}{2i} [\mathbf{1}, H]_-$$

$$\Longrightarrow\ i\hbar\, \mathring{A} = [\mathbf{r} \cdot \mathbf{p}, T]_- + [\mathbf{r} \cdot \mathbf{p}, V]_-,$$

$$[\mathbf{r} \cdot \mathbf{p}, T]_- = \sum_{i=1}^{3} [x_i\, p_i, T(\mathbf{p})]_- = \sum_{i=1}^{3} [x_i, T(\mathbf{p})]_-\, p_i = \sum_{i,j} [x_i,\, p_j^2]_-\, \frac{p_i}{2m} =$$

$$= \sum_{i,j} (p_j [x_i, p_j]_- + [x_i, p_j]_-\, p_j)\, \frac{p_i}{2m} =$$

$$= i\, \hbar \sum_{i,j} 2 p_j\, \delta_{ij}\, \frac{p_i}{2m} = i\, \hbar\, 2 \sum_i \frac{p_i^2}{2m} = i\, \hbar\, 2\, T,$$

$$[\mathbf{r} \cdot \mathbf{p}, V]_- = \sum_{i=1}^{3} [x_i\, p_i, V(\mathbf{r})]_- = \sum_{i=1}^{3} x_i\, [p_i, V(\mathbf{r})]_-.$$

Nach Aufgabe 3.2.12 ist

$$[p_i, V(\mathbf{r})]_- = \frac{\hbar}{i}\, \frac{\partial V(\mathbf{r})}{\partial x_i}$$

$$\Longrightarrow\ [\mathbf{r} \cdot \mathbf{p}, V]_- = -i\, \hbar \sum_{i=1}^{3} x_i\, \frac{\partial V}{\partial x_i} = -i\, \hbar\, n\, V.$$

Dies ergibt schließlich den Virialsatz:

$$\mathring{A} = 2\, T - n\, V.$$

3)

$$\langle E \,|\, [A,H]_- \,|\, E \rangle = \langle E \,|\, AH \,|\, E \rangle - \langle E \,|\, H\,A \,|\, E \rangle =$$
$$= E(\langle E \,|\, A \,|\, E \rangle - \langle E \,|\, A \,|\, E \rangle) = 0$$

$$\Longrightarrow \langle E \,|\, \mathring{A} \,|\, E \rangle = 0.$$

Damit lautet der Virialsatz:

$$2\langle T \rangle = n\langle V \rangle.$$

a) Coulomb-Potential $\sim \frac{1}{r}$:

$$\Longrightarrow V(\alpha\,\mathbf{r}) = \alpha^{-1}\,V(\mathbf{r}) \Longrightarrow n = -1$$
$$\Longrightarrow 2\langle T \rangle = -\langle V \rangle.$$

b) Oszillatorpotential $\sim r^2$:

$$\Longrightarrow \langle T \rangle = \langle V \rangle, \text{ da } n = 2.$$

Lösung zu Aufgabe 3.5.5

Eigenwertgleichung:

$$\hat{p} \,|\, p \rangle = p \,|\, p \rangle.$$

Multiplikation mit dem bra-Zustand $\langle q \,|$:

$$\langle q \,|\, \hat{p} \,|\, p \rangle = p \langle q \,|\, p \rangle.$$

Ortsdarstellung:

$$\frac{\hbar}{i}\,\frac{d}{dq}\,\psi_p(q) = p\,\psi_p(q).$$

Lösung:

$$\psi_p(q) = \alpha\,\exp\left(\frac{i}{\hbar}\,p\,q\right).$$

Zur Normierung (α) beachte man Kapitel 2.2.5.

Lösung zu Aufgabe 3.5.6

1)

$$T(a)\,T(-a) \,|\, q \rangle = T(a) \,|\, q - a \rangle = |\, q \rangle \qquad \forall \,|\, q \rangle$$
$$\Longrightarrow T(a)\,T(-a) = \mathbf{1} \Longrightarrow T^{-1}(a) = T(-a).$$

2)

$$\langle q \,|\, T(a) \,|\, \bar{q} \rangle \stackrel{\text{Def.}}{=} \langle \bar{q} \,|\, T^+(a) \,|\, q \rangle^*,$$
$$\langle q \,|\, T(a) \,|\, \bar{q} \rangle = \langle q \,|\, \bar{q} + a \rangle = \delta(q - \bar{q} - a) = \langle q - a \,|\, \bar{q} \rangle =$$
$$= \langle \bar{q} \,|\, q - a \rangle^* = \langle \bar{q} \,|\, T(-a) \,|\, q \rangle^*$$

$$\Longrightarrow T^+(a) = T(-a) \stackrel{1)}{=} T^{-1}(a).$$

3)

$$T(a)\,T(b)\,|\,q\,\rangle = T(a)\,|\,q+b\,\rangle = |\,q+a+b\,\rangle = T(a+b)\,|\,q\,\rangle \qquad \forall\,|\,q\,\rangle$$
$$\Longrightarrow\; T(a)\,T(b) = T(a+b).$$

4)

$$\begin{aligned} T(a)\,\hat{q}\,T^{+}(a)\,|\,q\,\rangle &= T(a)\,\hat{q}\,T(-a)\,|\,q\,\rangle = T(a)\,\hat{q}\,|\,q-a\,\rangle = \\ &= (q-a)\,T(a)\,|\,q-a\,\rangle = \\ &= (q-a)\,|\,q\,\rangle = (\hat{q}-a\,\mathbf{1})\,|\,q\,\rangle \qquad \forall\,|\,q\,\rangle \\ &\Longrightarrow\; T(a)\,\hat{q}\,T^{+}(a) = \hat{q}-a\,\mathbf{1}. \end{aligned}$$

5)

$$\begin{aligned} T(a)\,\hat{p}\,T^{+}(a)\,|\,q\,\rangle &= T(a)\,\hat{p}\,T(-a)\,|\,q\,\rangle = T(a)\,\hat{p}\,|\,q-a\,\rangle = \\ &= T(a)\underbrace{\left(\int d\,q'\,|\,q'\,\rangle\langle\,q'\,|\right)}_{\mathbf{1}}\underbrace{\left(\int dp\,p\,|\,p\,\rangle\langle\,p\,|\right)}_{\hat{p}}\,|\,q-a\,\rangle = \\ &= \int dq'\int dp\,|\,q'+a\rangle\langle\,q'\,|\,p\,\rangle\langle\,p\,|\,q-a\,\rangle p. \end{aligned}$$

Nach Aufgabe 3.5.5 gilt:

$$\langle\,q'\,|\,p\,\rangle\langle\,p\,|\,q-a\,\rangle = |\,\alpha\,|^{2}\exp\left[\frac{i}{\hbar}\left(p(q'+a-q)\right)\right] = \langle\,q'+a\,|\,p\,\rangle\langle\,p\,|\,q\,\rangle$$
$$\begin{aligned} \Longrightarrow\; T(a)\,\hat{p}\,T^{+}(a)\,|\,q\,\rangle &= \underbrace{\left(\int dq'\,|\,q'+a\,\rangle\langle\,q'+a\,|\right)}_{\mathbf{1}}\underbrace{\left(\int dp\,p\,|\,p\,\rangle\langle\,p\,|\right)}_{\hat{p}}\,|\,q\,\rangle = \\ &= \mathbf{1}\;\hat{p}\,|\,q\,\rangle \qquad \forall\,|\,q\,\rangle \end{aligned}$$
$$\Longrightarrow\; T(a)\,\hat{p}\,T^{+}(a) = \hat{p} \quad \left(\overset{2)}{\Longrightarrow}\; [T(a),\hat{p}]_{-} = 0\right).$$

Lösung zu Aufgabe 3.5.7

1)

$$\begin{gathered} \Pi^{2}\,|\,q\,\rangle = \Pi\,|\,-q\,\rangle = |\,q\,\rangle \qquad \forall\,|\,q\,\rangle \\ \Longrightarrow\; \Pi^{2} = \mathbf{1} \;\Longleftrightarrow\; \Pi^{-1} = \Pi, \end{gathered}$$
$$\begin{aligned} \langle\,q\,|\,\Pi\,|\,\bar{q}\,\rangle &= \langle\,q\,|\,-\bar{q}\,\rangle = \delta(q+\bar{q}) = \delta(-q-\bar{q}) = \langle\,-q\,|\,\bar{q}\,\rangle = \\ &= \langle\,\bar{q}\,|\,-q\,\rangle^{*} = \langle\,\bar{q}\,|\,\Pi\,|\,q\,\rangle^{*} \overset{!}{=} \langle\,\bar{q}\,|\,\Pi^{+}\,|\,q\,\rangle^{*}. \end{aligned}$$

Π ist also unitär und hermitesch:

$$\Pi^{+} = \Pi = \Pi^{-1}.$$

2) Eigenwertgleichung:

$$\Pi\,|\,\pi\,\rangle = \pi\,|\,\pi\,\rangle,$$
$$\Pi^2 = \mathbf{1} \implies \Pi^2\,|\,\pi\,\rangle = \pi^2\,|\,\pi\,\rangle = |\,\pi\,\rangle.$$

Eigenwerte: $\pi_\pm = \pm 1$.

3)

$$\Pi\,|\,\alpha\,\rangle = \pi\,|\,\alpha\,\rangle; \quad \Pi\,|\,\beta\,\rangle = \pi\,|\,\beta\,\rangle,$$
$$\Pi\,A\,\Pi^+ = -A; \quad \Pi^+ = \Pi \text{ wegen 1)}.$$

Damit berechnen wir:

$$\langle\,\alpha\,|\,A\,|\,\beta\,\rangle = -\langle\,\alpha\,|\,\Pi\,A\,\Pi\,|\,\beta\,\rangle = -\pi^2\langle\,\alpha\,|\,A\,|\,\beta\,\rangle \overset{2)}{=} -\langle\,\alpha\,|\,A\,|\,\beta\,\rangle$$
$$\implies \langle\,\alpha\,|\,A\,|\,\beta\,\rangle = 0.$$

4)

$$\Pi\,\hat{q}\Pi^+\,|\,q\,\rangle = \Pi\,\hat{q}\,\Pi\,|\,q\,\rangle = \Pi\,\hat{q}\,|\,-q\,\rangle = -q\,\Pi\,|\,-q\,\rangle = -q\,|\,q\,\rangle = -\hat{q}\,|\,q\,\rangle.$$

Dies gilt für **alle** $|\,q\,\rangle$, die andererseits ein vollständiges System bilden.

$$\Pi\,\hat{q}\,\Pi^+ = -\hat{q}.$$

Man beachte, daß $|\,q\rangle$ und $|\,-q\rangle$ **verschiedene** Eigenzustände sind; d.h. insbesondere, sie sind linear unabhängig.

5)

$$\Pi\,\hat{p}\,\Pi^+\,|\,q\,\rangle = \Pi\underbrace{\left(\int dq'\,|\,q'\,\rangle\langle\,q'\,|\right)}_{\mathbf{1}}\underbrace{\left(\int dp\,p\,|\,p\rangle\langle p\,|\right)}_{\hat{p}}\Pi\,|\,q\,\rangle =$$

(Spektraldarstellungen)

$$= \int dq' \int dp\,p\,|\,-q'\,\rangle\langle\,q'\,|\,p\rangle\langle p\,|\,-q\rangle,$$

$$\langle\,q'\,|\,p\,\rangle = \psi_p(q') \overset{(3.5.5)}{=} \psi_{-p}(-q') = \langle\,-q'\,|\,-p\rangle,$$

$$\langle\,p\,|\,-q\,\rangle = \psi_p^*(-q) \overset{(3.5.5)}{=} \psi_{-p}^*(q) = \langle\,-p\,|\,q\,\rangle$$

$$\implies \Pi\,\hat{p}\,\Pi^+\,|\,q\,\rangle = \left(\int dq'\,|\,-q'\,\rangle\langle\,-q'\,|\right)\left(\int dp\,p\,|\,-p\rangle\langle\,-p\,|\right)|\,q\rangle,$$

$$\int_{-\infty}^{+\infty} dq'\,|\,-q'\,\rangle\langle\,-q'\,| \underset{q''=-q'}{\uparrow{=}} \int_{-\infty}^{+\infty} dq''\,|\,q''\,\rangle\langle\,q''\,| = \mathbf{1},$$

$$\int_{-\infty}^{+\infty} dp\,p\,|\,-p\rangle\langle\,-p\,| \underset{p'=-p}{\uparrow{=}} \int_{+\infty}^{-\infty} dp'\,p'\,|\,p'\,\rangle\langle\,p'\,| =$$

$$= -\int_{-\infty}^{+\infty} dp'\,p'\,|\,p'\,\rangle\langle\,p'\,| = -\hat{p}.$$

Es bleibt damit:

$$\Pi\,\hat{p}\,\Pi^{+}\,|\,q\,\rangle = \mathbf{1}\,(-\hat{p})\,|\,q\,\rangle = -\hat{p}\,|\,q\,\rangle.$$

Dies gilt für alle $|\,q\,\rangle$, deswegen:

$$\Pi\,\hat{p}\,\Pi^{+} = -\hat{p}.$$

Auch der Impulsoperator besitzt ungerade Parität!

Lösung zu Aufgabe 3.5.8

Bedingung für Hermitezität:

$$\langle\,\psi\,|\,\hat{p}\,|\,\varphi\,\rangle \overset{!}{=} \langle\,\varphi\,|\,\hat{p}\,|\,\psi\,\rangle^{*} \qquad \forall\,|\,\varphi\rangle, |\,\psi\,\rangle.$$

Das ist gleichbedeutend mit:

$$\int dq \langle\,\psi\,|\,q\,\rangle\langle\,q\,|\,\hat{p}\,|\,\varphi\,\rangle \overset{!}{=} \int dq (\langle\,\varphi\,|\,q\,\rangle\langle\,q\,|\,\hat{p}\,|\,\psi\,\rangle)^{*}.$$

Ortsdarstellung (3.253):

$$\int dq\,\psi^{*}(q)\left(\frac{\hbar}{i}\frac{\partial}{\partial q}\varphi(q)\right) \overset{!}{=} \int dq\left(\frac{\hbar}{i}\frac{\partial}{\partial q}\psi(q)\right)^{*}\varphi(q).$$

Das ist gleichbedeutend mit der Forderung:

$$\int dq\,\psi^{*}(q)\,\frac{\partial}{\partial q}\varphi(q) = -\int dq\left(\frac{\partial}{\partial q}\psi(q)\right)^{*}\varphi(q) = -\int dq\left(\frac{\partial}{\partial q}\psi^{*}(q)\right)\varphi(q).$$

Partielle Integration:

$$\int\limits_{-\infty}^{+\infty} dq\,\psi^{*}(q)\,\frac{\partial}{\partial q}\varphi(q) = \psi^{*}(q)\varphi(q)|_{-\infty}^{+\infty} - \int\limits_{-\infty}^{+\infty} dq\left(\frac{\partial}{\partial q}\psi^{*}(q)\right)\varphi(q).$$

Die Hermitezität erfordert also:

$$\psi^{*}(q)\,\varphi(q)|_{-\infty}^{+\infty} = 0.$$

Gewährleistet durch die Quadratintegrabilität der Wellenfunktionen!

Bei gewissen nicht-quadratintegrablen Wellenfunktionen können periodische Randbedingungen, wie in Kapitel 2.2.5 erläutert, für die Hermitezität des Impulsoperators sorgen.

Lösung zu Aufgabe 3.5.9

$$\begin{array}{lll} \text{Ort:} & \hat{q}\,|\,q\,\rangle = q\,|\,q\,\rangle & q \in \mathbb{R}, \\ \text{Impuls:} & \hat{p}\,|\,p\,\rangle = p\,|\,p\,\rangle & p \in \mathbb{R}. \end{array}$$

Wir definieren einen *infinitesimalen Impulstranslationsoperator* D_{dp} durch:

$$D_{dp}\,|\,p\,\rangle = |\,p + dp\,\rangle.$$

Die Erhaltung der Norm

$$\langle p \,|\, p \rangle = \langle p + dp \,|\, p + dp \rangle$$

erfordert, daß D_{dp} wie in (3.94) eine infinitesimale unitäre Transformation vermittelt. Deshalb ist der folgende Ansatz sinnvoll:

$$D_{dp} = 1 + i\, dp\, S \qquad \text{mit } S = S^+.$$

Was ist S?

$$D_{dp}\, \hat{p} \,|\, p \rangle = p \,|\, p + dp \rangle,$$

$$\hat{p}\, D_{dp} \,|\, p \rangle = (p + dp) \,|\, p + dp \rangle$$

$$\Longrightarrow\ [\hat{p}, D_{dp}]_- \,|\, p \rangle = dp \,|\, p + dp \rangle = dp\, (\,\mathbf{1} + i\, dp\, S) \,|\, p \rangle = dp \,|\, p \rangle + O(dp)^2.$$

Dies gilt für alle $|\, p \rangle$, die andererseits ein vollständiges System bilden.

$$\Longrightarrow\ [\hat{p}, D_{dp}]_- = dp\, \mathbf{1} = i\, dp [\hat{p}, S]_-.$$

Also muß

$$[\hat{p}, S]_- = -i\, \mathbf{1}$$

sein. Zusammen mit $[\hat{p}, \hat{q}]_- = -i\,\hbar$ haben wir dann:

$$[\hat{p}, \hbar\, S - \hat{q}]_- = 0. \tag{1}$$

Ein Verschieben der Impulsmeßskala beeinflußt natürlich die Ortsmessung nicht. Also können wir annehmen:

$$[\hat{q}, D_{dp}]_- = 0 \Longrightarrow [\hat{q}, S]_- = 0 \Longrightarrow [\hat{q}, \hbar S - \hat{q}]_- = 0. \tag{2}$$

(1) und (2) lassen sich kombinieren zu:

$$[\hat{p}^n\, \hat{q}^m,\, \hbar\, S - \hat{q}]_- = 0.$$

$B(\hat{q},\, \hat{p})$ sei eine beliebige Operatorfunktion, die wir mit Hilfe der Vertauschungsrelation $[\hat{q}, \hat{p}]_- = i\,\hbar$ stets in die Form

$$B(\hat{q}, \hat{p}) = \sum_{n,m} \beta_{nm}\, \hat{p}^n\, \hat{q}^m$$

bringen können. Dies bedeutet aber:

$$[B(\hat{q}, \hat{p}),\, \hbar\, S - \hat{q}]_- = 0.$$

Da B beliebig, muß $\hbar\, S - \hat{q} = d\, \mathbf{1}$ ($d \in \mathbb{R}$) gefolgert werden. d kann zu Null gewählt werden:

$$\hbar\, S = \hat{q}$$

$$\Longrightarrow\ D_{dp} = \mathbf{1} + \frac{i}{\hbar}\, dp\, \hat{q}.$$

($d \neq 0$ würde auf $D_{dp} = \mathbf{1}\left(1 + i\frac{d}{\hbar}\,dp\right) + \frac{i}{\hbar}\,dp\,\hat{q}$ führen, wobei der zweite Summand in der Klammer wegen dp gegen den ersten vernachlässigt werden kann.)

Wir multiplizieren

$$\frac{\partial}{\partial p}\langle\, p\,| = \frac{1}{dp}\left(\langle\, p + dp\,| - \langle\, p\,|\right) = -\frac{i}{\hbar}\langle\, p\,|\,\hat{q}$$

von rechts skalar mit dem ket-Zustand $|\,\psi\,\rangle$:

$$\frac{\partial}{\partial p}\,\overline{\psi}(p) = -\frac{i}{\hbar}\langle\, p\,|\,\hat{q}\,|\,\psi\,\rangle$$
$$\Longrightarrow\ \langle\, p\,|\,\hat{q}\,|\,\psi\,\rangle = -\frac{\hbar}{i}\,\frac{\partial}{\partial p}\,\overline{\psi}(p).$$

Wir schließen rekursiv auf $\hat{q}^m$:

$$\begin{aligned}\langle\, p\,|\,\hat{q}^m\,|\,\psi\,\rangle &= \langle\, p\,|\,\hat{q}\underbrace{\left(\int dp'\,|\,p'\,\rangle\langle\, p'\,|\right)}_{\mathbf{1}}\hat{q}^{m-1}\,|\,\psi\,\rangle = \\ &= -\frac{\hbar}{i}\,\frac{\partial}{\partial p}\int dp'\langle\, p\,|\,p'\,\rangle\langle\, p'\,|\,\hat{q}^{m-1}\,|\,\psi\,\rangle = \\ &= -\frac{\hbar}{i}\,\frac{\partial}{\partial p}\langle\, p\,|\,\hat{q}^{m-1}\,|\,\psi\,\rangle = \\ &\ \ \vdots \\ &= \left(-\frac{\hbar}{i}\,\frac{\partial}{\partial p}\right)^m\overline{\psi}(p).\end{aligned}$$

Daraus folgt unmittelbar:

$$\langle\, p\,|\,\hat{p}^n\,\hat{q}^m\,|\,\psi\,\rangle = p^n\left(-\frac{\hbar}{i}\,\frac{\partial}{\partial p}\right)^m\overline{\psi}(p),$$
$$\langle\, p\,|\,B(\hat{q},\hat{p})\,|\,\psi\,\rangle = B\left(-\frac{\hbar}{i}\,\frac{\partial}{\partial p}, p\right)\overline{\psi}(p).$$

Lösung zu Aufgabe 3.5.10

1)

$$[H,\hat{q}]_- = \frac{1}{2m}\,[\hat{p}^2,\hat{q}]_- + \underbrace{[V(\hat{q}),\hat{q}]_-}_{=0} = \frac{1}{2m}\left(\hat{p}\,[\hat{p},\hat{q}]_- + [\hat{p},\hat{q}]_-\,\hat{p}\right) = \frac{\hbar}{i\,m}\,\hat{p}$$
$$\Longrightarrow\ \left[[H,\hat{q}]_-,\hat{q}\right]_- = \frac{\hbar}{i\,m}\,[\hat{p},\hat{q}]_- = -\frac{\hbar^2}{m}.$$

2) Mit dem Ergebnis von Teil 1):

$$\frac{\hbar^2}{2m} = -\frac{1}{2}\left[[H,\hat{q}]_-,\hat{q}\right]_- = -\frac{1}{2}\left(H\,\hat{q}^2 - 2\hat{q}\,H\,\hat{q} + \hat{q}^2\,H\right) =$$
$$= -\frac{1}{2}\langle\, E_{n'}\,|\,(H\,\hat{q}^2 + \hat{q}^2\,H)\,|\,E_{n'}\,\rangle + \langle\, E_{n'}\,|\,\hat{q}\,H\,\hat{q}\,|\,E_{n'}\,\rangle =$$
$$= -E_{n'}\langle\, E_{n'}\,|\,\hat{q}^2\,|\,E_{n'}\,\rangle + \langle\, E_{n'}\,|\,\hat{q}\,H\,\mathbf{1}\,\hat{q}\,|\,E_{n'}\,\rangle,$$
$$\mathbf{1} = \sum_n |\,E_n\,\rangle\langle\, E_n\,|$$
$$\Longrightarrow \frac{\hbar^2}{2m} =$$
$$= -E_{n'}\sum_n\langle\, E_{n'}\,|\,\hat{q}\,|\,E_n\,\rangle\langle\, E_n\,|\,\hat{q}\,|\,E_{n'}\,\rangle + \sum_n\langle\, E_{n'}\,|\,\hat{q}\,H\,|\,E_n\,\rangle\langle\, E_n\,|\,\hat{q}\,|\,E_{n'}\,\rangle =$$
$$= \sum_n (E_n - E_{n'})\,|\,\langle\, E_{n'}\,|\,\hat{q}\,|\,E_n\,\rangle\,|^2 \qquad \text{q.e.d.}$$

Kapitel 4.1.5

Lösung zu Aufgabe 4.1.1

Lösungen aus dem diskreten Spektrum müssen asymptotisch die Randbedingungen

$$\varphi_{1,2}\,(q \to \pm\infty) = 0$$

erfüllen. Dies bedeutet für die Wronski-Determinante:

$$W(\varphi_1,\varphi_2;q)|_{-\infty}^{+\infty} = \left(\varphi_1(q)\,\varphi_2'(q) - \varphi_2(q)\,\varphi_1'(q)\right)|_{-\infty}^{+\infty} = 0.$$

Nach (4.12) ist dann:

$$\frac{2m}{\hbar^2}\,(E_1 - E_2)\int\limits_{-\infty}^{+\infty} dq\,\varphi_1(q)\,\varphi_2(q) = 0.$$

Wegen $E_1 \neq E_2$ folgt mit

$$\int\limits_{-\infty}^{+\infty} dq\,\varphi_1(q)\,\varphi_2(q) = 0$$

die Behauptung (φ_1, φ_2 reell!).

Lösung zu Aufgabe 4.1.2

1) Sei $W(\varphi_1,\varphi_2;q) \equiv 0$ in $[q_0, q_1]$. Man betrachte dann das folgende homogene Gleichungssystem für $\alpha_1, \alpha_2 \in \mathbb{C}$:

$$\alpha_1\,\varphi_1(q) + \alpha_2\,\varphi_2(q) = 0,$$
$$\alpha_1\,\varphi_1'(q) + \alpha_2\,\varphi_2'(q) = 0.$$

Dessen Koeffizienten-Determinante ist mit der Wronski-Determinante identisch:

$$W = \det A.$$

$\det A = 0$ bedeutet aber ((1.224), Bd. 1), daß das homogene Gleichungssystem eine nicht-triviale Lösung

$$(\alpha_1, \alpha_2) \neq (0,0)$$

besitzt. Aus der ersten Zeile folgt dann die lineare Abhängigkeit von $\varphi_1(q)$ und $\varphi_2(q)$!

2) $\varphi_1(q)$, $\varphi_2(q)$ seien im Intervall $[q_0, q_1]$ linear abhängig. Dies bedeutet für alle q aus diesem Intervall:

$$\varphi_2(q) = c\,\varphi_1(q)$$

$$\Longrightarrow\ W = \varphi_1(q)\,\varphi_2'(q) - \varphi_2(q)\,\varphi_1'(q) \equiv 0 \quad \text{q.e.d.}$$

Lösung zu Aufgabe 4.1.3

Wir wissen aus Kapitel 4.1.3, daß Eigenfunktionen zu nicht-entarteten Energieeigenwerten eine wohlbestimmte Parität besitzen, wenn $\Pi\, H\, \Pi^+ = H$ ist, d.h. $V(q) = V(-q)$. Das diskrete Eigenwertspektrum von H ist nicht entartet. **Jede** Eigenfunktion $\varphi_n(q)$ besitzt also eine definierte Parität, ist also entweder gerade oder ungerade gegenüber einer Raumspiegelung:

$$\Pi\,\varphi_n(q) = \varphi_n(-q) = \pm\varphi_n(q).$$

$\varphi_0(q)$ hat keine Nullstelle, muß deshalb notwendig gerade Parität haben, $\varphi_1(q)$ hat eine Nullstelle und deshalb ungerade Parität, usw. Allgemein gilt:

$$\Pi\,\varphi_n(q) = \varphi_n(-q) = (-1)^n\,\varphi_n(q).$$

Kapitel 4.2.3

Lösung zu Aufgabe 4.2.1

1) Wir unterteilen wie in Kapitel 4.2.1 beim endlich tiefen Potentialtopf:

$$\begin{aligned}
\text{Bereich A:}\quad & -\infty < q \le -q_0, \\
& k^2(q) \equiv -\kappa^2 \to -\infty, \\
\text{Bereich B:}\quad & -q_0 < q < +q_0, \\
& k^2(q) = \tfrac{2m}{\hbar^2}\,E \equiv k^2, \\
\text{Bereich C:}\quad & +q_0 \le q < +\infty, \\
& k^2(q) \equiv -\kappa^2 \to -\infty.
\end{aligned}$$

$E < 0$ liefert nur die triviale Lösung $\varphi \equiv 0$. Im folgenden gilt also stets $E > 0$.

Schrödinger-Gleichung:

$$\varphi''(q) + k^2(q)\,\varphi(q) = 0.$$

Wegen $\kappa = +\infty$ muß die Wellenfunktion in den Bereichen A und C identisch verschwinden (s. (4.32) und (4.35)).

$\Longrightarrow$ Lösungsansatz:

$$\varphi(q) \equiv 0 \quad \text{für} \quad |q| \geq q_0,$$
$$\varphi(q) = \beta_+ \, e^{ikq} + \beta_- \, e^{-ikq} \quad \text{für } |q| < q_0.$$

Randbedingungen:

a) $\varphi(\pm q_0) = 0$,

b) Eigenfunktionen haben definierte Parität, da

$$[\Pi, H]_- = 0.$$

2) Schrödinger-Gleichung:

$$H\,\varphi(q) = E\,\varphi(q) \underset{\text{Bereich B}}{=} -\frac{\hbar^2}{2m}\frac{d^2}{dq^2}\varphi(q)$$
$$\Longrightarrow \quad E = \frac{\hbar^2 k^2}{2m}.$$

a) Gerade Parität:

$$\beta_+ = \beta_- = \beta$$
$$\Longrightarrow \quad \varphi^{(+)}(q) = 2\beta \cos kq,$$
$$\varphi^{(+)}(q_0) = \varphi^{(+)}(-q_0) = 0 \iff kq_0 = (2n+1)\frac{\pi}{2}$$
$$\iff k_n^{(+)} = \frac{\pi}{2q_0}\,(2n+1) \qquad n \in \mathbb{Z},$$
$$E_n^{(+)} = \frac{\hbar^2 \pi^2}{8m\,q_0^2}\,(2n+1)^2.$$

Normierung:

$$1 = 4\,\beta^2 \int\limits_{-q_0}^{+q_0} dq \cos^2 kq = 4\beta^2 \left(\frac{1}{2}q + \frac{1}{4k}\sin 2qk\right)\Bigg|_{-q_0}^{+q_0} = 4\beta^2 q_0,$$

$$\varphi_n^{(+)} = \frac{1}{\sqrt{q_0}} \cos\left(\frac{\pi}{2q_0}\,(2n+1)\,q\right).$$

b) Ungerade Parität:

$$\beta_+ = -\beta_- = b$$
$$\Longrightarrow \quad \varphi^{(-)}(q) = 2i\,b \sin kq,$$
$$\varphi^{(-)}(\pm q_0) = 0 \iff kq_0 = n\,\pi,$$
$$k_n^{(-)} = \frac{\pi}{q_0}\,n \qquad n = \pm 1, \pm 2, \pm 3, \ldots$$

$n = 0$ scheidet aus, weil dann $\varphi^{(-)} \equiv 0$ wäre.

$$E_n^{(-)} = \frac{\hbar^2 \pi^2}{2m\, q_0^2}\, n^2.$$

Normierte Eigenfunktionen:

$$\varphi_n^{(-)} = \frac{1}{\sqrt{q_0}} \sin\left(\frac{\pi}{q_0}\, n\, q\right).$$

Der Grundzustand hat also gerade Parität!

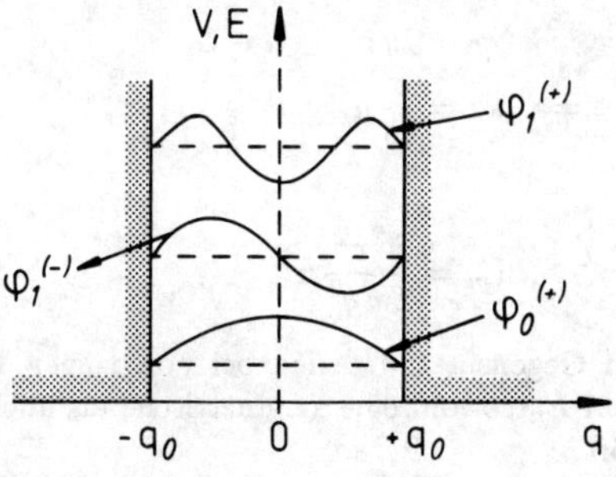

3) Wahrscheinlichkeit:

$$w_n^{(\pm)} = \int\limits_{-q_0/2}^{+q_0/2} dq\, (\varphi_n^{(\pm)}(q))^2,$$

$$w_n^{(+)} = \frac{1}{q_0} \int\limits_{-q_0/2}^{+q_0/2} dq \cos^2\left[\frac{\pi}{2q_0}(2n+1)q\right] =$$

$$= \frac{1}{q_0}\left\{\frac{1}{2}q + \frac{1}{4\frac{\pi}{2q_0}(2n+1)} \sin\left[\frac{\pi}{q_0}(2n+1)q\right]\right\}\Bigg|_{-\frac{q_0}{2}}^{+\frac{q_0}{2}} =$$

$$= \frac{1}{2} + \frac{1}{2\pi(2n+1)}\left\{\sin\left[\frac{\pi}{2}(2n+1)\right] - \sin\left[-\frac{\pi}{2}(2n+1)\right]\right\}$$

$$\Longrightarrow \quad w_n^{(+)} = \frac{1}{2} + \frac{(-1)^n}{\pi(2n+1)},$$

$$w_n^{(-)} = \frac{1}{q_0} \int\limits_{-q_0/2}^{+q_0/2} dq \sin^2\left(\frac{\pi}{q_0}\, n\, q\right) = \frac{1}{q_0}\left[\frac{1}{2}q - \frac{1}{4\frac{\pi}{q_0}n} \sin\left(\frac{2\pi}{q_0}\, n\, q\right)\right]\Bigg|_{-\frac{q_0}{2}}^{+\frac{q_0}{2}}$$

$$\Longrightarrow \quad w_n^{(-)} = \frac{1}{2}.$$

Lösung zu Aufgabe 4.2.2

Die Bewegung des Teilchens sei auf das Intervall $-q_0 \le q \le q_0$ beschränkt. Für diesen Bereich gelten exakt dieselben Überlegungen wie in der vorigen Aufgabe. Wir können deshalb übernehmen:

$$\varphi^{(+)}(q) = 2\beta \cos kq,$$
$$\varphi^{(-)}(q) = 2i\, b \sin kq.$$

Periodische Randbedingungen:

$$k\, 2q_0 = 2\pi\, n \qquad n \in \mathbb{Z}$$
$$\Longrightarrow\; k_n = \frac{\pi}{q_0}\, n.$$

Eigenenergien:

$$E_n = \frac{\hbar^2 \pi^2}{2m\, q_0^2}\, n^2.$$

Diese Energien sind nun, im Gegensatz zu denen bei homogenen Randbedingungen, zweifach entartet, da zu jedem E_n sowohl eine symmetrische als auch eine antisymmetrische Lösungsfunktion gehört.

Lösung zu Aufgabe 4.2.3

1)

Bereich A: klassisch verboten

$$k_A^2(q) = \frac{2m}{\hbar^2}\,(E - V_1) = -\kappa_1^2 < 0,$$
$$\varphi''(q) - \kappa_1^2\, \varphi(q) = 0.$$

Ansatz: $\varphi_A(q) = a \exp(\kappa_1\, q)$.

Bereich B: klassisch erlaubt

$$k_B^2(q) = \frac{2m}{\hbar^2}\, E = k^2 > 0,$$
$$\varphi''(q) + k^2\, \varphi(q) = 0.$$

Ansatz: $\varphi_B(q) = b_+ \exp(i\, k\, q) + b_- \exp(-i\, k\, q)$.

Bereich C: klassisch verboten

$$k_C^2(q) = \frac{2m}{\hbar^2}\,(E - V_3) = -\kappa_3^2 < 0,$$
$$\varphi''(q) - \kappa_3^2\, \varphi(q) = 0.$$

Ansatz: $\varphi_C(q) = c \exp(-\kappa_3\, q)$.

Anschlußbedingungen:

a) Stetigkeit von φ:

$$a\,\exp(-\kappa_1\,q_0) = b_+\exp(-i\,k\,q_0) + b_-\exp(i\,k\,q_0),$$
$$b_+\exp(i\,k\,q_0) + b_-\exp(-i\,k\,q_0) = c\exp(-\kappa_3 q_0).$$

b) Stetigkeit von φ':

$$a\,\kappa_1\exp(-\kappa_1 q_0) = i\,k\,[b_+\exp(-i\,k\,q_0) - b_-\exp(i\,k\,q_0)]$$
$$i\,k\,[b_+\exp(i\,k\,q_0) - b_-\exp(-i\,k\,q_0)] = -\kappa_3\,c\exp(-\kappa_3\,q_0).$$

2) Die Anschlußbedingungen stellen ein homogenes Gleichungssystem dar, dessen Säkulardeterminante verschwinden muß:

$$0 \stackrel{!}{=} \begin{vmatrix} e^{-\kappa_1 q_0} & -e^{-ikq_0} & -e^{ikq_0} & 0 \\ 0 & e^{ikq_0} & e^{-ikq_0} & -e^{-\kappa_3 q_0} \\ \kappa_1\,e^{-\kappa_1 q_0} & -i\,k\,e^{-ikq_0} & i\,k\,e^{ikq_0} & 0 \\ 0 & i\,k\,e^{ikq_0} & -i\,k\,e^{-ikq_0} & \kappa_3\,e^{-\kappa_3 q_0} \end{vmatrix} =$$

$$= e^{-\kappa_1 q_0} \begin{vmatrix} e^{ikq_0} & e^{-ikq_0} & -e^{-\kappa_3 q_0} \\ -i\,k\,e^{-ikq_0} & i\,k\,e^{ikq_0} & 0 \\ i\,k\,e^{ikq_0} & -i\,k\,e^{-ikq_0} & \kappa_3\,e^{-\kappa_3 q_0} \end{vmatrix} +$$

$$+\,e^{-ikq_0} \begin{vmatrix} 0 & e^{-ikq_0} & -e^{-\kappa_3 q_0} \\ \kappa_1\,e^{-\kappa_1 q_0} & i\,k\,e^{ikq_0} & 0 \\ 0 & -i\,k\,e^{-ikq_0} & \kappa_3\,e^{-\kappa_3 q_0} \end{vmatrix} -$$

$$-\,e^{ikq_0} \begin{vmatrix} 0 & e^{ikq_0} & -e^{-\kappa_3 q_0} \\ \kappa_1\,e^{-\kappa_1 q_0} & -i\,k\,e^{-ikq_0} & 0 \\ 0 & i\,k\,e^{ikq_0} & \kappa_3\,e^{-\kappa_3 q_0} \end{vmatrix} =$$

$$= e^{-\kappa_1 q_0}\left\{(i\,k\,\kappa_3 - k^2)\,e^{-(\kappa_3-2i\,k)q_0} + (i\,k\,\kappa_3 + k^2)\,e^{-(\kappa_3+2i\,k)q_0}\right\} +$$
$$+\,e^{-(\kappa_1+\kappa_3+2i\,k)q_0}\,(i\,k\,\kappa_1 - \kappa_1\kappa_3) + e^{-(\kappa_1+\kappa_3-2i\,k)q_0}\,(i\,k\,\kappa_1 + \kappa_1\kappa_3).$$

Diese Gleichung vereinfacht sich zu:

$$0 \stackrel{!}{=} -e^{2ikq_0}\,(k - i\,\kappa_1)\,(k - i\,\kappa_3) + e^{-2ikq_0}\,(k + i\,\kappa_1)\,(k + i\,\kappa_3)$$
$$\Longrightarrow\; 1 = e^{-4ikq_0}\,\frac{(k + i\,\kappa_1)\,(k + i\,\kappa_3)}{(k - i\,\kappa_1)\,(k - i\,\kappa_3)}.$$

Passend erweitert, liefert diese Beziehung wegen $(k^2 + \kappa_3^2)/(k^2 + \kappa_1^2) = V_3/V_1$ die Behauptung:

$$1 = e^{-4ikq_0}\,\frac{V_3}{V_1}\left(\frac{k + i\,\kappa_1}{k - i\,\kappa_3}\right)^2.$$

3) Für die komplexen Wellenzahlkombinationen benutzen wir die Polardarstellungen ((2.140), Bd. 1):

$$z_1 = k + i\,\kappa_1 = \sqrt{k^2 + \kappa_1^2}\;e^{i\varphi_1},$$
$$z_3 = k - i\,\kappa_3 = \sqrt{k^2 + \kappa_3^2}\;e^{-i\varphi_3}.$$

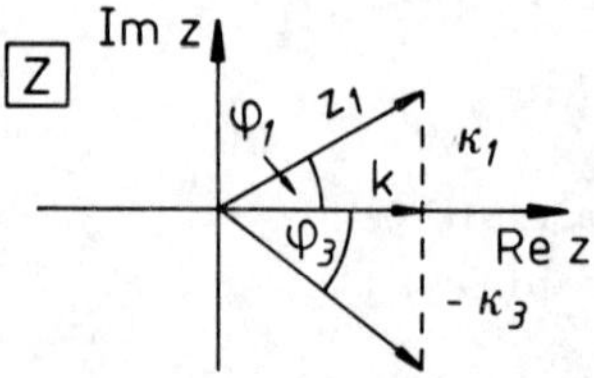

$$\cos\varphi_1 = \frac{k}{\sqrt{k^2+\kappa_1^2}} = \sqrt{\frac{E}{V_1}} = \sin\left(\frac{\pi}{2}-\varphi_1\right),$$

$$\cos\varphi_3 = \frac{k}{\sqrt{k^2+\kappa_3^2}} = \sqrt{\frac{E}{V_3}} = \sin\left(\frac{\pi}{2}-\varphi_3\right).$$

Aus der Bestimmungsgleichung in 2) wird nun:

$$1 = \frac{V_3}{V_1}\frac{k^2+\kappa_1^2}{k^2+\kappa_3^2}\,e^{-2i(2q_0k-\varphi_1-\varphi_3)} = e^{-2i(2q_0k-\varphi_1-\varphi_3)}$$

$$\iff 2q_0k = n\,\pi + \varphi_1 + \varphi_3; \qquad n = 0, \pm 1, \pm 2, \ldots .$$

Dies können wir aber auch wie folgt schreiben:

$$2q_0k = (n+1)\pi - \arcsin\sqrt{\frac{E}{V_1}} - \arcsin\sqrt{\frac{E}{V_3}}.$$

Wegen $q_0k > 0$ kommen nur nicht-negative n als Lösung in Frage. Mit $n' = n+1$ folgt dann die Behauptung:

$$f(E) = \arcsin\sqrt{\frac{E}{V_1}} + \arcsin\sqrt{\frac{E}{V_3}} = n'\pi - 2q_0k \qquad n' = 1, 2, 3, \ldots$$

4) Wir schreiben zur Abkürzung:

$$x = \sqrt{\frac{E}{V_1}}; \qquad R = q_0\sqrt{\frac{2m}{\hbar^2}V_1},$$

$$\gamma = \arccos\sqrt{\frac{V_1}{V_3}}.$$

Es bleibt dann zu diskutieren:

$$\hat{f}(x) = \arcsin x + \arcsin(x\cos\gamma) = n'\pi - 2R\,x.$$

Wir diskutieren beide Seiten als Funktionen von x:

$$0 \le E < V_1 \implies 0 \le \arcsin x < \frac{\pi}{2},$$

$$0 \le \arcsin(x\cos\gamma) < \arcsin(\cos\gamma) = \frac{\pi}{2} - \gamma,$$

$$0 \le \hat{f}(x) < \pi - \gamma.$$

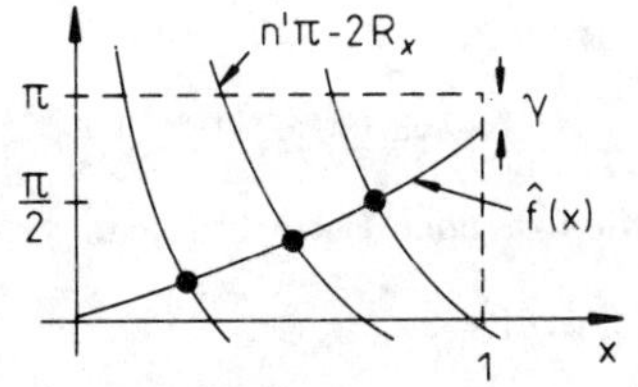

$\hat{f}(x) = \arcsin x + \arcsin(x \cos\gamma)$ ist eine monoton von 0 auf $\pi - \gamma$ ansteigende Funktion, wenn x von 0 auf 1 anwächst. In demselben Intervall ist $n'\pi - 2Rx$ monoton fallend von $n'\pi$ auf $n'\pi - 2R$. Die Schnittpunkte liefern die Lösungen.

a) Schnittpunkte existieren nur, falls

$$n'\pi - 2R \leq \pi - \gamma \iff (n'-1)\,\pi + \gamma \leq 2R.$$

b) Keine Lösungen möglich, falls

$$2R < \gamma \iff 2q_0\sqrt{\frac{2m}{\hbar^2}V_1} < \arccos\sqrt{\frac{V_1}{V_3}}.$$

c) Genau eine Lösung möglich, falls

$$\gamma \leq 2R \leq \gamma + \pi \qquad (n' = 1).$$

d) Genau zwei Lösungen möglich, falls

$$\gamma + \pi \leq 2R \leq \gamma + 2\pi \qquad (n' = 1, 2)$$

usw.

$\Longrightarrow$ diskretes Spektrum. – Wegen a) gibt es nur endlich viele diskrete Energieeigenwerte.

5)

$$V_1 = V_3 \Longrightarrow \gamma = \arccos 1 = 0,$$

$$2V_1 = V_3 \Longrightarrow \gamma = \arccos\sqrt{\frac{1}{2}} = \frac{\pi}{4}.$$

In dem Bild rutscht die $\hat{f}(x)$-Kurve nach unten, wird flacher. Die Schnittpunkte liegen bei größeren x-Werten:

Energieeigenwerte rutschen mit wachsendem V_3 (V_1 fest) höher!

Lösung zu Aufgabe 4.2.4

1) Abkürzungen:

$$k^2 = \frac{2m}{\hbar^2}(E + V_0); \qquad \kappa^2 = \frac{2m}{\hbar^2}\,|\,E\,|\,.$$

Gebundende Zustände sind nur für

$$-V_0 \le E < 0$$

zu erwarten. Hierfür gelten die folgenden Betrachtungen:

Lösungsansätze ($\varphi''(q) + k^2(q)\,\varphi(q) = 0$):

$$\begin{array}{ll} \varphi_A\,(q) \equiv 0 & -\infty < q \le 0, \\ \varphi_B\,(q) = \alpha \sin(kq + \overline{\varphi}) & 0 < q < q_0, \\ \varphi_C\,(q) = \gamma\, e^{-\kappa q} & q_0 \le q < +\infty. \end{array}$$

Stetigkeit von φ und φ':

Bei $q = 0$:

$$0 = \alpha \sin \overline{\varphi} \quad (\varphi' \text{ muß nicht notwendig stetig sein!}).$$

Bei $q = q_0$:

$$\alpha \sin(kq_0 + \overline{\varphi}) = \gamma\, e^{-\kappa q_0},$$
$$\alpha\, k \cos(kq_0 + \overline{\varphi}) = -\gamma\, \kappa\, e^{-\kappa q_0}.$$

Daraus folgt unmittelbar:

$$\overline{\varphi} = 0; \qquad \frac{1}{k} \tan kq_0 = -\frac{1}{\kappa} \iff \cot kq_0 = -\frac{\kappa}{k} < 0.$$

2)

$$\cot^2 kq_0 = \frac{1}{\sin^2 kq_0} - 1$$
$$\Longrightarrow \frac{\kappa^2}{k^2} + 1 = \frac{1}{\sin^2 kq_0} \iff \frac{V_0}{V_0 + E} = \frac{1}{\sin^2 kq_0}.$$

Das läßt sich auch wie folgt schreiben:

$$\sin kq_0 = \sqrt{\frac{\hbar^2}{2m\, q_0^2\, V_0}}\,(kq_0); \quad q_0 = \text{const.}$$

Graphische Lösung:

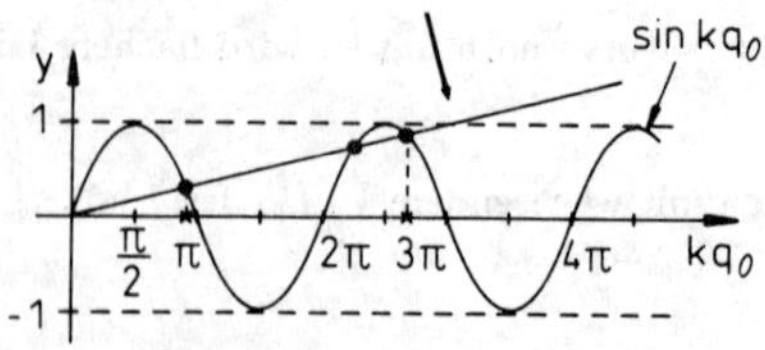

Als Lösungen kommen nur die markierten Schnittpunkte in Frage. Allerdings bleibt noch zu beachten, daß nach Teil 1) $\cot kq_0 < 0$ sein muß. Dies bedeutet:

$$\frac{\pi}{2} + n\,\pi < k\,q_0 < \pi + n\,\pi; \quad n = 0, \pm 1, \pm 2, \ldots$$

Damit zumindest ein gebundener Zustand existiert, darf die Steigung der Geraden

$$y = \sqrt{\frac{\hbar^2}{2m\, q_0^2\, V_0}}\,(kq_0)$$

nicht so groß sein, daß der erste, und dann auch einzige, Schnittpunkt bei

$$kq_0 \le \frac{\pi}{2}$$

liegt. Für die Steigung muß also gelten:

$$\sqrt{\frac{\hbar^2}{2m\, q_0^2\, V_0}} < \frac{1}{\frac{\pi}{2}} = \frac{2}{\pi}.$$

Das ist die gesuchte notwendige Bedingung für die Existenz eines gebundenen Zustands!

3) Nein, denn die letzte Ungleichung lautet dann:

$$\sqrt{\frac{1}{2}} < \frac{2}{\pi} \iff \frac{1}{2} < \frac{4}{\pi^2} \iff \pi^2 < 8 \implies \#.$$

Lösung zu Aufgabe 4.2.5

Schrödinger-Gleichung (Ortsdarstellung):

$$-\frac{\hbar^2}{2m}\,\varphi''(q) - V_0\,\delta(q)\,\varphi(q) = E\,\varphi(q).$$

Für $q \neq 0$ existiert $\varphi''(q)$ sicher und ist stetig, so wie auch $\varphi'(q)$ und $\varphi(q)$. Wir können also die Schrödinger-Gleichung über ein kleines Intervall um den Nullpunkt integrieren:

$\eta \to 0^+$:

$$-\frac{\hbar^2}{2m}\int\limits_{-\eta}^{+\eta} \varphi''(q)\,dq - V_0 \int\limits_{-\eta}^{+\eta} \delta(q)\,\varphi(q) = E \int\limits_{-\eta}^{+\eta} \varphi(q)\,dq.$$

Nach Voraussetzung muß $|\,\varphi(q)\,|^2$ überall, außer vielleicht für $q = 0$, als Wahrscheinlichkeitsdichte interpretierbar sein. Wir können also davon ausgehen, daß $\varphi(q)$, wenn überhaupt unstetig in $q = 0$, dann dort höchstens eine endliche Diskontinuität aufweist. Dann gilt aber

$$\int\limits_{-\eta}^{+\eta} \varphi(q)\,dq = 0,$$

und es bleibt:

$$-\frac{\hbar^2}{2m}\left[\varphi'(\eta) - \varphi'(-\eta)\right] - V_0\,\varphi(0) = 0.$$

Für $\varphi(0) \neq 0$ ist also die Ableitung der Wellenfunktion unstetig im Nullpunkt. Da aber V_0 endlich ist, können wir folgern:

$$\varphi(q) \text{ stetig, da } \varphi(0) \text{ endlich (nach Voraussetzung).}$$

Lösungsansätze:

$q \neq 0 \implies$ *klassisch verbotenes Gebiet:*

$$q < 0 : \varphi_-(q) = \alpha_-\, e^{\kappa_- q}, \qquad (\kappa_\pm > 0.)$$
$$q > 0 : \varphi_+(q) = \alpha_+\, e^{-\kappa_+ q};$$

Einsetzen in die Schrödinger-Gleichung liefert ($q \neq 0$):

$$\kappa_+ = \kappa_- = \sqrt{-\frac{2m}{\hbar^2}\, E} \equiv \kappa.$$

Wellenfunktion:

$$\varphi(q) = \alpha \exp\left(-\kappa\, |\, q\, |\right)$$
$$(\alpha_- = \alpha_+ = \alpha \text{ wegen Stetigkeit bei } q = 0).$$

Normierung:

$$1 \overset{!}{=} \int_{-\infty}^{+\infty} dq\, |\, \varphi(q)\, |^2 = |\, \alpha\, |^2 \left(\int_{-\infty}^{0} dq\, e^{2\kappa q} + \int_{0}^{\infty} dq\, e^{-2\kappa q} \right) =$$
$$= |\, \alpha\, |^2 \frac{1}{\kappa} \implies \text{bis auf eine Phase vom Betrag 1:}$$
$$\varphi(q) = \sqrt{\kappa} \exp\left(-\kappa\, |\, q\, |\right) \qquad \text{(symmetrisch!).}$$

Gibt es gebundene Zustände?

Wir nutzen den Unstetigkeitssprung der ersten Ableitung aus:

$$q < 0 : \quad \varphi'(q) = \kappa^{3/2} \exp\left(\kappa\, q\right),$$
$$q > 0 : \quad \varphi'(q) = -\kappa^{3/2} \exp\left(-\kappa\, q\right)$$
$$\implies 0 = -\frac{\hbar^2}{2m} \left[\varphi'(\eta) - \varphi'(-\eta)\right] - V_0\, \varphi(0) = -\frac{\hbar^2}{2m} \left(-2\kappa^{3/2}\right) - V_0\, \kappa^{1/2}$$
$$\implies \kappa = \frac{m\, V_0}{\hbar^2} = \sqrt{-\frac{2m}{\hbar^2}\, E}.$$

Es gibt also genau einen gebundenen Zustand:

$$E = -\frac{m\, {V_0}^2}{2\hbar^2}.$$

Man beachte die Analogie zum endlich breiten und endlich tiefen Potentialtopf (s. Kap. 4.2.1).

Lösung zu Aufgabe 4.2.6

$$V(q) = V(-q) \implies [H, \Pi]_- = 0.$$

Die Eigenfunktionen besitzen eine definierte Parität.

Schrödinger-Gleichung:

$$-\frac{\hbar^2}{2m}\varphi''(q) - V_0\,\delta(q+q_0)\,\varphi(q) - V_0\,\delta(q-q_0)\,\varphi(q) = E\,\varphi(q).$$

Mit denselben Einschränkungen wie in der vorigen Aufgabe integrieren wir diese Gleichung über ein kleines Intervall um $\pm q_0$:

Bei $q = -q_0$ $(\eta \to 0^+)$:

$$\varphi'(-q_0+\eta) - \varphi'(-q_0-\eta) = -\frac{2m}{\hbar^2}V_0\,\varphi(-q_0).$$

Bei $q = +q_0$:

$$\varphi'(q_0+\eta) - \varphi'(q_0-\eta) = -\frac{2m}{\hbar^2}V_0\,\varphi(q_0).$$

Da nach Voraussetzung V_0 und auch $\varphi(\pm q_0)$ endlich sind, macht die Ableitung bei $\pm q_0$ einen endlichen Sprung, ist ansonsten aber überall stetig. Damit ist $\varphi(q)$ auf der gesamten q-Achse stetig, einschließlich der Punkte $\pm q_0$.

$$\kappa^2 = -\frac{2m}{\hbar^2}E; \quad \textit{klassisch verbotenes Gebiet.}$$

Lösungsansatz:

Symmetrien, korrektes asymptotisches Verhalten, Stetigkeit bei $\pm q_0$. $\implies$

$$\varphi_\pm(q) = \alpha_\pm \begin{cases} e^{\kappa q} & -\infty < q < -q_0, \\ \pm e^{-\kappa q_0}\,\frac{e^{\kappa q} \pm e^{-\kappa q}}{e^{\kappa q_0} \pm e^{-\kappa q_0}} & -q_0 < q < +q_0, \\ \pm e^{-\kappa q} & +q_0 < q < +\infty. \end{cases}$$

Normierung:

$$1 \overset{!}{=} \int\limits_{-\infty}^{+\infty} dq\,|\,\varphi_\pm(q)\,|^2 =$$

$$= |\,\alpha_\pm\,|^2 \left\{\frac{1}{2\kappa}\,e^{-2\kappa q_0} + \frac{e^{-2\kappa q_0}}{(e^{\kappa q_0} \pm e^{-\kappa q_0})^2}\left[\frac{1}{\kappa}(e^{2\kappa q_0} - e^{-2\kappa q_0}) \pm 4q_0\right] + \right.$$
$$\left. + \frac{1}{2\kappa}\,e^{-2\kappa q_0}\right\} =$$

$$= |\,\alpha_\pm\,|^2\,\frac{e^{-2\kappa q_0}\,\frac{1}{\kappa}}{(e^{\kappa q_0} \pm e^{-\kappa q_0})^2}\left\{(e^{\kappa q_0} \pm e^{-\kappa q_0})^2 + (e^{2\kappa q_0} - e^{-2\kappa q_0}) \pm 4\kappa\,q_0\right\} =$$

$$= \frac{|\,\alpha_\pm\,|^2}{\kappa(e^{\kappa q_0} \pm e^{-\kappa q_0})^2}\left\{2 \pm 2\,e^{-2\kappa q_0} \pm 4\kappa\,q_0\,e^{-2\kappa q_0}\right\}.$$

Wir schreiben zur Abkürzung:

$$c_\pm = \sqrt{\frac{\kappa}{2}}\left\{1 \pm (1 + 2\kappa\, q_0)\, e^{-2\kappa q_0}\right\}^{-\frac{1}{2}}$$

$$\Longrightarrow\; \alpha_\pm = c_\pm\,(e^{\kappa q_0} \pm e^{-\kappa q_0})$$

(bis auf unbedeutende Phase von Betrag 1!).

Damit läßt sich die Wellenfunktion für die gesamte q-Achse kompakt in die folgende Form bringen:

$$\varphi_\pm(q) = c_\pm \left\{e^{-\kappa\,|q+q_0|} \pm e^{-\kappa\,|q-q_0|}\right\}.$$

Wir nutzen nun noch die Unstetigkeitssprünge der ersten Ableitung bei $\pm q_0$ aus:

$$\varphi'(q) = c_\pm\,\kappa \begin{cases} e^{\kappa(q+q_0)} \pm e^{\kappa(q-q_0)}: & -\infty < q < -q_0, \\ -e^{-\kappa(q+q_0)} \pm e^{\kappa(q-q_0)}: & -q_0 < q < +q_0, \\ -e^{-\kappa(q+q_0)} \mp e^{-\kappa(q-q_0)}: & +q_0 < q < +\infty. \end{cases}$$

Sprungbedingungen bei $q = -q_0$:

$$c_\pm\,\kappa(-1 \pm e^{-2\kappa q_0} - 1 \mp e^{-2\kappa q_0}) = -\frac{2m}{\hbar^2}\,V_0\,c_\pm\,(1 \pm e^{-2\kappa q_0})$$

$$\Longrightarrow\; \kappa = \frac{m}{\hbar^2}\,V_0\,(1 \pm e^{-2\kappa q_0}) \left(= \sqrt{-\frac{2m}{\hbar^2}\,E}\right).$$

Für $q = +q_0$ ergibt sich exakt dieselbe Beziehung. Wir diskutieren graphisch den Ausdruck:

$$f(\kappa) = \kappa\left(\frac{\hbar^2}{m\,V_0}\right) - 1 = \pm e^{-2\kappa q_0}.$$

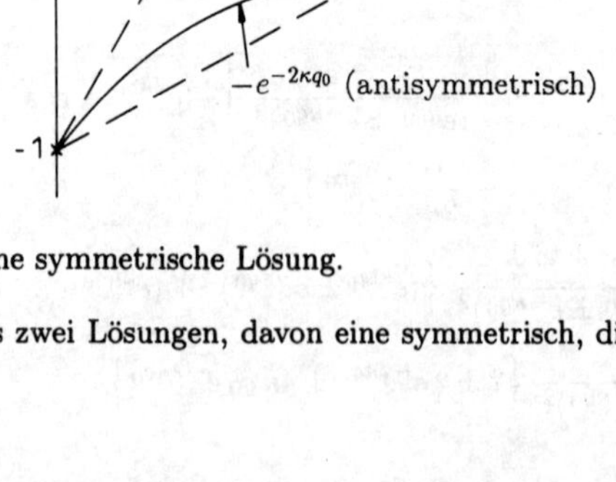

1) Es gibt **immer** eine symmetrische Lösung.

2) Es gibt höchstens zwei Lösungen, davon eine symmetrisch, die andere antisymmetrisch.

3) Schnittpunkt der Gerade $f(\kappa)$ mit der κ-Achse bei

$$\kappa_s = \frac{m\,V_0}{\hbar^2}.$$

$\Longrightarrow$ Je größer V_0, desto eher wird eine antisymmetrische Lösung möglich!

4) Je größer q_0, desto steiler fällt $e^{-2\kappa q_0}$ ab. $\Longrightarrow$ Je größer q_0, desto eher wird eine antisymmetrische Lösung möglich!

5) Eigenenergien:

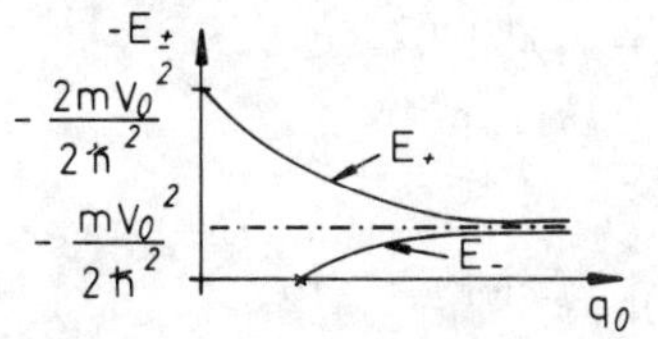

$$E_\pm = -\frac{m\,V_0^2}{2\hbar^2}\,(1 \pm e^{-2\kappa q_0})^2,$$

Zusatzbedingung: $\kappa \geq 0$.

6)

$$q_0 = 0 \Longrightarrow E_- = 0; \quad E_+ = -\frac{2m\,V_0^2}{\hbar^2}.$$

Das ist genau das Ergebnis für das einfache δ-Potential der vorigen Aufgabe, wenn man V_0 durch $V_0/2$ ersetzt.

Lösung zu Aufgabe 4.2.7

Wir definieren:

$$k_1^2 = \frac{2m}{\hbar^2}\,(E - V_1); \quad k^2 = \frac{2m}{\hbar^2}\,E; \quad k_3^2 = \frac{2m}{\hbar^2}\,(E - V_3),$$

$$x = \frac{k_1}{k} = \sqrt{\frac{E - V_1}{E}}; \quad y = \frac{k_3}{k} = \sqrt{\frac{E - V_3}{E}}.$$

Lösungsansatz:

$$\varphi(q) = \begin{cases} \varphi_1(q) + \varphi_r(q) & -\infty < q \leq -q_0, \\ \beta_+\,e^{ikq} + \beta_-\,e^{-ikq} & -q_0 < q < +q_0, \\ \varphi_d(q) & +q_0 \leq q < +\infty, \end{cases}$$

$$\varphi_1(q) = e^{ik_1q}; \quad \varphi_r(q) = \alpha_-\,e^{-ik_1q}; \quad \varphi_d(q) = \gamma_+\,e^{ik_3q}.$$

Stromdichten:

$$j_1 = \frac{\hbar\,k_1}{m}; \quad j_r = -\frac{\hbar\,k_1}{m}\,|\,\alpha_-\,|^2; \quad j_d = \frac{\hbar\,k_3}{m}\,|\,\gamma_+\,|^2$$

$$\Longrightarrow R = \left|\frac{j_r}{j_1}\right| = |\,\alpha_-\,|^2,$$

$$T = \left|\frac{j_d}{j_1}\right| = \frac{k_3}{k_1}\,|\,\gamma_+\,|^2 = \frac{y}{x}\,|\,\gamma_+\,|^2.$$

Anschlußbedingungen bei $-q_0$:

$$e^{-ik_1 q_0} + \alpha_- \, e^{ik_1 q_0} = \beta_+ \, e^{-ikq_0} + \beta_- \, e^{ikq_0},$$
$$i\, k_1 \,(e^{-ik_1 q_0} - \alpha_- \, e^{ik_1 q_0}) = i\, k\,(\beta_+ \, e^{-ikq_0} - \beta_- \, e^{ikq_0}).$$

Diese lassen sich umformen zu:

$$(1+x)\, e^{-ik_1 q_0} + \alpha_- \,(1-x)\, e^{ik_1 q_0} = 2\beta_+ \, e^{-ikq_0},$$
$$(1-x)\, e^{-ik_1 q_0} + \alpha_- \,(1+x)\, e^{ik_1 q_0} = 2\beta_- \, e^{ikq_0}.$$

Anschlußbedingungen bei $+q_0$:

$$\beta_+ \, e^{ikq_0} + \beta_- \, e^{-ikq_0} = \gamma_+ \, e^{ik_3 q_0},$$
$$i\, k\,(\beta_+ \, e^{ikq_0} - \beta_- \, e^{-ikq_0}) = i\, k_3 \gamma_+ \, e^{ik_3 q_0}.$$

Diese lassen sich zusammenfassen zu:

$$2\beta_+ \, e^{ikq_0} = (1+y)\,\gamma_+ \, e^{ik_3 q_0},$$
$$2\beta_- \, e^{-ikq_0} = (1-y)\,\gamma_+ \, e^{ik_3 q_0}.$$

Durch Einsetzen wird aus den vier Bedingungsgleichungen ein System von zwei Gleichungen für die beiden Unbekannten γ_+ und α_-:

$$(1+x)\, e^{-ik_1 q_0} = -\alpha_- \,(1-x)\, e^{ik_1 q_0} + (1+y)\,\gamma_+ \, e^{i(k_3-2k)q_0},$$
$$(1-x)\, e^{-ik_1 q_0} = -\alpha_- \,(1+x)\, e^{ik_1 q_0} + (1-y)\,\gamma_+ \, e^{i(k_3+2k)q_0}.$$

Die Koeffizientendeterminante

$$\det A = \det \begin{pmatrix} -(1-x)\, e^{ik_1 q_0} & (1+y)\, e^{i(k_3-2k)q_0} \\ -(1+x)\, e^{ik_1 q_0} & (1-y)\, e^{i(k_3+2k)q_0} \end{pmatrix} =$$
$$= e^{i(k_1+k_3)q_0} \left\{ -(1-x)\,(1-y)\, e^{2ikq_0} + (1+x)\,(1+y)\, e^{-2ikq_0} \right\}$$

ist stets von Null verschieden. Es gibt also für **alle** $E > V_3$ eine Lösung.
$\Longrightarrow$ kontinuierliches Spektrum.

Wir benötigen später:

$$|\det A|^2 = 4(x+y)^2 \cos^2 2kq_0 + 4(1+x\,y)^2 \sin^2 2kq_0 =$$
$$= 4(x+y)^2 + 4(1-x^2)\,(1-y^2) \sin^2 2kq_0.$$

Die Koeffizienten α_- und γ_+ berechnen wir mit Hilfe der Cramerschen Regel:

$$\alpha_- \det A = \det \begin{pmatrix} (1+x)\, e^{-ik_1 q_0} & (1+y)\, e^{i(k_3-2k)q_0} \\ (1-x)\, e^{-ik_1 q_0} & (1-y)\, e^{i(k_3+2k)q_0} \end{pmatrix} =$$
$$= e^{i(k_3-k_1)q_0} \{(1+x)\,(1-y)\, e^{2ikq_0} - (1-x)\,(1+y)\, e^{-2ikq_0}\},$$
$$\gamma_+ \det A = \det \begin{pmatrix} -(1-x)\, e^{ik_1 q_0} & (1+x)\, e^{-ik_1 q_0} \\ -(1+x)\, e^{ik_1 q_0} & (1-x)\, e^{-ik_1 q_0} \end{pmatrix} =$$
$$= -(1-x)^2 + (1+x)^2 = 4x.$$

Reflexionskoeffizient:

$$R = |\,\alpha_-\,|^2 = \frac{4(x-y)^2 + 4(1-x^2)\,(1-y^2)\sin^2 2kq_0}{|\det A\,|^2}.$$

Transmissionskoeffizient:

$$T = \frac{y}{x}\,|\,\gamma_+\,|^2 = \frac{16\,x\,y}{|\det A\,|^2}.$$

Die Bedingung $T + R = 1$ ist offensichtlich erfüllt. Für $k_1 = k_3 \iff y = x$ reproduzieren sich die Ergebnisse (4.63) und (4.64) des Potentialtopfes.

Lösung zu Aufgabe 4.2.8

1)

$$\begin{aligned}
1 &= A^2 \int\limits_{-q_0}^{+q_0} dq\,(q^2 - q_0^2)^2 = A^2 \int\limits_{-q_0}^{+q_0} dq\,\left(q^4 - 2q_0^2 q^2 + q_0^4\right) = \\
&= A^2 \left(\frac{2}{5}\,q_0^5 - \frac{4}{3}\,q_0^5 + 2\,q_0^5\right) \\
\Longrightarrow\ A &= \frac{1}{4}\sqrt{\frac{15}{q_0^5}}.
\end{aligned}$$

2)

$$\psi(q) = \sum_m c_m\,\varphi_m(q).$$

Wahrscheinlichkeitsamplitude:

$$c_n = \int\limits_{-q_0}^{+q_0} dq\,\varphi_n^*(q)\,\psi(q) = \frac{\sqrt{15}}{4q_0^3}\int\limits_{-q_0}^{+q_0} dq \sin\left(\frac{\pi}{q_0}\,n\,q\right)\,(q^2 - q_0^2) = 0,$$

da Integrand ungerade Funktion von q!

3)

$$c_n = \frac{\sqrt{15}}{4q_0^3}\int\limits_{-q_0}^{+q_0} dq \cos\left(\frac{\pi}{2q_0}\,(2n+1)\,q\right)\,(q^2 - q_0^2).$$

Substitution:

$$\begin{aligned}
y = \frac{\pi}{2q_0}\,(2n+1)\,q \ \Longrightarrow\ dq &= \frac{2q_0}{\pi(2n+1)}\,dy, \\
q^2 &= \frac{4q_0^2}{\pi^2(2n+1)^2}\,y^2,
\end{aligned}$$

$$c_n = \frac{\sqrt{15}}{4q_0^3}\,\frac{2q_0}{\pi(2n+1)} \int\limits_{-\frac{\pi}{2}(2n+1)}^{\frac{\pi}{2}(2n+1)} dy\,\cos y \left(\frac{4q_0^2}{\pi^2(2n+1)^2}\,y^2 - q_0^2\right),$$

$$\int\limits_{-\frac{\pi}{2}(2n+1)}^{+\frac{\pi}{2}(2n+1)} dy\,\cos y\,y^2 = \Big[2y\cos y + (y^2-2)\sin y\Big]\Big|_{-\frac{\pi}{2}(2n+1)}^{\frac{\pi}{2}(2n+1)} =$$

$$= \left[\frac{\pi^2}{4}(2n+1)^2 - 2\right] 2(-1)^n,$$

$$\int\limits_{-\frac{\pi}{2}(2n+1)}^{+\frac{\pi}{2}(2n+1)} dy\,\cos y = 2(-1)^n$$

$$\Longrightarrow\; c_n = \frac{\sqrt{15}}{2\pi(2n+1)} \left\{\frac{4}{\pi^2(2n+1)^2}\left[\frac{\pi^2}{4}(2n+1)^2 - 2\right] - 1\right\} 2(-1)^n =$$

$$= -8(-1)^n\,\frac{\sqrt{15}}{\pi^3(2n+1)^3} \;\Longrightarrow\; w_n = |\,c_n\,|^2 = \frac{960}{\pi^6(2n+1)^6}.$$

Kapitel 4.3.6

Lösung zu Aufgabe 4.3.1

Wegen $E > 0$ ist das gesamte Gebiet *klassisch erlaubt*. Die gesuchte Wellenfunktion hat deshalb überall oszillatorisches Verhalten. Lösungsansatz:

$$\begin{array}{lll} q \le 0: & \varphi = e^{ik_0 q} + \alpha\, e^{-ik_0 q}: & k_0^2 = \frac{2m}{\hbar^2}\,E, \\ 0 < q < q_0: & \varphi = \beta_+\, e^{ik_b q} + \beta_-\, e^{-ik_b q}: & k_b^2 = \frac{2m}{\hbar^2}\left(E - \frac{V_0}{2}\right), \\ q_0 \le q: & \varphi = \gamma\, e^{ikq}: & k^2 = \frac{2m}{\hbar^2}\,(E - V_0). \end{array}$$

Stromdichten:

$$\text{einfallende Welle:}\quad j_0 = \frac{\hbar\,k_0}{m},$$
$$\text{reflektierte Welle:}\quad j_r = -\frac{\hbar\,k_0}{m}\,|\,\alpha\,|^2.$$

Reflexionskoeffizient:

$$R = \left|\frac{j_r}{j_0}\right| = |\,\alpha\,|^2.$$

Wir schreiben zur Abkürzung:

$$y = \frac{k_b}{k_0};\quad x = \frac{k}{k_b}$$

und formulieren die Stetigkeitsbedingungen:

$\boxed{q = 0}$

$$1 + \alpha = \beta_+ + \beta_-,$$
$$1 - \alpha = y(\beta_+ - \beta_-).$$

$\boxed{q = q_0}$

$$\beta_+ \, e^{ik_b q_0} + \beta_- \, e^{-ik_b q_0} = \gamma \, e^{ikq_0},$$
$$\beta_+ \, e^{ik_b q_0} - \beta_- \, e^{-ik_b q_0} = x \, \gamma \, e^{ikq_0}.$$

Die letzten beiden Gleichungen liefern:

$$2\beta_\pm \, e^{\pm ik_b q_0} = (1 \pm x) \, \gamma \, e^{ikq_0}.$$

Die beiden ersten Gleichungen lassen sich zu

$$\alpha = \frac{1}{2}\,(1-y)\,\beta_+ + \frac{1}{2}\,(1+y)\,\beta_-,$$
$$1 = \frac{1}{2}\,(1+y)\,\beta_+ + \frac{1}{2}\,(1-y)\,\beta_-$$

umformen. Durch Einsetzen von β_+ und β_- in die letzte Gleichung ergibt sich für γ:

$$1 = \frac{1}{2}\,(1+y)\,\frac{1}{2}\,(1+x)\,\gamma\,e^{i(k-k_b)q_0} + \frac{1}{2}\,(1-y)\,\frac{1}{2}\,(1-x)\,\gamma\,e^{i(k+k_b)q_0}$$
$$\Longrightarrow \; \gamma = \frac{2e^{-ikq_0}}{(1+x\,y)\cos k_b q_0 - i(x+y)\sin k_b q_0}$$
$$\Longrightarrow \; |\gamma|^2 = \frac{4}{(1+x\,y)^2 - (1-x^2)\,(1-y^2)\sin^2 k_b q_0}.$$

Analog ergibt sich durch Einsetzen von $\beta_\pm$ in die obige Beziehung für α:

$$\frac{\alpha}{\gamma} = \frac{1}{2}(1-y)\,\frac{1}{2}\,(1+x)\,e^{i(k-k_b)q_0} + \frac{1}{2}(1+y)\,\frac{1}{2}\,(1-x)\,e^{i(k+k_b)q_0}$$
$$\Longrightarrow \; \left|\frac{\alpha}{\gamma}\right|^2 = \frac{1}{4}\left\{(1-x\,y)^2\cos^2 k_b\,q_0 + (x-y)^2\sin^2 k_b\,q_0\right\}.$$

Damit folgt schließlich:

$$R = |\alpha|^2 = \frac{(1-x\,y)^2 - (1-x^2)\,(1-y^2)\sin^2 k_b q_0}{(1+x\,y)^2 - (1-x^2)\,(1-y^2)\sin^2 k_b q_0}.$$

Für die einfache Stufe hatten wir in Kapitel 4.3.1 gefunden:

$$R_1 = \frac{(1-x\,y)^2}{(1+x\,y)^2}.$$

Wegen $0 \le x \le 1, \; 0 \le y \le 1, \; 0 \le \sin^2 k_b q_0 \le 1$ läßt sich abschätzen:

$$a^2 = (1+x\,y)^2 \ge b^2 = (1-x\,y)^2 \ge (1-x^2)\,(1-y^2)\sin^2 k_b q_0 = d^2$$
$$\Longrightarrow \; a^2 \ge b^2$$
$$\Longleftrightarrow \; -d^2\,a^2 \le -d^2\,b^2 \; \Longleftrightarrow \; a^2\,b^2 - d^2\,a^2 \le a^2\,b^2 - d^2\,b^2$$
$$\Longleftrightarrow \; \frac{b^2-d^2}{a^2-d^2}\,\frac{a^2}{b^2} \le 1 \; \Longleftrightarrow \; \frac{R}{R_1} \le 1.$$

Der Reflexionskoeffizient ist also bei der Doppelstufe kleiner als bei der einfachen Stufe. Nur bei $E = V_0$, d.h. $k = x = 0$, werden beide gleich 1.

Lösung zu Aufgabe 4.3.2

Das Problem ist formal identisch mit dem des in Kapitel 4.2.2 diskutierten Potentialtopfes. Mit den Ersetzungen

$$k \to i\,\kappa; \quad \kappa = \sqrt{\frac{2m}{\hbar^2}\,(V_0 - E)},$$

$$y \to i\,x; \quad x = \frac{\kappa}{k_0} = \sqrt{\frac{V_0 - E}{E}}$$

können die Ergebnisse aus Kapitel 4.2.2 weitgehend übernommen werden.

1) $\boxed{q \geq q_0}$

$$|\,\varphi(q)\,|^2 = |\,\gamma_+\,|^2 = T(E).$$

$T\,(E)$ wurde mit (4.89) bereits berechnet.

2) $\boxed{-q_0 \leq q \leq +q_0}$

$$\varphi(q) = \beta_+\,e^{-\kappa q} + \beta_-\,e^{\kappa q}.$$

Mit den Gleichungen vor (4.60):

$$\begin{aligned}
\beta_+ &= \frac{1}{\det A}\,2(1 + i\,x)\,e^{\kappa q_0}\,e^{-ik_0 q_0}, \\
\beta_- &= \frac{-1}{\det A}\,2(1 - i\,x)\,e^{-\kappa q_0}\,e^{-ik_0 q_0}, \\
|\det A|^2 &= 4\big[4x^2 + (1 + x^2)^2 \sinh^2 2\kappa q_0\big] = \\
&\overset{(4.89)}{=} \frac{16\,x^2}{T(E)} \overset{(4.90)}{=} \frac{4(1 + x^2)^2 \sinh^2 2\kappa q_0}{R(E)}.
\end{aligned}$$

Damit folgt:

$$\begin{aligned}
&|\,\varphi(q)\,|^2 = \\
&= |\,\beta_+\,|^2\,e^{-2\kappa q} + |\,\beta_-\,|^2\,e^{2\kappa q} + (\beta_+\,\beta_-^* + \beta_+^*\,\beta_-) = \\
&= \frac{1}{|\det A\,|^2}\,[4\,|\,1 + i\,x\,|^2\,e^{2\kappa(q_0 - q)} + 4\,|\,1 - i\,x\,|^2\,e^{-2\kappa(q_0 - q)} - 8(1 - x^2)] = \\
&= \frac{1}{|\det A\,|^2}\,[16(1 + x^2)\sinh^2 \kappa(q_0 - q) + 16\,x^2] \\
&\Longrightarrow \; |\,\varphi(q)\,|^2 = T\,(E) + \frac{4E}{V_0}\,R(E)\,\frac{\sinh^2 \kappa(q_0 - q)}{\sinh^2 2\kappa q_0}.
\end{aligned}$$

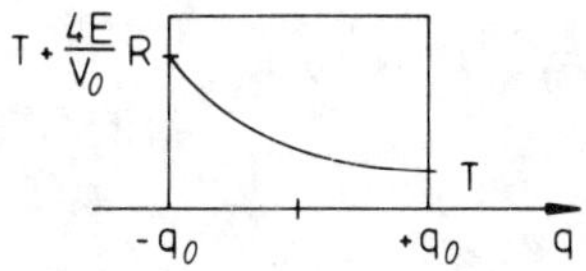

Innerhalb des Potentialwalls fällt $|\varphi(q)|^2$ monoton von

$$T(E)+\frac{4E}{V_0}R(E)=|\varphi(-q_0)|^2$$

auf

$$T(E)=|\varphi(q_0)|^2$$

ab, wobei $T(E)$ und $R(E)$ die aus (4.89) und (4.90) bekannten Transmissions- und Reflexionskoeffizienten sind.

3) $\boxed{-\infty<q\le -q_0}$

$$\varphi(q)=e^{ik_0q}+\alpha_-\,e^{-ik_0q},$$

$$(4.61)\implies \alpha_-=2\sinh 2\kappa q_0\,\frac{1+x^2}{\det A}\,e^{-2ik_0q_0},$$

$$(4.59)\implies \det A=(1+i\,x)^2\,e^{2\kappa q_0}-(1-i\,x)^2\,e^{-2\kappa q_0},$$

$$(4.90)\implies |\alpha_-|^2=R(E).$$

Damit folgt zunächst:

$$\begin{aligned}
&|\varphi(q)|^2=\\
&=1+R(E)+2\,\mathrm{Re}\,(\alpha_-^*\,e^{2ik_0q})=\\
&=1+R(E)+4\sinh 2\kappa q_0\,\frac{(1+x^2)}{|\det A|^2}\,\mathrm{Re}\,(\det A\,e^{2ik_0(q_0+q)})=\\
&=1+R(E)+\frac{R(E)}{(1+x^2)\sinh 2\kappa q_0}\left[2(1-x^2)\sinh 2\kappa q_0\cos 2k_0(q_0+q)-\right.\\
&\qquad\left.-\,4x\cosh 2\kappa q_0\sin 2k_0(q_0+q)\right]\\
&\implies |\varphi(q)|^2=\\
&=1+R(E)+\frac{2R(E)}{1+x^2}\left[(1-x^2)\cos 2k_0(q_0+q)-2x\coth 2\kappa q_0\sin 2k_0(q_0+q)\right].
\end{aligned}$$

Die Interferenz von einlaufender und reflektierter Welle sorgt für ein oszillatorisches Verhalten der Aufenthaltswahrscheinlichkeit:

$$|\varphi(-q_0)|^2=1+R(E)+2R(E)\,\frac{1-x^2}{1+x^2}=T(E)+\frac{4E}{V_0}\,R(E)\qquad \text{(s. 2)).}$$

Lösung zu Aufgabe 4.3.3

1) Oszillatorisches Verhalten der Wellenfunktion im *klassisch erlaubten* Gebiet A:

$$\varphi(q)=e^{ik_0q}+\alpha_-\,e^{-ik_0q}=\varphi_0(q)+\varphi_r(q)\qquad \text{für }-\infty<q<-q_0.$$

Gebiet B ebenfalls *klassisch erlaubt*:

$$\varphi(q) = \beta_+ \, e^{ik_0 q} + \beta_- \, e^{-ik_0 q} \qquad \text{für } -q_0 < q \le 0.$$

Gebiet C:

$$\varphi(q) \equiv 0 \qquad \text{für } q \ge 0.$$

2) Anschlußbedingungen:

$\boxed{q = 0}$

$$\varphi(0) = 0 = \beta_+ + \beta_- \implies \beta_+ = -\beta_- = \beta.$$

$\boxed{q = -q_0}$

$$\varphi(-q_0) = e^{-ik_0 q_0} + \alpha_- \, e^{ik_0 q_0} = 2i \, \beta \sin(-k_0 q_0).$$

Die Ableitung ist wegen des δ-Potentials bei $-q_0$ nicht stetig. Wie bei der Lösung zu Aufgabe 4.2.5 integrieren wir die Schrödinger-Gleichung über ein kleines Intervall um die Stelle $q = -q_0$ herum:

$\eta = 0^+$:

$$\int\limits_{-q_0-\eta}^{-q_0+\eta} dq \, \varphi''(q) - v_0 \int\limits_{-q_0-\eta}^{-q_0+\eta} \delta(q+q_0) \, \varphi(q) \, dq = -\frac{2m}{\hbar^2} E \int\limits_{-q_0-\eta}^{-q_0+\eta} \varphi(q) \, dq.$$

Stetigkeit der Wellenfunktion:

$$\implies \varphi'(-q_0+\eta) - \varphi'(-q_0-\eta) = v_0 \, \varphi(-q_0).$$

Dies bedeutet in dem vorliegenden Fall:

$$i \, k_0 (\beta_+ \, e^{-i \, k_0 q_0} - \beta_- \, e^{ik_0 q_0} - e^{-ik_0 q_0} + \alpha_- \, e^{ik_0 q_0}) = -2i \, \beta \, v_0 \sin k_0 q_0.$$

Wir haben also insgesamt folgendes Gleichungssystem zu lösen:

$$\begin{aligned} &\alpha_- \, e^{ik_0 q_0} + \beta(2i \sin k_0 q_0) = -e^{-ik_0 q_0}, \\ &\alpha_- \, k_0 \, e^{ik_0 q_0} + \beta \, (2k_0 \cos k_0 q_0 + 2v_0 \sin k_0 q_0) = k_0 \, e^{-ik_0 q_0}. \end{aligned}$$

Koeffizientendeterminante:

$$\begin{aligned} &\det A = 2 \, e^{ik_0 q_0} \, \Delta(q_0), \\ &\Delta(q_0) = k_0 \cos k_0 q_0 + (v_0 - i \, k_0) \sin k_0 q_0. \end{aligned}$$

Cramersche Regel:

$$\alpha_- = -e^{-2ik_0 q_0} \frac{\Delta^*(q_0)}{\Delta(q_0)},$$

$$\beta = \frac{k_0 \, e^{-ik_0 q_0}}{\Delta(q_0)}.$$

Damit ist die Wellenfunktion $\varphi(q)$ vollständig bestimmt!

3) Partialstromdichten $\left[j = \frac{\hbar}{2m_i}\left(\varphi^*\varphi' - \varphi\varphi^{*\prime}\right)\right]$:

$$j_0 = \frac{\hbar k_0}{m}; \quad j_r = -\frac{\hbar k_0}{m} \, |\alpha_-|^2$$

$$\Longrightarrow \text{ Reflexionskoeffizient: } R(E) = \left|\frac{j_r}{j_0}\right| = |\alpha_-|^2 \equiv 1.$$

Physikalisch ist klar, daß $R = 1$ sein muß, da sich sonst Teilchen im Bereich B ansammeln würden. Ein Eindringen in den Bereich C ist ja wegen des unendlich hohen Potentials unmöglich.

4) Im Bereich B gilt für die Wellenfunktion:

$$\varphi(q) = 2\,i\,\beta \sin k_0 q; \quad -q_0 < q \le 0$$

$$\Longrightarrow \quad |\varphi(q)|^2 = 4\,|\beta|^2 \sin^2 k_0 q,$$

$$|\beta|^2 = \left[\left(\cos k_0 q_0 + \frac{v_0}{k_0}\sin k_0 q_0\right)^2 + \sin^2 k_0 q_0\right]^{-1}.$$

a) $|\beta|^2$ ist unabhängig von v_0 und q_0, falls

$$k_0^{(n)} = \frac{\pi}{q_0} n; \qquad n = \pm 1, \pm 2, \ldots$$

gilt, da dann folgt:

$$\sin k_0 q_0 = 0; \quad \cos k_0 q_0 = (-1)^n; \quad |\beta|^2 = 1.$$

Die $k_0^{(n)}$ sind genau die Wellenzahlen, die zu den gebundenen, stationären Zuständen im unendlich hohen Potentialtopf der Breite q_0 führen (s. Aufgabe 4.2.1).

b) Es gibt eine weitere Möglichkeit. Für den Fall

$$\frac{v_0}{k_0}\sin k_0 q_0 = -2\cos k_0 q_0$$

ist wegen $\sin^2 x + \cos^2 x = 1$ ebenfalls $|\beta|^2 = 1$, also insbesondere unabhängig von v_0 und q_0.

Bedingung:

$$\tan k_0 q_0 = -\frac{2k_0}{v_0}.$$

Lösung zu Aufgabe 4.3.4

Tunnelstrom:

$$j_d = j_0\, T(E = \epsilon_F).$$

Tunnelwahrscheinlichkeit nach (4.95):

$$T(\epsilon_F) = \exp\left[-\frac{2}{\hbar}\int\limits_0^{q_F} \sqrt{2m(V(q)-\epsilon_F)}\,dq\right].$$

Es bleibt im wesentlichen zu berechnen:

$$I = \int\limits_0^{q_F} \sqrt{2m(V_0 - e\,E\,q - \epsilon_F)}\,dq.$$

q_F bestimmt sich aus der Forderung:

$$\epsilon_F \stackrel{!}{=} V_0 - e\,E\,q_F \implies q_F = \frac{V_0 - \epsilon_F}{e\,E}.$$

Mit der Substitution

$$x = \frac{e\,E}{V_0 - \epsilon_F}\,q \implies dq = \frac{V_0 - \epsilon_F}{e\,E}\,dx,$$
$$x(q_F) = 1,\ x(0) = 0$$

folgt:

$$I = \sqrt{2m}\,\frac{(V_0 - \epsilon_F)^{3/2}}{e\,E}\underbrace{\int\limits_0^1 \sqrt{1-x}\,dx}_{-\frac{2}{3}\,(1-x)^{3/2}\big|_0^1 = \frac{2}{3}}$$

$$\implies I = \frac{2}{3}\,\sqrt{2m}\,\frac{(V_0 - \epsilon_F)^{3/2}}{e\,E}.$$

Tunnelstrom:

$$j_d = j_0\,\exp\left(-\frac{4\sqrt{2m}}{3\hbar}\,\frac{W^{3/2}}{eE}\right).$$

Lösung zu Aufgabe 4.3.5

1) Die Gebiete B_n sind *klassisch erlaubt*, die Gebiete C_n dagegen *klassisch verboten*:

$$k^2 = \frac{2m}{\hbar^2}\,E;\quad \kappa^2 = \frac{2m}{\hbar^2}\,(V_0 - E);\quad 0 < E < V_0.$$

Ansatz:

$$\varphi(q) = a_n\,e^{ik(q-n\,l)} + b_n\,e^{-ik(q-n\,l)} \qquad \text{in } B_n,$$
$$\varphi(q) = \bar{a}_n\,e^{\kappa(q-n\,l+b)} + \bar{b}_n\,e^{-\kappa(q-n\,l+b)} \qquad \text{in } C_n.$$

2) Blochsches Theorem (4.110):

$$\varphi_K(q+n\,l) = e^{iKnl}\,\varphi_K(q), \qquad -\pi < K\,l \leq +\pi.$$

Dies bedeutet:

$$\left\{\begin{matrix} a_n\,e^{ikq} + b_n\,e^{-ikq} \\ \bar{a}_n\,e^{\kappa(q+b)} + \bar{b}_n\,e^{-\kappa(q+b)} \end{matrix}\right\} \stackrel{!}{=} e^{iKn\,l} \left\{\begin{matrix} a_0\,e^{ikq} + b_0\,e^{-ikq} \\ \bar{a}_0\,e^{\kappa(q+b)} + \bar{b}_0\,e^{-\kappa(q+b)} \end{matrix}\right\}.$$

Mit $a_0, b_0, \bar{a}_0, \bar{b}_0$ sind dann alle anderen Koeffizienten festgelegt:

$$a_n\,(b_n,\,\bar{a}_n,\,\bar{b}_n) = e^{iKnl}\,a_0\,(b_0,\,\bar{a}_0,\,\bar{b}_0).$$

3) Periodische Randbedingungen:

$$\varphi_K(q+N\,l) \stackrel{!}{=} \varphi_K(q)$$

$$\Longleftrightarrow \quad e^{iKNl} \stackrel{!}{=} 1 \iff K = \frac{2\pi}{N\,l}m; \quad m = 0, \pm 1, \ldots \pm \left(\frac{N}{2} - 1\right), +\frac{N}{2}.$$

4) Anschlußbedingungen bei $q = 0$ und $q = a$:

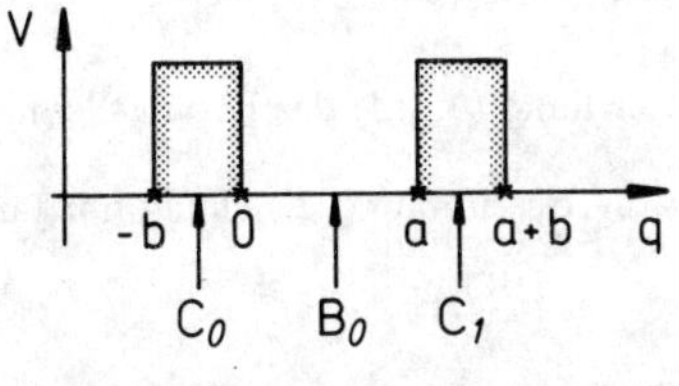

$$\begin{aligned}
\varphi_K\,(q=0) &= \bar{a}_0\,e^{\kappa b} + \bar{b}_0\,e^{-\kappa b} = a_0 + b_0,\\
\varphi_K'\,(q=0) &= \kappa\,(\bar{a}_0\,e^{\kappa b} - \bar{b}_0\,e^{-\kappa b}) = i\,k\,(a_0 - b_0),\\
\varphi_K\,(q=a) &= a_0\,e^{ika} + b_0\,e^{-ika} = \bar{a}_1 + \bar{b}_1 = e^{iKl}\,(\bar{a}_0 + \bar{b}_0),\\
\varphi_K'\,(q=a) &= i\,k\,(a_0\,e^{ika} - b_0\,e^{-ika}) = \kappa\,(\bar{a}_1 - \bar{b}_1) = \kappa\,e^{iKl}\,(\bar{a}_0 - \bar{b}_0).
\end{aligned}$$

Wir haben damit das folgende homogene Gleichungssystem zu lösen:

$$\begin{pmatrix} 1 & 1 & -e^{\kappa b} & -e^{-\kappa b} \\ i\,k & -i\,k & -\kappa\,e^{\kappa b} & \kappa\,e^{-\kappa b} \\ e^{ika} & e^{-ika} & -e^{iKl} & -e^{iKl} \\ i\,k\,e^{ika} & -i\,ke^{-ika} & -\kappa\,e^{iKl} & \kappa\,e^{iKl} \end{pmatrix} \begin{pmatrix} a_0 \\ b_0 \\ \bar{a}_0 \\ \bar{b}_0 \end{pmatrix} = \begin{pmatrix} 0 \\ 0 \\ 0 \\ 0 \end{pmatrix}.$$

Koeffizientendeterminante:

$$\det A = 8i\,e^{iKl}\left[k\,\kappa\,(\cos K\,l - \cos k\,a\,\cosh \kappa b) + \frac{1}{2}\,(k^2 - \kappa^2)\sin k\,a\,\sinh \kappa b\right].$$

Lösbarkeitsbedingung:

$$\det A = 0 \implies \cos K\,l \overset{!}{=} f(E),$$
$$f(E) = \cos k\,a\,\cosh \kappa b + \frac{\kappa^2 - k^2}{2k\,\kappa}\sin k\,a\,\sinh \kappa b.$$

5)

$$l \to a; \quad \kappa^2 \approx \frac{2m}{\hbar^2}V_0 \to \infty,$$
$$\kappa b \sim \sqrt{V_0}\,b \to 0,$$
$$\kappa^2 b \to \frac{2m}{\hbar^2}D.$$

Damit ergibt sich:

$$\cosh(\kappa b) \to 1,$$
$$\frac{\kappa^2 - k^2}{2k\,\kappa}\sin \kappa b \approx \frac{\kappa^2}{2k}b \longrightarrow \frac{m\,D}{\hbar^2 k}.$$

Die Eigenwertbestimmungsgleichung lautet dann:

$$\cos K\,a = \cos k\,a + \frac{m\,D}{\hbar^2 k}\sin k\,a.$$

Das ist exakt die Bestimmungsgleichung (4.114) des Kronig-Penney-Modells.

6) Wegen $-1 \le \cos K\,l \le +1$ ist die Bestimmungsgleichung nur für

$$|\,f(E)\,| \le 1$$

lösbar. $f(E)$ vollzieht ähnliche Oszillationen, wie wir sie in Kapitel 4.3.5 für das Kronig-Penney-Modell diskutiert haben.

Setzt man $k\,a = n\,\pi$, so ist $\sin k\,a = 0$ und $\cos k\,a = (-1)^n$. Die obige Forderung

$$|\,f(E)\,| = |\,\cosh \kappa b\,| \le 1$$

ist für $\kappa b \neq 0$ nicht erfüllbar. Die Energiewerte

$$E_n = \frac{\hbar^2 \pi^2}{2m\,a^2}n^2$$

sind also verboten, und zwar einschließlich ihrer Umgebungen, da $f(E)$ eine stetige Funktion ist. Im Kronig-Penney-Modell ($\kappa b \to 0$) stellen diese Energien nach (4.115) gerade die unteren Kanten der verbotenen Zonen dar.

7) Für tiefliegende Energieterme zwischen hohen Potentialbergen ($E \ll V_0$) wird $\kappa b \gg 1$ sein. Dann läßt sich abschätzen:

$$\sinh \kappa b \approx \cosh \kappa b \approx \frac{1}{2}e^{\kappa b}.$$

Aus der Bedingungsgleichung in 4) wird dann:

$$\cos K\, l\, e^{-\kappa b} \approx \frac{1}{2} \cos k\, a + \frac{\kappa^2 - k^2}{4k\, \kappa} \sin k\, a.$$

Die Bedingung $|\, f(E)\, | \leq 1$ aus 6) geht über in:

$$\left| \frac{1}{2} \cos k\, a + \frac{\kappa^2 - k^2}{4k\, \kappa} \sin k\, a \right| < e^{-\kappa b}.$$

Wegen $e^{-\kappa b} \ll 1$ ist diese Ungleichung nur in einer ganz schmalen Zone um die Nullstellen der Funktion auf der linken Seite erfüllt. Die resultierenden Energiebänder sind also sehr schmal. κ wird bei gegebenem V_0 mit abnehmendem E größer. Die Bänder sind demnach um so schmaler, je tiefer sie liegen.

Interessant sind also die Nullstellen der linken Seite, die auf jeden Fall innerhalb erlaubter Energiebänder liegen. Sie sind bestimmt durch

$$2\kappa\, k \cot k\, a + \kappa^2 - k^2 \stackrel{!}{=} 0.$$

Setzen wir $a = 2q_0$ und nutzen

$$\cot 2kq_0 = \frac{1}{2} \left(\cot kq_0 - \frac{1}{\cot kq_0} \right)$$

aus, so wird die Nullstellengleichung

$$\kappa\, k \left(\cot kq_0 - \frac{1}{\cot kq_0} \right) = k^2 - \kappa^2$$

sowohl durch

$$k \tan kq_0 = \kappa \text{ als auch } k \cot kq_0 = -\kappa$$

gelöst. Das sind aber gerade die Bestimmungsgleichungen (4.40) und (4.43) für die Energien der gebundenen Zustände im Potentialtopf der Breite $a = 2q_0$. Mit wachsendem energetischen Abstand $V_0 - E$, aber auch mit größer werdendem Gitterabstand b, werden die einzelnen Potentialtöpfe in unserem periodischen Potential zunehmend entkoppelt. Offensichtlich existiert eine eindeutige Zuordnung der Energiebänder zu den Energieniveaus im Potentialtopf (Atom $\rightarrow$ Festkörper).

Lösung zu Aufgabe 4.3.6

Wir können die Lösung aus Teil 4) der vorigen Aufgabe mit einigen Substitutionen übernehmen:

$$E > V_0 \implies \epsilon = \sqrt{\frac{2m}{\hbar^2} (E - V_0)} > 0; \quad \kappa = i\, \epsilon.$$

Das setzen wir in die Bedingungsgleichung

$$\cos K\, l \stackrel{!}{=} f(E)$$

ein. Mit

$$\cosh(i\,x) = \cos x; \quad \sinh i\,x = i \sin x$$

gilt:

$$f(E) = \cos k\,a\,\cos \epsilon\,b - \frac{\epsilon^2 + k^2}{2k\,\epsilon} \sin k\,a\,\sin \epsilon\,b.$$

Additionstheorem:

$$\cos(x+y) = \cos x \cos y - \sin x \sin y$$

$$\Longrightarrow \; f(E) = \cos(k\,a + \epsilon\,b) - \frac{(\epsilon - k)^2}{2k\,\epsilon} \sin k\,a\,\sin \epsilon\,b.$$

Fall A:

$$k\,a + \epsilon\,b = 2m\,\pi; \qquad m = 0, 1, \ldots$$

Dafür ist $\cos(k\,a + \epsilon\,b) = 1$. Ferner schreiben wir:

$$\epsilon\,b = m\,\pi + \varphi; \qquad k\,a = m\,\pi - \varphi$$

$$\Longrightarrow \; \sin \epsilon\,b = \sin(m\,\pi + \varphi) = \sin m\,\pi\,\cos \varphi + \cos m\,\pi\,\sin \varphi = (-1)^m \sin \varphi,$$

$$\sin k\,a = \sin(m\,\pi - \varphi) = -(-1)^m \sin \varphi.$$

Damit folgt insgesamt:

$$f(E) = 1 + \frac{(\epsilon - k)^2}{2k\,\epsilon} \sin^2 \varphi > 1.$$

Die Bedingung $f(E) = \cos K\,l$ kann also nicht erfüllt werden. Energien mit

$$k\,a + \epsilon\,b = 2m\,\pi$$

sind verboten!

Fall B:

$$k\,a + \epsilon\,b = (2m+1)\,\pi; \qquad m = 0, 1, \ldots$$

Jetzt ist $\cos(k\,a + \epsilon\,b) = -1$. Wir definieren ähnlich wie im Fall A:

$$\epsilon\,b = \left(m + \frac{1}{2}\right)\pi + \overline{\varphi}; \quad k\,a = \left(m + \frac{1}{2}\right)\pi - \overline{\varphi}$$

$$\Longrightarrow \; \sin \epsilon\,b = \sin\left[\left(m + \frac{1}{2}\right)\pi\right] \cos \overline{\varphi} + \cos\left[\left(m + \frac{1}{2}\right)\pi\right] \sin \overline{\varphi} = (-1)^m \cos \overline{\varphi},$$

$$\sin k\,a = (-1)^m \cos \overline{\varphi}.$$

Damit folgt:

$$f(E) = -1 - \frac{(\epsilon - k)^2}{2k\,\epsilon} \cos^2 \overline{\varphi} < -1.$$

Die Bedingung $f(E) = \cos K\,l$ kann also auch jetzt nicht erfüllt werden. Energien, für die $k\,a + \epsilon\,b = (2m+1)\,\pi$ gilt, sind verboten!

Kapitel 4.4.7

Lösung zu Aufgabe 4.4.1

1) Beweis durch vollständige Induktion:

$\boxed{m=1}$

$$[a, a^+]_- = 1 \quad \text{bekannt,}$$

$\boxed{m \Longrightarrow m+1}$

$$[a^{m+1}, a^+]_- = a[a^m, a^+]_- + [a, a^+]_- \, a^m = a\, m\, a^{m-1} + 1\, a^m = \\ = (m+1)\, a^m \quad \text{q.e.d.}$$

2)

$\boxed{m=1}$

$$[a, a^+]_- = 1 \quad \text{bekannt,}$$

$\boxed{m \Longrightarrow m+1}$

$$[a, (a^+)^{m+1}]_- = a^+ \, [a, a^{+m}]_- + [a, a^+]_- \, a^{+m} = \\ = a^+ \, m\, (a^+)^{m-1} + 1\, a^{+m} = (m+1)\, a^{+m} \qquad \text{q.e.d.}$$

3)

$$[\hat{n}, a^m]_- = [a^+ a, a^m]_- = a^+[a, a^m]_- + [a^+, a^m]_- \, a = \\ \overset{1)}{=} 0 - m\, a^{m-1}\, a = -m\, a^m \quad \text{q.e.d.}$$

4)

$$[\hat{n}, a^{+m}]_- = a^+[a, a^{+m}]_- + [a^+, a^{+m}]_- \, a \overset{2)}{=} m\, a^{+m}.$$

Lösung zu Aufgabe 4.4.2

O.B.d.A.: $n > m$:

$$\langle\, n \,|\, m \,\rangle \overset{(4.143)}{=} \frac{1}{\sqrt{n!}} \langle\, 0 \,|\, a^n \,|\, m \,\rangle = \frac{1}{\sqrt{n!}} \langle\, 0 \,|\, a^{n-m}\, a^m \,|\, m \,\rangle = \\ \overset{(4.140)}{=} \sqrt{\frac{m!}{n!}}\, \langle\, 0 \,|\, \underbrace{a^{n-m} \,|\, 0}\,\rangle = 0, \\ \langle\, n \,|\, n \,\rangle = \langle\, 0 \,|\, 0 \,\rangle = 1.$$

Lösung zu Aufgabe 4.4.3

$$\begin{aligned}
\langle n\,|\,T\,|\,n\,\rangle &= \frac{1}{2m}\,\langle n\,|\,p^2\,|\,n\,\rangle = \\
&= -\frac{1}{2m}\,\frac{\hbar m\omega}{2}\,\langle n\,|\,(a^2 - a\,a^+ - a^+a + a^{+2})\,|\,n\,\rangle = \\
&= \frac{\hbar\,\omega}{4}\,\langle n\,|\,(2a^+\,a + 1)\,|\,n\,\rangle = \frac{\hbar\,\omega}{4}\,(2n+1) = \frac{1}{2}\,\hbar\,\omega\,\left(n + \frac{1}{2}\right), \\
\langle n\,|\,V\,|\,n\,\rangle &= \frac{1}{2}\,m\omega^2 \langle n\,|\,q^2\,|\,n\,\rangle = \\
&= \frac{1}{2}\,m\omega^2\,\frac{\hbar}{2m\omega}\,\langle n\,|\,(a^2 + a\,a^+ + a^+a + a^{+2})\,|\,n\,\rangle = \\
&= \frac{1}{4}\,\hbar\,\omega \langle n\,|\,(2a^+\,a+1)\,|\,n\,\rangle = \frac{1}{4}\,\hbar\,\omega(2n+1) = \frac{1}{2}\,\hbar\,\omega\,\left(n + \frac{1}{2}\right),
\end{aligned}$$

$$\Longleftrightarrow\ \langle n\,|\,T\,|\,n\,\rangle = \langle n\,|\,V\,|\,n\,\rangle .$$

Lösung zu Aufgabe 4.4.4

1)

$$\left(\frac{1}{f(x)}\,\frac{d}{dx}\,f(x)\right)\,\varphi(x) = \varphi'(x) + \frac{f\,'(x)}{f(x)}\,\varphi(x) = \left(\frac{d}{dx} + \frac{f\,'(x)}{f(x)}\right)\,\varphi(x),$$

$\varphi(x)$ beliebig $\Longrightarrow$ q.e.d.

2)

$$\left(\frac{1}{f}\,\frac{d}{dx}\,f\right)^n = \frac{1}{f}\,\frac{d}{dx}\,f\,\frac{1}{f}\,\frac{d}{dx}\,f \cdots \frac{1}{f}\,\frac{d}{dx}\,f = \frac{1}{f}\,\frac{d^n}{dx^n}\,f.$$

3)

$$\begin{aligned}
H_n(x) &\overset{(4.163)}{=} (-1)^n\,e^{x^2}\,\frac{d^n}{dx^n}\,e^{-x^2} \overset{2)}{=} (-1)^n\,\left[e^{x^2}\,\frac{d}{dx}\,e^{-x^2}\right]^n = \\
&= (-1)^n\,\left[e^{\frac{x^2}{2}}\,e^{\frac{x^2}{2}}\,\frac{d}{dx}\,e^{-\frac{x^2}{2}}\,e^{-\frac{x^2}{2}}\right]^n = \\
&\overset{1)}{=} (-1)^n\,\left[e^{\frac{x^2}{2}}\,\left(\frac{d}{dx} - x\right)\,e^{-\frac{x^2}{2}}\right]^n = \\
&= e^{\frac{x^2}{2}}\,\left(x - \frac{d}{dx}\right)\,e^{-\frac{x^2}{2}}\,e^{\frac{x^2}{2}}\,\left(x - \frac{d}{dx}\right)\,e^{-\frac{x^2}{2}} \ldots e^{\frac{x^2}{2}}\,\left(x - \frac{d}{dx}\right)\,e^{-\frac{x^2}{2}} = \\
&= e^{\frac{x^2}{2}}\,\left(x - \frac{d}{dx}\right)^n\,e^{-\frac{x^2}{2}} \overset{(4.160)}{=} H_n(x).
\end{aligned}$$

Lösung zu Aufgabe 4.4.5

Hamilton-Operator:

$$H = \frac{p^2}{2m} + \frac{1}{2}\,m\omega^2 q^2 = -\frac{\hbar^2}{2m}\,\frac{d^2}{dq^2} + \frac{1}{2}\,m\omega^2 q^2,$$

$$\frac{d^2}{dq^2} = \frac{m\omega}{\hbar}\,\frac{d^2}{dx^2}$$

$$\Longrightarrow\; H = \frac{1}{2}\,\hbar\omega\left(-\frac{d^2}{dx^2} + x^2\right),$$

$$\frac{d}{dx}\,\varphi(x) = \alpha\,(4x - 2x^3 + x)\,e^{-x^2/2},$$

$$\frac{d^2}{dx^2}\,\varphi(x) = \alpha\,(5 - 6x^2 - 5x^2 + 2x^4)\,e^{-x^2/2}$$

$$\Longrightarrow\; \left(-\frac{d^2}{dx^2} + x^2\right)\varphi(x) = \alpha\,(-5 + 11x^2 - 2x^4 + 2x^4 - x^2)\,e^{-x^2/2} =$$

$$= 5\alpha\,(2x^2 - 1)\,e^{-x^2/2} = 5\varphi(x)$$

$$\Longrightarrow\; H\,\varphi(x) = \frac{5}{2}\,\hbar\omega\,\varphi(x).$$

$\varphi(x)$ ist also Eigenfunktion zum Eigenwert $\frac{5}{2}\,\hbar\omega$!

Lösung zu Aufgabe 4.4.6

Grundzustand:

$$\varphi_0(x) = c_0\,e^{-x^2/2},$$

$$E_0 = \frac{1}{2}\,\hbar\omega.$$

Klassische Umkehrpunkte:

$$V(q_\pm) \overset{!}{=} E_0 = \frac{1}{2}\,\hbar\omega$$

$$\Longleftrightarrow\; \frac{1}{2}\,m\omega^2 q_\pm^2 = \frac{1}{2}\,\hbar\omega \;\Longleftrightarrow\; q_\pm = \pm\sqrt{\frac{\hbar}{m\omega}} \;\Longleftrightarrow\; x_\pm = \pm 1.$$

Wahrscheinlichkeit, das Teilchen im *erlaubten* Bereich anzutreffen:

$$w\;(\text{erlaubt}) = \int\limits_{q_-}^{q_+} dq\,|\,\varphi_0(q)\,|^2 = \sqrt{\frac{\hbar}{m\omega}}\int\limits_{-1}^{+1} dx\,|\,\varphi_0(x)\,|^2 =$$

$$= \frac{1}{\sqrt{\pi}}\int\limits_{-1}^{+1} dx\,e^{-x^2} = \text{erf}\,(1) = 0{,}8427.$$

Fehlerfunktion ("error function"):

$$\text{erf}\,(x) = \frac{2}{\sqrt{\pi}} \int\limits_0^x e^{-t^2}\, dt.$$

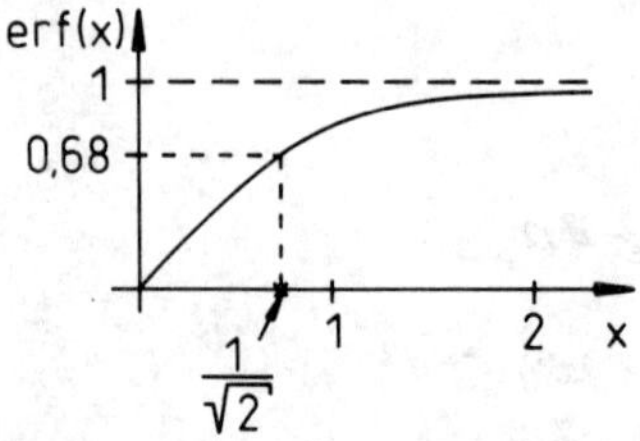

Nicht elementar berechenbar, liegt aber tabelliert vor:

$$\text{erf}\,(0) = 0,$$
$$\text{erf}\,(\infty) = 1,$$
$$\text{erf}\,(-x) = -\ \text{erf}\,(x).$$

Wahrscheinlichkeit, das Teilchen außerhalb der klassischen Grenzen anzutreffen:

$$w\ (\text{verboten}) = 1 - \omega\ (\text{erlaubt}) = 1 -\ \text{erf}\,(1) = 0{,}1573.$$

Wahrscheinlichkeit durchaus **nicht** vernachlässigbar!

Lösung zu Aufgabe 4.4.7

1)

$$E_1 = \frac{3}{2}\,\hbar\,\omega; \quad E_0 = \frac{1}{2}\,\hbar\,\omega$$
$$\Longrightarrow \Delta E = E_1 - E_0 = 2\epsilon = 7{,}2\ \text{eV}.$$

Die Amplitude A entspricht klassisch dem Umkehrpunkt, in dem die Gesamtenergie nur noch aus potentieller Energie besteht. Deswegen gilt klassisch:

$$E_0 = \frac{1}{2}\,m\omega^2\,A^2 \stackrel{!}{=} \frac{1}{2}\,\hbar\,\omega$$
$$\Longrightarrow A = \sqrt{\frac{\hbar}{m\omega}} = \frac{\hbar}{\sqrt{2m\epsilon}}.$$

Mit den angegebenen Zahlenwerten findet man:

$$A = 4{,}45 \cdot 10^{-3}\,\text{Å}.$$

2) Die Fragestellung entspricht exakt der von Aufgabe 4.4.6. Wir können also übernehmen:

$$\text{Normierte Wahrscheinlichkeit} \approx 0{,}1573.$$

Lösung zu Aufgabe 4.4.8

1)

$$H_0(x) = \frac{1}{\sqrt{\pi}} \int\limits_{-\infty}^{+\infty} dy\, e^{-y^2} = 1,$$

$$H_1(x) = \frac{2}{\sqrt{\pi}} \int\limits_{-\infty}^{+\infty} dy\, (x + i\, y)\, e^{-y^2} =$$

$$= \frac{2}{\sqrt{\pi}}\, x \int\limits_{-\infty}^{+\infty} dy\, e^{-y^2} = \qquad \text{(zweiter Integrand ungerade in } y\text{)},$$

$$= 2x,$$

$$H_2(x) = \frac{4}{\sqrt{\pi}} \int\limits_{-\infty}^{+\infty} dy\, (x + i\, y)^2\, e^{-y^2} =$$

$$= \frac{4}{\sqrt{\pi}}\, x^2 \int\limits_{-\infty}^{+\infty} dy\, e^{-y^2} - \frac{4}{\sqrt{\pi}} \int\limits_{-\infty}^{+\infty} dy\, y^2\, e^{-y^2}.$$

Nun gilt nach partieller Integration:

$$\int\limits_{-\infty}^{+\infty} dy\, e^{-y^2} = \underbrace{y\, e^{-y^2}\Big|_{-\infty}^{+\infty}}_{=0} + 2 \int\limits_{-\infty}^{+\infty} dy\, y^2\, e^{-y^2}.$$

Dies nutzen wir in $H_2(x)$ aus:

$$H_2(x) = \frac{4}{\sqrt{\pi}} \left(x^2 - \frac{1}{2} \right) \int\limits_{-\infty}^{+\infty} dy\, e^{-y^2} = (2x)^2 - 2.$$

2)

$$\sum_{n=0}^{\infty} \frac{t^n}{n!}\, H_n(x) = \sum_{n=0}^{\infty} \frac{t^n}{n!} \frac{2^n}{\sqrt{\pi}} \int\limits_{-\infty}^{+\infty} dy\, (x + i\, y)^n\, e^{-y^2} =$$

$$= \frac{1}{\sqrt{\pi}} \int\limits_{-\infty}^{+\infty} dy\, e^{-y^2} \sum_{n=0}^{\infty} \frac{(2tx + i\, 2t\, y)^n}{n!} =$$

$$= \frac{e^{2tx}}{\sqrt{\pi}} \int\limits_{-\infty}^{+\infty} dy\, e^{-(y^2 - 2ity)} = \frac{e^{-t^2 + 2tx}}{\sqrt{\pi}} \int\limits_{-\infty}^{+\infty} dy\, e^{-(y - i\, t)^2} =$$

$$= \frac{1}{\sqrt{\pi}}\, e^{-t^2 + 2tx} \int\limits_{-\infty - i\, t}^{+\infty - i\, t} dz\, e^{-z^2}.$$

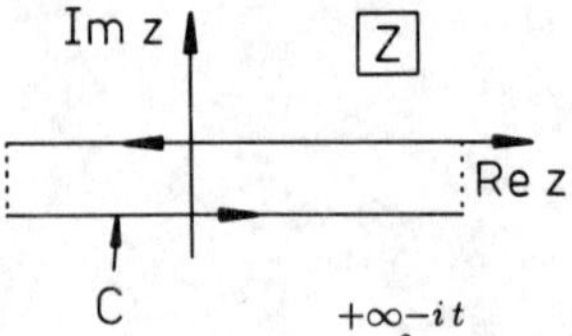

$\int\limits_C dz\, e^{-z^2} = 0$, da kein Pol im von C umschlossenen Gebiet liegt. Die Seitenarme befinden sich im Unendlichen, liefern deshalb keinen Beitrag! Es bleibt:

$$0 = \int\limits_{-\infty - i\,t}^{+\infty - i\,t} dz\, e^{-z^2} + \int\limits_{+\infty}^{-\infty} dz\, e^{-z^2} \implies \int\limits_{-\infty - i\,t}^{+\infty - i\,t} dz\, e^{-z^2} = \sqrt{\pi}.$$

Damit folgt, was zu beweisen war:

$$\sum_{n=0}^{\infty} \frac{t^n}{n!} H_n(x) = e^{-t^2 + 2t\,x}.$$

Lösung zu Aufgabe 4.4.9

Die gesuchten Eigenfunktionen $\overline{\varphi}_n(q)$ müssen für $q < 0$ identisch verschwinden und für $q > 0$ mit den Oszillatoreigenfunktionen (4.159) übereinstimmen. Der stetige Anschluß bei $q = 0$ ist jedoch nur für die Eigenfunktionen ungerader Parität, also die mit ungeradem Index n, möglich. Damit kennen wir bereits die vollständige Lösung:

Eigenwert:

$$\overline{E}_m = \hbar\,\omega \left(2m + 1 + \frac{1}{2}\right) = \hbar\,\omega \left(2m + \frac{3}{2}\right); \quad m = 0, 1, 2, \dots$$

Eigenfunktionen:

$$\overline{\varphi}_m(q) = \begin{cases} 0 & \text{für } q < 0, \\ \sqrt{2}\,\varphi_{2m+1}(q) & \text{für } q > 0. \end{cases} ; \quad m = 0, 1, 2, \dots$$

$\varphi_{2m+1}(q)$ wie in (4.159) mit $x = \sqrt{\frac{m\omega}{\hbar}}\, q$; Faktor $\sqrt{2}$, damit die Normierung "wieder stimmt".

Lösung zu Aufgabe 4.4.10

1)

$$q_{mn} \equiv \int\limits_{-\infty}^{+\infty} dq\, \varphi_m(q)\, q\, \varphi_n(q); \qquad q_0 = \sqrt{\frac{\hbar}{m\omega}}, \qquad x = \frac{q}{q_0}.$$

Gleichung vor (4.168):

$$\sqrt{2}\, x\, \varphi_n(x) = \sqrt{n+1}\, \varphi_{n+1}(x) + \sqrt{n}\, \varphi_{n-1}(x),$$

$$\begin{aligned} q_{mn} &= q_0^2 \int\limits_{-\infty}^{+\infty} dx\, \varphi_m(x)\, x\, \varphi_n(x) = \\ &= \frac{q_0^2}{\sqrt{2}} \left[\sqrt{n+1} \int dx\, \varphi_m(x)\, \varphi_{n+1}(x) + \sqrt{n} \int dx\, \varphi_m(x)\, \varphi_{n-1}(x)\right] = \\ &= \frac{q_0}{\sqrt{2}} \left[\sqrt{n+1} \int dq\, \varphi_m(q)\, \varphi_{n+1}(q) + \sqrt{n} \int dq\, \varphi_m(q)\, \varphi_{n-1}(q)\right]. \end{aligned}$$

Die Orthonormalitätsrelation für die Eigenfunktionen $\varphi_n(q)$ (4.164) liefert dann:

$$q_{mn} = \sqrt{\frac{\hbar}{2m\omega}}\,\left[\sqrt{n+1}\,\delta_{m\,n+1} + \sqrt{n}\,\delta_{m\,n-1}\right].$$

Wir wenden obige Rekursionsformel zweimal hintereinander an:

$$\begin{aligned} x^2\varphi_n &= \frac{1}{\sqrt{2}}\left[\sqrt{n+1}\,x\,\varphi_{n+1} + \sqrt{n}\,x\,\varphi_{n-1}\right] = \\ &= \frac{1}{2}\left[\sqrt{(n+1)\,(n+2)}\,\varphi_{n+2} + (2n+1)\,\varphi_n + \sqrt{n(n-1)}\,\varphi_{n-2}\right]. \end{aligned}$$

Damit berechnen wir nun analog wie oben:

$$\begin{aligned} &q^2_{mn} = \\ &= \int\limits_{-\infty}^{+\infty} dq\,\varphi_m(q)\,q^2\varphi_n(q) = \\ &= q_0^3\,\frac{1}{2}\left[\sqrt{(n+1)\,(n+2)}\int\limits_{-\infty}^{+\infty} dx\,\varphi_m(x)\,\varphi_{n+2}(x) + \right. \\ &\qquad \left. + (2n+1)\int\limits_{-\infty}^{+\infty} dx\,\varphi_m(x)\,\varphi_n(x) + \sqrt{n(n-1)}\int\limits_{-\infty}^{+\infty} dx\,\varphi_m(x)\,\varphi_{n-2}(x)\right], \\ &q^2_{mn} = \frac{\hbar}{2m\omega}\left[\sqrt{(n+1)\,(n+2)}\,\delta_{m\,n+2} + (2n+1)\,\delta_{mn} + \sqrt{n(n-1)}\,\delta_{m\,n-2}\right]. \end{aligned}$$

2) Zur Berechnung der Impulsmatrixelemente benutzen wir die Rekursionsformel von (4.169):

$$\begin{aligned} \frac{d}{dx}\varphi_n(x) &= \sqrt{2n}\,\varphi_{n-1}(x) - x\,\varphi_n(x) = \\ &= \sqrt{2n}\,\varphi_{n-1}(x) - \sqrt{\frac{n+1}{2}}\,\varphi_{n+1}(x) - \sqrt{\frac{n}{2}}\,\varphi_{n-1}(x) = \\ &= \frac{1}{\sqrt{2}}\left[\sqrt{n}\,\varphi_{n-1}(x) - \sqrt{n+1}\,\varphi_{n+1}(x)\right]. \end{aligned}$$

Damit folgt:

$$\begin{aligned} p_{mn} &= \int dq\,\varphi_m(q)\,p\,\varphi_n(q) = \frac{\hbar}{i}\int dq\,\varphi_m(q)\,\frac{d}{dq}\,\varphi_n(q) = \\ &= \frac{\hbar}{i}\int dx\,\varphi_m(x)\,\frac{d}{dx}\,\varphi_n(x) = \\ &= \frac{\hbar}{i\sqrt{2}}\left[\sqrt{n}\int dx\,\varphi_m(x)\,\varphi_{n-1}(x) - \sqrt{n+1}\int dx\,\varphi_m(x)\,\varphi_{n+1}(x)\right] \\ \Longrightarrow\quad p_{mn} &= -i\sqrt{\frac{1}{2}\,\hbar\,m\omega}\,\left[\sqrt{n}\,\delta_{m\,n-1} - \sqrt{n+1}\,\delta_{m\,n+1}\right]. \end{aligned}$$

Wir differenzieren noch einmal die obige Rekursionsformel:

$$\frac{d^2}{dx^2}\varphi_n(x) =$$
$$= \frac{1}{\sqrt{2}}\left[\sqrt{n}\,\frac{d}{dx}\,\varphi_{n-1}(x) - \sqrt{n+1}\,\frac{d}{dx}\,\varphi_{n+1}(x)\right] =$$
$$= \frac{1}{2}\left[\sqrt{n(n-1)}\,\varphi_{n-2}(x) - (2n+1)\,\varphi_n(x) + \sqrt{(n+1)\,(n+2)}\,\varphi_{n+2}(x)\right].$$

Damit berechnen wir die folgenden Matrixelemente:

$$p^2_{mn} = \int dq\,\varphi_m(q)\,p^2\,\varphi_n(q) = -\hbar^2\int dq\,\varphi_m(q)\,\frac{d^2}{dq^2}\,\varphi_n(q) =$$
$$= -\frac{\hbar^2}{q_0}\int dx\,\varphi_m(x)\,\frac{d^2}{dx^2}\,\varphi_n(x) =$$
$$= -\frac{\hbar^2}{2q_0}\left[\sqrt{n(n-1)}\int dx\,\varphi_m(x)\,\varphi_{n-2}(x) - (2n+1)\int dx\,\varphi_m(x)\,\varphi_n(x) + \right.$$
$$\left. + \sqrt{(n+1)\,(n+2)}\int dx\,\varphi_m(x)\,\varphi_{n+2}(x)\right].$$

Daraus folgt:

$$p^2_{mn} = \frac{1}{2}\,\hbar m\omega\left[-\sqrt{n(n-1)}\,\delta_{m\,n-2} + (2n+1)\,\delta_{mn} - \sqrt{(n+1)\,(n+2)}\,\delta_{m\,n+2}\right].$$

Wir überprüfen noch die Matrixelemente des Hamilton-Operators:

$$H_{mn} = \frac{1}{2m}\,p^2_{mn} + \frac{1}{2}\,m\omega^2\,q^2_{mn} = \frac{1}{2}\,\hbar\omega\,(2n+1)\,\delta_{mn} \quad \text{q.e.d.}$$

Lösung zu Aufgabe 4.4.11

Nach (4.127) und (4.128) gilt:

$$q = \sqrt{\frac{\hbar}{2m\omega}}\,(a + a^+); \quad p = -i\sqrt{\frac{1}{2}\,\hbar m\omega}\,(a - a^+).$$

Dies bedeutet:

$$q_{mn} = \sqrt{\frac{\hbar}{2m\omega}}\,(\langle m\,|\,a\,|\,n\rangle + \langle m\,|\,a^+\,|\,n\rangle) = \sqrt{\frac{\hbar}{2m\omega}}\,(\sqrt{n}\,\delta_{m\,n-1} + \sqrt{n+1}\,\delta_{m\,n+1}).$$

Natürlich ist das mit dem Ergebnis der vorigen Aufgabe identisch; die Ableitung ist allerdings wesentlich einfacher.

$$\hat{q} \equiv \sqrt{\frac{\hbar}{2m\omega}}\begin{pmatrix} 0 & \sqrt{1} & 0 & 0 & 0 \\ \sqrt{1} & 0 & \sqrt{2} & 0 & \\ 0 & \sqrt{2} & 0 & \sqrt{3} & \\ 0 & 0 & \sqrt{3} & 0 & \ddots \\ & 0 & & \ddots & \ddots \end{pmatrix}.$$

Ganz analog ergibt sich die Matrixdarstellung für den Impulsoperator:

$$p_{mn} = -i\sqrt{\frac{1}{2}\hbar m\omega}\left(\sqrt{n}\,\delta_{m\,n-1} - \sqrt{n+1}\,\delta_{m\,n+1}\right),$$

$$\hat{p} = -i\sqrt{\frac{1}{2}\hbar m\omega}\begin{pmatrix} 0 & \sqrt{1} & 0 & 0 & & 0 \\ -\sqrt{1} & 0 & \sqrt{2} & 0 & & \\ 0 & -\sqrt{2} & 0 & \sqrt{3} & & \\ 0 & 0 & -\sqrt{3} & 0 & \ddots & \\ & 0 & & & & \end{pmatrix},$$

$$\hat{q}\,\hat{p} = -i\,\frac{\hbar}{2}\begin{pmatrix} -1 & 0 & \sqrt{2} & 0 & 0 & \dots \\ 0 & -1 & 0 & \sqrt{6} & 0 & \dots \\ -\sqrt{2} & 0 & -1 & 0 & \sqrt{12} & \dots \\ 0 & -\sqrt{6} & 0 & -1 & 0 & \dots \\ 0 & 0 & -\sqrt{12} & 0 & -1 & \dots \\ \vdots & \vdots & \vdots & \vdots & \vdots & \ddots \end{pmatrix},$$

$$\hat{p}\,\hat{q} = -i\,\frac{\hbar}{2}\begin{pmatrix} 1 & 0 & \sqrt{2} & 0 & 0 & \dots \\ 0 & 1 & 0 & \sqrt{6} & 0 & \dots \\ -\sqrt{2} & 0 & 1 & 0 & \sqrt{12} & \dots \\ 0 & -\sqrt{6} & 0 & 1 & 0 & \dots \\ 0 & 0 & -\sqrt{12} & 0 & 1 & \dots \\ \vdots & \vdots & \vdots & \vdots & \vdots & \ddots \end{pmatrix}.$$

Man erkennt:

$$[\hat{q},\,\hat{p}]_- = i\,\hbar\begin{pmatrix} 1 & & & & 0 \\ & 1 & & & \\ & & \ddots & & \\ & & & 1 & \\ 0 & & & & \ddots \end{pmatrix} \qquad \text{q.e.d.}$$

Lösung zu Aufgabe 4.4.12

Potentialbeitrag des konstanten elektrischen Feldes:

$$V_1(q) = -\hat{q}\,E\,q \qquad (E\text{: elektrische Feldstärke}).$$

Hamilton-Operator:

$$H = \frac{p^2}{2m} + \frac{1}{2}m\omega^2 q^2 - \hat{q}\,E\,q.$$

Transformation:

$$H = \frac{p^2}{2m} + \frac{1}{2}m\omega^2\left(q^2 - 2\frac{\hat{q}\,E}{m\omega^2}\,q\right) =$$

$$= \frac{p^2}{2m} + \frac{1}{2}m\omega^2\left(q - \frac{\hat{q}\,E}{m\omega^2}\right)^2 - \frac{\hat{q}^2E^2}{2m\omega^2}.$$

Variablensubstitution:

$$y = q - \frac{\hat{q}\,E}{m\omega^2} \equiv q - y_0.$$

Wegen

$$\frac{\hbar}{i}\frac{d}{dq} = \frac{\hbar}{i}\frac{d}{dy}$$

sind auch p und die *neue* Variable y kanonisch konjugiert!

Hamilton-Operator:

$$H = \widehat{H} - \frac{\hat{q}^2 E^2}{2m\omega^2},$$

$$\widehat{H} = \frac{p^2}{2m} + \frac{1}{2}\,m\omega^2 y^2.$$

Eigenwertproblem zu $\widehat{H}$ bekannt:

$$\widehat{H}\,\varphi_n(y) = \widehat{E}_n\,\varphi_n(y),$$

$$\widehat{E}_n = \hbar\,\omega\left(n + \frac{1}{2}\right); \quad n = 0, 1, 2, \ldots,$$

$$\varphi_n(y) = \left(\frac{m\omega}{\hbar\,\pi}\right)^{1/4} (n!\,2^n)^{-1/2}\,e^{-y^2/2q_0^2}\,H_n\left(\frac{y}{q_0}\right); \quad q_0 = \sqrt{\frac{\hbar}{m\omega}}.$$

Lösung zu H:

$$H\,\varphi_n(y) = E_n\,\varphi_n(y)$$

$$\iff \widehat{H}\,\varphi_n(y) = \left(E_n + \frac{\hat{q}^2 E^2}{2m\omega^2}\right)\varphi_n(y) \stackrel{!}{=} \widehat{E}_n\,\varphi_n(y).$$

$\Longrightarrow$ Eigenwerte:

$$E_n = \hbar\,\omega\left(n + \frac{1}{2}\right) - \frac{\hat{q}^2 E^2}{2m\omega^2}.$$

Eigenfunktionen:

$$\varphi_n(q) = \left(\frac{m\omega}{\hbar\,\pi}\right)^{\frac{1}{4}} (n!\,2^n)^{-\frac{1}{2}}\,\exp\left(-\frac{(q - y_0)^2}{2q_0^2}\right) H_n\left(\frac{q - y_0}{q_0}\right).$$

Lösung zu Aufgabe 4.4.13

1) Wir haben bereits in Aufgabe 3.5.6 abgeleitet:

$$T\,q\,T^+ = q - y_0\,\mathbf{1} \qquad \text{(Translation!)}.$$

Daraus folgt, wenn man von rechts T anwendet:

$$T\,q\,T^+\,T = T\,q = q\,T - y_0\,T \implies [q, T]_- = y_0\,T.$$

2)

$$\overline{H} = T H T^+ = H T T^+ - [H,T]_- T^+ = H - [H,T]_- T^+.$$

Wir berechnen den Kommutator:

$$[H,T]_- = \frac{1}{2m}[p^2,T]_- + \frac{1}{2} m\omega^2 [q^2,T]_- - \hat{q} E [q,T]_-.$$

Der erste Kommutator verschwindet, da T eine Funktion von p ist. Es bleibt somit:

$$\begin{aligned}[H,T]_- &= \frac{1}{2} m\omega^2 \left(q[q,T]_- + [q,T]_- q\right) - \hat{q} E [q,T]_- = \\ &\overset{1)}{=} \frac{1}{2} m\omega^2 y_0 (q T + T q) - \hat{q} E y_0 T.\end{aligned}$$

Daraus folgt nach Multiplikation mit T^+:

$$\begin{aligned}[H,T]_- T^+ &= \frac{1}{2} m\omega^2 y_0 (q + T q T^+) - \hat{q} E y_0 = \\ &= \frac{1}{2} m\omega^2 y_0 (q + q - y_0) - \hat{q} E y_0 = \\ &= -\frac{1}{2} m\omega^2 y_0^2 - \hat{q} E y_0 + m\omega^2 y_0 q = \\ &= -\frac{1}{2} \frac{\hat{q}^2 E^2}{m\omega^2} + \frac{\hat{q}^2 E^2}{m\omega^2} - \hat{q} E q = \frac{1}{2} \frac{\hat{q}^2 E^2}{m\omega^2} - \hat{q} E q \\ \Longrightarrow \overline{H} &= \frac{p^2}{2m} + \frac{1}{2} m\omega^2 q^2 - \frac{1}{2} \frac{\hat{q}^2 E^2}{m\omega^2}.\end{aligned}$$

Die durch $T(y_0)$ vermittelte unitäre Transformation des Hamilton-Operators leistet also dasselbe wie in der Lösung zu Aufgabe 4.4.12 die Substitution des Ortsoperators ($q \to y = q - y_0$). Letztere ist also in jedem Fall gerechtfertigt, da unitäre Transformationen *die Physik nicht ändern*. Man kommt zu völlig äquivalenten Aussagen!

Lösung zu Aufgabe 4.4.14

Wir schreiben

$$\Pi = \exp\left[i\pi\left(\widehat{A} - \frac{1}{2}\right)\right]$$

mit

$$\widehat{A} \equiv \frac{\hat{p}^2}{2\alpha} + \frac{\alpha}{2\hbar^2} \hat{q}^2.$$

Wir setzen

$$\omega = \frac{1}{\hbar}$$

und haben dann formal den Hamilton-Operator des linearen harmonischen Oszillators ("Masse" $= \alpha$):

$$\widehat{A} = \frac{\hat{p}^2}{2\alpha} + \frac{1}{2}\alpha\omega^2 \hat{q}^2.$$

Dessen Eigenwertproblem haben wir bereits gelöst:

$$\widehat{A}\,\varphi_n(q) = \hbar\omega\left(n+\frac{1}{2}\right)\varphi_n(q) = \left(n+\frac{1}{2}\right)\varphi_n(q).$$

$\varphi_n(q)$ wie in (4.159), lediglich m durch α ersetzt!

Die Eigenfunktionen des harmonischen Oszillators bilden ein vollständiges Funktionensystem. Man kann deshalb jede beliebige Wellenfunktion $\psi(q)$ nach ihnen entwickeln:

$$\begin{aligned}
\psi(q) &= \sum_n a_n\,\varphi_n(q)\\
\Longrightarrow\ \Pi\,\psi(q) &= \sum_n a_n \exp\left[i\pi\left(\widehat{A}-\frac{1}{2}\right)\right]\varphi_n(q) =\\
&= \sum_n a_n \exp\left[i\pi\left(n+\frac{1}{2}-\frac{1}{2}\right)\right]\varphi_n(q) =\\
&= \sum_n a_n\,(-1)^n\,\varphi_n(q) \overset{(4.161)}{=} \sum_n a_n\,\varphi_n(-q) = \psi(-q).
\end{aligned}$$

Da ψ beliebig gewählt wurde, muß Π der Paritätsoperator sein, wenn noch $\Pi = \Pi^+ = \Pi^{-1}$ (4.16) gezeigt werden kann.

$\widehat{A}$ ist hermitesch, damit ist Π auch unitär, d.h. $\Pi^+ = \Pi^{-1}$. – Wegen $e^{i\pi n} = e^{-i\pi n}$ hat zudem für alle $\psi(q)$ des Hilbert-Raums Π^+ dieselbe Wirkung wie Π:

$$\Pi^+\,\psi(q) = \psi(-q).$$

Damit ist Π also auch hermitesch: $\Pi = \Pi^+ = \Pi^{-1}$.

Lösung zu Aufgabe 4.4.15

1) Nach Gleichung (2.39) in Band 2 gilt:

$$H = \frac{1}{2m}\left(\mathbf{p} + e\,\mathbf{A}(\mathbf{r})\right)^2.$$

2) Mit

$$\mathbf{A}(\mathbf{r}) = (0,\, Bx,\, 0)$$

gilt offensichtlich gleichzeitig:

$$\operatorname{div}\mathbf{A} = 0 \text{ und } \operatorname{rot}\mathbf{A} = B\,\mathbf{e}_z.$$

3)

$$\widehat{H} = \frac{1}{2m}\,(\hat{\mathbf{p}} + e\,\widehat{\mathbf{A}})^2 = \frac{1}{2m}\,(\hat{\mathbf{p}}^2 + e^2\,\widehat{\mathbf{A}}^2 + e\,\hat{\mathbf{p}}\cdot\widehat{\mathbf{A}} + e\,\widehat{\mathbf{A}}\cdot\hat{\mathbf{p}}).$$

Ortsdarstellung:

$$\hat{\mathbf{p}}\cdot\widehat{\mathbf{A}}\,\psi(\mathbf{r}) = \frac{\hbar}{i}\,(\operatorname{div}\mathbf{A})\,\psi + \frac{\hbar}{i}\,(\nabla\psi)\cdot\mathbf{A} = \frac{\hbar}{i}\,\mathbf{A}\cdot(\nabla\psi) = \widehat{\mathbf{A}}\cdot\hat{\mathbf{p}}\,\psi(\mathbf{r}).$$

Wegen der Coulomb-Eichung vertauschen also die Operatoren $\hat{\mathbf{p}}$ und $\widehat{\mathbf{A}}$:

$$H = \frac{1}{2m}\left(\hat{\mathbf{p}}^2 + e^2\,\widehat{\mathbf{A}}^2 + 2e\,\widehat{\mathbf{A}}\cdot\hat{\mathbf{p}}\right) = \frac{1}{2m}\left[\hat{p}_x^2 + \hat{p}_z^2 + (\hat{p}_y + e\,B\,\hat{x})^2\right].$$

Ortsdarstellung:

$$p_x = \frac{\hbar}{i}\frac{d}{dx}; \quad p_y = \frac{\hbar}{i}\frac{d}{dy}; \quad p_z = \frac{\hbar}{i}\frac{d}{dz}.$$

Ansatz:

$$\psi(x,y,z) = e^{ik_z z}\, e^{ik_y y}\,\varphi(x),$$
$$H\,\psi = E\,\psi$$
$$\Longrightarrow \frac{1}{2m}\left[-\hbar^2\frac{d^2}{dx^2} + \hbar^2 k_z^2 + (\hbar\,k_y + e\,Bx)^2\right]\psi = E\,\psi.$$

Das ist gleichbedeutend mit:

$$\left[-\frac{\hbar^2}{2m}\frac{d^2}{dx^2} + \frac{1}{2m}(\hbar\,k_y + e\,Bx)^2\right]\varphi(x) = \left(E - \frac{\hbar^2 k_z^2}{2m}\right)\varphi(x).$$

Substitution:

$$\omega_c = \frac{e\,B}{m} \qquad \textit{Zyklotron-Frequenz},$$
$$q = x + \frac{\hbar\,k_y}{m\omega_c} \Longrightarrow \frac{d^2}{dx^2} = \frac{d^2}{dq^2}.$$

Dann bleibt zu lösen:

$$\left(-\frac{\hbar^2}{2m}\frac{d^2}{dq^2} + \frac{1}{2}m\omega_c^2\,q^2\right)\varphi(q) = \widehat{E}\,\varphi(q); \quad \widehat{E} = E - \frac{\hbar^2 k_z^2}{2m}.$$

Das ist die Eigenwertgleichung des linearen harmonischen Oszillators!

4) Eigenenergien:

$$E_n(k_z) = \hbar\,\omega_c\left(n + \frac{1}{2}\right) + \frac{\hbar^2 k_z^2}{2m}.$$

Die Bewegung des Elektrons ist also in der zum Feld senkrechten Ebene quantisiert ("Landau-Niveaus"), in Feldrichtung dagegen ungestört.

Eigenfunktionen:

$$\psi_n(\mathbf{r}) = e^{ik_z z}\, e^{ik_y y}\,\varphi_n(q).$$

wie in (4.159)

Lösung zu Aufgabe 4.4.16

1) Nach Gleichung (2.39) in Band 2 gilt:

$$H = \frac{1}{2m}\left(\mathbf{p} + e\,\mathbf{A}(\mathbf{r})\right)^2 + \frac{1}{2}\,m\omega^2 z^2 .$$

Coulomb-Eichung:

$$\operatorname{div}\mathbf{A} = 0; \quad \operatorname{rot}\mathbf{A} = \mathbf{B} = B\,\mathbf{e}_z$$
$$\Longrightarrow \mathbf{A}(\mathbf{r}) = (0, Bx, 0).$$

Damit folgt analog zur Lösung 4.4.15:

$$H = \frac{1}{2m}\left[p_x^2 + p_z^2 + (p_y + e\,Bx)^2\right] + \frac{1}{2}\,m\omega^2 z^2 .$$

2)

$$H\,\psi = E\,\psi .$$

Zweckmäßiger Separationsansatz:

$$\psi(x,y,z) = e^{ik_y y}\,\lambda(x)\,\varphi(z).$$

Nach Einsetzen bleibt:

$$\left[-\frac{\hbar^2}{2m}\left(\frac{\partial^2}{\partial x^2} + \frac{\partial^2}{\partial z^2}\right) + (\hbar\,k_y + e\,Bx)^2 + \frac{1}{2}\,m\omega^2 z^2\right]\psi(x,y,z) = E\,\psi(x,y,z).$$

Wir sortieren noch etwas um:

$$\left[-\frac{\hbar^2}{2m}\frac{\partial^2}{\partial x^2} + (\hbar\,k_y + e\,Bx)^2\right]\lambda(x)\,\varphi(z) + \left[-\frac{\hbar^2}{2m}\frac{\partial^2}{\partial z^2} + \frac{1}{2}\,m\omega^2 z^2\right]\lambda(x)\,\varphi(z) =$$
$$= E\,\lambda(x)\,\varphi(z).$$

Nach Division durch $\lambda\,\varphi$,

$$\frac{1}{\lambda(x)}\left[-\frac{\hbar^2}{2m}\frac{\partial^2}{\partial x^2} + (\hbar\,k_y + e\,Bx)^2\right]\lambda(x) + \frac{1}{\varphi(z)}\left[-\frac{\hbar^2}{2m}\frac{\partial^2}{\partial z^2} + \frac{1}{2}\,m\omega^2 z^2\right]\varphi(z) = E,$$

ist der erste Summand auf der linken Gleichungsseite nur von x, der zweite nur von z abhängig. Die Summe der beiden Terme kann deshalb nur dann konstant sein, wenn jeder Summand für sich bereits konstant ist:

$$\left[-\frac{\hbar^2}{2m}\frac{d^2}{dx^2} + (\hbar\,k_y + e\,Bx)^2\right]\lambda(x) = D\,\lambda(x),$$
$$\left[-\frac{\hbar^2}{2m}\frac{d^2}{dz^2} + \frac{1}{2}\,m\omega^2 z^2\right]\varphi(z) = \widehat{E}\,\varphi(z); \quad \widehat{E} = E - D.$$

In der ersten Differentialgleichung machen wir die schon in Lösung 4.4.15 benutzte Substitution,

$$\omega_c = \frac{e\,B}{m}; \quad q = x + \frac{\hbar\,k_y}{m\omega_c},$$

und haben dann in beiden Fällen das Eigenwertproblem des linearen harmonischen Oszillators zu lösen:

$$\left[-\frac{\hbar^2}{2m}\frac{d^2}{dq^2} + \frac{1}{2}\,m\omega_c^2\,q^2\right]\,\lambda(q) = D\,\lambda(q).$$

3) Lösungen sind bekannt:

$$D_n = \hbar\,\omega_c\left(n + \frac{1}{2}\right); \qquad n = 0, 1, 2, \ldots$$

$$\widehat{E}_p = \hbar\,\omega\left(p + \frac{1}{2}\right); \qquad p = 0, 1, 2, \ldots$$

$\Longrightarrow$ Eigenwerte:

$$E_{p,n} = \hbar\,\omega\left(p + \frac{1}{2}\right) + \hbar\,\omega_c\left(n + \frac{1}{2}\right).$$

Eigenfunktionen:

$$\psi_{p,n}(\mathbf{r}) = e^{ik_y y}\,\lambda_n(x)\,\varphi_p(z),$$

$$\lambda_n(x) = \left(\frac{m\omega_c}{\hbar\,\pi}\right)^{\frac{1}{4}}(n!\,2^n)^{-\frac{1}{2}}\,\exp\left[-\frac{m\omega_c}{2\hbar}\left(x + \frac{\hbar\,k_y}{m\omega_c}\right)^2\right] *$$

$$* \; H_n\left[\sqrt{\frac{m\omega_c}{\hbar}}\left(x + \frac{\hbar\,k_y}{m\omega_c}\right)\right],$$

$$\varphi_p(z) = \left(\frac{m\omega}{\hbar\,\pi}\right)^{\frac{1}{4}}(p!\,2^p)^{-\frac{1}{2}}\,\exp\left(-\frac{m\omega}{2\hbar}\,z^2\right)\,H_p\left(\sqrt{\frac{m\omega}{\hbar}}\,z\right).$$

Lösung zu Aufgabe 4.4.17

1)

$$\psi(q,0) = \sum_n \alpha_n\,\varphi_n(q)$$

$$\Longrightarrow \quad \alpha_n = \int\limits_{-\infty}^{+\infty} dq\,\varphi_n^*(q)\,\psi(q,0),$$

$$\alpha_n = \left(\frac{m\omega}{\hbar\,\pi}\right)^{\frac{1}{2}}(n!\,2^n)^{-1/2}\int\limits_{-\infty}^{+\infty} dq\,e^{-q^2/2q_0^2}\,H_n\left(\frac{q}{q_0}\right)\,e^{-(q-\bar{q})^2/2q_0^2},$$

$$q_0 = \sqrt{\frac{\hbar}{m\omega}}; \quad x = \frac{q}{q_0}$$

$$\Longrightarrow \quad \alpha_n = \frac{1}{\sqrt{\pi}}\,(n!\,2^n)^{-1/2}\,e^{-\bar{q}^2/4q_0^2}\int\limits_{-\infty}^{+\infty} dx\,e^{-\left(x-\frac{\bar{q}}{2q_0}\right)^2}\,H_n(x).$$

Mit der angegebenen Integralformel bleibt dann:

$$\alpha_n = \frac{\left(\frac{\bar{q}}{q_0}\right)^n \exp\left(-\frac{\bar{q}^2}{4q_0^2}\right)}{\sqrt{n!\,2^n}}.$$

2)

$$\psi(q,t) = e^{-\frac{i}{\hbar}Ht}\,\psi(q,0) = \sum_n \alpha_n\, e^{-\frac{i}{\hbar}Ht}\,\varphi_n(q) = \sum_n \alpha_n\, e^{-i\omega\left(n+\frac{1}{2}\right)t}\,\varphi_n(q).$$

α_n aus Teil 1) einsetzen:

$$\begin{aligned}\psi(q,t) &= \left(\frac{m\omega}{\hbar\,\pi}\right)^{\frac{1}{4}} \exp\left[-\frac{\bar{q}^2}{4q_0^2} - \frac{q^2}{2q_0^2} - \frac{i}{2}\,\omega t\right] X,\\ X &= \sum_n e^{-i\omega n t}\, H_n\left(\frac{q}{q_0}\right)(n!\,2^n)^{-1}\left(\frac{\bar{q}}{q_0}\right)^n = \\ &= \sum_n \frac{H_n\left(\frac{q}{q_0}\right)}{n!}\left(e^{-i\omega t}\,\frac{\bar{q}}{2q_0}\right)^n.\end{aligned}$$

Jetzt die erzeugende Funktion aus Teil 2) von Aufgabe 4.4.8 verwenden:

$$X = \exp\left[-e^{-2i\omega t}\,\frac{\bar{q}^2}{4q_0^2} + 2\,\frac{q}{q_0}\,e^{-i\omega t}\,\frac{\bar{q}}{2q_0}\right].$$

Mit der Eulerschen Formel

$$\begin{aligned}e^{-2i\omega t} &= \cos 2\omega t - i\sin 2\omega t,\\ e^{-i\omega t} &= \cos\omega t - i\sin\omega t\end{aligned}$$

folgt dann:

$$\begin{aligned}\psi(q,t) &= \left(\frac{m\omega}{\hbar\,\pi}\right)^{\frac{1}{4}} \exp(B(q,t) - i\,A(q,t)),\\ A(q,t) &= \frac{1}{2}\,\omega t + \frac{q\,\bar{q}}{q_0^2}\sin\omega t - \frac{\bar{q}}{4q_0^2}\sin 2\omega t,\\ B(q,t) &= -\frac{\bar{q}^2}{4q_0^2} - \frac{q^2}{2q_0^2} - \cos 2\omega t\,\frac{\bar{q}^2}{4q_0^2} + \frac{q\,\bar{q}}{q_0^2}\cos\omega t.\end{aligned}$$

$B(q,t)$ läßt sich mit dem Additionstheorem

$$\cos 2\omega t = \cos^2\omega t - \sin^2\omega t$$

noch zu

$$B(q,t) = -\frac{1}{2q_0^2}\,(q - \bar{q}\cos\omega t)^2$$

zusammenfassen.

3)

$$|\psi(q,t)|^2 = \sqrt{\frac{m\omega}{\hbar\pi}}\exp\left[-\frac{m\omega}{\hbar}(q-\bar{q}\cos\omega t)^2\right].$$

Das ist ein Gaußsches Wellenpaket mit der zeit**un**abhängigen Breite

$$\Delta b(t) \equiv \Delta b = \sqrt{\frac{\hbar}{m\omega}}.$$

Das Wellenpaket fließt also **nicht** breit. Man vergleiche das Ergebnis mit dem Verhalten des Gaußschen Wellenpakets für das freie Teilchen in (2.64) bzw. (2.65)!

4) Die Berechnung von $\langle q \rangle_t$ und Δq_t entspricht der in Lösung zu Aufgabe 2.2.5. Wir können direkt übernehmen:

$$\langle q \rangle_t = \bar{q}\cos\omega t,$$

$$\Delta q_t = \frac{1}{\sqrt{2}}\Delta b = \sqrt{\frac{\hbar}{2m\omega}}.$$

5) Wahrscheinlichkeit:

$$w_n = |\langle n|\psi(q,t)\rangle|^2 = |\langle n|e^{-\frac{i}{\hbar}Ht}|\psi(q,0)\rangle|^2 =$$

$$= |e^{-i\omega\left(n+\frac{1}{2}\right)t}\langle n|\psi(q,0)\rangle|^2 = |\langle n|\psi(q,0)\rangle|^2 = |\alpha_n|^2$$

$$\Longrightarrow \quad w_n = \frac{1}{n!}\left(\frac{\bar{q}}{2q_0}\right)^n e^{-\bar{q}^2/2q_0^2}.$$

Lösung zu Aufgabe 4.4.18

1) Nach (3.149) gilt:

$$\langle H \rangle = \frac{\mathrm{Sp}\,(\rho H)}{\mathrm{Sp}\,\rho}.$$

Der Nenner normiert die Dichtematrix. Die Spur ist unabhängig von der zur Berechnung verwendeten Basis. Es empfiehlt sich hier natürlich, die Eigenzustände $|n\rangle$ des linearen harmonischen Oszillators zu verwenden:

$$\langle H \rangle = \frac{\sum_n \langle n|e^{-\beta H}H|n\rangle}{\sum\limits_n \langle n|e^{-\beta H}|n\rangle},$$

$$\beta \equiv \frac{1}{k_B T}.$$

Es bleibt auszuwerten:

$$\langle H \rangle = \frac{\sum_n \hbar\omega\,(n+\frac{1}{2})\exp\left[-\beta\,\hbar\omega\,(n+\frac{1}{2})\right]}{\sum\limits_n \exp\left[-\beta\,\hbar\omega\left(n+\frac{1}{2}\right)\right]} =$$

$$= -\frac{\partial}{\partial\beta}\ln\left\{\sum_n \exp\left[-\beta\,\hbar\omega\left(n+\frac{1}{2}\right)\right]\right\},$$

$$\sum_{n=0}^{\infty}\exp\left[-\beta\,\hbar\omega\left(n+\frac{1}{2}\right)\right] = \exp\left(-\beta\frac{\hbar\omega}{2}\right)\sum_{n=0}^{\infty}\left[\exp(-\beta\,\hbar\omega)\right]^n =$$

$$= \exp\left(-\beta\frac{\hbar\omega}{2}\right)\frac{1}{1-e^{-\beta\hbar\omega}}$$

$$\Longrightarrow \langle H \rangle = \frac{1}{2}\,\hbar\omega + \frac{\frac{\partial}{\partial\beta}\left(1-e^{-\beta\hbar\omega}\right)}{1-e^{-\beta\hbar\omega}}$$

$$\Longrightarrow \langle H \rangle = \frac{1}{2}\,\hbar\omega + \frac{\hbar\omega}{e^{\beta\hbar\omega}-1}.$$

Man vergleiche das Ergebnis mit der Planckschen Formel (1.28)! Der Unterschied liegt nur in der Nullpunktsenergie!

2) Nach (3.151) haben wir lediglich zu berechnen:

$$w(E_n) = \langle n \,|\, \frac{\rho}{\mathrm{Sp}\,\rho}\,|\, n \rangle = \frac{\exp\left[-\beta\,\hbar\omega\,(n+\frac{1}{2})\right]}{\sum\limits_n \exp\left[-\beta\,\hbar\omega\left(n+\frac{1}{2}\right)\right]}.$$

Mit dem Zwischenergebnis von Teil 1):

$$w(E_n) = \exp(-\beta\,\hbar\omega\,n)\left[1-\exp(-\beta\,\hbar\omega)\right],$$

$$T \to 0 \iff \beta \to \infty$$

$$\Longrightarrow w(E_0) = 1, \quad w(E_n) = 0 \text{ für } n > 0.$$

STICHWÖRTERVERZEICHNIS

Hinweis auf weitere Bücher des Verlages:

GRUNDKURS: THEORETISCHE PHYSIK

von Prof. Dr. W. Nolting

Band 1: Klassische Mechanik

3., durchgesehene Auflage 1993. XII, 356 S. 183 Abbildungen. 74 Aufgaben mit vollst. Lösungen. Kart. DM 38,00. ISBN 3-922410-18-9.

Band 2: Analytische Mechanik

3., durchgesehene Auflage 1993. IX, 255 S. 66 Abbildungen. 30 Aufgaben mit vollst. Lösungen. Kart. DM 28,00. ISBN 3-922410-21-9.

Band 3: Elektrodynamik

3., durchgesehene Auflage 1993. X, 493 S. 224 Abbildungen. 73 Aufgaben mit vollst. Lösungen. Kart. DM 52,00. ISBN 3-922410-20-0.

Band 4: Spezielle Relativitätstheorie, Thermodynamik

2., durchgesehene Auflage 1993. 388 S. 97 Abbildungen. 83 Aufgaben mit vollst. Lösungen. Kart. DM 45,00. ISBN 3-922410-23-5.

Band 5: Quantenmechanik, Teil 2: Methoden und Anwendungen

1993. X, 489 S. 53 Abbildungen. 110 Aufgaben mit vollst. Lösungen. Kart. DM 55,00. ISBN 3-922410-27-8.

Band 7: Viel-Teilchen-Theorie

2., überarbeitete und stark erweiterte Auflage 1992. XIII, 600 S. 162 Abbildungen. 109 Aufgaben mit vollst. Lösungen. Kart. DM 72,00. ISBN 3-922410-24-3.

Verlag Zimmermann-Neufang • Antoniusstraße 9 • 56766 Ulmen